经济类联考通关系列——〇

张宇经济类联考综合能力数学通关宝典

〇主编 张宇

编委（按姓氏拼音排序）

陈静静 贾建厂 姜洁 吕倩 史明洁 王慧珍 吴金金 徐兵

徐星亮 严守权 亦一（笔名） 曾凡（笔名） 张乐 张青云 张婷婷

张宇 郑利娜

北京理工大学出版社

图书在版编目(CIP)数据

张宇经济类联考综合能力数学通关宝典 / 张宇主编. — 北京：北京理工大学出版社，2021.5

ISBN 978 - 7 - 5682 - 9819 - 3

Ⅰ.①张…　Ⅱ.①张…　Ⅲ.①高等数学 - 研究生 - 入学考试 - 题解　Ⅳ.①O13 - 44

中国版本图书馆 CIP 数据核字(2021)第 084849 号

出版发行 / 北京理工大学出版社有限责任公司

社　　　址 / 北京市海淀区中关村南大街 5 号

邮　　　编 / 100081

电　　　话 / (010)68914775(总编室)

　　　　　　(010)82562903(教材售后服务热线)

　　　　　　(010)68948351(其他图书服务热线)

网　　　址 / http://www.bitpress.com.cn

经　　　销 / 全国各地新华书店

印　　　刷 / 三河市良远印务有限公司

开　　　本 / 787 毫米×1092 毫米　1/16

印　　　张 / 24　　　　　　　　　　　　　　　　　责任编辑 / 多海鹏

字　　　数 / 599 千字　　　　　　　　　　　　　　文案编辑 / 多海鹏

版　　　次 / 2021 年 5 月第 1 版　2021 年 5 月第 1 次印刷　责任校对 / 周瑞红

定　　　价 / 79.80 元　　　　　　　　　　　　　　责任印制 / 李志强

图书出现印装质量问题,请拨打售后服务热线,本社负责调换

前 言

《张宇经济类联考综合能力数学通关宝典》是专为参加经济类联考的考生编写的数学辅导用书. 经济类联考虽开考时间不长，但其考试大纲和考试命题却经过多次变化和调整，《张宇经济类联考综合能力数学通关宝典》的编写根据经济类联考的最新变化，紧扣新大纲，对考试的内容、命题特点和知识点分布进行全面的解读，力求为考生提供最大的帮助. 考虑到目前市场上针对经济类联考的辅导资料不多，本书将是广大考生考试成功、实现梦想的有力助手和桥梁.

本书按照考试大纲分为微积分、线性代数和概率论三大篇，每篇分为若干章，每章含五大块，其中，第一块是知识结构，将每章所涉及的知识点通过网络图的形式显示出来，在详细排列各知识点的同时，重点将它们内在的逻辑关系梳理出来，使读者在开始学习之前，就能对每章的内容及其布局有一个清晰的了解. 第二块是考点精讲，是本书的重点. 考虑到部分考生由于种种原因，对考试的数学知识掌握得不够系统，为此，每个章节的重要知识点不是简单地罗列，而是从它的背景，与其他知识点关联和外延进行深入浅出和详细的介绍，并辅以足够数量的例题来说明在联考中所出现的考点类型. 第三块是综合题精讲，也是本书编写的特色之一. 为了使考生更快接触联考的模拟题，这部分选题的体例全部采用五选一的选择题，与第二块不同的是，题目更加注重各知识点的融合和综合运用，难度适中，并且根据联考涉及题型进行分类指导. 第四块和第五块是综合练习题及其参考答案，考生可以从中得到足够的实战训练，尤其是书中所有题都配有详细解析，部分题目带有解题思路，帮助大家及时答疑解惑.

天下无难事，只要勤奋力. 多年来，我们见到过不少"纯文科生"在全国硕士研究生入学考试——数学考试中取得优异成绩的典型案例，他们备考过程中除了勤奋努力、方法得当外，还得益于有一本好的学习辅导教材. 原因在于，数学知识和数学能力的获取往往很难无师自通，不能单纯靠自己悟出来，许多都是从模仿开始的. 经验告诉我们，一本好书要多读两遍，才能充分发挥其作用. 如果对书中的题目类型和方法多模仿、多思考、多归纳总结、举一反三，书本中的知识就会通过日积月累逐步变成每位读者的实际能力. 为各位考生提供能够依靠和信赖的学习辅导教材正是本书编写的初衷.

目录

第一部分　微积分

第二部分　线性代数

第三部分 概率论

第一部分

微积分

第一章 函数、极限与连续性

一、知识结构

- 函数、极限与连续性
  - 函数
    - 函数的概念
      - 定义
      - 显函数　隐函数　分段函数　参数方程表示的函数　积分上限函数
      - 复合函数　反函数
      - 基本初等函数
      - 初等函数
    - 函数的几种特性
      - 单调性
      - 有界性
      - 奇偶性
      - 周期性
  - 极限
    - 数列的极限
    - 函数的极限
    - 无穷小量与无穷大量
    - 极限的四则运算法则
    - 极限存在准则　两个重要极限
    - 无穷小量的比较
    - 用洛必达法则求极限
    - 求曲线的渐近线
      - 定义
      - 水平渐近线　铅直渐近线　斜渐近线
  - 连续性
    - 连续性的概念
      - 定义
      - 第一类间断点　第二类间断点
    - 连续函数的运算
    - 闭区间上连续函数的性质
      - 最值定理
      - 介值定理

二、考点精讲

（一）函数

1.函数的概念

定义1 设x,y为两个变量，非空数集$D\subset \mathbf{R}$，如果对任意$x\in D$，按照一定的对应法则f在$\mathbf{R}$上总有唯一一个确定的y值与之对应，则称y是x的函数，记为$y=f(x)$.

构成函数的两个基本要素：定义域与对应法则.

对应法则与定义域完全相同的两个函数都可认作同一函数.

函数表达式有显函数$y=f(x)$、隐函数$F(x,y)=0$、参数方程表示的函数、分段函数、积分上限函数等多种形式.

复合函数 设函数$y=f(u)$，$u=\varphi(x)$，如果$\varphi(x)$的值域与$f(u)$的定义域的交集非空，则y可以通过u构成关于x的函数，称为由$y=f(u)$与$u=\varphi(x)$构成的复合函数，记为$y=f[\varphi(x)]$.

反函数 设$y=f(x)$的定义域为D，值域为R_f. 如果对任意的$y\in R_f$，存在唯一的$x\in D$，使得$y=f(x)$，则称$x=\varphi(y)$为$y=f(x)$的反函数，此时可称$y=f(x)$为直接函数.

习惯上将自变量用x表示，因变量用y表示，因此常写成$y=\varphi(x)$为$y=f(x)$的反函数，或记为$y=f^{-1}(x)$.

反函数的性质：

①$f[f^{-1}(x)]=f^{-1}[f(x)]=x$；

② 反函数与直接函数的图形关于直线$y=x$对称.

函数对应规则的运算，常有以下三种形式：

① 已知$y=f(u)$及$u=\varphi(x)$的表达式，求复合函数$y=f[\varphi(x)]$的表达式；

② 已知复合函数$f[\varphi(x)]$及$\varphi(x)$的表达式，求$f(x)$的表达式；

③ 已知$f(x)$及复合函数$f[\varphi(x)]$的表达式，求$\varphi(x)$的表达式.

基本初等函数：常数函数、幂函数、指数函数、对数函数、三角函数、反三角函数.

初等函数：由常数函数、幂函数、指数函数、对数函数、三角函数、反三角函数经过有限次的四则运算及有限次的函数复合所产生，并且能用一个解析式表示的函数.

例1 (1) 已知分段函数$f(x)=\begin{cases}x^2-2x, & x<0,\\ x, & x\geqslant 0,\end{cases}$求$f(x-2)$；

(2) 已知$f(\ln x)=x+\dfrac{1}{x}$，求$f(x)$的表达式；

(3) 设函数$f(x)=\sin x$，$f[\varphi(x)]=1-x^2$，求$\varphi(x)$的表达式及其定义域.

【解题思路】上面三个题目为函数对应法则的三种形式，解题的基本思想是一致的. 如果$f(x)=x^2+3x+2$，可认定为$f(\square)=\square^2+3\square+2$. 欲求$f(x-2)$，只须认定$\square=x-2$. 欲求$f(\sin x^2)$，只须认定$\square=\sin x^2$.

同样，如果已知 $f(x+3)=x^2+2x+5$，欲求 $f(x)$ 的表达式，一种方法是设 $t=x+3$，从而 $x=t-3$，代入 $f(x+3)$ 的表达式求出 $f(t)$，再得 $f(x)$；另一种方法是将表达式右端 x^2+2x+5 凑成 $x+3$ 的形式，从而得 $f(x)$. 通常选择较容易的方法.

【答案解析】(1) 由 $f(x)=\begin{cases}x^2-2x, & x<0,\\ x, & x\geqslant 0\end{cases}$ 可得 $f(\square)=\begin{cases}\square^2-2\square, & \square<0,\\ \square, & \square\geqslant 0.\end{cases}$

因此 $f(x-2)=\begin{cases}(x-2)^2-2(x-2), & x-2<0,\\ x-2, & x-2\geqslant 0,\end{cases}$ 即

$$f(x-2)=\begin{cases}x^2-6x+8, & x<2,\\ x-2, & x\geqslant 2.\end{cases}$$

(2) 已知 $f(\ln x)=x+\dfrac{1}{x}$，设 $t=\ln x$，则 $x=e^t$，从而有 $f(t)=e^t+e^{-t}$. 因此 $f(x)=e^x+e^{-x}$.

(3) 已知 $f(x)=\sin x$，则 $f(\square)=\sin\square$，从而有 $f[\varphi(x)]=\sin[\varphi(x)]$. 又知 $f[\varphi(x)]=1-x^2$，则 $\sin[\varphi(x)]=1-x^2$，于是 $\varphi(x)=\arcsin(1-x^2)$. 可知应有 $-1\leqslant 1-x^2\leqslant 1$，因此 $\varphi(x)$ 的定义域为 $-\sqrt{2}\leqslant x\leqslant\sqrt{2}$.

2. 函数的几种特性

单调性　设 $y=f(x)$ 在区间 I 上有定义，对于任意的 $x_1,x_2\in I$，且 $x_1<x_2$（或 $x_1>x_2$），如果都有 $f(x_1)<f(x_2)$（或 $f(x_1)>f(x_2)$），则称 $y=f(x)$ 在区间 I 上是单调增加（或减少）函数.

单调增加和单调减少的函数统称为单调函数.

判定函数单调性及求其单调区间，通常利用导数性质来判定，相关题目放在第二章.

有界性　设 $y=f(x)$ 在区间 I 上有定义，如果存在常数 $M>0$，使得对于任意的 $x\in I$，都有 $|f(x)|\leqslant M$，则称 $y=f(x)$ 在 I 上有界.

函数有界性常利用连续函数在闭区间有界性质判定，见本章“（三）”.

奇偶性　设 $y=f(x)$ 的定义域 D 关于原点对称，如果对于任一 $x\in D$，恒有

$$f(-x)=f(x),$$

则称 $y=f(x)$ 为 D 上的偶函数. 如果对任一 $x\in D$，恒有

$$f(-x)=-f(x),$$

则称 $y=f(x)$ 为 D 上的奇函数.

如果 $f(x)$ 为奇函数，且在 $x=0$ 处有定义，则有 $f(0)=0$.

偶函数的图形关于 y 轴对称，奇函数的图形关于原点对称.

周期性　设函数 $y=f(x)$ 的定义域为 D，如果存在常数 $T>0$，使得对任一 $x\in D$，都有 $x+T\in D$，且

$$f(x+T)=f(x),$$

则称 $y=f(x)$ 为周期函数，T 称为 $f(x)$ 的周期.

通常所说的周期是指最小正周期，如 $y=\sin kx$，$y=\cos kx\,(k\neq 0)$ 的周期皆为 $\dfrac{2\pi}{|k|}$.

例 2 函数 $f(x)=\ln(\sqrt{x^2+a^2}+x)$（$a$ 为常数，且 $a\neq 0$）(　　).

(A) 为奇函数　　(B) 为偶函数

(C) 当 $a=\pm 1$ 时为奇函数　　(D) 当 $a=\pm 1$ 时为偶函数

(E) 为非奇非偶函数

【参考答案】C

【解题思路】函数的奇偶性通常需通过奇函数、偶函数的定义来判定.

【答案解析】由于 $f(x)=\ln(\sqrt{x^2+a^2}+x)$，则

$$f(-x)=\ln\left[\sqrt{(-x)^2+a^2}-x\right]=\ln(\sqrt{x^2+a^2}-x)$$

$$=\ln\frac{(\sqrt{x^2+a^2}-x)(\sqrt{x^2+a^2}+x)}{\sqrt{x^2+a^2}+x}=\ln\frac{a^2}{\sqrt{x^2+a^2}+x}$$

$$=\ln a^2-\ln(\sqrt{x^2+a^2}+x),$$

可知当 $a^2=1$，即 $a=\pm 1$ 时，$\ln a^2=0$，从而

$$f(-x)=-\ln(\sqrt{x^2+a^2}+x)=-f(x),$$

此时 $f(x)$ 为奇函数. 当 $a^2\neq 1$，即 $a\neq\pm 1$ 时，$f(x)$ 为非奇非偶函数. 故选 C.

(二) 极限

1. 数列的极限

定义 2 设有数列 $\{x_n\}$ 及常数 A，如果对于任意给定的 $\varepsilon>0$，总存在正整数 N，当 $n>N$ 时，恒有

$$|x_n-A|<\varepsilon,$$

则称数列 $\{x_n\}$ 以常数 A 为极限，或称数列 $\{x_n\}$ 收敛于 A，记为 $\lim\limits_{n\to\infty}x_n=A$.

> 【注】这表明数列收敛与否与它前面有限项的值无关.

性质 ① 若数列 $\{x_n\}$ 收敛，则极限必定唯一.

② 若数列 $\{x_n\}$ 收敛，则 $\{x_n\}$ 必定有界.

③ 若数列 $\{x_n\}$ 收敛于 A，则它的任一子列也收敛于 A.

④ 若 $\{x_{2n-1}\}$ 与 $\{x_{2n}\}$ 都收敛于 A，则 $\{x_n\}$ 必收敛于 A.

⑤ 设数列 $\{x_n\}$ 存在极限 A，且 $A>0$（或 $A<0$），则存在正整数 N，当 $n>N$ 时，有 $x_n>0$（或 $x_n<0$）.

2. 函数的极限

定义 3 设 $y=f(x)$ 在 $|x|>b$（某正数）时有定义，如果存在常数 A，对于任意给定的 $\varepsilon>0$，总存在 $X>0$，当 $|x|>X$ 时，恒有 $|f(x)-A|<\varepsilon$，则称当 $x\to\infty$ 时，$f(x)$ 以 A 为极限，记为 $\lim\limits_{x\to\infty}f(x)=A$.

当 $x \to +\infty$ 时，$f(x)$ 以 A 为极限，记为 $\lim\limits_{x\to+\infty} f(x) = A$. 当 $x \to -\infty$ 时，$f(x)$ 以 A 为极限，记为 $\lim\limits_{x\to-\infty} f(x) = A$.

$\lim\limits_{x\to\infty} f(x) = A$ 的充分必要条件是 $\lim\limits_{x\to+\infty} f(x) = \lim\limits_{x\to-\infty} f(x) = A$.

定义4 设 $y = f(x)$ 在点 x_0 的某去心邻域内有定义，如果存在常数 A，对于任意给定的 $\varepsilon > 0$，总存在 $\delta > 0$，当 $0 < |x - x_0| < \delta$ 时，恒有

$$|f(x) - A| < \varepsilon,$$

则称当 $x \to x_0$ 时，$f(x)$ 以常数 A 为极限，记为 $\lim\limits_{x\to x_0} f(x) = A$.

当 $x > x_0$ 且 $x \to x_0$ 时，$f(x)$ 以 A 为极限，称之为当 $x \to x_0$ 时，$f(x)$ 的右极限为 A，记为 $\lim\limits_{x\to x_0^+} f(x) = A$ 或 $f(x_0^+) = A$.

当 $x < x_0$ 且 $x \to x_0$ 时，$f(x)$ 以 A 为极限，称之为当 $x \to x_0$ 时，$f(x)$ 的左极限为 A，记为 $\lim\limits_{x\to x_0^-} f(x) = A$ 或 $f(x_0^-) = A$.

$\lim\limits_{x\to x_0} f(x) = A$ 的充分必要条件是 $\lim\limits_{x\to x_0^+} f(x) = \lim\limits_{x\to x_0^-} f(x) = A$.

函数的极限与数列的极限相仿，具有极限的唯一性、局部有界性、局部保号性以及子列的相应性质.

3. 无穷小量与无穷大量

(1) 若 $\lim\limits_{x\to x_0} f(x) = 0$（或 $\lim\limits_{x\to\infty} f(x) = 0$），则称 $f(x)$ 为 $x \to 0$（或 $x \to \infty$）时的无穷小量（或称无穷小）.

(2) 零是无穷小量，除零以外，无穷小量皆为变量，且任意无穷小量都不能脱离变化过程而言.

(3) 对于任意给定的正数 M，从某个时刻起，总有 $|f(x)| > M$，则称在这个过程中，$f(x)$ 为无穷大量. 如果将 $|f(x)| > M$ 改为 $f(x) > M$（或 $f(x) < -M$），则称函数 $f(x)$ 为这个过程中的正无穷大量（或负无穷大量）. 相仿，无穷大量也不能脱离变化过程而言.

(4) 无界变量不一定是无穷大量，但无穷大量必定为无界变量，注意两者的区别.

(5) 在自变量的同一变化过程中，若 $f(x)$ 为无穷大量，则 $\dfrac{1}{f(x)}$ 为无穷小量. 反之，若 $f(x)$ 为无穷小量，且 $f(x) \neq 0$，则 $\dfrac{1}{f(x)}$ 为无穷大量.

4. 极限的四则运算法则

若 $\lim\limits_{x\to x_0} f(x) = A(\exists)$，$\lim\limits_{x\to x_0} g(x) = B(\exists)$，则

$$\lim_{x\to x_0}[f(x) \pm g(x)] = \lim_{x\to x_0} f(x) \pm \lim_{x\to x_0} g(x) = A \pm B,$$

$$\lim_{x\to x_0}[f(x) \cdot g(x)] = \lim_{x\to x_0} f(x) \cdot \lim_{x\to x_0} g(x) = AB,$$

$$\lim_{x\to x_0} \frac{f(x)}{g(x)} = \frac{\lim\limits_{x\to x_0} f(x)}{\lim\limits_{x\to x_0} g(x)} = \frac{A}{B}(B \neq 0),$$

$$\lim_{x\to x_0} cf(x) = c\lim_{x\to x_0} f(x) = cA\text{（}c\text{ 为常数）},$$

$$\lim_{x\to x_0}[f(x)]^k = [\lim_{x\to x_0} f(x)]^k = A^k\text{（}k\text{ 为正整数）}.$$

上述运算法则对于 $x\to\infty$ 及单侧极限情形也适用.

另有常见公式，当 $b_n\neq 0$ 时，

$$\lim_{x\to\infty}\frac{a_m x^m + a_{m-1}x^{m-1}+\cdots+a_1x+a_0}{b_n x^n + b_{n-1}x^{n-1}+\cdots+b_1x+b_0}=\begin{cases}\dfrac{a_m}{b_n}, & m=n,\\ 0, & m<n,\\ \infty, & m>n.\end{cases}$$

5.极限存在准则　两个重要极限

夹逼准则　设函数 $f(x)$，$g(x)$ 及 $h(x)$ 在点 x_0 的某个去心邻域内（或当 $|x|$ 大于某个正数时）有定义，且满足：

①$g(x)\leqslant f(x)\leqslant h(x)$；

② $\lim\limits_{x\to x_0} g(x)=\lim\limits_{x\to x_0} h(x)=A$（或 $\lim\limits_{x\to\infty} g(x)=\lim\limits_{x\to\infty} h(x)=A$），

则 $\lim\limits_{x\to x_0} f(x)=A$（或 $\lim\limits_{x\to\infty} f(x)=A$）.

单调有界准则　单调有界数列必有极限.

重要极限 Ⅰ　$\lim\limits_{x\to 0}\dfrac{\sin x}{x}=1.$

重要极限 Ⅱ　$\lim\limits_{n\to\infty}\left(1+\dfrac{1}{n}\right)^n=\mathrm{e}$；$\lim\limits_{x\to\infty}\left(1+\dfrac{1}{x}\right)^x=\mathrm{e}$；$\lim\limits_{x\to 0}(1+x)^{\frac{1}{x}}=\mathrm{e}.$

6.无穷小量的比较

设 $\alpha=\alpha(x)\neq 0$，$\beta=\beta(x)$ 且 $\lim\limits_{x\to x_0}\alpha=0$，$\lim\limits_{x\to x_0}\beta=0$.

① 如果 $\lim\limits_{x\to x_0}\dfrac{\beta}{\alpha}=0$，则称当 $x\to x_0$ 时，β 是比 α 高阶的无穷小，记为 $\beta=o(\alpha)$，也称 α 是比 β 低阶的无穷小.

② 如果 $\lim\limits_{x\to x_0}\dfrac{\beta}{\alpha}=1$，则称当 $x\to x_0$ 时，β 与 α 是等价无穷小，记为 $\beta\sim\alpha$.

③ 如果 $\lim\limits_{x\to x_0}\dfrac{\beta}{\alpha}=c\neq 0$（$c$ 为常量），则称当 $x\to x_0$ 时，β 与 α 是同阶无穷小.

设当 $x\to x_0$ 时，$\alpha,\beta,\alpha',\beta'$ 都为无穷小，且 $\alpha'\sim\alpha$，$\beta'\sim\beta$，若 $\lim\limits_{x\to x_0}\dfrac{\beta'}{\alpha'}$ 存在（或为 ∞），则

$$\lim_{x\to x_0}\frac{\beta}{\alpha}=\lim_{x\to x_0}\frac{\beta'}{\alpha'}.$$

上式常称之为无穷小量代换定理，利用等价无穷小量代换求极限常能简化运算.

常见的等价无穷小量：当 $x\to 0$ 时，$\sin x\sim x$，$\tan x\sim x$，$\arcsin x\sim x$，$\ln(1+x)\sim x$，$\mathrm{e}^x-1\sim x$，$1-\cos x\sim\dfrac{1}{2}x^2$，$\sqrt[n]{1+x}-1\sim\dfrac{1}{n}x$.

例 3 设

$$f(x)=\begin{cases}\sin x+\mathrm{e}^x, & x\leqslant 0,\\ x^2+2, & 0<x\leqslant 1,\\ \dfrac{3}{x}, & x>1.\end{cases}$$ 求 $\lim\limits_{x\to 0}f(x)$，$\lim\limits_{x\to 1}f(x)$.

【解题思路】由于 $f(x)$ 为分段函数，$x=0$，$x=1$ 为 $f(x)$ 的两个分段点. 在分段点两侧 $f(x)$ 的表达式不同，因此为了求 $\lim\limits_{x\to 0}f(x)$ 与 $\lim\limits_{x\to 1}f(x)$，需分别考虑左极限与右极限.

【答案解析】由于

$$\lim_{x\to 0^-}f(x)=\lim_{x\to 0^-}(\sin x+\mathrm{e}^x)=1,$$

$$\lim_{x\to 0^+}f(x)=\lim_{x\to 0^+}(x^2+2)=2,$$

此时 $\lim\limits_{x\to 0^-}f(x)\neq\lim\limits_{x\to 0^+}f(x)$，可知 $\lim\limits_{x\to 0}f(x)$ 不存在.

而

$$\lim_{x\to 1^-}f(x)=\lim_{x\to 1^-}(x^2+2)=3,$$

$$\lim_{x\to 1^+}f(x)=\lim_{x\to 1^+}\frac{3}{x}=3,$$

可知 $\lim\limits_{x\to 1^-}f(x)=\lim\limits_{x\to 1^+}f(x)=3$，因此 $\lim\limits_{x\to 1}f(x)=3$.

例 4 已知 $\lim\limits_{x\to 1}\dfrac{x^2+ax+b}{x^2-1}=3$，求 a，b 的值.

【解题思路】所给问题为求极限的反问题. 由于所给函数为分式，当 $x\to 1$ 时极限存在，而分母的极限为零，因此可以得知当 $x\to 1$ 时，分子的极限必定为零，否则由无穷小量与无穷大量的关系可知，当 $x\to 1$ 时所给函数极限不存在，这与已知矛盾，依此可求出 a 与 b 的值.

【答案解析】由于 $\lim\limits_{x\to 1}(x^2-1)=0$，而 $\lim\limits_{x\to 1}\dfrac{x^2+ax+b}{x^2-1}=3$，则

$$\lim_{x\to 1}(x^2+ax+b)=1+a+b=0,$$

从而知 $b=-a-1$，代入所给极限，有

$$\lim_{x\to 1}\frac{x^2+ax+b}{x^2-1}=\lim_{x\to 1}\frac{x^2+ax-a-1}{(x-1)(x+1)}$$

$$=\lim_{x\to 1}\frac{(x-1)(x+1+a)}{(x-1)(x+1)}=\lim_{x\to 1}\frac{x+1+a}{x+1}$$

$$=\frac{2+a}{2}=3,$$

可得 $a=4$，$b=-4-1=-5$.

例 5 求$\lim\limits_{n\to\infty}a^n\sin\dfrac{t}{a^n}(a\neq 0,t\neq 0)$.

【解题思路】 注意求极限的过程是$n\to\infty$,式中a为参数,a^n的值不仅与n有关,也与a有关.因此应对a加以分析.

当$|a|<1$时,有$\lim\limits_{n\to\infty}a^n=0$,则$\lim\limits_{n\to\infty}a^n\sin\dfrac{t}{a^n}$为无穷小量与有界变量之积形式.

当$|a|>1$时,有$\lim\limits_{n\to\infty}a^n=\infty$,则$\lim\limits_{n\to\infty}a^n\cdot\sin\dfrac{t}{a^n}$为“$0\cdot\infty$”型.

【答案解析】 由于$\sin\dfrac{t}{a^n}$为有界变量,因此

当$|a|<1$时,由有界变量与无穷小量之积仍为无穷小量,可知$\lim\limits_{n\to\infty}a^n\sin\dfrac{t}{a^n}=0$;

当$|a|=1$时,原式$=\lim\limits_{n\to\infty}(\pm 1)^n\sin\dfrac{t}{(\pm 1)^n}=\lim\limits_{n\to\infty}\sin t=\sin t$;

当$|a|>1$时,原式$=\lim\limits_{n\to\infty}\dfrac{t\sin\dfrac{t}{a^n}}{\dfrac{t}{a^n}}=t$.

综上可知,

$$原式=\begin{cases}0, & |a|<1,\\ \sin t, & |a|=1,\\ t, & |a|>1.\end{cases}$$

7.用洛必达法则求极限

① 如果$\lim\limits_{x\to x_0}f(x)=0$,$\lim\limits_{x\to x_0}g(x)=0$,则称$\lim\limits_{x\to x_0}\dfrac{f(x)}{g(x)}$为“$\dfrac{0}{0}$”型极限.

② 如果$\lim\limits_{x\to x_0}f(x)=\infty$,$\lim\limits_{x\to x_0}g(x)=\infty$,则称$\lim\limits_{x\to x_0}\dfrac{f(x)}{g(x)}$为“$\dfrac{\infty}{\infty}$”型极限.

③ 如果$\lim\limits_{x\to x_0}f(x)$与$\lim\limits_{x\to x_0}g(x)$同为正无穷大(或负无穷大),则称$\lim\limits_{x\to x_0}[f(x)-g(x)]$为“$\infty-\infty$”型极限.

④ 如果$\lim\limits_{x\to x_0}f(x)=0$,$\lim\limits_{x\to x_0}g(x)=\infty$,则称$\lim\limits_{x\to x_0}[f(x)\cdot g(x)]$为“$0\cdot\infty$”型极限.

⑤ 相仿有“1^∞”“∞^0”“0^0”型极限.

上述皆称为未定型极限,对于$x\to\infty$或单侧极限同上定义.

洛必达法则 如果$f(x)$和$g(x)$满足下列条件:

① $\lim\limits_{x\to x_0}f(x)=0$,$\lim\limits_{x\to x_0}g(x)=0$;

② 在点x_0的某去心邻域内$f'(x)$,$g'(x)$存在,且$g'(x)\neq 0$;

③ $\lim\limits_{x\to x_0}\dfrac{f'(x)}{g'(x)}$ 存在(或 ∞),

则 $\lim\limits_{x\to x_0}\dfrac{f(x)}{g(x)}=\lim\limits_{x\to x_0}\dfrac{f'(x)}{g'(x)}$.

上述洛必达法则对 $x\to\infty$ 时亦成立,且对“$\dfrac{\infty}{\infty}$”型极限也成立.

对于“$0\cdot\infty$”型极限,$\lim\limits_{x\to x_0}[f(x)\cdot g(x)]$ 可转化为“$\dfrac{0}{0}$”或“$\dfrac{\infty}{\infty}$”型极限:

$$\lim_{x\to x_0}[f(x)\cdot g(x)]=\lim_{x\to x_0}\frac{f(x)}{\dfrac{1}{g(x)}}\text{或}\lim_{x\to x_0}[f(x)\cdot g(x)]=\lim_{x\to x_0}\frac{g(x)}{\dfrac{1}{f(x)}}.$$

需看转化为哪种形式便于计算来决定如何转化.

对于“$\infty-\infty$”型,可先对 $f(x)-g(x)$ 变换,使极限先化为“$0\cdot\infty$”型,再转化为“$\dfrac{0}{0}$”型极限.

对于“1^{∞}”“∞^0”“0^0”型极限皆为幂指函数的极限,常利用对数性质将函数 $[f(x)]^{g(x)}$ 变形,令 $y=[f(x)]^{g(x)}$,则

$$\ln y=g(x)\ln f(x),$$

$$\lim_{x\to x_0}\ln y=\lim_{x\to x_0}[g(x)\ln f(x)],$$

其右端为“$0\cdot\infty$”型极限,若 $\lim\limits_{x\to x_0}[g(x)\ln f(x)]=A$,则

$$\lim_{x\to x_0}f(x)^{g(x)}=\mathrm{e}^{\lim\limits_{x\to x_0}[g(x)\ln f(x)]}=\mathrm{e}^A.$$

对于未定型极限应注意:

① 先判定其是否满足洛必达法则条件;

② 能否将洛必达法则与等价无穷小量代换、代数恒等变形等配合使用,以简化运算;

③ 如果函数中有因子极限非零且非无穷大,先将其分离出来单独求极限,不参与洛必达法则运算,以简化运算.

8. 求曲线的渐近线

定义 5 当点 M 沿曲线 $y=f(x)$ 无限远离坐标原点或无限接近间断点时,若点 M 与某定直线 L 的距离无限趋于零,则称直线 L 为曲线 $y=f(x)$ 的渐近线.

水平渐近线 若 $y=f(x)$ 为连续函数,$\lim\limits_{x\to\infty}f(x)=c$,则 $y=c$ 为曲线 $y=f(x)$ 的水平渐近线.(水平渐近线与 x 轴平行)

铅直渐近线 若 $\lim\limits_{x\to x_0}f(x)=\infty$,则 $x=x_0$ 为曲线 $y=f(x)$ 的铅直渐近线.(铅直渐近线与 x 轴垂直)

斜渐近线 若 $\lim\limits_{x\to\infty}\dfrac{f(x)}{x}=a(a\neq 0)$,$\lim\limits_{x\to\infty}[f(x)-ax]=b$,则 $y=ax+b$ 为曲线 $y=f(x)$ 的斜渐近线.

上述极限为单侧极限时结论相同.

例 6 求$\lim\limits_{x\to 0^+} x^{\sin x}$.

【解题思路】由于幂指函数$[f(x)]^{g(x)}$要求它的底$f(x)>0$,因此本题考查$x\to 0^+$时$x^{\sin x}$的右极限.

所给问题为"0^0"型,可变形为

$$\lim_{x\to 0^+} x^{\sin x} = \lim_{x\to 0^+} e^{\ln x^{\sin x}} = e^{\lim\limits_{x\to 0^+} \ln x^{\sin x}} = e^{\lim\limits_{x\to 0^+} \sin x\cdot\ln x},$$

其中$\lim\limits_{x\to 0^+}\sin x\cdot\ln x$为"$0\cdot\infty$"型极限,需考虑选择化为"$\frac{0}{0}$"或"$\frac{\infty}{\infty}$"型.

【答案解析】**方法 1** 由于

$$\lim_{x\to 0^+}\sin x\cdot\ln x = \lim_{x\to 0^+}\frac{\ln x}{\frac{1}{\sin x}} = \lim_{x\to 0^+}\frac{\frac{1}{x}}{\frac{-1}{\sin^2 x}\cdot\cos x} = \lim_{x\to 0^+}\frac{-\sin^2 x}{x\cdot\cos x} = 0,$$

因此$\lim\limits_{x\to 0^+} x^{\sin x} = e^0 = 1$.

方法 2 先进行无穷小量代换,则有

$$\lim_{x\to 0^+}\sin x\cdot\ln x = \lim_{x\to 0} x\cdot\ln x = \lim_{x\to 0}\frac{\ln x}{\frac{1}{x}} = \lim_{x\to 0^+}\frac{\frac{1}{x}}{-\frac{1}{x^2}} = \lim_{x\to 0^+}(-x) = 0,$$

因此$\lim\limits_{x\to 0^+} x^{\sin x} = e^0 = 1$.

(三) 连续性

1. 连续性的概念

定义 6 设$y=f(x)$在点x_0的某邻域$U(x_0)$内有定义,$x_0+\Delta x\in U(x_0)$,增量$\Delta y = f(x_0+\Delta x)-f(x_0)$,如果

$$\lim_{\Delta x\to 0} f(x_0+\Delta x) = f(x_0),$$

则称$f(x)$在点x_0处连续.

连续的等价形式:$\lim\limits_{\Delta x\to 0}\Delta y = 0$,$\lim\limits_{x\to x_0} f(x) = f(x_0)$.

由连续函数定义可知,$f(x)$在点x_0处连续有三个要素:

① 函数$f(x)$在点x_0处有定义;

② 极限$\lim\limits_{x\to x_0} f(x)$存在;

③ 极限值等于函数在该点处的函数值,即$\lim\limits_{x\to x_0} f(x) = f(x_0)$.

【注】① 如果 $\lim\limits_{x\to x_0^-}f(x)=f(x_0)$，则称 $f(x)$ 在 x_0 处左连续. 如果 $\lim\limits_{x\to x_0^+}f(x)=f(x_0)$，则称 $f(x)$ 在 x_0 处右连续.

② 函数 $y=f(x)$ 在 x_0 处连续的充分必要条件是 $f(x)$ 在 x_0 处既左连续，也右连续.

③ 设 $y=f(x)$ 在 x_0 的某去心邻域内有定义，若 $f(x)$ 在 x_0 处不满足连续性的三要素之一，则称 x_0 为 $f(x)$ 的间断点.

对于函数 $f(x)$ 的间断点，如果左极限 $f(x_0^-)$ 和右极限 $f(x_0^+)$ 都存在，则称 x_0 为 $f(x)$ 的第一类间断点. 不是第一类间断点的间断点称为第二类间断点.

对于第一类间断点，如果左极限 $=$ 右极限，则称此间断点为可去间断点；如果左极限 $\neq$ 右极限，则称此间断点为跳跃间断点.

对于第二类间断点，如果 $\lim\limits_{x\to x_0}f(x)=\infty$，则称此间断点为无穷间断点. 如果 $\lim\limits_{x\to x_0}f(x)$ 振荡不存在，则称此间断点为振荡间断点.

2. 连续函数的运算

(1) 设 $f(x),g(x)$ 在点 x_0 处连续，则 $f(x)\pm g(x),f(x)\cdot g(x),\dfrac{f(x)}{g(x)}$（当 $g(x_0)\neq 0$ 时）都在 x_0 处连续.

(2) 连续函数的复合函数仍为连续函数.

(3) 若函数 $g=f(x)$ 在区间 I 上单调且连续，则它的反函数在对应区间也连续且有相同的单调性.

(4) 基本初等函数在其定义域内为连续函数. 初等函数在其定义区间内为连续函数.

3. 闭区间上连续函数的性质

最值定理 设 $f(x)$ 为闭区间 $[a,b]$ 上的连续函数，则 $f(x)$ 在 $[a,b]$ 上必定有界，且能取得它的最大值与最小值.

推论 设 $f(x)$ 在开区间 (a,b) 内连续，且 $\lim\limits_{x\to a^+}f(x)$ 与 $\lim\limits_{x\to b^-}f(x)$ 都存在，则 $f(x)$ 在 (a,b) 内必定有界.

介值定理 设 $f(x)$ 为闭区间 $[a,b]$ 上的连续函数，且 $f(a)\neq f(b)$，则对于任意介于 $f(a)$ 与 $f(b)$ 之间的值 c，在开区间 (a,b) 内至少存在一点 ξ，使得 $f(\xi)=c$.

零点定理 若 $f(x)$ 为闭区间 $[a,b]$ 上的连续函数，且 $f(a)\cdot f(b)<0$，则至少存在一点 $\xi\in(a,b)$，使得 $f(\xi)=0$.

三、综合题精讲

（一）函数

题型一　函数的概念

例 1 当 $x>0$ 时，$f(e^x)=1+x$，$f[g(x)]=1+x+\ln x$，则 $g(x)=$（　　）.

(A) $\frac{1}{2}xe^x$ (B) xe^x (C) $2xe^x$ (D) $\frac{1}{2}x^2e^x$ (E) x^2e^x

【参考答案】B

【解题思路】将 $g(x)$ 用 $e^{\ln g(x)}$ 代换，再由已知的 $f(e^x)$ 与 $f[g(x)]$ 的表达式解出 $g(x)$.

【答案解析】由于 $f(e^x)=1+x$，因此

$$f[g(x)]=f[e^{\ln g(x)}]=1+\ln g(x).$$

又由于 $f[g(x)]=1+x+\ln x$，从而有

$$1+\ln g(x)=1+x+\ln x,$$

$$\ln g(x)-\ln x=\ln\frac{g(x)}{x}=x,$$

可得 $g(x)=xe^x$. 故选 B.

例 2 已知 $f(x)=e^{x^2}$，$f[\varphi(x)]=1-x$，且 $\varphi(x)\geqslant 0$，则 $\varphi(x)$ 的定义域为（　　）.

(A) $(-\infty,1]$ (B) $(-\infty,1)$ (C) $(-\infty,0]$ (D) $(-\infty,0)$ (E) $[0,1]$

【参考答案】C

【解题思路】为了求 $\varphi(x)$ 的定义域，应该先求出 $\varphi(x)$ 的表达式，这与考点精讲中例 1 的 (3) 解题思路相仿.

【答案解析】由于 $f(x)=e^{x^2}$，可知

$$f[\varphi(x)]=e^{[\varphi(x)]^2},$$

又 $f[\varphi(x)]=1-x$，从而知

$$e^{[\varphi(x)]^2}=1-x, [\varphi(x)]^2=\ln(1-x),$$

因此

$$\varphi(x)=\sqrt{\ln(1-x)}.$$

由此可知应有 $\ln(1-x)\geqslant 0$ 且 $1-x>0$，得知 $1-x\geqslant 1$，即 $x\leqslant 0$. 故选 C.

题型二　函数的几种特性

例 3 若函数 $f(x)$ 与 $g(x)$ 的图像关于直线 $y=x$ 对称，且 $f(x)=\frac{e^x+e^{-x}}{e^x-e^{-x}}$，则 $g(x)=$（　　）.

(A) $2\ln\frac{x+1}{x-1}$ (B) $\ln\frac{x+1}{x-1}$ (C) $\frac{1}{2}\ln\frac{x+1}{x-1}$ (D) $\frac{1}{2}\ln\frac{x-1}{x+1}$ (E) $\ln\frac{x-1}{x+1}$

【参考答案】C

【解题思路】由于题目条件为 $f(x)$ 与 $g(x)$ 的图像关于 $y=x$ 对称，因此先考虑什么函数具有此特性.

【答案解析】由于 $f(x)$ 与 $g(x)$ 的图像关于直线 $y=x$ 对称，可知 $f(x)$ 与 $g(x)$ 互为反函数，若记 $y=f(x)$，则

$$y=\frac{e^x+e^{-x}}{e^x-e^{-x}}=\frac{(e^{2x}+1)e^{-x}}{(e^{2x}-1)e^{-x}}=\frac{e^{2x}+1}{e^{2x}-1},$$

因此
$$y(e^{2x}-1)=e^{2x}+1,e^{2x}(y-1)=y+1,$$
可得
$$x=\frac{1}{2}\ln\frac{y+1}{y-1},$$
可知
$$g(x)=\frac{1}{2}\ln\frac{x+1}{x-1}.$$

故选 C.

（二）极限

题型三　数列的极限

例 4　设$\{a_n\}$，$\{b_n\}$，$\{c_n\}$均为非负数列，且$\lim\limits_{n\to\infty}a_n=0$，$\lim\limits_{n\to\infty}b_n=1$，$\lim\limits_{n\to\infty}c_n=\infty$，则（　　）.

(A) 对任意 n，$a_n<b_n$ 都成立

(B) 对任意 n，$b_n<c_n$ 都成立

(C) 极限$\lim\limits_{n\to\infty}a_nc_n$不存在

(D) 极限$\lim\limits_{n\to\infty}b_nc_n$不存在

(E) 极限$\lim\limits_{n\to\infty}a_nc_n$总存在

【参考答案】D

【解题思路】选项 A，B 是数列通项值的比较，极限中没有这类性质，因此只能从数列收敛与发散的定义去探讨. 而选项 C，D，E 为乘积极限，因此可以从极限的性质去探讨.

【答案解析】数列极限$\lim\limits_{n\to\infty}x_n$的概念描述了当 $n\to\infty$ 时 x_n 的变化趋势，它与 x_n 的前有限项的值无关，因此应排除 A，B.

由于$\lim\limits_{n\to\infty}a_n=0$，$\lim\limits_{n\to\infty}c_n=\infty$，可知$\lim\limits_{n\to\infty}a_nc_n$为“$0\cdot\infty$”型极限，这是未定型，既不能说$\lim\limits_{n\to\infty}a_nc_n$不存在，也不能说其总存在，因此排除 C，E. 故选 D.

例 5　设$\{x_n\}$是数列，下列命题不正确的是（　　）.

(A) 若$\lim\limits_{n\to\infty}x_n=a$，则$\lim\limits_{n\to\infty}x_{2n}=\lim\limits_{n\to\infty}x_{2n+1}=a$

(B) 若$\lim\limits_{n\to\infty}x_{2n}=\lim\limits_{n\to\infty}x_{2n+1}=a$，则$\lim\limits_{n\to\infty}x_n=a$

(C) 若$\lim\limits_{n\to\infty}x_n=a$，则$\lim\limits_{k_i\to\infty}x_{k_i}=a$

(D) 若$\lim\limits_{n\to\infty}x_{3n}=\lim\limits_{n\to\infty}x_{3n+1}=\lim\limits_{n\to\infty}x_{3n+2}=a$，则$\lim\limits_{n\to\infty}x_n=a$

(E) 若$\lim\limits_{n\to\infty}x_{3n}=\lim\limits_{n\to\infty}x_{3n+1}=a$，则$\lim\limits_{n\to\infty}x_n=a$

【参考答案】E

【解题思路】所给题目各选项都归为数列与子列极限的性质，由收敛数列的子列性质可解，而对其逆命题或举反例说明或给出证明.

【答案解析】由子列的极限性质可知，若数列$\{x_n\}$当 $n\to\infty$ 时极限存在，则其任意子列$\{x_{k_i}\}$当 $k_i\to\infty$ 时也必定存在极限，且极限值不变，因此知 A，C 正确.

又由子列性质（由极限定义也不难证明）当$\lim\limits_{n\to\infty}x_{2n}=\lim\limits_{n\to\infty}x_{2n+1}=a$时，必有$\lim\limits_{n\to\infty}x_n=a$，可知 B 正确.

同理，当$\lim\limits_{n\to\infty}x_{3n}=\lim\limits_{n\to\infty}x_{3n+1}=\lim\limits_{n\to\infty}x_{3n+2}=a$时，必有$\lim\limits_{n\to\infty}x_n=a$，可知D正确.

可以举反例
$$x_n=\begin{cases}1, & n=3k,\\ 1, & n=3k+1,\\ 2, & n=3k+2,\end{cases}$$
其中$k=1,2,\cdots$，易见$\lim\limits_{n\to\infty}x_{3n}=1$，$\lim\limits_{n\to\infty}x_{3n+1}=1$，$\lim\limits_{n\to\infty}x_{3n+2}=2$. 因此$\lim\limits_{n\to\infty}x_n$不存在，即E不正确. 故选E.

题型四　函数的极限

例6 已知$\lim\limits_{x\to1}f(x)$存在，且函数$f(x)=x^2+x-2\lim\limits_{x\to1}f(x)$，则$\lim\limits_{x\to1}f(x)=(\quad)$.

(A) $\frac{3}{2}$　(B) $\frac{4}{3}$　(C) $-\frac{2}{3}$　(D) $-\frac{3}{2}$　(E) $\frac{2}{3}$

【参考答案】E

【解题思路】本题考查的知识点是极限的概念，如果极限存在，则它表示一个确定的数值，这是求解本题的关键.

【答案解析】由于极限值为一个确定的数值，因此可设$\lim\limits_{x\to1}f(x)=A$，于是
$$f(x)=x^2+x-2A,$$
两端同时取$x\to1$时的极限，有
$$\lim_{x\to1}f(x)=\lim_{x\to1}(x^2+x-2A)=2-2A,$$
于是$A=2-2A$，解得$A=\frac{2}{3}$. 故选E.

例7 设函数$f(x-1)=\begin{cases}x+1, & x<0,\\ x\sin\frac{1}{x}, & x>0,\end{cases}$则当$x\to-1$时，$f(x)$的(　　).

(A) 左极限不存在，右极限存在

(B) 左极限存在，右极限不存在

(C) 极限存在

(D) 左极限与右极限都存在，但$\lim\limits_{x\to-1}f(x)$不存在

(E) 左极限与右极限都不存在

【参考答案】D

【解题思路】对分段点处极限应分别考虑左极限与右极限.

【答案解析】令$t=x-1$，得$x=t+1$，于是
$$f(t)=\begin{cases}t+2, & t<-1,\\ (t+1)\sin\frac{1}{t+1}, & t>-1,\end{cases}$$
因此
$$f(x)=\begin{cases}x+2, & x<-1,\\ (x+1)\sin\frac{1}{x+1}, & x>-1.\end{cases}$$

$f(x)$ 为分段函数,分段点为 $x=-1$,在 $x=-1$ 的两侧 $f(x)$ 的表达式不同,因此需要分别考虑 $f(x)$ 在 $x=-1$ 处的左极限与右极限.

$$\lim_{x\to(-1)^-} f(x)=\lim_{x\to(-1)^-}(x+2)=1,$$

$$\lim_{x\to(-1)^+} f(x)=\lim_{x\to(-1)^+}(x+1)\cdot\sin\frac{1}{x+1}=0,$$

因此可知当 $x\to-1$ 时,$f(x)$ 的左极限与右极限都存在,但不相等,从而知 $\lim\limits_{x\to-1}f(x)$ 不存在,故选 D.

题型五 无穷小量与无穷大量

例 8 设 $x_n=\begin{cases}\dfrac{n^2+\sqrt{n}}{n}, & n\text{ 为奇数},\\ \dfrac{1}{n}, & n\text{ 为偶数},\end{cases}$ 则当 $n\to\infty$ 时,变量 x_n 为( ).

(A) 无穷大量

(B) 无穷小量

(C) 有界变量但不是无穷小量

(D) 无界变量但不是无穷大量

(E) 依题中条件无法判断

【参考答案】D

【解题思路】本题给出 $\{x_{2n}\}$,$\{x_{2n+1}\}$ 的表达式,欲考查 $\{x_n\}$ 的极限,自然要考查两个子列的极限,且需要区分选项中无界变量与无穷大量的概念.

【答案解析】由题设可知

$$\lim_{n\to\infty}x_{2n}=\lim_{n\to\infty}\frac{1}{2n}=0,$$

$$\lim_{n\to\infty}x_{2n+1}=\lim_{n\to\infty}\frac{(2n+1)^2+\sqrt{2n+1}}{2n+1}=\infty,$$

可知 $\lim\limits_{n\to\infty}x_{2n}\neq\lim\limits_{n\to\infty}x_{2n+1}$,因此 $\lim\limits_{n\to\infty}x_n$ 不存在,且 $\{x_n\}$ 不是无穷大量,也不是无穷小量,故选 D.

题型六 极限的四则运算法则

例 9 极限 $\lim\limits_{n\to\infty}\left(\sqrt{n+3\sqrt{n}}-\sqrt{n-\sqrt{n}}\right)=$( ).

(A) 2 (B) $\dfrac{3}{2}$ (C) 1 (D) $\dfrac{2}{3}$ (E) $\dfrac{1}{2}$

【参考答案】A

【解题思路】所求极限中 $\lim\limits_{n\to\infty}\sqrt{n+3\sqrt{n}}$ 与 $\lim\limits_{n\to\infty}\sqrt{n-\sqrt{n}}$ 都不存在,不能利用极限四则运算法则,这时通常应考虑代数恒等变形,化为可以利用极限四则运算法则的情形.

【答案解析】所给极限为"$\infty-\infty$"型,不能直接利用极限四则运算法则,需先变形.

$$\lim_{n\to\infty}\left(\sqrt{n+3\sqrt{n}}-\sqrt{n-\sqrt{n}}\right)=\lim_{n\to\infty}\frac{\left(\sqrt{n+3\sqrt{n}}-\sqrt{n-\sqrt{n}}\right)\left(\sqrt{n+3\sqrt{n}}+\sqrt{n-\sqrt{n}}\right)}{\sqrt{n+3\sqrt{n}}+\sqrt{n-\sqrt{n}}}$$

$$=\lim_{n\to\infty}\frac{4\sqrt{n}}{\sqrt{n+3\sqrt{n}}+\sqrt{n-\sqrt{n}}}=\lim_{n\to\infty}\frac{4}{\sqrt{1+\frac{3}{\sqrt{n}}}+\sqrt{1-\frac{1}{\sqrt{n}}}}=2.$$

故选 A.

【评注】这里 n 是自然数，$n\to\infty$ 是指 $n>0,n\to+\infty$.

例 10 极限 $\lim\limits_{x\to-\infty}\dfrac{\sqrt{4x^2+x-1}+x+1}{\sqrt{x^2+\sin x}}=($　　$)$.

(A) -3　　(B) -1　　(C)1　　(D)2　　(E)3

【参考答案】C

【答案解析】所给极限为"$\frac{\infty}{\infty}$"型，不能直接利用极限四则运算法则，可先变形.

$$\lim_{x\to-\infty}\frac{\sqrt{4x^2+x-1}+x+1}{\sqrt{x^2+\sin x}}\overset{(*)}{=\!=}\lim_{x\to-\infty}\frac{-x\sqrt{4+\frac{1}{x}-\frac{1}{x^2}}+x+1}{-x\sqrt{1+\frac{\sin x}{x^2}}}$$

$$=\lim_{x\to-\infty}\frac{-\sqrt{4+\frac{1}{x}-\frac{1}{x^2}}+1+\frac{1}{x}}{-\sqrt{1+\frac{\sin x}{x^2}}}=1.$$

故选 C.

【评注】在上述(*)中：① 将无穷大量运算转化为无穷小量运算；② 注意到题目为 $x\to-\infty$，因此 $\sqrt{x^2}=|x|=-x$. 这是本题求解的关键之一，相当多的考生忽略了 $x\to-\infty$，出现以下演算：

$$\lim_{x\to-\infty}\frac{\sqrt{4x^2+x-1}+x+1}{\sqrt{x^2+\sin x}}=\lim_{x\to-\infty}\frac{\sqrt{4+\frac{1}{x}-\frac{1}{x^2}}+1+\frac{1}{x}}{\sqrt{1+\frac{\sin x}{x^2}}}=3,$$

导致错误.

例 11 当 $x\to1$ 时，函数 $\dfrac{x^2-1}{x-1}e^{\frac{1}{x-1}}$ 的极限(　　).

(A) 等于 2　　(B) 等于 1　　(C) 等于 0

(D) 为 ∞　　(E) 不存在也不为 ∞

【参考答案】E

【答案解析】函数 $\dfrac{x^2-1}{x-1}e^{\frac{1}{x-1}}$ 在 $x=1$ 处没有定义，在 $x=1$ 的两侧表达式虽然相同，但是注意到当 $x\to1$ 时，$\dfrac{1}{x-1}$ 左、右极限不相等，因此应该考虑单侧极限.

$$\lim_{x\to1^-}\frac{x^2-1}{x-1}e^{\frac{1}{x-1}}=\lim_{x\to1^-}(x+1)e^{\frac{1}{x-1}}=0,$$

$$\lim_{x\to1^+}\frac{x^2-1}{x-1}e^{\frac{1}{x-1}}=\lim_{x\to1^+}(x+1)e^{\frac{1}{x-1}}=+\infty,$$

可知当 $x\to 1$ 时，函数$\frac{x^2-1}{x-1}e^{\frac{1}{x-1}}$ 的极限不存在且不为 ∞，故选 E.

【评注】对于上述$\lim\limits_{x\to 1}e^{\frac{1}{x-1}}$ 的情形，由于 $\lim\limits_{x\to 1^-}\frac{1}{x-1}$ 与 $\lim\limits_{x\to 1^+}\frac{1}{x-1}$ 不相等，因此不能忽视左极限与右极限，否则会导致错误，这是这类问题经常出现错误的原因.

题型七　极限存在准则　两个重要极限

例 12 设对任意的 x，总有 $\varphi(x)\leqslant f(x)\leqslant g(x)$，且 $\lim\limits_{x\to\infty}[g(x)-\varphi(x)]=0$，则 $\lim\limits_{x\to\infty}f(x)$(　　).

(A) 存在且为零　　(B) 存在且小于零

(C) 存在且大于零　　(D) 一定不存在

(E) 不一定存在

【参考答案】E

【解题思路】所给题目条件与夹逼准则相仿，因此应该仔细审核两者异同.

【答案解析】注意此题条件与夹逼准则的条件不同，夹逼准则的条件：当 $|x|>M(M>0)$ 时，

①$\varphi(x)\leqslant f(x)\leqslant g(x)$；

② $\lim\limits_{x\to\infty}\varphi(x)=A$，$\lim\limits_{x\to\infty}g(x)=A$. 则$\lim\limits_{x\to\infty}f(x)=A$.

条件中要求$\lim\limits_{x\to\infty}\varphi(x)$ 与$\lim\limits_{x\to\infty}g(x)$ 都存在且相等. 但是题目中$\lim\limits_{x\to\infty}[g(x)-\varphi(x)]=0$ 并不能保证$\lim\limits_{x\to\infty}g(x)$ 与$\lim\limits_{x\to\infty}\varphi(x)$ 都存在，因此不能套用夹逼准则的结论. 事实上，设 $g(x)=\sqrt{x^2+3}$，$\varphi(x)=\sqrt{x^2}$，$f(x)=\sqrt{x^2+1}$，符合本题条件，但是$\lim\limits_{x\to\infty}f(x)$ 不存在. 而取 $g(x)=\frac{3}{x^2+1}$，$\varphi(x)=\frac{1}{x^2+1}$，$f(x)=\frac{2}{x^2+1}$，也符合本题条件，此时有$\lim\limits_{x\to\infty}f(x)=0$. 故选 E.

例 13 极限$\lim\limits_{n\to\infty}\left(\frac{n}{n^2+1}+\frac{n}{n^2+2}+\cdots+\frac{n}{n^2+n}\right)=$(　　).

(A)3　(B)2　(C)1　(D) $\frac{1}{2}$　(E) $\frac{1}{3}$

【参考答案】C

【解题思路】对无限项和的极限，通常是利用夹逼准则求解，或转化为定积分求解，本书只讨论前者.

【答案解析】本题为求无限项和的极限，因此不能直接利用极限四则运算法则，由于

$$\frac{n}{n^2+1}+\frac{n}{n^2+2}+\cdots+\frac{n}{n^2+n}=\sum_{i=1}^{n}\frac{n}{n^2+i},$$

又

$$n\cdot\frac{n}{n^2+n}\leqslant\sum_{i=1}^{n}\frac{n}{n^2+i}\leqslant n\cdot\frac{n}{n^2+1},$$

由于$\lim\limits_{n\to\infty}\frac{n^2}{n^2+n}=1$，$\lim\limits_{n\to\infty}\frac{n^2}{n^2+1}=1$，根据夹逼准则可知原式 $=1$. 故选 C.

例 14 极限$\lim\limits_{x\to\infty}\frac{(x+a)^{x+a}\cdot(x+b)^{x+b}}{(x+a+b)^{2x+a+b}}=$(　　).

(A)e^{a+b}　　(B)e^{-a}　　(C)e^{-b}　　(D)$e^{-(a+b)}$　　(E)1

【参考答案】D

【解题思路】本题不同于 $n\to\infty$ 时有理式$\lim\limits_{n\to\infty}\frac{P_n(x)}{Q_m(x)}$，因此可考虑变形，将"$\frac{\infty}{\infty}$"转化为重要极限形式或可利用四则运算求极限的形式.

【答案解析】所给极限为"$\frac{\infty}{\infty}$"型，先将其变形.

$$原式=\lim_{x\to\infty}\frac{x^{x+a}\left(1+\frac{a}{x}\right)^{x+a}\cdot x^{x+b}\left(1+\frac{b}{x}\right)^{x+b}}{x^{2x+a+b}\left(1+\frac{a+b}{x}\right)^{2x+a+b}}$$

$$=\lim_{x\to\infty}\frac{\left(1+\frac{a}{x}\right)^{x}\cdot\left(1+\frac{a}{x}\right)^{a}\cdot\left(1+\frac{b}{x}\right)^{x}\cdot\left(1+\frac{b}{x}\right)^{b}}{\left(1+\frac{a+b}{x}\right)^{2x}\cdot\left(1+\frac{a+b}{x}\right)^{a+b}}=\frac{e^a\cdot e^b}{e^{2(a+b)}}=e^{-(a+b)}.$$

故选 D.

题型八　无穷小量的比较

例 15 设 $f(x)$ 满足$\lim\limits_{x\to 0}\frac{f(x)}{x^2}=-1$，当 $x\to 0$ 时，$\ln\cos x^2$ 是比 $x^nf(x)$ 高阶的无穷小，而 $x^nf(x)$ 是比 $e^{\sin^2 x}-1$ 高阶的无穷小，则正整数 n 等于(　　).

(A)1　　(B)2　　(C)3　　(D)4　　(E)5

【参考答案】A

【解题思路】当 $x\to 0$ 时，如果能依题设条件得知 $f(x)$，$\ln\cos x^2$，$e^{\sin^2 x}-1$ 关于 x 的无穷小阶数，则问题易解.

【答案解析】由$\lim\limits_{x\to 0}\frac{f(x)}{x^2}=-1$，可知当 $x\to 0$ 时，$f(x)\sim -x^2$. 于是 $x^nf(x)\sim -x^{n+2}$.

又当 $x\to 0$ 时，$\ln\cos x^2=\ln[1+(\cos x^2-1)]\sim\cos x^2-1\sim -\frac{1}{2}x^4$，$e^{\sin^2 x}-1\sim\sin^2 x\sim x^2$.

依题设有 $2<n+2<4$，可知 $n=1$. 故选 A.

例 16 设当 $x\to 0$ 时，$\cos x-1$ 与 $x^a\sin bx$ 为等价无穷小量，则 a,b 分别为(　　).

(A)1，1　　(B)1，$\frac{1}{2}$　　(C)1，$-\frac{1}{2}$　　(D)-1，$\frac{1}{2}$　　(E)-1，-1

【参考答案】C

【解题思路】先确定当 $x\to 0$ 时 $\cos x-1$ 与 $x^a\sin bx$ 关于 x 的无穷小量阶数.

【答案解析】当 $x\to 0$ 时，$\cos x-1\sim-\frac{x^2}{2}$. 又由于当 $x\to 0$ 时，$x^a\sin bx$ 与$1-\cos x$ 为等价无穷小量，因此 $x^a\sin bx$ 为关于 x 的二阶无穷小量，由于 $\sin bx\sim bx$，因此

$$x^a\sin bx\sim bx^{a+1},$$

从而知 $bx^{a+1}\sim-\frac{1}{2}x^2$，进而可知 $b=-\frac{1}{2}$，$a=1$. 故选 C.

例 17　极限 $\lim\limits_{x\to 0}\frac{\ln(2-e^x)}{\sin 3x}=$（　　）.

(A) $-\frac{2}{3}$　　(B) $-\frac{1}{3}$　　(C) $\frac{1}{3}$　　(D) $\frac{1}{2}$　　(E) $\frac{2}{3}$

【参考答案】B

【答案解析】所给极限为“$\frac{0}{0}$”型. 由于

$$\lim_{x\to 0}\frac{\ln(2-e^x)}{\sin 3x}=\lim_{x\to 0}\frac{\ln[1+(1-e^x)]}{3x}=\lim_{x\to 0}\frac{1-e^x}{3x}=\lim_{x\to 0}\frac{-x}{3x}=-\frac{1}{3},$$

故选 B.

【评注】本题利用了当 $x\to 0$ 时，$\sin x\sim x$，$\ln(1+x)\sim x$，$e^x-1\sim x$ 三个等价无穷小量代换，简化了运算. 这些等价无穷小量代换如果能推广并灵活运用，能极大地提高运算能力. 如综合题精讲的例 15 利用了当 $x\to 0$ 时，

$$\ln\cos x^2=\ln[1+(\cos x^2-1)]\sim\cos x^2-1\sim-\frac{1}{2}x^4,\ e^{\sin^2 x}-1\sim\sin^2 x\sim x^2.$$

例 18　极限 $\lim\limits_{x\to 0}\frac{\sin x+x^2\cos\frac{1}{x}}{(2+x^2)\ln(1+x)}=$（　　）.

(A)1　　(B) $\frac{1}{2}$　　(C) $\frac{1}{3}$　　(D)0　　(E) $-\frac{1}{2}$

【参考答案】B

【答案解析】由于

$$\lim_{x\to 0}\frac{\sin x+x^2\cos\frac{1}{x}}{(2+x^2)\ln(1+x)}=\lim_{x\to 0}\frac{1}{2+x^2}\cdot\frac{\sin x+x^2\cos\frac{1}{x}}{x}$$

$$=\lim_{x\to 0}\frac{1}{2+x^2}\left(\frac{\sin x}{x}+x\cos\frac{1}{x}\right)=\frac{1}{2}(1+0)=\frac{1}{2}.$$

故选 B.

【评注】这里利用极限的四则运算法则将所求极限的分式分解为几个因式，以及等价无穷小量代换，从而简化了运算.

题型九　用洛必达法则求极限

例 19　极限 $\lim\limits_{x\to 0^+}\frac{\sqrt{x}}{x-e^{2\sqrt{x}}+1}=$（　　）.

(A)∞ (B)2 (C)1 (D)-1 (E)$-\frac{1}{2}$

【参考答案】E

【解题思路】本题为“$\frac{0}{0}$”型极限，注意到函数表达式中含有根式，若直接利用洛必达法则，求导比较复杂，考虑到分子与分母中均含有$\sqrt{x}$，可先设$t=\sqrt{x}$.

【答案解析】$\lim\limits_{x\to0^+}\frac{\sqrt{x}}{x-e^{2\sqrt{x}}+1}\xlongequal{t=\sqrt{x}}\lim\limits_{t\to0^+}\frac{t}{t^2-e^{2t}+1}=\lim\limits_{t\to0^+}\frac{1}{2t-2e^{2t}}=-\frac{1}{2}$.

故选E.

例20 极限$\lim\limits_{x\to0}\left[\frac{1}{\ln(1+x)}-\frac{1}{x}\right]=($ $)$.

(A)2 (B)$\frac{3}{2}$ (C)1 (D)$\frac{1}{2}$ (E)$\frac{1}{3}$

【参考答案】D

【解题思路】所给极限为“$\infty-\infty$”型，先变形，化为“$\frac{0}{0}$”型.

【答案解析】

$$\lim_{x\to0}\left[\frac{1}{\ln(1+x)}-\frac{1}{x}\right]=\lim_{x\to0}\frac{x-\ln(1+x)}{x\ln(1+x)}$$

$$=\lim_{x\to0}\frac{x-\ln(1+x)}{x^2}=\lim_{x\to0}\frac{1-\frac{1}{1+x}}{2x}$$

$$=\lim_{x\to0}\frac{x}{2x(1+x)}=\lim_{x\to0}\frac{1}{2(1+x)}=\frac{1}{2}.$$

故选D.

例21 极限$\lim\limits_{x\to0}\left[\frac{\ln(1+x)}{x}\right]^{\frac{1}{e^x-1}}=($ $)$.

(A)e^3 (B)e^2 (C)e (D)$e^{-\frac{1}{3}}$ (E)$e^{-\frac{1}{2}}$

【参考答案】E

【解题思路】本题极限为“1^∞”型，利用对数性质，将所给函数化为指数函数，再利用恒等变形转化为“$0\cdot\infty$”型极限.

【答案解析】

$$\lim_{x\to0}\left[\frac{\ln(1+x)}{x}\right]^{\frac{1}{e^x-1}}=\lim_{x\to0}e^{\ln\left[\frac{\ln(1+x)}{x}\right]^{\frac{1}{e^x-1}}}=e^{\lim\limits_{x\to0}\ln\left[\frac{\ln(1+x)}{x}\right]^{\frac{1}{e^x-1}}},$$

而

$$\lim_{x\to0}\ln\left[\frac{\ln(1+x)}{x}\right]^{\frac{1}{e^x-1}}=\lim_{x\to0}\frac{1}{e^x-1}\ln\frac{\ln(1+x)}{x}$$

$$=\lim_{x\to0}\frac{\ln\left\{1+\left[\frac{\ln(1+x)}{x}-1\right]\right\}}{x}=\lim_{x\to0}\frac{\frac{\ln(1+x)}{x}-1}{x}$$

$$=\lim_{x\to0}\frac{\ln(1+x)-x}{x^2}=\lim_{x\to0}\frac{\frac{1}{1+x}-1}{2x}$$

$$= \lim_{x \to 0} \frac{-x}{2x(1+x)} = -\frac{1}{2},$$

因此原式 $= e^{-\frac{1}{2}}$，故选 E.

例 22 极限 $\lim_{n \to \infty} \left(n \tan \frac{1}{n}\right)^{n^2} = (\quad)$.

(A) e^2　　(B) e　　(C) $e^{\frac{1}{2}}$　　(D) $e^{\frac{1}{3}}$　　(E) 1

【参考答案】D

【解题思路】本题为"1^∞"型极限. 由于所给题目是数列形式，离散型，不能直接利用洛必达法则求解，可将问题化为 $x \to +\infty$，考查连续函数的极限，利用洛必达法则求之，再利用子列极限的性质.

【答案解析】考查

$$\lim_{x \to +\infty} \left(x \tan \frac{1}{x}\right)^{x^2} = \lim_{x \to +\infty} e^{\ln\left(x \tan \frac{1}{x}\right)^{x^2}}$$

$$= e^{\lim\limits_{x \to +\infty} \ln\left(x \tan \frac{1}{x}\right)^{x^2}},$$

由于

$$\lim_{x \to +\infty} \ln\left(x \tan \frac{1}{x}\right)^{x^2} = \lim_{x \to +\infty} x^2 \cdot \ln\left(x \tan \frac{1}{x}\right)$$

$$= \lim_{x \to +\infty} x^2 \cdot \ln\left[1 + \left(x \tan \frac{1}{x} - 1\right)\right] = \lim_{x \to +\infty} x^2 \left(x \tan \frac{1}{x} - 1\right),$$

令 $t = \frac{1}{x}$，则 $x \to +\infty$ 时，$t \to 0^+$. 因此

$$\lim_{x \to +\infty} \ln\left(x \tan \frac{1}{x}\right)^{x^2} = \lim_{t \to 0^+} \frac{1}{t^2}\left(\frac{1}{t} \cdot \tan t - 1\right)$$

$$= \lim_{t \to 0^+} \frac{\tan t - t}{t^3} = \lim_{t \to 0^+} \frac{\frac{1}{\cos^2 t} - 1}{3t^2}$$

$$= \lim_{t \to 0^+} \frac{1 - \cos^2 t}{3t^2 \cos^2 t} = \frac{1}{3} \lim_{t \to 0^+} \frac{\sin^2 t}{t^2} = \frac{1}{3},$$

因此由极限子列性质可知原式 $= e^{\frac{1}{3}}$，故选 D.

题型十 求曲线的渐近线

例 23 曲线 $y = \frac{1}{x} + \ln(1 + e^x)$ 的渐近线的条数为(　　).

(A) 0　　(B) 1　　(C) 2　　(D) 3　　(E) 4

【参考答案】D

【答案解析】$y = \frac{1}{x} + \ln(1 + e^x)$ 的定义域为 $(-\infty, 0), (0, +\infty)$.

$$\lim_{x \to 0} y = \lim_{x \to 0} \left[\frac{1}{x} + \ln(1 + e^x)\right] = \infty,$$

可知 $x = 0$ 为曲线的铅直渐近线.

当 $x \to +\infty$ 时，$e^x \to +\infty$；当 $x \to -\infty$ 时，$e^x \to 0$. 从而

$$\lim_{x\to+\infty}\left[\frac{1}{x}+\ln(1+e^x)\right]=+\infty,\lim_{x\to-\infty}\left[\frac{1}{x}+\ln(1+e^x)\right]=0,$$

因此 $y=0$ 为曲线左侧分支的水平渐近线. 进而可知曲线在 $x\to-\infty$ 的一侧没有斜渐近线.

$$\lim_{x\to+\infty}\frac{f(x)}{x}=\lim_{x\to+\infty}\left[\frac{1}{x^2}+\frac{\ln(1+e^x)}{x}\right]=\lim_{x\to+\infty}\frac{\ln(1+e^x)}{x}$$

$$=\lim_{x\to+\infty}\frac{e^x}{1+e^x}=\lim_{x\to+\infty}\frac{1}{e^{-x}+1}=1=a,$$

可知曲线在 $x\to+\infty$ 的一侧有一条斜渐近线.

综上可知,曲线有 3 条渐近线,故选 D.

【评注】由于只判定渐近线条数,因此判定出 $\lim\limits_{x\to+\infty}\frac{f(x)}{x}=a\neq0$(一般默认渐近线存在),可知其斜渐近线存在,因而不必求其方程.

(三) 连续性

题型十一　连续性的概念

例 24　函数 $f(x)=\lim\limits_{n\to\infty}\frac{1-x^{2n}}{1+x^{2n}}\cdot x$ 的连续区间为(　　).

(A) $(-\infty,-1),(-1,1),(1,+\infty)$　　(B) $(-\infty,0),(0,1),(1,+\infty)$

(C) $(-\infty,2),(2,+\infty)$　　(D) $(-\infty,+\infty)$

(E) $(-\infty,1),(1,+\infty)$

【参考答案】A

【解题思路】由于 $f(x)$ 为极限的形式,所以应先求出极限,得出 $f(x)$,由于 $f(x)$ 为分段函数,讨论其连续性,对分段点处应讨论其左连续与右连续.

【答案解析】当 $|x|<1$ 时,$\lim\limits_{n\to\infty}x^{2n}=0$,$\lim\limits_{n\to\infty}\frac{1-x^{2n}}{1+x^{2n}}\cdot x=x$;

当 $|x|=1$ 时,$\lim\limits_{n\to\infty}\frac{1-x^{2n}}{1+x^{2n}}\cdot x=0$;

当 $|x|>1$ 时,$\lim\limits_{n\to\infty}x^{2n}=\infty$,$\lim\limits_{n\to\infty}\frac{1-x^{2n}}{1+x^{2n}}$ 为“$\frac{\infty}{\infty}$”型极限,

$$\lim_{n\to\infty}\frac{1-x^{2n}}{1+x^{2n}}=\lim_{n\to\infty}\frac{x^{-2n}-1}{x^{-2n}+1}=-1,\lim_{n\to\infty}\frac{1-x^{2n}}{1+x^{2n}}\cdot x=-x.$$

于是有

$$f(x)=\begin{cases}-x, & x<-1,\\ 0, & x=-1,\\ x, & -1<x<1,\\ 0, & x=1,\\ -x, & x>1.\end{cases}$$

因此可知 $f(x)$ 的定义域为 $(-\infty,+\infty)$,当 x 在 $(-\infty,-1),(-1,1),(1,+\infty)$ 时,$f(x)$ 为初等函数,在其定义区间内连续.

注意到

$$\lim_{x \to (-1)^-} f(x) = 1,\ \lim_{x \to (-1)^+} f(x) = -1,$$
$$\lim_{x \to 1^-} f(x) = 1, \lim_{x \to 1^+} f(x) = -1,$$

可知 $x = -1, x = 1$ 为 $f(x)$ 的第一类间断点.

因此 $f(x)$ 的连续区间为$(-\infty, -1), (-1, 1), (1, +\infty)$. 故选 A.

例 25 设 $f(x) = \begin{cases} 1 - 2x^2, & x < -1, \\ x^3, & -1 \leqslant x \leqslant 2, \\ 12x - 16, & x > 2 \end{cases}$ 的反函数为 $g(x)$，则 $g(x)$ 的表达式及连续区间分别为(　　).

(A) $g(x) = \begin{cases} -\sqrt{\dfrac{1-x}{2}}, & x < -1, \\ \sqrt[3]{x}, & -1 \leqslant x \leqslant 8, \\ \dfrac{x+16}{12}, & x > 8. \end{cases}$ 连续区间$(-\infty, +\infty)$

(B) $g(x) = \begin{cases} \sqrt{\dfrac{1-x}{2}}, & x < 1, \\ \dfrac{x+16}{12}, & -1 \leqslant x < 8. \end{cases}$ 连续区间$(-\infty, -1), (-1, 8)$

(C) $g(x) = \begin{cases} \sqrt{1-x}, & x < -1, \\ \sqrt[3]{x}, & x > -1. \end{cases}$ 连续区间$(-\infty, -1), (-1, +\infty)$

(D) $g(x) = \begin{cases} -\sqrt{\dfrac{1-x}{2}}, & x < -1, \\ \dfrac{x+16}{12}, & x > -1. \end{cases}$ 连续区间$(-\infty, -1), (-1, +\infty)$

(E) $g(x) = \begin{cases} -\sqrt{\dfrac{1-x}{2}}, & x < -1, \\ \sqrt[3]{x}, & x > -1. \end{cases}$ 连续区间$(-\infty, -1), (-1, +\infty)$

【参考答案】A

【答案解析】令 $y = f(x)$，则有

当 $x < -1$ 时，由 $y = 1 - 2x^2$ 解得 $x = -\sqrt{\dfrac{1-y}{2}}$，此时 $y < -1$；

当 $-1 \leqslant x \leqslant 2$ 时，由 $y = x^3$ 解得 $x = \sqrt[3]{y}$，此时 $-1 \leqslant y \leqslant 8$；

当 $x > 2$ 时，由 $y = 12x - 16$ 解得 $x = \dfrac{y+16}{12}$，此时 $y > 8$.

因此 $f(x)$ 的反函数为

$$g(x)=\begin{cases}-\sqrt{\dfrac{1-x}{2}}, & x<-1,\\ \sqrt[3]{x}, & -1\leqslant x\leqslant 8,\\ \dfrac{x+16}{12}, & x>8.\end{cases}$$

方法 1 先考查 $f(x)=\begin{cases}1-2x^2, & x<-1,\\ x^3, & -1\leqslant x\leqslant 2,\\ 12x-16, & x>2.\end{cases}$

由于 $f(x)$ 在区间 $(-\infty,-1)$，$(-1,2)$，$(2,+\infty)$ 内均为初等函数，故连续，又在 $x=-1$，$x=2$ 两个分段点处分别左连续、右连续. 从而知 $x=-1$，$x=2$ 为 $f(x)$ 的两个连续点，因此 $f(x)$ 在 $(-\infty,+\infty)$ 内连续. 由连续函数的反函数连续性的性质知反函数 $g(x)$ 在 $(-\infty,+\infty)$ 内连续. 故选 A.

方法 2 直接考查 $g(x)$ 的连续性. 由于 $g(x)$ 在区间 $(-\infty,-1)$，$(-1,8)$，$(8,+\infty)$ 内均为初等函数，故连续，又在 $x_1=-1$，$x_2=8$ 两个分段点处分别左连续、右连续，从而知 $x_1=-1$，$x_2=8$ 为 $g(x)$ 的两个连续点，因此 $g(x)$ 的连续区间为 $(-\infty,+\infty)$. 故选 A.

【评注】上述两个方法都是可以的，利用原函数连续性常比利用反函数连续性判定更简便.

题型十二 连续函数的性质

例 26 在下列区间内，函数 $f(x)=\dfrac{x\sin(x-3)}{(x-1)(x-3)^2}$ 有界的是( ).

(A) $(-2,1)$ (B) $(-1,0)$ (C) $(1,2)$ (D) $(2,3)$ (E) $(3,4)$

【参考答案】B

【解题思路】所给选项皆为开区间，因此不能直接利用连续函数在闭区间上的有界性定理. 可以考虑在开区间两个端点处函数的极限是否存在，依本章"二(三)3"的推论求解.

【答案解析】由于 $f(x)$ 在 $x_1=1$，$x_2=3$ 处没有定义，当 $x\neq 1$，$x\neq 3$ 时，$f(x)$ 为初等函数，故为连续函数，又由

$$\lim_{x\to 1}f(x)=\lim_{x\to 1}\frac{x\sin(x-3)}{(x-1)(x-3)^2}=\infty;$$

$$\lim_{x\to 3}f(x)=\lim_{x\to 3}\frac{x\sin(x-3)}{(x-1)(x-3)^2}=\infty;$$

$$\lim_{x\to 0}f(x)=\lim_{x\to 0}\frac{x\sin(x-3)}{(x-1)(x-3)^2}=0;$$

$$\lim_{x\to -1}f(x)=\lim_{x\to -1}\frac{x\sin(x-3)}{(x-1)(x-3)^2}=-\frac{\sin 4}{32}.$$

可知在区间端点为 1 或 3 的开区间内，$f(x)$ 均为无界函数，故选 B.

【评注】① 若 $y=f(x)$ 在闭区间 $[a,b]$ 上为连续函数，则 $f(x)$ 在 $[a,b]$ 上必定有界.

② 若 $f(x)$ 在 (a,b) 内为连续函数，且 $\lim\limits_{x\to a^+}f(x)$ 与 $\lim\limits_{x\to b^-}f(x)$ 都存在，则 $f(x)$ 在 (a,b) 内必定有界.

四、综合练习题

1 函数 $f(x)=|x\sin x|e^{x^2}$ 在 $(-\infty,+\infty)$ 内是（　　）.

(A) 有界函数　(B) 单调函数　(C) 周期函数　(D) 偶函数　(E) 奇函数

2 下列式子正确的是（　　）.

(A) $\lim\limits_{x\to\infty}(1+x)^{\frac{1}{x}}=e$　　(B) $\lim\limits_{x\to0}\left(1+\frac{1}{x}\right)^x=e$

(C) $\lim\limits_{x\to0}(1+x)^{-\frac{1}{x}}=-e$　　(D) $\lim\limits_{x\to0}\left(1-\frac{1}{x}\right)^x=e^{-1}$

(E) $\lim\limits_{x\to0}(1-x)^{-\frac{1}{x}}=e$

3 下列式子正确的是（　　）.

(A) $\lim\limits_{x\to0}\frac{\sin x}{x}=e$　(B) $\lim\limits_{x\to\infty}\frac{\sin x}{x}=1$　(C) $\lim\limits_{x\to0}\frac{\sin x}{x}=1$

(D) $\lim\limits_{x\to0}x\sin\frac{1}{x}=1$　(E) $\lim\limits_{x\to\infty}x\sin\frac{1}{x}=0$

4 $\lim\limits_{n\to\infty}\left(\frac{2n}{n+1}\right)^{(-1)^n}$（　　）.

(A) 等于 2　(B) 等于 1　(C) 等于$\frac{1}{2}$　(D) 为 ∞　(E) 不存在，也不为 ∞

5 极限$\lim\limits_{x\to9}\frac{\sqrt{x+7}-4}{\sqrt{x}-3}=$（　　）.

(A)0　(B) $\frac{3}{4}$　(C)1　(D) $\frac{4}{3}$　(E)∞

6 设函数 $f(x)$ 在 $(0,+\infty)$ 内单调有界，$\{x_n\}$ 为数列，下列命题正确的是（　　）.

(A) 若 $\{x_n\}$ 收敛，则 $\{f(x_n)\}$ 收敛　　(B) 若 $\{x_n\}$ 单调，则 $\{f(x_n)\}$ 收敛

(C) 若 $\{f(x_n)\}$ 收敛，则 $\{x_n\}$ 收敛　　(D) 若 $\{f(x_n)\}$ 单调，则 $\{x_n\}$ 收敛

(E) 以上选项都不正确

7 极限$\lim\limits_{x\to0}\frac{\tan 3x+\ln\cos^2 x}{2e^x-2+3\sin^2 x}=$（　　）.

(A) $\frac{3}{2}$　(B)1　(C) $\frac{2}{3}$　(D)0　(E) $-\frac{3}{2}$

8 若 $f\left(x-\frac{1}{x}\right)=\frac{x^6+x^2}{x^3-x^5}$，则$\lim\limits_{x\to1}f(x)=$（　　）.

(A) -3　(B) -2　(C) -1　(D)1　(E)2

9 极限$\lim\limits_{x\to1}\frac{\tan(x^2-6x+5)}{\ln x^2}=$（　　）.

(A)2　(B)1　(C) $\frac{2}{3}$　(D) $-\frac{2}{3}$　(E) -2

10 已知极限$\lim\limits_{x\to0}\frac{\tan 2x+xf(x)}{\sin x^3}=0$，则$\lim\limits_{x\to0}\frac{2+f(x)}{x^2}=$(　　).

(A) $\frac{13}{9}$　　(B)4　　(C) $\frac{10}{3}$　　(D) $-\frac{8}{3}$　　(E) $\frac{4}{3}$

11 当$x\to0^+$时，下列无穷小量中与x为等价无穷小量的是(　　).

(A)$\ln(1-x)$　　(B)$1-e^x$　　(C)$2\ln\cos\sqrt{x}$　　(D)$\ln\frac{1+x}{1-x}$　　(E)$2(\sqrt{1+x}-1)$

12 设$f(x)=\begin{cases}\frac{e^{2\sin x}-1}{\tan x}, & x<0,\\ 3, & x=0,\\ (1+x)^{\frac{a}{x}}, & x>0,\end{cases}$且$\lim\limits_{x\to0}f(x)$存在，则$a=$(　　).

(A)$\ln 2$　　(B)$\ln 3$　　(C)1　　(D)e　　(E)3

13 当$x\to0$时，$f(x)=x-\sin ax$与$g(x)=x^2\ln(1-bx)$是等价无穷小，则(　　).

(A)$a=1,b=-\frac{1}{6}$　　(B)$a=1,b=\frac{1}{6}$

(C)$a=-1,b=-\frac{1}{6}$　　(D)$a=-1,b=\frac{1}{6}$

(E)$a=\frac{1}{6},b=1$

14 设$f(x)$在$(-\infty,+\infty)$内有定义，且$\lim\limits_{x\to\infty}f(x)=a$，$g(x)=\begin{cases}f\left(\frac{3}{x}\right), & x\neq0,\\ 0, & x=0,\end{cases}$
则(　　).

(A)$x=0$是$g(x)$的可去间断点　　(B)$x=0$是$g(x)$的跳跃间断点

(C)$x=0$是$g(x)$的第二类间断点　　(D)$x=0$是$g(x)$的连续点

(E)$g(x)$在$x=0$处的连续性与a有关

15 设$f(x)=\frac{\ln|x|}{|x-1|}\sin x$，则$f(x)$有(　　).

(A)1个可去间断点和1个跳跃间断点　　(B)1个可去间断点和1个无穷间断点

(C)2个可去间断点　　(D)2个无穷间断点

(E)1个跳跃间断点

16 函数$f(x)=\lim\limits_{n\to\infty}\frac{1-x^{2n}}{1+x^{2n}}$的间断点的个数为(　　).

(A)0　　(B)1　　(C)2　　(D)3　　(E)4

17 极限$\lim\limits_{x\to0}\frac{1}{x^2}\ln\frac{\tan x}{x}=$(　　).

(A) $\frac{1}{7}$　　(B) $\frac{1}{6}$　　(C) $\frac{1}{5}$　　(D) $\frac{1}{4}$　　(E) $\frac{1}{3}$

18 极限$\lim\limits_{x\to 0}\dfrac{e^{x^2}-e^{2-2\cos x}}{x^2\tan x^2}=$(　　).

(A) $\dfrac{1}{12}$　(B) $\dfrac{1}{11}$　(C) $\dfrac{1}{10}$　(D) $\dfrac{1}{9}$　(E) $\dfrac{1}{8}$

19 极限$\lim\limits_{x\to 0^+}\dfrac{x^x-1}{x\ln x}=$(　　).

(A)∞　(B)3　(C)2　(D)1　(E)0

20 极限$\lim\limits_{x\to+\infty}\dfrac{x^3+x^2+1}{2^x+x^3}(\sin x+\cos x)$(　　).

(A) 不存在,也不为∞　(B) 等于 2　(C) 等于 1

(D) 等于$\dfrac{1}{2}$　(E) 等于 0

21 若极限$\lim\limits_{x\to 0}\left[\dfrac{1}{x}-\left(\dfrac{1}{x}-a\right)e^x\right]=1$,则$a=$(　　).

(A)0　(B)1　(C)2　(D)3　(E)4

22 极限$\lim\limits_{x\to\frac{\pi}{4}}(\tan x)^{\frac{1}{\cos x-\sin x}}=$(　　).

(A)e^2　(B)$e^{\sqrt{2}}$　(C)$e^{\frac{\sqrt{2}}{2}}$　(D)$e^{-\sqrt{2}}$　(E)e^{-2}

23 设$f(x)=\lim\limits_{t\to x}F(x,t)$,其中$F(x,t)=\left(\dfrac{x-1}{t-1}\right)^{\frac{1}{x-t}}$,$(x-1)(t-1)\geqslant 0,x\neq t$,则$f(x)$的间断点及其类型分别为(　　).

(A)$x=1$,第一类间断点　(B)$x=1$,第二类间断点

(C)$x=e$,第一类间断点　(D)$x=e$,第二类间断点

(E)$x=2$,第一类间断点

24 设$f(x)=\sin x+x+1$,则在$\left(-\dfrac{\pi}{2},\dfrac{\pi}{2}\right)$内$f(x)$的零点个数为(　　).

(A)0　(B)1　(C)2　(D)3　(E)4

25 曲线$y=\dfrac{2+e^{-x^2}}{1-e^{-x^2}}$(　　).

(A) 仅有一条水平渐近线　(B) 仅有一条铅直渐近线

(C) 仅有一条斜渐近线　(D) 有一条水平渐近线和一条铅直渐近线

(E) 有两条铅直渐近线

五、综合练习题参考答案

1 【参考答案】D

【解题思路】判定函数奇偶性常利用其定义,判定函数有界性常利用连续函数在闭区间上的有界性定理,判定函数的周期性也常用其定义,判定函数的单调性常利用导数的应用.

【答案解析】由于 $|x\sin x|$ 为偶函数，e^{x^2} 也是偶函数，因此 $|x\sin x|e^{x^2}$ 为偶函数. 故选 D.

2 【参考答案】E

【解题思路】所给各式与重要极限公式相似，仔细对照可发现不同，仅 C，E 的左端可化为 $\lim\limits_{\square\to 0}(1+\square)^{\frac{1}{\square}}$ 的形式，需逐个变形试之.

【答案解析】对于 C，$\lim\limits_{x\to 0}(1+x)^{-\frac{1}{x}}=\lim\limits_{x\to 0}[(1+x)^{\frac{1}{x}}]^{-1}=\frac{1}{e}$.

对于 E，$\lim\limits_{x\to 0}(1-x)^{-\frac{1}{x}}=\lim\limits_{x\to 0}[1+(-x)]^{\frac{1}{(-x)}}=e$.

其他选项显然不正确，由上可知 E 正确，故选 E.

【评注】对于

$$\lim_{x\to 0}(1+ax)^{\frac{b}{x}}=e^{ab},$$

$$\lim_{x\to 0}(1-ax)^{\frac{b}{x}+c}=e^{-ab},$$

以后可当公式使用.

3 【参考答案】C

【解题思路】所给各式与重要极限公式相似，仔细对照可发现不同，重要极限公式 $\lim\limits_{x\to 0}\frac{\sin x}{x}=1$ 形似 $\lim\limits_{\square\to 0}\frac{\sin\square}{\square}=1$.

【答案解析】对照重要极限公式 $\lim\limits_{x\to 0}\frac{\sin x}{x}=1$，可知 C 正确. 而选项 B，$\lim\limits_{x\to\infty}\frac{\sin x}{x}=0$，依据是无穷小量与有界变量之积仍为无穷小量，可知选项 B 不正确，相仿 $\lim\limits_{x\to 0}x\sin\frac{1}{x}=0$，可知选项 D 不正确.

对于 E，

$$\lim_{x\to\infty}x\sin\frac{1}{x}=\lim_{x\to\infty}\frac{\sin\frac{1}{x}}{\frac{1}{x}}\xlongequal{令 t=\frac{1}{x}}\lim_{t\to 0}\frac{\sin t}{t}=1,$$

可知选项 E 不正确. 故选 C.

4 【参考答案】E

【解题思路】所给求极限的函数为幂指函数，其指数当 n 为偶数时是 1，当 n 为奇数时是 -1，因此可以考查其偶数子列与奇数子列的极限.

【答案解析】令 $x_n=\left(\frac{2n}{n+1}\right)^{(-1)^n}$.

当 $n=2k$ 时，

$$x_{2k}=\left(\frac{4k}{2k+1}\right)^{(-1)^{2k}}=\frac{4k}{2k+1},$$

$$\lim_{k\to\infty}x_{2k}=\lim_{k\to\infty}\frac{4k}{2k+1}=2.$$

当 $n=2k+1$ 时，

$$x_{2k+1}=\left[\frac{2(2k+1)}{(2k+1)+1}\right]^{(-1)^{2k+1}}=\left(\frac{4k+2}{2k+2}\right)^{-1},$$

$$\lim_{k\to\infty}x_{2k+1}=\lim_{k\to\infty}\left(\frac{4k+2}{2k+2}\right)^{-1}=\frac{1}{2}.$$

由于$\{x_n\}$的两个子列的极限不同，因此可知$\lim\limits_{n\to\infty}\left(\frac{2n}{n+1}\right)^{(-1)^n}$不存在，且不为$\infty$，故选 E.

5 【参考答案】B

【解题思路】所给极限为“$\frac{0}{0}$”型，求极限的函数为分式，其分子与分母皆含根式，可考虑先恒等变形，以避免分母极限为零的情形，再考虑利用极限四则运算法则.

【答案解析】

$$\lim_{x\to 9}\frac{\sqrt{x+7}-4}{\sqrt{x}-3}=\lim_{x\to 9}\frac{(\sqrt{x+7}-4)(\sqrt{x+7}+4)(\sqrt{x}+3)}{(\sqrt{x}-3)(\sqrt{x}+3)(\sqrt{x+7}+4)}$$

$$=\lim_{x\to 9}\frac{(x+7-16)(\sqrt{x}+3)}{(x-9)(\sqrt{x+7}+4)}=\lim_{x\to 9}\frac{(x-9)(\sqrt{x}+3)}{(x-9)(\sqrt{x+7}+4)}=\frac{3}{4}.$$

故选 B.

6 【参考答案】B

【解题思路】题目中只限定$f(x)$在$(0,+\infty)$内单调有界，并没有给出x_n的选取的具体细则，可以考虑数列收敛的准则.

【答案解析】由于$f(x)$在$(0,+\infty)$内单调有界，若选择$\{x_n\}$为单调数列，则$\{f(x_n)\}$为单调有界数列，可知$\{f(x_n)\}$必定收敛，可知选项 B 正确. 若$\{x_n\}$不是单调数列，则$f(x_n)$也不是单调的. 此时$\{f(x_n)\}$不一定收敛，可知 A 不正确.

如果$f(x_n)$在$(0,+\infty)$内单调减少，或$\{f(x_n)\}$收敛，但$x_n=n$，则$\{x_n\}$也必定发散，因此 C，D 不正确. 故选 B.

7 【参考答案】A

【解题思路】所给极限为“$\frac{0}{0}$”型，不能直接利用极限四则运算法则，如果直接利用洛必达法则也较复杂. 注意所求极限的函数为分式，当$x\to 0$时，分子第一项$\tan 3x\sim 3x$；第二项$\ln\cos^2x=\ln[1+(\cos^2x-1)]\sim\cos^2x-1\sim -x^2$，因此当$x\to 0$时分子为$x$的一阶无穷小量. 相仿当$x\to 0$时，分母的第一项与第二项之和$2e^x-2=2(e^x-1)\sim 2x$；第三项$3\sin^2x\sim 3x^2$，即分母在$x\to 0$时也是$x$的一阶无穷小量. 运算中可以转化为两个$x$的一阶无穷小量之比来计算.

【答案解析】

$$\lim_{x\to 0}\frac{\tan 3x+\ln\cos^2x}{2e^x-2+3\sin^2x}=\lim_{x\to 0}\frac{\tan 3x+\ln\cos^2x}{2(e^x-1)+3\sin^2x}$$

$$=\lim_{x\to 0}\frac{\tan 3x}{2x}=\frac{3}{2}.$$

故选 A.

8 【参考答案】A

【解题思路】题目给出$f\left(x-\frac{1}{x}\right)$的表达式，求$\lim\limits_{x\to 1}f(x)$的值，因此应先求$f(x)$的表达式. 如

果令 $t=x-\frac{1}{x}$，求出 $x=x(t)$，较复杂，可考虑将 $f\left(x-\frac{1}{x}\right)=\frac{x^6+x^2}{x^3-x^5}$ 右端凑为 $\left(x-\frac{1}{x}\right)$ 的函数.

【答案解析】由于 $$f\left(x-\frac{1}{x}\right)=\frac{x^6+x^2}{x^3-x^5}=\frac{x^4\left(x^2+\frac{1}{x^2}\right)}{x^4\left(\frac{1}{x}-x\right)}$$

$$=\frac{x^2+\frac{1}{x^2}}{\frac{1}{x}-x}=\frac{x^2-2+\frac{1}{x^2}+2}{\frac{1}{x}-x}=\frac{\left(x-\frac{1}{x}\right)^2+2}{-\left(x-\frac{1}{x}\right)},$$

因此 $$f(x)=-\frac{x^2+2}{x},$$

$$\lim_{x\to1}f(x)=\lim_{x\to1}\left(-\frac{x^2+2}{x}\right)=-3.$$

故选 A.

9 【参考答案】E

【解题思路】所给极限为“$\frac{0}{0}$”型. 可以考虑利用洛必达法则求解，但是注意到当 $x\to1$ 时，

$$\tan(x^2-6x+5)\sim x^2-6x+5,$$
$$\ln x^2=\ln[1+(x^2-1)]\sim x^2-1.$$

可以先利用等价无穷小量代换简化运算.

【答案解析】 $$\lim_{x\to1}\frac{\tan(x^2-6x+5)}{\ln x^2}=\lim_{x\to1}\frac{x^2-6x+5}{x^2-1}$$

$$=\lim_{x\to1}\frac{(x-1)(x-5)}{(x-1)(x+1)}=\lim_{x\to1}\frac{x-5}{x+1}=-2.$$

故选 E.

10 【参考答案】D

【解题思路】所给问题为求极限的反问题. 由所给极限可知当 $x\to0$ 时，$[\tan 2x+xf(x)]$ 是较 $\sin x^3$ 高阶的无穷小. 求 $\lim\limits_{x\to0}\frac{2+f(x)}{x^2}$ 可考虑将已知极限的函数转化为含 $\frac{2+f(x)}{x^2}$ 的形式.

【答案解析】由于 $$\lim_{x\to0}\frac{\tan 2x+xf(x)}{\sin x^3}=\lim_{x\to0}\frac{\tan 2x+xf(x)}{x^3}$$

$$=\lim_{x\to0}\frac{\tan 2x-2x+x[2+f(x)]}{x^3}$$

$$=\lim_{x\to0}\left[\frac{\tan 2x-2x}{x^3}+\frac{2+f(x)}{x^2}\right],$$

其中 $$\lim_{x\to0}\frac{\tan 2x-2x}{x^3}=\lim_{x\to0}\frac{\frac{1}{\cos^2 2x}\cdot2-2}{3x^2}$$

$$=\lim_{x\to0}\frac{2}{3}\cdot\frac{1-\cos^2 2x}{x^2\cos^2 2x}=\frac{2}{3}\lim_{x\to0}\frac{\sin^2 2x}{x^2}$$

$$= \frac{8}{3}.$$

故选 D.

11 【参考答案】E

【解题思路】可以将所给选项在 $x \to 0^+$ 时利用等价无穷小量代换进行比较，或求所给选项的函数与 x 之比在 $x \to 0^+$ 时的极限.

【答案解析】当 $x \to 0^+$ 时，

$$\ln(1-x) \sim -x, 1-e^x \sim -x,$$

$$2\ln\cos\sqrt{x} = 2\ln[1+(\cos\sqrt{x}-1)] \sim 2(\cos\sqrt{x}-1) \sim 2\times\left[-\frac{1}{2}(\sqrt{x})^2\right] = -x,$$

$$2(\sqrt{1+x}-1) \sim 2\times\frac{1}{2}x = x.$$

又

$$\lim_{x\to0^+}\frac{\ln\frac{1+x}{1-x}}{x} = \lim_{x\to0^+}\frac{\ln(1+x)-\ln(1-x)}{x} = \lim_{x\to0^+}\frac{\frac{1}{1+x}+\frac{1}{1-x}}{1}$$
$$= \lim_{x\to0^+}\frac{1-x+1+x}{1-x^2} = 2,$$

故选 E.

12 【参考答案】A

【解题思路】函数 $f(x)$ 为分段函数，$x=0$ 为分段点，欲求 $\lim\limits_{x\to0}f(x)$，应分别考查其左极限与右极限. 注意到 $\lim\limits_{x\to0}f(x)$ 与 $f(x)$ 在 $x=0$ 处的值存在与否无关，不必考虑 $f(0)$.

【答案解析】由于 $\lim\limits_{x\to0^-}f(x) = \lim\limits_{x\to0^-}\dfrac{e^{2\sin x}-1}{\tan x} = \lim\limits_{x\to0^-}\dfrac{2\sin x}{x} = 2,$

$$\lim_{x\to0^+}f(x) = \lim_{x\to0^+}(1+x)^{\frac{a}{x}} = e^a.$$

由极限性质可知，当 $\lim\limits_{x\to0^-}f(x) = \lim\limits_{x\to0^+}f(x)$，即 $2=e^a$，$a=\ln 2$ 时，$\lim\limits_{x\to0}f(x)$ 存在，且为 2. 故选 A.

13 【参考答案】A

【解题思路】只需从题设条件：当 $x\to0$ 时，$f(x)$ 与 $g(x)$ 为等价无穷小出发，即由 $\lim\limits_{x\to0}\dfrac{f(x)}{g(x)}=1$ 求解.

【答案解析】由于当 $x\to0$ 时，$f(x)=x-\sin ax$ 与 $g(x)=x^2\ln(1-bx)$ 为等价无穷小，因此

$$1 = \lim_{x\to0}\frac{x-\sin ax}{x^2\ln(1-bx)} = \lim_{x\to0}\frac{x-\sin ax}{-bx^3}$$
$$= \lim_{x\to0}\frac{1-a\cos ax}{-3bx^2}. \qquad (*)$$

由于上式极限存在，且分母极限为零，因此可知分子极限必定为零，从而

$$\lim_{x\to0}(1-a\cos ax) = 1-a = 0,$$

可知 $a=1$. 代入（$*$）式可得

$$1=\lim_{x\to0}\frac{1-\cos x}{-3bx^2}=\lim_{x\to0}\frac{\frac{1}{2}x^2}{-3bx^2}=-\frac{1}{6b},$$

因此 $b=-\frac{1}{6}$. 故选 A.

14 【参考答案】E

【解题思路】由于题目考查 $g(x)$ 在 $x=0$ 处的连续性，题设条件 $g(0)=0$，只需考查 $\lim\limits_{x\to0}g(x)$. 又题设条件只是 $\lim\limits_{x\to\infty}f(x)=a$，当 $x\neq0$ 时 $g(x)=f\left(\frac{3}{x}\right)$，可考虑将 $\lim\limits_{x\to0}g(x)$ 转化为 $\lim\limits_{x\to\infty}f(x)=a$.

【答案解析】设 $t=\frac{3}{x}$，则当 $x\to0$ 时，$t\to\infty$，因此有

$$\lim_{x\to0}g(x)=\lim_{x\to0}f\left(\frac{3}{x}\right)\xlongequal{令 t=\frac{3}{x}}\lim_{t\to\infty}f(t)=a,$$

可知当 $a=0$ 时，$g(x)$ 在 $x=0$ 处连续；当 $a\neq0$ 时，$x=0$ 为 $g(x)$ 的跳跃间断点. 故选 E.

15 【参考答案】A

【解题思路】首先应考虑 $f(x)$ 的定义域，可以发现 $x\neq0$，$x\neq1$. 因此 $f(x)$ 有两个间断点，再分头讨论. 注意当 $x<1$ 时，$f(x)$ 在 $x=0$ 处虽然不连续，但在 $x=0$ 两侧较小邻域内表达式相同，因此不必分左极限与右极限讨论. 在 $x=1$ 两侧 $f(x)$ 表达式不同，因此应考查 $\lim\limits_{x\to1^-}f(x)$ 与 $\lim\limits_{x\to1^+}f(x)$.

【答案解析】在 $x=0$ 足够小的邻域内有

$$\lim_{x\to0}f(x)=\lim_{x\to0}\frac{\ln|x|}{|x-1|}\sin x=\lim_{x\to0}x\cdot\ln|x|=\lim_{x\to0}\frac{\ln|x|}{\frac{1}{x}}$$

$$=\lim_{x\to0}\frac{\frac{1}{x}}{-\frac{1}{x^2}}=0.$$

又 $f(x)$ 在 $x=0$ 处无定义，可知 $x=0$ 为 $f(x)$ 的可去间断点.

在 $x=1$ 足够小的邻域内有

$$\lim_{x\to1^-}f(x)=\lim_{x\to1^-}\frac{\ln|x|}{|x-1|}\sin x=\lim_{x\to1^-}\frac{\ln x}{1-x}\cdot\sin x$$

$$=\sin1\cdot\lim_{x\to1^-}\frac{\ln[1+(x-1)]}{1-x}=\sin1\cdot\lim_{x\to1^-}\frac{x-1}{1-x}$$

$$=-\sin1,$$

$$\lim_{x\to1^+}f(x)=\lim_{x\to1^+}\frac{\ln|x|}{|x-1|}\sin x=\lim_{x\to1^+}\frac{\ln x}{x-1}\cdot\sin x$$

$$= \sin 1 \cdot \lim_{x\to 1^+} \frac{\ln[1+(x-1)]}{x-1} = \sin 1 \cdot \lim_{x\to 1^+} \frac{x-1}{x-1}$$

$$= \sin 1.$$

又 $f(x)$ 在 $x=1$ 处无定义，可知 $x=1$ 为 $f(x)$ 的跳跃间断点. 故选 A.

16 【参考答案】C

【解题思路】题设中 $f(x)=\lim_{n\to\infty}\frac{1-x^{2n}}{1+x^{2n}}$，欲考查其间断点或连续性，应先求出 $f(x)$ 的表达式.

【答案解析】已知 $f(x)=\lim_{n\to\infty}\frac{1-x^{2n}}{1+x^{2n}}$.

当 $|x|<1$ 时，$\lim_{n\to\infty}x^{2n}=0$，因此 $f(x)=\lim_{n\to\infty}\frac{1-x^{2n}}{1+x^{2n}}=1$；

当 $x=\pm 1$ 时，$1-x^{2n}=0$，因此 $f(\pm 1)=0$；

当 $|x|>1$ 时，$\lim_{n\to\infty}x^{2n}=\infty$，因此 $f(x)=\lim_{n\to\infty}\frac{1-x^{2n}}{1+x^{2n}}=\lim_{n\to\infty}\frac{x^{2n}(x^{-2n}-1)}{x^{2n}(x^{-2n}+1)}=-1.$

故

$$f(x)=\begin{cases}-1, & x<-1,\\ 0, & x=-1,\\ 1, & -1<x<1,\\ 0, & x=1,\\ -1, & x>1,\end{cases}$$

由上可知 $x=-1$，$x=1$ 为 $f(x)$ 的两个间断点. 故选 C.

17 【参考答案】E

【解题思路】所给极限为“$\frac{0}{0}$”型，可以考虑利用洛必达法则求解.

【答案解析】

$$\lim_{x\to 0}\frac{1}{x^2}\ln\frac{\tan x}{x}=\lim_{x\to 0}\frac{\ln\tan x-\ln x}{x^2}$$

$$=\lim_{x\to 0}\frac{\frac{1}{\tan x}\cdot\frac{1}{\cos^2 x}-\frac{1}{x}}{2x}=\lim_{x\to 0}\frac{\frac{1}{\sin x\cdot\cos x}-\frac{1}{x}}{2x}$$

$$=\lim_{x\to 0}\frac{2x-\sin 2x}{2x^2\sin 2x}=\lim_{x\to 0}\frac{2x-\sin 2x}{4x^3}$$

$$=\lim_{x\to 0}\frac{2-2\cos 2x}{12x^2}=\lim_{x\to 0}\frac{1-\cos 2x}{6x^2}=\lim_{x\to 0}\frac{2\sin 2x}{12x}$$

$$=\lim_{x\to 0}\frac{4x}{12x}=\frac{1}{3}.$$

故选 E.

18 【参考答案】A

【解题思路】所给极限为“$\frac{0}{0}$”型，可以考虑利用洛必达法则求解.

【答案解析】
$$\lim_{x\to0}\frac{e^{x^2}-e^{2-2\cos x}}{x^2\tan x^2}=\lim_{x\to0}\frac{e^{x^2-2+2\cos x}-1}{x^4}\cdot e^{2-2\cos x}$$
$$=\lim_{x\to0}\frac{x^2-2+2\cos x}{x^4}=\lim_{x\to0}\frac{2x-2\sin x}{4x^3}$$
$$=\lim_{x\to0}\frac{1-\cos x}{6x^2}=\lim_{x\to0}\frac{\frac{x^2}{2}}{6x^2}=\frac{1}{12}.$$

故选 A.

【评注】第 17、18 题虽然都是利用洛必达法则求解，但是两题都是与代数恒等变形、等价无穷小量代换相结合，从而简化了运算.

19 【参考答案】D

【解题思路】本题所给极限为“$\frac{0}{0}$”型，可利用洛必达法则求解. 但是注意到分子中含有幂指函数 x^x，欲使用洛必达法则，宜单独求$(x^x)'$，再将结果代入运算.

【答案解析】由于 $x^x=e^{\ln x^x}=e^{x\ln x}$，因此
$$(x^x)'=(e^{x\ln x})'=e^{x\ln x}(x\ln x)'=e^{x\ln x}(1+\ln x).$$

从而
$$\lim_{x\to0^+}\frac{x^x-1}{x\ln x}=\lim_{x\to0^+}\frac{(x^x-1)'}{(x\ln x)'}=\lim_{x\to0^+}\frac{e^{x\ln x}(1+\ln x)}{1+\ln x}=e^{\lim\limits_{x\to0^+}x\ln x}.$$

又
$$\lim_{x\to0^+}x\ln x=\lim_{x\to0^+}\frac{\ln x}{\frac{1}{x}}=\lim_{x\to0^+}\frac{\frac{1}{x}}{-\frac{1}{x^2}}=0,$$

所以
$$\lim_{x\to0^+}\frac{x^x-1}{x\ln x}=e^0=1.$$

故选 D.

20 【参考答案】E

【解题思路】注意当 $x\to+\infty$ 时，$\sin x+\cos x$ 极限不存在，但为有界变量，可以猜测结论只能为选项 A 或 E. 这需要考查 $\lim\limits_{x\to+\infty}\frac{x^3+x^2+1}{2^x+x^3}$，它是“$\frac{\infty}{\infty}$”型极限，可利用洛必达法则求解.

【答案解析】由于
$$\lim_{x\to+\infty}\frac{x^3+x^2+1}{2^x+x^3}=\lim_{x\to+\infty}\frac{3x^2+2x}{2^x\ln2+3x^2}$$
$$=\lim_{x\to+\infty}\frac{6x+2}{2^x\ln^2 2+6x}=\lim_{x\to+\infty}\frac{6}{2^x\ln^3 2+6}=0,$$

又当 $x\to+\infty$ 时，$\sin x+\cos x$ 为有界变量，由无穷小量与有界变量之积仍为无穷小量，得知原式 $=0$. 故选 E.

21 【参考答案】C

【解题思路】已知极限为"$\infty-\infty$"型，但问题是求极限的反问题，欲求此题仍需依"$\infty-\infty$"的方法推导.

【答案解析】
$$\lim_{x\to 0}\left[\frac{1}{x}-\left(\frac{1}{x}-a\right)e^x\right]=\lim_{x\to 0}\frac{1-(1-ax)e^x}{x}$$
$$=\lim_{x\to 0}\frac{ae^x-(1-ax)e^x}{1}=a-1=1.$$

因此 $a=2$. 故选 C.

22 【参考答案】D

【解题思路】所给极限为"1^{∞}"型，应先将函数变形，将所求极限转换为"$0\cdot\infty$"型，再求解.

【答案解析】设 $y=(\tan x)^{\frac{1}{\cos x-\sin x}}$，则
$$\ln y=\frac{1}{\cos x-\sin x}\ln\tan x=\frac{\ln\sin x-\ln\cos x}{\cos x-\sin x}.$$

方法 1　注意到此时如果设上式右端表达式为 $f(u)=\ln u$，则该表达式可以认定为 $f(u)$ 在以 $\sin x,\cos x$ 为端点位于 $x=\frac{\pi}{4}$ 邻近的一个小区间，函数值之差与区间长度之比，如果利用拉格朗日中值定理可知必定存在一点 ξ 介于 $\sin x$ 与 $\cos x$ 之间，使得
$$f(\sin x)-f(\cos x)=f'(\xi)\cdot(\sin x-\cos x),$$
从而
$$\lim_{x\to\frac{\pi}{4}}\ln y=\lim_{x\to\frac{\pi}{4}}\frac{\ln\sin x-\ln\cos x}{\cos x-\sin x}=\lim_{x\to\frac{\pi}{4}}\frac{\cos x-\sin x}{\cos x-\sin x}\cdot\frac{-1}{\xi}$$
$$\xlongequal{x\to\frac{\pi}{4}\text{时},\xi\to\frac{\sqrt{2}}{2}}\lim_{\xi\to\frac{\sqrt{2}}{2}}\frac{-1}{\xi}=-\frac{2}{\sqrt{2}}=-\sqrt{2},$$

因此 $\lim\limits_{x\to\frac{\pi}{4}}=e^{-\sqrt{2}}$，故选 D.

方法 2　由于
$$\lim_{x\to\frac{\pi}{4}}\ln y=\lim_{x\to\frac{\pi}{4}}\frac{\ln\sin x-\ln\cos x}{\cos x-\sin x}=\lim_{x\to\frac{\pi}{4}}\frac{\frac{\cos x}{\sin x}+\frac{\sin x}{\cos x}}{-\sin x-\cos x}$$
$$=\lim_{x\to\frac{\pi}{4}}\frac{\cos^2x+\sin^2x}{-\cos x\cdot\sin x(\cos x+\sin x)}=-\sqrt{2},$$

因此 $\lim\limits_{x\to\frac{\pi}{4}}y=e^{-\sqrt{2}}$，即 $\lim\limits_{x\to\frac{\pi}{4}}(\tan x)^{\frac{1}{\cos x-\sin x}}=e^{-\sqrt{2}}$. 故选 D.

23 【参考答案】B

【解题思路】$f(x)$ 是以极限 $\lim\limits_{t\to x}F(x,t)$ 出现，考查 $f(x)$ 的连续性，应先求出 $f(x)$ 的表达式.

【答案解析】由 $f(x)=\lim\limits_{t\to x}\left(\frac{x-1}{t-1}\right)^{\frac{1}{x-t}}=\lim\limits_{t\to x}\left(1+\frac{x-t}{t-1}\right)^{\frac{1}{x-t}}=\lim\limits_{t\to x}\left(1+\frac{x-t}{t-1}\right)^{\frac{t-1}{x-t}\cdot\frac{1}{t-1}}=e^{\frac{1}{x-1}}$，

可知 $x=1$ 为 $f(x)$ 的唯一间断点，注意到

$$\lim_{x\to1^-}f(x)=\lim_{x\to1^-}e^{\frac{1}{x-1}}=0,$$

$$\lim_{x\to1^+}f(x)=\lim_{x\to1^+}e^{\frac{1}{x-1}}=+\infty,$$

可知 $x=1$ 为 $f(x)$ 的第二类间断点. 故选 B.

24 【参考答案】B

【解题思路】$f(x)$ 的零点是方程 $f(x)=0$ 的根，即

$$\sin x+x+1=0$$

的根. 因此依题意只需考查上述方程在 $\left(-\frac{\pi}{2},\frac{\pi}{2}\right)$ 内的根的个数.

【答案解析】由于 $$f\left(-\frac{\pi}{2}\right)=\sin\left(-\frac{\pi}{2}\right)+\left(-\frac{\pi}{2}\right)+1=-\frac{\pi}{2}<0,$$

$$f\left(\frac{\pi}{2}\right)=\sin\frac{\pi}{2}+\frac{\pi}{2}+1=2+\frac{\pi}{2}>0,$$

又 $f(x)=\sin x+x+1$ 在 $\left[-\frac{\pi}{2},\frac{\pi}{2}\right]$ 上连续，由连续函数在闭区间上的介值定理，可知至少存在一点 $\xi\in\left(-\frac{\pi}{2},\frac{\pi}{2}\right)$，使得 $f(\xi)=0$，即在 $\left(-\frac{\pi}{2},\frac{\pi}{2}\right)$ 内 $f(x)$ 至少有一个零点.

由于 $f(x)=\sin x+x+1, f'(x)=\cos x+1$，因此 $f(x)$ 在 $\left(-\frac{\pi}{2},\frac{\pi}{2}\right)$ 内总有 $f'(x)>0$，所以 $f(x)$ 在 $\left(-\frac{\pi}{2},\frac{\pi}{2}\right)$ 内单调增加，因此 $f(x)$ 在 $\left(-\frac{\pi}{2},\frac{\pi}{2}\right)$ 内至多有一个零点.

综上所述，$f(x)$ 在 $\left(-\frac{\pi}{2},\frac{\pi}{2}\right)$ 内有唯一零点. 故选 B.

25 【参考答案】D

【解题思路】由曲线渐近线的定义来判定曲线的渐近线.

【答案解析】由于 $\lim\limits_{x\to\infty}\frac{2+e^{-x^2}}{1-e^{-x^2}}=2$，因此曲线 $y=\frac{2+e^{-x^2}}{1-e^{-x^2}}$ 有水平渐近线 $y=2$.

又 $\lim\limits_{x\to0}\frac{2+e^{-x^2}}{1-e^{-x^2}}=\infty$，所以曲线 $y=\frac{2+e^{-x^2}}{1-e^{-x^2}}$ 有铅直渐近线 $x=0$.

因为曲线在 $x\to+\infty$ 和 $x\to-\infty$ 时有水平渐近线，所以曲线不可能存在斜渐近线.
故选 D.

第二章 导数与微分

一、知识结构

- 导数与微分
  - 导数的定义
    - 定义与常见的等价形式
    - 左导数与右导数 → 函数在分段点处的可导性
  - 导数的几何意义 → 曲线 $y=f(x)$ 的切线方程
  - 导数的性质 → 周期函数的可导性
  - 微分的概念与性质
    - 概念
    - 几何意义
    - 微分、导数、连续性之间的关系
    - 一阶微分形式不变性
  - 导数与微分的基本运算
    - 基本公式与四则运算法则
    - 反函数求导
    - 复合函数求导的链式法则
    - 隐函数求导
    - 抽象函数求导
    - 对数求导法
      - 连乘除函数求导
      - 幂指函数求导
    - 参数方程形式的函数求导
    - 高阶导数
  - 导数应用之一 → 利用导数符号判定函数单调性
  - 导数应用之二 → 利用导数判定函数极值与最值
  - 导数应用之三 → 利用导数判定曲线凹凸性与拐点
  - 导数应用之四 → 利用微分中值定理判定不等式、方程根的范围或个数等
  - 导数应用之五 → 利用导数求解经济学中的最值问题

二、考点精讲

1. 导数的定义

设函数 $y=f(x)$ 在点 x_0 的某个邻域内有定义，当自变量 x 在 x_0 处取得增量 Δx（点 $x_0+\Delta x$ 仍在该邻域内）时，相应地，因变量取得增量 $\Delta y=f(x_0+\Delta x)-f(x_0)$，若

$$\lim_{\Delta x\to 0}\frac{\Delta y}{\Delta x}=\lim_{\Delta x\to 0}\frac{f(x_0+\Delta x)-f(x_0)}{\Delta x}$$

存在，则称函数 $y=f(x)$ 在点 x_0 处可导，该极限值记为 $y'\Big|_{x=x_0}$，或 $\frac{\mathrm{d}[f(x)]}{\mathrm{d}x}\Big|_{x=x_0}$.

① 常见的等价形式.

$$f'(x_0)=\lim_{h\to 0}\frac{f(x_0+h)-f(x_0)}{h},$$

$$f'(x_0)=\lim_{x\to x_0}\frac{f(x)-f(x_0)}{x-x_0}.$$

② 如果 $\lim\limits_{\Delta x\to 0^+}\frac{\Delta y}{\Delta x}$ 存在，则称函数 $y=f(x)$ 在点 x_0 处存在右导数，记为 $f'_+(x_0)$.

如果 $\lim\limits_{\Delta x\to 0^-}\frac{\Delta y}{\Delta x}$ 存在，则称函数 $y=f(x)$ 在点 x_0 处存在左导数，记为 $f'_-(x_0)$.

函数 $f(x)$ 在点 x_0 处可导的充分必要条件是左导数 $f'_-(x_0)$ 和右导数 $f'_+(x_0)$ 都存在，且相等.

导数的定义是常考的知识点，常见的题型是已知某极限存在，判定 $f(x)$ 在给定点处的可导性，或已知函数在某已知点处可导，求各种可以变化导数定义形式的极限，以及考查分段函数在分段点处的可导性，需利用左、右导数定义求解.

例 1 设 $f(x)=\begin{cases}3x^2, & x\leqslant 1,\\ 2x^3, & x>1,\end{cases}$ 则在 $x=1$ 处 $f(x)$ 的（　　）.

(A) 左导数存在，右导数不存在

(B) 左导数不存在，右导数存在

(C) 左导数与右导数都存在，且 $f(x)$ 的导数存在

(D) 左导数与右导数都存在，但 $f(x)$ 的导数不存在

(E) 左导数与右导数都不存在

【参考答案】 A

【解题思路】 由已知，得 $f(x)$ 为分段函数，且 $x=1$ 为分段点. 如果问题只是考查 $f(x)$ 在 $x=1$ 处的可导性，通常先判定 $f(x)$ 在 $x=1$ 处是否连续. 如果 $f(x)$ 在 $x=1$ 处不连续，则可以判定 $f(x)$ 在 $x=1$ 处不可导. 如果 $f(x)$ 在 $x=1$ 处连续，需利用导数定义判定 $f(x)$ 的可导性. 本题还要判定 $f(x)$ 在 $x=1$ 处的左导数与右导数的存在性，需依定义来判定.

【答案解析】 由于 $\lim\limits_{x\to 1^-}\frac{f(x)-f(1)}{x-1}=\lim\limits_{x\to 1^-}\frac{3x^2-3}{x-1}=\lim\limits_{x\to 1^-}\frac{3(x-1)(x+1)}{x-1}=6=f'_-(1)$,

$$\lim_{x\to 1^+}\frac{f(x)-f(1)}{x-1}=\lim_{x\to 1^+}\frac{2x^3-3}{x-1}=-\infty,$$

可知 $f(x)$ 在 $x=1$ 处左导数存在，右导数不存在，故选 A.

例 2 下列各式中极限都存在，则使得 $f(x)$ 在 x_0 处可导的是（　　）.

(A) $\lim\limits_{\Delta x\to 0}\dfrac{f(x_0+2\Delta x)-f(x_0+\Delta x)}{\Delta x}$

(B) $\lim\limits_{h\to 0}\dfrac{f(x_0+h^2)-f(x_0)}{h^2}$

(C) $\lim\limits_{h\to 0}\dfrac{f(x_0)-f(x_0+h)}{h}$

(D) $\lim\limits_{h\to 0^+}\dfrac{f(x_0-h)-f(x_0)}{h}$

(E) $\lim\limits_{\Delta x\to 0^-}\dfrac{f(x_0)-f(x_0-\Delta x)}{\Delta x}$

【参考答案】C

【解题思路】所给选项皆与导数定义的形式相仿，因此可以从导数定义来分析.

首先，应明确不论是导数的定义还是定义的等价形式，皆为$\dfrac{\text{函数增量}}{\text{自变量增量}}$在自变量增量 $\to 0$ 时的极限形式，而函数增量皆为“函数在动点值－定点值”. 所有“函数在动点值－动点值”作为函数增量与自变量增量比值的极限即使存在，也不能作为极限存在的充分条件. 其次，自变量的增量不论用什么形式表示，必须 $\to 0$，不能仅 $\to 0^+$ 或 0^-.

【答案解析】对于 A，函数增量用“函数在动点值－动点值”表示，因此不正确，特别地，可以举例 $f(x)=|x|$ 说明.

对于 B，令 $\Delta x=h^2$，则当 $h\to 0$ 时，$\Delta x\to 0^+$，因此

$$\lim_{h\to 0}\frac{f(x_0+h^2)-f(x_0)}{h^2}=\lim_{\Delta x\to 0^+}\frac{f(x_0+\Delta x)-f(x_0)}{\Delta x},$$

这表明，$\lim\limits_{h\to 0}\dfrac{f(x_0+h^2)-f(x_0)}{h^2}$ 存在只能表示 $f'_+(x_0)$ 存在，不能说明 $f'(x_0)$ 存在.

相仿，对于 D，$\lim\limits_{h\to 0^+}\dfrac{f(x_0-h)-f(x_0)}{h}$ 存在，只能表明 $f'_-(x_0)$ 存在.

对于 E，$\lim\limits_{\Delta x\to 0^-}\dfrac{f(x_0)-f(x_0-\Delta x)}{\Delta x}$ 存在，只能表明 $f'_+(x_0)$ 存在.

对于 C，$\lim\limits_{h\to 0}\dfrac{f(x_0)-f(x_0+h)}{h}=-\lim\limits_{h\to 0}\dfrac{f(x_0+h)-f(x_0)}{h}=-f'(x_0)$.

故选 C.

【评注】需特别指出两个常用的结论.

①$y=|x|$ 在点 $x=0$ 处连续；左导数为 -1，右导数为 1，但不可导.

② 当 $a>0$ 时，$y=x^a|x|$ 在点 $x=0$ 处可导.

2. 导数的几何意义

如果 $y=f(x)$ 在 x_0 处可导，则导数值 $f'(x_0)$ 为曲线 $y=f(x)$ 在点 $(x_0,f(x_0))$ 处切线的斜率.

记 $y_0 = f(x_0)$，当 $f'(x_0)$ 存在时，曲线 $y = f(x)$ 在 (x_0, y_0) 处的切线方程为

$$y - y_0 = f'(x_0)(x - x_0). \qquad (*)$$

当 $f'(x_0) \neq 0$ 时，法线方程为

$$y - y_0 = -\frac{1}{f'(x_0)}(x - x_0).$$

特别地，当 $f'(x_0) = 0$ 时，切线方程为 $y = y_0$.

【注】 求切线方程也是常考的知识点. 试题多为给出切点坐标，求切线方程. 只需求出导数再依公式(＊)写出切线方程.

题目类型包括显式函数 $y = f(x)$ 或由方程 $F(x,y) = 0$ 确定的隐函数 $y = f(x)$ 表示的曲线在给定点的切线方程.

试题也常以给出曲线方程和其他条件形式出现，不给出切点，求其满足给定条件的切线方程. 这需先求出切点坐标再依公式(＊)写出切线方程.

3. 导数的性质

函数 $y = f(x)$ 在点 x_0 处可导，则 $y = f(x)$ 在 x_0 处必连续，反之不一定成立. 如 $y = |x|$ 在 $x = 0$ 处连续，但不可导.

如果 $y = f(x)$ 是以 T 为周期的可导函数，则 $f'(x)$ 也是以 T 为周期的函数.

【注】 若 $y = f(x)$ 为连续函数，则 $y = |f(x)|$ 也是连续函数，但是若 $y = f(x)$ 为可导函数，则 $y = |f(x)|$ 不一定可导. 如 $y = x$ 在 $x = 0$ 处可导，但是 $y = |x|$ 在 $x = 0$ 处不可导.

例 3 设函数

$$f(x) = \begin{cases} e^{ax}, & x \leqslant 0, \\ b(1 - x^2), & x > 0 \end{cases}$$

在 $x = 0$ 处可导，则 a 与 b 的值分别为(　　).

(A) $a = 0, b = 0$　　(B) $a = 1, b = 0$

(C) $a = 0, b = 1$　　(D) $a = 1, b = 1$

(E) $a = 0, b = -1$

【参考答案】 C

【解题思路】 所给函数 $f(x)$ 为分段函数，$x = 0$ 为其分段点，题设条件为 $f(x)$ 在 $x = 0$ 处可导，可以考虑由左导数与右导数定义求解，但是如果利用函数在某点可导则必定连续的性质，可以简化运算.

【答案解析】 由于 $f(x)$ 在 $x = 0$ 处可导，可知 $f(x)$ 在 $x = 0$ 处必定连续，

$$\lim_{x\to0^-}f(x)=\lim_{x\to0^-}e^{ax}=1,$$
$$\lim_{x\to0^+}f(x)=\lim_{x\to0^+}b(1-x^2)=b.$$

$f(x)$ 在 $x=0$ 处连续，必定存在极限，从而有 $b=1$.

因此

$$f(x)=\begin{cases}e^{ax}, & x\leqslant0,\\ 1-x^2, & x>0.\end{cases}$$

由于

$$f'_-(0)=\lim_{x\to0^-}\frac{f(x)-f(0)}{x}=\lim_{x\to0^-}\frac{e^{ax}-1}{x}=\lim_{x\to0^-}\frac{ax}{x}=a,$$
$$f'_+(0)=\lim_{x\to0^+}\frac{f(x)-f(0)}{x}=\lim_{x\to0^+}\frac{1-x^2-1}{x}=0,$$

又 $f'_-(0)=f'_+(0)$，因此 $a=0$.

故选 C.

4. 微分的概念与性质

若函数 $y=f(x)$ 在某区间内有定义，x_0 及 $x_0+\Delta x$ 都在该区间内，如果 $\Delta y=A\Delta x+o(\Delta x)$，其中 A 是不依赖于 Δx 的常数，那么称函数 $y=f(x)$ 在 x_0 处可微，称 $A\Delta x$ 为 $y=f(x)$ 在 x_0 处关于 Δx 的微分，记为

$$dy=A\Delta x=Adx.$$

$y=f(x)$ 可微分必可导，反之亦成立，且有 $dy=y'dx$.

对于可微函数而言，当自变量改变 Δx 时，Δy 是曲线 $y=f(x)$ 上点的纵坐标增量，dy 是曲线的切线上对应点的纵坐标的增量. 当 Δx 是无穷小量时，Δy 与 dy 相差一个关于 Δx 的高阶无穷小量，dy 是 Δy 的线性主部.

如果 $y'\neq0$，则当 $\Delta x\to0$ 时，$dy\sim\Delta y$.

例 4 设函数 $y=f(x)$ 在点 x_0 处可导，且 $f'(x_0)\neq0$. 当自变量有增量 Δx 时，函数 $y=f(x)$ 的增量为 Δy，则极限 $\lim\limits_{\Delta x\to0}\dfrac{\Delta y-dy}{dy}$ 为(　　).

(A) -1　　(B) 0　　(C) 1　　(D) 2　　(E) ∞

【参考答案】B

【解题思路】题目给出 $f(x)$ 在 x_0 处可导，考查 $\lim\limits_{\Delta x\to0}\dfrac{\Delta y-dy}{dy}$，注意，如果 $f(x)$ 在 x_0 处可导，则必定可微分. 因此可以由微分的性质入手.

【答案解析】由微分的定义可知 $\Delta y-dy=o(\Delta x)$，而 $dy=y'dx$，$dy\big|_{x=x_0}=f'(x_0)\Delta x$.

由题设知 $f'(x_0)\neq0$，可得

$$\lim_{\Delta x\to0}\frac{\Delta y-dy}{dy}=\lim_{\Delta x\to0}\frac{o(\Delta x)}{f'(x_0)\Delta x}=\lim_{\Delta x\to0}\frac{1}{f'(x_0)}\cdot\frac{o(\Delta x)}{\Delta x}=0,$$

故选 B.

5. 导数与微分的基本运算

(1) 要熟记导数与微分的基本公式和四则运算法则.

① 导数与微分的基本公式如下表所示.

导数	微分
$C'=0$(C 是常数)	$\mathrm{d}C=0$(C 是常数)
$(x^{\mu})'=\mu x^{\mu-1}(\mu\neq0)$	$\mathrm{d}(x^{\mu})=\mu x^{\mu-1}\mathrm{d}x(\mu\neq0)$
$(\log_a x)'=\dfrac{1}{x\ln a}(a>0,a\neq1)$	$\mathrm{d}(\log_a x)=\dfrac{1}{x\ln a}\mathrm{d}x(a>0,a\neq1)$
$(\ln x)'=\dfrac{1}{x}$	$\mathrm{d}(\ln x)=\dfrac{1}{x}\mathrm{d}x$
$(a^x)'=a^x\ln a(a>0,a\neq1)$	$\mathrm{d}(a^x)=a^x\ln a\mathrm{d}x(a>0,a\neq1)$
$(\mathrm{e}^x)'=\mathrm{e}^x$	$\mathrm{d}(\mathrm{e}^x)=\mathrm{e}^x\mathrm{d}x$
$(\sin x)'=\cos x$	$\mathrm{d}(\sin x)=\cos x\mathrm{d}x$
$(\cos x)'=-\sin x$	$\mathrm{d}(\cos x)=-\sin x\mathrm{d}x$
$(\tan x)'=\dfrac{1}{\cos^2 x}$	$\mathrm{d}(\tan x)=\dfrac{1}{\cos^2 x}\mathrm{d}x$
$(\cot x)'=-\dfrac{1}{\sin^2 x}$	$\mathrm{d}(\cot x)=-\dfrac{1}{\sin^2 x}\mathrm{d}x$
$(\arcsin x)'=\dfrac{1}{\sqrt{1-x^2}}$	$\mathrm{d}(\arcsin x)=\dfrac{1}{\sqrt{1-x^2}}\mathrm{d}x$
$(\arccos x)'=-\dfrac{1}{\sqrt{1-x^2}}$	$\mathrm{d}(\arccos x)=-\dfrac{1}{\sqrt{1-x^2}}\mathrm{d}x$
$(\arctan x)'=\dfrac{1}{1+x^2}$	$\mathrm{d}(\arctan x)=\dfrac{1}{1+x^2}\mathrm{d}x$
$(\mathrm{arccot}\, x)'=-\dfrac{1}{1+x^2}$	$\mathrm{d}(\mathrm{arccot}\, x)=-\dfrac{1}{1+x^2}\mathrm{d}x$

② 导数与微分的四则运算法则(见下表,表中 $u=u(x),v=v(x)$ 可导,C 为常数).

导数	微分
$(u\pm v)'=u'\pm v'$	$\mathrm{d}(u\pm v)=\mathrm{d}u\pm\mathrm{d}v$
$(uv)'=u'v+uv'$	$\mathrm{d}(uv)=v\mathrm{d}u+u\mathrm{d}v$
$(Cu)'=Cu'$	$\mathrm{d}(Cu)=C\mathrm{d}u$
$\left(\dfrac{u}{v}\right)'=\dfrac{u'v-uv'}{v^2}(v\neq0)$	$\mathrm{d}\left(\dfrac{u}{v}\right)=\dfrac{v\mathrm{d}u-u\mathrm{d}v}{v^2}(v\neq0)$

(2) 反函数求导：$\frac{dx}{dy}=\frac{1}{\frac{dy}{dx}}$，即反函数的导数等于直接函数导数的倒数.

(3) 复合函数求导：若 $y=f(u)$，$u=u(x)$ 都可导，则 $y=f[u(x)]$ 也可导，且

$$\frac{dy}{dx}=\frac{dy}{du}\cdot\frac{du}{dx}.$$

对多重复合的函数仍有相仿的链式法则，如 $y=f(u)$，$u=u(v)$，$v=v(x)$，且 $f(u)$，$u(v)$，$v(x)$ 都可导，则 $y=f\{u[v(x)]\}$ 也可导，且有

$$\frac{dy}{dx}=\frac{dy}{du}\cdot\frac{du}{dv}\cdot\frac{dv}{dx}.$$

(4) 隐函数求导.

若 $y=y(x)$ 由 $F(x,y)=0$ 确定，求 $y'(x)$ 通常有两种方法. 其一是将 $F(x,y)=0$ 两端关于 x 求导，此时认定 $y=y(x)$. 其二是将 $F(x,y)=0$ 中 x,y 的地位认作一样，求出 F 对 x 的偏导数 F'_x 与 F 对 y 的偏导数 F'_y，再由 $y'=-\frac{F'_x}{F'_y}$ 得出所求导数.

例 5 设 $y=y(x)$ 由 $e^y+x^2y-y^2=1$ 确定，求 y'.

【解题思路】方法 1 是将所给方程两端直接对 x 求导，从而解出 y'，但是求导时，需将 y 认作是 $y(x)$. 方法 2 是设 $F(x,y)=e^y+x^2y-y^2-1$，利用 $y'=-\frac{F'_x}{F'_y}$ 解之.

【答案解析】**方法 1** 将 $e^y+x^2y-y^2=1$ 两端对 x 求导，有

$$e^y\cdot y'+2xy+x^2y'-2yy'=0,$$

整理得

$$(e^y+x^2-2y)y'=-2xy,$$

$$y'=-\frac{2xy}{e^y+x^2-2y}.$$

方法 2 设 $F(x,y)=e^y+x^2y-y^2-1$，则

$$F'_x=2xy,F'_y=e^y+x^2-2y,$$

$$y'=-\frac{F'_x}{F'_y}=-\frac{2xy}{e^y+x^2-2y}.$$

【评注】方法 2 中求 F'_x 与 F'_y 时，要将 x,y 同等对待，不要将 y 认作 $y(x)$.

(5) 抽象函数求导. 如 $y=f(\sin x)$，其中 $f(t)$ 可导，求 y'. 只需将其视为复合函数 $y=f(u)$，$u=\sin x$，那么可得

$$\frac{dy}{dx}=f'(\sin x)\cdot(\sin x)'=f'(\sin x)\cdot\cos x.$$

(6) 对数求导法. 对于由连乘除因子构成的函数或幂指函数，通常是利用对数性质，先将函数变形，再利用隐函数求导法求之，称这种求导方法为对数求导法.

例 6 设 $y=\frac{e^x\cdot\sin x}{(x-1)(x+2)}$，求 y'.

【解题思路】所给函数为连乘除的形式，应先利用对数性质，将因子连乘除形式转换为连加减

形式，以简化运算.

【答案解析】先将所给函数表达式两端取对数，得

$$\ln y = \ln e^x + \ln\sin x - \ln(x-1) - \ln(x+2)$$
$$= x + \ln\sin x - \ln(x-1) - \ln(x+2),$$

两端关于 x 求导，可得

$$\frac{1}{y}\cdot y' = 1 + \frac{\cos x}{\sin x} - \frac{1}{x-1} - \frac{1}{x+2},$$

$$y' = y\left(1 + \frac{\cos x}{\sin x} - \frac{1}{x-1} - \frac{1}{x+2}\right)$$

$$= \frac{e^x\cdot\sin x}{(x-1)(x+2)}\left(1 + \frac{\cos x}{\sin x} - \frac{1}{x-1} - \frac{1}{x+2}\right).$$

例 7　设 $y = x^{\cos x}$，求 y'.

【解题思路】所给函数为幂指函数形式，应先利用对数性质将其转化为初等函数相乘形式以简化运算.

【答案解析】先对幂指函数两端取对数，则有

$$\ln y = \cos x\cdot\ln x,$$

两端对 x 求导，可得

$$\frac{1}{y}y' = -\sin x\cdot\ln x + \cos x\cdot\frac{1}{x},$$

$$y' = y\left(\frac{1}{x}\cos x - \sin x\cdot\ln x\right) = x^{\cos x}\left(\frac{1}{x}\cos x - \sin x\cdot\ln x\right).$$

(7) 参数方程形式的函数求导.

设 $y = y(x)$ 由 $\begin{cases} x = x(t), \\ y = y(t) \end{cases}$ 确定，其中 $x(t), y(t)$ 可导，且 $\frac{dx}{dt} \neq 0$，则 $\frac{dy}{dx} = \frac{\frac{dy}{dt}}{\frac{dx}{dt}}$.

如果求 $\frac{d^2y}{dx^2}$，只需将 $\frac{dy}{dx}$ 依然视为 t 的函数，因此有

$$\frac{d^2y}{dx^2} = \frac{\frac{d}{dt}\left(\frac{dy}{dx}\right)}{\frac{dx}{dt}}.$$

(8) 高阶导数运算.

求高阶导数，关键是注意寻找规律，有时需要对 y, y', y'' 适当进行恒等变形，以简化运算.

例 8　设 $y = \frac{1}{4-x^2}$，求 $y^{(n)}$.

【解题思路】如果直接求 $y', y'', \cdots$ 将非常复杂，注意对 y, y' 恒等变形，将可以简化运算.

【答案解析】　$y = \frac{1}{4-x^2} = \frac{1}{(2-x)(2+x)} = \frac{1}{4}\left(\frac{1}{2-x} + \frac{1}{2+x}\right)$

$$= \frac{1}{4}[(2-x)^{-1} + (2+x)^{-1}],$$

令
$$y_1 = (2-x)^{-1}, y_2 = (2+x)^{-1},$$
则
$$y_1' = (2-x)^{-2}, y_2' = (-1)(2+x)^{-2},$$
$$y_1'' = 2(2-x)^{-3}, y_2'' = (-1)(-2)(2+x)^{-3},$$
$$\cdots\cdots$$
$$y_1^{(n)} = n!(2-x)^{-(n+1)}, y_2^{(n)} = (-1)^n n!(2+x)^{-(n+1)},$$
则
$$y^{(n)} = \frac{1}{4}n![(2-x)^{-(n+1)} + (-1)^n(2+x)^{-(n+1)}].$$

【评注】对于上述各种形式的函数的微分运算，都可以先求出 y'，再依照 $\mathrm{d}y = y'\mathrm{d}x$ 求出微分，也可以直接利用微分运算法则求之. 导数与微分运算是考试中必考的知识点.

6. 利用导数符号判定函数的单调性

这是常考的知识点之一. 判定的基本方法依据如下.

设函数 $y = f(x)$ 在 $[a,b]$ 上连续，在 (a,b) 内可导.

① 如果在 (a,b) 内 $f'(x) \geqslant 0$，且等号仅在有限多个点处成立，那么函数 $y = f(x)$ 在 $[a,b]$ 上单调增加；

② 如果在 (a,b) 内 $f'(x) \leqslant 0$，且等号仅在有限多个点处成立，那么函数 $y = f(x)$ 在 $[a,b]$ 上单调减少.

上述判定依据可以延拓到无限区间.

7. 利用导数判定函数在某区间内的极值与最值

若函数 $f(x)$ 在点 x_0 的某邻域 $U(x_0)$ 内有定义，如果对于去心邻域 $\mathring{U}(x_0)$ 内任意一点 x，有 $f(x) < f(x_0)$（或 $f(x) > f(x_0)$），则称 $f(x_0)$ 是 $f(x)$ 的一个极大值（或极小值）.

极大值和极小值统称为极值，使函数取得极值的点，称为函数的极值点. 如果函数 $f(x)$ 在 x_0 处可导，且在 x_0 处取得极值，必有 $f'(x_0) = 0$. 使 $f'(x) = 0$ 的点称为 $f(x)$ 的驻点.

判定极值的第一充分条件 设函数 $f(x)$ 在 x_0 处连续，且在 x_0 的某去心邻域 $\mathring{U}(x_0)$ 内可导.

① 若 $x \in (x_0 - \delta, x_0)$ 时，$f'(x) > 0$；而 $x \in (x_0, x_0 + \delta)$ 时，$f'(x) < 0$，则 $f(x)$ 在 x_0 处取得极大值.

② 若 $x \in (x_0 - \delta, x_0)$ 时，$f'(x) < 0$；而 $x \in (x_0, x_0 + \delta)$ 时，$f'(x) > 0$，则 $f(x)$ 在 x_0 处取得极小值.

③ 若 $x \in \mathring{U}(x_0)$ 时，$f'(x)$ 的符号保持不变，则 $f(x)$ 在 x_0 处没有极值.

判定极值的第二充分条件 设函数 $f(x)$ 在 x_0 处具有二阶导数且 $f'(x_0) = 0, f''(x_0) \neq 0$，则

① 当 $f''(x_0) < 0$ 时，函数 $f(x)$ 在 x_0 处取得极大值；

② 当 $f''(x_0) > 0$ 时，函数 $f(x)$ 在 x_0 处取得极小值.

判定极值的第三充分条件 若$f(x)$在x_0处n阶可导，且$f'(x_0)=f''(x_0)=\cdots=f^{(n-1)}(x_0)=0$，$f^{(n)}(x_0)\neq 0(n\geqslant 2)$，则

① 当n为偶数时，$f(x_0)$为$f(x)$的极值. 当$f^{(n)}(x_0)<0$时，$f(x_0)$为$f(x)$的极大值；当$f^{(n)}(x_0)>0$时，$f(x_0)$为$f(x)$的极小值.

② 当n为奇数时，点x_0不为$f(x)$的极值点，而点$(x_0,f(x_0))$为曲线$y=f(x)$的拐点.

求函数$y=f(x)$的极值是常考的知识点. 求极值的一般步骤如下.

① 求出函数$y=f(x)$的导数$f'(x)$.

② 求出$y=f(x)$的全部驻点与不可导的点.

③ 考查$f'(x)$的符号在每个驻点及不可导点左、右邻域内$f'(x)$的符号，以确定该点是否为极值点. 如果是极值点，进一步确定是极大值点还是极小值点.

对于不可导的点，也可以考虑利用极值的定义，即比较该点邻域内各点的值.

④ 求出各极值点的函数值，得出全部极值与极值点.

求函数$y=f(x)$在$[a,b]$上的最大值与最小值，可以采用以下步骤.

① 在(a,b)内先求出函数$y=f(x)$的驻点及不可导点，见求极值的第①，②步.

② 求出所有驻点、不可导点处的函数值及$f(a)$，$f(b)$，进行比较，其中最大(小)值即为函数$f(x)$在$[a,b]$上的最大(小)值，相应点即为最大(小)值点.

8. 利用导数判定曲线的凹凸性与拐点

设$f(x)$在区间I上连续. 如果对I内任意两点x_1,x_2恒有

$$f\left(\frac{x_1+x_2}{2}\right)<\frac{f(x_1)+f(x_2)}{2},$$

那么称$f(x)$的图形(曲线弧)是凹的；如果恒有

$$f\left(\frac{x_1+x_2}{2}\right)>\frac{f(x_1)+f(x_2)}{2},$$

那么称$f(x)$的图形(曲线弧)是凸的.

设$y=f(x)$在区间I上连续，x_0为I内的点，如果曲线$y=f(x)$经过点$(x_0,f(x_0))$时，曲线的凹凸性改变了，那么点$(x_0,f(x_0))$称为曲线$y=f(x)$的拐点.

曲线凹凸性与拐点的判定定理如下.

判定定理1 设$f(x)$在$[a,b]$上连续，在(a,b)内有二阶导数，则

① 若在(a,b)内$f''(x)>0$，则曲线$y=f(x)$在$[a,b]$上为凹.

② 若在(a,b)内$f''(x)<0$，则曲线$y=f(x)$在$[a,b]$上为凸.

设$y=f(x)$在(a,b)内二阶可导，且$x_0\in(a,b)$，若点$(x_0,f(x_0))$为曲线$y=f(x)$的拐点，则必有$f''(x_0)=0$.

曲线凹凸性的判定步骤如下.

设函数$y=f(x)$在$[a,b]$上连续.

① 在(a,b)内求出$f''(x)=0$的点及二阶导数不存在的点.

② 判定在上述各点邻近 $f''(x)$ 的符号,依判定定理 1,求出曲线的凹凸区间.

判定定理 2　设 $f(x)$ 在 x_0 处 n 阶可导,且 $f'(x_0)=f''(x_0)=\cdots=f^{(n-1)}(x_0)=0$,$f^{(n)}(x_0)\neq 0(n\geqslant 3)$,则当 n 为奇数时,$(x_0,f(x_0))$ 为拐点.

判定曲线的凹凸性与曲线的拐点也是常考题型.

例 9　已知函数 $y=\dfrac{x^3}{(x-1)^2}$,求:

(1) 函数的增减区间及极值;

(2) 函数图形的凹凸区间及拐点;

(3) 函数图形的渐近线.

【解题思路】欲求函数的增减区间及极值,需依 y' 的符号来判定. 欲求函数图形的凹凸区间及拐点,需依 y'' 的符号来判定. 欲求图形的渐近线,需依渐近线的判定方法依次考查 $\lim\limits_{x\to\infty}f(x)$,$\lim\limits_{x\to x_0}f(x)$ 是否为 ∞ 来判定曲线的水平渐近线与铅直渐近线,考查 $\lim\limits_{x\to\infty}\dfrac{f(x)}{x}=a(\neq 0)$,$\lim\limits_{x\to\infty}[f(x)-ax]=b$ 得出斜渐近线 $y=ax+b$.

【答案解析】所给函数定义域为 $(-\infty,1)\cup(1,+\infty)$.

$y'=\dfrac{x^2(x-3)}{(x-1)^3}$,令 $y'=0$,得 y 的驻点 $x=0,x=3$.

$y''=\dfrac{6x}{(x-1)^4}$,令 $y''=0$,得 $x=0$.

列表如下:

x	$(-\infty,0)$	0	$(0,1)$	1	$(1,3)$	3	$(3,+\infty)$
y'	$+$	0	$+$	无定义	$-$	0	$+$
y''	$-$	0	$+$	无定义	$+$	$+$	$+$
y	↗凸	拐点 $(0,0)$	↗凹	无定义	↘凹	极小值 $\frac{27}{4}$	↗凹

(1) 函数的单调增加区间为 $(-\infty,1),(3,+\infty)$;单调减少区间为 $(1,3)$. 在 $x=3$ 处取得极小值 $\dfrac{27}{4}$.

(2) 函数图形的凸区间为 $(-\infty,0)$;凹区间为 $(0,1),(1,+\infty)$. 拐点为 $(0,0)$.

(3) 由于 $\lim\limits_{x\to 1}\dfrac{x^3}{(x-1)^2}=\infty$,可知 $x=1$ 为曲线的铅直渐近线.

$\lim\limits_{x\to\infty}\dfrac{x^3}{(x-1)^2}=\infty$,可知曲线没有水平渐近线.

$$\lim_{x\to\infty}\frac{f(x)}{x}=\lim_{x\to\infty}\frac{x^3}{x(x-1)^2}=1=a,$$

$$\lim_{x\to\infty}[f(x)-ax]=\lim_{x\to\infty}\left[\frac{x^3}{(x-1)^2}-x\right]=2=b,$$

可知 $y=x+2$ 为函数图形的斜渐近线.

9.涉及导数（微分）的中值定理

利用罗尔定理判定方程根的范围或个数，利用拉格朗日中值定理判定不等式.

10.利用导数求解经济学中的最值问题

（1）常见的几个函数.

① 商品需求量 Q 与商品单价 p 之间的关系 $Q=f(p)$ 称为需求函数.

② 生产产品产量 Q 与所需总费用 C 之间的关系 $C=C(Q)$ 称为成本函数.

③ 出售数量为 Q 的商品，所获总收入 R 与 Q 的关系 $R=R(Q)$ 称为收益函数.

一般地，$R=Qp$，称 $p=f^{-1}(Q)$ 为价格函数，也常称为反需求函数.

④ 出售数量为 Q 的商品，所获总利润 L 与 Q 的函数关系 $L=L(Q)$ 称为利润函数.

一般地，总利润

$$L=L(Q)=R(Q)-C(Q)=Qf^{-1}(Q)-[(C_1+C_2(Q)],$$

其中 C_1 为固定成本，$C_2(Q)$ 为可变成本.

（2）边际分析.

设 $y=f(x)$ 可导，则 $f'(x)$ 在经济学中称为 $f(x)$ 的边际函数.

由于

$$\Delta y\Big|_{x=x_0}\approx \mathrm{d}y\Big|_{x=x_0}=f'(x_0)\Delta x,$$

因此

$$\Delta y\Big|_{\substack{x=x_0\\ \Delta x=1}}\approx f'(x_0).$$

这表明边际函数值在 $x=x_0$ 处，当自变量改变 1 个单位时，函数 $f(x)$ 的近似改变量为 $f'(x_0)$. 如边际需求 $Q'=f'(p)$，表示商品在价格 p 时，再增加 1 个单位所引起的需求变化.

（3）弹性分析.

函数的弹性分析实际是函数的相对变化率.

设函数 $y=f(x)$ 在点 x_0 处可导，函数的相对改变量 $\dfrac{\Delta y}{y_0}$ 与自变量的相对改变量 $\dfrac{\Delta x}{x_0}$ 之比 $\dfrac{\Delta y/y_0}{\Delta x/x_0}$ 称为函数 $f(x)$ 从 $x=x_0$ 到 $x=x_0+\Delta x$ 两点间的相对变化率，或称为两点间的弹性. 当 $\Delta x\to 0$ 时，$\dfrac{\Delta y/y_0}{\Delta x/x_0}$ 的极限称为 $f(x)$ 在点 $x=x_0$ 处的相对变化率（相对导数），或称为弹性，记作

$$\frac{Ey}{Ex}\Big|_{x=x_0} \text{或} \frac{E}{Ex}f(x_0),$$

即

$$\frac{Ey}{Ex}\Big|_{x=x_0}=\lim_{\Delta x\to 0}\frac{\Delta y/y_0}{\Delta x/x_0}=f'(x_0)\cdot\frac{x_0}{f(x_0)}.$$

这表示在 $x=x_0$ 处，当 x 产生 1% 的改变时，$f(x)$ 近似改变 $\dfrac{Ey}{Ex}\Big|_{x=x_0}$.

需求对价格的弹性：若 $Q=f(p)$，记弹性为 η，则

$$\eta\Big|_{p=p_0}=-f'(p_0)\frac{p_0}{f(p_0)}.$$

因为 $Q=f(p)$ 是单减函数，所以 $f'(p)<0$. 用正数表示弹性.

需求弹性与总收益：若总收益 $R=pQ=pf(p)$，则

$$R'(p)=f(p)+pf'(p)=f(p)\left[1+f'(p)\cdot\frac{p}{f(p)}\right]=f(p)(1-\eta).$$

①$\eta<1$ 时，表示需求的变动幅度小于价格的变动幅度，此时 $R'>0$，说明收益 R 单调增加，即价格上涨，总收益增加；价格下跌，总收益减少.

②$\eta>1$ 时，即需求的变动幅度大于价格的变动幅度，此时 $R'<0$，情况与 ① 相反.

③$\eta=1$ 时，即需求的变动幅度与价格的变动幅度相等，此时 $R'=0$，收益取得最大值.

例 10 设某产品的需求函数为 $Q=Q(p)$，收益函数为 $R=pQ$，其中 p 为产品价格，Q 为需求量(产品的产量)，$Q(p)$ 是单调减函数，如果当价格为 p_0，对应产量为 Q_0 时，边际收益 $\left.\frac{\mathrm{d}R}{\mathrm{d}Q}\right|_{Q=Q_0}=a>0$，收益对价格的边际效应 $\left.\frac{\mathrm{d}R}{\mathrm{d}p}\right|_{p=p_0}=c<0$，需求对价格的弹性为 $\left.E_p\right|_{p=p_0}=b>1$，求 p_0 和 Q_0.

【解题思路】依需求对价格的弹性定义 $E_p=\dfrac{-\dfrac{\mathrm{d}Q}{Q}}{\dfrac{\mathrm{d}p}{p}}$ 反向考虑，其中取负号表示 $Q(p)$ 是关于 p 的单调减函数，进而知 $E_p=-\dfrac{p}{Q}\dfrac{\mathrm{d}Q}{\mathrm{d}p}$.

【答案解析】依需求对价格的弹性定义知 $E_p=\dfrac{-\dfrac{\mathrm{d}Q}{Q}}{\dfrac{\mathrm{d}p}{p}}=-\dfrac{p}{Q}\dfrac{\mathrm{d}Q}{\mathrm{d}p}$.

由于收益 $R=pQ$，方程两端对 Q 求导，有

$$\frac{\mathrm{d}R}{\mathrm{d}Q}=p+Q\frac{\mathrm{d}p}{\mathrm{d}Q}=p+\left(-\frac{\dfrac{\mathrm{d}p}{p}}{\dfrac{\mathrm{d}Q}{Q}}\right)(-p)=p\left(1-\frac{1}{E_p}\right),$$

由已知，得

$$\left.\frac{\mathrm{d}R}{\mathrm{d}Q}\right|_{Q=Q_0}=p_0\left(1-\frac{1}{b}\right)=a,$$

于是

$$p_0=\frac{ab}{b-1}.$$

由收益 $R=pQ$，方程两端对 p 求导，有

$$\frac{\mathrm{d}R}{\mathrm{d}p}=Q+p\frac{\mathrm{d}Q}{\mathrm{d}p}=Q-\frac{\dfrac{\mathrm{d}Q}{Q}}{\dfrac{\mathrm{d}p}{p}}\cdot(-Q)=Q(1-E_p),$$

由已知，得

$$\left.\frac{\mathrm{d}R}{\mathrm{d}p}\right|_{p=p_0}=Q_0(1-b)=c,$$

于是

$$Q_0=\frac{c}{1-b}.$$

三、综合题精讲

题型一　导数的定义

例 1　设 $f(0)=0$，则函数 $y=f(x)$ 在 $x=0$ 处可导的充分必要条件是(　　).

(A) $\lim\limits_{h\to 0}\dfrac{f(h^2)}{h^2}$ 存在

(B) $\lim\limits_{h\to 0}\dfrac{f(e^{2h}-1)}{h}$ 存在

(C) $\lim\limits_{h\to 0}\dfrac{f(2h)-f(h)}{h}$ 存在

(D) $\lim\limits_{n\to\infty} nf\left(\dfrac{1}{n}\right)$ 存在$(n=1,2,\cdots)$

(E) $\lim\limits_{h\to 0}\dfrac{f(1-\cos h)}{1-\cos h}$ 存在

【参考答案】B

【解题思路】题目选项为极限形式，需依导数定义进行分析，注意考点精讲中例 2 的解题思路，有助于简化解答.

【答案解析】对于 A，设 $t=h^2$，则当 $h\to 0$ 时，$t\to 0^+$，

$$\lim_{h\to 0}\frac{f(h^2)}{h^2}=\lim_{t\to 0^+}\frac{f(t)}{t}.$$

由于上述极限存在，分母极限为 0，可知分子极限也必为零，从而

$$\lim_{h\to 0}\frac{f(h^2)}{h^2}=\lim_{t\to 0^+}\frac{f(t)-f(0)}{t}=f'_+(0),$$

只表示 $y=f(x)$ 在 $x=0$ 处存在右导数，可知 A 不正确.

相仿，由于当 $h\to 0$ 时，$1-\cos h\sim\dfrac{1}{2}h^2$. 令 $t=1-\cos h$，则当 $h\to 0$ 时，$t\to 0^+$，因此 $\lim\limits_{h\to 0}\dfrac{f(1-\cos h)}{1-\cos h}$ 存在，只能保证 $y=f(x)$ 在 $x=0$ 处存在右导数，可知 E 也不正确.

对于 B，$\lim\limits_{h\to 0}\dfrac{f(e^{2h}-1)}{h}$ 存在，分母极限为 0，分子极限也为 0，因此

$$\lim_{h\to 0}\frac{f(e^{2h}-1)}{h}=\lim_{h\to 0}\frac{f(e^{2h}-1)}{e^{2h}-1}\cdot\frac{e^{2h}-1}{h}$$
$$=2\lim_{h\to 0}\frac{f(e^{2h}-1)-f(0)}{e^{2h}-1}=2f'(0),$$

可知 B 正确.

对于 C，虽然 $\lim\limits_{h\to 0}\dfrac{f(2h)-f(h)}{h}$ 存在，但函数增量为两个动点处函数值之差，不符合导数定义形式，可知 C 不正确. 事实上，取

$$f(x)=\begin{cases}1, & x\neq 0,\\ 0, & x=0,\end{cases}$$

可知总有 $\lim\limits_{h\to 0}\dfrac{f(2h)-f(h)}{h}=\lim\limits_{h\to 0}\dfrac{1-1}{h}=0$ 存在，但 $f(x)$ 在 $x=0$ 处不连续，因此不可导，可知 C

不正确.

对于 D，$\lim\limits_{n\to\infty}nf\left(\frac{1}{n}\right)$存在，只能说明$\lim\limits_{n\to\infty}\frac{f\left(\frac{1}{n}\right)}{\frac{1}{n}}$存在，即函数$\frac{f(x)}{x}$的一个子列存在极限，不能说明$\lim\limits_{x\to 0}\frac{f(x)}{x}$存在，可知 D 不正确.

故选 B.

【评注】$\lim\limits_{h\to 0}\frac{f(2h)-f(h)}{h}=\lim\limits_{h\to 0}\left[\frac{f(2h)-f(0)}{h}-\frac{f(h)-f(0)}{h}\right]$存在，但不表示$\lim\limits_{h\to 0}\frac{f(h)-f(0)}{h}$存在，因为极限加减运算的前提是相加减的函数极限都存在.

例 2　设函数 $f(x)$ 在 $x=0$ 处可导，且 $f(0)=0$，则$\lim\limits_{x\to 0}\frac{x^2f(x)-f(x^3)}{x^3}=$（　　）.

(A) $-2f'(0)$　　(B) $-f'(0)$　　(C) $f'(0)$　　(D) 0　　(E) $2f'(0)$

【参考答案】D

【解题思路】由选项可以得到启示，只需将所给极限转化为导数定义的形式.

【答案解析】由于 $f(x)$ 在 $x=0$ 处可导，且 $f(0)=0$，则

$$\lim_{x\to 0}\frac{x^2f(x)-f(x^3)}{x^3}=\lim_{x\to 0}\left[\frac{f(x)}{x}-\frac{f(x^3)}{x^3}\right]$$

$$=\lim_{x\to 0}\left[\frac{f(x)-f(0)}{x}-\frac{f(x^3)-f(0)}{x^3}\right]=f'(0)-f'(0)=0.$$

故选 D.

例 3　设函数 $y=f(x)$ 在 $x=0$ 处可导，$f(0)=0$，若$\lim\limits_{x\to\infty}xf\left(\frac{1}{2x+3}\right)=1$，则 $f'(0)=$（　　）.

(A) 2　　(B) 3　　(C) 4　　(D) 5　　(E) 6

【参考答案】A

【解题思路】函数为抽象函数，已知 $y=f(x)$ 在 $x=0$ 处可导，可考虑将极限转化为 $f(x)$ 在点 $x=0$ 极限形式的导数定义.

【答案解析】设 $t=\frac{1}{2x+3}$，则当 $x\to\infty$ 时，$t\to 0$，且可解得$\frac{1}{x}=\frac{2t}{1-3t}$，因此

$$\lim_{x\to\infty}xf\left(\frac{1}{2x+3}\right)=\lim_{x\to\infty}\frac{f\left(\frac{1}{2x+3}\right)}{\frac{1}{x}}=\lim_{t\to 0}\frac{f(t)}{\frac{2t}{1-3t}}$$

$$=\lim_{t\to 0}\frac{f(t)-f(0)}{t}\cdot\frac{1-3t}{2}=\frac{1}{2}f'(0)=1,$$

从而 $f'(0)=2$.

故选 A.

题型二　导数的几何意义、曲线的切线

例 4　已知函数 $f(x)$ 连续，且 $\lim\limits_{x\to 0}\dfrac{f(x)}{x}=2$，则曲线 $y=f(x)$ 上对应点 $x=0$ 处的切线方程是(　　).

(A) $y=x$　　(B) $y=-x$　　(C) $y=2x$　　(D) $y=-2$　　(E) $y=3x$

【参考答案】C

【解题思路】所给问题为求曲线的切线方程，应先确定切点.

【答案解析】由于 $f(x)$ 为连续函数，$\lim\limits_{x\to 0}\dfrac{f(x)}{x}=2$，可知 $\lim\limits_{x\to 0}f(x)=0=f(0)$，从而切点为 $(0,f(0))=(0,0)$. 因此

$$2=\lim_{x\to 0}\frac{f(x)}{x}=\lim_{x\to 0}\frac{f(x)-f(0)}{x}=f'(0)\text{，即 } f'(0)=2.$$

所求切线方程为 $y-0=f'(0)(x-0)$，即 $y=2x$.

故选 C.

例 5　曲线 $\sin(xy)+\ln(y-x)=x$ 在 $(0,1)$ 处的切线方程是(　　).

(A) $y=x+1$　　(B) $y=x+2$

(C) $y=2x+1$　　(D) $y=3x+1$

(E) $y=2x-1$

【参考答案】A

【解题思路】所给问题为求由隐函数形式确定的函数曲线的切线问题. 这类问题与由显式形式确定的函数曲线的切线问题相仿. 只需先求出导数值，得出在切点处切线的斜率，代入切线方程即可.

【答案解析】对所给方程两端关于 x 求导，可得

$$\cos(xy)\cdot(xy)'+\frac{1}{y-x}\cdot(y-x)'=1,$$

$$(y+xy')\cdot\cos(xy)+\frac{y'}{y-x}-\frac{1}{y-x}=1,$$

点 $(0,1)$ 在曲线上，即为切点坐标，将 $x=0,y=1$ 代入上式，有

$$1+\frac{y'\big|_{x=0}}{1-0}-1=1,\ y'\big|_{x=0}=1.$$

从而切线方程为

$$y=x+1.$$

故选 A.

例 6　曲线 $y=x^2+2x+5$ 上平行于直线 $y=-2x+3$ 的切线方程为(　　).

(A) $y=-2x$　　(B) $y=2x+1$

(C) $y=-2x+1$ (D) $y=-2x+5$

(E) $y=-2x+7$

【参考答案】C

【解题思路】所给问题为求切线，但没给出切点位置，因此应先确定切点坐标.

【答案解析】由 $y=x^2+2x+5$ 可知

$$y'=2x+2.$$

又由于切线与直线 $y=-2x+3$ 平行，可知切线斜率为 -2，从而

$$2x+2=-2, x=-2.$$

代入曲线方程可知 $y=(-2)^2+2\times(-2)+5=5$，

可知切点坐标为 $(-2,5)$. 切线方程为

$$y-5=-2(x+2),$$

即

$$y=-2x+1.$$

故选 C.

题型三 导数的性质

例 7 下列函数中在 $x=0$ 处不可导的是( ).

(A) $|x|\sin x$ (B) $|x|\cos x$

(C) $|x|x$ (D) $|x|\tan x$

(E) $|x|\ln(1+x)$

【参考答案】B

【解题思路】由于每个选项中的函数都有 $|x|$，可以依考点精讲"1. 导数的定义"中指出的性质判定.

【答案解析】$y=|x|$ 在 $x=0$ 处不可导，而当 $a>0$ 时，$y=x^a|x|$ 在 $x=0$ 处可导，从而知 $y=x|x|$ 在 $x=0$ 处可导. 又由于当 $x\to 0$ 时，$\sin x\sim x$，$\tan x\sim x$，$\ln(1+x)\sim x$，可得 A，D，E 中各函数都在 $x=0$ 处可导，故选 B.

也可以依导数定义判定. $\lim\limits_{x\to 0}\dfrac{|x|\cos x-0}{x}=\lim\limits_{x\to 0}\dfrac{|x|\cos x}{x}=\lim\limits_{x\to 0}\dfrac{|x|}{x}$，极限不存在，可知选项 B 中函数 $y=|x|\cos x$ 在 $x=0$ 处不可导.

相仿由导数定义可推得选项 A，C，D，E 中各函数在 $x=0$ 处可导.

故选 B.

例 8 已知 $f(x)$ 是以 3 为周期的可导函数，且 $f'(1)=1$，则 $\lim\limits_{x\to 2}\dfrac{f(2x)-f(4)}{x-2}=$( ).

(A) 6 (B) 5 (C) 4 (D) 3 (E) 2

【参考答案】E

【解题思路】本题考查的知识点有两个：导数的定义，周期函数导数的性质(可考虑利用周期函数的导数也是周期函数，且周期不变).

【答案解析】所给问题似乎与导数定义形式相同，但仔细分析可以发现两者差异. 若设 $u=2x$，则 $x\to 2$ 时，$u\to 4$.

$$\lim_{x\to 2}\frac{f(2x)-f(4)}{x-2}=\lim_{u\to 4}\frac{f(u)-f(4)}{\frac{1}{2}u-2}=2\lim_{u\to 4}\frac{f(u)-f(4)}{u-4}=2f'(4).$$

由于 $f(x)$ 是以 3 为周期的可导函数，因此 $f'(x)$ 也是以 3 为周期的函数，从而知 $f'(4)=f'(1+3)=f'(1)=1$，因此

$$\lim_{x\to 2}\frac{f(2x)-f(4)}{x-2}=2.$$

故选 E.

题型四　微分的概念与性质

例 9　若函数 $y=f(x)$ 有 $f'(x_0)=\frac{1}{2}$，则当 $\Delta x\to 0$ 时，该函数在 $x=x_0$ 处的微分 dy(　　).

(A) 是 Δx 的等价无穷小　(B) 是 Δx 的同阶但不等价无穷小

(C) 是 Δx 的低阶无穷小　(D) 是 Δx 的高阶无穷小

(E) 与 Δx 的阶无法比较

【参考答案】B

【解题思路】只需依微分的定义来判定.

【答案解析】由于 $dy=y'dx$，可知

$$dy\Big|_{x=x_0}=f'(x_0)\Delta x=\frac{1}{2}\Delta x,$$

从而知
$$\lim_{\Delta x\to 0}\frac{dy\Big|_{x=x_0}}{\Delta x}=\lim_{\Delta x\to 0}\frac{\frac{1}{2}\Delta x}{\Delta x}=\frac{1}{2},$$

因此当 $\Delta x\to 0$ 时，$dy\Big|_{x=x_0}$ 与 Δx 为同阶但不等价无穷小，故选 B.

例 10　设 $f(x+\Delta x)-f(x)=3x^2\Delta x+o(\Delta x)$，当 $\Delta x\to 0$ 时，$o(\Delta x)$ 为 Δx 的高阶无穷小，则 $f(2)-f(1)=$(　　).

(A)7　(B)6　(C)5　(D)4　(E)3

【参考答案】A

【解题思路】题设条件实质为 Δy 的表达式，由导数定义可得出 y 的表达式，如果由此能推出 $y=f(x)$，则问题可解.

【答案解析】由于
$$f(x+\Delta x)-f(x)=3x^2\Delta x+o(\Delta x),$$

可知
$$\frac{f(x+\Delta x)-f(x)}{\Delta x}=3x^2+\frac{o(\Delta x)}{\Delta x},$$

因此
$$\lim_{\Delta x\to 0}\frac{f(x+\Delta x)-f(x)}{\Delta x}=\lim_{\Delta x\to 0}\left[3x^2+\frac{o(\Delta x)}{\Delta x}\right]=3x^2,$$

可知
$$f'(x)=3x^2,$$
$$f(x)=x^3+C,$$
从而
$$f(2)-f(1)=2^3-1^3=7,$$
故选 A.

题型五　导数与微分运算

例 11 设 $f(x)=\ln(4x+\cos^2 2x)$,则 $f'\left(\frac{\pi}{8}\right)=$(　　).

(A) $\frac{3}{\pi+1}$　(B) $\frac{4}{\pi}$　(C) $\frac{2}{\pi+1}$　(D) $\frac{2}{\pi}$　(E) $\frac{4}{\pi+1}$

【参考答案】E

【解题思路】本题考查的知识点为复合函数求导,只需依链式法则求解.

【答案解析】由于 $f(x)=\ln(4x+\cos^2 2x)$,由链式法则可得

$$\begin{aligned}f'(x)&=\frac{1}{4x+\cos^2 2x}\cdot(4x+\cos^2 2x)'\\&=\frac{1}{4x+\cos^2 2x}[4+2\cos 2x\cdot(\cos 2x)']\\&=\frac{1}{4x+\cos^2 2x}[4+2\cos 2x\cdot(-\sin 2x)\cdot(2x)']\\&=\frac{4}{4x+\cos^2 2x}(1-\cos 2x\cdot\sin 2x).\end{aligned}$$

将 $x=\frac{\pi}{8}$ 代入得

$$f'\left(\frac{\pi}{8}\right)=\frac{4}{4\times\frac{\pi}{8}+\cos^2\frac{\pi}{4}}\left(1-\cos\frac{\pi}{4}\sin\frac{\pi}{4}\right)=\frac{4}{\pi+1}.$$

故选 E.

例 12 设 $y=\ln\sqrt{\frac{1-x}{1+x^2}}$,则 $\mathrm{d}y\Big|_{x=0}=$(　　).

(A) $-\frac{1}{2}\mathrm{d}x$　(B) $\frac{1}{2}\mathrm{d}x$　(C) $-2\mathrm{d}x$　(D) $2\mathrm{d}x$　(E) $\mathrm{d}x$

【参考答案】A

【解题思路】所给问题为复合函数的微分运算.可依链式法则求 y',也可以利用一阶微分不变性,直接求 $\mathrm{d}y$.但应注意可以利用对数性质,简化运算.

【答案解析】首先利用导数性质,将函数变形.

$$y=\ln\sqrt{\frac{1-x}{1+x^2}}=\frac{1}{2}[\ln(1-x)-\ln(1+x^2)],$$

则
$$y'=\frac{1}{2}\left[\frac{1}{1-x}\cdot(1-x)'-\frac{1}{1+x^2}\cdot(1+x^2)'\right]$$

$$=\frac{1}{2}\left(\frac{-1}{1-x}-\frac{2x}{1+x^2}\right).$$

$$y'\Big|_{x=0}=-\frac{1}{2}.$$

因此 $$\mathrm{d}y\Big|_{x=0}=y'\Big|_{x=0}\mathrm{d}x=-\frac{1}{2}\mathrm{d}x.$$

故选 A.

例 13 设 $y=\frac{\sqrt{x+2}(3-x)^4}{(x+1)^3}$，则 $y'\Big|_{x=2}=$ (　　).

(A) $\frac{13}{36}$　　(B) $\frac{11}{36}$　　(C) $\frac{7}{36}$　　(D) $-\frac{11}{36}$　　(E) $-\frac{13}{36}$

【参考答案】E

【解题思路】所给函数为连乘除形式，应先利用对数性质将函数变形，即利用对数求导法.

【答案解析】由于 $y=\frac{\sqrt{x+2}(3-x)^4}{(x+1)^3}$，方程两端取对数，得

$$\ln|y|=\frac{1}{2}\ln(x+2)+4\ln|3-x|-3\ln|x+1|,$$

方程两端对 x 求导，得

$$\frac{1}{y}y'=\frac{1}{2(x+2)}\cdot(x+2)'+\frac{4}{3-x}\cdot(3-x)'-\frac{3}{x+1}\cdot(x+1)',$$

$$y'=y\left[\frac{1}{2(x+2)}-\frac{4}{3-x}-\frac{3}{x+1}\right],$$

从而 $$y'\Big|_{x=2}=y\Big|_{x=2}\cdot\left[\frac{1}{2(x+2)}-\frac{4}{3-x}-\frac{3}{x+1}\right]\Bigg|_{x=2}=-\frac{13}{36}.$$

故选 E.

例 14 设 y'' 存在，$\frac{\mathrm{d}x}{\mathrm{d}y}=\frac{1}{y'}$，则 $\frac{\mathrm{d}^2x}{\mathrm{d}y^2}=$ (　　).

(A) $\frac{y''}{(y')^2}$　　(B) $\frac{-y''}{(y')^2}$　　(C) $\frac{y''}{(y')^3}$　　(D) $\frac{-y''}{(y')^3}$　　(E) $\frac{-2y''}{(y')^3}$

【参考答案】D

【解题思路】本题考查的知识点为反函数求导. 只需利用反函数导数等于直接函数导数的倒数求 $\frac{\mathrm{d}x}{\mathrm{d}y}$，再注意 $\frac{\mathrm{d}^2x}{\mathrm{d}y^2}$ 是 $\frac{\mathrm{d}}{\mathrm{d}y}\left(\frac{\mathrm{d}x}{\mathrm{d}y}\right)$.

【答案解析】由于 $\frac{\mathrm{d}x}{\mathrm{d}y}=\frac{1}{y'}$，所以

$$\frac{\mathrm{d}^2x}{\mathrm{d}y^2}=\frac{\mathrm{d}}{\mathrm{d}y}\left(\frac{\mathrm{d}x}{\mathrm{d}y}\right)=\frac{\mathrm{d}\left(\frac{\mathrm{d}x}{\mathrm{d}y}\right)}{\mathrm{d}x}\cdot\frac{\mathrm{d}x}{\mathrm{d}y}=\frac{\mathrm{d}\left(\frac{1}{y'}\right)}{\mathrm{d}x}\cdot\frac{\mathrm{d}x}{\mathrm{d}y}$$

$$=\frac{-(y')'}{(y')^2}\cdot\frac{1}{y'}=\frac{-y''}{(y')^3}.$$

故选 D.

例 15 设 $y=f(\tan 2x)$,其中 $f(x)$ 为可导函数,且 $f'(0)=2$,则 $\mathrm{d}y\Big|_{x=0}=($ $)$.

(A) $-4\mathrm{d}x$ (B) $-3\mathrm{d}x$ (C) $2\mathrm{d}x$ (D) $3\mathrm{d}x$ (E) $4\mathrm{d}x$

【参考答案】E

【解题思路】本题考核的知识点是抽象函数的微分运算,只需将 $f(\tan 2x)$ 认作复合函数,$\tan 2x$ 为中间变量,依一阶微分不变性计算.

【答案解析】由于 $f(x)$ 为可导函数,可知

$$\begin{aligned}\mathrm{d}y&=\mathrm{d}[f(\tan 2x)]=f'(\tan 2x)\cdot \mathrm{d}(\tan 2x)\\&=f'(\tan 2x)\cdot\frac{1}{\cos^2 2x}\cdot \mathrm{d}(2x)\\&=f'(\tan 2x)\cdot\frac{2}{\cos^2 2x}\mathrm{d}x.\end{aligned}$$

$$\mathrm{d}y\Big|_{x=0}=f'(0)\cdot\frac{2}{\cos^2 0}\mathrm{d}x=4\mathrm{d}x.$$

故选 E.

例 16 设 $y=(1+\sin x)^x$,则 $\mathrm{d}y\Big|_{x=\pi}=($ $)$.

(A) $-\pi\mathrm{d}x$ (B) $-\frac{\pi}{2}\mathrm{d}x$ (C) $\mathrm{d}x$ (D) $\frac{\pi}{2}\mathrm{d}x$ (E) $\pi\mathrm{d}x$

【参考答案】A

【解题思路】本题考核的知识点为幂指函数微分运算,宜用对数求导法,先利用对数性质将函数变形,再求导.

【答案解析】方程 $y=(1+\sin x)^x$ 两边取对数,得

$$\ln y=x\ln(1+\sin x),$$

两边对 x 求导,得

$$\begin{aligned}\frac{1}{y}y'&=(x)'\ln(1+\sin x)+x[\ln(1+\sin x)]'\\&=\ln(1+\sin x)+\frac{x}{1+\sin x}(1+\sin x)'\\&=\ln(1+\sin x)+\frac{x\cdot\cos x}{1+\sin x},\end{aligned}$$

故

$$y'=y\left[\ln(1+\sin x)+\frac{x\cdot\cos x}{1+\sin x}\right],$$

$$\begin{aligned}y'\Big|_{x=\pi}&=y\Big|_{x=\pi}\left[\ln(1+\sin x)+\frac{x\cdot\cos x}{1+\sin x}\right]\Bigg|_{x=\pi}\\&=-\pi,\end{aligned}$$

$$\mathrm{d}y\Big|_{x=\pi}=y'\Big|_{x=\pi}\mathrm{d}x=-\pi\mathrm{d}x.$$

故选 A.

例 17　设 $y=y(x)$ 由方程 $\ln(x^2+y)=x^3y+\sin x$ 确定,则 $\mathrm{d}y\Big|_{x=0}=$ (　　).

(A) $2\mathrm{d}x$　　(B) $\mathrm{d}x$　　(C) 0　　(D) $-2\mathrm{d}x$　　(E) $-\mathrm{d}x$

【参考答案】B

【解题思路】本题考核的知识点为隐函数的微分运算,这里依考点精讲的例 5 方法 1 运算.

【答案解析】将所给方程两端关于 x 求导,可得

$$\frac{1}{x^2+y}\cdot(x^2+y)'=(x^3)'y+x^3y'+\cos x,$$

$$\frac{1}{x^2+y}(2x+y')=3x^2y+x^3y'+\cos x, \qquad (*)$$

将 $x=0$ 代入原方程可得　　$\ln y=0, y=1.$

将 $x=0, y=1$ 代入($*$)式,可得

$$y'\Big|_{x=0}=1,$$

因此　　$$\mathrm{d}y\Big|_{x=0}=y'\Big|_{x=0}\mathrm{d}x=\mathrm{d}x.$$

故选 B.

例 18　设函数 $y=y(x)$ 由参数方程 $\begin{cases}x=t-\ln(1+t),\\ y=t^3+t^2\end{cases}$ 确定,则 $\frac{\mathrm{d}^2y}{\mathrm{d}x^2}\Big|_{t=1}=$ (　　).

(A) 14　　(B) 16　　(C) 22　　(D) 23　　(E) 24

【参考答案】C

【解题思路】本题考查的知识点为由参数方程确定的函数求导运算,只需依参数方程形式的函数求导公式计算,即 $\frac{\mathrm{d}y}{\mathrm{d}x}=\frac{\frac{\mathrm{d}y}{\mathrm{d}t}}{\frac{\mathrm{d}x}{\mathrm{d}t}}$.

【答案解析】由于　　$$\frac{\mathrm{d}y}{\mathrm{d}t}=3t^2+2t, \frac{\mathrm{d}x}{\mathrm{d}t}=1-\frac{1}{1+t},$$

$$\frac{\mathrm{d}y}{\mathrm{d}x}=\frac{y'_t}{x'_t}=\frac{3t^2+2t}{1-\frac{1}{1+t}}=3t^2+5t+2,$$

$$\frac{\mathrm{d}^2y}{\mathrm{d}x^2}=\frac{\frac{\mathrm{d}}{\mathrm{d}t}\left(\frac{\mathrm{d}y}{\mathrm{d}x}\right)}{\frac{\mathrm{d}x}{\mathrm{d}t}},$$

$$\frac{\mathrm{d}}{\mathrm{d}t}\left(\frac{\mathrm{d}y}{\mathrm{d}x}\right)=6t+5,$$

可得　　$$\frac{\mathrm{d}^2y}{\mathrm{d}x^2}=\frac{6t+5}{1-\frac{1}{1+t}}=\frac{(6t+5)(1+t)}{t},$$

因此
$$\left.\frac{\mathrm{d}^2 y}{\mathrm{d}x^2}\right|_{t=1}=22.$$

故选 C.

例 19 设 $f(x)=\begin{cases}\frac{2}{3}x^3, & x\leqslant 1,\\ x^2, & x>1,\end{cases}$ 则 $f(x)$ 在 $x=1$ 处(　　).

(A) 左导数存在，右导数不存在　　(B) 左导数不存在，右导数存在

(C) 左导数不存在，右导数也不存在　　(D) 左导数存在，右导数也存在，但不相等

(E) 左导数存在，右导数也存在，且相等

【参考答案】A

【解题思路】本题考查分段函数在分段点的左导数与右导数，需依单侧导数定义求解.

【答案解析】由于
$$\lim_{\Delta x\to 0^-}\frac{f(1+\Delta x)-f(1)}{\Delta x}=\lim_{\Delta x\to 0^-}\frac{\frac{2}{3}(1+\Delta x)^3-\frac{2}{3}}{\Delta x}$$
$$=\lim_{\Delta x\to 0^-}\frac{2}{3}\cdot[3+3\Delta x+(\Delta x)^2]=2,$$
因此
$$f'_-(1)=2,$$
又
$$\lim_{\Delta x\to 0^+}\frac{f(1+\Delta x)-f(1)}{\Delta x}=\lim_{\Delta x\to 0^+}\frac{(1+\Delta x)^2-\frac{2}{3}}{\Delta x}=\lim_{\Delta x\to 0^+}\frac{\frac{1}{3}+2\Delta x+(\Delta x)^2}{\Delta x}=+\infty,$$
所以 $f'_+(1)$ 不存在. 故选 A.

【评注】注意：$f'_+(1)\neq\lim\limits_{x\to 1^+}f'(x)$，$f'_-(1)\neq\lim\limits_{x\to 1^-}f'(x)$.

以下是错误做法. 当 $x<1$ 时，$f(x)=\frac{2}{3}x^3$，$f'(x)=x^2$. $\lim\limits_{x\to 1^-}f'(x)=\lim\limits_{x\to 1^-}x^2=1$，将 $f'_-(1)$ 误取值为 1.

例 20 设 $y=\frac{1-x}{1+x}$，则 $\left.y^{(n)}\right|_{x=0}=$(　　).

(A) $(-1)^n 2\cdot n!$　　(B) $2\cdot n!$　　(C) $-2^n\cdot n!$

(D) $2^n\cdot(n-1)!$　　(E) $-2^n\cdot(n-1)!$

【参考答案】A

【解题思路】本题考核的知识点是高阶导数运算. 求高阶导数的关键在于注意将 y,y',y'' 恒等变形，简化运算以寻找规律.

【答案解析】由于
$$y=\frac{1-x}{1+x}=-1+\frac{2}{1+x}=2(1+x)^{-1}-1,$$
$$y'=2\cdot(-1)\cdot(1+x)^{-2},$$
$$y''=2\cdot(-1)\cdot(-2)(1+x)^{-3},$$
$$\cdots\cdots$$
$$y^{(n)}=(-1)^n 2\cdot n!(1+x)^{-(n+1)},$$

因此
$$y^{(n)}\Big|_{x=0}=(-1)^n 2\cdot n!.$$

故选 A.

题型六　函数的单调性

例 21　函数 $f(x)=\ln(1+x^2)$ 在 $(-1,0)$ 内(　　).

(A) 单调减少,曲线为凹　　(B) 单调减少,曲线为凸

(C) 单调增加,曲线为凹　　(D) 单调增加,曲线为凸

(E) 是非单调函数,曲线为凸

【参考答案】A

【解题思路】本题考核的知识点为函数的单调性与曲线的凹凸性. 判定函数单调性需考查 y' 的符号,曲线凹凸性需依 y'' 符号判定.

【答案解析】$y=f(x)=\ln(1+x^2)$ 定义域为 $(-\infty,+\infty)$,在 $(-1,0)$ 内连续.
$$y'=\frac{2x}{1+x^2},y''=\frac{2(1-x^2)}{(1+x^2)^2}.$$

令 $y'=0$,得唯一驻点 $x=0$;令 $y''=0$,得 $x_1=-1,x_2=1$.

故在 $(-1,0)$ 内,$y'<0,y''>0$,因此函数 $y=f(x)$ 在 $(-1,0)$ 内单调减少,曲线为凹. 故选 A.

题型七　函数的极值与最值

例 22　设函数 $f(x)$ 在 $(-\infty,+\infty)$ 内连续,其导数图形如图 1-2-1 所示,则 $f(x)$ 有(　　).

(A) 一个极小值点和两个极大值点

(B) 两个极小值点和一个极大值点

(C) 两个极小值点和两个极大值点

(D) 三个极小值点和一个极大值点

(E) 一个极小值点和三个极大值点

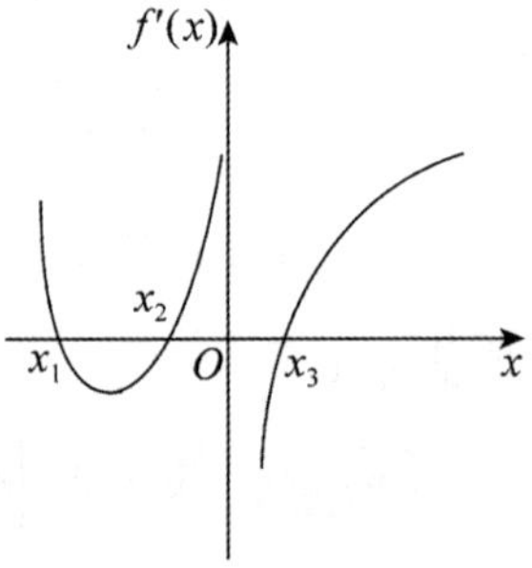

图 1-2-1

【参考答案】C

【解题思路】由于极值点只能是导数为零的点(即驻点)及导数不存在的点,因此只考虑这两类特殊点.

【答案解析】由图 1-2-1 可知,导数为零的点有三个,自左向右依次记为 x_1,x_2,x_3,在这些点的两侧 $f'(x)$ 异号.

当 $x<x_1$ 时,$f'(x)>0$;当 $x_1<x<x_2$ 时,$f'(x)<0$,因此 x_1 为 $f(x)$ 的极大值点.

当 $x_1<x<x_2$ 时,$f'(x)<0$;当 $x_2<x<0$ 时,$f'(x)>0$,可知 x_2 为 $f(x)$ 的极小值点.

当 $0<x<x_3$ 时,$f'(x)<0$;当 $x>x_3$ 时,$f'(x)>0$,可知 x_3 为 $f(x)$ 的极小值点.

由导函数图形知,$f'(x)$ 在 $x=0$ 处不存在,由于 $f(x)$ 为连续函数,当 $x_2<x<0$ 时,$f'(x)>0$;当 $0<x<x_3$ 时,$f'(x)<0$,可知 $x=0$ 为 $f(x)$ 的极大值点.

因此可知 $f(x)$ 有两个极小值点,也有两个极大值点. 故选 C.

【评注】① 利用上述分析方法,不难得出下列问题的答案.

图 1-2-2 所表示的函数 $y=f(x)$ 有两个极大值点和一个极小值点.

图 1-2-3 所表示的函数 $y=f(x)$ 有两个极小值点和两个极大值点.

图 1-2-4 所表示的函数 $y=f(x)$ 有两个极小值点和一个极大值点.

请读者分别指出三个图中极大值点和极小值点.

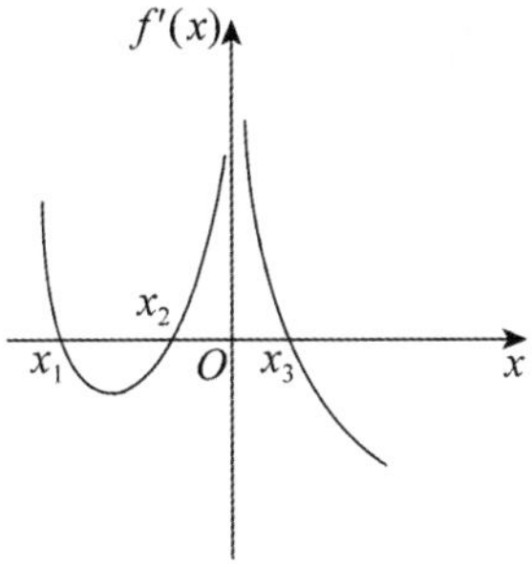

图 1-2-2

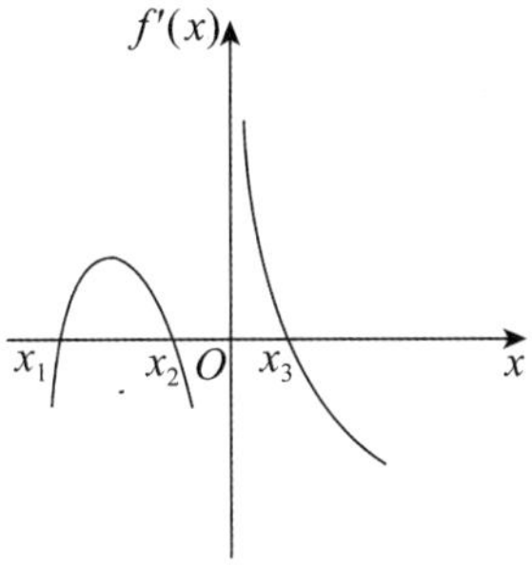

图 1-2-3

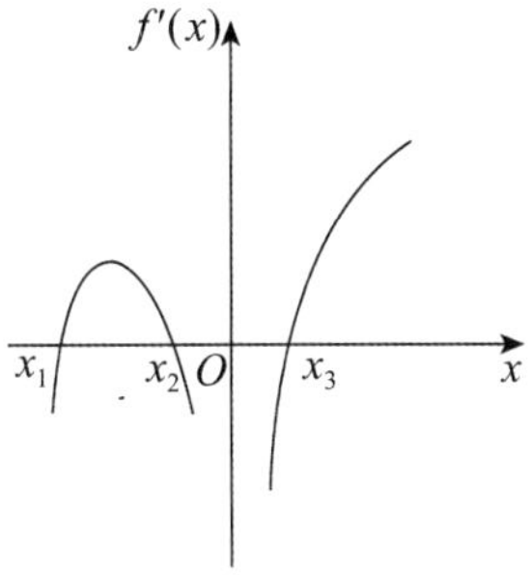

图 1-2-4

② 如果我们再设图 1-2-1 至图 1-2-4 中的 $f'(x)$ 图形都是分段光滑的,即 $f(x)$ 分段有二阶导数,不难判定上述四个图形所表示的曲线凹凸区间及拐点个数.

例 23 设 $f(x)=|x(3-x)|$,则(　　).

(A) $x=0$ 是 $f(x)$ 的极值点,但 $(0,0)$ 不是曲线 $y=f(x)$ 的拐点

(B) $x=0$ 不是 $f(x)$ 的极值点,但 $(0,0)$ 是曲线 $y=f(x)$ 的拐点

(C) $x=0$ 是 $f(x)$ 的极值点,且 $(0,0)$ 是曲线 $y=f(x)$ 的拐点

(D) $x=0$ 不是 $f(x)$ 的极值点,且 $(0,0)$ 不是曲线 $y=f(x)$ 的拐点

(E) 依条件不能判定 $f(x)$ 的极值点及曲线 $y=f(x)$ 的拐点

【参考答案】C

【解题思路】判定 $x=0$ 是否为 $f(x)$ 的极值点,依 $f(x)$ 表达式可知,利用极值定义较方便,判定 $f(x)$ 的拐点应先将 $f(x)$ 的表达式写出来.

【答案解析】由于 $f(x)=|x(3-x)|\geqslant 0$,$f(0)=0$,可知 $f(0)$ 为 $f(x)$ 的极小值,$x=0$ 为 $f(x)$ 的极小值点,可以排除选项 B,D,E.

由于
$$f(x)=\begin{cases}-3x+x^2, & x\leqslant 0 \text{ 或 } x\geqslant 3,\\ 3x-x^2, & 0<x<3,\end{cases}$$

可知当 $x<0$ 或 $x>3$ 时,$f'(x)=-3+2x$,$f''(x)=2>0$;当 $0<x<3$ 时,$f'(x)=3-2x$,$f''(x)=-2<0$.

这表示在 $x=0$ 邻近的两侧 $f''(x)$ 异号,因此 $(0,f(0))=(0,0)$ 为曲线 $y=f(x)$ 的拐点.

故选 C.

例 24 设 $y=y(x)$ 是由方程 $e^y=(x^2+1)^2-y$ 所确定的隐函数,则点 $x=0$(　　).

(A) 不是 y 的驻点,也不是 y 的极值点

(B) 是 y 的唯一驻点,但不是 y 的极值点

(C) 是 y 的唯一驻点，且为 y 的极小值点

(D) 是 y 的唯一驻点，且为 y 的极大值点

(E) 不是 y 的唯一驻点

【参考答案】C

【解题思路】本题考查隐函数的极值问题，其解法与显函数形式相仿.

【答案解析】将方程两端关于 x 求导，可得

$$e^y \cdot y' = 4x(x^2+1) - y',$$

$$y' = \frac{1}{e^y+1} \cdot 4x \cdot (x^2+1).$$

令 $y'=0$ 可得 y 的唯一驻点 $x=0$，因此排除选项 A,E.

当 $x<0$ 时，$y'<0$；当 $x>0$ 时，$y'>0$. 由极值的第一充分条件可知 $x=0$ 为 y 的极小值点. 故选 C.

题型八　曲线的凹凸性与拐点

例 25　设 $y=\frac{x^3+4}{x^2}$，则函数图像的凹凸区间及拐点分别为(　　).

(A) 凸区间 $(-\infty,0),(0,+\infty)$；拐点 $(0,0)$

(B) 凸区间 $(-\infty,0),(0,+\infty)$；无拐点

(C) 凹区间 $(-\infty,+\infty)$；无拐点

(D) 凹区间 $(-\infty,0),(0,+\infty)$；无拐点

(E) 凸区间 $(-1,1)$；拐点 $(0,0)$

【参考答案】D

【解题思路】求函数的单调区间与曲线的凹凸区间，一般先求出函数的定义域和 y',y''. 确定 y 的驻点、不可导的点、二阶导数为零的点及二阶导数不存在的点，这些点将函数的定义域分为不同的子区间，然后根据 y' 在这些子区间的符号判定函数的单调性，根据 y'' 的符号判定曲线的凹凸性.

【答案解析】y 的定义域为 $(-\infty,0)\cup(0,+\infty)$.

$$y = x+\frac{4}{x^2},\ y' = 1-\frac{8}{x^3},\ y'' = \frac{24}{x^4}.$$

令 $y'=0$，得唯一驻点 $x=2$.

x	$(-\infty,0)$	0	$(0,2)$	2	$(2,+\infty)$
y'	+	无定义	−	0	+
y''	+	无定义	+	$\frac{3}{2}$	+
y	↗凹	无定义	↘凹	极小	↗凹

由上表可得，函数在区间 $(-\infty,0)$ 和 $(2,+\infty)$ 内单调增加，在区间 $(0,2)$ 内单调减少.

在 $x=2$ 处取得极小值 $y\big|_{x=2}=3$，在 $(-\infty,0)$ 和 $(0,+\infty)$ 内图像为凹，无拐点，故选 D.

【评注】题目没有要求求极值、单调区间，本题解析意在说明如将此题换为求极值与单调区间，仍可利用上述方法.

例 26 设函数 $y=y(x)$ 由方程 $y\ln y-x+y=0$ 确定，则曲线 $y=y(x)$ 在点(1,1)附近的凹凸性为(　　).

(A) 先凹后凸　　(B) 先凸后凹　　(C) 凹的

(D) 凸的　　(E) 凹凸性不确定

【参考答案】D

【解题思路】本题考核的知识点是隐函数表示的曲线的凹凸性问题，其判定方法与显函数相仿，仍是先求出 $y''=0$ 的点及二阶导数不存在的点，再判定这些点左、右邻域内二阶导数的符号.

【答案解析】将方程 $y\ln y-x+y=0$ 两端对 x 求导，有

$$y'\ln y+2y'-1=0. \tag{$*$}$$

将 $x=1,y=1$ 代入，得 $y'(1)=\frac{1}{2}$.

将($*$)两端再次对 x 求导，可得

$$y''\ln y+\frac{1}{y}\cdot(y')^2+2y''=0,$$

把 $y(1)=1,y'(1)=\frac{1}{2}$ 代入上式得 $y''(1)=-\frac{1}{8}<0$，可知曲线 $y=y(x)$ 在点(1,1)附近是凸的. 故选 D.

例 27 设函数 $y=x^3+3ax^2+3bx+3c$ 在 $x=-1$ 处取得极大值，点(0,3)是相应曲线的拐点，则 $a+b+c=$(　　).

(A) -2　　(B) -1　　(C) 0　　(D) 1　　(E) 2

【参考答案】C

【解题思路】本题的实质为求极值、曲线拐点的反问题.

【答案解析】由于点(0,3)为相应曲线的拐点，则该点必定在曲线上，它的坐标满足曲线方程，因此有

$$3=0^3+3a\times0^2+3b\times0+3c,$$

从而 $c=1$.

又 $y'=3x^2+6ax+3b$ 在 $(-\infty,+\infty)$ 内存在，$x=-1$ 为极大值点，必定为 y 的驻点，即 $y'\Big|_{x=-1}=0$，从而有

$$0=3\times(-1)^2+6a\times(-1)+3b,$$

即有

$$-2a+b+1=0, \tag{$*$}$$

又 $y''=6x+6a$，点(0,3)为拐点，可知 $y''\Big|_{x=0}=0$，因此

$$0=6\times0+6a,a=0,$$

将 $a=0$ 代入($*$)式可得 $b=-1$，因此 $a+b+c=0$，故选 C.

例 28 设函数 $f(x)$ 存在二阶连续导数，且满足 $xf''(x)+3x[f'(x)]^2=1-e^{-x}$，若 $x_0(\neq0)$

为 $f(x)$ 的驻点，则(　　).

(A) $f(x_0)$ 为 $f(x)$ 的极大值

(B) $f(x_0)$ 为 $f(x)$ 的极小值

(C) $(x_0, f(x_0))$ 为曲线 $y=f(x)$ 的拐点，且 $f(x_0)$ 不是 $f(x)$ 的极值

(D) $(x_0, f(x_0))$ 不是曲线 $y=f(x)$ 的拐点，且 $f(x_0)$ 不是 $f(x)$ 的极值

(E) $f''(x_0)=0$

【参考答案】B

【解题思路】本题考核的知识点是抽象函数的极值与相应曲线的凹凸性问题.

【答案解析】依题设 $f'(x_0)=0$，将 $x=x_0$ 代入所给方程，有

$$x_0 f''(x_0)=1-e^{-x_0}, f''(x_0)=\frac{1-e^{-x_0}}{x_0}.$$

由于 $x_0 \neq 0$，无论 $x=x_0$ 为正或负，分式 $f''(x_0)$ 中的分子、分母的符号均相同，即有 $f''(x_0)>0$，可知 $f(x_0)$ 为 $f(x)$ 的极小值，故选 B.

题型九　利用微分中值定理判定不等式、方程根的范围或个数等

例 29　若函数 $f(x)=(x-1)(x-2)(x-3)(x-4)$，则 $f'(x)$ 的零点的个数为(　　).

(A)1　　(B)2　　(C)3　　(D)4　　(E)5

【参考答案】C

【解题思路】本题考核的知识点是微分中值定理的应用，$f'(x)$ 的零点即 $f'(x)=0$ 的点，若先求 $f'(x)$，再解方程，将变得很复杂.

【答案解析】由于

$$f(x)=(x-1)(x-2)(x-3)(x-4),$$

可知 $f(1)=f(2)=f(3)=f(4)=0$，在 $[1,2]$，$[2,3]$，$[3,4]$ 上 $f(x)$ 满足罗尔定理，因此至少存在 $\xi_1 \in (1,2)$，$\xi_2 \in (2,3)$，$\xi_3 \in (3,4)$，使得

$$f'(\xi_1)=0, f'(\xi_2)=0, f'(\xi_3)=0.$$

因为 $f(x)$ 为四次多项式，所以 $f'(x)$ 为三次多项式，而三次方程 $f'(x)=0$ 至多有三个根，故选 C.

例 30　设方程 $x^3-27x+c=0$ 有三个不同的实根，则 c 的取值范围为(　　).

(A) $-27<c<67$　　(B) $-67<c<67$

(C) $-64<c<64$　　(D) $-25<c<70$

(E) $-54<c<54$

【参考答案】E

【解题思路】可将所给问题认作方程的根，即函数零点的问题.

【答案解析】设 $y=x^3-27x+c$，则 y 的定义域为 $(-\infty,+\infty)$，且在定义域内为连续函数.

$$\lim_{x\to-\infty}(x^3-27x+c)=-\infty, \lim_{x\to+\infty}(x^3-27x+c)=+\infty,$$

$$y'=3x^2-27=3(x-3)(x+3).$$

令 $y'=0$,得 $x_1=-3,x_2=3$ 为 y 的两个驻点.

由于
$$y''=6x,$$
$$y''\Big|_{x=-3}=-18<0,y''\Big|_{x=3}=18>0,$$
可知 $x=-3$ 为 y 的极大值点,极大值 $y\Big|_{x=-3}=c+54$;$x=3$ 为 y 的极小值点,极小值为 $y\Big|_{x=3}=c-54$.

当极大值 $c+54>0$,极小值 $c-54<0$ 时,y 的图形与 x 轴有三个不同的交点,即当 $-54<c<54$ 时,所给方程有三个不同的实根,故选 E.

题型十　经济应用中的最值问题

例 31 设某种商品的需求量 Q 是关于单价 p(单位:元)的函数:$Q=12\,000-80p$. 商品的总成本 C 是关于需求量 Q 的函数:$C=25\,000+50Q$,每单位商品需要纳税 2 元,则使销售利润最大的商品单价为(　　)元.

(A)98　(B)99　(C)100　(D)101　(E)102

【参考答案】D

【解题思路】微分学在经济应用中的基本问题是求最大值、最小值,只需依求极值、最值的方法讨论.

【答案解析】以 $L(p)$ 表示销售利润,则
$$\begin{aligned}L(p)&=\text{总销售额}-\text{税款}-\text{总成本}\\&=(12\,000-80p)(p-2)-(25\,000+50Q)\\&=-80p^2+16\,160p-649\,000,\end{aligned}$$
$$L'(p)=-160p+16\,160,$$
令 $L'(p)=0$,得唯一驻点 $p=101$.

由于 $L''(p)=-160<0$,可知 $L''(p)\Big|_{p=101}<0$,因此 $p=101$ 为极大值点.

由于实际问题存在最大值,且 $L(p)$ 的驻点唯一,则此时极大值即为最大值,极大值点也是最大值点.

故选 D.

四、综合练习题

1 设极限 $\lim\limits_{x\to1}\dfrac{f(x+1)-f(2)}{x^2-1}=3$,则 $f'(2)=$(　　).

(A)6　(B)3　(C)1　(D) $\dfrac{1}{3}$　(E) $\dfrac{1}{6}$

2 设 $f'(0)$ 存在,且 $\lim\limits_{x\to0}\dfrac{3\left[f(x)-f\left(\dfrac{x}{4}\right)\right]}{x}=5$,则 $f'(0)=$(　　).

(A) $\frac{5}{3}$　　(B) $\frac{3}{5}$　　(C) $\frac{16}{9}$　　(D) $\frac{9}{16}$　　(E) $\frac{20}{9}$

3　设 $f(x)$ 在 $x=0$ 处连续,且 $\lim\limits_{x\to0}\frac{f(x)}{x}=1$,则下列命题正确的是(　　).

(A) $\lim\limits_{x\to0}f(x)=1$　　(B) $f(0)=1$

(C) $f'(0)=0$　　(D) $f'(0)=1$

(E) $f'(x)$ 为 ∞

4　设函数 $f(x)=\begin{cases}x^2\cos\frac{1}{x}, & x\neq0,\\ 0, & x=0,\end{cases}$ 则在 $x=0$ 处 $f(x)$(　　).

(A) 间断

(B) 连续但不可导

(C) 可导但二阶导数不存在

(D) 二阶导数存在,但不连续

(E) 二阶导数连续

5　曲线 $y=\ln x$ 过原点的切线方程为(　　).

(A) $y=ex$　　(B) $y=\frac{1}{e}x$　　(C) $y=-ex$　　(D) $y=-\frac{1}{e}x$　　(E) $y=x-e$

6　已知 $f(x)$ 在 $(-\infty,+\infty)$ 内可导,且 $\lim\limits_{x\to\infty}f'(x)=e$.

$$\lim_{x\to\infty}\left(\frac{x+c}{x-c}\right)^x=\lim_{x\to\infty}[f(x)-f(x-1)],$$

则 $c=$(　　).

(A) 2　　(B) 1　　(C) $\frac{1}{2}$　　(D) 0　　(E) -2

7　设 $y=y(x)$ 由方程 $y^x=x^y$ 确定,则 $dy=$(　　).

(A) $\frac{x(y+x\ln x)}{y(x+y\ln y)}$　　(B) $\frac{x(y-x\ln y)}{y(x-y\ln x)}$

(C) $\frac{y(y+x\ln x)}{x(x+y\ln y)}$　　(D) $\frac{y(y-x\ln y)}{x(x-y\ln x)}$

(E) $\frac{y(y+x\ln x)}{x(x-y\ln y)}$

8　已知函数 $y=f(\arcsin x)$,$f'(x)=\frac{1-x}{1+x}$,则 $y'=$(　　).

(A) $\frac{1-\arcsin x}{1+\arcsin x}\cdot\sqrt{1-x^2}$　　(B) $-\frac{1-\arcsin x}{1+\arcsin x}\cdot\sqrt{1-x^2}$

(C) $\frac{1-x}{1+x}\cdot\frac{1-\arcsin x}{1+\arcsin x}$　　(D) $-\frac{1-\arcsin x}{1+\arcsin x}\cdot\frac{1}{\sqrt{1-x^2}}$

(E) $\frac{1-\arcsin x}{1+\arcsin x}\cdot\frac{1}{\sqrt{1-x^2}}$

9　设 $f(x)=\sqrt[3]{x^2}\sin x$，则 $f'(x)=$（　　）.

(A) $\begin{cases}\frac{2}{3\sqrt[3]{x}}\sin x-\sqrt[3]{x^2}\cos x, & x\neq 0,\\ 0, & x=0\end{cases}$

(B) $\begin{cases}\frac{2}{3\sqrt[3]{x}}\sin x+\sqrt[3]{x^2}\cos x, & x\neq 0,\\ 0, & x=0\end{cases}$

(C) $\begin{cases}\frac{1}{3\sqrt[3]{x}}\cos x-\sqrt[3]{x^2}\sin x, & x\neq 0,\\ \infty, & x=0\end{cases}$

(D) $\begin{cases}\frac{1}{3\sqrt[3]{x}}\cos x+\sqrt[3]{x^2}\sin x, & x\neq 0,\\ \infty, & x=0\end{cases}$

(E) $\begin{cases}\frac{1}{3\sqrt[3]{x^2}}\cos x-\sqrt[3]{x^2}\sin x, & x\neq 0,\\ 1, & x=0\end{cases}$

10　设 $y=\ln(2-3x)$，则 $y^{(n)}(0)=$（　　）.

(A) $-\left(\frac{3}{2}\right)^n n!$　　(B) $\left(\frac{3}{2}\right)^n n!$

(C) $-\left(\frac{3}{2}\right)^n (n-1)!$　　(D) $\left(\frac{3}{2}\right)^n (n-1)!$

(E) $-\left(\frac{2}{3}\right)^n (n+1)!$

11　设 $y=\cos[f(x^2)]$，其中 $f(x)$ 为可导函数，则 $\frac{\mathrm{d}y}{\mathrm{d}x}=$（　　）.

(A) $2xf'(x^2)\cdot\sin[f(x^2)]$　　(B) $-2xf'(x^2)\sin[f(x^2)]$

(C) $xf'(x^2)\sin[f(x^2)]$　　(D) $-xf'(x^2)\sin[f(x^2)]$

(E) $-2f'(x^2)\sin[f(x^2)]$

12　设 $y=(x-2)\sqrt[3]{(x+1)^2}$，则 y（　　）.

(A) 有唯一的极大值点 $x=\frac{1}{5}$　　(B) 有唯一的极小值点 $x=\frac{1}{5}$

(C) 有两个极大值点 $x=-1, x=\frac{1}{5}$　　(D) 有两个极小值点 $x=-1, x=\frac{1}{5}$

(E) 有一个极大值点 $x=-1$，一个极小值点 $x=\frac{1}{5}$

13　设函数 $f(x)=ax^3-6ax^2+b$ 在区间 $[-1,2]$ 上的最大值为 3，最小值为 -29，又知 $a>0$，则 a,b 的值分别为（　　）.

(A) $a=2, b=-3$　　(B) $a=-2, b=3$

(C) $a=-2, b=-3$　　(D) $a=2, b=3$

(E) $a=3, b=2$

14　设 $y=y(x)$ 由 $y=1+xe^{xy}$ 确定，则 $\mathrm{d}y\big|_{x=0}=$（　　）.

(A)$\mathrm{d}x$　　(B)$-\mathrm{d}x$　　(C)$\frac{1}{2}\mathrm{d}x$　　(D)$-\frac{1}{2}\mathrm{d}x$　　(E)$2\mathrm{d}x$

15 设函数 $y=|xe^{-x}|$,则(　　).

(A)$x=0$ 不是 y 的极值点,点$(0,0)$不是曲线 y 的拐点

(B)$x=0$ 不是 y 的极值点,点$(0,0)$是曲线 y 的拐点

(C)$x=0$ 是 y 的极值点,点$(0,0)$不是曲线 y 的拐点

(D)$x=0$ 是 y 的极大值点,点$(0,0)$是曲线 y 的拐点

(E)$x=0$ 是 y 的极小值点,点$(0,0)$是曲线 y 的拐点

16 设 $y=\cos(2^x+x^2)$,则 $y'=$(　　).

(A)$(2^x\ln 2+2x)\sin(2^x+x^2)$　　(B)$-(2^x\ln 2+2x)\sin(2^x+x^2)$

(C)$(2^{x-1}+2x)\sin(2^x+x^2)$　　(D)$-(2^{x-1}+2x)\sin(2^x+x^2)$

(E)$(x2^{x-1}+2x)\sin(2^x+x^2)$

17 设函数 $f(x),g(x)$ 是大于零的可导函数,且

$$f'(x)g(x)-f(x)g'(x)>0,$$

则当 $a<x<b$ 时,有(　　).

(A)$f(x)g(b)>f(b)g(x)$　　(B)$f(x)g(b)<f(b)g(a)$

(C)$f(x)g(a)>f(a)g(x)$　　(D)$f(x)g(x)>f(b)g(b)$

(E)$f(x)g(x)>f(a)g(a)$

18 设 $f(x)=\ln|(x-1)(x-2)^2(x-3)^3|$,则在$(1,3)$内 $f'(x)$ 的零点的个数为(　　).

(A)0　　(B)1　　(C)2　　(D)3　　(E)4

19 某厂生产糖果,其每袋售价为 5.4 元,如果每周销售量为 Q(千袋)时,每周成本 $C=2\ 400+4\ 000Q+100Q^2$(元),若售价不变,则

(1) 可以获利的销售量为(　　).

(A)$0<Q<2$　　(B)$1<Q<3$

(C)$2<Q<12$　　(D)$Q>12$

(E)$Q=12$

(2) 可获最大利润的每周销售量为(　　).

(A)5 000 袋　　(B)6 000 袋

(C)7 000 袋　　(D)8 000 袋

(E)9 000 袋

20 设某商品的需求函数 $Q=400-2p^2$,其中 p 为商品单价(元).当 $p=10$ 元时,若价格上涨 1%,则总收益 R(　　).

(A) 上涨 1%　　(B) 下降 1%

(C) 上涨 2%　　(D) 下降 2%

(E) 不变

五、综合练习题参考答案

1 【参考答案】A

【解题思路】由所给极限存在,求 $f'(2)$,其中 $f(x)$ 为抽象函数,可考虑将所给极限化为导数的极限定义形式.

【答案解析】由于 $\lim\limits_{x\to1}\dfrac{f(x+1)-f(2)}{x^2-1}=3$,先将所求极限的表达式变形,设 $t=x+1$,故 $x=t-1$,$x\to1$ 时 $t\to2$,可得

$$3=\lim_{t\to2}\frac{f(t)-f(2)}{(t-1)^2-1}=\lim_{t\to2}\frac{f(t)-f(2)}{t-2}\cdot\frac{t-2}{(t-1)^2-1}$$
$$=\lim_{t\to2}\frac{f(t)-f(2)}{t-2}\cdot\frac{t-2}{t(t-2)}=\frac{1}{2}f'(2),$$

于是 $f'(2)=6$,故选 A.

2 【参考答案】E

【解题思路】所给极限的分式中,分子为函数的"动点值 − 动点值",不符合导数定义的形式,但已知 $f(x)$ 在 $x=0$ 处可导,因此可以考虑利用极限的四则运算法则,将所给极限化为导数的极限定义形式.

【答案解析】由于 $f'(0)$ 存在,因此

$$\lim_{x\to0}\frac{3\left[f(x)-f\left(\frac{x}{4}\right)\right]}{x}=\lim_{x\to0}3\left[\frac{f(x)-f(0)}{x}-\frac{f\left(\frac{x}{4}\right)-f(0)}{\frac{x}{4}\times4}\right]$$
$$=3\left[f'(0)-\frac{1}{4}f'(0)\right]=\frac{9}{4}f'(0)=5,$$

可知 $f'(0)=\dfrac{20}{9}$,故选 E.

3 【参考答案】D

【解题思路】$f(x)$ 为抽象函数,由于 $f(x)$ 在 $x=0$ 处连续,且 $\lim\limits_{x\to0}\dfrac{f(x)}{x}=1$,欲判定各选项是否正确,只能从所给极限分析.

【答案解析】由于 $\lim\limits_{x\to0}\dfrac{f(x)}{x}=1$,其分母的极限为 0,因此分子的极限必定为 0,即 $\lim\limits_{x\to0}f(x)=0$.

由于 $f(x)$ 在 $x=0$ 处连续,因此有 $f(0)=\lim\limits_{x\to0}f(x)=0$. 可知选项 A,B 都不正确.

又由于 $$\lim_{x\to0}\frac{f(x)}{x}=\lim_{x\to0}\frac{f(x)-f(0)}{x-0}=1=f'(0),$$

可知选项 D 正确,故选 D.

4 【参考答案】C

【解题思路】只需依 $f(x)$ 的表达式按各选项进行考查.

【答案解析】由于 $f(x)=\begin{cases} x^2\cos\dfrac{1}{x}, & x\neq 0, \\ 0, & x=0, \end{cases}$ 则 $\lim\limits_{x\to 0}f(x)=\lim\limits_{x\to 0}x^2\cos\dfrac{1}{x}=0$，可知应有

$$\lim_{x\to 0}f(x)=0=f(0).$$

因此 $f(x)$ 在 $x=0$ 处连续，可知选项 A 不正确.

又由于 $\lim\limits_{x\to 0}\dfrac{f(x)-f(0)}{x}=\lim\limits_{x\to 0}\dfrac{x^2\cos\dfrac{1}{x}}{x}=0$，可知 $f'(0)=0$，可知选项 B 不正确.

当 $x\neq 0$ 时，
$$f'(x)=\left(x^2\cos\frac{1}{x}\right)'=2x\cos\frac{1}{x}+\sin\frac{1}{x},$$

$$f''(0)=\lim_{x\to 0}\frac{f'(x)-f'(0)}{x}=\lim_{x\to 0}\frac{2x\cos\dfrac{1}{x}+\sin\dfrac{1}{x}}{x}$$

不存在，故选 C.

5 【参考答案】B

【解题思路】由导数的几何意义可知，如果 $y=f(x)$ 在点 $x=x_0$ 处可导，那么 $f'(x_0)$ 等于曲线 $y=f(x)$ 在点 $(x_0,f(x_0))$ 处切线的斜率，因此过曲线上一点 $(x_0,f(x_0))$ 的切线方程为

$$y-f(x_0)=f'(x_0)(x-x_0).$$

如果 $f'(x_0)\neq 0$，则曲线上一点 $(x_0,f(x_0))$ 的法线方程为

$$y-f(x_0)=-\frac{1}{f'(x_0)}(x-x_0).$$

如果题目没有给出切点，欲求过某已知点的切线或法线方程，应先依题设条件求出切点坐标.

【答案解析】由于原点 $(0,0)$ 不在曲线 $y=\ln x$ 上，可设切点坐标 $M_0(x_0,y_0)$，则 $y_0=f(x_0)=\ln x_0$.

由于 $y'=(\ln x)'=\dfrac{1}{x}$，过点 M_0 的切线斜率为 $f'(x_0)=\dfrac{1}{x_0}$，过 $M_0(x_0,y_0)$ 的切线方程为

$$y-y_0=\frac{1}{x_0}(x-x_0),$$

由于其过原点 $(0,0)$，代入得 $-y_0=-1$，又 $y_0=\ln x_0$，则

$$y_0=\ln x_0=1, x_0=\mathrm{e}.$$

M_0 坐标为 $(\mathrm{e},1)$，所求切线方程为

$$y-1=\frac{1}{\mathrm{e}}(x-\mathrm{e}) \text{ 或 } y=\frac{1}{\mathrm{e}}x.$$

故选 B.

6 【参考答案】C

【解题思路】不难看出$\lim\limits_{x\to\infty}\left(\dfrac{x+c}{x-c}\right)^x$为常规的极限运算，较易求解，只需将$\lim\limits_{x\to\infty}[f(x)-f(x-1)]$与已知条件$\lim\limits_{x\to\infty}f'(x)=\mathrm{e}$联系起来，而拉格朗日中值定理表示的$f(b)-f(a)$与$(a,b)$内某点导数值之间的关系是解题的方向.

【答案解析】由于$f(x)$在$(-\infty,+\infty)$内可导，可知$f(x)$在$[x-1,x]$上满足拉格朗日中值定理条件，因此知至少存在一点$\xi\in(x-1,x)$，使得

$$f(x)-f(x-1)=f'(\xi)[x-(x-1)]=f'(\xi).$$

当$x\to\infty$时，$\xi\to\infty$，因此有

$$\lim_{x\to\infty}[f(x)-f(x-1)]=\lim_{x\to\infty}f'(\xi)=\lim_{\xi\to\infty}f'(\xi)=\mathrm{e}.$$

又
$$\lim_{x\to\infty}\left(\frac{x+c}{x-c}\right)^x=\lim_{x\to\infty}\left(\frac{1+\frac{c}{x}}{1-\frac{c}{x}}\right)^x=\lim_{x\to\infty}\frac{\left(1+\frac{c}{x}\right)^x}{\left(1-\frac{c}{x}\right)^x}=\mathrm{e}^{2c},$$

所以$\mathrm{e}^{2c}=\mathrm{e}$，于是$c=\dfrac{1}{2}$，故选C.

7 【参考答案】D

【解题思路】所给问题为幂指函数的微分运算，宜利用对数性质改变函数的表达形式.

【答案解析】将$y^x=x^y$两端取对数，可得

$$\ln y^x=\ln x^y,x\ln y=y\ln x,$$

两端对x求导，可得

$$\ln y+x\cdot\frac{1}{y}y'=y'\ln x+\frac{y}{x},$$

于是
$$y'=\frac{y(y-x\ln y)}{x(x-y\ln x)}.$$

故选D.

8 【参考答案】E

【解题思路】本题考查的知识点为复合函数求导，应利用复合函数的链式法则求解.

【答案解析】设$u=\arcsin x$，则$y=f(u)$，$u=\arcsin x$，依复合函数的链式法则有

$$y'=\frac{\mathrm{d}y}{\mathrm{d}u}\cdot\frac{\mathrm{d}u}{\mathrm{d}x}=f'(u)\cdot(\arcsin x)'=f'(u)\cdot\frac{1}{\sqrt{1-x^2}},$$

又$f'(x)=\dfrac{1-x}{1+x}$，因此$f'(u)=\dfrac{1-u}{1+u}$，

$$y'=\frac{1-u}{1+u}\cdot\frac{1}{\sqrt{1-x^2}}=\frac{1-\arcsin x}{1+\arcsin x}\cdot\frac{1}{\sqrt{1-x^2}}.$$

故选E.

9 【参考答案】B

【解题思路】所给题目需运用导数的乘积运算法则，但题目中隐含一个陷阱，即导函数的一般表达式中并不包含 $f'(0)$，此时需依导数定义求 $f'(0)$.

【答案解析】由于 $f(x)=\sqrt[3]{x^2}\sin x$，因此

$$\begin{aligned}f'(x)&=(\sqrt[3]{x^2})'\sin x+\sqrt[3]{x^2}\cdot(\sin x)'\\&=\frac{2}{3\sqrt[3]{x}}\sin x+\sqrt[3]{x^2}\cos x(x\neq 0).\end{aligned}$$

当 $x=0$ 时，由导数定义有 $f'(0)=\lim\limits_{x\to 0}\dfrac{\sqrt[3]{x^2}\sin x-0}{x-0}=0$，因此可知

$$f'(x)=\begin{cases}\dfrac{2}{3\sqrt[3]{x}}\sin x+\sqrt[3]{x^2}\cos x, & x\neq 0,\\ 0, & x=0.\end{cases}$$

故选 B.

10 【参考答案】C

【解题思路】只需注意求高阶导数时，应结合 y,y',y'' 等进行恒等变形，简化运算，以找出规律.

【答案解析】由于

$y=\ln(2-3x)$,

$y'=\dfrac{-3}{2-3x}=-3(2-3x)^{-1}$,

$y''=(-3)(-1)(2-3x)^{-2}\cdot(-3)=(-3)^2\cdot(-1)\cdot(2-3x)^{-2}$,

$y'''=(-3)^2\cdot(-1)\cdot(-2)(2-3x)^{-3}\cdot(-3)=(-3)^3\cdot(-1)(-2)(2-3x)^{-3}$,

……

$$\begin{aligned}y^{(n)}&=(-3)^n(-1)(-2)\cdots[-(n-1)](2-3x)^{-n}\\&=(-1)^n3^n\cdot(-1)^{n-1}(n-1)!(2-3x)^{-n},\end{aligned}$$

因此

$$y^{(n)}(0)=-\left(\frac{3}{2}\right)^n(n-1)!.$$

故选 C.

11 【参考答案】B

【解题思路】本题为抽象的复合函数求导运算，可依链式法则求解.

【答案解析】$y=\cos[f(x^2)]$，其中 $f(x)$ 为可导函数，则

$$\begin{aligned}y'&=-\sin[f(x^2)]\cdot[f(x^2)]'=-\sin[f(x^2)]\cdot f'(x^2)\cdot(x^2)'\\&=-2xf'(x^2)\sin[f(x^2)].\end{aligned}$$

故选 B.

12 【参考答案】E

【解题思路】只需依求极值的步骤求解.

【答案解析】$y=(x-2)\sqrt[3]{(x+1)^2}$ 的定义域为$(-\infty,+\infty)$.

$$y'=(x+1)^{\frac{2}{3}}+\frac{2}{3}(x-2)(x+1)^{-\frac{1}{3}}=\frac{5x-1}{3(x+1)^{\frac{1}{3}}},$$

令 $y'=0$,得 y 的唯一驻点 $x=\frac{1}{5}$.

当 $x=-1$ 时,y 的导数不存在.

x	$(-\infty,-1)$	-1	$\left(-1,\frac{1}{5}\right)$	$\frac{1}{5}$	$\left(\frac{1}{5},+\infty\right)$
y'	$+$	不存在	$-$	0	$+$
y	↗	极大值 0	↘	极小值 $-\frac{9}{5}\sqrt[3]{\left(\frac{6}{5}\right)^2}$	↗

可知 $x=\frac{1}{5}$ 为 y 的极小值点,$x=-1$ 为 y 的极大值点,故选 E.

13 【参考答案】D

【解题思路】本题只需依 $f(x)$ 在闭区间上求最值的步骤求解.

【答案解析】$f(x)=ax^3-6ax^2+b,f'(x)=3ax^2-12ax$,令 $f'(x)=0$,得驻点 $x_1=0(x_2=4$ 舍掉),

$$f(0)=b,f(-1)=-7a+b,f(2)=-16a+b.$$

因此 $b>0$,可知最大值为 $f(0)=b$,最小值为 $f(2)=-16a+b$,由已知条件有 $b=3,-16a+b=-29$,因此 $a=2$. 故选 D.

14 【参考答案】A

【解题思路】可依一阶微分不变性求解,也可以先求 $y'\Big|_{x=0}$,再依 $dy\Big|_{x=0}=y'\Big|_{x=0}dx$ 求解.

【答案解析】$y=1+xe^{xy}$,两端分别求微分,有

$$\begin{aligned}dy&=d(1+xe^{xy})=d1+d(xe^{xy})\\&=e^{xy}dx+xd(e^{xy})=e^{xy}dx+xe^{xy}d(xy)\\&=e^{xy}dx+xe^{xy}(ydx+xdy),\end{aligned}$$

$$(1-x^2e^{xy})dy=e^{xy}(1+xy)dx,$$

$$dy=\frac{e^{xy}(1+xy)}{1-x^2e^{xy}}dx.$$

当 $x=0$ 时,由原方程可得 $y=1$,从而

$$dy\Big|_{x=0}=1\cdot dx=dx.$$

故选 A.

15 【参考答案】E

【解题思路】y 的表达式含有绝对值符号,可知其为分段函数,$x=0$ 为其分段点,研究函数的

分段点是否为极值点及相应曲线上的点是否为拐点，仍需依 y'，y'' 符号判定，或依极值定义判定.

【答案解析】
$$y=|xe^{-x}|=\begin{cases}-xe^{-x}, & x<0,\\ xe^{-x}, & x\geqslant 0.\end{cases}$$

由于
$$\lim_{x\to 0^-}y=\lim_{x\to 0^-}(-xe^{-x})=0,$$
$$\lim_{x\to 0^+}y=\lim_{x\to 0^+}xe^{-x}=0,$$

可知 $\lim\limits_{x\to 0}y=0=y(0)$，$y$ 在 $x=0$ 处连续.

$$y'=\begin{cases}e^{-x}(x-1), & x<0,\\ e^{-x}(1-x), & x>0,\end{cases}$$

而
$$y'_-(0)=\lim_{x\to 0^-}\frac{y(x)-y(0)}{x}=\lim_{x\to 0^-}\frac{-xe^{-x}}{x}=-1,$$
$$y'_+(0)=\lim_{x\to 0^+}\frac{y(x)-y(0)}{x}=\lim_{x\to 0^+}\frac{xe^{-x}}{x}=1,$$

可知 y 在 $x=0$ 处不可导.

令 $y'=0$，可得 y 的唯一驻点 $x=1$.

当 $x<0$ 时，$y'=e^{-x}(x-1)<0$；当 $0<x<1$ 时，$y'=e^{-x}(1-x)>0$，可知 $x=0$ 为 y 的极小值点.

又
$$y''=\begin{cases}e^{-x}(2-x), & x<0,\\ e^{-x}(x-2), & x>0,\end{cases}$$

令 $y''=0$，得 $x=2$.

当 $x<0$ 时，$y''=e^{-x}(2-x)>0$；当 $0<x<2$ 时，$y''=e^{-x}(x-2)<0$，可知 y'' 在 $x=0$ 的左、右邻域内符号不同.

当 $x=0$ 时，$y=0$，因此点 $(0,0)$ 为曲线 y 的拐点.

故选 E.

【评注】注意到 $y\Big|_{x=0}=0$，当 $x\neq 0$ 时，$y=|xe^{-x}|>0$，由极值定义可知 $x=0$ 为 y 的极小值点.

16 【参考答案】B

【解题思路】所给函数为复合函数求导运算，只需依链式法则求解.

【答案解析】
$$y=\cos(2^x+x^2),$$
$$\begin{aligned}y'&=-\sin(2^x+x^2)\cdot(2^x+x^2)'\\&=-(2^x\ln 2+2x)\sin(2^x+x^2).\end{aligned}$$

故选 B.

17 【参考答案】C

【解题思路】选项较复杂，可以先将条件变形.

【答案解析】由于 $f(x)$，$g(x)$ 是大于零的可导函数，因此

$$\left[\frac{f(x)}{g(x)}\right]'=\frac{f'(x)g(x)-f(x)g'(x)}{g^2(x)}>0,$$

可知$\frac{f(x)}{g(x)}$为单调增加函数，对于任意 $x\in(a,b)$ 都有

$$\frac{f(x)}{g(x)}>\frac{f(a)}{g(a)},$$

即 $f(x)g(a)>f(a)g(x)$. 故选 C.

【评注】选项 D, E 是考查 $f(x)g(x)$ 的单调性，不具备判定条件，因此都应排除；选项 B 也不符合$\frac{f(x)}{g(x)}$单调性条件，同样排除.

18 【参考答案】C

【解题思路】$f'(x)$ 的零点即 $f'(x)=0$ 的点，因此可以先求出 $f'(x)$.

【答案解析】$f(x)=\ln|(x-1)(x-2)^2(x-3)^3|$，则

$$f(x)=\ln|x-1|+\ln|x-2|^2+\ln|x-3|^3,$$

有 $f'(x)=\frac{1}{x-1}+\frac{2}{x-2}+\frac{3}{x-3}$，若令 $f'(x)=0$，得

$$(x-2)(x-3)+2(x-1)(x-3)+3(x-1)(x-2)=0. \quad (*)$$

令

$$F(x)=(x-2)(x-3)+2(x-1)(x-3)+3(x-1)(x-2),$$

当 $x=1$ 时，$F(1)=2>0$，当 $x=2$ 时，$F(2)=-2<0$，当 $x=3$ 时，$F(3)=6>0$.

由于 $F(x)$ 为连续函数，由连续函数在闭区间上的零点定理知存在 $\xi_1\in(1,2)$，$\xi_2\in(2,3)$，使得

$$F(\xi_1)=0, F(\xi_2)=0.$$

由于(*)为二次方程，因此至多有两个实根，可知在 $(1,3)$ 内，$f'(x)$ 只有两个零点. 故选 C.

19 (1)【参考答案】C

【解题思路】先写出总利润函数 $L(Q)$ 的方程，确定 $L(Q)>0$ 时 Q 的范围，即为获利的空间.

【答案解析】由于总利润 = 销售额 − 总成本，每袋单价为 5.4 元，Q(千袋) 销售额为5 400Q，可得

$$L(Q)=5\,400Q-C=5\,400Q-(2\,400+4\,000Q+100Q^2)$$
$$=-100Q^2+1\,400Q-2\,400.$$

要想获利，只需 $L>0$，从而

$$-100Q^2+1\,400Q-2\,400>0,$$

可解得 $2<Q<12$，即每周保证销售量为 2 001 袋至 11 999 袋可获利. 故选 C.

(2)【参考答案】C

【解题思路】求最大利润即求 L 的最大值.

【答案解析】
$$L' = -200Q + 1\,400,$$
令 $L' = 0$ 得唯一驻点 $Q = 7$.
$$L'' = -200, L''\Big|_{Q=7} = -200 < 0.$$

可知 $Q = 7$ 是极大值点. 由于驻点唯一，可知 $Q = 7$ 也是最大值点，即每周销售 7 000 袋时，可获得最大利润. 故选 C.

20 【参考答案】B

【解题思路】由于考查价格上涨引起总收益的变化，由弹性的定义可知只需考查总收益对价格的弹性.

【答案解析】总收益 $R = pQ$，由题设 $Q = 400 - 2p^2$. 因此
$$R(p) = pQ = p(400 - 2p^2) = 400p - 2p^3.$$

弹性
$$\frac{ER}{Ep} = -R'_p \cdot \frac{p}{R(p)} = -(400 - 6p^2) \cdot \frac{p}{400p - 2p^3}.$$

当 $p = 10$ 时，
$$\frac{ER}{Ep}\Big|_{p=10} = 1,$$
表明单价 $p = 10$ 时，若价格上涨 1%，总收益将降低 1%. 故选 B.

第三章 一元函数积分

一、知识结构

- 一元函数积分
  - 不定积分
    - 原函数与不定积分的概念
    - 原函数与不定积分的关系
  - 定积分
    - 定积分的概念与几何解释
    - 定积分的性质
    - 可变限积分函数的概念与性质
  - 不定积分的运算
    - 基本公式
    - 不定积分的第一类换元法
    - 不定积分的第二类换元法
    - 不定积分的分部积分法
    - 有理函数积分
  - 定积分的运算
    - 牛顿-莱布尼茨公式
    - 分段函数积分
    - 被积函数含有绝对值符号
    - 被积函数含有偶次方的根式
    - 定积分的换元法
    - 定积分的分部积分法
  - 反常积分
    - 无穷限反常积分
    - 瑕积分
  - 定积分的应用
    - 几何应用（求平面图形的面积）
    - 在经济学中的应用

二、考点精讲

1. 不定积分

(1) 原函数与不定积分的概念.

如果在区间 I 上，可导函数 $F(x)$ 的导函数为 $f(x)$，即对任一 $x \in I$，都有

$$F'(x) = f(x) \text{ 或 } \mathrm{d}[F(x)] = f'(x)\mathrm{d}x,$$

则函数 $F(x)$ 是 $f(x)$ 在 I 上的一个原函数.

如果 $f(x)$ 为区间 I 上的连续函数，则在 I 上存在 $f(x)$ 的原函数 $\int_a^x f(t)\mathrm{d}t$.

在区间 I 上，$f(x)$ 的带有任意常数项的原函数称为 $f(x)$ 在区间 I 上的不定积分，记为 $\int f(x)\mathrm{d}x$.

(2) 原函数与不定积分的关系.

由于 $\int f(x)\mathrm{d}x$ 是 $f(x)$ 的原函数，因此

$$\frac{\mathrm{d}}{\mathrm{d}x}\left[\int f(x)\mathrm{d}x\right] = f(x), \mathrm{d}\left[\int f(x)\mathrm{d}x\right] = f(x)\mathrm{d}x;$$

由于 $f(x)$ 是 $f'(x)$ 的原函数，因此

$$\int f'(x)\mathrm{d}x = f(x) + C, \int \mathrm{d}[f(x)] = f(x) + C.$$

2. 定积分

(1) 定积分的概念与几何解释.

定积分 $\int_a^b f(x)\mathrm{d}x = \lim\limits_{\lambda \to 0} \sum\limits_{i=1}^{n} f(\xi_i)\Delta x_i$，为一个确定的数值.

几何解释 定积分 $\int_a^b f(x)\mathrm{d}x$ 在几何上表示在区间 $[a,b]$ 上曲线 $y = f(x)$ 与 x 轴，$x = a$，$x = b$ 所围成图形面积的代数和，即在 x 轴上方图形的面积减去在 x 轴下方图形的面积所得之差.

(2) 定积分的性质.

设下列 $f(x)$，$g(x)$ 都在 $[a,b]$ 上可积，则

① $\int_a^b f(t)\mathrm{d}t = \int_a^b f(x)\mathrm{d}x$（定积分与积分变量无关）.

② $\int_a^a f(x)\mathrm{d}x = 0, \int_a^b f(x)\mathrm{d}x = -\int_b^a f(x)\mathrm{d}x$.

③ $\int_a^b 1\mathrm{d}x = b - a$.

④ $\int_a^b f(x)\mathrm{d}x = \int_a^c f(x)\mathrm{d}x + \int_c^b f(x)\mathrm{d}x$（积分关于区间的可加性，$a < c < b$）.

⑤ $\int_a^b [\alpha f(x) + \beta g(x)]\mathrm{d}x = \alpha\int_a^b f(x)\mathrm{d}x + \beta\int_a^b g(x)\mathrm{d}x$（积分关于被积函数的可加性）.

⑥ 若在 $[a,b]$ 上，$f(x) \geqslant 0$，则 $\int_a^b f(x)\mathrm{d}x \geqslant 0 (a < b)$.

推论 若在$[a,b]$上，$f(x)\geqslant g(x)$，则

$$\int_a^b f(x)\mathrm{d}x\geqslant\int_a^b g(x)\mathrm{d}x(a<b),$$

$$\left|\int_a^b f(x)\mathrm{d}x\right|\leqslant\int_a^b|f(x)|\mathrm{d}x(a<b).$$

⑦ 若在$[a,b]$上，$f(x)\geqslant 0$，且$[\alpha,\beta]\subset[a,b]$，则

$$\int_a^b f(x)\mathrm{d}x\geqslant\int_\alpha^\beta f(x)\mathrm{d}x.$$

⑧ 如果$f(x)$在$[a,b]$上连续，则在$[a,b]$上至少存在一点ξ，使得$\int_a^b f(x)\mathrm{d}x=f(\xi)(b-a)$. 此定理称为定积分中值定理，此时称$f(\xi)=\dfrac{1}{b-a}\int_a^b f(x)\mathrm{d}x$为连续函数$f(x)$在$[a,b]$上的平均值.

⑨ 如果$f(x)$为$[-a,a]$上的连续函数，则

$$\int_{-a}^a f(x)\mathrm{d}x=\begin{cases}0, & f(x)\text{ 为奇函数},\\ 2\int_0^a f(x)\mathrm{d}x, & f(x)\text{ 为偶函数}.\end{cases}$$

⑩ 如果$f(x)$是以T为周期的连续函数，则

$$\int_a^{a+T}f(x)\mathrm{d}x=\int_0^T f(x)\mathrm{d}x,\int_a^{a+nT}f(x)\mathrm{d}x=n\int_0^T f(x)\mathrm{d}x.$$

例 1 下列关系式不正确的是( ).

(A)$\int 0\mathrm{d}x=C$

(B)$\left[\int f(2x)\mathrm{d}x\right]'=f(2x)$

(C)$\int f'(2x)\mathrm{d}x=\dfrac{1}{2}f(2x)+C$

(D)$\int f'(2x)\mathrm{d}x=f(2x)+C$

(E)$\mathrm{d}\left[\int f(2x)\mathrm{d}x\right]=f(2x)\mathrm{d}x$

【参考答案】D

【答案解析】不定积分$\int f(x)\mathrm{d}x$表示$f(x)$的所有原函数，即若$\int f(x)\mathrm{d}x=F(x)+C$，则必有$[F(x)+C]'=F'(x)+C'=f(x)$，可知$C'=0$，因此A正确.

$\left[\dfrac{1}{2}f(2x)+C\right]'=\dfrac{1}{2}f'(2x)\cdot 2=f'(2x)$，可知C正确.

$[f(2x)+C]'=2f'(2x)$，可知D不正确.

D的表达式也可以解释为$f'(2x)$是对$2x$求导，$\int f'(2x)\mathrm{d}x$是对x积分，因此D的表达式不正确.

若记$g(x)=f(2x)$，则$\left[\int f(2x)\mathrm{d}x\right]'=\left[\int g(x)\mathrm{d}x\right]'=g(x)=f(2x)$，可知B与E都正确.

故选D.

例 2 已知$f'(\cos^2 x)=\cos 2x+\tan^2 x(x\geqslant 0)$，求$f(x)$.

【解题思路】如果能将$f'(\cos^2 x)$变形，求出$f'(x)$的表达式，那么由原函数的定义知问题转化

为已知导函数 $f'(x)$，求 $f(x)$. 再由不定积分$\int f'(x)\mathrm{d}x = f(x)+C$，问题可解.

【答案解析】由

$$f'(\cos^2 x) = \cos 2x + \tan^2 x = 2\cos^2 x - 1 + \frac{\sin^2 x}{\cos^2 x}$$
$$= 2\cos^2 x - 1 + \frac{1-\cos^2 x}{\cos^2 x} = 2\cos^2 x - 2 + \frac{1}{\cos^2 x},$$

可知 $f'(x) = 2x - 2 + \frac{1}{x}(x>0)$，因此

$$f(x) = \int f'(x)\mathrm{d}x = x^2 - 2x + \ln x + C(x>0),$$

其中 C 为任意常数.

例 3　下列表达式正确的是(　　).

(A) $\int_{-1}^{1}(x^3+\sqrt{1-x^2})\mathrm{d}x \neq \int_{-1}^{1}(t^3+\sqrt{1-t^2})\mathrm{d}t$

(B) $\int_{-1}^{1}(x^3+\sqrt{1-x^2})\mathrm{d}x > \int_{-1}^{1}\sqrt{1-x^2}\,\mathrm{d}x$

(C) $\int_{-1}^{1}(x^3+\sqrt{1-x^2})\mathrm{d}x = \int_{-1}^{1}\sqrt{1-x^2}\,\mathrm{d}x$

(D) $\int_{-1}^{1}x^3\mathrm{d}x > \int_{0}^{1}x^3\mathrm{d}x$

(E) $\frac{\mathrm{d}}{\mathrm{d}x}\left[\int_a^b f(x)\mathrm{d}x\right] = f(x)$，其中 $f(x)$ 为连续函数

【参考答案】C

【解题思路】所有选项皆需依定积分性质判定.

【答案解析】由于当定积分存在时，它表示一个确定的数值，且这个数值与积分变元无关，可知 E 与 A 均不正确.

由于 x^3 为奇函数，$[-1,1]$ 为对称区间，因此$\int_{-1}^{1}x^3\mathrm{d}x = 0$，故

$$\int_{-1}^{1}(x^3+\sqrt{1-x^2})\mathrm{d}x = \int_{-1}^{1}\sqrt{1-x^2}\,\mathrm{d}x,$$

因此 B 不正确，C 正确.

由定积分的几何解释，或利用在 $(0,1)$ 内 $x^3>0$，由定积分性质可知$\int_0^1 x^3\mathrm{d}x>0$，可知 D 不正确.

【评注】选项 B 表明在 $[a,b]$ 上，$\int_a^b f(x)\mathrm{d}x$ 不一定小于$\int_a^b [f(x)+g(x)]\mathrm{d}x$，当且仅当 $g(x)\geqslant 0(x\in[a,b])$ 时，才成立. 同样选项 D 表明即使 $[a,b]\supset[c,d]$，也不一定有$\int_a^b f(x)\mathrm{d}x \geqslant \int_c^d f(x)\mathrm{d}x$ 成立，当且仅当 $f(x)\geqslant 0(x\in[a,b])$ 时，才成立.

(3) 可变限积分函数的概念与性质.

若 $f(x)$ 在 $[a,b]$ 上连续,则称 $\int_a^x f(t)\mathrm{d}t\,(x\in[a,b])$ 为积分上限的函数.

如果 $f(x)$ 为 $[a,b]$ 上的连续函数,则积分上限的函数 $\Phi(x)=\int_a^x f(t)\mathrm{d}t$ 在 $[a,b]$ 上可导,且

$$\Phi'(x)=\frac{\mathrm{d}}{\mathrm{d}x}\left[\int_a^x f(t)\mathrm{d}t\right]=f(x)\,(a\leqslant x\leqslant b).$$

这表明 $\int_a^x f(t)\mathrm{d}t$ 必定为连续函数 $f(x)$ 在 $[a,b]$ 上的一个原函数.

如果在 $[a,b]$ 上, $f(x)$ 为连续函数, $g(x)$ 为可导函数,且 $g(x)$ 的值域在 $[a,b]$ 上,则

$$\frac{\mathrm{d}}{\mathrm{d}x}\left[\int_a^{g(x)} f(t)\mathrm{d}t\right]=f[g(x)]\cdot g'(x)\,(a\leqslant x\leqslant b).$$

【注】 可变限积分求导公式的使用有两个前提条件:

① 被积函数 $f(x)$ 是连续函数;

② 被积函数中不含变上限的变元.

如 $y=\int_0^x xf(t)\mathrm{d}t$,其中 $f(x)$ 为连续函数,求 y'. 这里不能直接利用可变限积分求导公式. 由于在积分过程中只是 t 从 0 变到 x,而 x 认定为常数,因此可以先变形

$$y=\int_0^x xf(t)\mathrm{d}t=x\int_0^x f(t)\mathrm{d}t,$$

再求导.

又如 $y=\int_a^x f(xt)\mathrm{d}t$,其中 $f(u)$ 为连续函数,求 y'.

这里不能将 x 从 $f(xt)$ 中游离出来,可以先采取变量代换. 设 $u=xt$,则 $\mathrm{d}u=x\mathrm{d}t$. 当 $t=a$ 时, $u=ax$; 当 $t=x$ 时, $u=x^2$. 因此

$$y=\int_a^x f(xt)\mathrm{d}t=\int_{ax}^{x^2}\frac{f(u)}{x}\mathrm{d}u=\frac{1}{x}\int_{ax}^{x^2}f(u)\mathrm{d}u,$$

再求导.

如果没有限定 $f(x)$ 为连续函数,则 $\int_a^x f(t)\mathrm{d}t$ 不一定可导,也不一定是 $f(x)$ 的一个原函数.

可变限积分是一个函数,因此有关函数的极限、连续、求导数、求微分、判定函数单调性、求函数极值、判定函数相应曲线的凹凸性等问题都可以以变限积分形式的函数出现,相应的求解方法与前面所介绍的方法相仿.

例 4　求极限 $\lim\limits_{x\to0}\dfrac{\int_0^x\left[\int_0^{u^2}\arctan(1+t)\mathrm{d}t\right]\mathrm{d}u}{x(1-\cos x)}$.

【解题思路】所给问题为可变上限积分函数的极限问题，所给极限为“$\frac{0}{0}$”型，这类问题求解的思路是考虑利用洛必达法则求解.

【答案解析】记 $\varphi(u)=\int_0^{u^2}\arctan(1+t)\mathrm{d}t$，则

$$原式=\lim_{x\to 0}\frac{\int_0^x\varphi(u)\mathrm{d}u}{x(1-\cos x)}=\lim_{x\to 0}\frac{\int_0^x\varphi(u)\mathrm{d}u}{x\cdot\frac{x^2}{2}}$$

$$=2\lim_{x\to 0}\frac{\varphi(x)}{3x^2}=\frac{2}{3}\lim_{x\to 0}\frac{\int_0^{x^2}\arctan(1+t)\mathrm{d}t}{x^2}$$

$$=\frac{2}{3}\lim_{x\to 0}\frac{\arctan(1+x^2)\cdot 2x}{2x}=\frac{2}{3}\cdot\arctan 1$$

$$=\frac{2}{3}\cdot\frac{\pi}{4}=\frac{\pi}{6}.$$

3. 不定积分的运算

(1) 基本公式.

不定积分计算的基本方法是利用教材中的常见的基本公式及性质.

$\int[f(x)+g(x)]\mathrm{d}x=\int f(x)\mathrm{d}x+\int g(x)\mathrm{d}x$，

$\int kf(x)\mathrm{d}x=k\int f(x)\mathrm{d}x\,(k\neq 0)$，　　$\int k\mathrm{d}x=kx+C$，

$\int x^\mu\mathrm{d}x=\frac{1}{\mu+1}x^{\mu+1}+C\,(\mu\neq -1)$，　　$\int\frac{1}{x}\mathrm{d}x=\ln|x|+C$，

$\int\frac{1}{1+x^2}\mathrm{d}x=\arctan x+C$，　　$\int\frac{1}{\sqrt{1-x^2}}\mathrm{d}x=\arcsin x+C$，

$\int\cos x\mathrm{d}x=\sin x+C$，　　$\int\sin x\mathrm{d}x=-\cos x+C$，

$\int\frac{1}{\cos^2 x}\mathrm{d}x=\int\sec^2 x\mathrm{d}x=\tan x+C$，　　$\int\frac{1}{\sin^2 x}\mathrm{d}x=\int\csc^2 x\mathrm{d}x=-\cot x+C$，

$\int\mathrm{e}^x\mathrm{d}x=\mathrm{e}^x+C$，　　$\int a^x\mathrm{d}x=\frac{a^x}{\ln a}+C\,(a>0\text{ 且 }a\neq 1)$，

$\int\sec x\tan x\mathrm{d}x=\sec x+C$，　　$\int\csc x\cot x\mathrm{d}x=-\csc x+C$，

$\int\frac{1}{\sqrt{x^2+a^2}}\mathrm{d}x=\ln(x+\sqrt{x^2+a^2})+C$，

$\int\frac{1}{\sqrt{x^2-a^2}}\mathrm{d}x=\ln|x+\sqrt{x^2-a^2}|+C\,(|x|>|a|)$.

(2) 不定积分的第一类换元法.

设 $f(u)$ 具有原函数 $F(u)$，$u=\varphi(x)$ 可导，则有换元公式

$$\int f[\varphi(x)]\varphi'(x)\mathrm{d}x = \int f(u)\mathrm{d}u = F(u)\Big|_{u=\varphi(x)} + C.$$

(3) 不定积分的第二类换元法.

设 $x=\psi(t)$ 是单调的可导函数，且 $\psi'(t)\neq 0$，又设 $f[\psi(t)]\psi'(t)$ 具有原函数，则有换元公式

$$\int f(x)\mathrm{d}x = \left[\int f[\psi(t)]\psi'(t)\mathrm{d}t\right]_{t=\psi^{-1}(x)}.$$

第二类换元法常用于被积函数带有 $\sqrt{a+x}$ 或含有 $\sqrt{a^2-x^2}$，$\sqrt{x^2+a^2}$，$\sqrt{x^2-a^2}$ 的积分. 前者常采用令 $t=\sqrt{a+x}$ 化去根式，后者分别令 $x=a\sin t$，$x=a\tan t$，$x=\pm a\sec t$ 化去根式，上述问题中前者称为根式代换，后者称为三角代换.

(4) 不定积分的分部积分法.

如果被积函数含有两类不同函数的乘积，或含有对数函数或反三角函数，常采用分部积分法，利用

$$\int uv'\mathrm{d}x = uv - \int u'v\mathrm{d}x\left(\text{或}\int u\mathrm{d}v = uv - \int v\mathrm{d}u\right),$$

将较复杂的积分运算化为较简单的积分运算或改变被积函数类型间接通过两次分部积分法 求解.

分部积分法中的关键是恰当选择 u 和 v，一般要考虑两点：

①v 要容易求出；

②$\int v\mathrm{d}u$ 要比$\int u\mathrm{d}v$ 容易积分.

如果被积函数为 $P_n(x)\mathrm{e}^x$ 或 $P_n(x)\sin x$，$P_n(x)\cos x$ 等形式，常选 $u=P_n(x)$，其中 $P_n(x)$ 为 x 的 n 次多项式.

如果被积函数为幂函数与对数函数的乘积或幂函数与反三角函数的乘积，常考虑利用分部积分法计算，并设对数函数或反三角函数为 u.

如果$\int v\mathrm{d}u$ 与$\int u\mathrm{d}v$ 的计算难度相仿，如$\int \mathrm{e}^x\sin x\mathrm{d}x$，此时，需使用两次分部积分法，才可以间接求解，其中 u 可任选 e^x 或 $\sin x$，但是两次分部积分必须将 u 选为同一种函数.

例 5 计算$\int \mathrm{e}^x\sin x\mathrm{d}x$.

【解题思路】被积函数为两类函数之积，可以考虑利用分部积分法求解.

【答案解析】设 $u=\mathrm{e}^x$，$v'=\sin x$，则 $u'=\mathrm{e}^x$，$v=-\cos x$，因此

$$\int \mathrm{e}^x\sin x\mathrm{d}x = -\mathrm{e}^x\cos x + \int \mathrm{e}^x\cdot\cos x\mathrm{d}x. \tag{*}$$

对右端积分中令

$$u=\mathrm{e}^x, v'=\cos x, \tag{**}$$

则 $u'=\mathrm{e}^x$，$v=\sin x$. 因此

$$\int \mathrm{e}^x\sin x\mathrm{d}x = -\mathrm{e}^x\cos x + \left[\mathrm{e}^x\sin x - \int \mathrm{e}^x\sin x\mathrm{d}x\right], \tag{***}$$

移项，
$$2\int e^x\sin x\mathrm{d}x = e^x(\sin x - \cos x) + C_1,$$
$$\int e^x\sin x\mathrm{d}x = \frac{1}{2}e^x(\sin x - \cos x) + C.$$

【评注】上述(*)处经过一次分部积分，两端积分的难度相仿，并没有简化. 上述(**)处与第一次分部积分时选择的 u 是同一类函数.

上述(***)中将右端第三项移至等号左端，因为右端没有积分号，而左端有积分号，表示无数多个原函数，所以右端要加任意常数.

(5) 有理函数积分.

$\int \frac{P(x)}{Q(x)}\mathrm{d}x$，其中 $P(x)$，$Q(x)$ 都为 x 的多项式，通常先化为“多项式＋部分分式”之和的形式.

对带有根式的积分，通常先用代换化去根式，转化为有理函数的积分.

4. 定积分的运算

① 如果 $F(x)$ 为 $f(x)$ 在 $[a,b]$ 上的一个原函数，$f(x)$ 为连续函数，则
$$\int_a^b f(x)\mathrm{d}x = F(x)\Big|_a^b = F(b) - F(a).$$

此定理称为微积分基本定理，上式称为牛顿 - 莱布尼茨公式. 这是求定积分的基本运算方法.

② 如果被积函数为分段函数，通常利用积分关于区间的可加性，将积分区间分为几个部分，在每个子区间被积函数有唯一的解析表达式.

③ 如果被积函数含有绝对值符号，应先将积分区间分为几个子区间，以消去绝对值符号.

④ 如果被积函数含有偶次方的根式，脱离了根式的表达式要带绝对值符号，再依 ③ 处理.

⑤ 如果利用换元法计算定积分，积分限要相应变化.

⑥ 如果利用分部积分法计算定积分，注意不要丢掉积分限.

例 6 计算 $\int_0^{\pi^2}\sqrt{x}\cos\sqrt{x}\,\mathrm{d}x$.

【解题思路】所给问题为定积分运算，由于被积函数中含有根式，通常的求解思路是先利用变量代换消除根号.

【答案解析】设 $\sqrt{x} = t$，则当 $x = 0$ 时，$t = 0$；$x = \pi^2$ 时，$t = \pi$. 又 $t^2 = x$，$\mathrm{d}x = 2t\mathrm{d}t$，因此
$$\int_0^{\pi^2}\sqrt{x}\cos\sqrt{x}\,\mathrm{d}x = \int_0^{\pi} 2t^2\cos t\mathrm{d}t = 2t^2\sin t\Big|_0^{\pi} - 4\int_0^{\pi} t\sin t\mathrm{d}t$$
$$= 4t\cos t\Big|_0^{\pi} - 4\int_0^{\pi}\cos t\mathrm{d}t = -4\pi.$$

【评注】这里有必要提醒学生注意：

① 定积分进行变量代换时，积分限一定要随之变化；

② 定积分使用分部积分法时，不要忘记积分限.

例 7 计算 $\int_0^{2\pi}\sqrt{1-\cos 2t}\,\mathrm{d}t$.

【解题思路】被积函数含有偶次方的根式,应进行变换或恒等变换消除根号.

【答案解析】由于$\sqrt{1-\cos 2t}=\sqrt{2\sin^2 t}=\sqrt{2}\,|\sin t|$,因此

$$\int_0^{2\pi}\sqrt{1-\cos 2t}\,dt=\sqrt{2}\int_0^{2\pi}|\sin t|\,dt=\sqrt{2}\left(\int_0^{\pi}\sin t\,dt-\int_{\pi}^{2\pi}\sin t\,dt\right)$$

$$=\sqrt{2}\left(-\cos t\Big|_0^{\pi}+\cos t\Big|_{\pi}^{2\pi}\right)=4\sqrt{2}.$$

5. 反常积分

(1) 无穷限反常积分.

设函数 $f(x)$ 在$[a,+\infty)$ 上连续,定义$\int_a^{+\infty}f(x)dx=\lim\limits_{b\to+\infty}\int_a^b f(x)dx$,称之为无穷限反常积分. 如果上述极限存在,则称反常积分$\int_a^{+\infty}f(x)dx$ 收敛,否则称之发散.

设 $f(x)$ 在$(-\infty,b]$ 上连续,定义$\int_{-\infty}^b f(x)dx=\lim\limits_{a\to-\infty}\int_a^b f(x)dx$,其敛散性与上述定义相仿.

如果$\int_a^{+\infty}f(x)dx$ 与$\int_{-\infty}^a f(x)dx$ 都收敛,则称$\int_{-\infty}^{+\infty}f(x)dx=\int_{-\infty}^a f(x)dx+\int_a^{+\infty}f(x)dx$ 收敛.

(2) 瑕积分.

如果 $f(x)$ 在$(a,b]$ 上连续,$\lim\limits_{x\to a^+}f(x)=\infty$,则称

$$\int_a^b f(x)dx=\lim_{\varepsilon\to0^+}\int_{a+\varepsilon}^b f(x)dx$$

为 $f(x)$ 在$(a,b]$上的反常积分,又称瑕积分,称 $x=a$ 为瑕点. 反常积分常分解为"定积分运算+极限运算".

常用的两个结论.

当 $p>1$ 时,$\int_a^{+\infty}\frac{dx}{x^p}(a>0)$ 收敛;当 $p\leqslant1$ 时,$\int_a^{+\infty}\frac{dx}{x^p}(a>0)$ 发散.

当 $0<q<1$ 时,$\int_a^b\frac{dx}{(x-a)^q}$ 收敛;当 $q\geqslant1$ 时,$\int_a^b\frac{dx}{(x-a)^q}$ 发散.

例 8 计算$\int_0^{+\infty}\frac{1}{x^2+4x+8}dx$.

【解题思路】所给积分的被积函数为分式,定义域为$(0,+\infty)$,所给积分为无穷限反常积分,只需依反常积分定义计算.

【答案解析】

$$\int_0^{+\infty}\frac{1}{x^2+4x+8}dx=\lim_{b\to+\infty}\int_0^b\frac{1}{x^2+4x+8}dx$$

$$=\lim_{b\to+\infty}\int_0^b\frac{1}{(x+2)^2+4}dx=\lim_{b\to+\infty}\frac{1}{2}\int_0^b\frac{d\left(\frac{x+2}{2}\right)}{1+\left(\frac{x+2}{2}\right)^2}$$

$$=\lim_{b\to+\infty}\frac{1}{2}\arctan\left(\frac{x+2}{2}\right)\Big|_0^b=\frac{1}{2}\left(\frac{\pi}{2}-\frac{\pi}{4}\right)=\frac{\pi}{8}.$$

6. 定积分的应用

几何应用　常求平面图形的面积.

经济应用　如果知道边际成本(收益)函数,求成本(收益)函数.

已知边际成本函数为 $C'(Q)$,则生产 Q 件商品的总成本为

$$C(Q)=\int_0^Q C'(t)\,\mathrm{d}t+C_0,$$

其中 C_0 为固定成本.

生产商品由 a 件增加到 b 件时,增加的成本为

$$\Delta C=\int_a^b C'(Q)\,\mathrm{d}Q.$$

相仿,已知边际收益函数为 $R'(Q)$,那么生产 Q 件商品的总收益为

$$R=\int_0^Q R'(t)\,\mathrm{d}t.$$

如果已知某产品总产量 Q 的变化率 $f(t)$ 为连续函数,则从时刻 t_1 到 t_2 产量的增加值为

$$\Delta Q=\int_{t_1}^{t_2} f(t)\,\mathrm{d}t.$$

若当 $t=t_0$ 时产量为 $Q=Q_0$,那么总产量 $Q(t)=\int_{t_0}^{t} f(t)\,\mathrm{d}t+Q_0$.

例 9　求由曲线 $y=x^3-3x+2$ 在两个极值点范围内的曲线弧段,与过两个极值点和 x 轴垂直的直线及 x 轴所围平面图形的面积.

【解题思路】曲线 $y=x^3-3x+2$ 图形不易画出,所以不必画出其图形. 可先研究图形的特性,确定曲线 y 的图形位于 x 轴上方时自变量的取值范围,位于 x 轴下方时自变量的取值范围.

【答案解析】$y=x^3-3x+2$,$y'=3x^2-3$. 令 $y'=0$,可知 y 有 $x_1=-1$,$x_2=1$ 两个驻点.

$$y''=6x,\ y''\Big|_{x=-1}=-6,\ y''\Big|_{x=1}=6,$$

可知 $x=-1$ 为 y 的极大值点,$x=1$ 为 y 的极小值点.

当 $-1<x<1$ 时,$y'=3(x^2-1)<0$,可知 y 为单调减少函数.

$$y\Big|_{x=-1}=4,\ y\Big|_{x=1}=0,$$

可知当 $-1<x<1$ 时,$y>0$. 因此所求面积为

$$S=\int_{-1}^{1}(x^3-3x+2)\,\mathrm{d}x=2\int_{-1}^{1}\mathrm{d}x=4\int_0^1\mathrm{d}x=4\text{(利用对称区间上积分对称性)}.$$

例 10　已知某商品总产量 Q 的变化率 $f(t)=200+5t-\frac{1}{2}t^2$. 求:

(1) 时间 t 在 $[2,8]$ 上变化时,总产量的增加值 ΔQ;

(2) 总产量函数 $Q=Q(t)$.

【解题思路】由总产量变化率 $Q'(t)=f(t)$,求 ΔQ 与 $Q(t)$,见"6. 定积分的应用"的解说.

【答案解析】总产量变化率为 $Q'(t)=f(t)$.

(1)$\Delta Q=\int_2^8 f(t)\mathrm{d}t=\int_2^8\left(200+5t-\frac{1}{2}t^2\right)\mathrm{d}t=1\ 266.$

(2)$Q=\int_0^t f(t)\mathrm{d}t=\int_0^t\left(200+5t-\frac{1}{2}t^2\right)\mathrm{d}t=200t+\frac{5}{2}t^2-\frac{1}{6}t^3.$

三、综合题精讲

题型一　原函数与不定积分的概念及性质

例 1 设下列各式左端不定积分都存在,则其中正确的是(　　).

(A)$\int f'(2x)\mathrm{d}x=\frac{1}{2}f(2x)+C$　　(B)$\left[\int f(2x)\mathrm{d}x\right]'=2f(2x)$

(C)$\int f'(2x)\mathrm{d}x=f(2x)+C$　　(D)$\left[\int f(2x)\mathrm{d}x\right]'=\frac{1}{2}f(2x)$

(E)$\int f'(2x)\mathrm{d}x=f(x)+C$

【参考答案】A

【答案解析】由$\int f'(x)\mathrm{d}x=f(x)+C$知,若令$u=2x$,则

$$\int f'(2x)\mathrm{d}x=\int f'(u)\cdot\frac{1}{2}\mathrm{d}u=\frac{1}{2}f(u)+C=\frac{1}{2}f(2x)+C.$$

故A正确,C,E都不正确.

又由于$\left[\int f(x)\mathrm{d}x\right]'=f(x)$,即先积分后求导作用抵消.可设$g(x)=f(2x)$,由$\left[\int g(x)\mathrm{d}x\right]'=g(x)$,且$\int g(x)\mathrm{d}x=\int f(2x)\mathrm{d}x$,可知B,D都不正确.故选A.

例 2 设$F(x)$是$x\cos x$的一个原函数,则$\mathrm{d}[F(x^2)]=$(　　).

(A)$2x^2\cos x\mathrm{d}x$　　(B)$2x^3\cos x\mathrm{d}x$　　(C)$2x^2\cos x^2\mathrm{d}x$

(D)$2x^3\cos x^2\mathrm{d}x$　　(E)$x^2\cos x^2\mathrm{d}x$

【参考答案】D

【解题思路】欲求复合函数微分只需依一阶微分形式不变性及原函数定义求解.

【答案解析】由题设$F(x)$为$x\cos x$的一个原函数,可知$F'(x)=x\cos x$,因此

$$\begin{aligned}\mathrm{d}[F(x^2)]&=F'(x^2)\mathrm{d}(x^2)=F'(x^2)\cdot 2x\mathrm{d}x=x^2\cos x^2\cdot 2x\mathrm{d}x\\&=2x^3\cos x^2\mathrm{d}x.\end{aligned}$$

故选D.

例 3 设$\int(1-x^2)f(x^2)\mathrm{d}x=\arcsin x+C$,则$f(x)=$(　　).

(A)$(1-x)^{\frac{3}{2}}$　　(B)$(1-x)^{-\frac{3}{2}}$　　(C)$(1-x^2)^{\frac{3}{2}}$

(D)$(1-x^2)^{-\frac{3}{2}}$　　(E)$(1-x)^{\frac{2}{3}}$

【参考答案】B

【解题思路】本题为求积分的反问题，只需依原函数 $F(x)$ 的定义 $F'(x)=f(x)$ 来求解.

【答案解析】将所给表达式的等式两端分别关于 x 求导，

$$\left[\int(1-x^2)f(x^2)\mathrm{d}x\right]'=(\arcsin x+C)',$$

$$(1-x^2)f(x^2)=\frac{1}{\sqrt{1-x^2}},$$

$$f(x^2)=(1-x^2)^{-\frac{3}{2}},$$

$$f(x)=(1-x)^{-\frac{3}{2}}.$$

故选 B.

题型二　定积分的概念与性质

例 4　$\int_{-a}^{a}(x-a)\sqrt{a^2-x^2}\,\mathrm{d}x=($　　$)$.

(A) $-\frac{1}{2}\pi a^2$　(B) $\frac{1}{2}\pi a^2$　(C) $\frac{1}{2}\pi a^3$　(D) $-\frac{1}{2}\pi a^3$　(E) πa^3

【参考答案】D

【解题思路】对于积分区间为对称区间的情形，可考虑将被积函数恒等变形以利用积分对称性简化运算.

【答案解析】由于

$$\int_{-a}^{a}(x-a)\sqrt{a^2-x^2}\,\mathrm{d}x=\int_{-a}^{a}x\sqrt{a^2-x^2}\,\mathrm{d}x-\int_{-a}^{a}a\sqrt{a^2-x^2}\,\mathrm{d}x,$$

上式两个积分的积分区间都为对称区间，$x\sqrt{a^2-x^2}$ 为奇函数，$a\sqrt{a^2-x^2}$ 为偶函数，

$$\int_{-a}^{a}x\sqrt{a^2-x^2}\,\mathrm{d}x=0,\int_{-a}^{a}a\sqrt{a^2-x^2}\,\mathrm{d}x=2\int_{0}^{a}a\sqrt{a^2-x^2}\,\mathrm{d}x,$$

因此 $\int_{-a}^{a}(x-a)\sqrt{a^2-x^2}\,\mathrm{d}x=-2a\int_{0}^{a}\sqrt{a^2-x^2}\,\mathrm{d}x$.

注意 $y=\sqrt{a^2-x^2}$ 是以原点为圆心，半径为 a 的上半圆周，由定积分几何意义可知 $\int_{0}^{a}\sqrt{a^2-x^2}\,\mathrm{d}x$ 为圆面积的 $\frac{1}{4}$，因此

$$\int_{-a}^{a}(x-a)\sqrt{a^2-x^2}\,\mathrm{d}x=-2a\cdot\frac{1}{4}\pi a^2=-\frac{\pi}{2}a^3.$$

故选 D.

【评注】本题考查了定积分的对称性、几何意义及定积分关于被积函数的可加性.

例 5　设函数 $f(x)$ 与 $g(x)$ 在 $[0,1]$ 上连续，且 $f(x)\leqslant g(x)$，则对任意 $c\in(0,1)$，有(　　).

(A) $\int_{\frac{1}{2}}^{c}f(t)\mathrm{d}t\geqslant\int_{\frac{1}{2}}^{c}g(t)\mathrm{d}t$　(B) $\int_{\frac{1}{2}}^{c}f(t)\mathrm{d}t\leqslant\frac{1}{2}\int_{\frac{1}{2}}^{c}g(t)\mathrm{d}t$

(C) $\int_{c}^{1}f(t)\mathrm{d}t\geqslant\int_{c}^{1}g(t)\mathrm{d}t$　(D) $\int_{c}^{1}f(t)\mathrm{d}t\leqslant\int_{c}^{1}g(t)\mathrm{d}t$

(E) $\int_1^c f(t)\mathrm{d}t \leqslant \int_1^c g(t)\mathrm{d}t$

【参考答案】D

【解题思路】所给选项皆为积分不等式,可考虑定积分相应性质的前提条件.

注意定积分的不等式性质:若连续函数 $f(x)$,$g(x)$ 在区间$[a,b]$上满足 $f(x) \leqslant g(x)$,则有 $\int_a^b f(x)\mathrm{d}x \leqslant \int_a^b g(x)\mathrm{d}x$.

这个性质的前提条件有三个:① $f(x)$ 与 $g(x)$ 为连续函数;② 在区间$[a,b]$上,由区间的表达式可知,$a < b$;③ $f(x) \leqslant g(x)$.

【答案解析】由于题设为任意 $c \in (0,1)$,这表示 $0 < c < 1$,但是不确定 c 与 $\frac{1}{2}$ 的大小关系.

当 $c < \frac{1}{2}$ 时,应有 $\int_{\frac{1}{2}}^c f(t)\mathrm{d}t \geqslant \int_{\frac{1}{2}}^c g(t)\mathrm{d}t$;当 $c > \frac{1}{2}$ 时,应有 $\int_{\frac{1}{2}}^c f(t)\mathrm{d}t \leqslant \int_{\frac{1}{2}}^c g(t)\mathrm{d}t$.

所以当 c 与 $\frac{1}{2}$ 的大小关系不确定时,A,B 都不正确.

易见 C 不正确,D 正确,从而 E 不正确,因为 E 中表达式等价于 $-\int_c^1 f(t)\mathrm{d}t \leqslant -\int_c^1 g(t)\mathrm{d}t$,即 $\int_c^1 f(t)\mathrm{d}t \geqslant \int_c^1 g(t)\mathrm{d}t$.

故选 D.

例 6 设 $f'(x)$ 为连续函数,则下列命题错误的是(　　).

(A) $\frac{\mathrm{d}}{\mathrm{d}x}\left[\int_a^b f(x)\mathrm{d}x\right] = 0$

(B) $\frac{\mathrm{d}}{\mathrm{d}x}\left[\int_a^b f(x)\mathrm{d}x\right] = f(x)$

(C) $\int_a^x f'(t)\mathrm{d}t = f(x) - f(a)$

(D) $\frac{\mathrm{d}}{\mathrm{d}x}\left[\int_a^x f(t)\mathrm{d}t\right] = f(x)$

(E) $\frac{\mathrm{d}}{\mathrm{d}x}\left[\int f'(x)\mathrm{d}x\right] = f'(x)$

【参考答案】B

【解题思路】只需与不定积分、定积分、可变限积分的概念和相应性质进行对照.

【答案解析】由题设 $f'(x)$ 为连续函数,可知 $f(x)$ 必定为连续函数,因此 $\int_a^b f(x)\mathrm{d}x$ 存在,为一个确定的数值,可知 A 正确,B 不正确.

由牛顿 - 莱布尼茨公式可知 $\int_a^x f'(t)\mathrm{d}t = f(x) - f(a)$,其中 $f(t)$ 为 $f'(t)$ 的原函数,可知 C 正确.

由可变限积分函数求导公式知 D 正确.

由原函数与不定积分的关系可知 E 正确.

故选 B.

【评注】本题考核的知识点包括定积分为常数、牛顿 - 莱布尼茨公式、可变限积分函数求导公式等.

例 7 设

$$M=\int_{-\frac{\pi}{2}}^{\frac{\pi}{2}}\frac{\sin x}{1+x^2}\cos^4 x\mathrm{d}x, N=\int_{-\frac{\pi}{2}}^{\frac{\pi}{2}}(\sin^3 x+\cos^4 x)\mathrm{d}x, P=\int_{-\frac{\pi}{2}}^{\frac{\pi}{2}}(x^2\sin^3 x-\cos^4 x)\mathrm{d}x,$$

则( ).

(A)$N<P<M$　　(B)$M<P<N$　　(C)$N<M<P$

(D)$P<M<N$　　(E)$P<N<M$

【参考答案】D

【解题思路】由于题目只考查三个积分值大小的比较,因此并不需要求出它们的值.积分区间为对称区间,可先考虑被积函数的奇偶性,并考虑定积分的不等式性质.

【答案解析】如果在$[a,b]$上,$f(x)\geqslant 0$,且$f(x)\not\equiv 0$,则$\int_a^b f(x)\mathrm{d}x>0$.

注意到$\frac{\sin x}{1+x^2}\cos^4 x$为奇函数,因此

$$M=\int_{-\frac{\pi}{2}}^{\frac{\pi}{2}}\frac{\sin x}{1+x^2}\cos^4 x\mathrm{d}x=0.$$

由于$\sin^3 x$为奇函数,$\cos^4 x$为偶函数,且$\cos^4 x\geqslant 0$,因此

$$N=\int_{-\frac{\pi}{2}}^{\frac{\pi}{2}}(\sin^3 x+\cos^4 x)\mathrm{d}x=\int_{-\frac{\pi}{2}}^{\frac{\pi}{2}}\sin^3 x\mathrm{d}x+\int_{-\frac{\pi}{2}}^{\frac{\pi}{2}}\cos^4 x\mathrm{d}x=2\int_0^{\frac{\pi}{2}}\cos^4 x\mathrm{d}x>0.$$

由于$x^2\sin^3 x$为奇函数,$\cos^4 x$为偶函数,因此

$$P=\int_{-\frac{\pi}{2}}^{\frac{\pi}{2}}(x^2\sin^3 x-\cos^4 x)\mathrm{d}x=-2\int_0^{\frac{\pi}{2}}\cos^4 x\mathrm{d}x<0.$$

因此有$P<M<N$,故选D.

例 8 设$f(x)$为连续函数,且$f(x)=\frac{1}{1+x^2}+x^3\int_0^1 f(x)\mathrm{d}x$,则$\int_0^1 f(x)\mathrm{d}x=$( ).

(A)$\frac{\pi}{3}$　　(B)$\frac{\pi}{2}$　　(C)π　　(D)$\frac{3}{2}\pi$　　(E)2π

【参考答案】A

【解题思路】表达式中$f(x)$与$\int_0^1 f(x)\mathrm{d}x$单独出现的情形,要将$\int_0^1 f(x)\mathrm{d}x$认定为常量.

【答案解析】本题考核的知识点是定积分的性质与计算.由于$f(x)$为连续函数,因此$\int_0^1 f(x)\mathrm{d}x$存在,其值为定值,设$A=\int_0^1 f(x)\mathrm{d}x$,则有

$$f(x)=\frac{1}{1+x^2}+Ax^3,$$

从而

$$A=\int_0^1 f(x)\mathrm{d}x=\int_0^1\left(\frac{1}{1+x^2}+Ax^3\right)\mathrm{d}x=\left(\arctan x+\frac{A}{4}x^4\right)\Big|_0^1,$$

$$A=\frac{\pi}{4}+\frac{1}{4}A, A=\frac{\pi}{3}, \text{即}\int_0^1 f(x)\mathrm{d}x=\frac{\pi}{3}.$$

故选 A.

例 9 函数 $y=\dfrac{x}{\sqrt{1-x^2}}$ 在 $\left[0,\dfrac{1}{2}\right]$ 上的平均值为(　　).

(A) $2+\sqrt{3}$　(B) $2+\sqrt{2}$　(C) $2-\sqrt{2}$　(D) $2-\sqrt{3}$　(E) $\sqrt{3}-\sqrt{2}$

【参考答案】D

【解题思路】只需依连续函数在闭区间上的平均值定义来求解.

【答案解析】本题考查的知识点为连续函数在闭区间上的平均值的概念. 连续函数 $f(x)$ 在 $[a,b]$ 上的平均值为 $\dfrac{1}{b-a}\int_a^b f(x)\mathrm{d}x$.

因此有

$$\frac{1}{\frac{1}{2}-0}\int_0^{\frac{1}{2}}\frac{x}{\sqrt{1-x^2}}\mathrm{d}x=-\int_0^{\frac{1}{2}}(1-x^2)^{-\frac{1}{2}}\mathrm{d}(1-x^2)$$

$$=-2(1-x^2)^{\frac{1}{2}}\Big|_0^{\frac{1}{2}}=2-\sqrt{3}.$$

故选 D.

题型三　可变限积分函数的性质与运算

例 10 设 $f(x)=\begin{cases}e^{x^2}, & x<0,\\ 0, & x=0,\\ 2x-1, & x>0,\end{cases}$ $F(x)=\int_0^x f(t)\mathrm{d}t$，则 $F'(x)=$(　　).

(A) $\begin{cases}e^{x^2}, & x<0,\\ \text{不可导}, & x=0,\\ 2x-1, & x>0\end{cases}$　(B) $\begin{cases}e^{x^2}, & x<0,\\ 0, & x=0,\\ 2x-1, & x>0\end{cases}$

(C) $\begin{cases}e^{x^2}, & x<0,\\ 1, & x=0,\\ 2x-1, & x>0\end{cases}$　(D) $\begin{cases}e^{x^2}, & x<0,\\ -1, & x=0,\\ 2x-1, & x>0\end{cases}$

(E) $\begin{cases}-e^{x^2}, & x<0,\\ \text{不可导}, & x=0,\\ 2x-1, & x>0\end{cases}$

【参考答案】A

【解题思路】可变限积分作为函数，其求导运算若在 $f(x)$ 的连续区间，应依变限积分求导公式计算；若在分段点处，应依单侧导数定义来求.

【答案解析】$f(x)$ 为分段函数，$x=0$ 为分段点，由于

$$\lim_{x\to0^-}f(x)=\lim_{x\to0^-}e^{x^2}=1,\lim_{x\to0^+}f(x)=\lim_{x\to0^+}(2x-1)=-1,$$

可知 $\lim\limits_{x\to0}f(x)$ 不存在，因此 $x=0$ 为 $f(x)$ 的间断点，不能在 $(-\infty,+\infty)$ 内利用可变限积分函数的求导公式.

在$(0,+\infty)$和$(-\infty,0)$内$f(x)$皆为连续函数.

当$x<0$时,$F'(x)=\left(\int_0^x e^{t^2}dt\right)'=e^{x^2}$;

当$x>0$时,$F'(x)=\left[\int_0^x (2t-1)dt\right]'=2x-1$.

在$x=0$处应利用左导数、右导数定义求之:

$$F'_-(0)=\lim_{x\to 0^-}\frac{F(x)-F(0)}{x}=\lim_{x\to 0^-}\frac{e^{x^2}}{x}=-\infty.$$

可知$F'(0)$不存在.

故选 A.

例 11 设$f(x)$为连续函数,且$F(x)=\int_1^{x^2} xf(t)dt$,则$F'(x)=(\quad)$.

(A)$\int_1^{x^2} f(t)dt+xf(x^2)$

(B)$\int_1^{x^2} f(t)dt+2xf(x^2)$

(C)$2x^2f(x^2)$

(D)$\int_1^{x^2} f(t)dt+2x^2f(x^2)$

(E)$2x^3f(x)$

【参考答案】D

【解题思路】所给可变限积分中,积分限为x的函数,被积函数中含有x,应该先将x从被积函数中游离出来,再利用链式法则求解.

【答案解析】在"考点精讲"中已指出,只有被积函数中不含可变限变元才能使用可变限积分函数求导公式,因此应先将$F(x)$变形,

$$F(x)=\int_1^{x^2} xf(t)dt=x\int_1^{x^2} f(t)dt,$$

$$F'(x)=\left[x\int_1^{x^2} f(t)dt\right]'=\int_1^{x^2} f(t)dt+x\cdot f(x^2)\cdot 2x$$

$$=\int_1^{x^2} f(t)dt+2x^2f(x^2).$$

故选 D.

例 12 设$f(x)$为连续函数,当$x>0$时,$F(x)=\int_{x^2}^1 f(xt)dt$,则$F'(x)=(\quad)$.

(A) $\frac{1}{x^2}\int_{x^2}^x f(u)du-\frac{1}{x}[f(x)-3x^2f(x^3)]$

(B) $-\frac{1}{x^2}\int_{x^2}^x f(u)du-\frac{1}{x}[f(x)-3x^2f(x^3)]$

(C) $-\frac{1}{x^2}\int_{x^2}^x f(u)du-\frac{1}{x}[f(x)+3x^2f(x^3)]$

(D) $-\frac{1}{x^2}\int_{x^3}^x f(u)du+\frac{1}{x}[f(x)+3x^2f(x^3)]$

(E) $-\frac{1}{x^2}\int_{x^3}^{x} f(u)\mathrm{d}u+\frac{1}{x}[f(x)-3x^2f(x^3)]$

【参考答案】E

【解题思路】本题与例11的明显差异是变下限，且变元 x 不能从被积函数中游离出来，这种情形只能考虑变量代换，使被积函数不再含有可变限中的变元.

【答案解析】令 $u=xt$，在积分过程中 x 为固定值，因此 $\mathrm{d}u=x\mathrm{d}t$.

当 $t=1$ 时，$u=x$；当 $t=x^2$ 时，$u=x^3$，因此

$$F(x)=\int_{x^2}^{1} f(xt)\mathrm{d}t=\int_{x^3}^{x} f(u)\cdot\frac{1}{x}\mathrm{d}u=\frac{1}{x}\int_{x^3}^{x} f(u)\mathrm{d}u,$$

$$F'(x)=-\frac{1}{x^2}\int_{x^3}^{x} f(u)\mathrm{d}u+\frac{1}{x}[f(x)-3x^2f(x^3)].$$

故选 E.

例 13 设 $f(x)$ 为连续函数，当 $x>0$ 时，$F(x)=\int_0^1 f(xt)\mathrm{d}t$，则 $F'(x)=(\quad)$.

(A) $-\frac{1}{x}\int_0^x f(u)\mathrm{d}u+\frac{1}{x}f(x)$

(B) $\frac{1}{x}\int_0^x f(u)\mathrm{d}u+\frac{1}{x}f(x)$

(C) $-\frac{1}{x^2}\int_0^x f(u)\mathrm{d}u+\frac{1}{x}f(x)$

(D) $\frac{1}{x^2}\int_0^x f(u)\mathrm{d}u+\frac{1}{x}f(x)$

(E) $-\frac{1}{x^2}\int_0^x f(u)\mathrm{d}u-\frac{1}{x}f(x)$

【参考答案】C

【解题思路】注意本题与例12的差异，这里 $F(x)$ 形式为定积分. 但是其被积函数为抽象函数，依赖 xt，其中 x 为参变量，在积分过程中为固定值，可以仿例12进行变量代换.

【答案解析】设 $u=xt$，则 $\mathrm{d}u=x\mathrm{d}t$. 当 $t=0$ 时，$u=0$；当 $t=1$ 时，$u=x$，因此

$$F(x)=\int_0^1 f(xt)\mathrm{d}t=\int_0^x \frac{1}{x}f(u)\mathrm{d}u=\frac{1}{x}\int_0^x f(u)\mathrm{d}u,$$

$$F'(x)=\left[\frac{1}{x}\int_0^x f(u)\mathrm{d}u\right]'=-\frac{1}{x^2}\int_0^x f(u)\mathrm{d}u+\frac{1}{x}f(x).$$

故选 C.

例 14 极限 $\lim\limits_{x\to 0}\dfrac{\int_0^x\left(3\sin t+t^2\cos\frac{1}{t}\right)\mathrm{d}t}{(1+\cos x)\int_0^x \ln(1+t)\mathrm{d}t}=(\quad)$.

(A) $\frac{1}{2}$ (B) 1 (C) $\frac{3}{2}$ (D) 2 (E) $\frac{5}{2}$

【参考答案】C

【解题思路】所求极限的表达式为分式，分子、分母皆含可变限积分，且极限为“$\frac{0}{0}$”型，通常可由洛必达法则求解.

【答案解析】原式 $=\lim\limits_{x\to 0}\dfrac{1}{1+\cos x}\cdot\lim\limits_{x\to 0}\dfrac{\int_0^x\left(3\sin t+t^2\cos\dfrac{1}{t}\right)\mathrm{d}t}{\int_0^x\ln(1+t)\mathrm{d}t}$

$$=\frac{1}{2}\lim_{x\to 0}\frac{3\sin x+x^2\cos\dfrac{1}{x}}{\ln(1+x)}=\frac{1}{2}\lim_{x\to 0}\left(\frac{3\sin x}{x}+x\cos\frac{1}{x}\right)=\frac{3}{2}.$$

故选 C.

题型四　不定积分的运算

例 15　不定积分 $\int\dfrac{\ln 2x}{x\ln 4x}\mathrm{d}x=(\quad)$.

(A) $\ln x-\ln 2\cdot\ln|\ln 4x|+C$　　(B) $\ln x+\ln 2\cdot\ln|\ln 4x|+C$

(C) $\ln x-\ln 2\cdot\ln|\ln 2x|+C$　　(D) $\ln x+\ln 2\cdot\ln|\ln 2x|+C$

(E) $\ln x-\ln|\ln 4x|+C$

【参考答案】A

【解题思路】这是不定积分运算的常规题,为了简化运算,可以引入新变元,但运算结果中必须还原为原变元.

【答案解析】设 $u=\ln x$,则 $\mathrm{d}u=\dfrac{1}{x}\mathrm{d}x$,

$$\ln 2x=\ln 2+\ln x=\ln 2+u,$$

$$\ln 4x=\ln 4+\ln x=\ln 4+u=2\ln 2+u,$$

$$\int\frac{\ln 2x}{x\ln 4x}\mathrm{d}x=\int\frac{\ln 2+u}{2\ln 2+u}\mathrm{d}u=\int\left(1-\frac{\ln 2}{2\ln 2+u}\right)\mathrm{d}u$$

$$=u-\ln 2\cdot\ln|2\ln 2+u|+C$$

$$=\ln x-\ln 2\cdot\ln|\ln 4x|+C.$$

故选 A.

例 16　设 $f(x)$ 的一个原函数为 $\dfrac{\sin x}{x}$,则 $\int xf'(x)\mathrm{d}x=(\quad)$.

(A) $\dfrac{\sin x}{x}+C$　　(B) $-\dfrac{\sin x}{x}+C$

(C) $\cos x-\dfrac{\sin x}{x}+C$　　(D) $\cos x+\dfrac{\sin x}{x}+C$

(E) $\cos x-\dfrac{2\sin x}{x}+C$

【参考答案】E

【解题思路】所给积分的被积函数为 $xf'(x)$,这类积分与分部积分公式相似,应考虑分部积分法.

【答案解析】$\int xf'(x)\mathrm{d}x=xf(x)-\int f(x)\mathrm{d}x.$

由题设知$\frac{\sin x}{x}$为$f(x)$的一个原函数，可知

$$\int f(x)\mathrm{d}x=\frac{\sin x}{x}+C_1,$$

且$\left(\frac{\sin x}{x}\right)'=f(x)$，因此$f(x)=\frac{x\cos x-\sin x}{x^2}$，从而

$$\begin{aligned}\int xf'(x)\mathrm{d}x&=\frac{x\cos x-\sin x}{x}-\frac{\sin x}{x}+C\\&=\cos x-\frac{2\sin x}{x}+C.\end{aligned}$$

故选E.

例17 不定积分$\int\frac{\ln(\sqrt{x}+1)}{\sqrt{x}}\mathrm{d}x=$（　　）.

(A) $-2(\sqrt{x}+1)\ln(\sqrt{x}+1)-2\sqrt{x}+C$

(B) $2(\sqrt{x}+1)\ln(\sqrt{x}+1)-2\sqrt{x}+C$

(C) $-2(\sqrt{x}+1)\ln(\sqrt{x}+1)+2\sqrt{x}+C$

(D) $2(\sqrt{x}+1)\ln(\sqrt{x}+1)+2\sqrt{x}+C$

(E) $(2\sqrt{x}-1)\ln(\sqrt{x}+1)-2\sqrt{x}+C$

【参考答案】B

【解题思路】被积函数中含有根式，应考虑变量代换，以消除根号. 本题也可以利用凑微分法求解.

【答案解析】令$t=\sqrt{x}$，则$x=t^2$，$\mathrm{d}x=2t\mathrm{d}t$.

$$\begin{aligned}\int\frac{\ln(\sqrt{x}+1)}{\sqrt{x}}\mathrm{d}x&=2\int\ln(t+1)\mathrm{d}t\\&=2t\ln(t+1)-2\int\frac{t}{t+1}\mathrm{d}t\\&=2t\ln(t+1)-2\int\left(1-\frac{1}{t+1}\right)\mathrm{d}t\\&=2t\ln(t+1)-2t+2\ln(t+1)+C\\&=2(\sqrt{x}+1)\ln(\sqrt{x}+1)-2\sqrt{x}+C.\end{aligned}$$

故选B.

题型五　定积分的运算

例18 设$f(x)$有连续导数，$f(4)=2$，$f(1)=0$，则$\int_1^2 xf(x^2)f'(x^2)\mathrm{d}x=$（　　）.

(A) 0　　(B) 1　　(C) 2　　(D) $\frac{\pi}{4}$　　(E) $\frac{\pi}{6}$

【参考答案】B

【解题思路】与例 16 相仿，被积函数中含有 $f'(x^2)$，但两题差异较大，这里还有 $f(x^2)$，应先考虑凑微分.

【答案解析】由于 $f(x)$ 为抽象函数，由题设条件可知不必求 $f(x)$ 的表达式.

$$\int_1^2 xf(x^2)f'(x^2)\mathrm{d}x=\int_1^2\frac{1}{2}f(x^2)f'(x^2)\mathrm{d}(x^2)=\int_1^2\frac{1}{2}f(x^2)\mathrm{d}[f(x^2)]$$
$$=\frac{1}{4}f^2(x^2)\Big|_1^2=\frac{1}{4}[f^2(4)-f^2(1)]=1.$$

故选 B.

例 19 $\int_0^{\pi}\sqrt{\sin x-\sin^3 x}\,\mathrm{d}x=($　　$)$.

(A) $-\frac{4}{3}$　　(B) $-\frac{3}{4}$　　(C) $\frac{1}{4}$　　(D) $\frac{3}{4}$　　(E) $\frac{4}{3}$

【参考答案】E

【解题思路】被积函数中含有偶次方的根式，应先变形.

【答案解析】
$$\int_0^{\pi}\sqrt{\sin x-\sin^3 x}\,\mathrm{d}x=\int_0^{\pi}\sqrt{\sin x(1-\sin^2 x)}\,\mathrm{d}x$$
$$\xlongequal{(*)}\int_0^{\pi}\sqrt{\sin x}\,|\cos x|\,\mathrm{d}x$$
$$=\int_0^{\frac{\pi}{2}}\sqrt{\sin x}\cos x\mathrm{d}x-\int_{\frac{\pi}{2}}^{\pi}\sqrt{\sin x}\cos x\mathrm{d}x$$
$$=\int_0^{\frac{\pi}{2}}\sqrt{\sin x}\,\mathrm{d}(\sin x)-\int_{\frac{\pi}{2}}^{\pi}\sqrt{\sin x}\,\mathrm{d}(\sin x)$$
$$=\frac{4}{3}.$$

故选 E.

【评注】上述$(*)$处，注意 $\sqrt{1-\sin^2 x}=\sqrt{\cos^2 x}=|\cos x|$.

例 20 定积分 $\int_{\frac{1}{2}}^{3}\min\left\{\frac{1}{x},x^2\right\}\mathrm{d}x=($　　$)$.

(A) $\frac{7}{24}+\ln 3$　　(B) $\frac{7}{24}-\ln 3$　　(C) $\ln 2-\frac{7}{3}$

(D) $\ln 2+\frac{7}{3}$　　(E) $\frac{7}{12}-\ln 3$

【参考答案】A

【解题思路】被积函数是分段函数，应考虑利用定积分关于积分区间的可加性.

【答案解析】
$$\int_{\frac{1}{2}}^{3}\min\left\{\frac{1}{x},x^2\right\}\mathrm{d}x=\int_{\frac{1}{2}}^{1}x^2\mathrm{d}x+\int_1^3\frac{1}{x}\mathrm{d}x$$
$$=\frac{1}{3}x^3\Big|_{\frac{1}{2}}^{1}+\ln x\Big|_1^3=\frac{7}{24}+\ln 3.$$

故选 A.

例 21 设 $x \geqslant -1$，则 $\int_{-1}^{x}(1-|t|)\mathrm{d}t = (\quad)$.

(A) $\begin{cases} x+\frac{1}{2}x^2+\frac{1}{2}, & -1 \leqslant x \leqslant 0, \\ x-\frac{1}{2}x^2, & x > 0 \end{cases}$

(B) $\begin{cases} x+\frac{1}{2}x^2+\frac{1}{2}, & -1 \leqslant x \leqslant 0, \\ \frac{1}{2}+x-\frac{1}{2}x^2, & x > 0 \end{cases}$

(C) $\begin{cases} x+x^2, & -1 \leqslant x \leqslant 0, \\ x-x^2, & x > 0 \end{cases}$

(D) $\begin{cases} x+x^2+\frac{1}{2}, & -1 \leqslant x \leqslant 0, \\ \frac{1}{2}+x-\frac{1}{2}x^2, & x > 0 \end{cases}$

(E) $\begin{cases} 2x+x^2+\frac{1}{2}, & -1 \leqslant x \leqslant 0, \\ 1+x-x^2, & x > 0 \end{cases}$

【参考答案】B

【解题思路】被积函数中含有绝对值符号，这是分段函数的积分，应利用定积分对于积分区间的可加性，以消除绝对值符号.

【答案解析】当 $-1 \leqslant x \leqslant 0$ 时，

$$\int_{-1}^{x}(1-|t|)\mathrm{d}t = \int_{-1}^{x}(1+t)\mathrm{d}t = \left(t+\frac{1}{2}t^2\right)\Big|_{-1}^{x} = x+\frac{1}{2}x^2+\frac{1}{2};$$

当 $x > 0$ 时，

$$\int_{-1}^{x}(1-|t|)\mathrm{d}t \xlongequal{(*)} \int_{-1}^{0}(1+t)\mathrm{d}t + \int_{0}^{x}(1-t)\mathrm{d}t$$

$$= \left(t+\frac{1}{2}t^2\right)\Big|_{-1}^{0} + \left(t-\frac{1}{2}t^2\right)\Big|_{0}^{x} = \frac{1}{2}+x-\frac{1}{2}x^2.$$

因此
$$\int_{-1}^{x}(1-|t|)\mathrm{d}t = \begin{cases} x+\frac{1}{2}x^2+\frac{1}{2}, & -1 \leqslant x \leqslant 0, \\ \frac{1}{2}+x-\frac{1}{2}x^2, & x > 0. \end{cases}$$

故选 B.

【评注】运算中($*$)处是常出现错误之处，原因是忘掉必须有 $\int_{-1}^{0}(1+t)\mathrm{d}t$ 这一项.

例 22 定积分 $\int_{0}^{9}\sqrt{1+\sqrt{x}}\,\mathrm{d}x = (\quad)$.

(A) $\frac{232}{15}$　(B) $\frac{222}{15}$　(C) $\frac{212}{15}$　(D) $\frac{202}{15}$　(E) $\frac{192}{15}$

【参考答案】A

【解题思路】对于含有根号形式的积分，通常考虑变量代换，以消除根号或转化为易积分的情形.

【答案解析】令 $t=\sqrt{x}$，$x=t^2$，$\mathrm{d}x=2t\mathrm{d}t$. 当 $x=0$ 时，$t=0$；当 $x=9$ 时，$t=3$，则有

$$\int_0^9 \sqrt{1+\sqrt{x}}\,dx = \int_0^3 \sqrt{1+t} \cdot 2t\,dt. \qquad (*)$$

再设 $u = \sqrt{1+t}, t = u^2 - 1, dt = 2u du$. 当 $t = 0$ 时, $u = 1$; 当 $t = 3$ 时, $u = 2$.

因此
$$\int_0^9 \sqrt{1+\sqrt{x}}\,dx = \int_0^3 \sqrt{1+t} \cdot 2t\,dt = \int_1^2 u \cdot 2(u^2-1) \cdot 2u\,du$$
$$= \left(\frac{4}{5}u^5 - \frac{4}{3}u^3\right)\Big|_1^2 = \frac{232}{15}.$$

故选 A.

【评注】定积分运算中,如果进行换元,必须注意积分限随之相应变化,本题中两次换元,积分限也相应改变两次. 本题在(*)处也可以利用将被积函数变形求解.

$$\int_0^9 \sqrt{1+\sqrt{x}}\,dx = \int_0^3 \sqrt{1+t} \cdot 2t\,dt$$
$$= 2\left[\int_0^3 \sqrt{1+t} \cdot (1+t)d(1+t) - \int_0^3 \sqrt{1+t}\,d(1+t)\right]$$
$$= 2\left[\frac{2}{5}(1+t)^{\frac{5}{2}}\Big|_0^3 - \frac{2}{3}(1+t)^{\frac{3}{2}}\Big|_0^3\right] = \frac{232}{15}.$$

例 23 定积分 $\int_{\frac{1}{2}}^{\frac{3}{2}} \frac{(1-x)\arcsin(1-x)}{\sqrt{2x-x^2}}dx = (\quad)$.

(A) $1+\frac{\sqrt{3}}{6}\pi$ (B) $1-\frac{\sqrt{3}}{6}\pi$ (C) $1+\frac{\sqrt{2}}{6}\pi$ (D) $1-\frac{\sqrt{2}}{6}\pi$ (E) $1-\frac{1}{6}\pi$

【参考答案】B

【解题思路】与例 22 不同之处在于本题不仅可以仿例 22 先消除根号,还可以将根号函数当作一个整体. 本题只给出第二种方法,第一种方法读者可自行完成.

【答案解析】原式 $= \int_{\frac{1}{2}}^{\frac{3}{2}} \frac{(1-x)\arcsin(1-x)}{\sqrt{1-(1-x)^2}}dx$,因此令 $t = 1-x$,则 $dt = -dx$.

当 $x = \frac{1}{2}$ 时, $t = \frac{1}{2}$; 当 $x = \frac{3}{2}$ 时, $t = -\frac{1}{2}$.

$$原式 = \int_{\frac{1}{2}}^{-\frac{1}{2}} \left(-\frac{t\arcsin t}{\sqrt{1-t^2}}\right)dt = \int_{\frac{1}{2}}^{-\frac{1}{2}} \arcsin t\,d(\sqrt{1-t^2})$$
$$= \sqrt{1-t^2}\arcsin t\Big|_{\frac{1}{2}}^{-\frac{1}{2}} - \int_{\frac{1}{2}}^{-\frac{1}{2}} \sqrt{1-t^2} \cdot \frac{1}{\sqrt{1-t^2}}dt$$
$$= -\frac{\sqrt{3}}{6}\pi - t\Big|_{\frac{1}{2}}^{-\frac{1}{2}} = 1 - \frac{\sqrt{3}}{6}\pi.$$

故选 B.

【评注】本题综合了积分换元法、分部积分法运算. 值得注意的是,在分部积分法运算中积分限不要丢掉,换元法一定要注意改变积分限.

例 24 设 $f(x) = \int_1^{x^2} e^{-t^2}dt$,则 $\int_0^1 xf(x)dx = (\quad)$.

(A) $\frac{1}{4}(e^{-1}+1)$　　(B) $\frac{1}{4}(e^{-1}-1)$　　(C) $\frac{1}{4}(e+1)$

(D) $\frac{1}{4}(e-1)$　　(E) $\frac{1}{2}(e-1)$

【参考答案】B

【解题思路】由于 $f(x)=\int_1^{x^2}e^{-t^2}dt$ 不能积出来，因此这类题目只能利用定积分的性质或其他运算避开求 $f(x)$.

【答案解析】由分部积分公式有 $\int_0^1 xf(x)dx=\frac{x^2}{2}f(x)\Big|_0^1-\int_0^1\frac{x^2}{2}\cdot f'(x)dx$，可见，如果能得出 $f(1)$，$f'(x)$ 即可求解本题.

令 $x=1$，由 $f(x)$ 表达式可得 $f(1)=\int_1^1 e^{-t^2}dt=0$，又 $f'(x)=e^{-x^4}(x^2)'=2xe^{-x^4}$，因此

$$\int_0^1 xf(x)dx=-\int_0^1\frac{x^2}{2}\cdot 2xe^{-x^4}dx=-\int_0^1 x^3e^{-x^4}dx=\frac{1}{4}\int_0^1 e^{-x^4}d(-x^4)$$
$$=\frac{1}{4}e^{-x^4}\Big|_0^1=\frac{1}{4}(e^{-1}-1).$$

故选 B.

例 25　如图 1-3-1 所示，曲线段的方程为 $y=f(x)$，函数 $y=f(x)$ 在区间 $[0,a]$ 上有连续导数，则定积分 $\int_0^a xf'(x)dx$ 等于(　　).

(A) 曲边梯形 $ABOD$ 的面积

(B) 梯形 $ABOD$ 的面积

(C) 曲边三角形 ACD 的面积

(D) 三角形 ACD 的面积

(E) 矩形 $ABOC$ 的面积

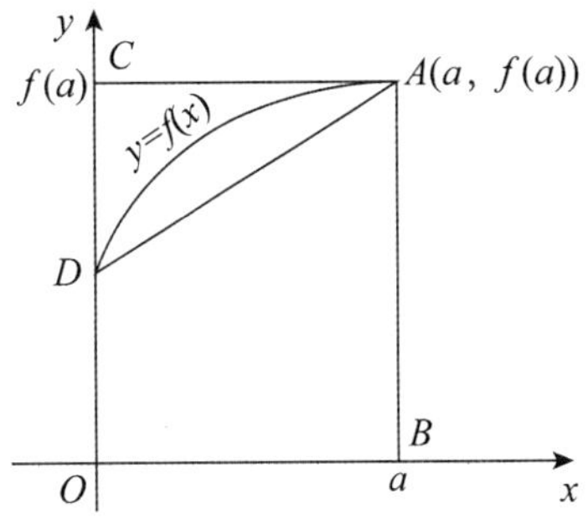

图 1-3-1

【参考答案】C

【解题思路】本题考查的知识点为定积分的几何意义与分部积分公式，只需依对应图形的面积关系式判定.

【答案解析】由于 $\int_0^a xf'(x)dx=xf(x)\Big|_0^a-\int_0^a f(x)dx=af(a)-\int_0^a f(x)dx$.

又由于 $af(a)$ 表示矩形 $ABOC$ 的面积，$\int_0^a f(x)dx$ 表示曲边梯形 $ABOD$ 的面积，因此 $\int_0^a xf'(x)dx$ 表示曲边三角形 ACD 的面积，故选 C.

例 26　定积分 $\int_0^{\frac{\pi}{2}}e^{2x}\cos x dx=$(　　).

(A) $\frac{1}{5}(e^{\pi}+2)$　　(B) $\frac{1}{5}(e^{\pi}-2)$　　(C) $\frac{1}{4}(e^{\pi}+2)$

(D) $\frac{1}{4}(e^{\pi}-2)$　　(E) $\frac{1}{5}(e^{\pi}-1)$

【参考答案】B

【解题思路】本题是使用分部积分法的典型题目.

【答案解析】所给题目考查的知识点为定积分的分部积分法.

令 $u=\cos x, v'=e^{2x}$，则 $u'=-\sin x, v=\frac{1}{2}e^{2x}$，

$$\int_0^{\frac{\pi}{2}} e^{2x}\cos x\mathrm{d}x=\frac{1}{2}e^{2x}\cos x\Big|_0^{\frac{\pi}{2}}+\int_0^{\frac{\pi}{2}}\frac{1}{2}e^{2x}\sin x\mathrm{d}x$$

$$=-\frac{1}{2}+\frac{1}{2}\int_0^{\frac{\pi}{2}}e^{2x}\sin x\mathrm{d}x.$$

再次利用分部积分法，令 $u=\sin x, v'=e^{2x}$，则 $u'=\cos x, v=\frac{1}{2}e^{2x}$，

$$\int_0^{\frac{\pi}{2}}e^{2x}\sin x\mathrm{d}x=\frac{1}{2}e^{2x}\sin x\Big|_0^{\frac{\pi}{2}}-\int_0^{\frac{\pi}{2}}\frac{1}{2}e^{2x}\cos x\mathrm{d}x=\frac{1}{2}e^{\pi}-\frac{1}{2}\int_0^{\frac{\pi}{2}}e^{2x}\cos x\mathrm{d}x,$$

$$\int_0^{\frac{\pi}{2}}e^{2x}\cos x\mathrm{d}x=-\frac{1}{2}+\frac{1}{4}e^{\pi}-\frac{1}{4}\int_0^{\frac{\pi}{2}}e^{2x}\cos x\mathrm{d}x,$$

$$\frac{5}{4}\int_0^{\frac{\pi}{2}}e^{2x}\cos x\mathrm{d}x=-\frac{1}{2}+\frac{1}{4}e^{\pi},$$

$$\int_0^{\frac{\pi}{2}}e^{2x}\cos x\mathrm{d}x=\frac{1}{5}(e^{\pi}-2).$$

故选 B.

题型六　反常积分

例 27　已知 $\int_0^{+\infty}\frac{\sin x}{x}\mathrm{d}x=\frac{\pi}{2}$，则 $\int_0^{+\infty}\frac{\sin^2 x}{x^2}\mathrm{d}x=($　　$)$.

(A) $+\infty$　　(B) $\frac{\pi}{2}$　　(C) $\frac{\pi}{3}$　　(D) $\frac{\pi}{4}$　　(E) 0

【参考答案】B

【解题思路】这是反常积分的常见题型，只需将后者变换为前者形式即可求解.

【答案解析】注意本题积分区间为 $[0,+\infty)$，属于无穷限的反常积分. 乍看 $x=0$ 为瑕点，但是注意到 $\lim\limits_{x\to 0}\frac{\sin x}{x}=1, \lim\limits_{x\to 0}\frac{\sin^2 x}{x^2}=1$，可知 $\int_0^{+\infty}\frac{\sin x}{x}\mathrm{d}x$ 与 $\int_0^{+\infty}\frac{\sin^2 x}{x^2}\mathrm{d}x$ 都不是瑕积分.

$$\int_0^{+\infty}\frac{\sin^2 x}{x^2}\mathrm{d}x=\lim_{b\to+\infty}\int_0^b\frac{\sin^2 x}{x^2}\mathrm{d}x=\lim_{b\to+\infty}\int_0^b(-\sin^2 x)\mathrm{d}\left(\frac{1}{x}\right),$$

$$-\int_0^b\sin^2 x\mathrm{d}\left(\frac{1}{x}\right)=-\left(\frac{1}{x}\sin^2 x\Big|_0^b-\int_0^b\frac{1}{x}\cdot 2\sin x\cdot\cos x\mathrm{d}x\right)$$

$$=-\frac{1}{x}\sin^2 x\Big|_0^b+\int_0^b\frac{1}{x}\sin 2x\mathrm{d}x$$

$$= -\frac{1}{x}\sin^2 x\Big|_0^b + \int_0^b \frac{\sin 2x}{2x}\mathrm{d}(2x).$$

因此$\int_0^{+\infty}\frac{\sin^2 x}{x^2}\mathrm{d}x = \lim\limits_{b\to+\infty}\left[-\frac{1}{x}\sin^2 x\Big|_0^b + \int_0^b \frac{\sin 2x}{2x}\mathrm{d}(2x)\right] \xlongequal{令 t=2x} \int_0^{+\infty}\frac{\sin t}{t}\mathrm{d}t = \frac{\pi}{2}.$

故选 B.

例 28 反常积分$\int_0^{+\infty}\frac{x\mathrm{e}^{-x}}{(1+\mathrm{e}^{-x})^2}\mathrm{d}x = ($　　$)$.

(A) $+\infty$　　(B) 2　　(C) $\ln 2$　　(D) 0　　(E) $-\ln 2$

【参考答案】C

【解题思路】只需依反常积分的定义求解.

【答案解析】所给积分为无穷限反常积分.

$$\int_0^{+\infty}\frac{x\mathrm{e}^{-x}}{(1+\mathrm{e}^{-x})^2}\mathrm{d}x = \lim_{b\to+\infty}\int_0^b \frac{x\mathrm{e}^{-x}}{(1+\mathrm{e}^{-x})^2}\mathrm{d}x,$$

$$\int_0^b \frac{x\mathrm{e}^{-x}}{(1+\mathrm{e}^{-x})^2}\mathrm{d}x = \int_0^b \frac{x\mathrm{e}^{-x}}{\mathrm{e}^{-2x}(\mathrm{e}^x+1)^2}\mathrm{d}x = \int_0^b \frac{x\mathrm{e}^x}{(\mathrm{e}^x+1)^2}\mathrm{d}x = \int_0^b \frac{x}{(\mathrm{e}^x+1)^2}\mathrm{d}(\mathrm{e}^x+1)$$

$$= -\int_0^b x\mathrm{d}\left(\frac{1}{\mathrm{e}^x+1}\right) = -\frac{x}{\mathrm{e}^x+1}\Big|_0^b + \int_0^b \frac{1}{\mathrm{e}^x+1}\mathrm{d}x = -\frac{b}{\mathrm{e}^b+1} + \int_0^b \frac{\mathrm{e}^x}{\mathrm{e}^x(\mathrm{e}^x+1)}\mathrm{d}x$$

$$= -\frac{b}{\mathrm{e}^b+1} + \int_0^b\left(\frac{1}{\mathrm{e}^x} - \frac{1}{\mathrm{e}^x+1}\right)\mathrm{d}(\mathrm{e}^x) = -\frac{b}{\mathrm{e}^b+1} + \ln\frac{\mathrm{e}^x}{\mathrm{e}^x+1}\Big|_0^b$$

$$= -\frac{b}{\mathrm{e}^b+1} + \ln\frac{\mathrm{e}^b}{\mathrm{e}^b+1} - \ln\frac{1}{2}.$$

因此
$$\int_0^{+\infty}\frac{x\mathrm{e}^{-x}}{(1+\mathrm{e}^{-x})^2}\mathrm{d}x = \lim_{b\to+\infty}\left(-\frac{b}{\mathrm{e}^b+1} + \ln\frac{\mathrm{e}^b}{\mathrm{e}^b+1} - \ln\frac{1}{2}\right) = \ln 2.$$

故选 C.

题型七　定积分的应用

例 29 从点$(2,0)$引两条直线与曲线$y=x^3$相切，则这两条直线与曲线$y=x^3$所围图形的面积为(　　).

(A) $\frac{19}{4}$　　(B) $\frac{21}{4}$　　(C) $\frac{23}{4}$　　(D) $\frac{25}{4}$　　(E) $\frac{27}{4}$

【参考答案】E

【解题思路】需依题意，求出两条切线，画出图形，依定积分的几何意义求解.

【答案解析】点$(2,0)$不在曲线$y=x^3$上，为了使这两条直线与曲线$y=x^3$相切，需先求出切点坐标(x_0,y_0)，此时应有$y_0=x_0^3$.

由于$y=x^3$，$y'=3x^2$，切线方程应为$y-y_0=3x_0^2(x-x_0)$，即$y-x_0^3=3x_0^2(x-x_0)$.

由于切线过点$(2,0)$，因此有$0-x_0^3=3x_0^2(2-x_0)$，解得$x_0=0$或$x_0=3$.

因此切点有两个：$(0,0)$；$(3,27)$.

当 $x_0=0$ 时,相应的切线方程为 $y=0$;

当 $x_0=3$ 时,相应的切线方程为 $y=27(x-2)$.

两条切线与曲线 $y=x^3$ 所围图形面积如图 1-3-2 所示,记面积为 S,

$$S=\int_0^2 x^3\,\mathrm{d}x+\int_2^3(x^3-27x+54)\,\mathrm{d}x=\frac{27}{4},$$

或 $S=\int_0^{27}\left(\frac{y+54}{27}-\sqrt[3]{y}\right)\mathrm{d}y=\left(\frac{y^2}{54}+2y-\frac{3}{4}y^{\frac{4}{3}}\right)\Big|_0^{27}=\frac{27}{4}$.

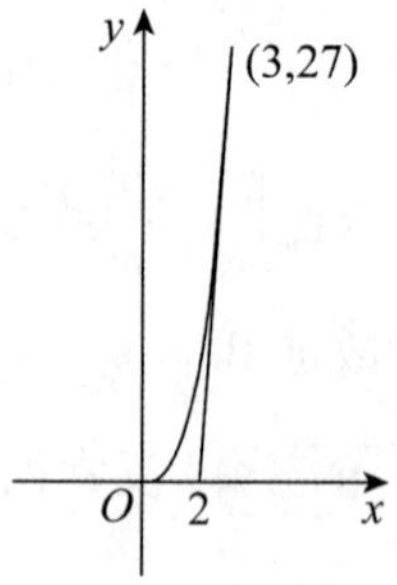

图 1-3-2

故选 E.

例 30 设某商品从时刻 0 到时刻 t 的销售量为 $x(t)=kt(t\in[0,T],k>0)$. 欲在时刻 T 将数量为 A 的该商品销售完,则在时刻 t 的商品剩余量和在时间段$[0,T]$上的平均剩余量分别为(　　).

(A)$A-\frac{A}{T}t,\frac{A}{2}$　　(B) $\frac{A}{T}t,\frac{A}{2}$　　(C) $\frac{A}{T}t,\frac{A}{T}$

(D)$A-\frac{A}{T}t,\frac{A}{T}$　　(E)$A+\frac{A}{T}t,\frac{A}{T}$

【参考答案】A

【解题思路】平均剩余量实质就是连续函数在闭区间上的平均值.

【答案解析】在时刻 t 的剩余量 $y(t)$ 可以用总量 A 减去销售量 $x(t)$ 得到,即

$$y(t)=A-x(t)=A-kt,t\in[0,T],$$

在时刻 T 将数量为 A 的商品销售完,得 $A-kT=0$,即 $k=\frac{A}{T}$,因此 $y(t)=A-\frac{A}{T}t,t\in[0,T]$.

由于 $y(t)$ 随时间连续变化,因此在时间段$[0,T]$上的平均剩余量,即为函数的平均值,可用 $\frac{1}{T}\int_0^T y(t)\mathrm{d}t$ 表示,即

$$\bar{y}=\frac{1}{T}\int_0^T y(t)\mathrm{d}t=\frac{1}{T}\int_0^T\left(A-\frac{A}{T}t\right)\mathrm{d}t=\frac{1}{T}\left(At-\frac{A}{2T}t^2\right)\Big|_0^T=\frac{A}{2}.$$

故选 A.

四、综合练习题

1 已知 $F(x)$ 是 $f(x)$ 的一个原函数,则$\int_a^x f(a^2+3t)\mathrm{d}t=$(　　).

(A)$F(a^2+3x)-F(a)$　　(B) $\frac{1}{3}[F(a^2+3x)-F(a)]$

(C)$F(a^2+3x)-F(a^2+3a)$　　(D) $\frac{1}{3}[F(a^2+3x)-F(a^2+3a)]$

(E)$3[F(a^2+3x)-F(a^2+3a)]$

2 已知函数 $f(x)$ 的一个原函数为 $e^{\cos x}$,则 $f'(x)=$(　　).

(A)$e^{\cos x}(\sin^2 x+\cos x)$　　(B)$e^{\cos x}(\sin^2 x-\cos x)$

(C) $e^{\cos x}(\cos^2 x+\sin x)$　　(D) $e^{\cos x}(\cos^2 x-\sin x)$

(E) $e^{\cos x}(\sin x+\cos x)$

3 设 $F(x)$ 是 e^{-x^2} 的一个原函数，则 $\frac{d[F(\sqrt{x})]}{dx}=$（　　）.

(A) $\frac{1}{2\sqrt{x}}e^{-x}$　　(B) $-\frac{1}{2\sqrt{x}}e^{-x}$　　(C) $\frac{1}{\sqrt{x}}e^{-x}$

(D) $-\frac{1}{\sqrt{x}}e^{-x}$　　(E) $\frac{2}{\sqrt{x}}e^{-x}$

4 已知 $f'(\ln x)=\begin{cases}1, & 0<x\leqslant 1,\\ x, & x>1,\end{cases}$ 且 $f(0)=0$，则 $f(x)=$（　　）.

(A) $\begin{cases}x, & x\leqslant 0,\\ e^x, & x>0\end{cases}$　　(B) $\begin{cases}x, & x\leqslant 0,\\ \frac{1}{2}x^2, & x>0\end{cases}$

(C) $\begin{cases}x, & x\leqslant 0,\\ x^2, & x>0\end{cases}$　　(D) $\begin{cases}x, & x\leqslant 0,\\ 2x^2, & x>0\end{cases}$

(E) $\begin{cases}x, & x\leqslant 0,\\ e^x-1, & x>0\end{cases}$

5 $\int\frac{x^3}{\sqrt{1-x^2}}dx=$（　　）.

(A) $\frac{1}{3}(1-x^2)^{\frac{3}{2}}-(1-x^2)^{\frac{1}{2}}+C$　　(B) $\frac{1}{3}(1-x^2)^{\frac{3}{2}}+(1-x^2)^{\frac{1}{2}}+C$

(C) $3(1-x^2)^{\frac{3}{2}}-(1-x^2)^{\frac{1}{2}}+C$　　(D) $3(1-x^2)^{\frac{3}{2}}+(1-x^2)^{\frac{1}{2}}+C$

(E) $(1-x^2)^{\frac{3}{2}}-(1-x^2)^{\frac{1}{2}}+C$

6 $\int\arcsin x\,dx=$（　　）.

(A) $\arcsin x-\sqrt{1-x^2}+C$　　(B) $\arcsin x+\sqrt{1-x^2}+C$

(C) $x\arcsin x-\sqrt{1-x^2}+C$　　(D) $x\arcsin x+\sqrt{1-x^2}+C$

(E) $x\sin x-\sqrt{1-x^2}+C$

7 设 $\lim\limits_{x\to 0}\frac{ax-\sin x}{\int_b^x\sin t^2\,dt}=c\,(c\neq 0)$，则 a,b,c 分别为（　　）.

(A) $1,0,\frac{1}{2}$　　(B) $0,1,\frac{1}{2}$　　(C) $1,0,-\frac{1}{2}$

(D) $0,1,-\frac{1}{2}$　　(E) $0,0,-\frac{1}{2}$

8 设 $f(x)$ 为连续函数，且 $F(y)=\int_0^y f(x-y)dx$，则 $\frac{dF}{dy}=$（　　）.

(A) $f(x)$　　(B) $-f(x)$　　(C) $-f(y)$

(D) $-f(-y)$　　(E) $f(-y)$

9 设 $xf(x)=\frac{3}{2}x^4-3x^2+4+\int_2^x f(t)\mathrm{d}t$,则 $f(x)=$(　　).

(A) $2x^3+6x+4$　　(B) $2x^3-6x-4$　　(C) $2x^3+6x-4$

(D) $2x^3-6x+4$　　(E) $-2x^3+6x-4$

10 设 $x\mathrm{e}^x\cdot\int_0^1 f(x)\mathrm{d}x+\frac{1}{1+x^2}+f(x)=1$,则 $\int_0^1 f(x)\mathrm{d}x=$(　　).

(A) $1+\frac{\pi}{8}$　　(B) $-\frac{1}{2}-\frac{\pi}{8}$　　(C) $-\frac{1}{2}+\frac{\pi}{8}$

(D) $\frac{1}{2}+\frac{\pi}{8}$　　(E) $\frac{1}{2}-\frac{\pi}{8}$

11 $\int\frac{\arcsin\sqrt{x}}{\sqrt{x}\sqrt{1-x}}\mathrm{d}x=$(　　).

(A) $(\arcsin\sqrt{x})^2+C$　　(B) $-(\arcsin\sqrt{x})^2+C$

(C) $\frac{1}{2}(\arcsin\sqrt{x})^2+C$　　(D) $-\frac{1}{2}(\arcsin\sqrt{x})^2+C$

(E) $2(\arcsin\sqrt{x})^2+C$

12 曲线 $y=\int_0^{\sin x}\mathrm{e}^{t^2}\mathrm{d}t$ 在点(0,0)处的法线方程为(　　).

(A) $y=\frac{1}{2}x$　　(B) $y=-\frac{1}{2}x$　　(C) $y=x$　　(D) $y=-x$　　(E) $y=2x$

13 设 $f(x)$ 为连续函数,且 $f(x)=x^2+2\int_0^1 f(x)\mathrm{d}x-\int_1^2 xf(t)\mathrm{d}t$,则 $f(x)=$(　　).

(A) $x^2+\frac{4}{9}-\frac{10}{9}x$　　(B) $x^2+\frac{4}{9}+\frac{10}{9}x$

(C) $x^2-\frac{4}{9}-\frac{10}{9}x$　　(D) $x^2-\frac{4}{9}+\frac{10}{9}x$

(E) $x^2+\frac{10}{9}-\frac{4}{9}x$

14 使 $\int_0^1(x^2+tx+t)^2\mathrm{d}x$ 取得最小值的 t 为(　　).

(A) 1　　(B) $\frac{1}{4}$　　(C) $-\frac{1}{4}$　　(D) -1　　(E) $-\frac{5}{4}$

15 $\int_0^1\frac{\ln(1+x)}{(2-x)^2}\mathrm{d}x=$(　　).

(A) $3\ln 2$　　(B) $2\ln 2$　　(C) $\ln 2$　　(D) $\frac{1}{2}\ln 2$　　(E) $\frac{1}{3}\ln 2$

16 $\int\frac{\tan x}{a^2\sin^2x+b^2\cos^2x}\mathrm{d}x(a>0,b>0)=$(　　).

(A) $\frac{1}{2a^2}\ln(a^2\tan^2x+b^2)+C$　　(B) $\frac{1}{a^2}\ln(a^2\tan^2x+b^2)+C$

(C) $\frac{1}{2b^2}\ln(a^2\tan^2 x+b^2)+C$　　(D) $\frac{1}{b^2}\ln(a^2\tan^2 x+b^2)+C$

(E) $\frac{1}{2a^2}\ln(a^2+b^2\tan^2 x)+C$

17 设 $f(\ln x)=\frac{\ln(1+x)}{x}$,则$\int f(x)\mathrm{d}x=$(　　).

(A) $(\mathrm{e}^{-x}+1)\ln(1+\mathrm{e}^x)+x+C$　　(B) $-(\mathrm{e}^{-x}+1)\ln(1+\mathrm{e}^x)+x+C$

(C) $(\mathrm{e}^{-x}+1)\ln(1+\mathrm{e}^x)-x+C$　　(D) $-(\mathrm{e}^{-x}+1)\ln(1+\mathrm{e}^x)-x+C$

(E) $(\mathrm{e}^{x}+1)\ln(1+\mathrm{e}^x)+x+C$

18 $\int_{-2}^{2}\min\{1,x^2\}\mathrm{d}x=$(　　).

(A) $\frac{13}{3}$　(B) $\frac{11}{3}$　(C) $\frac{8}{3}$　(D) $\frac{5}{3}$　(E) $\frac{2}{3}$

19 设 $f(x)=\mathrm{e}^{\sin x}$,则$\int_0^{\frac{\pi}{2}}f'(x)f''(x)\mathrm{d}x=$(　　).

(A) $-\frac{1}{2}$　(B) $\frac{1}{2}$　(C) 1　(D) 2　(E) -2

20 $\int_1^{+\infty}\frac{1}{\mathrm{e}^{1+x}+\mathrm{e}^{3-x}}\mathrm{d}x=$(　　).

(A) $+\infty$　(B) $\frac{\pi}{\mathrm{e}^2}$　(C) $\frac{\pi}{2\mathrm{e}^2}$　(D) $\frac{\pi}{3\mathrm{e}^2}$　(E) $\frac{\pi}{4\mathrm{e}^2}$

21 曲线段 $y=x^2-2x-3$ 与 x 轴,$x=-2$,$x=4$ 围成的平面图形的面积为(　　).

(A) $\frac{53}{3}$　(B) $\frac{49}{3}$　(C) $\frac{46}{3}$　(D) $\frac{41}{3}$　(E) $\frac{37}{3}$

22 某产品的边际成本 $C'(x)=4+\frac{x}{4}$(万元/百台),边际收益 $R'(x)=8-x$(万元/百台),当固定成本 $C(0)=1$(万元)时,能获得最大利润时的总产量 x 为(　　).

(A) 4 百台　(B) $\frac{16}{5}$ 百台　(C) 3 百台　(D) $\frac{5}{2}$ 百台　(E) 2 百台

五、综合练习题参考答案

1 【参考答案】D

【解题思路】需从原函数的定义出发,$F(x)$ 为 $f(x)$ 的原函数,则

$$F'(x)=f(x),\text{即}\int f(x)\mathrm{d}x=F(x)+C,$$

此时应有$\int f(\square)\mathrm{d}(\square)=F(\square)+C$,其中$\square$可以为 x 的函数,上式三个$\square$必须一致.

【答案解析】考查$\int_a^x f(a^2+3t)\mathrm{d}t$. 令 $u=a^2+3t$,当 $t=a$ 时,$u=a^2+3a$;当 $t=x$ 时,$u=a^2+3x$,$\mathrm{d}u=3\mathrm{d}t$. 因此

$$\int_a^x f(a^2+3t)\mathrm{d}t=\int_{a^2+3a}^{a^2+3x}f(u)\cdot\frac{1}{3}\mathrm{d}u=\frac{1}{3}\int_{a^2+3a}^{a^2+3x}f(u)\mathrm{d}u$$
$$=\frac{1}{3}[F(a^2+3x)-F(a^2+3a)].$$

故选 D.

2 【参考答案】B

【解题思路】需从原函数的定义出发，若 $F(x)$ 为 $f(x)$ 的原函数，则有 $F'(x)=f(x)$.

【答案解析】由于 $\mathrm{e}^{\cos x}$ 为 $f(x)$ 的一个原函数，因此有

$$f(x)=(\mathrm{e}^{\cos x})'=\mathrm{e}^{\cos x}\cdot(\cos x)'=-\mathrm{e}^{\cos x}\cdot\sin x,$$
$$f'(x)=(-\mathrm{e}^{\cos x}\cdot\sin x)'=-[(\mathrm{e}^{\cos x})'\cdot\sin x+\mathrm{e}^{\cos x}\cdot(\sin x)']$$
$$=-(-\mathrm{e}^{\cos x}\sin^2x+\mathrm{e}^{\cos x}\cos x)=\mathrm{e}^{\cos x}(\sin^2x-\cos x).$$

故选 B.

3 【参考答案】A

【解题思路】考查原函数的定义，利用复合函数求导的链式法则进行求解.

【答案解析】由于 $F(x)$ 是 e^{-x^2} 的一个原函数，可知 $F'(x)=\mathrm{e}^{-x^2}$.

因此 $$\frac{\mathrm{d}[F(\sqrt{x})]}{\mathrm{d}x}\xlongequal{令u=\sqrt{x}}\frac{\mathrm{d}[F(u)]}{\mathrm{d}u}\cdot\frac{\mathrm{d}u}{\mathrm{d}x}=\mathrm{e}^{-u^2}\cdot\frac{1}{2\sqrt{x}}=\frac{1}{2\sqrt{x}}\mathrm{e}^{-x}.$$

故选 A.

4 【参考答案】E

【解题思路】由 $\int f'(x)\mathrm{d}x=f(x)+C$，结合题设中给出 $f'(\ln x)$ 的表达式，可考虑由此导出 $f'(x)$，再依上式求 $f(x)$.

【答案解析】由于 $$f'(\ln x)=\begin{cases}1, & 0<x\leqslant 1,\\ x, & x>1,\end{cases}$$

令 $u=\ln x$，则 $x=\mathrm{e}^u$，上式可化为

$$f'(u)=\begin{cases}1, & u\leqslant 0,\\ \mathrm{e}^u, & u>0.\end{cases}$$

因此当 $u\leqslant 0$ 时，$f(u)=\int f'(u)\mathrm{d}u=\int 1\mathrm{d}u=u+C_1$；

当 $u>0$ 时，$f(u)=\int f'(u)\mathrm{d}u=\int \mathrm{e}^u\mathrm{d}u=\mathrm{e}^u+C_2$.

所以 $$f(x)=\begin{cases}x+C_1, & x\leqslant 0,\\ \mathrm{e}^x+C_2, & x>0.\end{cases}$$

又由 $f(x)$ 在 $x=0$ 处连续，且 $f(0)=0$，因此

$$C_1=0,$$

$$\lim_{x\to0^-}f(x)=\lim_{x\to0^-}(x+C_1)=C_1=0,$$
$$\lim_{x\to0^+}f(x)=\lim_{x\to0^+}(e^x+C_2)=1+C_2,$$
$$\lim_{x\to0^-}f(x)=\lim_{x\to0^+}f(x)=f(0)=0,$$

从而 $C_2=-1$,因此 $f(x)=\begin{cases}x, & x\leqslant 0,\\ e^x-1, & x>0.\end{cases}$

故选 E.

5 【参考答案】A

【解题思路】被积函数中含有根式 $\sqrt{1-x^2}$,可以考虑三角代换以消除根式,又由于被积函数的分子中含有 x^3,可以考虑凑微分的代换.

【答案解析】**方法 1** 令 $x=\sin t$,则

$$\int\frac{x^3}{\sqrt{1-x^2}}dx=\int\sin^3 t dt=\int\sin^2 t\cdot\sin t dt$$
$$=\int(\cos^2 t-1)d(\cos t)=\frac{1}{3}\cos^3 t-\cos t+C.$$

引入直角三角形,锐角为 t,对应边长为 x,斜边长为 1. 由 $x=\sin t$ 可得 $\cos t=\sqrt{1-x^2}$.

$$\int\frac{x^3}{\sqrt{1-x^2}}dx=\frac{1}{3}(1-x^2)^{\frac{3}{2}}-\sqrt{1-x^2}+C.$$

方法 2 利用凑微分法. 将被积函数作恒等变形,有

$$\int\frac{x^3}{\sqrt{1-x^2}}dx=-\frac{1}{2}\int\frac{x^2}{\sqrt{1-x^2}}d(1-x^2)$$
$$=\frac{1}{2}\int[(1-x^2)^{\frac{1}{2}}-(1-x^2)^{-\frac{1}{2}}]d(1-x^2)$$
$$=\frac{1}{3}(1-x^2)^{\frac{3}{2}}-(1-x^2)^{\frac{1}{2}}+C.$$

故选 A.

6 【参考答案】D

【解题思路】这是典型的利用分部积分法求解的基本题目.

【答案解析】设 $u=\arcsin x,v'=1$,则 $u'=\frac{1}{\sqrt{1-x^2}},v=x$,

$$\int\arcsin x dx=x\arcsin x-\int\frac{x}{\sqrt{1-x^2}}dx$$
$$=x\arcsin x+\frac{1}{2}\int(1-x^2)^{-\frac{1}{2}}d(1-x^2)$$
$$=x\arcsin x+\sqrt{1-x^2}+C.$$

故选 D.

7 【参考答案】A

【解题思路】本题考查可变限积分形式的极限问题，注意表达式为分式，其极限存在且非零，分子的极限为零，可知分母极限必定为零，在这种情况下，通常用洛必达法则求解.

【答案解析】由于所给的表达式为分式，极限存在，分子的极限为零，因此分母的极限必定为零，即$\lim\limits_{x\to0}\int_b^x \sin t^2\,\mathrm{d}t=0$，因此$b=0$.

于是
$$\lim_{x\to0}\frac{ax-\sin x}{\int_b^x \sin t^2\,\mathrm{d}t}=\lim_{x\to0}\frac{ax-\sin x}{\int_0^x \sin t^2\,\mathrm{d}t}=\lim_{x\to0}\frac{a-\cos x}{\sin x^2}$$
$$=\lim_{x\to0}\frac{a-\cos x}{x^2}=c(c\neq0).$$

由于分母极限为零，分式的极限存在，可知分子极限必定为零，即$\lim\limits_{x\to0}(a-\cos x)=a-1=0$，可知$a=1$，从而$c=\lim\limits_{x\to0}\frac{1-\cos x}{x^2}=\lim\limits_{x\to0}\frac{\frac{1}{2}x^2}{x^2}=\frac{1}{2}$.

故选 A.

8 【参考答案】E

【解题思路】题目考查可变限积分的导数运算，应该注意的是，此处为对y求导，且被积函数中含有y，应先换元，使被积函数中不显含y.

【答案解析】由于被积函数中含有可变限的变元，设
$$u=x-y.$$
则当$x=0$时，$u=-y$；当$x=y$时，$u=0$，$\mathrm{d}u=\mathrm{d}x$. 因此$F(y)=\int_{-y}^0 f(u)\mathrm{d}u$，
$$F'(y)=f(-y)\cdot(-1)\cdot(-1)=f(-y).$$
故选 E.

9 【参考答案】D

【解题思路】所给表达式中含有$\int_2^x f(t)\mathrm{d}t$，但本题与式中含有$\int_a^b f(x)\mathrm{d}x$不同，前者为函数，后者为常量，为了求出$f(x)$，可考虑利用求导运算去掉变限积分符号.

【答案解析】将所给表达式两端分别对x求导，可得
$$f(x)+xf'(x)=6x^3-6x+f(x),$$
从而得
$$f'(x)=6x^2-6,$$
$$f(x)=\int f'(x)\mathrm{d}x=\int(6x^2-6)\mathrm{d}x=2x^3-6x+C.$$
由题设表达式可知当$x=2$时，原式化为
$$2f(2)=24-12+4=16,f(2)=8.$$

再由 $f(x)=2x^3-6x+C$,可得

$$8=2\times2^3-6\times2+C,C=4,$$

因此 $f(x)=2x^3-6x+4$. 故选 D.

10 【参考答案】E

【解题思路】注意定积分为常数值,这是这一类题目求解的关键.

【答案解析】设$\int_0^1 f(x)\mathrm{d}x=A$,则有 $Ax\mathrm{e}^x+\dfrac{1}{1+x^2}+f(x)=1$,将上式两端从 0 到 1 积分,可得

$$\int_0^1 Ax\mathrm{e}^x\mathrm{d}x+\int_0^1\frac{1}{1+x^2}\mathrm{d}x+\int_0^1 f(x)\mathrm{d}x=\int_0^1 1\mathrm{d}x,$$

$$A\left(x\mathrm{e}^x\Big|_0^1-\int_0^1\mathrm{e}^x\mathrm{d}x\right)+\arctan x\Big|_0^1+A=x\Big|_0^1,$$

$$A\left(\mathrm{e}-\mathrm{e}^x\Big|_0^1\right)+\frac{\pi}{4}+A=1,$$

因此 $A=\dfrac{1}{2}-\dfrac{\pi}{8}$,即$\int_0^1 f(x)\mathrm{d}x=\dfrac{1}{2}-\dfrac{\pi}{8}$. 故选 E.

11 【参考答案】A

【解题思路】被积函数中含有两个根式,但如果注意到被积函数$\dfrac{\arcsin\sqrt{x}}{\sqrt{x}\sqrt{1-x}}$的形式,可以先尝试引入换元法,设 $u=\sqrt{x}$,再观察其特点.

【答案解析】设 $u=\sqrt{x}$,则 $x=u^2$,$\mathrm{d}x=2u\mathrm{d}u$,

$$\int\frac{\arcsin\sqrt{x}}{\sqrt{x}\ \sqrt{1-x}}\mathrm{d}x=\int\frac{\arcsin u}{u\ \sqrt{1-u^2}}\cdot2u\mathrm{d}u=2\int\frac{\arcsin u}{\sqrt{1-u^2}}\mathrm{d}u$$

$$=2\int\arcsin u\mathrm{d}(\arcsin u)=(\arcsin u)^2+C$$

$$=(\arcsin\sqrt{x})^2+C.$$

故选 A.

12 【参考答案】D

【解题思路】欲求曲线在给定点的法线方程,应先检查此点是否在曲线上,如果此点在曲线上,再求该点处切线的斜率.

【答案解析】易知点(0,0) 在曲线 $y=\int_0^{\sin x}\mathrm{e}^{t^2}\mathrm{d}t$ 上.

由于 $y'=\mathrm{e}^{\sin^2x}\cdot\cos x$,$y'\Big|_{x=0}=1$,可知切线斜率 $k=1$,法线斜率为$-\dfrac{1}{k}=-1$,因此所求法线方程为 $y=-x$. 故选 D.

13 【参考答案】A

【解题思路】定积分为一个确定数值，本题出现两个定积分$\int_0^1 f(x)\mathrm{d}x$与$\int_1^2 f(x)\mathrm{d}x$，应为不同数值，可分别设为A,B.

【答案解析】设$\int_0^1 f(x)\mathrm{d}x = A, \int_1^2 f(x)\mathrm{d}x = B$，则$f(x) = x^2 + 2A - Bx$.

将上式两端分别在$[0,1]$上与$[1,2]$上对x积分，可得

$$A = \int_0^1 f(x)\mathrm{d}x = \int_0^1 (x^2 + 2A - Bx)\mathrm{d}x = \frac{1}{3} + 2A - \frac{B}{2},$$

$$B = \int_1^2 f(x)\mathrm{d}x = \int_1^2 (x^2 + 2A - Bx)\mathrm{d}x = \frac{7}{3} + 2A - \frac{3B}{2}.$$

解方程组$\begin{cases} A = \dfrac{1}{3} + 2A - \dfrac{B}{2}, \\ B = \dfrac{7}{3} + 2A - \dfrac{3}{2}B, \end{cases}$可得$A = \dfrac{2}{9}, B = \dfrac{10}{9}$，因此

$$f(x) = x^2 + \frac{4}{9} - \frac{10}{9}x.$$

故选A.

14 【参考答案】C

【解题思路】$\int_0^1 (x^2 + tx + t)^2 \mathrm{d}x$形为定积分，但被积函数中含有参变量$t$，因此上述表达式实为函数，只需依函数在闭区间上最值的求解方法求解即可.

【答案解析】$\int_0^1 (x^2 + tx + t)^2 \mathrm{d}x = \int_0^1 [x^4 + 2tx^3 + (t^2 + 2t)x^2 + 2t^2 x + t^2]\mathrm{d}x$

$$= \frac{7}{3}t^2 + \frac{7}{6}t + \frac{1}{5}.$$

记$f(t) = \dfrac{7}{3}t^2 + \dfrac{7}{6}t + \dfrac{1}{5}$，则$f'(t) = \dfrac{14}{3}t + \dfrac{7}{6}$，令$f'(t) = 0$，得$f(t)$的唯一驻点$t = -\dfrac{1}{4}$.

$$f''(t) = \frac{14}{3}, f''(t)\Big|_{t=-\frac{1}{4}} = \frac{14}{3} > 0,$$

可知$t = -\dfrac{1}{4}$为$f(t)$的极小值点，即为$\int_0^1 (x^2 + tx + t)^2 \mathrm{d}x$的极小值点，由于驻点唯一，因此极小值点也是它的最小值点.

故选C.

15 【参考答案】E

【解题思路】被积函数为两个函数之积的形式，可考虑利用分部积分法求解.

【答案解析】设$u = \ln(1+x), v' = \dfrac{1}{(2-x)^2}$，则$u' = \dfrac{1}{1+x}, v = \dfrac{1}{2-x}$.

$$\int_0^1 \frac{\ln(1+x)}{(2-x)^2}\mathrm{d}x = \frac{1}{2-x}\ln(1+x)\Big|_0^1 - \int_0^1 \frac{\mathrm{d}x}{(1+x)(2-x)}$$

$$= \ln 2 - \frac{1}{3}\int_0^1 \left(\frac{1}{1+x} + \frac{1}{2-x}\right) dx$$

$$= \ln 2 - \frac{1}{3}\ln \frac{1+x}{2-x}\Big|_0^1 = \frac{1}{3}\ln 2.$$

故选 E.

16 【参考答案】A

【解题思路】被积函数中含有 $\tan x, \sin x, \cos x$，可尝试将被积函数作恒等变形，使三角函数个数减小，以能凑微分.

【答案解析】由于$\dfrac{\tan x}{a^2\sin^2 x + b^2\cos^2 x} = \dfrac{\tan x}{\cos^2 x(a^2\tan^2 x + b^2)}$，因此

$$\text{原式} = \int \frac{\tan x}{a^2\tan^2 x + b^2} \cdot \frac{1}{\cos^2 x} dx = \int \frac{\tan x}{a^2\tan^2 x + b^2} d(\tan x)$$

$$= \frac{1}{2}\int \frac{1}{a^2\tan^2 x + b^2} d(\tan^2 x) = \frac{1}{2a^2}\int \frac{d(a^2\tan^2 x + b^2)}{a^2\tan^2 x + b^2}$$

$$= \frac{1}{2a^2}\ln(a^2\tan^2 x + b^2) + C.$$

故选 A.

17 【参考答案】B

【解题思路】由题设条件与结论可以发现，应该先由题设条件求出 $f(x)$.

【答案解析】令 $t = \ln x$，则 $x = e^t$，因此 $f(\ln x) = \dfrac{\ln(1+x)}{x}$ 化为 $f(t) = \dfrac{\ln(1+e^t)}{e^t}$，故

$$\int f(x)dx = \int \frac{\ln(1+e^x)}{e^x} dx = -\int \ln(1+e^x) d(e^{-x})$$

$$= -e^{-x}\ln(1+e^x) + \int \frac{dx}{1+e^x}$$

$$= -e^{-x}\ln(1+e^x) + \int \left(1 - \frac{e^x}{1+e^x}\right) dx$$

$$= -e^{-x}\ln(1+e^x) + x - \ln(1+e^x) + C$$

$$= -(e^{-x}+1)\ln(1+e^x) + x + C.$$

故选 B.

18 【参考答案】C

【解题思路】被积函数含最小值符号，属于分段函数，应将积分区间分为几个子区间，使其在每个子区间上解析表达式唯一.

【答案解析】

$$f(x) = \min\{1, x^2\} = \begin{cases} 1, & x \leqslant -1, \\ x^2, & -1 < x < 1, \\ 1, & x \geqslant 1. \end{cases}$$

因此$\displaystyle\int_{-2}^{2} \min\{1, x^2\} dx = \int_{-2}^{-1} dx + \int_{-1}^{1} x^2 dx + \int_{1}^{2} dx = \frac{8}{3}.$

故选 C.

19 【参考答案】A

【解题思路】被积函数中出现 $f(x)\cdot f'(x)$ 或 $f'(x)\cdot f''(x)$，通常先考虑能否凑微分.

【答案解析】 $\int_0^{\frac{\pi}{2}} f'(x)f''(x)\mathrm{d}x=\int_0^{\frac{\pi}{2}} f'(x)\mathrm{d}[f'(x)]=\frac{1}{2}[f'(x)]^2\Big|_0^{\frac{\pi}{2}}$.

由于 $f(x)=\mathrm{e}^{\sin x}$，可知 $f'(x)=\mathrm{e}^{\sin x}\cdot\cos x$. 因此

$$\int_0^{\frac{\pi}{2}} f'(x)f''(x)\mathrm{d}x=\frac{1}{2}[f'(x)]^2\Big|_0^{\frac{\pi}{2}}=\frac{1}{2}(\mathrm{e}^{\sin x}\cdot\cos x)^2\Big|_0^{\frac{\pi}{2}}=-\frac{1}{2}.$$

故选 A.

20 【参考答案】E

【解题思路】所给积分为无穷限反常积分，只需依定义考查其收敛性即可.

【答案解析】 $$\int_1^{+\infty}\frac{1}{\mathrm{e}^{1+x}+\mathrm{e}^{3-x}}\mathrm{d}x=\lim_{b\to+\infty}\int_1^b\frac{1}{\mathrm{e}^{1+x}+\mathrm{e}^{3-x}}\mathrm{d}x$$

$$=\lim_{b\to+\infty}\int_1^b\frac{\mathrm{e}^{x-1}}{\mathrm{e}^{2x}+\mathrm{e}^2}\mathrm{d}x=\lim_{b\to+\infty}\frac{1}{\mathrm{e}^2}\int_1^b\frac{\mathrm{e}^{x-1}}{1+\mathrm{e}^{2(x-1)}}\mathrm{d}(x-1)$$

$$=\lim_{b\to+\infty}\frac{1}{\mathrm{e}^2}\arctan\mathrm{e}^{x-1}\Big|_1^b=\frac{\pi}{4\mathrm{e}^2}.$$

故选 E.

21 【参考答案】C

【解题思路】应判定曲线段在区间 $[-2,4]$ 上的图形何时位于 x 轴上方，何时位于 x 轴下方.

【答案解析】由于 $y=x^2-2x-3=(x-1)^2-4$，可知曲线 $y=x^2-2x-3$ 是顶点为 $(1,-4)$，对称轴平行于 y 轴，开口向上的抛物线. 令 $y=0$ 可得抛物线与 x 轴的两个交点的横坐标，即由

$$x^2-2x-3=(x-3)(x+1)=0,$$

解得 $x_1=-1,x_2=3$，由于曲线是开口向上的抛物线，最小值小于零，因此在 $[-1,3]$ 内，曲线位于 x 轴下方，其余部分在 x 轴上方. 因此

$$S=\int_{-2}^4|x^2-2x-3|\mathrm{d}x$$

$$=\int_{-2}^{-1}(x^2-2x-3)\mathrm{d}x+\int_{-1}^3[-(x^2-2x-3)]\mathrm{d}x+\int_3^4(x^2-2x-3)\mathrm{d}x$$

$$=\frac{46}{3}.$$

故选 C.

22 【参考答案】B

【解题思路】由于总利润函数 $L=L(x)$，且 $L(x)=R(x)-C(x)$，其中 $R(x)$ 为总收益，$C(x)$ 为总成本.

只需由边际成本 $C'(x)$ 和边际收益 $R'(x)$ 分别写出 $C(x)$ 与 $R(x)$ 即可.

【答案解析】由于 $C'(x)=4+\frac{x}{4}$,$R'(x)=8-x$,可得

$$C(x)=C(0)+\int_0^x C'(t)\mathrm{d}t=1+\int_0^x\left(4+\frac{t}{4}\right)\mathrm{d}t=1+4x+\frac{1}{8}x^2,$$

$$R(x)=\int_0^x R'(t)\mathrm{d}t=\int_0^x(8-t)\mathrm{d}t=8x-\frac{1}{2}x^2.$$

可得 $L(x)=R(x)-C(x)=\left(8x-\frac{1}{2}x^2\right)-\left(1+4x+\frac{1}{8}x^2\right)=4x-\frac{5}{8}x^2-1$,求导得

$$L'(x)=4-\frac{5}{4}x,$$

令 $L'(x)=0$ 得唯一驻点 $x=\frac{16}{5}$.

由于 $L''(x)=-\frac{5}{4}$,知 $L''\left(\frac{16}{5}\right)=-\frac{5}{4}<0$,可知 $x=\frac{16}{5}$ 为极大值点. 由于驻点唯一,因此极大值点也是最大值点,即当总产量 $x=\frac{16}{5}$ 百台时,可获得最大利润.

故选 B.

第四章 多元函数微分

一、知识结构

- 多元函数微分
  - 多元函数的基本概念
    - 多元函数的概念
    - 二元函数的极限
    - 二元函数的连续性及性质
  - 偏导数
    - 定义
    - 几何意义
    - 偏导数与连续的关系
    - 高阶偏导数
  - 全微分
    - 概念
    - 性质
    - 全微分、偏导数、连续性之间的关系
  - 偏导数的运算
    - 复合函数求偏导数的链式法则
    - 全导数
    - 抽象函数求偏导数的运算
    - 隐函数求偏导数的运算
    - 高阶偏导数
  - 全微分的运算 → 全微分形式不变性
  - 极值与最值
    - 概念
    - 极值的必要条件
    - 极值的充分条件
    - 条件极值
    - 多元函数在经济学中的应用

二、考点精讲

1. 多元函数的基本概念

(1) 多元函数的概念.

设有平面点集 D 和数集 B，如果 D 中每点 (x,y)，通过确定的规则 f，总有唯一的实数 $z\in B$ 与之对应，则称 f 是定义在 D 上的二元函数，记为 $z=f(x,y)$.

与一元函数相仿，二元函数有两个要素：定义域与对应规则.

基本问题是求二元函数的定义域与对应规则运算.

求二元函数定义域的方法与一元函数定义域的求法相仿，只需使其解析式有意义即可，对实际问题依实际意义确定.

函数对应规则的运算有两种常见形式：

① 已知 $f(x,y)$ 的表达式，求 $f[\varphi(x,y),\psi(x,y)]$ 的表达式；

② 已知 $f[\varphi(x,y),\psi(x,y)]$ 的表达式，求 $f(x,y)$ 的表达式.

例 1 已知 $f\left(x+y,\dfrac{y}{x}\right)=x^2-y^2$，求 $f(x,y)$ 的表达式.

【解题思路】当已知 $f[\varphi(x,y),\psi(x,y)]$ 的表达式时，求解这类问题有两种常见的方法.

方法 1：引入新变量 $u=\varphi(x,y)$，$v=\psi(x,y)$，从中解出 x，y 由 u 与 v 表示的关系式，而后由此得出 $f(u,v)$，进而得出 $f(x,y)$.

方法 2：将所给表达式右端凑成 $\varphi(x,y)$，$\psi(x,y)$ 的关系式，而后由此得出 $f(x,y)$.

【答案解析】**方法 1** 令 $u=x+y$，$v=\dfrac{y}{x}$，解得 $x=\dfrac{u}{1+v}$，$y=\dfrac{uv}{1+v}$，因此 $f\left(x+y,\dfrac{y}{x}\right)=x^2-y^2$ 可化为

$$f(u,v)=\frac{u^2}{(1+v)^2}-\left(\frac{uv}{1+v}\right)^2=\frac{u^2(1-v)}{1+v},$$

可得 $f(x,y)=\dfrac{x^2(1-y)}{1+y}$.

方法 2 $f\left(x+y,\dfrac{y}{x}\right)=x^2-y^2=(x+y)(x-y)=(x+y)x\left(1-\dfrac{y}{x}\right)$

$$=\frac{(x+y)\left(1-\dfrac{y}{x}\right)}{\dfrac{1}{x}}=\frac{(x+y)\left(1-\dfrac{y}{x}\right)}{\dfrac{x+y}{x(x+y)}}$$

$$=\frac{(x+y)^2\left(1-\dfrac{y}{x}\right)}{1+\dfrac{y}{x}},$$

因此 $f(x,y)=\dfrac{x^2(1-y)}{1+y}$.

【评注】一般情况下,两种方法的难度并不是相同的,这就要求考生对题目进行分析,从而选择较简便的方法.

例 2 设 $z=\sqrt{x}+f(\sqrt{y}-1)$,当 $x=1$ 时,$z=y$,求 $f(u)$ 及 $z=z(x,y)$ 的表达式.

【解题思路】本题考查多元函数解析式的运算,要注意给出的条件能引起什么变化,再对照变化进行分析求解.

【答案解析】由题设,当 $x=1$ 时,$z=y$,因此有

$$y=1+f(\sqrt{y}-1),f(\sqrt{y}-1)=y-1.$$

令 $u=\sqrt{y}-1$,则 $y=(u+1)^2$,因此

$$f(u)=(u+1)^2-1=u^2+2u,$$

可得 $z=\sqrt{x}+[(\sqrt{y}-1)^2+2(\sqrt{y}-1)]=\sqrt{x}+y-1.$

(2) 二元函数的极限.

设在点 $P_0(x_0,y_0)$ 的任意邻域内都有使 $z=f(x,y)$ 有定义的点(或设点 $P_0(x_0,y_0)$ 为聚点).若存在常数 A,对任意给定的 $\varepsilon>0$,都存在 $\delta>0$,对于 $f(x,y)$ 有定义且满足不等式

$$0<|P_0P|=\sqrt{(x-x_0)^2+(y-y_0)^2}<\delta$$

的一切点 $P(x,y)$,都有

$$|f(x,y)-A|<\varepsilon$$

成立,则称 A 为 $f(x,y)$ 当 $x\to x_0,y\to y_0$ 时的极限,记为

$$\lim_{\substack{x\to x_0\\ y\to y_0}}f(x,y)=A.$$

需要指出,即使 $P(x,y)$ 沿所有直线 $y=kx(k\neq 0)$ 趋于 (x_0,y_0) 时,函数 $f(x,y)$ 的极限都存在,也不能说 $\lim\limits_{\substack{x\to x_0\\ y\to y_0}}f(x,y)$ 存在.但是,若 $P(x,y)$ 沿两条不同的路径趋于 (x_0,y_0) 时的两个极限不相等,则可以判定 $\lim\limits_{\substack{x\to x_0\\ y\to y_0}}f(x,y)$ 不存在.

二元函数的基本定理 若 $\lim\limits_{\substack{x\to x_0\\ y\to y_0}}f(x,y)=A$,则必有 $f(x,y)=A+o(\rho)$,其中 $\rho=\sqrt{(x-x_0)^2+(y-y_0)^2}$,当 $\rho\to 0$ 时,$o(\rho)$ 为 ρ 的高阶无穷小.

关于一元函数极限的四则运算法则、两个重要极限等都可以推广到二元函数极限,但是二元函数的极限运算通常不是考核的重点.

(3) 二元函数的连续性及性质.

如果 $z=f(x,y)$ 在 $P_0(x_0,y_0)$ 的某个邻域内有定义,且 $\lim\limits_{\substack{x\to x_0\\ y\to y_0}}f(x,y)=f(x_0,y_0)$,则称 $f(x,y)$ 在点 $P_0(x_0,y_0)$ 处连续.

如果 $z=f(x,y)$ 在定义域 D 上的每一点处都连续,则称 $f(x,y)$ 在 D 上连续.与一元函数连续性的四则运算相似,二元连续函数也有相应的四则运算.

二元初等函数在其定义区域内都为连续函数.

若 D 为有界闭区域，$f(x,y)$ 在 D 上连续，则

①$f(x,y)$ 在 D 上有界；

②$f(x,y)$ 在 D 上必定取得最大值与最小值；

③$f(x,y)$ 在 D 上必定可以取到介于最大值 M 与最小值 m 之间的任何一个数值.

2. 偏导数

(1) 定义.

设二元函数 $z=f(x,y)$ 在点 $P_0(x_0,y_0)$ 的某邻域 $U(P_0)$ 内有定义，且极限

$$\lim_{\Delta x\to 0}\frac{f(x_0+\Delta x,y_0)-f(x_0,y_0)}{\Delta x}$$

存在，则称这个极限为函数 $z=f(x,y)$ 在点 $P_0(x_0,y_0)$ 处对 x 的偏导数，记为

$$\left.\frac{\partial z}{\partial x}\right|_{\substack{x=x_0\\y=y_0}},\left.\frac{\partial f}{\partial x}\right|_{\substack{x=x_0\\y=y_0}},\left.z'_x\right|_{\substack{x=x_0\\y=y_0}} \text{ 或 } f'_x(x_0,y_0).$$

相仿可定义 $\left.\dfrac{\partial z}{\partial y}\right|_{\substack{x=x_0\\y=y_0}}$.

(2) 几何意义.

$\left.\dfrac{\partial z}{\partial x}\right|_{\substack{x=x_0\\y=y_0}}$ 在几何上表示曲线 $\begin{cases}z=f(x,y),\\y=y_0\end{cases}$ 在点 $P_0(x_0,y_0)$ 处的切线对 x 轴的斜率.

例 3 设 $f(x,y)=\begin{cases}\dfrac{xy}{x^2+y^2}, & (x,y)\neq(0,0),\\0, & (x,y)=(0,0).\end{cases}$ 讨论 $f(x,y)$ 在点 $(0,0)$ 处的连续性，求 $\left.\dfrac{\partial f}{\partial x}\right|_{(0,0)}$ 及 $\left.\dfrac{\partial f}{\partial y}\right|_{(0,0)}$.

【解题思路】判定 $f(x,y)$ 在点 (x_0,y_0) 处的连续性常需仿一元函数的思路. 如果 $f(x,y)$ 为初等函数，(x_0,y_0) 为其定义区域内的点，则 $f(x,y)$ 在 (x_0,y_0) 处必定连续；若 (x_0,y_0) 为分段点，则需依连续性定义判定.

考查 $f(x,y)$ 在分段点处的偏导数，常需依定义求解.

【答案解析】点 $(0,0)$ 为 $f(x,y)$ 的分段点，首先注意，当点 (x,y) 沿直线 $y=kx$ 趋于点 $(0,0)$ 时，有

$$\lim_{\substack{(x,y)\to(0,0)\\y=kx}}f(x,y)=\lim_{\substack{(x,y)\to(0,0)\\y=kx}}\frac{xy}{x^2+y^2}=\lim_{x\to 0}\frac{kx^2}{x^2+k^2x^2}=\frac{k}{1+k^2},$$

可知沿不同方向 $(x,y)\to(0,0)$ 时，极限不同，因此 $\lim\limits_{\substack{x\to 0\\y\to 0}}f(x,y)$ 不存在.

因为极限不存在，所以 $f(x,y)$ 在点 $(0,0)$ 处不连续.

考查

$$f'_x(0,0)=\lim_{\Delta x\to 0}\frac{f(0+\Delta x,0)-f(0,0)}{\Delta x}=0,$$

$$f'_y(0,0)=\lim_{\Delta y\to 0}\frac{f(0,0+\Delta y)-f(0,0)}{\Delta y}=0,$$

可知 $f'_x(0,0)=0, f'_y(0,0)=0$.

【评注】 本题表明即使 $f(x,y)$ 在 (x_0,y_0) 处的两个偏导数都存在，$f(x,y)$ 在 (x_0,y_0) 处也不一定连续，这是与一元函数的不同之处.

另外，还可以进一步得知这里的 $f(x,y)$ 在 $(0,0)$ 处不可微分. 这个例子是多元函数中较有代表性的题目，应记住其结论.

偏导数的概念可以推广到三元及 n 元函数中.

(3) 高阶偏导数.

一阶偏导数的偏导数称为二阶偏导数，相仿 $(n-1)$ 阶偏导数的偏导数称为 n 阶偏导数.

称 $\frac{\partial}{\partial x}\left(\frac{\partial z}{\partial x}\right)=\frac{\partial^2 z}{\partial x^2}$ 为 $z=f(x,y)$ 对 x 的二阶偏导数.

$\frac{\partial}{\partial y}\left(\frac{\partial z}{\partial y}\right)=\frac{\partial^2 z}{\partial y^2}$ 为 $z=f(x,y)$ 对 y 的二阶偏导数.

$\frac{\partial}{\partial x}\left(\frac{\partial z}{\partial y}\right)=\frac{\partial^2 z}{\partial y\partial x}$ 为 $z=f(x,y)$ 先对 y 后对 x 的二阶混合偏导数.

$\frac{\partial}{\partial y}\left(\frac{\partial z}{\partial x}\right)=\frac{\partial^2 z}{\partial x\partial y}$ 为 $z=f(x,y)$ 先对 x 后对 y 的二阶混合偏导数.

如果函数 $z=f(x,y)$ 的两个二阶混合偏导数在区域 D 内连续，则在该区域内有

$$\frac{\partial^2 z}{\partial y\partial x}=\frac{\partial^2 z}{\partial x\partial y}.$$

3. 全微分

(1) 概念.

设二元函数 $z=f(x,y)$ 在点 (x,y) 的某邻域内有定义，如果 $f(x,y)$ 在点 (x,y) 的全增量 $\Delta z=f(x+\Delta x,y+\Delta y)-f(x,y)$ 可以表示为

$$\Delta z=A\Delta x+B\Delta y+o(\rho),$$

其中 A,B 不依赖于 Δx 和 Δy，而仅与 x,y 有关，$\rho=\sqrt{(\Delta x)^2+(\Delta y)^2}$，那么称函数 $z=f(x,y)$ 在点 (x,y) 可微分，而 $A\Delta x+B\Delta y$ 称为 $z=f(x,y)$ 在点 (x,y) 的全微分，记作 $\mathrm{d}z$，即

$$\mathrm{d}z=A\Delta x+B\Delta y.$$

(2) 性质.

如果 $z=f(x,y)$ 在点 (x,y) 处可微分，则 z 对 x 和对 y 的两个偏导数必定存在，且

$$\mathrm{d}z=\frac{\partial z}{\partial x}\mathrm{d}x+\frac{\partial z}{\partial y}\mathrm{d}y.$$

例 4 设 $z=f(x,y)=\begin{cases}\dfrac{xy}{x^2+y^2}, & (x,y)\neq 0,\\ 0, & (x,y)=0,\end{cases}$ 讨论 $f(x,y)$ 在点 $(0,0)$ 处是否可微分.

【解题思路】 所给函数 $f(x,y)$ 为分段函数，点 $(0,0)$ 为其分段点，考查其在该点是否可微分，

需依微分定义判定.

【答案解析】由例 3 可知 $f'_x(0,0)=0, f'_y(0,0)=0$.

依全微分定义,只需考查

$$\lim_{\substack{\Delta x\to 0\\ \Delta y\to 0}}\frac{\Delta z-[f'_x(0,0)\Delta x+f'_y(0,0)\Delta y]}{\rho}$$

$$=\lim_{\substack{\Delta x\to 0\\ \Delta y\to 0}}\frac{\Delta z}{\rho}=\lim_{\substack{x\to 0\\ y\to 0}}\frac{xy}{(x^2+y^2)^{3/2}}(\text{将 }\Delta x,\Delta y\text{ 分别简化为 }x,y).$$

令 $y=kx(k\neq 0)$,则

$$\lim_{\substack{x\to 0\\ y=kx\to 0}}\frac{xy}{(x^2+y^2)^{3/2}}=\lim_{x\to 0}\frac{kx^2}{x^3(1+k^2)^{3/2}}=\lim_{x\to 0}\frac{k}{x(1+k^2)^{3/2}}=\infty.$$

可知 $f(x,y)$ 在点$(0,0)$ 处两个偏导数存在,但不可微分.

【评注】如果函数 $f(x,y)$ 在点(x_0,y_0) 处具有连续偏导数,则 $f(x,y)$ 在点(x_0,y_0) 处可微分.

(3) 全微分、偏导数、连续性之间的关系.

微分、偏导数、连续、极限之间有下列关系:

$$\begin{array}{l} \qquad\qquad\qquad\qquad\nearrow \text{偏导数存在(某方向双侧)} \\ \text{偏导数连续} \Rightarrow \text{可微分} \Rightarrow \text{连续} \Rightarrow \text{极限存在(全方向)} \end{array}$$

4. 偏导数的运算

(1) 分段函数在分段点处的偏导数需依定义判定.

(2) 对于一般函数的偏导数运算,要学会引入中间变量,以简化运算.

例 5 设 $z=(2x-3y)^{2x-3y}$,求$\frac{\partial z}{\partial y}$.

【解题思路】所给函数为幂指函数,如果直接求$\frac{\partial z}{\partial y}$,运算复杂.

如果引入中间变量 $u=2x-3y$,则 $z=u^u$ 为幂指函数,运算依然复杂,若再引入 $v=2x-3y$,则 $z=u^v$. 这时对于中间变量 u 而言,u^v 为幂函数,对于中间变量 v 而言,u^v 为指数函数,求偏导数得到简化.

【答案解析】设 $u=2x-3y, v=2x-3y, z=u^v$. 因此

$$\frac{\partial z}{\partial y}=\frac{\partial z}{\partial u}\cdot\frac{\partial u}{\partial y}+\frac{\partial z}{\partial v}\cdot\frac{\partial v}{\partial y}=vu^{v-1}(-3)+u^v\ln u\cdot(-3)$$

$$=-3(2x-3y)^{2x-3y}[1+\ln(2x-3y)].$$

(3) 复合函数求偏导数的链式法则.

设 $u=u(x,y), v=v(x,y)$ 在点(x,y) 处具有偏导数,函数 $z=f(u,v)$ 在对应点(u,v) 处具有连续偏导数,则复合函数 $z=f[u(x,y),v(x,y)]$ 在点(x,y) 有对 x 与对 y 的偏导数,且有下列链式法则:

$$\frac{\partial z}{\partial x}=\frac{\partial z}{\partial u}\cdot\frac{\partial u}{\partial x}+\frac{\partial z}{\partial v}\cdot\frac{\partial v}{\partial x},$$

$$\frac{\partial z}{\partial y}=\frac{\partial z}{\partial u}\cdot\frac{\partial u}{\partial y}+\frac{\partial z}{\partial v}\cdot\frac{\partial v}{\partial y}.$$

相仿，对于中间变量多于两个或自变量多于两个的复合函数依然有类似的链式法则.

特殊情形：当 $z=f[u(x,y),v(x)]$，且满足上述条件时，有

$$\frac{\partial z}{\partial x}=\frac{\partial z}{\partial u}\cdot\frac{\partial u}{\partial x}+\frac{\partial z}{\partial v}\cdot\frac{\mathrm{d}v}{\mathrm{d}x},$$

$$\frac{\partial z}{\partial y}=\frac{\partial z}{\partial u}\cdot\frac{\partial u}{\partial y}.$$

(4) 全导数.

若 $z=f(u,v)$，$u=u(x)$，$v=v(x)$，且满足上述链式法则的条件时，有

$$\frac{\mathrm{d}z}{\mathrm{d}x}=\frac{\partial z}{\partial u}\cdot\frac{\mathrm{d}u}{\mathrm{d}x}+\frac{\partial z}{\partial v}\cdot\frac{\mathrm{d}v}{\mathrm{d}x}.$$

(5) 抽象函数求偏导数的运算.

例 6 设 $z=f\left(\frac{x}{y},\frac{y}{x}\right)$，其中 $f(x,y)$ 具有连续偏导数，求 $\frac{\partial z}{\partial x}$.

【解题思路】 所给函数为抽象函数，这类题目的运算常可采用两种方法，一是引入中间变量，依链式法则求解；二是记 f_i' 表示 f 对第 i 个位置变量的一阶偏导数. 这种记法在中间变量对 x,y 的偏导数易求的情形更显优越，另外对高阶偏导数的计算更显其优越性.

【答案解析】 **方法 1** 设 $u=\frac{x}{y}$，$v=\frac{y}{x}$，则 $z=f(u,v)$. 故

$$\frac{\partial z}{\partial x}=\frac{\partial z}{\partial u}\cdot\frac{\partial u}{\partial x}+\frac{\partial z}{\partial v}\cdot\frac{\partial v}{\partial x}=\frac{\partial f}{\partial u}\cdot\frac{1}{y}-\frac{\partial f}{\partial v}\cdot\frac{y}{x^2}.$$

方法 2 记 f_i' 为 f 对第 $i(i=1,2)$ 个位置变量的一阶偏导数，则

$$\frac{\partial z}{\partial x}=f_1'\cdot\frac{1}{y}+f_2'\cdot\left(\frac{-y}{x^2}\right)=\frac{1}{y}f_1'-\frac{y}{x^2}f_2'.$$

(6) 隐函数求偏导数的运算.

① 设 $F(x,y)$ 在 $P(x_0,y_0)$ 的某一邻域内具有连续偏导数，且 $F(x_0,y_0)=0$，$F_y'(x_0,y_0)\neq 0$，则方程 $F(x,y)=0$ 在点 (x_0,y_0) 的某一邻域内恒能唯一确定一个连续且具有连续导数的函数 $y=f(x)$，它满足条件 $y_0=f(x_0)$，且

$$\frac{\mathrm{d}y}{\mathrm{d}x}=-\frac{F_x'}{F_y'}.$$

② 设 $F(x,y,z)$ 在点 $P(x_0,y_0,z_0)$ 的某一邻域内具有连续偏导数，且 $F(x_0,y_0,z_0)=0$，$F_z'(x_0,y_0,z_0)\neq 0$，则方程 $F(x,y,z)=0$ 在点 (x_0,y_0,z_0) 的某一邻域内恒能唯一确定一个连续且具有连续偏导数的函数 $z=f(x,y)$，它满足条件 $z_0=f(x_0,y_0)$，并有

$$\frac{\partial z}{\partial x}=-\frac{F_x'}{F_z'},\frac{\partial z}{\partial y}=-\frac{F_y'}{F_z'}.$$

例 7 设 $z=z(x,y)$ 由方程 $z-x^2-y+xe^{z-x+y}=10$ 所确定，求 $\frac{\partial z}{\partial x}$.

【解题思路】隐函数求偏导数运算通常有两种方法，一是直接将方程两端对 x 或 y 求偏导数，从中解出$\frac{\partial z}{\partial x}$ 或$\frac{\partial z}{\partial y}$；二是利用隐函数求偏导数公式.

【答案解析】方法 1 将方程两端对 x 求偏导数，有

$$\frac{\partial z}{\partial x}-2x+e^{z-x+y}+xe^{z-x+y}\cdot\left(\frac{\partial z}{\partial x}-1\right)=0,$$

$$\frac{\partial z}{\partial x}(1+xe^{z-x+y})=(x-1)e^{z-x+y}+2x,$$

则

$$\frac{\partial z}{\partial x}=\frac{(x-1)e^{z-x+y}+2x}{1+xe^{z-x+y}}=1-\frac{e^{z-x+y}+1-2x}{1+xe^{z-x+y}}.$$

方法 2 记

$$F(x,y,z)=z-x^2-y+xe^{z-x+y}-10,$$

有

$$F'_x=-2x+e^{z-x+y}+xe^{z-x+y}\cdot(-1)=-2x+(1-x)e^{z-x+y},$$

$$F'_z=1+xe^{z-x+y},$$

则

$$\frac{\partial z}{\partial x}=-\frac{F'_x}{F'_z}=-\frac{-2x+(1-x)e^{z-x+y}}{1+xe^{z-x+y}}=1-\frac{e^{z-x+y}+1-2x}{1+xe^{z-x+y}}.$$

(7) 高阶偏导数.

当二阶或二阶以上的混合偏导数连续时，混合偏导数的数值与求导次序无关.

例 8 设 $z=f(e^x\sin y,x^2+y^2)$，其中 f 具有二阶连续偏导数，求$\frac{\partial^2 z}{\partial x\partial y}$.

【解题思路】本题为抽象函数的高阶偏导数运算，可仿例 6 进行运算. 下面利用例 6 的方法 2 求解.

【答案解析】由于 f 具有二阶连续偏导数，记 f'_i为 f 对第 i 个位置变量的一阶偏导数，$i=1,2$，则有

$$\frac{\partial z}{\partial x}=f'_1\cdot e^x\sin y+f'_2\cdot 2x=f'_1\cdot e^x\sin y+2xf'_2,$$

其中 f'_1,f'_2的结构与 f 相同，$f'_i=f'_i(e^x\sin y,x^2+y^2)(i=1,2)$.

记 f''_{ij}为 f'_i对第 j 个位置变量的一阶偏导数，$j=1,2$，则

$$\begin{aligned}\frac{\partial^2 z}{\partial x\partial y}&=(f''_{11}e^x\cos y+f''_{12}\cdot 2y)e^x\sin y+f'_1\cdot e^x\cdot\cos y+2x(f''_{21}\cdot e^x\cos y+f''_{22}\cdot 2y)\\&=\frac{1}{2}f''_{11}\cdot e^{2x}\sin 2y+2e^xf''_{12}\cdot(x\cdot\cos y+y\cdot\sin y)+4xyf''_{22}+f'_1\cdot e^x\cdot\cos y.\end{aligned}$$

【评注】由于本题中二阶混合偏导数连续，因此 $f''_{12}=f''_{21}$，上述结果已合并.

5. 全微分的运算

若 $z=f(u,v)$，$u=u(x,y)$，$v=v(x,y)$，其中 f 具有连续偏导数，则

$$dz=\frac{\partial z}{\partial u}du+\frac{\partial z}{\partial v}dv=\frac{\partial z}{\partial x}dx+\frac{\partial z}{\partial y}dy.$$

不论 u,v 是自变量还是中间变量，上述 dz 的形式都是一样的. 这个性质称为全微分形式不变性.

当复合函数的复合层次比较复杂时，欲求偏导数$\frac{\partial z}{\partial x},\frac{\partial z}{\partial y}$，可先求 $dz=\frac{\partial z}{\partial x}dx+\frac{\partial z}{\partial y}dy$ 的表达式，

则 dx 的系数即为$\frac{\partial z}{\partial x}$,$dy$ 的系数即为$\frac{\partial z}{\partial y}$.

6.极值与最值

(1) 极值的概念.

设函数 $f(x,y)$ 在点 $P_0(x_0,y_0)$ 的某一邻域内有定义,若对在该邻域内异于 $P_0(x_0,y_0)$ 的任何点 $P(x,y)$,均有

$$f(x,y) < (>) f(x_0,y_0),$$

则称(x_0,y_0) 为 $f(x,y)$ 的极大(小) 值点,称 $f(x_0,y_0)$ 为 $f(x,y)$ 的极大(小) 值. 极大值点与极小值点统称为极值点,极大值与极小值统称为极值.

(2) 极值的必要条件.

设 $z = f(x,y)$ 在点 $P_0(x_0,y_0)$ 具有偏导数,且(x_0,y_0) 为 $f(x,y)$ 的极值点,则

$$f'_x(x_0,y_0) = 0, f'_y(x_0,y_0) = 0.$$

通常满足 $f'_x(x,y) = 0$ 且 $f'_y(x,y) = 0$ 的点(x_0,y_0) 称为 $z = f(x,y)$ 的驻点.

(3) 极值的充分条件.

设 $z = f(x,y)$ 在点 $P_0(x_0,y_0)$ 的某一邻域内连续,且有一阶及二阶连续偏导数,又 $f'_x(x_0,y_0) = 0$,$f'_y(x_0,y_0) = 0$,记

$$A = f''_{xx}(x_0,y_0), B = f''_{xy}(x_0,y_0), C = f''_{yy}(x_0,y_0),$$

则有如下结论:

① 若 $B^2 - AC < 0$,则(x_0,y_0) 为 $f(x,y)$ 的极值点.

当 $A < 0$(或 $C < 0$) 时,(x_0,y_0) 为 $f(x,y)$ 的极大值点;

当 $A > 0$(或 $C > 0$) 时,(x_0,y_0) 为 $f(x,y)$ 的极小值点.

② 若 $B^2 - AC > 0$,则(x_0,y_0) 不为 $f(x,y)$ 的极值点.

③ 若 $B^2 - AC = 0$,则(x_0,y_0) 可能为 $f(x,y)$ 的极值点,也可能不为 $f(x,y)$ 的极值点,此时不能判定.

判定 $z = f(x,y)$ 极值的一般方法.

① 求出 $f(x,y)$ 的所有驻点及偏导数不存在的点.

② 对偏导数不存在的点可考虑利用极值的定义判定.

③ 对驻点 $P_1,\cdots,P_K$,求出它们二阶偏导数相应的 A,B,C,依充分条件判定.

如果实际问题存在最大(小) 值且驻点唯一,那么驻点就是最大(小) 值点.

(4) 条件极值.

求 $z = f(x,y)$ 在条件 $\varphi(x,y) = 0$ 下的极值称为条件极值. 一般方法如下所述.

① 构造拉格朗日函数 $F(x,y,\lambda) = f(x,y) + \lambda\varphi(x,y)$,将问题转化为无约束问题处理.

② 将 $F(x,y,\lambda)$ 分别对 x,y,λ 求一阶偏导数,构造方程组

$$\begin{cases} F'_x = f'_x(x,y) + \lambda\varphi'_x(x,y) = 0, \\ F'_y = f'_y(x,y) + \lambda\varphi'_y(x,y) = 0, \\ F'_\lambda = \varphi(x,y) = 0, \end{cases}$$

解出 x,y 及 λ，其中 (x,y) 就是可能的极值点.

此方法可推广到自变量多于 2 个，约束条件多于 1 个的情形.

例 9 求函数 $f(x,y)=x^3-y^3+3x^2+3y^2-9x$ 的极值.

【解题思路】这是一道标准的二元函数极值问题，只需依求极值的步骤进行.

【答案解析】$f(x,y)=x^3-y^3+3x^2+3y^2-9x$，解方程组

$$\begin{cases} f'_x(x,y)=3x^2+6x-9\xlongequal{令}0, \\ f'_y(x,y)=-3y^2+6y\xlongequal{令}0, \end{cases}$$

可得 $f(x,y)$ 的驻点：$(1,0)$，$(1,2)$，$(-3,0)$，$(-3,2)$.

由于 $f''_{xx}(x,y)=6x+6$，$f''_{xy}(x,y)=0$，$f''_{yy}(x,y)=-6y+6$.

在点 $(1,0)$ 处，$A=f''_{xx}(1,0)=12>0$，$B=f''_{xy}(1,0)=0$，$C=f''_{yy}(1,0)=6$，$B^2-AC<0$，可知点 $(1,0)$ 为极小值点，极小值为 $f(1,0)=-5$.

在点 $(1,2)$ 处，$A=f''_{xx}(1,2)=12$，$B=f''_{xy}(1,2)=0$，$C=f''_{yy}(1,2)=-6$，$B^2-AC>0$，可知点 $(1,2)$ 不是极值点.

在点 $(-3,0)$ 处，$A=f''_{xx}(-3,0)=-12$，$B=f''_{xy}(-3,0)=0$，$C=f''_{yy}(-3,0)=6$，$B^2-AC>0$，可知点 $(-3,0)$ 不是极值点.

在点 $(-3,2)$ 处，$A=f''_{xx}(-3,2)=-12<0$，$B=f''_{xy}(-3,2)=0$，$C=f''_{yy}(-3,2)=-6$，$B^2-AC<0$，可知点 $(-3,2)$ 为极大值点，极大值为 $f(-3,2)=31$.

(5) 多元函数在经济学中的应用.

例 10 某厂家生产的一种产品同时在两个市场销售，售价分别为 p_1 和 p_2，销售量分别为 q_1 和 q_2，需求函数分别为

$$q_1=24-0.2p_1,\ q_2=10-0.05p_2,$$

总成本函数为 $C=35+40(q_1+q_2)$.

试问：厂家如何确定两个市场的售价能使其获得最大利润？最大利润是多少？

【解题思路】总利润 = 总销售收入 − 总成本. 设总销售收入函数为 R，则

$$R=p_1q_1+p_2q_2.$$

问题为求最大值，可以考虑以 p_1,p_2 为自变量，也可以考虑以 q_1,q_2 为自变量，因此本题有两种方法求解.

【答案解析】方法 1 以 p_1,p_2 为自变量，则

$$\begin{aligned} R&=p_1q_1+p_2q_2=p_1(24-0.2p_1)+p_2(10-0.05p_2) \\ &=24p_1-0.2p_1^2+10p_2-0.05p_2^2, \end{aligned}$$

总利润函数为

$$\begin{aligned} L&=R-C=(p_1q_1+p_2q_2)-[35+40(q_1+q_2)] \\ &=32p_1-0.2p_1^2+12p_2-0.05p_2^2-1\,395. \end{aligned}$$

由于

$$\frac{\partial L}{\partial p_1}=32-0.4p_1,\frac{\partial L}{\partial p_2}=12-0.1p_2,$$

令 $\begin{cases}\dfrac{\partial L}{\partial p_1}=0,\\ \dfrac{\partial L}{\partial p_2}=0,\end{cases}$ 可得 $p_1=80,p_2=120$ 为唯一一组解，即 L 有唯一驻点 $(80,120)$.

由问题的实际意义知存在最大利润，因此当 $p_1=80,p_2=120$ 时，厂家可获得最大利润，且

$$L\Big|_{\substack{p_1=80\\p_2=120}}=605.$$

方法 2 将销售量 q_1,q_2 作为自变量. 由于

$$p_1=120-5q_1,p_2=200-20q_2,$$

总收入函数为

$$R=p_1q_1+p_2q_2=(120-5q_1)q_1+(200-20q_2)q_2,$$

总利润函数为

$$\begin{aligned}L=R-C&=(120-5q_1)q_1+(200-20q_2)q_2-[35+40(q_1+q_2)]\\&=80q_1-5q_1^2+160q_2-20q_2^2-35.\end{aligned}$$

可知

$$\frac{\partial L}{\partial q_1}=80-10q_1,\frac{\partial L}{\partial q_2}=160-40q_2,$$

令 $\begin{cases}\dfrac{\partial L}{\partial q_1}=0,\\ \dfrac{\partial L}{\partial q_2}=0,\end{cases}$ 可得 $q_1=8,q_2=4$ 为唯一一组解，即 L 有唯一驻点 $(8,4)$.

由问题的实际意义知存在最大利润，因此当 $q_1=8,q_2=4$ 时，厂家获得最大利润，此时

$$L\Big|_{\substack{q_1=8\\q_2=4}}=605.$$

三、综合题精讲

题型一　多元函数的基本概念

例 1 已知 $f(x,y)=3x+2y$，则 $f[4,f(x,y)]=$（　　）.

(A) $3x+2y+12$　　(B) $3x+2y+13$　　(C) $6x+4y+12$

(D) $6x+4y+13$　　(E) $3x+4y+72$

【参考答案】C

【解题思路】由题设 $f(x,y)=3x+2y$，意味着

$$f(\square,\bigcirc)=3\cdot\square+2\cdot\bigcirc,$$

其中□，○分别表示 f 的表达式中第一个位置和第二个位置的元素. 只需将 f 表达式中的第 1 个位置换为 4，第 2 个位置换为 $f(x,y)$ 即可求解.

【答案解析】由于 $f(x,y)=3x+2y$,因此

$$f[4,f(x,y)]=3\times4+2\times(3x+2y)=6x+4y+12.$$

故选 C.

例 2 已知 $f\left(\frac{1}{x},\frac{1}{y}\right)=x^3-2xy^2+3y$,则 $f(x,y)=($ $)$.

(A) $\frac{1}{x^3}+\frac{2}{x^2y}+\frac{3}{y}$ (B) $\frac{1}{x^3}+\frac{2}{x^2y}-\frac{3}{y}$ (C) $\frac{1}{x^3}-\frac{2}{xy^2}+\frac{3}{y}$

(D) $-\left(\frac{1}{x^3}+\frac{2}{xy^2}+\frac{3}{y}\right)$ (E) $\frac{1}{x^3}-\frac{2}{xy^2}-\frac{3}{y}$

【参考答案】C

【解题思路】仿考点精讲的例 1,对于本题,两种方法难易程度相当,本题采取方法 1 求解.

【答案解析】设 $u=\frac{1}{x}$,$v=\frac{1}{y}$,则 $x=\frac{1}{u}$,$y=\frac{1}{v}$,因此

$$f(u,v)=f\left(\frac{1}{x},\frac{1}{y}\right)=\frac{1}{u^3}-\frac{2}{uv^2}+\frac{3}{v},$$

从而 $f(x,y)=\frac{1}{x^3}-\frac{2}{xy^2}+\frac{3}{y}$. 故选 C.

【评注】综合题精讲的例 1 与例 2 为两个相反的函数依赖关系问题,是常见的考核知识点.

题型二 偏导数的定义与性质

例 3 设二元函数 $f(x,y)$ 在点 (a,b) 处存在偏导数,则 $\lim\limits_{x\to0}\frac{f(a+x,b)-f(a-x,b)}{x}=$ ( ).

(A) $f'_x(a,b)$ (B) $f'_x(a+x,b)$ (C) $2f'_x(a,b)$

(D) 0 (E) $-2f'_x(a,b)$

【参考答案】C

【解题思路】本题考核的知识点为偏导数的定义,只需将所给极限化为偏导数定义的极限形式进行求解.

【答案解析】由于已知 $f(x,y)$ 在 (a,b) 处存在偏导数,所给表达式形式与 $f(x,y)$ 在 (a,b) 处关于 x 的偏导数表达式相近,因此可变形:

$$\begin{aligned}\lim_{x\to0}\frac{f(a+x,b)-f(a-x,b)}{x}&=\lim_{x\to0}\left[\frac{f(a+x,b)-f(a,b)}{x}+\frac{f(a-x,b)-f(a,b)}{-x}\right]\\&=\lim_{x\to0}\frac{f(a+x,b)-f(a,b)}{x}+\lim_{x\to0}\frac{f(a-x,b)-f(a,b)}{-x}\\&=2f'_x(a,b).\end{aligned}$$

故选 C.

例 4 下列命题错误的是( ).

(A) $\lim\limits_{(x,y)\to(x_0,y_0)}f(x,y)=A$ 的充分必要条件是 $f(x,y)=A+\alpha$,其中 α 满足 $\lim\limits_{(x,y)\to(x_0,y_0)}\alpha=0$

(B) 若函数 $z=f(x,y)$ 在点 $M_0(x_0,y_0)$ 处存在偏导数$\left.\frac{\partial z}{\partial x}\right|_{M_0}$，$\left.\frac{\partial z}{\partial y}\right|_{M_0}$，则 $z=f(x,y)$ 在点 $M_0(x_0,y_0)$ 处必定连续

(C) 若函数 $z=f(x,y)$ 在点 $M_0(x_0,y_0)$ 处可微分，则 $z=f(x,y)$ 在点 $M_0(x_0,y_0)$ 处必定存在偏导数，且 $\left.\mathrm{d}z\right|_{M_0}=\left.\frac{\partial z}{\partial x}\right|_{M_0}\mathrm{d}x+\left.\frac{\partial z}{\partial y}\right|_{M_0}\mathrm{d}y$

(D) 若函数 $z=f(x,y)$ 在点 $M_0(x_0,y_0)$ 处具有连续偏导数，则 $z=f(x,y)$ 在点 $M_0(x_0,y_0)$ 处必定可微分，且 $\left.\mathrm{d}z\right|_{M_0}=\left.\frac{\partial z}{\partial x}\right|_{M_0}\mathrm{d}x+\left.\frac{\partial z}{\partial y}\right|_{M_0}\mathrm{d}y$

(E) 若函数 $z=f(x,y)$ 在点 $M_0(x_0,y_0)$ 处可微分，则 $z=f(x,y)$ 在点 $M_0(x_0,y_0)$ 处必定连续

【参考答案】B

【解题思路】只需对照考点精讲中微分、偏导数、连续、极限之间的关系进行求解.

【答案解析】对于选项 A，可仿一元函数极限基本定理证明其正确性，也常称这个命题为二元函数极限基本定理.

对于选项 B，由考点精讲的例 3 可知 B 不正确.

由全微分性质知选项 C，D 和 E 都正确. 基本教材中选项 D 都以定理形式出现. 故选 B.

例 5 已知$\frac{1}{u}=\frac{1}{x}+\frac{1}{y}+\frac{1}{z}$，且 $x>y>z>0$，当三个自变量 x,y,z 分别增加一个单位时，对函数 u 影响最大的自变量是(　　).

(A)x　　(B)y　　(C)z　　(D)x 与 y　　(E)x 与 z

【参考答案】C

【解题思路】本题考核的知识点是偏导数概念.

由偏导数的几何意义可知，偏导数表示函数沿平行于坐标轴方向的变化率，只需求三个偏导数并比较它们的值，可以将所给函数认作是隐函数，将所给函数表达式两端分别关于 x,y,z 求偏导数，可得结果.

【答案解析】由于

$$-\frac{1}{u^2}\cdot\frac{\partial u}{\partial x}=-\frac{1}{x^2},-\frac{1}{u^2}\frac{\partial u}{\partial y}=-\frac{1}{y^2},-\frac{1}{u^2}\frac{\partial u}{\partial z}=-\frac{1}{z^2},$$

已知 $x>y>z>0$，因此 $x^2>y^2>z^2>0$，进而

$$\frac{u^2}{x^2}<\frac{u^2}{y^2}<\frac{u^2}{z^2},$$

$$\frac{\partial u}{\partial x}=\frac{u^2}{x^2},\frac{\partial u}{\partial y}=\frac{u^2}{y^2},\frac{\partial u}{\partial z}=\frac{u^2}{z^2},$$

从而$\frac{\partial u}{\partial x}<\frac{\partial u}{\partial y}<\frac{\partial u}{\partial z}$，可知当 x,y,z 分别增加一个单位时，z 的变化对 u 影响最大. 故选 C.

题型三　全微分的概念与性质

例 6 二元函数 $z=f(x,y)$ 在点(0,0)处可微分的一个充分条件是(　　).

(A) $\lim\limits_{\substack{x\to 0\\y\to 0}} f(x,y)=0$

(B) $\lim\limits_{\substack{x\to 0\\y\to 0}}[f(x,y)-f(0,0)]=0$

(C) $\lim\limits_{x\to 0}\dfrac{f(x,0)-f(0,0)}{x}=0$，且 $\lim\limits_{y\to 0}\dfrac{f(0,y)-f(0,0)}{y}=0$

(D) $\lim\limits_{\substack{x\to 0\\y\to 0}}\dfrac{f(x,y)-f(0,0)}{\sqrt{x^2+y^2}}=0$

(E) $\lim\limits_{x\to 0}[f'_x(x,0)-f'_x(0,0)]=0$，且 $\lim\limits_{y\to 0}[f'_y(0,y)-f'_y(0,0)]=0$

【参考答案】D

【解题思路】只需依二元函数极限、连续、偏导数、全微分的定义及充分条件判定.

【答案解析】选项 A 中 $\lim\limits_{\substack{x\to 0\\y\to 0}} f(x,y)=0$ 表明 $f(x,y)$ 在(0,0)处存在极限，并不能保证 $f(x,y)$ 可微分，可知 A 不正确.

选项 B 中 $\lim\limits_{\substack{x\to 0\\y\to 0}}[f(x,y)-f(0,0)]=0$，其中 $f(0,0)$ 为常数值，因此有 $\lim\limits_{\substack{x\to 0\\y\to 0}} f(x,y)=f(0,0)$，表明函数 $f(x,y)$ 在(0,0)处存在极限，且极限值与函数在该点处的值相等. 这表明 $f(x,y)$ 在(0,0)处连续，并不能保证 $f(x,y)$ 在(0,0)处可微分，可知 B 不正确.

选项 C 中 $\lim\limits_{x\to 0}\dfrac{f(x,0)-f(0,0)}{x}=0$ 表明 $f'_x(0,0)=0$，相仿 $\lim\limits_{y\to 0}\dfrac{f(0,y)-f(0,0)}{y}=0$ 表明 $f'_y(0,0)=0$. 但是两个偏导数都存在也不能保证 $f(x,y)$ 在点(0,0)处可微分，可知 C 不正确.

对于选项 D，由分式极限存在，分母极限为零，可知分子极限必定为零. 设 $y=0$，特别地，有

$$\lim_{\substack{x\to 0\\y\to 0}}\frac{f(x,0)-f(0,0)}{\sqrt{x^2}}=\lim_{x\to 0}\frac{f(x,0)-f(0,0)}{x}\cdot\frac{x}{|x|}=0,$$

即 $f'_x(0,0)=0$. 相仿可得 $f'_y(0,0)=0$，从而

$$0=\lim_{(x,y)\to(0,0)}\frac{f(x,y)-f(0,0)}{\sqrt{x^2+y^2}}=\lim_{(x,y)\to(0,0)}\frac{\Delta z-[f'_x(0,0)\Delta x+f'_y(0,0)\Delta y]}{\rho},$$

这表明 $f(x,y)$ 在(0,0)处可微分，故 D 正确.

对于选项 E，$\lim\limits_{x\to 0}[f'_x(x,0)-f'_x(0,0)]=0$ 表明 $f'_x(x,y)$ 在(0,0)处沿 x 轴方向连续. 相仿，$\lim\limits_{y\to 0}[f'_y(0,y)-f'_y(0,0)]=0$ 表明 $f'_y(x,y)$ 在(0,0)处沿 y 轴方向连续，然而上述两式并不能说明 $f'_x(x,y)$ 与 $f'_y(x,y)$ 在(0,0)处连续，从而不能保证 $f(x,y)$ 在(0,0)处可微分，因此 E 不正确.

题型四　偏导数的运算

(1) 注意偏导数运算中既有引入中间变量的技巧，也有求解的技巧.

例 7 设 $z=(x+e^y)^x$，则 $\left.\dfrac{\partial z}{\partial x}\right|_{(1,0)}=$(　　).

(A) $1+2\ln 2$　　　(B) $1-2\ln 2$　　　(C) $1+\ln 2$

(D) $1-\ln 2$　　　　　　(E) $2+\ln 2$

【参考答案】A

【解题思路】可引入中间变量，仿考点精讲例 5 的思路求解.

【答案解析】方法 1　仿考点精讲的例 5. 设 $u=x+\mathrm{e}^y, v=x$，则 $z=u^v$.

$$\begin{aligned}\frac{\partial z}{\partial x}&=\frac{\partial z}{\partial u}\cdot\frac{\partial u}{\partial x}+\frac{\partial z}{\partial v}\cdot\frac{\mathrm{d}v}{\mathrm{d}x}=vu^{v-1}\cdot 1+u^v\ln u\cdot 1\\&=x(x+\mathrm{e}^y)^{x-1}+(x+\mathrm{e}^y)^x\ln(x+\mathrm{e}^y),\end{aligned}$$

$$\left.\frac{\partial z}{\partial x}\right|_{(1,0)}=1+2\ln 2.$$

故选 A.

方法 2　由于 $z=(x+\mathrm{e}^y)^x$，因此 $\ln z=x\ln(x+\mathrm{e}^y)$.

两端对 x 求偏导数，有

$$\frac{1}{z}\frac{\partial z}{\partial x}=\ln(x+\mathrm{e}^y)+x\cdot\frac{1}{x+\mathrm{e}^y}\cdot 1. \qquad (*)$$

当 $x=1, y=0$ 时，$z=2$. 因此

$$\frac{1}{2}\cdot\left.\frac{\partial z}{\partial x}\right|_{(1,0)}=\ln 2+\frac{1}{2},$$

$$\left.\frac{\partial z}{\partial x}\right|_{(1,0)}=1+2\ln 2.$$

【评注】如果求 $\left.\frac{\partial z}{\partial y}\right|_{(1,0)}$，采取方法 2，则有明显优势.

事实上，由于 $z=(x+\mathrm{e}^y)^x$，因此 $\left.z\right|_{x=1}=1+\mathrm{e}^y$，则

$$\left.\frac{\partial z}{\partial y}\right|_{x=1}=\mathrm{e}^y, \left.\frac{\partial z}{\partial y}\right|_{(1,0)}=1.$$

方法 2 的 $(*)$ 处已经将 e^y 当作常数处理. 如果将 e^y 换为 1，则 z 应换为 $\left.z\right|_{y=0}$.

(2) 复合函数求偏导数的链式法则.

例 8　已知 $z=u^v, u=\ln\sqrt{x^2+y^2}, v=\arctan\frac{y}{x}$，则 $\frac{\partial z}{\partial x}=$（　　）.

(A) $\frac{u^v}{x^2+y^2}\left(\frac{xv}{u}+y\ln u\right)$　　　(B) $\frac{-u^v}{x^2+y^2}\left(\frac{xv}{u}+y\ln u\right)$

(C) $\frac{u^v}{x^2+y^2}\left(\frac{xv}{u}-y\ln u\right)$　　　(D) $\frac{u^v}{x^2+y^2}\left(-\frac{xv}{u}+y\ln u\right)$

(E) $\frac{u^v}{x^2+y^2}\left(\frac{xu}{v}-y\ln u\right)$

【参考答案】C

【解题思路】这是复合函数求偏导数的标准形式，利用链式法则可解，但是遇到对数应考虑能否先利用对数的性质简化运算.

【答案解析】由复合函数求偏导数的链式法则，有

$$\frac{\partial z}{\partial x}=\frac{\partial z}{\partial u}\cdot\frac{\partial u}{\partial x}+\frac{\partial z}{\partial v}\cdot\frac{\partial v}{\partial x},$$

已知

$$z=u^v,u=\ln\sqrt{x^2+y^2}=\frac{1}{2}\ln(x^2+y^2),v=\arctan\frac{y}{x},$$

因此

$$\frac{\partial z}{\partial u}=vu^{v-1},\frac{\partial z}{\partial v}=u^v\ln u,$$

$$\frac{\partial u}{\partial x}=\frac{1}{2}\cdot\frac{1}{x^2+y^2}\cdot 2x=\frac{x}{x^2+y^2},$$

$$\frac{\partial v}{\partial x}=\frac{1}{1+\left(\frac{y}{x}\right)^2}\cdot\left(-\frac{y}{x^2}\right)=-\frac{y}{x^2+y^2}.$$

故

$$\frac{\partial z}{\partial x}=vu^{v-1}\cdot\frac{x}{x^2+y^2}+u^v\ln u\cdot\left(-\frac{y}{x^2+y^2}\right)$$

$$=\frac{u^v}{x^2+y^2}\left(\frac{xv}{u}-y\ln u\right).$$

故选 C.

例 9 设函数 $z=f(u)$，方程 $u=\varphi(u)+\int_y^x p(t)\mathrm{d}t$ 确定 u 是 x,y 的函数，其中 $f(u),\varphi(u)$ 可微，$p(t)$ 连续，且 $\varphi'(u)\neq 1$，则 $p(y)\frac{\partial z}{\partial x}+p(x)\frac{\partial z}{\partial y}=$（　　）.

(A) $p(x)-p(y)$　　(B) $p(x)+p(y)$　　(C) 0

(D) 1　　(E) -1

【参考答案】C

【解题思路】所给问题为综合问题. 考核的知识点为抽象函数求偏导数，隐函数求偏导数，可变限积分求导. 这是复合函数的中间变量只有一个的情形.

【答案解析】由 $z=f(u)$ 可得

$$\frac{\partial z}{\partial x}=f'(u)\frac{\partial u}{\partial x},\frac{\partial z}{\partial y}=f'(u)\frac{\partial u}{\partial y}.$$

（注意：中间变量只有一个时，用导数符号，不用偏导数符号.）

将方程 $u=\varphi(u)+\int_y^x p(t)\mathrm{d}t$ 两端分别对 x,y 求偏导数，有

$$\frac{\partial u}{\partial x}=\varphi'(u)\frac{\partial u}{\partial x}+p(x),$$

$$\frac{\partial u}{\partial y}=\varphi'(u)\frac{\partial u}{\partial y}-p(y).$$

由于 $\varphi'(u)\neq 1$，可得

$$\frac{\partial u}{\partial x}=\frac{p(x)}{1-\varphi'(u)},\frac{\partial u}{\partial y}=\frac{-p(y)}{1-\varphi'(u)},$$

于是

$$p(y)\frac{\partial z}{\partial x}+p(x)\frac{\partial z}{\partial y}=p(y)f'(u)\frac{p(x)}{1-\varphi'(u)}-p(x)f'(u)\frac{p(y)}{1-\varphi'(u)}=0.$$

(3) 全导数.

例 10　设 $u=f(x,y,z)$ 具有连续偏导数，$y=y(x)$，$z=z(x)$ 分别由 $e^{xy}-y=0$ 和 $e^{z}-xz=0$ 确定，则 $\frac{du}{dx}=($　　$)$.

(A) $f'_1-\frac{ye^{xy}}{1-xe^{xy}}f'_2+\frac{z}{z-x}f'_3$

(B) $f'_1-\frac{ye^{xy}}{1-xe^{xy}}f'_2-\frac{z}{e^{z}-x}f'_3$

(C) $f'_1+\frac{ye^{xy}}{1-xe^{xy}}f'_2+\frac{z}{e^{z}-x}f'_3$

(D) $f'_1+\frac{ye^{xy}}{1+xe^{xy}}f'_2-\frac{z}{e^{z}-x}f'_3$

(E) $f'_1-\frac{ze^{xy}}{1-xe^{xy}}f'_2+\frac{y}{z-x}f'_3$

【参考答案】C

【解题思路】本题为“抽象函数＋隐函数＋全导数”的综合题，只需依各类型的基本方法求解.

【答案解析】$u=f(x,y,z)$，而 $y=y(x)$，$z=z(x)$，可知 u 为 x 的一元函数，因此本题求的为全导数

$$\frac{du}{dx}=f'_1+f'_2\cdot y'+f'_3\cdot z',$$

其中 f'_i 为 $f(x,y,z)$ 关于第 i 个位置变量的偏导数，$i=1,2,3$.

将 $e^{xy}-y=0$ 两端关于 x 求导，可得

$$e^{xy}(y+xy')-y'=0,y'=\frac{ye^{xy}}{1-xe^{xy}}.$$

将 $e^{z}-xz=0$ 两端关于 x 求导，可得

$$e^{z}\cdot z'-(z+xz')=0,z'=\frac{z}{e^{z}-x},$$

因此 $\frac{du}{dx}=f'_1+\frac{ye^{xy}}{1-xe^{xy}}f'_2+\frac{z}{e^{z}-x}f'_3$. 故选 C.

(4) 抽象函数求偏导数.

例 11　设 $f(u,v)$ 为可微函数，$z=f[x,f(x,x)]$，则 $\frac{dz}{dx}=($　　$)$.

(A) $f'_1[x,f(x,x)]+f'_2[x,f(x,x)]\cdot[f'_1(x,x)+f'_2(x,x)]$

(B) $f'_1[x,f(x,x)]+2f'_2[x,f(x,x)]\cdot f'_1(x,x)$

(C) $f'_1[x,f(x,x)]+2f'_2[x,f(x,x)]\cdot f'_2(x,x)$

(D) $f'_1[x,f(x,x)]+f'_2[x,f(x,x)]$

(E) $f'_1[x,f(x,x)]\cdot f(x,x)$

【参考答案】A

【解题思路】本题是抽象函数为中间变量的抽象函数，需注意区分函数和中间变量的差异.

【答案解析】记 $f'_i(u,v)$ 为 $f(u,v)$ 对第 i 个位置变量的偏导数，$i=1,2$. 由于 $z=f[x,f(x,x)]$ 只依赖一个变元 x，因此本题为全导数运算.

$$\frac{\mathrm{d}z}{\mathrm{d}x}=f'_1[x,f(x,x)]+f'_2[x,f(x,x)]\cdot[f'_1(x,x)+f'_2(x,x)].$$

故选 A.

【评注】上面运算中 $f'_2[x,f(x,x)]$ 与 $f'_2(x,x)$ 不同，前者的第二个位置变量为 $f(x,x)$，后者的第二个位置变量是 x，且 $f'_1(x,x)$ 与 $f'_2(x,x)$ 也不同，前者表示对第一个位置变量 x 的偏导数，后者表示对第二个位置变量 x 的偏导数. 字母虽然相同，但两者根本不是同类函数，更不相等. 这里运算绝不允许只写 f'_1 或 f'_2，必须将函数每个位置的变元写出来，避免出现错误.

(5) 隐函数求偏导数.

例 12 设有三元方程 $xy-z\ln y+z^2=1$，根据隐函数存在定理，存在点 $(1,1,0)$ 的一个邻域，在此邻域内该方程(　　).

(A) 只能确定一个具有连续偏导数的函数 $z=z(x,y)$

(B) 可确定两个具有连续偏导数的函数 $y=y(x,z)$ 和 $z=z(x,y)$

(C) 可确定两个具有连续偏导数的函数 $x=x(y,z)$ 和 $z=z(x,y)$

(D) 可确定两个具有连续偏导数的函数 $x=x(y,z)$ 和 $y=y(x,z)$

(E) 只能确定一个具有连续偏导数的函数 $y=y(x,z)$

【参考答案】D

【解题思路】本题考查隐函数存在定理的条件与结论. 只需对照隐函数存在定理，检验哪个选项符合定理条件即可.

【答案解析】注意隐函数存在定理的条件：$F(x_0,y_0,z_0)=0$，易见点 $(1,1,0)$ 满足方程. 本题中，

$$F(x,y,z)=xy-z\ln y+z^2-1,$$
$$F'_x(x,y,z)=y,F'_x(1,1,0)=1,$$
$$F'_y(x,y,z)=x-\frac{z}{y},F'_y(1,1,0)=1,$$
$$F'_z(x,y,z)=-\ln y+2z,F'_z(1,1,0)=0,$$

可知在 $(1,1,0)$ 的某邻域内存在具有连续偏导数的函数只有 $x=x(y,z)$ 和 $y=y(x,z)$. 故选 D.

例 13 设 $z=z(x,y)$ 是由方程 $x^2y-z=\varphi(x+y+z)$ 所确定的函数，其中 φ 可导，且 $\varphi'\neq -1$，则 $\frac{\partial z}{\partial x}=$(　　).

(A) $\frac{xy-\varphi'}{1+\varphi'}$　　(B) $\frac{xy+\varphi'}{1+\varphi'}$　　(C) $\frac{2xy-\varphi'}{1+\varphi'}$

(D) $\frac{2xy+\varphi'}{1+\varphi'}$　　(E) $\frac{xy-\varphi'}{1-\varphi'}$

【参考答案】C

【解题思路】本题考核的知识点为隐函数求偏导运算. 对于隐函数求偏导数通常可选两种方法中的任一种方法.

【答案解析】已知方程中包含抽象函数 $\varphi(x+y+z)$，且其中间变量只有一个 $u=x+y+z$.

方法1 利用隐函数求偏导数公式. 令 $F(x,y,z)=x^2y-z-\varphi(x+y+z)$，则

$$F'_x=2xy-\varphi',F'_z=-1-\varphi'.$$

由于 $\varphi'\neq-1$，因此 $\frac{\partial z}{\partial x}=-\frac{F'_x}{F'_z}=\frac{2xy-\varphi'}{1+\varphi'}$. 故选 C.

方法2 将方程两端直接关于 x 求偏导数，有

$$2xy-\frac{\partial z}{\partial x}=\varphi'\cdot\left(1+\frac{\partial z}{\partial x}\right),$$

$$(1+\varphi')\frac{\partial z}{\partial x}=2xy-\varphi'(1+\varphi'\neq 0),$$

$$\frac{\partial z}{\partial x}=\frac{2xy-\varphi'}{1+\varphi'}.$$

故选 C.

(6) 二阶偏导数.

例 14 设 $\frac{x}{z}=\ln\frac{z}{y}$，则 $\frac{\partial^2 z}{\partial x\partial y}=($ $)$.

(A) $\frac{xy^2}{(x+z)^3z}$　(B) $\frac{-yz^2}{(x+z)^3x}$　(C) $\frac{yz^2}{(x+z)^3x}$

(D) $\frac{xz^2}{(x+z)^3y}$　(E) $\frac{xy^2}{(x+z)^3y}$

【参考答案】D

【解题思路】所给问题为求隐函数的二阶偏导数，应注意利用对数性质简化运算.

【答案解析】先将原方程变形为

$$\frac{x}{z}-\ln z+\ln y=0,$$

令 $F(x,y,z)=\frac{x}{z}-\ln z+\ln y$，因此有

$$F'_x=\frac{1}{z},F'_y=\frac{1}{y},F'_z=-\frac{x}{z^2}-\frac{1}{z},$$

$$\frac{\partial z}{\partial x}=-\frac{F'_x}{F'_z}=-\frac{\frac{1}{z}}{-\frac{x}{z^2}-\frac{1}{z}}=\frac{z}{x+z},\tag{*}$$

$$\frac{\partial z}{\partial y}=-\frac{F'_y}{F'_z}=-\frac{\frac{1}{y}}{-\frac{x}{z^2}-\frac{1}{z}}=\frac{z^2}{(x+z)y},$$

由(*)式可得

$$\frac{\partial^2 z}{\partial x\partial y}=\frac{\frac{\partial z}{\partial y}\cdot(x+z)-z\left(0+\frac{\partial z}{\partial y}\right)}{(x+z)^2}=\frac{x\frac{\partial z}{\partial y}}{(x+z)^2}$$
$$=\frac{xz^2}{(x+z)^3y}.$$

故选 D.

例 15 设 $z=f\left(xy,\frac{x}{y}\right)+g\left(\frac{y}{x}\right)$,其中 f 具有二阶连续偏导数,g 具有二阶连续导数,则 $\frac{\partial^2 z}{\partial x\partial y}=($ $)$.

(A) $f'_1+\frac{1}{y^2}f'_2+xyf''_{11}-\frac{x}{y^3}f''_{22}+\frac{1}{x^2}g'-\frac{y}{x^3}g''$

(B) $f'_1+\frac{1}{y^2}f'_2+xyf''_{11}+\frac{x}{y^3}f''_{22}+\frac{1}{x^2}g'+\frac{y}{x^3}g''$

(C) $f'_1-\frac{1}{y^2}f'_2+xyf''_{11}+\frac{x}{y^3}f''_{22}+\frac{1}{x^2}g'+\frac{y}{x^3}g''$

(D) $f'_1-\frac{1}{y^2}f'_2+xyf''_{11}+\frac{x}{y^3}f''_{22}+\frac{1}{x^2}g'-\frac{y}{x^3}g''$

(E) $f'_1-\frac{1}{y^2}f'_2+xyf''_{11}-\frac{x}{y^3}f''_{22}-\frac{1}{x^2}g'-\frac{y}{x^3}g''$

【参考答案】E

【解题思路】对于抽象函数求二阶偏导数引入记号 f'_i,f''_{ij} 往往更简便,当二阶偏导数连续时,应注意混合偏导数与次序无关.

【答案解析】记 f'_i 为 $f(u,v)$ 对第 i 个位置变量的偏导数,$i=1,2$. 请注意 f'_i 与 $f(u,v)$ 变量位置相同,即为 $f'_i(u,v)$. 记 f''_{ij} 为 $f'_i(u,v)$ 对第 j 个位置变量的偏导数,$j=1,2$,则

$$\frac{\partial z}{\partial x}=yf'_1+\frac{1}{y}f'_2-\frac{y}{x^2}g',$$

$$\frac{\partial^2 z}{\partial x\partial y}=f'_1+y\left(xf''_{11}-\frac{x}{y^2}f''_{12}\right)-\frac{1}{y^2}f'_2+\frac{1}{y}\left(xf''_{21}-\frac{x}{y^2}f''_{22}\right)-\frac{1}{x^2}g'-\frac{y}{x^3}g''$$
$$=f'_1-\frac{1}{y^2}f'_2+xyf''_{11}-\frac{x}{y^3}f''_{22}-\frac{1}{x^2}g'-\frac{y}{x^3}g''.$$

故选 E.

【评注】① 抽象函数关于中间变量偏导数的记法对运算难易程度有较大影响.

② 本题运算中混合偏导数 $f''_{21}=f''_{12}$.

题型五 全微分的运算

例 16 设 $u=\left(\frac{x}{y}\right)^z$,则 $\mathrm{d}u\Big|_{(3,2,1)}=($ $)$.

(A) $\frac{1}{2}\mathrm{d}x-\frac{3}{4}\mathrm{d}y+\frac{3}{2}\ln\frac{3}{2}\mathrm{d}z$ (B) $\mathrm{d}x+\frac{3}{4}\mathrm{d}y+\frac{3}{2}\ln\frac{3}{2}\mathrm{d}z$

(C) $\frac{1}{2}dx+dy+\frac{3}{2}\ln\frac{3}{2}dz$　　(D) $\frac{1}{2}dx+\frac{3}{4}dy+\frac{3}{2}dz$

(E) $\frac{1}{2}dx+\frac{3}{4}dy+3dz$

【参考答案】A

【解题思路】三元函数的偏导数运算及微分运算与二元函数相应运算相仿.

【答案解析】所给问题为三元函数的微分运算,其运算与二元函数运算相仿.

$$\frac{\partial u}{\partial x}=z\left(\frac{x}{y}\right)^{z-1}\cdot\frac{1}{y}=\frac{z}{y}\left(\frac{x}{y}\right)^{z-1},$$

$$\frac{\partial u}{\partial y}=z\left(\frac{x}{y}\right)^{z-1}\cdot\left(-\frac{x}{y^2}\right)=-\frac{xz}{y^2}\left(\frac{x}{y}\right)^{z-1},$$

$$\frac{\partial u}{\partial z}=\left(\frac{x}{y}\right)^{z}\ln\frac{x}{y}.$$

由幂指函数的定义可知$\frac{x}{y}>0$,因此上面三个偏导数都为连续函数,可知

$$du=\frac{\partial u}{\partial x}dx+\frac{\partial u}{\partial y}dy+\frac{\partial u}{\partial z}dz.$$

当 $x=3,y=2,z=1$ 时,

$$\left.\frac{\partial u}{\partial x}\right|_{(3,2,1)}=\frac{1}{2},\left.\frac{\partial u}{\partial y}\right|_{(3,2,1)}=-\frac{3}{4},\left.\frac{\partial u}{\partial z}\right|_{(3,2,1)}=\frac{3}{2}\ln\frac{3}{2},$$

因此 $du\Big|_{(3,2,1)}=\frac{1}{2}dx-\frac{3}{4}dy+\frac{3}{2}\ln\frac{3}{2}dz$.

故选 A.

例 17　设函数 $f(x)$ 可微,且 $f'(0)=\frac{1}{2}$,则 $z=f(4x^2-y^2)$ 在点(1,2)处的全微分 $dz\Big|_{(1,2)}=$ (　　).

(A) $4dx-2dy$　　(B) $4dx+2dy$　　(C) $-4dx+2dy$

(D) $4dx-dy$　　(E) $-4dx-dy$

【参考答案】A

【解题思路】所给问题为抽象函数的微分运算,对抽象函数的微分运算可直接依一阶微分形式不变性运算,也可以先求抽象函数的偏导数,再依微分定义运算.

【答案解析】令 $u=4x^2-y^2$,则 $z=f(u)$,于是

$$\begin{aligned}dz&=f'(u)du=f'(4x^2-y^2)d(4x^2-y^2)\\&=f'(4x^2-y^2)\cdot(8xdx-2ydy).\end{aligned}$$

当 $x=1,y=2$ 时,$u=(4x^2-y^2)\Big|_{(1,2)}=0$.

由题设 $f'(0)=\frac{1}{2}$,因此

$$dz\Big|_{(1,2)}=f'(0)(8dx-4dy)=4dx-2dy.$$

故选 A.

例 18 设 $x=\frac{1}{u}+\frac{1}{v},y=\frac{1}{u^2}+\frac{1}{v^2},z=\frac{1}{u^3}+\frac{1}{v^3}+e^x$,则$\frac{\partial z}{\partial y},\frac{\partial z}{\partial v}$分别为(　　).

(A) $\frac{3}{2u}+\frac{u}{2}e^x,\frac{3}{uv^3}-\frac{3}{v^4}+\frac{u-v}{v^3}e^x$

(B) $\left(\frac{1}{2u}+\frac{u}{2}\right)e^x,\frac{3}{uv^3}+\frac{3}{v^4}+\frac{u-v}{v^3}e^x$

(C) $\left(\frac{3}{2u}-\frac{u}{2}\right)e^x,\frac{3}{vu^3}-\frac{3}{v^4}+\frac{u-v}{v^3}e^x$

(D) $\frac{3}{2u}-\frac{u}{2}e^x,\frac{3}{uv^3}-\frac{3}{v^4}-\frac{u-v}{v^3}e^x$

(E) $\frac{3}{2u}-\frac{3u}{2}e^x,\frac{3}{uv^3}-\frac{3}{v^4}+\frac{u-v}{u^3}e^x$

【参考答案】A

【解题思路】本题欲从条件确定自变量、中间变量、函数较为复杂,但从要求的结论可以得知 z 为函数,y,v 为自变量,x,u 为中间变量,此时利用链式法则求偏导数将很困难,利用一阶微分形式不变性将体现出极大优势.

【答案解析】由题意可知 z 为 y 与 v 的函数,x,u 为中间变量,由于复合关系比较复杂,利用一阶微分形式不变性较易理解且简便.

$$dz=-\frac{3}{u^4}du-\frac{3}{v^4}dv+e^x dx, \tag{$*$}$$

$$dx=-\frac{1}{u^2}du-\frac{1}{v^2}dv, \tag{$**$}$$

$$dy=-\frac{2}{u^3}du-\frac{2}{v^3}dv, \tag{$***$}$$

只需将(＊)式中的 dx 与 du 用含有 dy 与 dv 的关系式表示.由(＊＊)式与(＊＊＊)式解得

$$du=-\frac{u^3}{2}\left(dy+\frac{2}{v^3}dv\right),$$

$$dx=\frac{u}{2}dy+\frac{u-v}{v^3}dv,$$

从而可得

$$dz=\left(\frac{3}{2u}+\frac{u}{2}e^x\right)dy+\left(\frac{3}{uv^3}-\frac{3}{v^4}+\frac{u-v}{v^3}e^x\right)dv,$$

进而知

$$\frac{\partial z}{\partial y}=\frac{3}{2u}+\frac{u}{2}e^x,\frac{\partial z}{\partial v}=\frac{3}{uv^3}-\frac{3}{v^4}+\frac{u-v}{v^3}e^x.$$

故选 A.

题型六　极值与最值

(1) 显函数求极值.

例 19 设 $dz_1 = xdx + ydy, dz_2 = ydx + xdy$，则点 $(0,0)$（　　）.

(A) 是 z_1 的极大值点，也是 z_2 的极大值点

(B) 是 z_1 的极小值点，也是 z_2 的极小值点

(C) 是 z_1 的极大值点，也是 z_2 的极小值点

(D) 是 z_1 的极小值点，也是 z_2 的极大值点

(E) 是 z_1 的极小值点，不是 z_2 的极值点

【参考答案】E

【解题思路】需由微分求出偏导数，验证给定点是否为函数的极值点，则问题可解.

【答案解析】由于 $dz_1 = xdx + ydy$，因此 $\frac{\partial z_1}{\partial x} = x, \frac{\partial z_1}{\partial y} = y$，令 $\frac{\partial z_1}{\partial x} = 0, \frac{\partial z_1}{\partial y} = 0$，得 $x = 0$，$y = 0$. 因此点 $(0,0)$ 为 z_1 的唯一驻点.

由 $\frac{\partial^2 z_1}{\partial x^2} = 1, \frac{\partial^2 z_1}{\partial x \partial y} = 0, \frac{\partial^2 z_1}{\partial y^2} = 1$，可得

$$A = \left.\frac{\partial^2 z_1}{\partial x^2}\right|_{(0,0)} = 1, B = \left.\frac{\partial^2 z_1}{\partial x \partial y}\right|_{(0,0)} = 0, C = \left.\frac{\partial^2 z_1}{\partial y^2}\right|_{(0,0)} = 1,$$

$B^2 - AC = -1 < 0, A > 0$，可知点 $(0,0)$ 为 z_1 的极小值点.

又 $dz_2 = ydx + xdy$，可知 $\frac{\partial z_2}{\partial x} = y, \frac{\partial z_2}{\partial y} = x$，令 $\frac{\partial z_2}{\partial x} = 0, \frac{\partial z_2}{\partial y} = 0$，得 $x = 0, y = 0$. 可知点 $(0,0)$ 为 z_2 的唯一驻点.

由 $\frac{\partial^2 z_2}{\partial x^2} = 0, \frac{\partial^2 z_2}{\partial x \partial y} = 1, \frac{\partial^2 z_2}{\partial y^2} = 0$，可得

$$A = \left.\frac{\partial^2 z_2}{\partial x^2}\right|_{(0,0)} = 0, B = \left.\frac{\partial^2 z_2}{\partial x \partial y}\right|_{(0,0)} = 1, C = \left.\frac{\partial^2 z_2}{\partial y^2}\right|_{(0,0)} = 0,$$

$B^2 - AC = 1 > 0$，可知点 $(0,0)$ 不是 z_2 的极值点.

故选 E.

【评注】对于 z_2 也可以用下列方法判定：

由于 $dz_2 = ydx + xdy = d(xy)$，可知 $z_2 = xy + C$，在点 $(0,0)$ 处 $z_2 = C$.

在第一、三象限 $xy > 0$，可知 $z_2(x,y) = xy + C > C$；在第二、四象限 $xy < 0$，可知 $z_2(x,y) = xy + C < C$，因此点 $(0,0)$ 不是 z_2 的极值点.

相仿，对于 z_1，可由 $dz_1 = xdx + ydy = \frac{1}{2}d(x^2 + y^2)$，知 $z_1 = \frac{1}{2}(x^2 + y^2) + C_1$，在点 $(0,0)$ 处 $z_1 = C_1$，在其他点处，$z_1 > C_1$，可知点 $(0,0)$ 为 z_1 的极小值点.

例 20 设 $z = x^4 + y^4 - x^2 - 2xy - y^2$，则（　　）.

(A) 极小值点为 $(-1,-1)$，$(1,1)$

(B) 极大值点为$(-1,-1)$,$(0,0)$;极小值点为$(1,1)$

(C) 极小值点为$(0,0)$,$(1,1)$,$(-1,-1)$

(D) 极小值点为$(-1,-1)$,$(1,1)$;极大值点为$(0,0)$

(E) 极小值点为$(0,0)$;极大值点为$(1,1)$

【参考答案】A

【解题思路】所给问题为标准极值问题,依其解题步骤进行求解.

【答案解析】由于 $z=x^4+y^4-x^2-2xy-y^2$,因此

$$\frac{\partial z}{\partial x}=4x^3-2x-2y,\frac{\partial z}{\partial y}=4y^3-2x-2y,$$

解方程组$\begin{cases}\dfrac{\partial z}{\partial x}=0,\\\dfrac{\partial z}{\partial y}=0,\end{cases}$得$(0,0)$,$(1,1)$,$(-1,-1)$为 z 的三个驻点.

又

$$\frac{\partial^2 z}{\partial x^2}=12x^2-2,\frac{\partial^2 z}{\partial x\partial y}=-2,\frac{\partial^2 z}{\partial y^2}=12y^2-2.$$

在点$(1,1)$处,

$$A=\left.\frac{\partial^2 z}{\partial x^2}\right|_{(1,1)}=10,B=\left.\frac{\partial^2 z}{\partial x\partial y}\right|_{(1,1)}=-2,C=\left.\frac{\partial^2 z}{\partial y^2}\right|_{(1,1)}=10,$$

$B^2-AC<0$,$A>0$,可知点$(1,1)$为 z 的极小值点;

在点$(-1,-1)$处,

$$A=\left.\frac{\partial^2 z}{\partial x^2}\right|_{(-1,-1)}=10,B=\left.\frac{\partial^2 z}{\partial x\partial y}\right|_{(-1,-1)}=-2,C=\left.\frac{\partial^2 z}{\partial y^2}\right|_{(-1,-1)}=10,$$

$B^2-AC<0$,$A>0$,可知点$(-1,-1)$为 z 的极小值点;

在点$(0,0)$处,

$$A=\left.\frac{\partial^2 z}{\partial x^2}\right|_{(0,0)}=-2,B=\left.\frac{\partial^2 z}{\partial x\partial y}\right|_{(0,0)}=-2,C=\left.\frac{\partial^2 z}{\partial y^2}\right|_{(0,0)}=-2,$$

$B^2-AC=0$,极值的二阶充分条件失效.

在点(x,y)沿 $y=-x$ 趋近于点$(0,0)$时,有

$$z=x^4+(-x)^4-x^2-2x(-x)-(-x)^2=2x^4>0;$$

在点(x,y)沿 $y=0$ 趋近于点$(0,0)$时,有

$$z=x^4+0-x^2-0-0=x^4-x^2,$$

当 $|x|<1$ 时,总有 $z<0$. 从而知点$(0,0)$不是 z 的极值点. 故选 A.

【评注】二元函数极值的充分条件中,在驻点处 $B^2-AC\neq 0$ 时,可以直接判定驻点是否为极值点,当 $B^2-AC=0$ 时,可考虑用极值的定义来考查.

(2) 抽象函数求极值.

例 21 已知函数 $f(x,y)$ 在点$(0,0)$的某个邻域内连续,且

$$\lim_{(x,y)\to(0,0)}\frac{f(x,y)}{(x^2+y^2)^2}=-2,$$

则(　　).

(A) $f(0,0)\neq 0$

(B) 点 $(0,0)$ 不是 $f(x,y)$ 的驻点

(C) 点 $(0,0)$ 是 $f(x,y)$ 的驻点,且为 $f(x,y)$ 的极大值点

(D) 点 $(0,0)$ 是 $f(x,y)$ 的驻点,且为 $f(x,y)$ 的极小值点

(E) 点 $(0,0)$ 是 $f(x,y)$ 的驻点,但不是 $f(x,y)$ 的极值点

【参考答案】C

【解题思路】由选项可知,应依所给极限考查 $f(0,0)$,$f'_x(0,0)$,$f'_y(0,0)$ 及 $(0,0)$ 是否满足 $f(x,y)$ 的极值点的充分条件.

【答案解析】由于函数 $f(x,y)$ 在点 $(0,0)$ 的某个邻域内连续,且 $\lim\limits_{(x,y)\to(0,0)}\dfrac{f(x,y)}{(x^2+y^2)^2}=-2$,极限存在,表达式为分式,分母极限为零,因此分子的极限必定为零,即

$$\lim_{(x,y)\to(0,0)}f(x,y)=0=f(0,0).$$

由于极限存在,从而当 (x,y) 沿任意一条路径趋近于 $(0,0)$ 时,相应分式也必定存在极限,特别地,

$$\lim_{\substack{(x,y)\to(0,0)\\ y=0}}\frac{f(x,0)}{(x^2+0)^2}=-2,$$

因此 $\lim\limits_{(x,0)\to(0,0)}\dfrac{f(x,0)-f(0,0)}{x}\cdot\dfrac{x}{x^4}=-2.$

由于上式中第二个因式 $\to\infty$,因此 $\lim\limits_{(x,0)\to(0,0)}\dfrac{f(x,0)-f(0,0)}{x}=0$,即 $f'_x(0,0)=0$. 同理可得 $f'_y(0,0)=0$,亦即点 $(0,0)$ 为 $f(x,y)$ 的驻点.

由二元函数极限基本定理可知 $\dfrac{f(x,y)}{(x^2+y^2)^2}=-2+\alpha$,其中 α 满足 $\lim\limits_{(x,y)\to(0,0)}\alpha=0$,从而

$$f(x,y)=-2(x^2+y^2)^2+\alpha(x^2+y^2)^2.$$

在点 $(0,0)$ 的足够小的邻域内,上式右端的符号取决于第一项 $-2(x^2+y^2)^2$,为负,可知 $f(0,0)$ 为 $f(x,y)$ 的极大值.

故选 C.

【评注】① 如果将题目换为 $f(x,y)$ 在点 $(0,0)$ 的某个邻域内连续,且

$$\lim_{(x,y)\to(0,0)}\frac{f(x,y)}{(x^2+y^2)^2}=2,$$

可仿照上面演算推导出 $f(0,0)=0$,$f'_x(0,0)=0$,$f'_y(0,0)=0$,点 $(0,0)$ 为 $f(x,y)$ 的极小值点.

② 如果题目换为 $f(x,y)$ 在点 $(0,0)$ 的某个邻域内连续,且

$$\lim_{(x,y)\to(0,0)}\frac{f(x,y)-xy}{(x^2+y^2)^2}=-2,$$

则仿照上面演算可推导出 $f(0,0)=0$,$f'_x(0,0)=0$,$f'_y(0,0)=0$,点 $(0,0)$ 不为 $f(x,y)$ 的极值点.

(3) 隐函数求极值.

例 22　设 $z=z(x,y)$ 是由 $x^2-6xy+10y^2-2yz-z^2+18=0$ 确定的函数，则 $z=z(x,y)$(　　).

(A) 极小值点为(9,3)，极小值为 3；没有极大值

(B) 极大值点为(−9，−3)，极大值为 −3；没有极小值

(C) 极小值点为(−9，−3)，极小值为 −3；没有极大值

(D) 极大值点为(9,3)，极大值为 3；极小值点为(−9，−3)，极小值为 −3

(E) 极小值点为(9,3)，极小值为 3；极大值点为(−9，−3)，极大值为 −3

【参考答案】E

【解题思路】所给问题为隐函数求极值问题，其求解方法与显函数相应问题的求解方法相同，只需先求出驻点，再利用极值的充分条件判定.

【答案解析】因为 $z=z(x,y)$ 由方程

$$x^2-6xy+10y^2-2yz-z^2+18=0$$

确定，将方程两端分别关于 x 和 y 求偏导数，可得

$$\begin{cases}2x-6y-2y\dfrac{\partial z}{\partial x}-2z\dfrac{\partial z}{\partial x}=0, & ①\\ -6x+20y-2z-2y\dfrac{\partial z}{\partial y}-2z\dfrac{\partial z}{\partial y}=0, & ②\end{cases}$$

令 $\dfrac{\partial z}{\partial x}=0,\dfrac{\partial z}{\partial y}=0$，可得

$$\begin{cases}x-3y=0,\\ -3x+10y-z=0,\end{cases}$$

解得 $\begin{cases}x=3y,\\ z=y.\end{cases}$

将上式代入原方程可解得

$$\begin{cases}x=9,\\ y=3,\\ z=3\end{cases}\text{或}\begin{cases}x=-9,\\ y=-3,\\ z=-3.\end{cases}$$

将 ① 式两端分别关于 x,y 求偏导数，将 ② 式两端关于 y 求偏导数，可得

$$\begin{cases}2-2y\dfrac{\partial^2 z}{\partial x^2}-2\left(\dfrac{\partial z}{\partial x}\right)^2-2z\dfrac{\partial^2 z}{\partial x^2}=0, & ③\\ -6-2\dfrac{\partial z}{\partial x}-2y\dfrac{\partial^2 z}{\partial x\partial y}-2\dfrac{\partial z}{\partial y}\cdot\dfrac{\partial z}{\partial x}-2z\dfrac{\partial^2 z}{\partial x\partial y}=0, & ④\\ 20-2\dfrac{\partial z}{\partial y}-2\dfrac{\partial z}{\partial y}-2y\dfrac{\partial^2 z}{\partial y^2}-2\left(\dfrac{\partial z}{\partial y}\right)^2-2z\dfrac{\partial^2 z}{\partial y^2}=0. & ⑤\end{cases}$$

当 $x=9,y=3,z=3$ 时，$\frac{\partial z}{\partial x}=0,\frac{\partial z}{\partial y}=0$，代入 ③，④，⑤ 式可得

$$A=\left.\frac{\partial^2 z}{\partial x^2}\right|_{(9,3)}=\frac{1}{6},B=\left.\frac{\partial^2 z}{\partial x\partial y}\right|_{(9,3)}=-\frac{1}{2},C=\left.\frac{\partial^2 z}{\partial y^2}\right|_{(9,3)}=\frac{5}{3}.$$

可知 $B^2-AC=-\frac{1}{36}<0,A=\frac{1}{6}>0$，从而知点 $(9,3)$ 为 z 的极小值点，$z=3$ 为极小值.

类似地，将 $x=-9,y=-3,z=-3$ 代入 ③，④，⑤ 式可得

$$A=\left.\frac{\partial^2 z}{\partial x^2}\right|_{(-9,-3)}=-\frac{1}{6},B=\left.\frac{\partial^2 z}{\partial x\partial y}\right|_{(-9,-3)}=\frac{1}{2},C=\left.\frac{\partial^2 z}{\partial y^2}\right|_{(-9,-3)}=-\frac{5}{3}.$$

$B^2-AC=-\frac{1}{36}<0,A=-\frac{1}{6}<0$，故点 $(-9,-3)$ 为 z 的极大值点，$z=-3$ 为极大值.

故选 E.

(4) 条件极值.

例 23 设 $f(x,y)$ 与 $\varphi(x,y)$ 均为可微函数，且 $\varphi'_y(x,y)\neq 0$，已知点 (x_0,y_0) 是 $f(x,y)$ 在约束条件 $\varphi(x,y)=0$ 下的一个极值点，则下列选项正确的是（　　）.

(A) 若 $f'_x(x_0,y_0)=0$，则 $f'_y(x_0,y_0)=0$

(B) 若 $f'_x(x_0,y_0)=0$，则 $f'_y(x_0,y_0)\neq 0$

(C) 若 $f'_x(x_0,y_0)\neq 0$，则 $f'_y(x_0,y_0)=0$

(D) 若 $f'_x(x_0,y_0)\neq 0$，则 $f'_y(x_0,y_0)\neq 0$

(E) $f'_x(x_0,y_0)$ 与 $f'_y(x_0,y_0)$ 的值无关

【参考答案】D

【解题思路】本题为抽象函数的条件极值问题，应由极值的必要条件才有可能导出 f'_x 与 f'_y 的关系.

【答案解析】由于 $\varphi(x,y)$ 可微，且 $\varphi'_y(x,y)\neq 0$，由隐函数存在定理可知由 $\varphi(x,y)=0$ 可以确定可导函数 $y=y(x)$. 因此求 $f(x,y)$ 在条件 $\varphi(x,y)=0$ 下的极值等价于求 $f[x,y(x)]$ 的极值. 由题设可知点 (x_0,y_0) 为 $f[x,y(x)]$ 的极值点，由于 $f[x,y(x)]$ 可微，因此必定有

$$\frac{\mathrm{d}f[x,y(x)]}{\mathrm{d}x}=f'_x[x,y(x)]+f'_y[x,y(x)]\cdot y'(x),$$

又由隐函数求导公式有

$$y'(x)=-\frac{\varphi'_x(x,y)}{\varphi'_y(x,y)},$$

从而

$$\frac{\mathrm{d}f[x,y(x)]}{\mathrm{d}x}=f'_x[x,y(x)]+f'_y[x,y(x)]\cdot\left[-\frac{\varphi'_x(x,y)}{\varphi'_y(x,y)}\right],$$

因此有

$$f'_x(x_0,y_0)-f'_y(x_0,y_0)\cdot\frac{\varphi'_x(x_0,y_0)}{\varphi'_y(x_0,y_0)}=0.$$

可知若 $f'_x(x_0,y_0)\neq 0$，必有 $f'_y(x_0,y_0)\neq 0$.

故选 D.

例 24 函数 $u=x^2+y^2+z^2$ 在约束条件 $z=x^2+y^2$ 和 $x+y+z=4$ 下的最大值和最小值分别为（ ）.

(A) 最小值为 72，最小值点为 $(-2,-2,8)$；没有最大值

(B) 最大值为 6，最大值点为 $(1,1,2)$；没有最小值

(C) 最小值为 6，最小值点为 $(1,1,2)$；没有最大值

(D) 最大值为 72，最大值点为 $(-2,-2,8)$；没有最小值

(E) 最大值为 72，最大值点为 $(-2,-2,8)$；最小值为 6，最小值点为 $(1,1,2)$

【参考答案】E

【解题思路】对于自变量多于两个、约束条件多于一个的条件极值，与依赖一个约束条件的二元函数的条件极值问题相仿，构造拉格朗日函数求解.

【答案解析】本题考核的知识点为条件极值，三元函数在两个约束条件下的极值. 为此构造拉格朗日函数

$$L(x,y,z,\lambda,\mu)=x^2+y^2+z^2+\lambda(x^2+y^2-z)+\mu(x+y+z-4).$$

令
$$\begin{cases}L'_x=2x+2\lambda x+\mu=0,\\ L'_y=2y+2\lambda y+\mu=0,\\ L'_z=2z-\lambda+\mu=0,\\ L'_\lambda=x^2+y^2-z=0,\\ L'_\mu=x+y+z-4=0,\end{cases}$$

解方程组得

$$(x_1,y_1,z_1)=(1,1,2),(x_2,y_2,z_2)=(-2,-2,8),$$

此时 $u(1,1,2)=6$，$u(-2,-2,8)=72$，可知所求 u 的最大值为 72，最大值点为 $(-2,-2,8)$；最小值为 6，最小值点为 $(1,1,2)$.

故选 E.

(5) 多元函数在经济学中的应用.

例 25 某公司可通过电台及报纸两种方式做销售某种商品的广告. 根据统计资料，销售收入 R（万元）与电台广告费用 x_1（万元）及报纸广告费用 x_2（万元）之间的关系有如下经验公式：

$$R=15+14x_1+32x_2-8x_1x_2-2x_1^2-10x_2^2,$$

则 ① 在广告费用不限的情况下与 ② 若提供广告费用为 1.5 万元两种情形下，相应的最优广告策略分别为（ ）.

(A) ① $x_1=0.5$，$x_2=1$；② $x_1=0.75$，$x_2=0.75$

(B) ① $x_1=0.75$，$x_2=1.25$；② $x_1=1.5$，$x_2=0$

(C) ① $x_1=1$，$x_2=1$；② $x_1=0.5$，$x_2=1$

(D)①$x_1 = 0.75, x_2 = 1.25$;②$x_1 = 0, x_2 = 1.5$

(E)①$x_1 = 0.5, x_2 = 1$;②$x_1 = 1, x_2 = 0.5$

【参考答案】D

【解题思路】经济问题的最优问题实质就是多元函数的极值问题.

【答案解析】所谓最优广告策略,是指该公司销售商品能获得最大利润,其中①在广告费用不限的情况下求最优广告策略为无约束极值问题;②在限定广告费用的情况下求最优策略为条件极值问题.

①在广告费用不限的情况下,利润函数为

$$\begin{aligned} L &= R-(x_1+x_2) \\ &= 15+14x_1+32x_2-8x_1x_2-2x_1^2-10x_2^2-(x_1+x_2) \\ &= 15+13x_1+31x_2-8x_1x_2-2x_1^2-10x_2^2, \end{aligned}$$

则

$$\frac{\partial L}{\partial x_1}=-4x_1-8x_2+13, \frac{\partial L}{\partial x_2}=-8x_1-20x_2+31,$$

令$\begin{cases} \dfrac{\partial L}{\partial x_1}=0, \\ \dfrac{\partial L}{\partial x_2}=0, \end{cases}$可解得 $x_1 = 0.75, x_2 = 1.25$.

由于

$$\frac{\partial^2 L}{\partial x_1^2}=-4, \frac{\partial^2 L}{\partial x_1 \partial x_2}=-8, \frac{\partial^2 L}{\partial x_2^2}=-20,$$

因此 $A=\left.\dfrac{\partial^2 L}{\partial x_1^2}\right|_{(0.75,1.25)}=-4, B=\left.\dfrac{\partial^2 L}{\partial x_1 \partial x_2}\right|_{(0.75,1.25)}=-8, C=\left.\dfrac{\partial^2 L}{\partial x_2^2}\right|_{(0.75,1.25)}=-20.$

$B^2-AC=-16<0, A=-4<0$,利润函数 L 在$(0.75,1.25)$处取得极大值,由于驻点唯一,实际问题存在最大值,因此极大值也是最大值,即当电台广告费用为 0.75 万元,报纸广告费用为 1.25 万元时能获得最大利润.

②若提供的广告费用为 1.5 万元,则利润函数为

$$L=15+13x_1+31x_2-8x_1x_2-2x_1^2-10x_2^2,$$

问题为求 L 在条件 $x_1+x_2=1.5$ 下的极大值,即为条件极值,为此构造拉格朗日函数

$$F(x_1,x_2,\lambda)=15+13x_1+31x_2-8x_1x_2-2x_1^2-10x_2^2+\lambda(x_1+x_2-1.5),$$

令

$$\begin{cases} \dfrac{\partial F}{\partial x_1}=-4x_1-8x_2+13+\lambda=0, \\ \dfrac{\partial F}{\partial x_2}=-8x_1-20x_2+31+\lambda=0, \\ \dfrac{\partial F}{\partial \lambda}=x_1+x_2-1.5=0, \end{cases}$$

解得$\begin{cases} x_1=0, \\ x_2=1.5, \end{cases}$即将广告费用 1.5 万元全部用于报纸,可使利润最大.

故选 D.

四、综合练习题

1　二元函数 $f(x,y)$ 的下面五条结论：

①$f(x,y)$ 在点(x_0,y_0)处有极限；

②$f(x,y)$ 在点(x_0,y_0)处连续；

③$f(x,y)$ 在点(x_0,y_0)处的两个偏导数连续；

④$f(x,y)$ 在点(x_0,y_0)处可微；

⑤$f(x,y)$ 在点(x_0,y_0)处的两个偏导数存在.

若用"$P\Rightarrow Q$"表示可由结论 P 推出结论 Q，则有（　　）.

(A)③⇒④⇒⑤　　(B)⑤⇒②⇒①　　(C)⑤⇒④⇒②

(D)④⇒③⇒②　　(E)④⇒②⇒⑤

2　已知 $f(x,y)=\mathrm{e}^{\sqrt{x^4+y^2}}$，则（　　）.

(A)$f'_x(0,0)$，$f'_y(0,0)$ 都存在

(B)$f'_x(0,0)$ 存在，$f'_y(0,0)$ 不存在

(C)$f'_x(0,0)$ 不存在，$f'_y(0,0)$ 存在

(D)$f'_x(0,0)$，$f'_y(0,0)$ 都不存在

(E)$f(x,y)$ 在$(0,0)$处不连续

3　设 $z=f(x,y)$ 为连续函数，且 $\lim\limits_{\substack{x\to 0\\ y\to 1}}\dfrac{f(x,y)-2x+y-2}{\sqrt{x^2+(y-1)^2}}=0$，则 $\mathrm{d}z\Big|_{(0,1)}=$（　　）.

(A)$\mathrm{d}x-2\mathrm{d}y$　　(B)$\mathrm{d}x+2\mathrm{d}y$　　(C)$2\mathrm{d}x+\mathrm{d}y$

(D)$-2\mathrm{d}x+\mathrm{d}y$　　(E)$2\mathrm{d}x-\mathrm{d}y$

4　设函数 $z=f\left(\dfrac{y}{x},\dfrac{x}{y}\right)$具有连续偏导数，则 $x\dfrac{\partial z}{\partial x}-y\dfrac{\partial z}{\partial y}=$（　　）.

(A)$2\left(\dfrac{y}{x}f'_1+\dfrac{x}{y}f'_2\right)$　　(B)$2\left(\dfrac{y}{x}f'_1-\dfrac{x}{y}f'_2\right)$

(C)$-2\left(\dfrac{y}{x}f'_1+\dfrac{x}{y}f'_2\right)$　　(D)$-2\left(\dfrac{y}{x}f'_1-\dfrac{x}{y}f'_2\right)$

(E)$\dfrac{y}{x}f'_1-\dfrac{x}{y}f'_2$

5　设 $z=xyf\left(\dfrac{x}{y}\right)$，其中 $f(u)$ 可导，则 $x\dfrac{\partial z}{\partial x}+y\dfrac{\partial z}{\partial y}=$（　　）.

(A)$xyf\left(\dfrac{x}{y}\right)$　　(B)$-xyf\left(\dfrac{x}{y}\right)$　　(C)$2xyf\left(\dfrac{x}{y}\right)$

(D)$-2xyf\left(\dfrac{x}{y}\right)$　　(E)$\dfrac{1}{2}xyf\left(\dfrac{x}{y}\right)$

6 设函数$z=\left(e+\frac{y}{x}\right)^{\frac{y}{x}}$，则$dz\Big|_{(1,1)}=$（　　）.

(A)$[1+(e+1)\ln(e+1)](dx-dy)$

(B)$-[1+(e+1)\ln(e+1)](dx-dy)$

(C)$[1+(e+1)\ln(e+1)](dx+dy)$

(D)$-[1+(e+1)\ln(e+1)](dx+dy)$

(E)$[1-(e+1)\ln(e+1)](dx-dy)$

7 设$z=e^{\cos x}-2f(x-2y)$，其中$f(u)$可导，且当$y=0$时，$z=x^2$，则$\frac{\partial z}{\partial y}=$（　　）.

(A)$2e^{\cos(x-2y)}\sin(x-2y)-4(x-2y)$

(B)$-2e^{\cos(x-2y)}\sin(x-2y)+4(x-2y)$

(C)$-2e^{\cos(x-2y)}\sin(x-2y)-4(x-2y)$

(D)$2e^{\cos(x-2y)}\sin(x-2y)+4(x-2y)$

(E)$e^{\cos(x-2y)}\sin(x-2y)-2(x-2y)$

8 设$f(u)$为可导函数，且$f(u)\neq 0$. 若$z=\frac{y}{f(x^2-y^2)}$，则$\frac{1}{x}\frac{\partial z}{\partial x}+\frac{1}{y}\frac{\partial z}{\partial y}=$（　　）.

(A) $\frac{z}{x^2}$　　(B) $\frac{z}{y^2}$　　(C) $-\frac{z}{x^2}$　　(D) $-\frac{z}{y^2}$　　(E) $\frac{x}{z}$

9 设$u=\frac{xy}{z}\ln x+x\varphi\left(\frac{y}{x},\frac{x}{y}\right)$，其中$\varphi(s,t)$具有连续的偏导数，则$x\frac{\partial u}{\partial x}+y\frac{\partial u}{\partial y}+z\frac{\partial u}{\partial z}=$（　　）.

(A)$u+\frac{x}{z}$　　(B)$u-\frac{x}{z}$　　(C)$u+\frac{y}{z}$　　(D)$u-\frac{y}{z}$　　(E)$u+\frac{xy}{z}$

10 设$z=z(x,y)$由方程$z^2y-xz^3=1$确定，则$dz=$（　　）.

(A) $\frac{z}{2y-3xz}(zdx-dy)$　　(B) $\frac{z}{2y-3xz}(zdx+dy)$

(C) $\frac{z}{2y+3z}(zdx-dy)$　　(D) $\frac{z}{2y+3xz}(zdx+dy)$

(E) $\frac{y}{2y-3xz}(zdx-dy)$

11 设$f(x,y)=\int_0^{xy}e^{-t^2}dt$，则$\frac{x}{y}\cdot\frac{\partial^2 f}{\partial x^2}-2\cdot\frac{\partial^2 f}{\partial x\partial y}+\frac{y}{x}\cdot\frac{\partial^2 f}{\partial y^2}=$（　　）.

(A)$2e^{x^2y^2}$　　(B)$-2e^{x^2y^2}$　　(C)$2e^{-x^2y^2}$　　(D)$-2e^{-x^2y^2}$　　(E)$e^{-x^2y^2}$

12 设$u=f(x,y,z)$，其中f具有连续偏导数，$y=y(x)$，$z=z(x)$分别由$e^{xy}-xy=2$和$e^x=\int_0^{x-z}\frac{\sin t}{t}dt$确定，则$\frac{du}{dx}=$（　　）.

(A) $\frac{\partial f}{\partial x}-\frac{y}{x}\frac{\partial f}{\partial y}+\left[1-\frac{e^x(x-z)}{\sin(x-z)}\right]\frac{\partial f}{\partial z}$

(B) $\frac{\partial f}{\partial x}+\frac{y}{x}\frac{\partial f}{\partial y}+\left[1-\frac{e^x(x-z)}{\sin(x-z)}\right]\frac{\partial f}{\partial z}$

(C) $\frac{\partial f}{\partial x}+\frac{x}{y}\frac{\partial f}{\partial y}+\left[1-\frac{e^x(x-z)}{\sin(x-z)}\right]\frac{\partial f}{\partial z}$

(D) $\frac{\partial f}{\partial x}-\frac{x}{y}\frac{\partial f}{\partial y}+\left[1-\frac{e^x(x-z)}{\sin(x-z)}\right]\frac{\partial f}{\partial z}$

(E) $\frac{\partial f}{\partial x}-\frac{y}{x}\frac{\partial f}{\partial y}-\left[1-\frac{e^x(x-z)}{\sin(x-z)}\right]\frac{\partial f}{\partial z}$

13 设 $z=z(x,y)$ 由方程 $x^2+y^2+z^2-4z=10$ 确定,则$\frac{\partial^2 z}{\partial x^2}=$(　　).

(A) $\frac{(2-z)^2-x^2}{(2-z)^3}$　(B) $\frac{(2-z)^2+y^2}{(2-z)^3}$　(C) $\frac{(2-z)^2+x^2}{(2-z)^3}$

(D) $\frac{(2-z)^2-y^2}{(2-z)^3}$　(E) $\frac{-(2-z)^2+x^2}{(2-z)^3}$

14 设 $z=\cos(xy)+\varphi\left(y,\frac{y}{x}\right)$,其中 $\varphi(u,v)$ 具有一阶连续偏导数,则$\frac{\partial z}{\partial x}=$(　　).

(A) $-y\left[\sin(xy)+\frac{1}{x^2}\varphi_2'\right]$　(B) $y\left[\sin(xy)+\frac{1}{x^2}\varphi_2'\right]$

(C) $-y\left[\sin(xy)-\frac{1}{x^2}\varphi_2'\right]$　(D) $y\left[\sin(xy)-\frac{1}{x^2}\varphi_2'\right]$

(E) $-y\left[\sin(xy)+\frac{1}{x}\varphi_2'\right]$

15 设 $z=f[xy,f(x,y)]$,其中 $f(u,v)$ 具有连续偏导数,则$\frac{\partial z}{\partial x}=$(　　).

(A) $f_1'[xy,f(x,y)]\cdot y-f_2'[xy,f(x,y)]\cdot f_1'(x,y)$

(B) $f_1'[xy,f(x,y)]\cdot y-f_2'[xy,f(x,y)]\cdot f_2'(x,y)$

(C) $f_1'[xy,f(x,y)]+f_2'[xy,f(x,y)]$

(D) $f_1'[xy,f(x,y)]\cdot y+f_2'[xy,f(x,y)]\cdot f_2'(x,y)$

(E) $f_1'[xy,f(x,y)]\cdot y+f_2'[xy,f(x,y)]\cdot f_1'(x,y)$

16 设二元函数 $f(x,y)=y^2(2+x^2)+x\ln x$,则 $f(x,y)$(　　).

(A) 不存在极值点　(B) 有极大值点$\left(\frac{1}{e},0\right)$,极大值为$\frac{1}{e}$

(C) 有极小值点$\left(\frac{1}{e},0\right)$,极小值为$-\frac{1}{e}$　(D) 有极小值点$(e,0)$,极小值为$-\frac{1}{e}$

(E) 有极大值点$(e,0)$,极大值为$\frac{1}{e}$

17 已知函数 $f(u,v)$ 具有二阶连续偏导数,$f(1,1)=2$ 是 $f(u,v)$ 的极值,$z=f[x+y,f(x,y)]$,则$\left.\frac{\partial^2 z}{\partial x\partial y}\right|_{(1,1)}=$(　　).

(A) $f_{11}''(2,2)+f_2'(2,2)\cdot f_{22}''(1,1)$　(B) $f_{11}''(2,2)+f_2'(2,2)\cdot f_{12}''(1,1)$

(C) $f''_{11}(2,2)-f'_2(2,2)\cdot f''_{22}(1,1)$　　(D) $f''_{11}(2,2)-f'_2(2,2)\cdot f''_{12}(1,1)$

(E) $f''_{11}(2,2)+f'_2(1,1)\cdot f''_{22}(2,2)$

18　设 $z_1=|x+y|$，$dz_2=(3x^2+6x)dx-(3y^2-6y)dy$，则点 $(0,0)$（　　）.

(A) 不是 z_1 的极值点，也不是 z_2 的极值点

(B) 是 z_1 的极大值点，也是 z_2 的极大值点

(C) 是 z_1 的极大值点，是 z_2 的极小值点

(D) 是 z_1 的极小值点，是 z_2 的极大值点

(E) 是 z_1 的极小值点，也是 z_2 的极小值点

19　某工厂生产甲种产品 x(百个) 和乙种产品 y(百个) 的总成本函数 $C=x^2+2xy+y^2+100$(万元). 甲、乙两种产品的需求函数分别为 $x=26-p_{甲}$，$y=10-\frac{1}{4}p_{乙}$，其中 $p_{甲}$，$p_{乙}$ 分别为产品甲与产品乙相应的售价(万元 / 百个)，则工厂获得最大利润时，x，y 分别为（　　）.

(A)4;4　(B)3;5　(C)4;5　(D)5;4　(E)5;3

20　某工厂生产两种产品个数分别为 x 和 y，总成本 $C=800+34x+70y$，总收益 $R=134x+150y-2x^2-2xy-y^2$. 在限定两种产品个数之和为 30 的条件下，该工厂取得最大利润时，x 和 y 的值分别为（　　）.

(A)15;15　(B)20;10　(C)10;20　(D)12;18　(E)18;12

五、综合练习题参考答案

1　【参考答案】A

【解题思路】需依考点精讲的 3 中微分、偏导数、连续、极限之间的关系判定.

【答案解析】由可微的充分条件可知有 ③⇒④；由可微的必要条件知有 ④⇒⑤，④⇒②，因此有 ③⇒④⇒⑤. 故选 A.

2　【参考答案】B

【解题思路】应依连续性定义及左、右偏导数定义来判定.

【答案解析】$f(x,y)=e^{\sqrt{x^4+y^2}}$ 的定义域为 $-\infty<x<+\infty$，$-\infty<y<+\infty$，即整个 xOy 坐标平面. 点 $(0,0)$ 处 $f(x,y)$ 有定义，$f(x,y)$ 为二元初等函数，$(0,0)$ 为 $f(x,y)$ 定义区域内的点，因此 $(0,0)$ 为 $f(x,y)$ 的连续点，可知 E 不正确.

$$\lim_{\substack{x\to0\\y\to0}}f(x,y)=\lim_{\substack{x\to0\\y\to0}}e^{\sqrt{x^4+y^2}}=e^{\sqrt{0^4+0^2}}=e^0=1=f(0,0),$$

$$\lim_{x\to0}\frac{f(x,0)-f(0,0)}{x}=\lim_{x\to0}\frac{e^{\sqrt{x^4}}-1}{x}=\lim_{x\to0}\frac{e^{x^2}-1}{x}=\lim_{x\to0}\frac{x^2}{x}=0=f'_x(0,0).$$

而
$$\lim_{y\to0}\frac{f(0,y)-f(0,0)}{y}=\lim_{y\to0}\frac{e^{\sqrt{y^2}}-1}{y}=\lim_{y\to0}\frac{e^{|y|}-1}{y}=\lim_{y\to0}\frac{|y|}{y}$$

不存在，可知 $f'_y(0,0)$ 不存在.

故选 B.

3 【参考答案】E

【解题思路】题设条件为极限存在，欲求微分在给定点的值，应先由微分定义考查微分是否存在.

【答案解析】由于所给分式的极限存在，其分母的极限为零，可知其分子的极限必定为零，即

$$\lim_{\substack{x\to 0\\ y\to 1}}[f(x,y)-2x+y-2]=f(0,1)-1=0,$$

$$f(0,1)=1.$$

记 $P_0(0,1)$，$P[0+x,1+(y-1)]=P(x,y)$，则

$$\Delta z=f(P)-f(P_0)=f(x,y)-f(0,1),$$

$$\rho=\sqrt{x^2+(y-1)^2},$$

则所给极限可写为

$$\lim_{\substack{x\to 0\\ y-1\to 0}}\frac{f(x,y)-2x+(y-1)-1}{\sqrt{x^2+(y-1)^2}}=\lim_{\substack{x\to 0\\ y-1\to 0}}\frac{\Delta z-2x+(y-1)}{\rho}=0,$$

对照 $\lim\limits_{\rho\to 0}\dfrac{\Delta z-\mathrm{d}z}{\rho}=0$，可知 $-2x+(y-1)=-2\Delta x+\Delta y=-(2\Delta x-\Delta y)=-\mathrm{d}z$，由全微分定义知 $\mathrm{d}z\Big|_{(0,1)}=2\mathrm{d}x-\mathrm{d}y$.

故选 E.

4 【参考答案】D

【解题思路】这是偏导数运算的基本题目，只需依复合函数求偏导数的链式法则求解.

已知 $z=f\left(\dfrac{y}{x},\dfrac{x}{y}\right)$，可采用三种方法直接求 $\dfrac{\partial z}{\partial x},\dfrac{\partial z}{\partial y}$. 一是引入中间变量，令 $u=\dfrac{y}{x}$，$v=\dfrac{x}{y}$，则 $z=f(u,v)$；二是利用 f'_i 表示 f 对第 i 个位置变量的偏导数来求 $\dfrac{\partial z}{\partial x},\dfrac{\partial z}{\partial y}$，$i=1,2$；三是直接求微分，然后将 $\mathrm{d}x,\mathrm{d}y$ 的系数分别取为 $\dfrac{\partial z}{\partial x},\dfrac{\partial z}{\partial y}$. 由于选项为 f'_i 的形式，因此采用第二种方法求解.

【答案解析】这里引入 f'_i 表示 f 对第 i 个位置变量的偏导数，$i=1,2$.

$$\frac{\partial z}{\partial x}=f'_1\cdot\left(\frac{y}{x}\right)'_x+f'_2\cdot\left(\frac{x}{y}\right)'_x=-\frac{y}{x^2}f'_1+\frac{1}{y}f'_2,$$

$$\frac{\partial z}{\partial y}=f'_1\cdot\left(\frac{y}{x}\right)'_y+f'_2\cdot\left(\frac{x}{y}\right)'_y=\frac{1}{x}f'_1-\frac{x}{y^2}f'_2,$$

因此

$$x\frac{\partial z}{\partial x}-y\frac{\partial z}{\partial y}=x\left(-\frac{y}{x^2}f'_1+\frac{1}{y}f'_2\right)-y\left(\frac{1}{x}f'_1-\frac{x}{y^2}f'_2\right)$$

$$=-2\left(\frac{y}{x}f'_1-\frac{x}{y}f'_2\right).$$

故选 D.

5 【参考答案】C

【解题思路】所给问题为抽象函数的偏导数运算，其中 f 的中间变量只有一个，只需认定求导符号，依偏导数运算法则求解.

【答案解析】令 $u=\frac{x}{y}$，则 $z=xyf(u)$.

$$\begin{aligned}\frac{\partial z}{\partial x}&=yf(u)+xy\cdot f'(u)\cdot\frac{\partial u}{\partial x}=yf(u)+xy\cdot f'(u)\cdot\frac{1}{y}\\&=yf(u)+xf'(u),\end{aligned}$$

$$\frac{\partial z}{\partial y}=xf(u)+xy\cdot f'(u)\cdot\frac{\partial u}{\partial y}=xf(u)-\frac{x^2}{y}f'(u),$$

因此 $x\frac{\partial z}{\partial x}+y\frac{\partial z}{\partial y}=x[yf(u)+xf'(u)]+y\left[xf(u)-\frac{x^2}{y}f'(u)\right]=2xyf(u)=2xyf\left(\frac{x}{y}\right)$.

故选 C.

6 【参考答案】B

【解题思路】这是一道常规的微分运算题目，引入中间变量后直接求微分，或先求两个偏导数，再写出微分皆可，两种方法难度相当.

【答案解析】设 $u=\mathrm{e}+\frac{y}{x}$，$v=\frac{y}{x}$，则 $z=u^v$.

$$\frac{\partial z}{\partial x}=\frac{\partial z}{\partial u}\cdot\frac{\partial u}{\partial x}+\frac{\partial z}{\partial v}\cdot\frac{\partial v}{\partial x}=vu^{v-1}\cdot\left(-\frac{y}{x^2}\right)+u^v\cdot\ln u\cdot\left(-\frac{y}{x^2}\right),$$

$$\left.\frac{\partial z}{\partial x}\right|_{(1,1)}=-1-(\mathrm{e}+1)\ln(\mathrm{e}+1),$$

$$\frac{\partial z}{\partial y}=\frac{\partial z}{\partial u}\cdot\frac{\partial u}{\partial y}+\frac{\partial z}{\partial v}\cdot\frac{\partial v}{\partial y}=vu^{v-1}\cdot\frac{1}{x}+u^v\cdot\ln u\cdot\frac{1}{x},$$

$$\left.\frac{\partial z}{\partial y}\right|_{(1,1)}=1+(\mathrm{e}+1)\ln(\mathrm{e}+1),$$

则 $$\left.\mathrm{d}z\right|_{(1,1)}=\left.\frac{\partial z}{\partial x}\right|_{(1,1)}\mathrm{d}x+\left.\frac{\partial z}{\partial y}\right|_{(1,1)}\mathrm{d}y=-[1+(\mathrm{e}+1)\ln(\mathrm{e}+1)](\mathrm{d}x-\mathrm{d}y).$$

故选 B.

7 【参考答案】C

【解题思路】所给题目为偏导数运算，题设中 $f(u)$ 看似为抽象函数，但条件中当 $y=0$ 时，$z=x^2$ 中已不出现 f，表示 $f(u)$ 可以依题设条件求出. 问题转化为常规的偏导数运算.

【答案解析】当 $y=0$ 时，可得 $z=\mathrm{e}^{\cos x}-2f(x)$.

又当 $y=0$ 时有 $z=x^2$，从而有

$$x^2=\mathrm{e}^{\cos x}-2f(x),f(x)=\frac{1}{2}(\mathrm{e}^{\cos x}-x^2),$$

可得 $f(x-2y)=\frac{1}{2}[\mathrm{e}^{\cos(x-2y)}-(x-2y)^2]$，则

$$z=\mathrm{e}^{\cos x}-\mathrm{e}^{\cos(x-2y)}+(x-2y)^2,$$

$$\frac{\partial z}{\partial y}=-e^{\cos(x-2y)}\cdot[-\sin(x-2y)]\cdot(-2)+2(x-2y)\cdot(-2)$$

$$=-2e^{\cos(x-2y)}\sin(x-2y)-4(x-2y).$$

故选 C.

8 【参考答案】B

【解题思路】所给题目为抽象函数的偏导数运算，只需依导数的商的运算规则及复合函数的链式法则计算，注意 $f(x^2-y^2)$ 只依赖一个中间变量.

【答案解析】记 $u=x^2-y^2$，其中 $f(u)$ 为可导函数，可得 $z=\dfrac{y}{f(u)}$.

$$\frac{\partial z}{\partial x}=\frac{\partial z}{\partial u}\cdot\frac{\partial u}{\partial x}=-\frac{y\cdot f'(u)}{f^2(u)}\cdot 2x=-\frac{2xyf'(u)}{f^2(u)},$$

$$\frac{\partial z}{\partial y}=\frac{1}{f(u)}+y\cdot\left[-\frac{f'(u)}{f^2(u)}\right]\cdot(-2y)=\frac{1}{f(u)}+\frac{2y^2f'(u)}{f^2(u)},$$

因此

$$\frac{1}{x}\frac{\partial z}{\partial x}+\frac{1}{y}\frac{\partial z}{\partial y}=-\frac{2yf'(u)}{f^2(u)}+\frac{1}{yf(u)}+\frac{2yf'(u)}{f^2(u)}=\frac{1}{yf(u)}=\frac{z}{y^2}.$$

故选 B.

9 【参考答案】E

【解题思路】所给题目为抽象函数的偏导数运算，注意 u 为三元函数，$\varphi(s,t)$ 为抽象的有连续偏导数的函数.

【答案解析】

$$u=\frac{xy}{z}\ln x+x\varphi\left(\frac{y}{x},\frac{x}{y}\right),$$

$$\frac{\partial u}{\partial x}=\frac{y}{z}\ln x+\frac{xy}{z}\cdot\frac{1}{x}+\varphi+x\left[\varphi_1'\cdot\left(-\frac{y}{x^2}\right)+\varphi_2'\cdot\frac{1}{y}\right]$$

$$=\frac{y}{z}\ln x+\frac{y}{z}+\varphi-\frac{y}{x}\varphi_1'+\frac{x}{y}\varphi_2',$$

$$\frac{\partial u}{\partial y}=\frac{x}{z}\ln x+x\left[\varphi_1'\cdot\frac{1}{x}+\varphi_2'\cdot\left(-\frac{x}{y^2}\right)\right]$$

$$=\frac{x}{z}\ln x+\varphi_1'-\frac{x^2}{y^2}\varphi_2',$$

$$\frac{\partial u}{\partial z}=-\frac{xy}{z^2}\ln x,$$

因此

$$x\frac{\partial u}{\partial x}+y\frac{\partial u}{\partial y}+z\frac{\partial u}{\partial z}=\left(\frac{xy}{z}\ln x+\frac{xy}{z}+x\varphi-y\varphi_1'+\frac{x^2}{y}\varphi_2'\right)+\left(\frac{xy}{z}\ln x+y\varphi_1'-\frac{x^2}{y}\varphi_2'\right)-\frac{xy}{z}\ln x$$

$$=\frac{xy}{z}+\frac{xy}{z}\ln x+x\varphi=u+\frac{xy}{z}.$$

故选 E.

10 【参考答案】A

【解题思路】所给题目为隐函数的微分运算，可以先利用隐函数求偏导数公式求出偏导数，再依全微分与偏导数关系写出全微分，也可以利用微分运算法则直接求微分.

【答案解析】由于方程为 $z^2y-xz^3=1$，可设 $F(x,y,z)=z^2y-xz^3-1$，可得

$$F'_x=-z^3,F'_y=z^2,F'_z=2yz-3xz^2,$$

因此
$$\frac{\partial z}{\partial x}=-\frac{F'_x}{F'_z}=\frac{z^3}{2yz-3xz^2}=\frac{z^2}{2y-3xz},$$

$$\frac{\partial z}{\partial y}=-\frac{F'_y}{F'_z}=-\frac{z^2}{2yz-3xz^2}=\frac{-z}{2y-3xz},$$

$$\mathrm{d}z=\frac{\partial z}{\partial x}\mathrm{d}x+\frac{\partial z}{\partial y}\mathrm{d}y=\frac{z}{2y-3xz}(z\mathrm{d}x-\mathrm{d}y).$$

故选 A.

11 【参考答案】D

【解题思路】本题为二阶偏导数运算，其中给定的函数为变上限积分的形式，求其偏导数与通常二元函数求偏导数的规则一样.

【答案解析】由于 $f(x,y)=\int_0^{xy}\mathrm{e}^{-t^2}\mathrm{d}t$，可得

$$\frac{\partial f}{\partial x}=y\mathrm{e}^{-x^2y^2},\frac{\partial^2 f}{\partial x^2}=y\cdot\mathrm{e}^{-x^2y^2}\cdot(-2xy^2)=-2xy^3\mathrm{e}^{-x^2y^2},$$

$$\frac{\partial^2 f}{\partial x\partial y}=\mathrm{e}^{-x^2y^2}+y\cdot\mathrm{e}^{-x^2y^2}\cdot(-2x^2y)=\mathrm{e}^{-x^2y^2}-2x^2y^2\mathrm{e}^{-x^2y^2},$$

$$\frac{\partial f}{\partial y}=x\mathrm{e}^{-x^2y^2},\frac{\partial^2 f}{\partial y^2}=x\cdot\mathrm{e}^{-x^2y^2}\cdot(-2x^2y)=-2x^3y\mathrm{e}^{-x^2y^2},$$

因此
$$\begin{aligned}&\frac{x}{y}\cdot\frac{\partial^2 f}{\partial x^2}-2\cdot\frac{\partial^2 f}{\partial x\partial y}+\frac{y}{x}\cdot\frac{\partial^2 f}{\partial y^2}\\=&-2x^2y^2\mathrm{e}^{-x^2y^2}-2\cdot(\mathrm{e}^{-x^2y^2}-2x^2y^2\mathrm{e}^{-x^2y^2})-2x^2y^2\mathrm{e}^{-x^2y^2}\\=&-2\mathrm{e}^{-x^2y^2}.\end{aligned}$$

故选 D.

12 【参考答案】A

【解题思路】本题为“隐函数＋抽象函数＋可变限积分形式的函数”的偏导数运算问题. 特别是对于可变限积分形式的隐函数求偏导数运算可以依隐函数求导数公式计算.

【答案解析】由于 $u=f(x,y,z)$，$y=y(x)$，$z=z(x)$，因此 u 为 x 的函数，可得知

$$\frac{\mathrm{d}u}{\mathrm{d}x}=f'_1+f'_2\cdot\frac{\mathrm{d}y}{\mathrm{d}x}+f'_3\cdot\frac{\mathrm{d}z}{\mathrm{d}x},\qquad(*)$$

又 $\mathrm{e}^{xy}-xy=2$，令 $F_1(x,y)=\mathrm{e}^{xy}-xy-2$，则

$$\frac{\partial F_1}{\partial x}=y\mathrm{e}^{xy}-y,\frac{\partial F_1}{\partial y}=x\mathrm{e}^{xy}-x,$$

因此$\frac{dy}{dx}=-\frac{\frac{\partial F_1}{\partial x}}{\frac{\partial F_1}{\partial y}}=-\frac{ye^{xy}-y}{xe^{xy}-x}=-\frac{y}{x}$.

而 $e^x=\int_0^{x-z}\frac{\sin t}{t}dt$,令 $F_2=e^x-\int_0^{x-z}\frac{\sin t}{t}dt$,则

$$\frac{\partial F_2}{\partial x}=e^x-\frac{\sin(x-z)}{x-z},\frac{\partial F_2}{\partial z}=-\frac{\sin(x-z)}{x-z}\cdot(-1)=\frac{\sin(x-z)}{x-z},$$

$$\frac{dz}{dx}=-\frac{\frac{\partial F_2}{\partial x}}{\frac{\partial F_2}{\partial z}}=-\frac{e^x-\frac{\sin(x-z)}{x-z}}{\frac{\sin(x-z)}{x-z}}=1-\frac{e^x(x-z)}{\sin(x-z)}.$$

将$\frac{dy}{dx},\frac{dz}{dx}$的表达式代入(*)式可得

$$\frac{du}{dx}=f_1'-\frac{y}{x}f_2'+\left[1-\frac{e^x(x-z)}{\sin(x-z)}\right]f_3'.$$

故选 A.

13 【参考答案】C

【解题思路】本题为隐函数二阶偏导数运算的常规题目.

【答案解析】由于 $x^2+y^2+z^2-4z=10$,可设

$$F(x,y,z)=x^2+y^2+z^2-4z-10,$$

则

$$F_x'=2x,F_z'=2z-4,\frac{\partial z}{\partial x}=-\frac{F_x'}{F_z'}=\frac{x}{2-z},$$

再一次对 x 求偏导数,可得

$$\frac{\partial^2 z}{\partial x^2}=\frac{(2-z)+x\frac{\partial z}{\partial x}}{(2-z)^2}=\frac{(2-z)+x\cdot\frac{x}{2-z}}{(2-z)^2}$$
$$=\frac{(2-z)^2+x^2}{(2-z)^3}.$$

故选 C.

14 【参考答案】A

【解题思路】所给问题为“抽象函数+复合函数”的偏导数运算,属于常规题目.

【答案解析】由于 $z=\cos(xy)+\varphi\left(y,\frac{y}{x}\right)$,其中 $\varphi(u,v)$ 有一阶连续偏导数,则

$$\frac{\partial z}{\partial x}=-\sin(xy)\cdot y+\varphi_2'\cdot\left(\frac{y}{x}\right)_x'=-y\sin(xy)-\frac{y}{x^2}\varphi_2'.$$

故选 A.

15 【参考答案】E

【解题思路】本题为抽象函数的偏导数运算，所给函数为复合函数，特殊的是中间变量有 $f(x,y)$，因此在运算中必须写出完整的中间变量，否则容易出现错误.

【答案解析】已知 $z=f[xy,f(x,y)]$，其中 $f(u,v)$ 具有连续偏导数，则

$$\frac{\partial z}{\partial x}=f'_1[xy,f(x,y)]\cdot y+f'_2[xy,f(x,y)]\cdot f'_1(x,y).$$

故选 E.

16 【参考答案】C

【解题思路】本题为无约束极值的常规题，依求极值步骤可解.

【答案解析】$f(x,y)=y^2(2+x^2)+x\ln x$，可得

$$f'_x(x,y)=2xy^2+\ln x+1,f'_y(x,y)=2y(2+x^2).$$

令 $\begin{cases}f'_x(x,y)=0,\\ f'_y(x,y)=0,\end{cases}$ 解得唯一驻点 $\left(\frac{1}{e},0\right)$.

$$f''_{xx}(x,y)=2y^2+\frac{1}{x},f''_{xy}(x,y)=4xy,f''_{yy}(x,y)=2(2+x^2).$$

$$A=f''_{xx}\left(\frac{1}{e},0\right)=e,B=f''_{xy}\left(\frac{1}{e},0\right)=0,C=f''_{yy}\left(\frac{1}{e},0\right)=2\left(2+\frac{1}{e^2}\right).$$

由
$$B^2-AC<0,A>0,$$
可知点 $\left(\frac{1}{e},0\right)$ 为 $f(x,y)$ 的极小值点，极小值为 $f\left(\frac{1}{e},0\right)=-\frac{1}{e}$.

故选 C.

17 【参考答案】B

【解题思路】本题函数 z 为抽象的复合函数，其中间变量仍含有 $f(x,y)$. $f(1,1)=2$ 为 $f(u,v)$ 的极值，$f(u,v)$ 具有二阶连续偏导数，因此需利用极值的必要条件 $f'_x(1,1)=0,f'_y(1,1)=0$ 求解 $\left.\frac{\partial^2 z}{\partial x\partial y}\right|_{(1,1)}$.

【答案解析】$z=f[x+y,f(x,y)]$，$f(1,1)=2$ 为 $f(u,v)$ 的极值，意味着 $f(u,v)$ 的极值点为 $(1,1)$. 由于 $f(u,v)$ 具有二阶连续偏导数，因此 $(1,1)$ 为 $f(u,v)$ 的驻点，即 $f'_x(1,1)=0,f'_y(1,1)=0$. 由于

$$\frac{\partial z}{\partial x}=f'_1[x+y,f(x,y)]+f'_2[x+y,f(x,y)]\cdot f'_1(x,y),$$

$$\frac{\partial^2 z}{\partial x\partial y}=f''_{11}[x+y,f(x,y)]+f''_{12}[x+y,f(x,y)]\cdot f'_2(x,y)+\{f''_{21}[x+y,f(x,y)]+$$
$$f''_{22}[x+y,f(x,y)]\cdot f'_2(x,y)\}\cdot f'_1(x,y)+f'_2[x+y,f(x,y)]\cdot f''_{12}(x,y),$$

因此 $\left.\frac{\partial^2 z}{\partial x\partial y}\right|_{(1,1)}=f''_{11}(2,2)+f'_2(2,2)f''_{12}(1,1).$

故选 B.

18 【参考答案】E

【解题思路】z_1 的解析式为绝对值形式，其在点(0,0)处偏导数不存在，只能利用极值的定义来考虑. z_2 是微分的形式，由微分与偏导数的关系可知$\frac{\partial z}{\partial x}$，$\frac{\partial z}{\partial y}$给定，可判定(0,0)是否为驻点，再依极值的充分条件判定.

【答案解析】由于 $z_1=|x+y|$，可知 $z_1(0,0)=0$，当$(x,y)\neq(0,0)$时，总有 $z_1(x,y)\geqslant 0$，可知点(0,0)为 z_1 的极小值点.

由于 $\mathrm{d}z_2=(3x^2+6x)\mathrm{d}x-(3y^2-6y)\mathrm{d}y$，可知$\frac{\partial z_2}{\partial x}=3x^2+6x$，$\frac{\partial z_2}{\partial y}=-(3y^2-6y)$. 易见点(0,0)为 z_2 的驻点. 又

$$\frac{\partial^2 z_2}{\partial x^2}=6x+6,\frac{\partial^2 z_2}{\partial x\partial y}=0,\frac{\partial^2 z_2}{\partial y^2}=-6y+6,$$

则
$$A=\left.\frac{\partial^2 z_2}{\partial x^2}\right|_{(0,0)}=6,B=\left.\frac{\partial^2 z_2}{\partial x\partial y}\right|_{(0,0)}=0,C=\left.\frac{\partial^2 z_2}{\partial y^2}\right|_{(0,0)}=6,$$

$$B^2-AC=-36<0,A>0,$$

可知点(0,0)为 z_2 的极小值点.

故选 E.

19 【参考答案】E

【解题思路】总利润 $L=$ 总收益 $R-$ 总成本 C.

总收益 $R=p_{甲}\cdot x+p_{乙}\cdot y$.

已知总成本 $C=x^2+2xy+y^2+100$，只需求 L 的最大值.

【答案解析】由于 $x=26-p_{甲}$，$y=10-\frac{1}{4}p_{乙}$，可知 $p_{甲}=26-x$，$p_{乙}=40-4y$，总利润

$$L=R-C=-2x^2-2xy-5y^2+26x+40y-100,$$
$$L'_x=-4x-2y+26,$$
$$L'_y=-2x-10y+40,$$

令$\begin{cases}L'_x=0,\\L'_y=0,\end{cases}$解得$\begin{cases}x=5,\\y=3,\end{cases}$即(5,3)为 L 的唯一驻点.

由于实际问题中最大值存在，(5,3)为唯一可能极值点，因此为 L 的最大值点.

故选 E.

20 【参考答案】C

【解题思路】总利润 $L=$ 总收益 $R-$ 总成本 C.

本题限制两种产品之和为 30，因此属于条件极值，需构造拉格朗日函数，化为无约束极值或从约束条件中将一个变量用另一个变量表示，将问题化为求解一元函数极值.

【答案解析】由于

$$R = 134x + 150y - 2x^2 - 2xy - y^2,$$
$$C = 800 + 34x + 70y,$$

目标函数

$$\begin{aligned} L = R - C &= (134x + 150y - 2x^2 - 2xy - y^2) - (800 + 34x + 70y) \\ &= 100x + 80y - 2x^2 - 2xy - y^2 - 800, \end{aligned}$$

约束条件 $x + y = 30$.

方法 1 此时问题为求 $L = R - C$ 在约束条件 $x + y = 30$ 下的极值.

构造拉格朗日函数

$$F(x,y,\lambda) = 100x + 80y - 2x^2 - 2xy - y^2 - 800 + \lambda(x + y - 30).$$

令
$$\begin{cases} F'_x = 100 - 4x - 2y + \lambda = 0, \\ F'_y = 80 - 2x - 2y + \lambda = 0, \\ F'_\lambda = x + y - 30 = 0, \end{cases}$$

解得 $x = 10, y = 20$.

由于实际问题存在最大值,$(10,20)$ 为唯一可能极值点,因此为最大值点.

故选 C.

方法 2 由约束条件可得 $y = 30 - x$,代入目标函数 L,可得

$$L = 100x + 80(30 - x) - 2x^2 - 2x(30 - x) - (30 - x)^2 - 800,$$
$$L' = 100 - 80 - 4x + 4x - 60 + 2(30 - x) = -2x + 20.$$

令 $L' = 0$ 得唯一驻点 $x = 10$. 由于驻点唯一,实际问题存在最大值,因此 $x = 10$ 为最大值点. 此时 $y = 30 - x = 20$,即当 $x = 10, y = 20$ 时,工厂取得最大利润. 故选 C.

第二部分

线性代数

第五章 行列式与矩阵

第一节 行列式

一、知识结构

- 行列式
  - 行列式的概念
    - 二阶、三阶行列式 → 对角线法则
    - n 阶行列式 $\sum(-1)^{\tau(j_1j_2\cdots j_n)}a_{1j_1}a_{2j_2}\cdots a_{nj_n}$
    - 三角形行列式
    - 范德蒙德行列式
  - 行列式的性质
    - 行列互换值不变
    - 交换两行(列)变号
    - 数乘某行(列) = 数乘行列式
    - 行列式拆某行 = 行列式拆分
    - 某行(列)的 k 倍加至另一行(列)值不变
  - 行列式按行(列)展开
    - 余子式 M_{ij}，代数余子式 A_{ij}
    - $\sum_{j=1}^{n}a_{kj}A_{lj}=\begin{cases}0, & k\neq l,\\ D, & k=l\end{cases}$
  - 行列式的应用
    - 克拉默法则
    - 行列式表示函数

（以上各项）→ 行列式计算

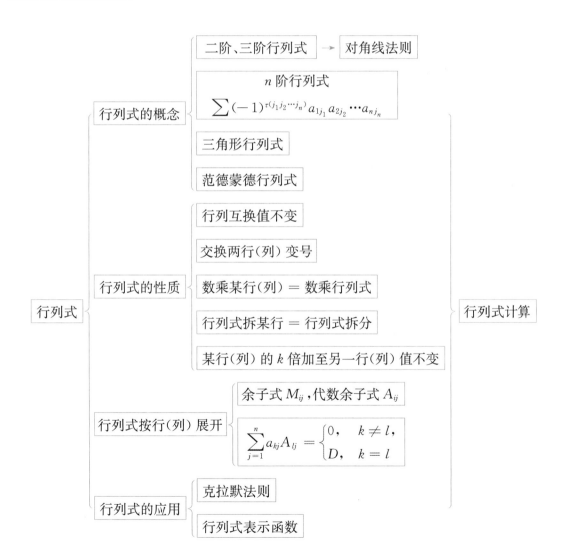

二、考点精讲

（一）行列式的概念

1. 二阶、三阶行列式

利用消元法求解二元线性方程组$\begin{cases}a_{11}x_1+a_{12}x_2=b_1,\\a_{21}x_1+a_{22}x_2=b_2,\end{cases}$在 $a_{11}a_{22}-a_{12}a_{21}\neq 0$ 的条件下，可解得

$$x_1=\frac{b_1a_{22}-b_2a_{12}}{a_{11}a_{22}-a_{12}a_{21}},x_2=\frac{b_2a_{11}-b_1a_{21}}{a_{11}a_{22}-a_{12}a_{21}},$$

公式给出了方程组的系数、常数项与解的关系. 为了便于记忆，引入记号

$$D=\begin{vmatrix}a_{11}&a_{12}\\a_{21}&a_{22}\end{vmatrix},D_1=\begin{vmatrix}b_1&a_{12}\\b_2&a_{22}\end{vmatrix},D_2=\begin{vmatrix}a_{11}&b_1\\a_{21}&b_2\end{vmatrix},$$

分别表示代数和 $a_{11}a_{22}-a_{12}a_{21}$，$b_1a_{22}-b_2a_{12}$，$b_2a_{11}-b_1a_{21}$，称为二阶行列式. 从而，将方程组的解表示为 $x_1=\dfrac{D_1}{D}$，$x_2=\dfrac{D_2}{D}$. 类似地，可以引入记号

$$\begin{vmatrix}a_{11}&a_{12}&a_{13}\\a_{21}&a_{22}&a_{23}\\a_{31}&a_{32}&a_{33}\end{vmatrix}$$

表示代数和 $a_{11}a_{22}a_{33}+a_{12}a_{23}a_{31}+a_{13}a_{21}a_{32}-a_{11}a_{23}a_{32}-a_{12}a_{21}a_{33}-a_{13}a_{22}a_{31}$，称为三阶行列式，用于三元线性方程组的求解.

如图 2-5-1 所示，二阶、三阶行列式可以按照对角线法则展开，所有项均取自数表中不同行不同列元素的乘积，且图中实线连接的项取正号，虚线连接的项取负号.

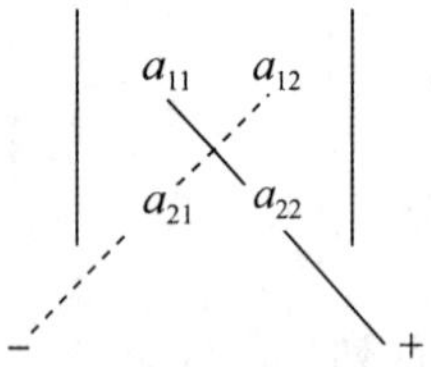

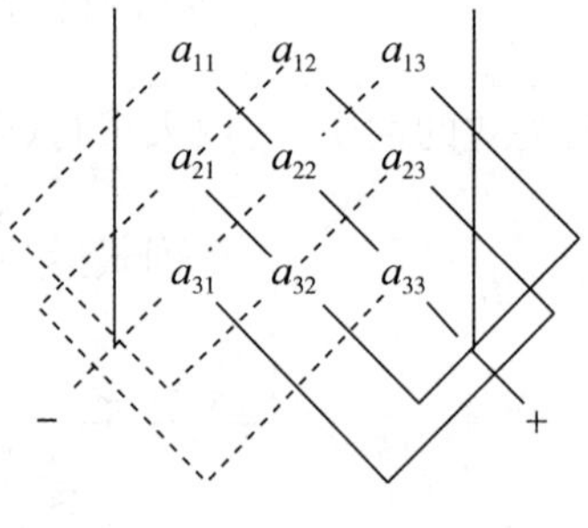

图 2-5-1

例 1 三阶行列式$\begin{vmatrix}3&2&1\\1&-1&0\\2&8&3\end{vmatrix}=$（　　）.

(A)5　　(B)4　　(C)1　　(D)-5　　(E)-7

【参考答案】D

【解题思路】计算三阶行列式主要用对角线法则，展开式共有 6 项，各项符号对应图 2-5-1(b)，由实线(主对角线及其平行连线) 连接的项取正号，由虚线(副对角线及其平行连线) 连接的项取负号.

【答案解析】根据对角线法则，三阶行列式中实线连接的有 3 项：

$$3\times(-1)\times 3,2\times 0\times 2,1\times 1\times 8;$$

虚线连接的有 3 项：

$$3\times 0\times 8,2\times 1\times 3,1\times(-1)\times 2.$$

于是

$$\begin{aligned}\text{原式}&=3\times(-1)\times 3+2\times 0\times 2+1\times 1\times 8-3\times 0\times 8-2\times 1\times 3-1\times(-1)\times 2\\&=-9+0+8-0-6+2=-5.\end{aligned}$$

故本题选择 D.

例 2 证明等式：

$$\begin{vmatrix}a_1&a_2&a_3\\b_1&b_2&b_3\\c_1&c_2&c_3\end{vmatrix}=a_1\begin{vmatrix}b_2&b_3\\c_2&c_3\end{vmatrix}-b_1\begin{vmatrix}a_2&a_3\\c_2&c_3\end{vmatrix}+c_1\begin{vmatrix}a_2&a_3\\b_2&b_3\end{vmatrix}.$$

【解题思路】运用对角线法则分别将两端的三阶和二阶行列式展开即可.

【答案解析】根据对角线法则，有

$$\text{左端}=\begin{vmatrix}a_1&a_2&a_3\\b_1&b_2&b_3\\c_1&c_2&c_3\end{vmatrix}=a_1b_2c_3+a_2b_3c_1+a_3b_1c_2-a_1b_3c_2-a_2b_1c_3-a_3b_2c_1,$$

$$\begin{aligned}\text{右端}&=a_1\begin{vmatrix}b_2&b_3\\c_2&c_3\end{vmatrix}-b_1\begin{vmatrix}a_2&a_3\\c_2&c_3\end{vmatrix}+c_1\begin{vmatrix}a_2&a_3\\b_2&b_3\end{vmatrix}\\&=a_1(b_2c_3-b_3c_2)-b_1(a_2c_3-a_3c_2)+c_1(a_2b_3-a_3b_2)\\&=a_1b_2c_3+a_2b_3c_1+a_3b_1c_2-a_1b_3c_2-a_2b_1c_3-a_3b_2c_1,\end{aligned}$$

由上可知左端 = 右端，所以等式成立.

例 3 求解线性方程组

$$\begin{cases}2x_1-x_2+x_3=1,\\3x_1+2x_2-3x_3=8,\\2x_1-3x_2+2x_3=2.\end{cases}$$

【解题思路】该方程组由 3 个三元线性方程构成，可采用行列式法直接求解，从而省去了复杂的消元过程，求解时，应首先计算方程组的系数行列式 D，并在 $D\neq 0$ 的前提下进行. 其中 $D_i(i=1,2,3)$ 是将 D 中第 i 列置换方程组常数项后得到的行列式.

【答案解析】先计算系数行列式

$$D=\begin{vmatrix}2&-1&1\\3&2&-3\\2&-3&2\end{vmatrix}=8+6-9-18+6-4=-11.$$

由 $D\neq 0$，知方程组有唯一解，再计算

$$D_1=\begin{vmatrix}1&-1&1\\8&2&-3\\2&-3&2\end{vmatrix}=4+6-24-9+16-4=-11,$$

$$D_2=\begin{vmatrix}2&1&1\\3&8&-3\\2&2&2\end{vmatrix}=32-6+6+12-6-16=22,$$

$$D_3=\begin{vmatrix}2&-1&1\\3&2&8\\2&-3&2\end{vmatrix}=8-16-9+48+6-4=33,$$

于是得

$$x_1=\frac{D_1}{D}=1,x_2=\frac{D_2}{D}=-2,x_3=\frac{D_3}{D}=-3.$$

2.排列及排列的逆序数

由自然数 $1,2,\cdots,n$ 组成的一个有序数组 $j_1j_2\cdots j_n$ 称为一个 n **级排列**. 在一个排列 $j_1j_2\cdots j_n$ 中，如果大的数排在小的数的前面，称这两个数构成一个**逆序**. 一个排列中逆序的总数，称为这个排列的**逆序数**，记作 $\tau(j_1j_2\cdots j_n)$，如果一个排列的逆序数是偶数，则称之为**偶排列**，如果一个排列的逆序数是奇数，则称之为**奇排列**.

例如，2143 是一个 4 级排列，42135 是一个 5 级排列. 在排列 2143 中，21，43 是逆序，共 2 个，故 $\tau(2143)=2$，是偶排列. 在排列 521463 中，52，51，54，53，21，43，63 是逆序，共 7 个，故 $\tau(521463)=7$，是奇排列.

n 级排列共有 $n!$ 个，其中从小到大按自然顺序的排列 $123\cdots n$，称为**自然序排列**. 在所有 n 级排列中，奇排列和偶排列各占一半.

3.n 阶行列式的定义

n 阶行列式

$$D_n=\begin{vmatrix}a_{11}&a_{12}&\cdots&a_{1n}\\a_{21}&a_{22}&\cdots&a_{2n}\\\vdots&\vdots&&\vdots\\a_{n1}&a_{n2}&\cdots&a_{nn}\end{vmatrix}$$

由所有取自不同行不同列的 n 个元素的乘积 $a_{1j_1}a_{2j_2}\cdots a_{nj_n}$ 组成，其中每一项的符号取决于组成该项的 n 个元素列下标（行下标按自然顺序排列）的逆序数，即当 $j_1j_2\cdots j_n$ 为偶排列时取正号，当

$j_1j_2\cdots j_n$ 为奇排列时取负号，即

$$D_n=\sum(-1)^{\tau(j_1j_2\cdots j_n)}a_{1j_1}a_{2j_2}\cdots a_{nj_n}.$$

【注】n 阶行列式定义中的两个关键词——一般项取决于来自不同行不同列元素的乘积，正负号取决于来自该项 n 个元素列下标逆序数的奇偶性.

例 4　下列各项属于四阶行列式的项前符号为正的展开项的是(　　).

(A)$a_{13}a_{24}a_{11}a_{42}$　　(B)$a_{13}a_{24}a_{31}a_{42}$　　(C)$a_{41}a_{12}a_{23}a_{34}$

(D)$a_{41}a_{12}a_{23}a_{31}$　　(E)$a_{22}a_{44}a_{31}a_{13}$

【参考答案】B

【解题思路】由行列式定义，行列式的项应取不同行不同列，因此，判断题中各项是否构成四阶行列式的展开项，首先考查行标和列标排列是否均为 4 级排列. 在确定各项符号时，应在行标顺排的前提下，考查列标排列的奇偶性，若行标不顺排，应先调整项中元素排列的位置，使行标顺排.

【答案解析】选项 A，$a_{13}a_{24}a_{11}a_{42}$ 中行标排列 1214 并非 4 级排列，故 $a_{13}a_{24}a_{11}a_{42}$ 不是四阶行列式的项.

选项 B，$a_{13}a_{24}a_{31}a_{42}$ 中行标和列标均为 4 级排列，故 $a_{13}a_{24}a_{31}a_{42}$ 是四阶行列式的一项. 由于 $\tau(3412)=4$，故 $a_{13}a_{24}a_{31}a_{42}$ 取正号.

选项 C，$a_{41}a_{12}a_{23}a_{34}$ 中行标和列标均为 4 级排列，故 $a_{41}a_{12}a_{23}a_{34}$ 是四阶行列式中的一项. 该项虽然行标没有顺排，但列标顺排，这种情况下，也可以根据行标排列的逆序数的奇偶性确定符号，即由 $\tau(4123)=3$，知 $a_{41}a_{12}a_{23}a_{34}$ 取负号.

选项 D，$a_{41}a_{12}a_{23}a_{31}$ 的列标排列 1231 并非 4 级排列，故 $a_{41}a_{12}a_{23}a_{31}$ 不是四阶行列式的项.

选项 E，$a_{22}a_{44}a_{31}a_{13}$ 中行标和列标均为 4 级排列，故 $a_{22}a_{44}a_{31}a_{13}$ 是四阶行列式中的一项. 重新排列各元素的位置，使行标顺排，得 $a_{13}a_{22}a_{31}a_{44}$，于是由 $\tau(3214)=3$，知 $a_{22}a_{44}a_{31}a_{13}$ 取负号.

故本题选择 B.

4. 由定义计算行列式

一般地，运用行列式的定义直接计算行列式，需要计算 $n!$ 个 n 个元素的乘积，比较繁杂，但由行列式的定义可以推导出一些特殊结构的行列式计算公式，尤其是三角形行列式计算公式.

形如
$$\begin{vmatrix} a_{11} & a_{12} & \cdots & a_{1n}\\ 0 & a_{22} & \cdots & a_{2n}\\ \vdots & \vdots & & \vdots\\ 0 & 0 & \cdots & a_{nn}\end{vmatrix} \text{ 及 } \begin{vmatrix} a_{11} & 0 & \cdots & 0\\ a_{21} & a_{22} & \cdots & 0\\ \vdots & \vdots & & \vdots\\ a_{n1} & a_{n2} & \cdots & a_{nn}\end{vmatrix}$$
的行列式分别称为上三角形行列式和下三角形行列式，其结构特点是在位于行列式主对角线元素的下方或上方元素均为零，统称为三角形行列式. 可以证明，三角形行列式等于其主对角线元素的

乘积，即

$$\begin{vmatrix} a_{11} & a_{12} & \cdots & a_{1n} \\ 0 & a_{22} & \cdots & a_{2n} \\ \vdots & \vdots & & \vdots \\ 0 & 0 & \cdots & a_{nn} \end{vmatrix} = \begin{vmatrix} a_{11} & 0 & \cdots & 0 \\ a_{21} & a_{22} & \cdots & 0 \\ \vdots & \vdots & & \vdots \\ a_{n1} & a_{n2} & \cdots & a_{nn} \end{vmatrix} = a_{11}a_{22}\cdots a_{nn}.$$

依据行列式一般项的定义式，还可以解决一些特定项的提取问题.

例 5 判断下列各行列式中，

$$①\begin{vmatrix} 0 & 2 & 0 & 0 & 0 \\ 1 & 0 & 0 & 0 & 0 \\ 0 & 0 & 0 & 0 & 3 \\ 0 & 0 & 0 & 5 & 0 \\ 0 & 0 & 4 & 0 & 0 \end{vmatrix};②\begin{vmatrix} 0 & 0 & 0 & 0 & 5 \\ 0 & 0 & 0 & 4 & 0 \\ 0 & 0 & 3 & 0 & 0 \\ 0 & 2 & 0 & 0 & 0 \\ 1 & 0 & 0 & 0 & 0 \end{vmatrix};③\begin{vmatrix} 0 & 1 & 0 & 0 & 0 \\ 0 & 0 & 2 & 0 & 0 \\ 0 & 0 & 0 & 3 & 0 \\ 0 & 2 & 0 & 0 & 4 \\ 5 & 0 & 0 & 0 & 0 \end{vmatrix};$$

$$④\begin{vmatrix} 0 & 0 & 3 & 0 & 5 \\ 0 & 0 & 0 & 4 & 0 \\ 0 & 0 & 0 & 0 & 5 \\ 0 & -2 & 0 & 0 & 0 \\ -1 & 0 & 0 & 0 & 0 \end{vmatrix};⑤\begin{vmatrix} 0 & 0 & 3 & 0 & 5 \\ 0 & -2 & 0 & 0 & 0 \\ 1 & 0 & 0 & 0 & 5 \\ 0 & 0 & 0 & 4 & 0 \\ 1 & 0 & 0 & 0 & 0 \end{vmatrix}.$$

等于 5!的是(　　).

(A)①②③　　(B)②③④　　(C)③④⑤　　(D)①④⑤　　(E)①②⑤

【参考答案】A

【解题思路】行列式各项为取自不同行、不同列元素的乘积组成，题中行列式能够构成非零项的仅有一项，且大小均为 5!，关键由行列式一般项的公式

$$(-1)^{\tau(j_1j_2j_3j_4j_5)}a_{1j_1}a_{2j_2}a_{3j_3}a_{4j_4}a_{5j_5}$$

确定各行列式的符号，并做出判断.

【答案解析】① 中构成非零项的元素为 $a_{12}=2,a_{21}=1,a_{35}=3,a_{44}=5,a_{53}=4$，因此

$$\begin{vmatrix} 0 & 2 & 0 & 0 & 0 \\ 1 & 0 & 0 & 0 & 0 \\ 0 & 0 & 0 & 0 & 3 \\ 0 & 0 & 0 & 5 & 0 \\ 0 & 0 & 4 & 0 & 0 \end{vmatrix} = (-1)^{\tau(21543)}2\times1\times3\times5\times4=5!.$$

② 中构成非零项的元素为 $a_{15}=5,a_{24}=4,a_{33}=3,a_{42}=2,a_{51}=1$，因此

$$\begin{vmatrix} 0 & 0 & 0 & 0 & 5 \\ 0 & 0 & 0 & 4 & 0 \\ 0 & 0 & 3 & 0 & 0 \\ 0 & 2 & 0 & 0 & 0 \\ 1 & 0 & 0 & 0 & 0 \end{vmatrix} = (-1)^{\tau(54321)} 5 \times 4 \times 3 \times 2 \times 1 = 5!.$$

③ 中构成非零项的元素为 $a_{12}=1, a_{23}=2, a_{34}=3, a_{45}=4, a_{51}=5$,其中,虽然 $a_{42}\neq 0$,但在第 5 列只能选非零元素 a_{45} 的情况下,同行的 a_{42} 将排除在外, 因此

$$\begin{vmatrix} 0 & 1 & 0 & 0 & 0 \\ 0 & 0 & 2 & 0 & 0 \\ 0 & 0 & 0 & 3 & 0 \\ 0 & 2 & 0 & 0 & 4 \\ 5 & 0 & 0 & 0 & 0 \end{vmatrix} = (-1)^{\tau(23451)} 1 \times 2 \times 3 \times 4 \times 5 = 5!.$$

类似地, ④ 中构成非零项的元素为 $a_{13}=3, a_{24}=4, a_{35}=5, a_{42}=-2, a_{51}=-1$,因此

$$\begin{vmatrix} 0 & 0 & 3 & 0 & 5 \\ 0 & 0 & 0 & 4 & 0 \\ 0 & 0 & 0 & 0 & 5 \\ 0 & -2 & 0 & 0 & 0 \\ -1 & 0 & 0 & 0 & 0 \end{vmatrix} = (-1)^{\tau(34521)} 3 \times 4 \times 5 \times (-2) \times (-1) = -5!.$$

⑤ 中构成非零项的元素为 $a_{13}=3, a_{22}=-2, a_{35}=5, a_{44}=4, a_{51}=1$,其中,虽然 $a_{15}\neq 0$,但在第 5 列只能选非零元素 a_{35} 的情况下,同列的 a_{15} 将排除在外, 同理 a_{31} 亦如此,因此

$$\begin{vmatrix} 0 & 0 & 3 & 0 & 5 \\ 0 & -2 & 0 & 0 & 0 \\ 1 & 0 & 0 & 0 & 5 \\ 0 & 0 & 0 & 4 & 0 \\ 1 & 0 & 0 & 0 & 0 \end{vmatrix} = (-1)^{\tau(32541)} 3 \times (-2) \times 5 \times 4 \times 1 = -5!.$$

综上讨论,等于 5!的行列式是 ①②③. 故本题选择 A.

【评注】行列式 ② 的副对角线上元素非零,如果套用三阶行列式对角线法则,该项应取负号,但由行列式定义式判断, 该项应取正号, 说明对角线法则仅限于二阶、三阶行列式的计算. 在 ④ 的计算过程中,由定义确定行列式符号,只与元素在行列式中的位置,即与行标和列标有关,并不考虑行列式中元素自身的符号.

例 6 设函数多项式

$$f(x) = \begin{vmatrix} 2x & x & 1 & 2 \\ 1 & x & 1 & -1 \\ 3 & x & 1 & -x \\ 1 & x & x & 3 \end{vmatrix},$$

试给出常数项和 x^4 的系数.

【解题思路】带有字母 x 的行列式,其展开式是 x 的多项式,由此相关的问题有多项式的幂次、多项式中特定项的选取,如本题求常数项和 x^4 的系数,这类问题都要由行列式一般项的定义式推断计算.

【答案解析】$f(x)$ 的常数项,即为 $x=0$ 时行列式的值 $f(0)$. 由于 $x=0$ 时,该行列式第 2 列元素均为 0,从而行列式中所有展开项都含有 0 因子,故该行列式的常数项为 0.

由于行列式中出现的都为 x 的一次项,故构成含 x^4 的项每行或每列选取的元素必须都含 x,其中第 2 行元素必须取 a_{22},根据"不同行、不同列"的原则,第 1 行元素必须取 a_{11},第 3 行元素必须取 a_{34},第 4 行元素必须取 a_{43},按标准次序排列行标,多项式中含 x^4 的项应为

$$(-1)^{\tau(1243)}a_{11}a_{22}a_{34}a_{43}=-[2x\cdot x\cdot(-x)\cdot x]=2x^4,$$

即多项式中 x^4 的系数为 2.

(二) 行列式的性质

1. 行列式的五个性质

(1) 行列式的行列互换不改变行列式的值.

(2) 数乘行列式的某行(列) 等于该数乘行列式.

(3) 交换行列式的两行(列) 的位置改变行列式的符号.

(4) 行列式的某行(列) 分解为两数之和等于该行列式分解为两行列式之和,且两行列式中对应行(列) 元素分别由两数构成,其余元素不变.

(5) 将行列式的某一行(列) 的 k 倍加至另一行(列),行列式的值不变.

行列式的性质可归纳为三个部分.

(1) 说明行、列在定义中的等价关系,即按行推定的性质同样适用于列.

(2) 确定行列式进行初等运算(数乘、交换两行(列) 位置、将某行(列) 的 k 倍加至另一行(列))的规则,为简化行列式运算提供了基础.

(3) 定义两个行列式相加和将行列式拆分的运算,这种运算只体现在一行(或列) 的元素之间,同时,是在其余行(或列) 不变的前提下.

2. 由行列式的性质计算行列式

由行列式的性质计算行列式,就是充分利用行列式初等运算的规则将所求行列式变形为便于定值的形式,如化为三角形行列式,或出现其中两行(列) 成比例的形式等.

例 7 计算下列行列式:

(1) $\begin{vmatrix}100 & 11 & 3\\199 & 22 & -2\\301 & 33 & 1\end{vmatrix}$;(2) $\begin{vmatrix}0 & 1 & -2 & 1\\1 & 2 & 1 & 3\\2 & -1 & 0 & 2\\-3 & 0 & 2 & 4\end{vmatrix}$;(3) $\begin{vmatrix}2 & 2 & 2 & 2 & 3\\2 & 2 & 2 & 3 & 2\\2 & 2 & 3 & 2 & 2\\2 & 3 & 2 & 2 & 2\\3 & 2 & 2 & 2 & 2\end{vmatrix}$.

【解题思路】本题为数值型行列式计算题. 一般要利用行列式性质化为三角形行列式或副三角形行列式定值.

【答案解析】(1) 该行列式为三阶行列式，由于其中的元素数值较大，直接用对角线法则计算较为复杂，若先用行列式性质整理后再计算，情况就大不一样，即由行列式的性质，有

$$\begin{vmatrix} 100 & 11 & 3 \\ 199 & 22 & -2 \\ 301 & 33 & 1 \end{vmatrix} = \begin{vmatrix} 100+0 & 11 & 3 \\ 200-1 & 22 & -2 \\ 300+1 & 33 & 1 \end{vmatrix}$$

$$= \begin{vmatrix} 100 & 11 & 3 \\ 200 & 22 & -2 \\ 300 & 33 & 1 \end{vmatrix} + \begin{vmatrix} 0 & 11 & 3 \\ -1 & 22 & -2 \\ 1 & 33 & 1 \end{vmatrix} = 0 + \begin{vmatrix} 0 & 11 & 3 \\ -1 & 22 & -2 \\ 1 & 33 & 1 \end{vmatrix}$$

$$= -22-99-66+11=-176.$$

(2) 该行列式为四阶行列式，且数字分布无规律. 应多步逐列将行列式化为三角形行列式. 一般地，每步转化都应从左上角元素开始，且该元素必须为 1，否则，在将下方元素消为 0 时，会过早出现分数运算，以至于运算复杂，无法进行下去，在行列式运算时应尽量避免这种情况. 由于式中 $a_{11} \neq 1$，先将第 1，2 行互换，有

$$\begin{vmatrix} 0 & 1 & -2 & 1 \\ 1 & 2 & 1 & 3 \\ 2 & -1 & 0 & 2 \\ -3 & 0 & 2 & 4 \end{vmatrix} \xlongequal{r_1 \leftrightarrow r_2} - \begin{vmatrix} 1 & 2 & 1 & 3 \\ 0 & 1 & -2 & 1 \\ 2 & -1 & 0 & 2 \\ -3 & 0 & 2 & 4 \end{vmatrix} \xlongequal[r_4+3r_1]{r_3-2r_1} - \begin{vmatrix} 1 & 2 & 1 & 3 \\ 0 & 1 & -2 & 1 \\ 0 & -5 & -2 & -4 \\ 0 & 6 & 5 & 13 \end{vmatrix}$$

$$\xlongequal[r_4-6r_2]{r_3+5r_2} - \begin{vmatrix} 1 & 2 & 1 & 3 \\ 0 & 1 & -2 & 1 \\ 0 & 0 & -12 & 1 \\ 0 & 0 & 17 & 7 \end{vmatrix} \xlongequal{r_4+\frac{17}{12}r_3} - \begin{vmatrix} 1 & 2 & 1 & 3 \\ 0 & 1 & -2 & 1 \\ 0 & 0 & -12 & 1 \\ 0 & 0 & 0 & \frac{101}{12} \end{vmatrix} = -\left[1 \times 1 \times (-12) \times \frac{101}{12}\right] = 101.$$

(3) 该行列式为五阶行列式，且副对角线元素均为 3，其余元素均为 2，通常称为单对角线形行列式.

方法 1 先将左上角元素化为 1，由于各列元素之和相同，故将各行加至第 1 行，提取公因子后，再将第 1 行的(−2) 倍依次加至其余行，即得

$$\begin{vmatrix} 2 & 2 & 2 & 2 & 3 \\ 2 & 2 & 2 & 3 & 2 \\ 2 & 2 & 3 & 2 & 2 \\ 2 & 3 & 2 & 2 & 2 \\ 3 & 2 & 2 & 2 & 2 \end{vmatrix} \xlongequal{r_1+\sum_{i=2}^{5} r_i} \begin{vmatrix} 11 & 11 & 11 & 11 & 11 \\ 2 & 2 & 2 & 3 & 2 \\ 2 & 2 & 3 & 2 & 2 \\ 2 & 3 & 2 & 2 & 2 \\ 3 & 2 & 2 & 2 & 2 \end{vmatrix} = 11 \begin{vmatrix} 1 & 1 & 1 & 1 & 1 \\ 2 & 2 & 2 & 3 & 2 \\ 2 & 2 & 3 & 2 & 2 \\ 2 & 3 & 2 & 2 & 2 \\ 3 & 2 & 2 & 2 & 2 \end{vmatrix}$$

$$\xlongequal[i=2,3,4,5]{r_i-2r_1} 11\begin{vmatrix}1&1&1&1&1\\0&0&0&1&0\\0&0&1&0&0\\0&1&0&0&0\\1&0&0&0&0\end{vmatrix}=11\times(-1)^{\tau(54321)}=11.$$

方法 2 直接将各行依次减去第 1 行，会得到形如"◸"的行列式，简称爪形行列式，再将各列加至第 5 列，即可化为三角形行列式.

$$\begin{vmatrix}2&2&2&2&3\\2&2&2&3&2\\2&2&3&2&2\\2&3&2&2&2\\3&2&2&2&2\end{vmatrix}\xlongequal[i=2,3,4,5]{r_i-r_1}\begin{vmatrix}2&2&2&2&3\\0&0&0&1&-1\\0&0&1&0&-1\\0&1&0&0&-1\\1&0&0&0&-1\end{vmatrix}\xlongequal{c_5+\sum_{i=1}^{4}c_i}\begin{vmatrix}2&2&2&2&11\\0&0&0&1&0\\0&0&1&0&0\\0&1&0&0&0\\1&0&0&0&0\end{vmatrix}$$

$$=11\times(-1)^{\tau(54321)}=11.$$

【评注】上述计算过程中涉及两个具有特殊结构类型的行列式，如题(3) 单对角线形行列式及算至第 2 步出现的爪形行列式，后面我们还会陆续介绍一些新的特殊结构类型的行列式，这些行列式一般都有相对固定的计算步骤，了解这些行列式类型的特征及其算法，是行列式计算的一个重要内容，对于提高运算能力是大有益处的.

例 8 计算下列行列式：

(1) $\begin{vmatrix}1+a_1&1&1&1\\2&2+a_2&2&2\\3&3&3+a_3&3\\4&4&4&4+a_4\end{vmatrix}$，其中 $a_1a_2a_3a_4\neq 0$；

(2) $\begin{vmatrix}a_1+1&a_1+2&a_1+3&a_1+4\\a_2+1&a_2+2&a_2+3&a_2+4\\a_3+1&a_3+2&a_3+3&a_3+4\\a_4+1&a_4+2&a_4+3&a_4+4\end{vmatrix}$.

【解题思路】题中行列式含字母，且排列有序，但两题结构特点不同，其中，题(1) 主对角线元素相异，但每行其他元素相同，且都含 1 的倍数，应属于单对角线形行列式，只要将第 1 行的某倍数加至其余各行，即可化为爪形行列式处理. 题(2) 元素整体分布均匀对称，最终要利用性质化出两行或两列成比例，并定值为 0. 这与题(1) 用的是两个不同的思路.

【答案解析】(1) 将第 1 行的 $(-i)(i=2,3,4)$ 倍加至第 i 行，得到形如"◺"的爪形行列式，再将第 $i(i=2,3,4)$ 列的 $\dfrac{ia_1}{a_i}$ 倍加至第 1 列，即得三角形行列式，过程如下，

$$\begin{vmatrix} 1+a_1 & 1 & 1 & 1 \\ 2 & 2+a_2 & 2 & 2 \\ 3 & 3 & 3+a_3 & 3 \\ 4 & 4 & 4 & 4+a_4 \end{vmatrix} \xlongequal[i=2,3,4]{r_i - ir_1} \begin{vmatrix} 1+a_1 & 1 & 1 & 1 \\ -2a_1 & a_2 & 0 & 0 \\ -3a_1 & 0 & a_3 & 0 \\ -4a_1 & 0 & 0 & a_4 \end{vmatrix}$$

$$\xlongequal{c_1+\sum\limits_{i=2}^{4}\frac{ia_1}{a_i}c_i} \begin{vmatrix} 1+a_1+\sum\limits_{i=2}^{4}\dfrac{ia_1}{a_i} & 1 & 1 & 1 \\ 0 & a_2 & 0 & 0 \\ 0 & 0 & a_3 & 0 \\ 0 & 0 & 0 & a_4 \end{vmatrix} = \left(1+a_1+\sum_{i=2}^{4}\frac{ia_1}{a_i}\right)a_2a_3a_4.$$

(2) 将第 1 列的(−1) 倍加至第 2 列和第 3 列，出现两列成比例，即

$$\begin{vmatrix} a_1+1 & a_1+2 & a_1+3 & a_1+4 \\ a_2+1 & a_2+2 & a_2+3 & a_2+4 \\ a_3+1 & a_3+2 & a_3+3 & a_3+4 \\ a_4+1 & a_4+2 & a_4+3 & a_4+4 \end{vmatrix} \xlongequal[c_3-c_1]{c_2-c_1} \begin{vmatrix} a_1+1 & 1 & 2 & a_1+4 \\ a_2+1 & 1 & 2 & a_2+4 \\ a_3+1 & 1 & 2 & a_3+4 \\ a_4+1 & 1 & 2 & a_4+4 \end{vmatrix} = 0.$$

例 9 求解下列方程：

$$(1) f(x) = \begin{vmatrix} 3-x & 2 & -2 \\ x & 6-x & -4 \\ -4 & -4 & 4 \end{vmatrix} = 0;(2) f(x) = \begin{vmatrix} 2 & x & 3 \\ x & -1 & -4 \\ 4 & 1 & -1 \end{vmatrix} = 0.$$

【解题思路】本题要求解的是带有行列式结构的代数方程，它不同于一般意义上的代数方程的求解，主要涉及两个知识点，首先，根据行列式一般项由不同行、不同列的元素构成的原则，确定未知数的最高幂次，从而确定方程实根的个数；其次，要充分利用行列式的性质，找出满足行列式为 0 的未知数的取值，如题(1). 当然，在不能利用行列式的性质求解的情况下，只能直接展开，化为一般的代数方程求解. 这种情况下，行列式的阶数不会太高，如题(2).

【答案解析】(1) 根据一般项由不同行、不同列元素乘积的构成原则，知该方程为二次方程，至多有 2 个实根，考查该行列式的结构，可知当行列式第 1，3 行元素比值为 $-\dfrac{1}{2}$ 时，其值为 0，即有 $3-x=2$，解得 $x=1$. 同理，当行列式第 2，3 列元素比值为 −1 时，其值为 0，即有 $6-x=4$，得另一个解 $x=2$，故该方程的全部解为 1，2.

(2) 容易看出，该方程为二次方程，由于从行列式中很难找到行(列) 之间有比例关系，因此，直接将行列式展开，得二次方程

$$f(x) = \begin{vmatrix} 2 & x & 3 \\ x & -1 & -4 \\ 4 & 1 & -1 \end{vmatrix} = 2+3x-16x+12+8+x^2$$

$$= x^2-13x+22 = (x-2)(x-11) = 0,$$

解得方程的全部解为 2,11.

(三) 行列式按行(列)展开

相对而言,由对角线法则计算二阶、三阶行列式还是比较简便的,不难想象,解决高阶行列式的计算问题,另外一个途径就是将高阶行列式降为阶数较低的行列式,这就是行列式计算的降阶法. 在介绍行列式按行(列)展开的定理前,先介绍关于行列式的余子式和代数余子式的概念.

1.行列式的余子式和代数余子式

在 n 阶行列式中,划去元素 a_{ij} 所在的第 i 行和第 j 列,余下的 $n-1$ 阶行列式,称为元素 a_{ij} 的余子式,记作 M_{ij},$(-1)^{i+j}M_{ij}$ 为元素 a_{ij} 的代数余子式,记作 A_{ij},即

$$A_{ij}=(-1)^{i+j}M_{ij}=(-1)^{i+j}\begin{vmatrix} a_{11} & \cdots & a_{1,j-1} & a_{1,j+1} & \cdots & a_{1n} \\ \vdots & & \vdots & \vdots & & \vdots \\ a_{i-1,1} & \cdots & a_{i-1,j-1} & a_{i-1,j+1} & \cdots & a_{i-1,n} \\ a_{i+1,1} & \cdots & a_{i+1,j-1} & a_{i+1,j+1} & \cdots & a_{i+1,n} \\ \vdots & & \vdots & \vdots & & \vdots \\ a_{n1} & \cdots & a_{n,j-1} & a_{n,j+1} & \cdots & a_{nn} \end{vmatrix}.$$

例如,四阶行列式 $D=\begin{vmatrix} a_{11} & a_{12} & a_{13} & a_{14} \\ a_{21} & a_{22} & a_{23} & a_{24} \\ a_{31} & a_{32} & a_{33} & a_{34} \\ a_{41} & a_{42} & a_{43} & a_{44} \end{vmatrix}$ 中,元素 a_{21} 和 a_{33} 的代数余子式分别为

$$A_{21}=(-1)^{2+1}\begin{vmatrix} a_{12} & a_{13} & a_{14} \\ a_{32} & a_{33} & a_{34} \\ a_{42} & a_{43} & a_{44} \end{vmatrix}=-\begin{vmatrix} a_{12} & a_{13} & a_{14} \\ a_{32} & a_{33} & a_{34} \\ a_{42} & a_{43} & a_{44} \end{vmatrix},$$

$$A_{33}=(-1)^{3+3}\begin{vmatrix} a_{11} & a_{12} & a_{14} \\ a_{21} & a_{22} & a_{24} \\ a_{41} & a_{42} & a_{44} \end{vmatrix}=\begin{vmatrix} a_{11} & a_{12} & a_{14} \\ a_{21} & a_{22} & a_{24} \\ a_{41} & a_{42} & a_{44} \end{vmatrix}.$$

2.行列式按行(列)展开的定理

n 阶行列式 $D=\det(a_{ij})$ 等于其任意一行(列)的各元素与对应的代数余子式乘积之和,即

$$D=a_{i1}A_{i1}+a_{i2}A_{i2}+\cdots+a_{in}A_{in},i=1,2,\cdots,n$$

或 $$D=a_{1j}A_{1j}+a_{2j}A_{2j}+\cdots+a_{nj}A_{nj},j=1,2,\cdots,n.$$

由行列式按行(列)展开的定理还可以得到一个重要推论如下.

n 阶行列式 $D=\det(a_{ij})$ 某一行(列)的元素与另一行(列)对应元素的代数余子式乘积之和等于零,即

$$D=a_{i1}A_{s1}+a_{i2}A_{s2}+\cdots+a_{in}A_{sn}=0,i,s=1,2,\cdots,n,i\neq s$$

或 $$D=a_{1j}A_{1t}+a_{2j}A_{2t}+\cdots+a_{nj}A_{nt}=0,j,t=1,2,\cdots,n,j\neq t.$$

3. 由行列式展开定理计算行列式

(1) 根据行列式按行(列) 展开的定理,任何一个 n 阶行列式可以按照某一行(列) 展开,降至若干 $n-1$ 阶行列式的代数和,以此类推,直至降至若干二阶、三阶行列式的代数和,再进行计算. 显然,一般情况下,用降阶法计算行列式并不能减少运算量,但当行列式的某行(列) 含零较多时,计算量将大大减少,如下例.

例 10 计算行列式 $\begin{vmatrix} 2 & 4 & 5 & 0 & 0 \\ 1 & 3 & 8 & 0 & 0 \\ 0 & 2 & 0 & 0 & 0 \\ 0 & 1 & 1 & -1 & 3 \\ 0 & 3 & -2 & -3 & 0 \end{vmatrix}$.

【解题思路】本题为数值型行列式计算题,其中第 3 行、第 5 列含零元素较多,更适合用降阶法计算.

【答案解析】先按第 5 列,再按第 4 列,最后按第 3 行展开,结果化为一个二阶行列式定值,即有

$$\begin{vmatrix} 2 & 4 & 5 & 0 & 0 \\ 1 & 3 & 8 & 0 & 0 \\ 0 & 2 & 0 & 0 & 0 \\ 0 & 1 & 1 & -1 & 3 \\ 0 & 3 & -2 & -3 & 0 \end{vmatrix} = 3 \times (-1)^{4+5} \begin{vmatrix} 2 & 4 & 5 & 0 \\ 1 & 3 & 8 & 0 \\ 0 & 2 & 0 & 0 \\ 0 & 3 & -2 & -3 \end{vmatrix}$$

$$= -3 \times (-3) \times (-1)^{4+4} \begin{vmatrix} 2 & 4 & 5 \\ 1 & 3 & 8 \\ 0 & 2 & 0 \end{vmatrix} = 9 \times 2 \times (-1)^{3+2} \begin{vmatrix} 2 & 5 \\ 1 & 8 \end{vmatrix} = -198.$$

(2) 降阶法的另一个应用是对于一些特殊结构的行列式,尤其是含有字母的高阶行列式,通过降阶可以找出结构相似的高、低阶行列式之间的转换关系,即递推关系,进行推断运算. 下面介绍的两个重要的行列式类型的计算公式,就是运用递推法推导的应用的典型实例.

① 范德蒙德行列式的计算公式.

$$D_n = \begin{vmatrix} 1 & 1 & \cdots & 1 \\ a_1 & a_2 & \cdots & a_n \\ a_1^2 & a_2^2 & \cdots & a_n^2 \\ \vdots & \vdots & & \vdots \\ a_1^{n-1} & a_2^{n-1} & \cdots & a_n^{n-1} \end{vmatrix} = \prod_{1 \leqslant i < j \leqslant n} (a_j - a_i),$$

其中范德蒙德行列式的结构特点是行列式中每一行(列) 由 n 个元素 $a_1, a_2, \cdots, a_n$ 的幂次从 0 至 $n-1$ 升幂排列,其结果为所有后项元素与其所有前项元素差的乘积.

例 11 行列式 $\begin{vmatrix} 1 & 2 & 4 & 8 \\ 1 & -3 & 9 & -27 \\ 1 & -1 & 1 & -1 \\ 1 & 4 & 16 & 64 \end{vmatrix} = (\quad)$.

(A)2 100　(B)1 900　(C)1 700　(D)1 500　(E)1 200

【参考答案】A

【解题思路】题中行列式各行分别由数字 2,−3,−1,4 从左到右升幂排列,属于范德蒙德行列式的典型结构,直接利用公式即可定值.

【答案解析】

$$\begin{vmatrix} 1 & 2 & 4 & 8 \\ 1 & -3 & 9 & -27 \\ 1 & -1 & 1 & -1 \\ 1 & 4 & 16 & 64 \end{vmatrix} = \begin{vmatrix} 1 & 2 & 2^2 & 2^3 \\ 1 & -3 & (-3)^2 & (-3)^3 \\ 1 & -1 & (-1)^2 & (-1)^3 \\ 1 & 4 & 4^2 & 4^3 \end{vmatrix}$$

$$= (4-2)\times[4-(-3)]\times[4-(-1)]\times(-1-2)\times[-1-(-3)]\times(-3-2)$$

$$= 2\times 7\times 5\times(-3)\times 2\times(-5) = 2\ 100.$$

故本题正确答案是 A.

【评注】范德蒙德行列式是代数中常见的一种行列式类型,应该熟悉它.

② 由数表构造的准三角形行列式及计算公式.

$$\begin{vmatrix} \boldsymbol{A}_m & \boldsymbol{O} \\ * & \boldsymbol{B}_n \end{vmatrix} = \begin{vmatrix} \boldsymbol{A}_m & * \\ \boldsymbol{O} & \boldsymbol{B}_n \end{vmatrix} = |\boldsymbol{A}_m||\boldsymbol{B}_n|,$$

其中 $\boldsymbol{A}_m,\boldsymbol{B}_n$ 分别为 m^2 个元素和 n^2 个元素构成的数表,$\boldsymbol{O}$ 为由 $m\times n$ 个零元素构成的数表,结果表示为由数表 $\boldsymbol{A}_m,\boldsymbol{B}_n$ 构造的两个行列式的乘积.

例 12 计算行列式 $\begin{vmatrix} 2 & 4 & 5 & 0 & 0 \\ 1 & 3 & 8 & 0 & 0 \\ 0 & 2 & 0 & 0 & 0 \\ 0 & 1 & 1 & -1 & 3 \\ 0 & 3 & -2 & -3 & 0 \end{vmatrix}$.

【解题思路】本题行列式是由数表 $\begin{pmatrix} 2 & 4 & 5 \\ 1 & 3 & 8 \\ 0 & 2 & 0 \end{pmatrix}$ 与 $\begin{pmatrix} -1 & 3 \\ -3 & 0 \end{pmatrix}$ 构造的准三角形行列式,最终转化为数表对应三阶、二阶行列式的乘积.

【答案解析】$\begin{vmatrix} 2 & 4 & 5 & 0 & 0 \\ 1 & 3 & 8 & 0 & 0 \\ 0 & 2 & 0 & 0 & 0 \\ 0 & 1 & 1 & -1 & 3 \\ 0 & 3 & -2 & -3 & 0 \end{vmatrix} = \begin{vmatrix} 2 & 4 & 5 \\ 1 & 3 & 8 \\ 0 & 2 & 0 \end{vmatrix} \begin{vmatrix} -1 & 3 \\ -3 & 0 \end{vmatrix} = -22 \times 9 = -198.$

【评注】如果由数表 $\boldsymbol{A}_m,\boldsymbol{B}_n$ 构造的准三角形行列式是以副对角线排列的，相应的计算公式调整为

$$\begin{vmatrix} \boldsymbol{O} & \boldsymbol{A}_m \\ \boldsymbol{B}_n & * \end{vmatrix} = \begin{vmatrix} * & \boldsymbol{A}_m \\ \boldsymbol{B}_n & \boldsymbol{O} \end{vmatrix} = (-1)^{mn} \mid \boldsymbol{A}_m \mid \mid \boldsymbol{B}_n \mid.$$

这是因为，若通过两列之间对换将行列式 $\begin{vmatrix} \boldsymbol{O} & \boldsymbol{A}_m \\ \boldsymbol{B}_n & * \end{vmatrix}$ 调到 $\begin{vmatrix} \boldsymbol{A}_m & \boldsymbol{O} \\ * & \boldsymbol{B}_n \end{vmatrix}$ 的位置，总共要对换 $m \times n$ 次，即需变换 $m \times n$ 次符号，变换后，最终符号为 $(-1)^{mn}$.

(3) 由行列式展开定理

$$D = \begin{vmatrix} a_{11} & a_{12} & \cdots & a_{1n} \\ \vdots & \vdots & & \vdots \\ a_{i1} & a_{i2} & \cdots & a_{in} \\ \vdots & \vdots & & \vdots \\ a_{n1} & a_{n2} & \cdots & a_{nn} \end{vmatrix} = a_{i1}A_{i1} + a_{i2}A_{i2} + \cdots + a_{in}A_{in}, i = 1,2,\cdots,n,$$

可以看到，行列式 D 等于第 i 行代数余子式的代数和，其中和式的组合系数即为对应行的元素，反之，要求任意一行(列) 代数余子式的代数和，只需将其组合系数代替原来行列式对应行(列) 的元素，计算新的行列式即可. 从而提供了计算任意一行(列) 代数余子式的代数和的方法.

例 13　设四阶行列式

$$\begin{vmatrix} 2 & 1 & -1 & 2 \\ 3 & 0 & 1 & 6 \\ -2 & 3 & -1 & 4 \\ 5 & 2 & 3 & 7 \end{vmatrix}.$$

计算：(1) $-A_{11} + A_{21} - A_{31} + 3A_{41}$；(2) $A_{41} + A_{42} + A_{43} + A_{44}$.

【解题思路】求某行(列) 代数余子式的代数和，是按行(列) 展开定理应用的一个重要题型. 对于一个四阶行列式而言，计算第 i 行代数余子式的和式 $b_{i1}A_{i1} + b_{i2}A_{i2} + b_{i3}A_{i3} + b_{i4}A_{i4}$，关键是考查其组合系数 $b_{i1},b_{i2},b_{i3},b_{i4}$ 与行列式中各行元素是否相同，如果 $b_{i1},b_{i2},b_{i3},b_{i4}$ 恰好是该行列式第 i 行的元素，则和式即为行列式第 i 行的展开式，因此，和式就等于该行列式的值. 如果 $b_{i1},b_{i2},b_{i3},b_{i4}$ 是

该行列式其他行的元素，则和式为 0. 如果 $b_{i1},b_{i2},b_{i3},b_{i4}$ 与该行列式任何行的元素都不相同，则和式等于将 $b_{i1},b_{i2},b_{i3},b_{i4}$ 替代该行列式第 i 行后得到的新的行列式的值.

【答案解析】(1) 题中和式是行列式中第 1 列元素的代数余子式的代数和，但其组合系数 -1，1，-1，3 是行列式中第 3 列元素，因此，$-A_{11}+A_{21}-A_{31}+3A_{41}=0$.

(2) 题中和式是行列式中第 4 行元素的代数余子式的代数和，其组合系数 1,1,1,1 与行列式中任何行的元素都不相同，因此，将 1,1,1,1 与行列式中第 4 行元素置换，得

$$A_{41}+A_{42}+A_{43}+A_{44}=\begin{vmatrix}2&1&-1&2\\3&0&1&6\\-2&3&-1&4\\1&1&1&1\end{vmatrix}\xlongequal[r_3+2r_4]{\substack{r_1-2r_4\\r_2-3r_4}}\begin{vmatrix}0&-1&-3&0\\0&-3&-2&3\\0&5&1&6\\1&1&1&1\end{vmatrix}$$

$$=(-1)^{4+1}\begin{vmatrix}-1&-3&0\\-3&-2&3\\5&1&6\end{vmatrix}=-(12-45+3-54)=84.$$

（四）行列式的应用（克拉默法则）

行列式的一个应用就是求解 n 元线性方程组. 由 n 个方程构成的 n 元线性方程组的一般形式为

$$\begin{cases}a_{11}x_1+a_{12}x_2+\cdots+a_{1n}x_n=b_1,\\a_{21}x_1+a_{22}x_2+\cdots+a_{2n}x_n=b_2,\\\quad\cdots\cdots\\a_{n1}x_1+a_{n2}x_2+\cdots+a_{nn}x_n=b_n,\end{cases}\tag{$*$}$$

其中 a_{ij} 表示第 i 个方程第 j 个未知数的系数，b_i 表示第 i 个方程的常数项，$i,j=1,2,\cdots,n$.

对应方程组（$*$）有以下定理（克拉默法则）：

如果线性方程组（$*$）的系数行列式

$$D=\begin{vmatrix}a_{11}&a_{12}&\cdots&a_{1n}\\a_{21}&a_{22}&\cdots&a_{2n}\\\vdots&\vdots&&\vdots\\a_{n1}&a_{n2}&\cdots&a_{nn}\end{vmatrix}\neq 0,$$

则线性方程组（$*$）有解且仅有唯一解，表示为

$$x_1=\frac{D_1}{D},x_2=\frac{D_2}{D},\cdots,x_n=\frac{D_n}{D},$$

其中 $D_j(j=1,2,\cdots,n)$ 表示用常数项 $b_i(i=1,2,\cdots,n)$ 将系数行列式中第 j 列元素置换后得到的行列式.

克拉默法则给出了形如（$*$）的 n 元线性方程组有唯一解的充分必要条件，但要注意，当 $D=0$ 时，线性方程组是否有解或有无穷多解不能确定，有关问题将在第六章讨论.

例 14 求解线性方程组

$$\begin{cases} x_1 + a_1 x_2 + \cdots + a_1^{n-1} x_n = 1, \\ x_1 + a_2 x_2 + \cdots + a_2^{n-1} x_n = 1, \\ \quad \cdots\cdots \\ x_1 + a_n x_2 + \cdots + a_n^{n-1} x_n = 1, \end{cases}$$

其中 $a_i \neq a_j (1 \leqslant i, j \leqslant n)$ 为常数.

【解题思路】这是一个由 n 个方程构成的 n 元线性方程组,需考查系数行列式 D 是否非零.

【答案解析】由于系数行列式 D 为范德蒙德行列式,且 $a_i \neq a_j$,知 $D \neq 0$,因此,方程组有唯一解,观察方程组系数矩阵和常数项的结构特点,容易得到$(1,0,\cdots,0)^{\mathrm{T}}$ 是方程组的一个解,且为唯一解.

【评注】方程组的解也可以通过克拉默法则计算得到,将系数行列式 D 中第 1 列用常数项置换,得 $D_1 = D$,将系数行列式 D 中其他列用常数项置换,出现元素相同的两列,得 $D_i = 0, 2 \leqslant i \leqslant n$,即得 $x_1 = 1, x_2 = \cdots = x_n = 0$.

三、综合题精讲

题型一 低阶行列式的计算

例 1 $\begin{vmatrix} j & m & w \\ m & w & j \\ w & j & m \end{vmatrix} = (\quad)$.

(A) $jmw - j^3 - m^3 - w^3$ (B) $j^3 + m^3 + w^3 - jmw$

(C) $3jmw - j^3 - m^3 - w^3$ (D) $j^3 + m^3 + w^3 - 3jmw$

(E) $jmw - 3j^3 - 3m^3 - 3w^3$

【参考答案】C

【解题思路】低阶行列式一般指二阶、三阶行列式,可直接用对角线法则计算.

【答案解析】由

$$\begin{vmatrix} j & m & w \\ m & w & j \\ w & j & m \end{vmatrix} = jwm + mjw + wmj - j^3 - m^3 - w^3 = 3jmw - j^3 - m^3 - w^3,$$

知本题应选择 C.

例 2 行列式 $\begin{vmatrix} 99 & 201 \\ 202 & 399 \end{vmatrix} = (\quad)$.

(A) $-1\ 103$ (B) $-1\ 102$ (C) $-1\ 101$ (D) $1\ 101$ (E) $1\ 103$

【参考答案】C

【解题思路】本题虽然是二阶行列式，但数值较大，应利用行列式性质变为数值较小时再计算.

【答案解析】由

$$\begin{vmatrix} 99 & 201 \\ 202 & 399 \end{vmatrix} \xlongequal{r_2-2r_1} \begin{vmatrix} 99 & 201 \\ 4 & -3 \end{vmatrix} \xlongequal{c_2-2c_1} \begin{vmatrix} 99 & 3 \\ 4 & -11 \end{vmatrix} = -1\,089-12=-1\,101,$$

知本题应选择 C.

题型二　与行列式定义相关的问题

例 3　判断下列各项中，为四阶行列式展开式中的项前取负号的项是(　　).

(A)$a_{13}a_{24}a_{11}a_{42}$　　(B)$a_{13}a_{24}a_{31}a_{42}$　　(C)$a_{14}a_{23}a_{32}a_{41}$

(D)$a_{22}a_{44}a_{31}a_{13}$　　(E)$a_{12}a_{24}a_{33}a_{41}$

【参考答案】D

【解题思路】根据行列式定义中一般项构成，首先各元素取自不同行、不同列，即行标与列标排列均为 4 级排列，然后在行标按照自然顺序排列时列标逆序数的奇偶性.

【答案解析】由行列式的项应取不同行、不同列，因此 $a_{13}a_{24}a_{11}a_{42}$ 不是行列式中的项. 又由

$$\tau(3412)=4,\tau(4321)=6,\tau(3214)=3,\tau(2431)=4,$$

知 $a_{13}a_{24}a_{31}a_{42}$，$a_{14}a_{23}a_{32}a_{41}$，$a_{12}a_{24}a_{33}a_{41}$ 项前取正号，$a_{22}a_{44}a_{31}a_{13}$ 项前取负号，本题应选择 D.

例 4　设行列式 $D=\begin{vmatrix} a_{11} & a_{12} & a_{13} \\ a_{21} & a_{22} & a_{23} \\ a_{31} & a_{32} & a_{33} \end{vmatrix}$，已知其中有 3 个元素取值为零，于是有(　　).

(A)$D\neq 0$

(B) 若 3 个零元素处在对角线上，则 $D=0$

(C) 若 3 个零元素处在行列式右上角位置上，则 $D=0$

(D) 若 3 个零元素处在行列式右下角位置上，则 $D=0$

(E) 若 3 个零元素处在同一行(列) 位置上，则 $D=0$

【参考答案】E

【解题思路】三阶行列式有 3 个零元素未必为零，关键与所处位置有关.

【答案解析】由行列式定义，其展开式由各项取不同行、不同列组成，若 3 个零元素处在同一行(列) 位置上，各项组成时至少有一个元素取自该行(列)，因此各项必定为零，从而 $D=0$，故本题应选择 E.

例 5　设行列式 $D=\begin{vmatrix} a_{11} & \cdots & 0 \\ \vdots & & \vdots \\ 0 & \cdots & a_{nn} \end{vmatrix}$，$A=\begin{vmatrix} 0 & \cdots & a_{11} \\ \vdots & & \vdots \\ a_{nn} & \cdots & 0 \end{vmatrix}$，若 $D=A$，则 $n=$（　　）.

(A) 任意正整数　　(B) 奇数　　(C) 偶数

(D) $4k$ 或 $4k+1(k=1,2,\cdots)$　　(E) $4k+3(k=0,1,2,\cdots)$

【参考答案】D

【解题思路】由 n 阶行列式定义，两个行列式大小相同，关键看副对角线元素的符号是否取正值.

【答案解析】由 n 阶行列式定义，有 $A=(-1)^{\tau(n\cdots 21)}a_{11}a_{22}\cdots a_{nn}=(-1)^{\frac{1}{2}n(n-1)}D$，知当 $n=4k$ 或 $4k+1(k=1,2,\cdots)$ 时，$D=A$，故本题应选择 D.

题型三　高阶数值型行列式的计算

例 6　$D_4=\begin{vmatrix} 2 & -1 & 0 & 0 \\ 0 & 2 & -1 & 0 \\ 0 & 0 & 2 & -1 \\ -1 & 0 & 0 & 2 \end{vmatrix}=$（　　）.

(A)17　　(B)15　　(C)13　　(D)11　　(E)9

【参考答案】B

【解题思路】行列式中零元素较多，且非零元素顺对角线排成两条直线，称为双直线形行列式，只要按照第 1 行(或第 1 列) 展开，变为两个三角形行列式定值.

【答案解析】按照第 1 列展开，有

$$D_4=\begin{vmatrix} 2 & -1 & 0 & 0 \\ 0 & 2 & -1 & 0 \\ 0 & 0 & 2 & -1 \\ -1 & 0 & 0 & 2 \end{vmatrix}=2\begin{vmatrix} 2 & -1 & 0 \\ 0 & 2 & -1 \\ 0 & 0 & 2 \end{vmatrix}-1\times(-1)^{4+1}\begin{vmatrix} -1 & 0 & 0 \\ 2 & -1 & 0 \\ 0 & 2 & -1 \end{vmatrix}$$

$$=16-1=15,$$

故本题应选择 B.

例 7　$D_4=\begin{vmatrix} 1 & 1 & 1 & 0 \\ 2 & 2 & 0 & 2 \\ 3 & 0 & 3 & 3 \\ 0 & -1 & -1 & -1 \end{vmatrix}=$（　　）.

(A)18　　(B)12　　(C)6　　(D)-6　　(E)-18

【参考答案】A

【答案解析】

$$D_4=\begin{vmatrix}1&1&1&0\\2&2&0&2\\3&0&3&3\\0&-1&-1&-1\end{vmatrix}\xlongequal[r_3-3r_1]{r_2-2r_1}\begin{vmatrix}1&1&1&0\\0&0&-2&2\\0&-3&0&3\\0&-1&-1&-1\end{vmatrix}\xlongequal{r_2\leftrightarrow r_4}-\begin{vmatrix}1&1&1&0\\0&-1&-1&-1\\0&-3&0&3\\0&0&-2&2\end{vmatrix}$$

$$\xlongequal[r_4+2r_3]{\substack{r_3-3r_2\\ r_3\div 3}}-3\begin{vmatrix}1&1&1&0\\0&-1&-1&-1\\0&0&1&2\\0&0&0&6\end{vmatrix}=-3\times1\times(-1)\times1\times6=18,$$

故本题应选择 A.

题型四　高阶带字母行列式的计算

例 8 $D_4=\begin{vmatrix}1-a&a&0&0\\-1&1-a&a&0\\0&-1&1-a&a\\0&0&-1&1-a\end{vmatrix}=(\quad)$.

(A) $(1-a)^4$　(B) $a^4+2a^3+6a^2+2a+1$　(C) $a^4-2a^3+6a^2+a$

(D) $a^4+a^3+a^2+a+1$　(E) $a^4-a^3+a^2-a+1$

【参考答案】E

【解题思路】本题行列式中，仅仅主对角线及与主对角线相邻且平行的两条直线上的元素非零且排列有序，高低阶行列式之间结构相同，通常称为三直线形行列式. 对这类行列式，适宜采用递推法计算. 计算的关键是找到上下阶行列式之间的关系式，即递推公式.

【答案解析】**方法 1** 递推法. 先将其余各行加至第 4 行，化简整理，再按第 4 行展开，有

$$D_4=\begin{vmatrix}1-a&a&0&0\\-1&1-a&a&0\\0&-1&1-a&a\\0&0&-1&1-a\end{vmatrix}=\begin{vmatrix}1-a&a&0&0\\-1&1-a&a&0\\0&-1&1-a&a\\-a&0&0&1\end{vmatrix}$$

$$=-(-1)^{4+1}a^4+D_3=a^4-(-1)^{3+1}a^3+D_2=a^4-a^3-(-1)^{2+1}a^2+D_1$$

$$=a^4-a^3+a^2-a+1,$$

故本题应选择 E.

方法 2 归纳法. 考虑到行列式排列有序，可以从低阶开始计算，逐步升阶找出规律，由

$$D_1=1-a,D_2=\begin{vmatrix}1-a&a\\-1&1-a\end{vmatrix}=1-a+a^2,$$

$$D_3=\begin{vmatrix}1-a & a & 0\\ -1 & 1-a & a\\ 0 & -1 & 1-a\end{vmatrix}=(1-a)D_2-1\times(-1)^{2+1}a(1-a)=1-a+a^2-a^3,$$

故可类推得 $D_4=a^4-a^3+a^2-a+1$，故本题应选择 E.

例 9 $D_4=\begin{vmatrix}a & 0 & 0 & b\\ 0 & a & b & 0\\ 0 & c & d & 0\\ c & 0 & 0 & d\end{vmatrix}=(\quad)$.

(A) $-(ac-bd)^2$　(B) $(ac-bd)^2$　(C) $(ab-dc)^2$

(D) $(ad-bc)^2$　(E) $-(ad-bc)^2$

【参考答案】D

【解题思路】本题行列式元素按照主、副对角线分布，称为 X 形行列式，这类行列式也适宜采用递推法计算，一般地，对行列式 D_{2n} 有递推公式 $D_{2n}=(ad-bc)D_{2n-2}$，$n\geqslant 2$.

【答案解析】套用递推公式，有

$$D_4=(ad-bc)D_2=(ad-bc)^2.$$

由于已知行列式阶数不大，可直接用降阶法计算，按第 1 行展开，有

$$D_4=\begin{vmatrix}a & 0 & 0 & b\\ 0 & a & b & 0\\ 0 & c & d & 0\\ c & 0 & 0 & d\end{vmatrix}=a\begin{vmatrix}a & b & 0\\ c & d & 0\\ 0 & 0 & d\end{vmatrix}-b\begin{vmatrix}0 & a & b\\ 0 & c & d\\ c & 0 & 0\end{vmatrix}$$

$$=ad\begin{vmatrix}a & b\\ c & d\end{vmatrix}-bc\begin{vmatrix}a & b\\ c & d\end{vmatrix}=(ad-bc)^2,$$

故本题应选择 D.

例 10 已知四阶行列式 $|\boldsymbol{\alpha}_1,\boldsymbol{\alpha}_2,\boldsymbol{\alpha}_3,\boldsymbol{\beta}|=a$，$|\boldsymbol{\beta}+\boldsymbol{\gamma},\boldsymbol{\alpha}_2,\boldsymbol{\alpha}_3,\boldsymbol{\alpha}_1|=b$，则 $|\boldsymbol{\alpha}_2+\boldsymbol{\alpha}_3,\boldsymbol{\alpha}_1,\boldsymbol{\alpha}_3,\boldsymbol{\gamma}|=$ (　　).

(A) $a+b$　(B) $-a-b$　(C) $-2a+b$

(D) $-2a-b$　(E) $2a-b$

【参考答案】A

【解题思路】这是一个抽象的带字母题，要通过列变换将要求的行列式简化分离，最终表示为两个已知行列式的运算形式.

【答案解析】因为

$$|\boldsymbol{\alpha}_2+\boldsymbol{\alpha}_3,\boldsymbol{\alpha}_1,\boldsymbol{\alpha}_3,\boldsymbol{\gamma}|\xlongequal{c_1-c_3}|\boldsymbol{\alpha}_2,\boldsymbol{\alpha}_1,\boldsymbol{\alpha}_3,\boldsymbol{\gamma}|\xlongequal{c_1\leftrightarrow c_2}-|\boldsymbol{\alpha}_1,\boldsymbol{\alpha}_2,\boldsymbol{\alpha}_3,\boldsymbol{\gamma}|,$$

又

$$|\boldsymbol{\beta}+\boldsymbol{\gamma},\boldsymbol{\alpha}_2,\boldsymbol{\alpha}_3,\boldsymbol{\alpha}_1|=-|\boldsymbol{\alpha}_1,\boldsymbol{\alpha}_2,\boldsymbol{\alpha}_3,\boldsymbol{\beta}+\boldsymbol{\gamma}|=-|\boldsymbol{\alpha}_1,\boldsymbol{\alpha}_2,\boldsymbol{\alpha}_3,\boldsymbol{\beta}|-|\boldsymbol{\alpha}_1,\boldsymbol{\alpha}_2,\boldsymbol{\alpha}_3,\boldsymbol{\gamma}|,$$

故$|\boldsymbol{\alpha}_2+\boldsymbol{\alpha}_3,\boldsymbol{\alpha}_1,\boldsymbol{\alpha}_3,\boldsymbol{\gamma}|=a+b$,故选 A.

【评注】高阶带字母行列式,通常指四阶及四阶以上带字母的行列式,比较抽象.有两种基本类型,一种与高阶数值型行列式类似,元素排列有序,有一定规律性,如上面的单直线、双直线和三直线形行列式,通过初等变换最终化为三角形行列式定值,这些题一般阶数不大,即使大一些,但计算量不大. 另一种如本题,主要通过行列变换,与已知行列式对应,代值计算.

题型五　与余子式、代数余子式相关问题的计算

例 11 设行列式$D=\begin{vmatrix} a_{11} & a_{12} & a_{13} \\ a_{21} & a_{22} & a_{23} \\ a_{31} & a_{32} & a_{33} \end{vmatrix}$,$M_{ij}$ 是D中元素a_{ij} 的余子式,$i,j=1,2,3$,A_{ij} 是D中元素 a_{ij} 的代数余子式,则满足 $M_{ij}=A_{ij}$ 的数组(M_{ij},A_{ij})有(　　).

(A)1 组　　(B)2 组　　(C)3 组　　(D)4 组　　(E)5 组

【参考答案】E

【解题思路】行列式中 M_{ij} 与 A_{ij} 之间的差异是项前符号$(-1)^{i+j}$.

【答案解析】对于三阶行列式,行标和列标之和 $i+j$ 为偶数的共有 5 组,故本题应选择 E.

例 12 设$|\boldsymbol{A}|=\begin{vmatrix} 2 & -1 & 2 & 3 \\ 0 & 1 & -1 & 0 \\ 2 & 3 & 4 & 5 \\ 1 & 1 & 1 & 1 \end{vmatrix}$,则 $A_{31}+A_{32}+A_{33}+M_{34}=$(　　).

(A)8　　(B)6　　(C)4　　(D)2　　(E)1

【参考答案】B

【解题思路】本题即计算$A_{31}+A_{32}+A_{33}-A_{34}$,结果是将组合系数置换行列式中第3行元素后的行列式的值.

【答案解析】　$A_{31}+A_{32}+A_{33}+M_{34}=A_{31}+A_{32}+A_{33}-A_{34}$

$$=\begin{vmatrix} 2 & -1 & 2 & 3 \\ 0 & 1 & -1 & 0 \\ 1 & 1 & 1 & -1 \\ 1 & 1 & 1 & 1 \end{vmatrix}\xlongequal[r_4-r_3]{r_1-2r_3}\begin{vmatrix} 0 & -3 & 0 & 5 \\ 0 & 1 & -1 & 0 \\ 1 & 1 & 1 & -1 \\ 0 & 0 & 0 & 2 \end{vmatrix}=6,$$

故本题应选择 B.

【评注】与余子式、代数余子式相关的问题主要有两个角度:一是余子式与代数余子式之间的转换,注意符号的变换;二是计算某行(列)的余子式或代数余子式的线性组合,关键查看其组合系数与其他行(列)的元素是否一致,若一致,则取值为零,否则,将代数余子式的线性组合系数置换行

列式中对应行(列)的元素后计算行列式的值.

题型六 用行列式表示的函数、方程的运算

例 13 设 $f(x)=\begin{vmatrix}1&0&0&1\\1&2&3&x\\1&2&3&x^2\\1&2&3&x^3\end{vmatrix}$,则 $[f(x+1)-f(x)]''=($ $)$.

(A)0 (B)1 (C)2 (D)3 (E)4

【参考答案】A

【解题思路】由于行列式两列成比例可得 $f(x)\equiv 0$.

【答案解析】因为行列式第 2 列与第 3 列成比例,则 $f(x)\equiv 0$,故本题应选择 A.

例 14 已知方程 $\begin{vmatrix}x-1&-2&3\\1&x-4&3\\-1&a&x-5\end{vmatrix}=0$ 有二重根,则参数 a 为( ).

(A)1 (B)2 (C)2 或$\frac{2}{3}$ (D) $\frac{2}{3}$ (E) $-\frac{2}{3}$

【参考答案】C

【解题思路】方程对应的函数为 3 次多项式,最终要将行列式展开,并作为因式分解,问题的关键是在展开过程中,尽可能利用行列式的性质先从中提取出一个公因子,剩下的二次多项式就好处理了.

【答案解析】由

$$\begin{vmatrix}x-1&-2&3\\1&x-4&3\\-1&a&x-5\end{vmatrix}\xlongequal{r_1-r_2}\begin{vmatrix}x-2&2-x&0\\1&x-4&3\\-1&a&x-5\end{vmatrix}\xlongequal{c_2+c_1}\begin{vmatrix}x-2&0&0\\1&x-3&3\\-1&a-1&x-5\end{vmatrix},$$

得

$$\begin{vmatrix}x-1&-2&3\\1&x-4&3\\-1&a&x-5\end{vmatrix}=(x-2)(x^2-8x+18-3a)=0,$$

于是,若 $x=2$ 为二重根,则 $2^2-16+18-3a=0,a=2$;若 $x=4$ 为二重根,则 $18-3a=16,a=\frac{2}{3}$,故本题应选择 C.

【评注】函数可以用含有变量的行列式表示,通常为多项式,当然,可以定其函数值、常数项、多项式的幂次,也可以求导数,计算极限,用于连续函数的介值定理,还可以转为方程解的讨论等,一般这类题不要求将行列式完全展开,尽量利用定义或性质推导.

题型七　特殊结构的行列式的计算

例 15 $D_4=\begin{vmatrix}1&1&1&1\\x_1+1&x_2+1&x_3+1&x_4+1\\x_1^2+x_1&x_2^2+x_2&x_3^2+x_3&x_4^2+x_4\\x_1^3+x_1^2&x_2^3+x_2^2&x_3^3+x_3^2&x_4^3+x_4^2\end{vmatrix}=(\quad)$.

(A) $\prod\limits_{1\leqslant i<j\leqslant 4}(x_j-x_i)$　　(B) $\prod\limits_{1\leqslant i<j\leqslant 4}(x_i-x_j)^2$　　(C) $\prod\limits_{1\leqslant i<j\leqslant 4}(x_i+x_j)$

(D) $\sum\limits_{1\leqslant i<j\leqslant 4}(x_j-x_i)^5$　　(E) $\sum\limits_{1\leqslant i<j\leqslant 4}(x_i-x_j)^6$

【参考答案】A

【解题思路】行列式中有 4 个元素升幂排列,具有范德蒙德行列式特征,应考虑通过初等变换将其化为范德蒙德行列式的标准形式,再直接用公式给出结果.

【答案解析】依次用下一行减去上一行,化为范德蒙德行列式,即

$$D_4=\begin{vmatrix}1&1&1&1\\x_1+1&x_2+1&x_3+1&x_4+1\\x_1^2+x_1&x_2^2+x_2&x_3^2+x_3&x_4^2+x_4\\x_1^3+x_1^2&x_2^3+x_2^2&x_3^3+x_3^2&x_4^3+x_4^2\end{vmatrix}=\begin{vmatrix}1&1&1&1\\x_1&x_2&x_3&x_4\\x_1^2&x_2^2&x_3^2&x_4^2\\x_1^3&x_2^3&x_3^3&x_4^3\end{vmatrix}$$

$$=\prod_{1\leqslant i<j\leqslant 4}(x_j-x_i),$$

故本题应选择 A.

例 16 $D_4=\begin{vmatrix}a_1&a_2&a_3&0\\b_1&b_2&b_3&0\\0&c_1&c_2&c_3\\0&d_1&d_2&d_3\end{vmatrix}=(\quad)$.

(A) $\begin{vmatrix}a_1&a_2\\b_1&b_2\end{vmatrix}\begin{vmatrix}c_2&c_3\\d_2&d_3\end{vmatrix}-\begin{vmatrix}a_1&a_3\\b_1&b_3\end{vmatrix}\begin{vmatrix}c_1&c_3\\d_1&d_3\end{vmatrix}$

(B) $\begin{vmatrix}a_1&a_3\\b_1&b_3\end{vmatrix}\begin{vmatrix}c_1&c_3\\d_1&d_3\end{vmatrix}-\begin{vmatrix}a_1&a_2\\b_1&b_2\end{vmatrix}\begin{vmatrix}c_2&c_3\\d_2&d_3\end{vmatrix}$

(C) $\begin{vmatrix}a_2&a_3\\b_2&b_3\end{vmatrix}\begin{vmatrix}c_2&c_3\\d_2&d_3\end{vmatrix}-\begin{vmatrix}a_1&a_3\\b_1&b_3\end{vmatrix}\begin{vmatrix}c_1&c_3\\d_1&d_3\end{vmatrix}$

(D) $\begin{vmatrix}a_1&a_3\\b_1&b_3\end{vmatrix}\begin{vmatrix}c_1&c_3\\d_1&d_3\end{vmatrix}-\begin{vmatrix}a_2&a_3\\b_2&b_3\end{vmatrix}\begin{vmatrix}c_2&c_3\\d_2&d_3\end{vmatrix}$

(E) $\begin{vmatrix}a_1&a_2\\b_1&b_2\end{vmatrix}\begin{vmatrix}c_1&c_3\\d_1&d_3\end{vmatrix}-\begin{vmatrix}a_1&a_3\\b_1&b_3\end{vmatrix}\begin{vmatrix}c_2&c_3\\d_2&d_3\end{vmatrix}$

【参考答案】A

【解题思路】行列式中有零元素可以调整为准三角形行列式形式，可利用公式$\begin{vmatrix} \boldsymbol{A} & \boldsymbol{O} \\ \boldsymbol{C} & \boldsymbol{B} \end{vmatrix} = |\boldsymbol{A}|\,|\boldsymbol{B}|$计算.

【答案解析】利用行列式的性质，将第 3 列拆分，变换为两个准三角形行列式，即

$$D_4 = \begin{vmatrix} a_1 & a_2 & a_3+0 & 0 \\ b_1 & b_2 & b_3+0 & 0 \\ 0 & c_1 & 0+c_2 & c_3 \\ 0 & d_1 & 0+d_2 & d_3 \end{vmatrix} = \begin{vmatrix} a_1 & a_2 & 0 & 0 \\ b_1 & b_2 & 0 & 0 \\ 0 & c_1 & c_2 & c_3 \\ 0 & d_1 & d_2 & d_3 \end{vmatrix} + \begin{vmatrix} a_1 & a_2 & a_3 & 0 \\ b_1 & b_2 & b_3 & 0 \\ 0 & c_1 & 0 & c_3 \\ 0 & d_1 & 0 & d_3 \end{vmatrix}$$

$$= \begin{vmatrix} a_1 & a_2 & 0 & 0 \\ b_1 & b_2 & 0 & 0 \\ 0 & c_1 & c_2 & c_3 \\ 0 & d_1 & d_2 & d_3 \end{vmatrix} - \begin{vmatrix} a_1 & a_3 & a_2 & 0 \\ b_1 & b_3 & b_2 & 0 \\ 0 & 0 & c_1 & c_3 \\ 0 & 0 & d_1 & d_3 \end{vmatrix} = \begin{vmatrix} a_1 & a_2 \\ b_1 & b_2 \end{vmatrix} \begin{vmatrix} c_2 & c_3 \\ d_2 & d_3 \end{vmatrix} - \begin{vmatrix} a_1 & a_3 \\ b_1 & b_3 \end{vmatrix} \begin{vmatrix} c_1 & c_3 \\ d_1 & d_3 \end{vmatrix},$$

故本题应选择 A.

【评注】特殊结构的行列式，常见的有范德蒙德行列式和准三角形行列式，其结构前面已有详细介绍，有时行列式阶数较高，但利用公式，计算量不大，主要工作是利用行列式的性质化为范德蒙德行列式，计算准三角形行列式$\begin{vmatrix} \boldsymbol{O} & \boldsymbol{A}_n \\ \boldsymbol{B}_m & \boldsymbol{C} \end{vmatrix} = (-1)^{mn}|\boldsymbol{A}|\,|\boldsymbol{B}|$时，要注意符号.

四、综合练习题

1 设对角行列式$A_n = \begin{vmatrix} a_1 & \cdots & 0 \\ \vdots & & \vdots \\ 0 & \cdots & a_n \end{vmatrix}$和副对角行列式$B_n = \begin{vmatrix} 0 & \cdots & a_1 \\ \vdots & & \vdots \\ a_n & \cdots & 0 \end{vmatrix}$，$n = 2,3,4,5,6$. 则满足 $A_n = B_n$ 的组合(A_n, B_n)至少有(　　).

(A)1 组　(B)2 组　(C)3 组　(D)4 组　(E)5 组

2 $\begin{vmatrix} 1 & 4 & 1 \\ 5 & 16 & 3 \\ 25 & 64 & 9 \end{vmatrix} =$ (　　).

(A)16　(B)10　(C)-8　(D)-10　(E)-16

3 $\begin{vmatrix} 1 & -c & -b \\ c & 1 & -a \\ b & a & 1 \end{vmatrix} =$ (　　).

(A)$1+a^2+b^2+c^2$　(B)$1-a^2+b^2-c^2$　(C)$1-a^2-b^2-c^2$

(D)$1+a^2-b^2-c^2$　(E)$1-a^2-b^2+c^2$

4 设多项式 $f(x)=\begin{vmatrix} x & -x & 1 & 3 \\ 2x & 0 & 2 & 5 \\ 2 & 1 & x+7 & -5 \\ 4 & -3 & 11 & 3x \end{vmatrix}$,其中常数项等于(　　).

(A)16　　(B)10　　(C)8　　(D)-10　　(E)-16

5 设多项式 $f(x)=\begin{vmatrix} x & -x & 1 & 3 \\ 2x & 0 & 2 & 5 \\ 2 & 1 & x+7 & -5 \\ 4 & -3 & 11 & 3x \end{vmatrix}$,则 $f^{(4)}(x)=$(　　).

(A)16　　(B)24　　(C)48　　(D)96　　(E)144

6 多项式 $f(x)=\begin{vmatrix} x & -x & 1 & 2 \\ 2x & 0 & 2 & 5 \\ 3 & 1 & x+7 & -5 \\ 4 & x & 11 & 0 \end{vmatrix}$ 的最高幂次为(　　).

(A)0　　(B)1　　(C)2　　(D)3　　(E)4

7 设函数 $F(x)=\begin{vmatrix} f(0) & g(0) \\ f(x) & g(x) \end{vmatrix}$,其中 $f(x)=\sin x$,$g(x)=\cos x$,则 $\lim\limits_{x\to0}\dfrac{F(x)}{x}=$(　　).

(A)1　　(B)$\dfrac{1}{2}$　　(C)0　　(D)$-\dfrac{1}{2}$　　(E)-1

8 设 $f(x)=\begin{vmatrix} x & 2 & 3 \\ 3x & -1 & 0 \\ 2 & 0 & x \end{vmatrix}$,则能够确定方程 $f(x)=0$(　　).

(A) 在区间$(-1,0)$内没有实根

(B) 在区间$(0,1)$内没有实根

(C) 在区间$(1,2)$内有实根

(D) 在区间$(2,3)$内有实根

(E) 在区间$(-1,0)$和$(0,1)$内各有一个实根

9 已知方程 $\begin{vmatrix} x-1 & -2 & 3 \\ 1 & x-4 & 3 \\ -1 & -a & x-1 \end{vmatrix}=0$ 有三重根,则参数 a 为(　　).

(A)3　　(B)2　　(C)1 或$\dfrac{2}{3}$　　(D)$\dfrac{1}{3}$　　(E)$-\dfrac{2}{3}$

10 设 $\boldsymbol{A}_m,\boldsymbol{B}_{6-m}(m=1,2,\cdots,5)$ 分别为 $1\times1,2\times2,\cdots,5\times5$ 及 $5\times5,4\times4,\cdots,1\times1$ 构成的方块,行列式 $Q_m=\begin{vmatrix} \boldsymbol{A}_m & \boldsymbol{O} \\ \boldsymbol{O} & \boldsymbol{B}_{6-m} \end{vmatrix}$,$S_m=\begin{vmatrix} \boldsymbol{O} & \boldsymbol{A}_m \\ \boldsymbol{B}_{6-m} & \boldsymbol{O} \end{vmatrix}$,$m=1,2,\cdots,5$,则满足等式 $Q_m=S_m$ 的组合(Q_m,S_m)有(　　).

(A)1 组　　(B)2 组　　(C)3 组　　(D)4 组　　(E)5 组

11 若 $D=\begin{vmatrix} a_{11} & a_{12} & a_{13} \\ a_{21} & a_{22} & a_{23} \\ a_{31} & a_{32} & a_{33} \end{vmatrix}=d\neq 0$,则 $D_1=\begin{vmatrix} -a_{11} & 2a_{11}-4a_{12} & 3a_{13}-a_{12} \\ -a_{21} & 2a_{21}-4a_{22} & 3a_{23}-a_{22} \\ -a_{31} & 2a_{31}-4a_{32} & 3a_{33}-a_{32} \end{vmatrix}=$( ).

(A)d (B)$2d$ (C)$4d$ (D)$8d$ (E)$12d$

12 若 $D=\begin{vmatrix} a_{11} & a_{12} & a_{13} \\ a_{21} & a_{22} & a_{23} \\ a_{31} & a_{32} & a_{33} \end{vmatrix}$,则下列结论不正确的是( ).

(A)$\begin{vmatrix} a_{33} & a_{23} & a_{13} \\ a_{32} & a_{22} & a_{12} \\ a_{31} & a_{21} & a_{11} \end{vmatrix}=D$

(B)$\begin{vmatrix} a_{33} & a_{23} & a_{13} \\ a_{32} & a_{22} & a_{12} \\ a_{31} & a_{21} & a_{11} \end{vmatrix}=-D$

(C)$\begin{vmatrix} a_{13} & a_{23} & a_{33} \\ a_{12} & a_{22} & a_{32} \\ a_{11} & a_{21} & a_{31} \end{vmatrix}=-D$

(D)$\begin{vmatrix} a_{31} & a_{21} & a_{11} \\ a_{32} & a_{22} & a_{12} \\ a_{33} & a_{23} & a_{13} \end{vmatrix}=-D$

(E)$\begin{vmatrix} a_{33} & a_{32} & a_{31} \\ a_{23} & a_{22} & a_{21} \\ a_{13} & a_{12} & a_{11} \end{vmatrix}=D$

13 设 $D=\begin{vmatrix} 3 & 0 & 4 & 0 \\ 2 & 2 & 2 & 2 \\ 0 & 7 & 0 & 0 \\ 5 & -3 & 2 & 2 \end{vmatrix}$,则 D 的第 4 行余子式之和为( ).

(A)0 (B)14 (C)28 (D)-14 (E)-28

14 $D=\begin{vmatrix} a+2 & b+2 & c+2 & d+2 \\ a+3 & b+3 & c+3 & d+3 \\ a+4 & b+4 & c+4 & d+4 \\ a+5 & b+5 & c+5 & d+5 \end{vmatrix}=$( ).

(A)0 (B)$6abcd$ (C)$12abcd$ (D)$16abcd$ (E)$20abcd$

五、综合练习题参考答案

1 【参考答案】B

【解题思路】根据行列式定义,有 $A_n=(-1)^{\frac{n(n-1)}{2}}B_n$,确定满足 $\frac{n(n-1)}{2}$ 为偶数的取值.

【答案解析】由行列式定义,有 $A_n=(-1)^{\frac{n(n-1)}{2}}B_n$,于是,当 $n=4k$ 或 $4k+1$,即 $n=4,5$ 时,$\frac{n(n-1)}{2}$ 为偶数,当 $n=4k+2$ 或 $4k+3$,即 $n=2,3,6$ 时,$\frac{n(n-1)}{2}$ 为奇数,因此 $A_n=B_n$ 仅在 $n=4,5$ 时成立,即满足 $A_n=B_n$ 的组合(A_n,B_n)有两组,故本题应选择 B.

2 【参考答案】C

【解题思路】三阶行列式，但数字较大，用对角线法计算，计算量较大. 注意到式中元素以升幂排列，应套用范德蒙德行列式公式.

【答案解析】由范德蒙德行列式公式，有

$$\begin{vmatrix} 1 & 4 & 1 \\ 5 & 16 & 3 \\ 25 & 64 & 9 \end{vmatrix} = 4\begin{vmatrix} 1 & 1 & 1 \\ 5 & 4 & 3 \\ 5^2 & 4^2 & 3^2 \end{vmatrix} = 4\times(3-5)(3-4)(4-5)=-8,$$

故本题应选择 C.

3 【参考答案】A

【解题思路】三阶行列式用对角线法直接计算.

【答案解析】$\begin{vmatrix} 1 & -c & -b \\ c & 1 & -a \\ b & a & 1 \end{vmatrix} = 1+abc-abc+c^2+b^2+a^2=1+a^2+b^2+c^2$，故本题应选择 A.

4 【参考答案】B

【解题思路】多项式 $f(x)$ 的常数项，即 $f(0)$，实际需要计算的是将 0 置换式中的 x 后的行列式值. 在行列式中零元素较多的情况下，应采用降阶法定值.

【答案解析】由 $f(0)=\begin{vmatrix} 0 & 0 & 1 & 3 \\ 0 & 0 & 2 & 5 \\ 2 & 1 & 7 & -5 \\ 4 & -3 & 11 & 0 \end{vmatrix} = (-1)^{2\times 2}\begin{vmatrix} 1 & 3 \\ 2 & 5 \end{vmatrix}\begin{vmatrix} 2 & 1 \\ 4 & -3 \end{vmatrix} = -1\times(-10)=10.$

故本题应选择 B.

5 【参考答案】E

【解题思路】根据行列式的定义式，函数 $f(x)$ 的最高幂次为 x 的 4 次方，求函数 $f^{(4)}(x)$，只需找出 x^4 的系数.

【答案解析】根据行列式定义，$f(x)$ 中的 x^4 项为

$$(-1)^{\tau(2134)}a_{12}a_{21}a_{33}a_{44}=-(-x)\cdot 2x\cdot(x+7)\cdot 3x=6x^4+42x^3,$$

因此 $f^{(4)}(x)=6\times 24=144$，故本题应选择 E.

6 【参考答案】D

【解题思路】根据行列式的定义式，寻找 $f(x)$ 含 x 的项所有可能组合，从中确定函数的最高幂次. 如果不易判断，可降阶观察.

【答案解析】由

$$f(x)=\begin{vmatrix} x & -x & 1 & 2 \\ 2x & 0 & 2 & 5 \\ 3 & 1 & x+7 & -5 \\ 4 & x & 11 & 0 \end{vmatrix}$$

$$=x\begin{vmatrix} 0 & 2 & 5 \\ 1 & x+7 & -5 \\ x & 11 & 0 \end{vmatrix}-2x\begin{vmatrix} -x & 1 & 2 \\ 1 & x+7 & -5 \\ x & 11 & 0 \end{vmatrix}+3\begin{vmatrix} -x & 1 & 2 \\ 0 & 2 & 5 \\ x & 11 & 0 \end{vmatrix}-4\begin{vmatrix} -x & 1 & 2 \\ 0 & 2 & 5 \\ 1 & x+7 & -5 \end{vmatrix},$$

可知其中 x 的最高幂次为 3，故本题应选择 D.

7 【参考答案】E

【解题思路】本题涉及微积分与线性代数知识的跨界题. 函数的连续导数存在及极限的运算形式，提示我们计算过程与导数的定义相关，即问题转化为函数增量与自变量增量比值的极限，这一点由行列式的性质不难做到.

【答案解析】由 $f(0)=0,g(0)=1,f'(0)=\cos x\Big|_{x=0}=1,g'(0)=-\sin x\Big|_{x=0}=0$，有

$$\lim_{x\to0}\frac{F(x)}{x}=\lim_{x\to0}\begin{vmatrix} f(0) & g(0) \\ \dfrac{f(x)-f(0)}{x} & \dfrac{g(x)-g(0)}{x} \end{vmatrix}=\begin{vmatrix} f(0) & g(0) \\ f'(0) & g'(0) \end{vmatrix}=\begin{vmatrix} 0 & 1 \\ 1 & 0 \end{vmatrix}=-1,$$

故本题应选择 E.

8 【参考答案】E

【解题思路】本题是连续函数介值定理的应用，$f(x)$ 为二次多项式，且为连续函数. 方程最多有两个实根，确定实根所在位置，关键是考查函数在点 $x=-1,0,1,2,3$ 处的函数值的符号.

【答案解析】$f(x)$ 为二次多项式，$f(x)=0$ 最多有两个实根. 由

$$f(-1)=\begin{vmatrix} -1 & 2 & 3 \\ -3 & -1 & 0 \\ 2 & 0 & -1 \end{vmatrix}=-1,f(0)=\begin{vmatrix} 0 & 2 & 3 \\ 0 & -1 & 0 \\ 2 & 0 & 0 \end{vmatrix}=6,f(1)=\begin{vmatrix} 1 & 2 & 3 \\ 3 & -1 & 0 \\ 2 & 0 & 1 \end{vmatrix}=-1,$$

$$f(2)=\begin{vmatrix} 2 & 2 & 3 \\ 6 & -1 & 0 \\ 2 & 0 & 2 \end{vmatrix}=-22,f(3)=\begin{vmatrix} 3 & 2 & 3 \\ 9 & -1 & 0 \\ 2 & 0 & 3 \end{vmatrix}=-57,$$

知 $f(-1)f(0)<0,f(0)f(1)<0$，即方程必在区间 $(-1,0)$ 和 $(0,1)$ 内各有一个实根，故本题应选择 E.

9 【参考答案】E

【解题思路】方程对应的函数为 x 的三次多项式，最终要将行列式展开，并作因式分解，问题的关键是在展开过程中，尽可能利用性质先从中提取出一个公因子，剩下的二次多项式就好处理了.

【答案解析】由

$$\begin{vmatrix} x-1 & -2 & 3 \\ 1 & x-4 & 3 \\ -1 & -a & x-1 \end{vmatrix} \xlongequal{r_1-r_2} \begin{vmatrix} x-2 & 2-x & 0 \\ 1 & x-4 & 3 \\ -1 & -a & x-1 \end{vmatrix}$$

$$\xlongequal{c_2+c_1} \begin{vmatrix} x-2 & 0 & 0 \\ 1 & x-3 & 3 \\ -1 & -1-a & x-1 \end{vmatrix},$$

得
$$\begin{vmatrix} x-1 & -2 & 3 \\ 1 & x-4 & 3 \\ -1 & -a & x-1 \end{vmatrix} = (x-2)(x^2-4x+3a+6)=0,$$

又方程有三重根，则必为 $x=2$，于是 $2^2-8+3a+6=0, a=-\frac{2}{3}$，故本题应选择 E.

10 【参考答案】B

【解题思路】Q_m 与 S_m 的区别在于符号 $(-1)^{m(6-m)}$，即 $m(6-m)$ 的奇偶性.

【答案解析】由准对角形行列式计算公式

$$Q_m = \begin{vmatrix} \boldsymbol{A}_m & \boldsymbol{O} \\ \boldsymbol{O} & \boldsymbol{B}_{6-m} \end{vmatrix} = |\boldsymbol{A}_m|\,|\boldsymbol{B}_{6-m}|, S_m = \begin{vmatrix} \boldsymbol{O} & \boldsymbol{A}_m \\ \boldsymbol{B}_{6-m} & \boldsymbol{O} \end{vmatrix} = (-1)^{m(6-m)}|\boldsymbol{A}_m|\,|\boldsymbol{B}_{6-m}|,$$

知当 $m(6-m)$ 为偶数时，$Q_m=S_m$，显然，当 $m=2,4$ 时等式成立，故本题应选择 B.

11 【参考答案】E

【解题思路】利用行列式的性质将结构复杂的 D_1 化为 D，就可以得出 D_1 的值.

【答案解析】由

$$D_1 = \begin{vmatrix} -a_{11} & 2a_{11}-4a_{12} & 3a_{13}-a_{12} \\ -a_{21} & 2a_{21}-4a_{22} & 3a_{23}-a_{22} \\ -a_{31} & 2a_{31}-4a_{32} & 3a_{33}-a_{32} \end{vmatrix} \xlongequal[c_2-2c_1]{-c_1} \begin{vmatrix} a_{11} & -4a_{12} & 3a_{13}-a_{12} \\ a_{21} & -4a_{22} & 3a_{23}-a_{22} \\ a_{31} & -4a_{32} & 3a_{33}-a_{32} \end{vmatrix}$$

$$\xlongequal[c_3+c_2]{-\frac{c_2}{4}} 4\begin{vmatrix} a_{11} & a_{12} & 3a_{13} \\ a_{21} & a_{22} & 3a_{23} \\ a_{31} & a_{32} & 3a_{33} \end{vmatrix} \xlongequal{\frac{c_3}{3}} 12\begin{vmatrix} a_{11} & a_{12} & a_{13} \\ a_{21} & a_{22} & a_{23} \\ a_{31} & a_{32} & a_{33} \end{vmatrix} = 12d,$$

故本题应选 E.

12 【参考答案】B

【解题思路】利用行列式的性质将各选项的行列式化为 D，考查变换中符号的变化.

【答案解析】由

$$\text{A}, \begin{vmatrix} a_{33} & a_{23} & a_{13} \\ a_{32} & a_{22} & a_{12} \\ a_{31} & a_{21} & a_{11} \end{vmatrix}^{\mathrm{T}} = \begin{vmatrix} a_{33} & a_{32} & a_{31} \\ a_{23} & a_{22} & a_{21} \\ a_{13} & a_{12} & a_{11} \end{vmatrix} \xlongequal{c_1 \leftrightarrow c_3} -\begin{vmatrix} a_{31} & a_{32} & a_{33} \\ a_{21} & a_{22} & a_{23} \\ a_{11} & a_{12} & a_{13} \end{vmatrix} \xlongequal{r_1 \leftrightarrow r_3} \begin{vmatrix} a_{11} & a_{12} & a_{13} \\ a_{21} & a_{22} & a_{23} \\ a_{31} & a_{32} & a_{33} \end{vmatrix} = D,$$

知 B 不正确，故本题应选 B.

C, $\begin{vmatrix} a_{13} & a_{23} & a_{33} \\ a_{12} & a_{22} & a_{32} \\ a_{11} & a_{21} & a_{31} \end{vmatrix}^{\mathrm{T}} = \begin{vmatrix} a_{13} & a_{12} & a_{11} \\ a_{23} & a_{22} & a_{21} \\ a_{33} & a_{32} & a_{31} \end{vmatrix} \xlongequal{c_1 \leftrightarrow c_3} - \begin{vmatrix} a_{11} & a_{12} & a_{13} \\ a_{21} & a_{22} & a_{23} \\ a_{31} & a_{32} & a_{33} \end{vmatrix} = -D$;

D, $\begin{vmatrix} a_{31} & a_{21} & a_{11} \\ a_{32} & a_{22} & a_{12} \\ a_{33} & a_{23} & a_{13} \end{vmatrix}^{\mathrm{T}} = \begin{vmatrix} a_{31} & a_{32} & a_{33} \\ a_{21} & a_{22} & a_{23} \\ a_{11} & a_{12} & a_{13} \end{vmatrix} \xlongequal{r_1 \leftrightarrow r_3} - \begin{vmatrix} a_{11} & a_{12} & a_{13} \\ a_{21} & a_{22} & a_{23} \\ a_{31} & a_{32} & a_{33} \end{vmatrix} = -D$;

E, $\begin{vmatrix} a_{33} & a_{32} & a_{31} \\ a_{23} & a_{22} & a_{21} \\ a_{13} & a_{12} & a_{11} \end{vmatrix} \xlongequal{r_1 \leftrightarrow r_3} - \begin{vmatrix} a_{13} & a_{12} & a_{11} \\ a_{23} & a_{22} & a_{21} \\ a_{33} & a_{32} & a_{31} \end{vmatrix} \xlongequal{c_1 \leftrightarrow c_3} \begin{vmatrix} a_{11} & a_{12} & a_{13} \\ a_{21} & a_{22} & a_{23} \\ a_{31} & a_{32} & a_{33} \end{vmatrix} = D$.

13 【参考答案】C

【解题思路】调整符号，先将第 4 行余子式之和改为代数余子式代数和，再用组合系数置换行列式第 4 行元素，最后计算置换后的行列式.

【答案解析】由于

$$M_{41} + M_{42} + M_{43} + M_{44} = -A_{41} + A_{42} - A_{43} + A_{44}$$

$$= \begin{vmatrix} 3 & 0 & 4 & 0 \\ 2 & 2 & 2 & 2 \\ 0 & 7 & 0 & 0 \\ -1 & 1 & -1 & 1 \end{vmatrix} = 7 \times (-1)^{3+2} \begin{vmatrix} 3 & 4 & 0 \\ 2 & 2 & 2 \\ -1 & -1 & 1 \end{vmatrix} = -7 \times (-4) = 28,$$

故本题应选 C.

14 【参考答案】A

【解题思路】行列式元素上、下、左、右分别有一定规律性，可化成两行成比例.

【答案解析】由

$$D = \begin{vmatrix} a+2 & b+2 & c+2 & d+2 \\ a+3 & b+3 & c+3 & d+3 \\ a+4 & b+4 & c+4 & d+4 \\ a+5 & b+5 & c+5 & d+5 \end{vmatrix} \xlongequal[r_3 - r_1]{r_2 - r_1} \begin{vmatrix} a+2 & b+2 & c+2 & d+2 \\ 1 & 1 & 1 & 1 \\ 2 & 2 & 2 & 2 \\ a+5 & b+5 & c+5 & d+5 \end{vmatrix} = 0,$$

故本题应选 A.

第二节 矩 阵

一、知识结构

- 矩阵
  - 矩阵的概念
  - 矩阵的基本运算
    - 矩阵的线性运算 → 加法 $\boldsymbol{A}+\boldsymbol{B}$，数乘 $k\boldsymbol{A}$
    - 矩阵的乘法 $\boldsymbol{A}_{m\times l}\boldsymbol{B}_{l\times n}$ →
      - $\boldsymbol{AB}\neq\boldsymbol{BA}$
      - $\boldsymbol{AB}=\boldsymbol{O}\not\Rightarrow\boldsymbol{A}$ 或 $\boldsymbol{B}=\boldsymbol{O}$
      - $\boldsymbol{AB}=\boldsymbol{BA}\Leftrightarrow\boldsymbol{A},\boldsymbol{B}$ 可交换
    - 方阵的幂 $\boldsymbol{A}^m$
    - 矩阵的转置 $\boldsymbol{A}^{\mathrm{T}}=(a_{ji})_{n\times m}$ →
      - 对称矩阵 $\boldsymbol{A}^{\mathrm{T}}=\boldsymbol{A}$
      - $\boldsymbol{A}^{\mathrm{T}}\boldsymbol{A}=\boldsymbol{O}\Leftrightarrow\boldsymbol{A}=\boldsymbol{O}$
    - 分块矩阵及其运算
    - 方阵的行列式 $|\boldsymbol{AB}|=|\boldsymbol{A}||\boldsymbol{B}|$
  - 矩阵可逆与逆矩阵 →
    - 若 $\boldsymbol{AB}=\boldsymbol{BA}=\boldsymbol{E}$，则 $\boldsymbol{A}^{-1}=\boldsymbol{B}$
    - $\boldsymbol{A}$ 可逆 $\Leftrightarrow|\boldsymbol{A}|\neq 0$
      - $\Leftrightarrow r(\boldsymbol{A})=n$
      - $\Leftrightarrow\boldsymbol{Ax}=\boldsymbol{0}$ 仅有零解
      - $\Leftrightarrow\boldsymbol{A}$ 可以表示为若干初等矩阵的乘积
    - $\boldsymbol{A}$ 可逆 $\Rightarrow\boldsymbol{A}^{-1}=|\boldsymbol{A}|^{-1}\boldsymbol{A}^*$
      - $\Rightarrow(\boldsymbol{A}\vdots\boldsymbol{E})\xrightarrow{r}(\boldsymbol{E}\vdots\boldsymbol{A}^{-1})$
    - → 伴随矩阵 $\boldsymbol{A}^*=(A_{ji})$，$\boldsymbol{A}^*\boldsymbol{A}=\boldsymbol{AA}^*=|\boldsymbol{A}|\boldsymbol{E}$
  - 矩阵的初等变换
    - 矩阵的初等变换：① 交换两行(列)；② 非零数乘某行(列)；③ 将某行(列)的 k 倍加至另一行(列)
      → 初等矩阵：①$\boldsymbol{E}(i,j)$；②$\boldsymbol{E}(i(k))$；③$\boldsymbol{E}(i,j(k))$
      → $\boldsymbol{E}^{-1}(i,j)=\boldsymbol{E}(i,j)$；$\boldsymbol{E}^{-1}(i(k))=\boldsymbol{E}(i(k^{-1}))$；$\boldsymbol{E}^{-1}(i,j(k))=\boldsymbol{E}(i,j(-k))$
    - 矩阵的初等行(列)变换等价于矩阵左(右)乘初等矩阵
    - 经初等变换 $\boldsymbol{A}\to\boldsymbol{D}$(标准形)
  - 矩阵的秩 →
    - $r(\boldsymbol{A})=r\Leftrightarrow$ 所有 $r+1$ 阶子式全为零，至少有 1 个 r 阶子式非零
    - 若 $\boldsymbol{A}$ 与 $\boldsymbol{B}$ 等价，则 $r(\boldsymbol{A})=r(\boldsymbol{B})$
    - $0\leqslant r(\boldsymbol{A}_{m\times n})\leqslant\min\{m,n\}$，若 $r(\boldsymbol{A})=m$，则 $\boldsymbol{A}$ 为行满秩矩阵
    - $r(\boldsymbol{AB})\leqslant\min\{r(\boldsymbol{A}),r(\boldsymbol{B})\}$，$r(\boldsymbol{A}+\boldsymbol{B})\leqslant r(\boldsymbol{A})+r(\boldsymbol{B})$

二、考点精讲

（一）矩阵的概念

1. 矩阵的实例

现实生活中经常会遇到各种各样的表格，如物流公司每月都要将某种物资从 $i(i=1,2,\cdots,m)$ 个产地运往 $j(j=1,2,\cdots,n)$ 个销地，调运方案可列表如下.

产地＼运量＼销地	1	2	$\cdots$	j	$\cdots$	n
1	a_{11}	a_{12}	$\cdots$	a_{1j}	$\cdots$	a_{1n}
2	a_{21}	a_{22}	$\cdots$	a_{2j}	$\cdots$	a_{2n}
$\vdots$	$\vdots$	$\vdots$		$\vdots$		$\vdots$
i	a_{i1}	a_{i2}	$\cdots$	a_{ij}	$\cdots$	a_{in}
$\vdots$	$\vdots$	$\vdots$		$\vdots$		$\vdots$
m	a_{m1}	a_{m2}	$\cdots$	a_{mj}	$\cdots$	a_{mn}

其中 a_{ij} 表示由第 i 个产地运往第 j 个销地的运量.

又如，由本章第一节知，线性方程组

$$\begin{cases} a_{11}x_1+a_{12}x_2+\cdots+a_{1n}x_n=b_1, \\ a_{21}x_1+a_{22}x_2+\cdots+a_{2n}x_n=b_2, \\ \qquad\qquad\cdots\cdots \\ a_{m1}x_1+a_{m2}x_2+\cdots+a_{mn}x_n=b_m \end{cases} \qquad (*)$$

的解取决于线性方程组的系数和常数项.将它们从方程组中提取，按原来位置可排列为数表：

$$\begin{pmatrix} a_{11} & a_{12} & \cdots & a_{1n} & b_1 \\ a_{21} & a_{22} & \cdots & a_{2n} & b_2 \\ \vdots & \vdots & & \vdots & \vdots \\ a_{m1} & a_{m2} & \cdots & a_{mn} & b_m \end{pmatrix},$$

其中 $a_{ij}(1\leqslant i\leqslant m;1\leqslant j\leqslant n)$ 表示第 i 个方程中第 j 个未知数前的系数，b_i 为第 i 个方程的常数项.

所谓矩阵，就是上述表格的数学抽象.

2. 矩阵的定义

$m\times n$ 个数 $a_{ij}(i=1,2,\cdots,m;j=1,2,\cdots,n)$ 排成 m 行 n 列的矩形数表，称为一个 $m\times n$ 矩阵，记作

$$\begin{pmatrix} a_{11} & a_{12} & \cdots & a_{1n} \\ a_{21} & a_{22} & \cdots & a_{2n} \\ \vdots & \vdots & & \vdots \\ a_{m1} & a_{m2} & \cdots & a_{mn} \end{pmatrix},$$

其中 a_{ij} 表示第 i 行第 j 列的元素.

通常情况下,矩阵用大写字母 $\boldsymbol{A},\boldsymbol{B},\boldsymbol{C},\cdots$ 表示,有时为了标出行数和列数,也记作 $\boldsymbol{A}_{m\times n}$ 或 $(a_{ij})_{m\times n}$. 当 $m=n$ 时,矩阵也称为 n 阶方阵或 n 阶矩阵,记作 $\boldsymbol{A}_n$.

只有一行的矩阵 $(a_1,a_2,\cdots,a_n)$ 和只有一列的矩阵 $\begin{pmatrix} a_1 \\ a_2 \\ \vdots \\ a_m \end{pmatrix}$ 分别称为行矩阵和列矩阵,也分别称为 n 维行向量和 m 维列向量.

所有元素为零的矩阵称为零矩阵,记作 $\boldsymbol{O}$.

形如
$$\begin{pmatrix} a_{11} & a_{12} & \cdots & a_{1n} \\ 0 & a_{22} & \cdots & a_{2n} \\ \vdots & \vdots & & \vdots \\ 0 & 0 & \cdots & a_{nn} \end{pmatrix} \text{及} \begin{pmatrix} a_{11} & 0 & \cdots & 0 \\ a_{12} & a_{22} & \cdots & 0 \\ \vdots & \vdots & & \vdots \\ a_{n1} & a_{n2} & \cdots & a_{nn} \end{pmatrix}$$
的矩阵,分别称为 n 阶上三角矩阵和 n 阶下三角矩阵,统称为三角矩阵.

形如
$$\begin{pmatrix} a_{11} & 0 & \cdots & 0 \\ 0 & a_{22} & \cdots & 0 \\ \vdots & \vdots & & \vdots \\ 0 & 0 & \cdots & a_{nn} \end{pmatrix}$$
的矩阵,称为 n 阶对角矩阵.

形如
$$\begin{pmatrix} 1 & 0 & \cdots & 0 \\ 0 & 1 & \cdots & 0 \\ \vdots & \vdots & & \vdots \\ 0 & 0 & \cdots & 1 \end{pmatrix}$$
的矩阵,称为 n 阶单位矩阵,记作 $\boldsymbol{E}_n$.

三角矩阵、对角矩阵、单位矩阵是常见的矩阵,具有特定的运算特性,需要考生熟悉.

3. 两矩阵相等

如果两个矩阵 $\boldsymbol{A},\boldsymbol{B}$ 有相同的行数和列数,且对应位置上的元素也相等,则称矩阵 $\boldsymbol{A}$ 与矩阵 $\boldsymbol{B}$ 相等,即对于矩阵 $\boldsymbol{A}=(a_{ij})_{m\times n},\boldsymbol{B}=(b_{ij})_{m\times n}$,当且仅当 $a_{ij}=b_{ij}(i=1,2,\cdots,m;j=1,2,\cdots,n)$ 时,$\boldsymbol{A}=\boldsymbol{B}$.

（二）矩阵的基本运算

1.矩阵的线性运算

(1) 矩阵的加法.

设$\boldsymbol{A},\boldsymbol{B}$均为$m\times n$矩阵，将其对应位置上的元素相加得到的$m\times n$矩阵，称为矩阵$\boldsymbol{A}$与$\boldsymbol{B}$的和，记作$\boldsymbol{A}+\boldsymbol{B}$，即

$$\boldsymbol{A}+\boldsymbol{B}=(a_{ij}+b_{ij})_{m\times n}.$$

(2) 数乘矩阵.

将数k乘矩阵$\boldsymbol{A}$的每一个元素得到的矩阵，称为数k与矩阵$\boldsymbol{A}$的乘积，记作$k\boldsymbol{A}$，即

$$k\boldsymbol{A}=(ka_{ij})_{m\times n}.$$

矩阵加法和数乘矩阵的运算统称为矩阵的线性运算.

【注】两矩阵相加和数乘矩阵不同于行列式的加法与数乘.两矩阵相加，前提是同行数同列数，且相加时，所有元素都要参与运算.两行列式相加，前提是同阶，并有$n-1$个对应行(或列)元素相同，并在整个过程中都不参与运算.数乘矩阵等于数与矩阵所有元素相乘.数乘行列式等于数与行列式的某一行(或列)相乘.

将矩阵$\boldsymbol{A}$的各元素变号，得到的矩阵称为矩阵$\boldsymbol{A}$的负矩阵，记作$-\boldsymbol{A}$，则

$$-\boldsymbol{A}=(-a_{ij})_{m\times n}.$$

因此，矩阵$\boldsymbol{A}$与$\boldsymbol{B}$之间相减可以定义为

$$\boldsymbol{A}-\boldsymbol{B}=\boldsymbol{A}+(-\boldsymbol{B})=(a_{ij})_{m\times n}+(-b_{ij})_{m\times n}=(a_{ij}-b_{ij})_{m\times n}.$$

由于矩阵加法和数乘矩阵最终转换为矩阵中的元素及常数之间的运算，因此矩阵的线性运算满足数的加法和乘法运算的运算律，如交换律、结合律和分配律.

例1 设

$$\boldsymbol{A}=\begin{pmatrix}2&3&3&2\\3&2&2&3\\2&0&-1&3\end{pmatrix},$$

$$\boldsymbol{B}=\begin{pmatrix}1&2&3&4\\0&1&-2&3\\-2&1&2&1\end{pmatrix},$$

$\boldsymbol{X}$满足矩阵方程$2\boldsymbol{A}-\boldsymbol{X}+3(\boldsymbol{X}-\boldsymbol{B})=\boldsymbol{O}$，求$\boldsymbol{X}$.

【解题思路】本题只涉及矩阵的线性运算，即矩阵的加法和数乘矩阵的运算.

【答案解析】整理方程得$2\boldsymbol{X}=3\boldsymbol{B}-2\boldsymbol{A}$，于是

$$X=\frac{1}{2}(3B-2A)=\frac{1}{2}\left(\begin{pmatrix}3&6&9&12\\0&3&-6&9\\-6&3&6&3\end{pmatrix}-\begin{pmatrix}4&6&6&4\\6&4&4&6\\4&0&-2&6\end{pmatrix}\right)$$

$$=\frac{1}{2}\begin{pmatrix}-1&0&3&8\\-6&-1&-10&3\\-10&3&8&-3\end{pmatrix}=\begin{pmatrix}-1/2&0&3/2&4\\-3&-1/2&-5&3/2\\-5&3/2&4&-3/2\end{pmatrix}.$$

例 2 设$A=\begin{pmatrix}5&3\\0&1\end{pmatrix}$，$B=\begin{pmatrix}1&0\\3&3\end{pmatrix}$，$C=\begin{pmatrix}1&1\\-1&-1\end{pmatrix}$，$a,b,c$为实数，且已知$aA+bB-cC=E$. 则$a,b,c$依次等于（　　）.

(A) $-1,1,3$　　(B) $-1,-1,3$　　(C) $1,1,-3$

(D) $1,1,3$　　(E) $1,-1,3$

【参考答案】 E

【解题思路】 由矩阵方程求矩阵中未知元素，求解时首先要通过矩阵的线性运算将两端分别合并为一个矩阵，再根据两矩阵相等对应元素相等的规则建立线性方程组，求解其中的未知元素.

【答案解析】 在矩阵方程左边作运算整理，有

$$aA+bB-cC=a\begin{pmatrix}5&3\\0&1\end{pmatrix}+b\begin{pmatrix}1&0\\3&3\end{pmatrix}-c\begin{pmatrix}1&1\\-1&-1\end{pmatrix}$$

$$=\begin{pmatrix}5a&3a\\0&a\end{pmatrix}+\begin{pmatrix}b&0\\3b&3b\end{pmatrix}-\begin{pmatrix}c&c\\-c&-c\end{pmatrix}$$

$$=\begin{pmatrix}5a+b-c&3a-c\\3b+c&a+3b+c\end{pmatrix},$$

于是有$\begin{cases}5a+b-c=1,\\3a-c=0,\\3b+c=0,\\a+3b+c=1,\end{cases}$ 解得$a=1,b=-1,c=3$. 故本题正确答案是E.

2. 矩阵的乘法与方阵的幂

(1) 矩阵的乘法.

一般地，矩阵乘法运算定义如下.

设$A=(a_{ik})_{m\times l}$为$m\times l$矩阵，$B=(b_{kj})_{l\times n}$为$l\times n$矩阵，则由元素

$$c_{ij}=a_{i1}b_{1j}+a_{i2}b_{2j}+\cdots+a_{il}b_{lj}\,(i=1,2,\cdots,m;j=1,2,\cdots,n)$$

构成的$m\times n$矩阵C称为矩阵A与矩阵B的乘积，记作$C=AB$.

由定义知，矩阵A与B相乘的前提是A的列数等于B的行数.

由矩阵乘法的定义，线性方程组(＊)可以写作矩阵形式

$$\begin{pmatrix} a_{11} & a_{12} & \cdots & a_{1n} \\ a_{21} & a_{22} & \cdots & a_{2n} \\ \vdots & \vdots & & \vdots \\ a_{m1} & a_{m2} & \cdots & a_{mn} \end{pmatrix}\begin{pmatrix} x_1 \\ x_2 \\ \vdots \\ x_n \end{pmatrix}=\begin{pmatrix} b_1 \\ b_2 \\ \vdots \\ b_m \end{pmatrix},$$

即

$$\boldsymbol{Ax}=\boldsymbol{B},$$

其中 $\boldsymbol{A}=(a_{ij})_{m\times n}$ 为系数矩阵，$\boldsymbol{x}=(x_j)_{n\times 1}$，$\boldsymbol{B}=(b_i)_{m\times 1}$ 分别为由未知数与常数项构成的矩阵，$(\boldsymbol{A} \vdots \boldsymbol{B})$ 为增广矩阵.

引例1 设 $\boldsymbol{A}=\begin{pmatrix} a_{11} & \cdots & a_{1n} \\ \vdots & & \vdots \\ a_{m1} & \cdots & a_{mn} \end{pmatrix}$，$\boldsymbol{B}=\begin{pmatrix} 1 \\ \vdots \\ 1 \end{pmatrix}_{n\times 1}$，$\boldsymbol{C}=(1,\cdots,1)_{1\times m}$，则

$$\boldsymbol{AB}=\begin{pmatrix} a_{11} & \cdots & a_{1n} \\ \vdots & & \vdots \\ a_{m1} & \cdots & a_{mn} \end{pmatrix}\begin{pmatrix} 1 \\ \vdots \\ 1 \end{pmatrix}=\begin{pmatrix} a_{11}+\cdots+a_{1n} \\ \vdots \\ a_{m1}+\cdots+a_{mn} \end{pmatrix},$$

$$\boldsymbol{CA}=(1,\cdots,1)\begin{pmatrix} a_{11} & \cdots & a_{1n} \\ \vdots & & \vdots \\ a_{m1} & \cdots & a_{mn} \end{pmatrix}$$

$$=(a_{11}+\cdots+a_{m1},\cdots,a_{1n}+\cdots+a_{mn}).$$

结果表明，矩阵 $\boldsymbol{A}$ 右乘矩阵 $\boldsymbol{B}$，相当于将 $\boldsymbol{A}$ 各行元素相加的和数构成的矩阵. 矩阵 $\boldsymbol{A}$ 左乘矩阵 $\boldsymbol{C}$，相当于将 $\boldsymbol{A}$ 的各列元素相加的和数构成的矩阵. 说明矩阵在乘法运算中有汇总功能，大家可以进一步联想到 $\boldsymbol{CAB}$ 乘积的含义.

引例2 设 $\boldsymbol{A}=\begin{pmatrix} a_{11} & \cdots & a_{1j} & \cdots & a_{1n} \\ \vdots & & \vdots & & \vdots \\ a_{i1} & \cdots & a_{ij} & \cdots & a_{in} \\ \vdots & & \vdots & & \vdots \\ a_{m1} & \cdots & a_{mj} & \cdots & a_{mn} \end{pmatrix}$，$\boldsymbol{B}_{n\times 1}=\begin{pmatrix} 0 \\ \vdots \\ 1 \\ \vdots \\ 0 \end{pmatrix}$，$\boldsymbol{C}_{1\times m}=(0,\cdots,1,\cdots,0)$，则

$$\boldsymbol{AB}=\begin{pmatrix} a_{11} & \cdots & a_{1j} & \cdots & a_{1n} \\ \vdots & & \vdots & & \vdots \\ a_{i1} & \cdots & a_{ij} & \cdots & a_{in} \\ \vdots & & \vdots & & \vdots \\ a_{m1} & \cdots & a_{mj} & \cdots & a_{mn} \end{pmatrix}\begin{pmatrix} 0 \\ \vdots \\ 1 \\ \vdots \\ 0 \end{pmatrix}=\begin{pmatrix} a_{1j} \\ \vdots \\ a_{ij} \\ \vdots \\ a_{mj} \end{pmatrix},$$

$$CA=(0,\cdots,1,\cdots,0)\begin{pmatrix}a_{11}&\cdots&a_{1j}&\cdots&a_{1n}\\ \vdots&&\vdots&&\vdots\\ a_{i1}&\cdots&a_{ij}&\cdots&a_{in}\\ \vdots&&\vdots&&\vdots\\ a_{m1}&\cdots&a_{mj}&\cdots&a_{mn}\end{pmatrix}=(a_{i1},\cdots,a_{ij},\cdots,a_{in}).$$

结果表明，矩阵 $\boldsymbol{A}$ 右乘矩阵 $\boldsymbol{B}$，相当于提取 $\boldsymbol{A}$ 的第 j 列. 矩阵 $\boldsymbol{A}$ 左乘矩阵 $\boldsymbol{C}$，相当于提取 $\boldsymbol{A}$ 的第 i 行，即通过左乘或右乘特定矩阵，矩阵乘法有提取行、列或单个元素的功能.

(2) 矩阵的乘法的性质.

下面考查矩阵乘法运算的特点.

引例3 设 $\boldsymbol{A}=\begin{pmatrix}1&-2&-3\\2&-1&0\end{pmatrix}$，$\boldsymbol{B}=\begin{pmatrix}2&3\\1&2\\2&1\end{pmatrix}$，则

$$\boldsymbol{AB}=\begin{pmatrix}1&-2&-3\\2&-1&0\end{pmatrix}\begin{pmatrix}2&3\\1&2\\2&1\end{pmatrix}=\begin{pmatrix}2-2-6&3-4-3\\4-1+0&6-2+0\end{pmatrix}=\begin{pmatrix}-6&-4\\3&4\end{pmatrix},$$

$$\boldsymbol{BA}=\begin{pmatrix}2&3\\1&2\\2&1\end{pmatrix}\begin{pmatrix}1&-2&-3\\2&-1&0\end{pmatrix}=\begin{pmatrix}2+6&-4-3&-6+0\\1+4&-2-2&-3+0\\2+2&-4-1&-6+0\end{pmatrix}=\begin{pmatrix}8&-7&-6\\5&-4&-3\\4&-5&-6\end{pmatrix}.$$

引例4 设 $\boldsymbol{A}=\begin{pmatrix}-2&4\\1&-2\end{pmatrix}$，$\boldsymbol{B}=\begin{pmatrix}2&4\\-3&-6\end{pmatrix}$，则

$$\boldsymbol{AB}=\begin{pmatrix}-2&4\\1&-2\end{pmatrix}\begin{pmatrix}2&4\\-3&-6\end{pmatrix}=\begin{pmatrix}-4-12&-8-24\\2+6&4+12\end{pmatrix}=\begin{pmatrix}-16&-32\\8&16\end{pmatrix},$$

$$\boldsymbol{BA}=\begin{pmatrix}2&4\\-3&-6\end{pmatrix}\begin{pmatrix}-2&4\\1&-2\end{pmatrix}=\begin{pmatrix}-4+4&8-8\\6-6&-12+12\end{pmatrix}=\begin{pmatrix}0&0\\0&0\end{pmatrix}.$$

引例5 设 $\boldsymbol{A}=\begin{pmatrix}a_{11}&a_{12}&\cdots&a_{1n}\\a_{21}&a_{22}&\cdots&a_{2n}\\ \vdots&\vdots&&\vdots\\a_{m1}&a_{m2}&\cdots&a_{mn}\end{pmatrix}$，$\boldsymbol{E}_n$，$\boldsymbol{E}_m$ 分别为 n，m 阶的单位矩阵，则

$$\boldsymbol{AE}_n=\begin{pmatrix}a_{11}&a_{12}&\cdots&a_{1n}\\a_{21}&a_{22}&\cdots&a_{2n}\\ \vdots&\vdots&&\vdots\\a_{m1}&a_{m2}&\cdots&a_{mn}\end{pmatrix}\begin{pmatrix}1&0&\cdots&0\\0&1&\cdots&0\\ \vdots&\vdots&&\vdots\\0&0&\cdots&1\end{pmatrix}=\begin{pmatrix}a_{11}&a_{12}&\cdots&a_{1n}\\a_{21}&a_{22}&\cdots&a_{2n}\\ \vdots&\vdots&&\vdots\\a_{m1}&a_{m2}&\cdots&a_{mn}\end{pmatrix},$$

类似地，

$$\boldsymbol{E}_m\boldsymbol{A}=\boldsymbol{A}.$$

以上运算表明：

① 矩阵的乘法不满足交换律. 对于矩阵 $\boldsymbol{A}_{m\times l}$, $\boldsymbol{B}_{l\times n}$ $(m\neq n)$,虽然有乘积运算 $\boldsymbol{AB}$,但不存在乘积 $\boldsymbol{BA}$ 的运算;对于矩阵 $\boldsymbol{A}_{m\times n}$, $\boldsymbol{B}_{n\times m}$ $(m\neq n)$,虽然同时有乘积 $\boldsymbol{AB}$ 和 $\boldsymbol{BA}$ 的运算,但结果是两个不同阶的矩阵;即使对于同阶矩阵 $\boldsymbol{A}$,$\boldsymbol{B}$,虽然同时有乘积 $\boldsymbol{AB}$ 和 $\boldsymbol{BA}$ 的运算,且结果是同阶矩阵,但两矩阵仍有可能不相等,如引例 4. 因此在涉及矩阵 $\boldsymbol{A}$ 与 $\boldsymbol{B}$ 的乘法运算时,先要注意位置关系,语言表述要准确清晰. 如对乘积 $\boldsymbol{AB}$,或称之为 $\boldsymbol{A}$ 右乘 $\boldsymbol{B}$,或称之为 $\boldsymbol{B}$ 左乘 $\boldsymbol{A}$. 若 n 阶方阵 $\boldsymbol{A}$ 与 $\boldsymbol{B}$ 满足等式 $\boldsymbol{AB}=\boldsymbol{BA}$,则称 $\boldsymbol{A}$ 与 $\boldsymbol{B}$ 可交换. 例如,任何 n 阶方阵 $\boldsymbol{A}$ 与单位矩阵 $\boldsymbol{E}_n$ 可交换,即 $\boldsymbol{AE}_n=\boldsymbol{E}_n\boldsymbol{A}$.

② 两个非零矩阵相乘,结果可能为零,或者说,若两矩阵 $\boldsymbol{A}$,$\boldsymbol{B}$ 的乘积为零,未必有 $\boldsymbol{A}=\boldsymbol{O}$ 或 $\boldsymbol{B}=\boldsymbol{O}$,如引例 4. 由此不难推出:对于矩阵 $\boldsymbol{A}$,$\boldsymbol{B}$,$\boldsymbol{C}$,在 $\boldsymbol{A}\neq\boldsymbol{O}$ 的情况下,虽然有 $\boldsymbol{AB}=\boldsymbol{AC}$,但未必有 $\boldsymbol{B}=\boldsymbol{C}$.

③ 矩阵没有除法运算. 对矩阵方程 $\boldsymbol{AX}=\boldsymbol{B}$,由 $\boldsymbol{A}\neq\boldsymbol{O}$,绝对没有 $\boldsymbol{X}=\dfrac{\boldsymbol{B}}{\boldsymbol{A}}$ 这样的结果. 这是因为,至少在形式上,$\dfrac{\boldsymbol{B}}{\boldsymbol{A}}$ 既可写作 $\boldsymbol{B}\dfrac{1}{\boldsymbol{A}}$,也可写作 $\dfrac{1}{\boldsymbol{A}}\boldsymbol{B}$,显然 $\boldsymbol{B}\dfrac{1}{\boldsymbol{A}}\neq\dfrac{1}{\boldsymbol{A}}\boldsymbol{B}$,出现了歧义.

以上矩阵乘法的三个特点,与数值计算的相关结论,都是相悖的,说明两矩阵的乘积与两数相乘是两种不同的运算. 在今后凡涉及矩阵乘积的运算及其公式,均要重新审定,切不可照搬两数相乘的规则和公式.

④ 矩阵乘法与数值乘法也存在一定相似性. 如引例 5,对于任意矩阵 $\boldsymbol{A}_{m\times n}$,总存在单位矩阵 $\boldsymbol{E}_m$,$\boldsymbol{E}_n$,无论左乘 $\boldsymbol{E}_m$ 或右乘 $\boldsymbol{E}_n$,结果仍为 $\boldsymbol{A}_{m\times n}$ 自身. 这如同数的乘法,对于任意数,乘以单位常数 1,其值不变.

一般地,除去交换律,矩阵乘法仍然满足类似数的结合律、分配律,即:

结合律 $(\boldsymbol{AB})\boldsymbol{C}=\boldsymbol{A}(\boldsymbol{BC})$,$k(\boldsymbol{AB})=(k\boldsymbol{A})\boldsymbol{B}=\boldsymbol{A}(k\boldsymbol{B})$($k$ 为常数);

左分配律 $\boldsymbol{A}(\boldsymbol{B}+\boldsymbol{C})=\boldsymbol{AB}+\boldsymbol{AC}$;

右分配律 $(\boldsymbol{B}+\boldsymbol{C})\boldsymbol{A}=\boldsymbol{BA}+\boldsymbol{CA}$.

(3) 方阵的幂.

由矩阵的乘法,可以定义方阵的幂的运算.

设 $\boldsymbol{A}$ 为 n 阶方阵,m 是正整数,则 m 个 $\boldsymbol{A}$ 相乘,称为 $\boldsymbol{A}$ 的 m 次幂,记作 $\boldsymbol{A}^m$,即

$$\boldsymbol{A}^m=\underbrace{\boldsymbol{AA}\cdots\boldsymbol{A}}_{m\text{个}},$$

且当 $m=0$ 时,$\boldsymbol{A}^0=\boldsymbol{E}$.

设 k_1,k_2 为正整数,由定义不难证明方阵的幂有以下性质:

① $\boldsymbol{A}^{k_1}\boldsymbol{A}^{k_2}=\boldsymbol{A}^{k_1+k_2}$;

② $(\boldsymbol{A}^{k_1})^{k_2}=\boldsymbol{A}^{k_1k_2}$.

例 3 设 $\boldsymbol{A}=\begin{pmatrix}3&4\\-1&-2\end{pmatrix}$,$\boldsymbol{B}=\begin{pmatrix}1&1\\-3&-2\end{pmatrix}$,计算 $\boldsymbol{A}^2-\boldsymbol{B}^2$,$(\boldsymbol{A}-\boldsymbol{B})(\boldsymbol{A}+\boldsymbol{B})$.

【解题思路】 本题涉及矩阵的乘法运算,需严格按照相关的运算律进行,尤其要注意相乘时矩阵的左右位置.

【答案解析】$A^2-B^2=\begin{pmatrix}3&4\\-1&-2\end{pmatrix}\begin{pmatrix}3&4\\-1&-2\end{pmatrix}-\begin{pmatrix}1&1\\-3&-2\end{pmatrix}\begin{pmatrix}1&1\\-3&-2\end{pmatrix}$

$$=\begin{pmatrix}5&4\\-1&0\end{pmatrix}-\begin{pmatrix}-2&-1\\3&1\end{pmatrix}=\begin{pmatrix}7&5\\-4&-1\end{pmatrix},$$

$$(A-B)(A+B)=\left[\begin{pmatrix}3&4\\-1&-2\end{pmatrix}-\begin{pmatrix}1&1\\-3&-2\end{pmatrix}\right]\left[\begin{pmatrix}3&4\\-1&-2\end{pmatrix}+\begin{pmatrix}1&1\\-3&-2\end{pmatrix}\right]$$

$$=\begin{pmatrix}2&3\\2&0\end{pmatrix}\begin{pmatrix}4&5\\-4&-4\end{pmatrix}=\begin{pmatrix}-4&-2\\8&10\end{pmatrix}.$$

【评注】本例的结果表明 $A^2-B^2\neq(A-B)(A+B)$，这是因为，由乘法的分配律，

$$(A-B)(A+B)=A^2-AB+BA-B^2.$$

由于矩阵乘法无交换律，即在一般情形下，$AB\neq BA$，故有上面不等式. 类似地，一般情形下，对于任意 n 阶矩阵 A，B，有

$$(A\pm B)^2\neq A^2\pm 2AB+B^2,$$
$$(A\pm B)^3\neq A^3\pm 3A^2B+3AB^2\pm B^3.$$

但任意 n 阶矩阵 A 与 n 阶单位矩阵 E 可交换，故总有

$$A^2-E=(A-E)(A+E),$$
$$(A\pm E)^2=A^2\pm 2A+E,$$
$$(A\pm E)^3=A^3\pm 3A^2+3A\pm E.$$

可见当且仅当在矩阵乘积可交换的条件下，我们过去学习过的代数公式可扩展到矩阵的情况.

例 4 设 $f(x)=x^2-5x+3$，$A=\begin{pmatrix}2&-1\\-3&3\end{pmatrix}$，定义 $f(A)=A^2-5A+3E$，称其为矩阵 A 的多项式，则 $f(A)=($　　$)$.

(A) $\begin{pmatrix}3&0\\0&2\end{pmatrix}$　　(B) $\begin{pmatrix}2&0\\3&3\end{pmatrix}$　　(C) $\begin{pmatrix}0&0\\0&0\end{pmatrix}$

(D) $\begin{pmatrix}2&3\\-1&0\end{pmatrix}$　　(E) $\begin{pmatrix}0&2\\1&-3\end{pmatrix}$

【参考答案】C

【解题思路】矩阵 A 的多项式是将多项式 $f(x)$ 中变量 x 与矩阵 A 置换得到，注意，其中常数项改为 $3A^0=3E$，计算要严格按照先做幂和数乘运算，再做加法运算.

【答案解析】$f(A)=\begin{pmatrix}2&-1\\-3&3\end{pmatrix}\begin{pmatrix}2&-1\\-3&3\end{pmatrix}-5\begin{pmatrix}2&-1\\-3&3\end{pmatrix}+3\begin{pmatrix}1&0\\0&1\end{pmatrix}$

$$=\begin{pmatrix}7&-5\\-15&12\end{pmatrix}-\begin{pmatrix}10&-5\\-15&15\end{pmatrix}+\begin{pmatrix}3&0\\0&3\end{pmatrix}=\begin{pmatrix}0&0\\0&0\end{pmatrix},$$

故本题正确答案是 C.

例 5 计算下列方阵 $\boldsymbol{A}$ 的幂.

(1)$\boldsymbol{A}=\begin{pmatrix}0&1&0\\0&0&1\\0&0&0\end{pmatrix}$，求 $\boldsymbol{A}^{10}$；

(2)$\boldsymbol{A}=\begin{pmatrix}1&-1&-1&-1\\-1&1&-1&-1\\-1&-1&1&-1\\-1&-1&-1&1\end{pmatrix}$，求 $\boldsymbol{A}^n$(n 为正整数).

【解题思路】一般情况下，计算方阵的高次幂，应从两个矩阵相乘开始，逐步增加幂次，在这个过程中，注意找出规律，如有规律可寻，应由公式推出结果，如无特定规律，应充分利用性质，尽可能减少运算次数.

【答案解析】(1)
$$\begin{pmatrix}0&1&0\\0&0&1\\0&0&0\end{pmatrix}^{10}=\left(\begin{pmatrix}0&1&0\\0&0&1\\0&0&0\end{pmatrix}^2\begin{pmatrix}0&1&0\\0&0&1\\0&0&0\end{pmatrix}^2\right)^2\begin{pmatrix}0&1&0\\0&0&1\\0&0&0\end{pmatrix}^2,$$

其中
$$\begin{pmatrix}0&1&0\\0&0&1\\0&0&0\end{pmatrix}^2=\begin{pmatrix}0&0&1\\0&0&0\\0&0&0\end{pmatrix},\begin{pmatrix}0&1&0\\0&0&1\\0&0&0\end{pmatrix}^2\begin{pmatrix}0&1&0\\0&0&1\\0&0&0\end{pmatrix}^2=\begin{pmatrix}0&0&0\\0&0&0\\0&0&0\end{pmatrix},$$

因此
$$\boldsymbol{A}^{10}=\begin{pmatrix}0&0&0\\0&0&0\\0&0&0\end{pmatrix}.$$

(2) 由
$$\boldsymbol{A}^2=\begin{pmatrix}1&-1&-1&-1\\-1&1&-1&-1\\-1&-1&1&-1\\-1&-1&-1&1\end{pmatrix}\begin{pmatrix}1&-1&-1&-1\\-1&1&-1&-1\\-1&-1&1&-1\\-1&-1&-1&1\end{pmatrix}=\begin{pmatrix}4&0&0&0\\0&4&0&0\\0&0&4&0\\0&0&0&4\end{pmatrix}=2^2\boldsymbol{E},$$
$$\boldsymbol{A}^3=2^2\boldsymbol{A},$$

于是，当 $n=2k(k>0)$ 时，$\boldsymbol{A}^n=(\boldsymbol{A}^2)^k=(2^2\boldsymbol{E})^k=2^{2k}\boldsymbol{E}$，当 $n=2k+1(k>0)$ 时，$\boldsymbol{A}^n=(\boldsymbol{A}^2)^k\boldsymbol{A}=(2^2\boldsymbol{E})^k\boldsymbol{A}=2^{2k}\boldsymbol{A}$，即
$$\boldsymbol{A}^n=\begin{cases}2^{2k}\boldsymbol{E}, & n=2k,\\ 2^{2k}\boldsymbol{A}, & n=2k+1\end{cases}(k>0).$$

【评注】由(1)看到，非零方阵的幂未必非零. 一般地，对于非零方阵 $\boldsymbol{A}$，如果存在正整数 k，使得 $\boldsymbol{A}^k=\boldsymbol{O}$，则称 $\boldsymbol{A}$ 为幂零矩阵.

例 6 设 $\boldsymbol{B}=\begin{pmatrix}1\\-1\\2\end{pmatrix}$，$\boldsymbol{C}=(3,2,1)$，$\boldsymbol{A}=\boldsymbol{BC}$，若 m 为正整数，且 $m\geqslant 3$，则 $\boldsymbol{A}^m=$(　　).

(A) $3^m\begin{pmatrix}3&2&1\\-3&-2&-1\\6&4&2\end{pmatrix}$　　(B) $3^{m-1}\begin{pmatrix}3&2&1\\-3&-2&-1\\6&4&2\end{pmatrix}$

(C) $3^{m-1}\begin{pmatrix}3&-3&6\\2&-2&4\\1&-1&2\end{pmatrix}$　　(D) $3^{m-1}\begin{pmatrix}2&-1&1\\4&-2&2\\6&-3&3\end{pmatrix}$

(E) $3^{m-1}\begin{pmatrix}-3&-2&-1\\3&2&1\\6&4&2\end{pmatrix}$

【参考答案】B

【解题思路】列矩阵 $\boldsymbol{B}_{3\times1}$ 与行矩阵 $\boldsymbol{C}_{1\times3}$ 相乘，$\boldsymbol{A}=\boldsymbol{B}_{3\times1}\boldsymbol{C}_{1\times3}$ 是一个 3×3 的方阵，交换位置后，$\boldsymbol{C}_{1\times3}\boldsymbol{B}_{3\times1}$ 是一个常数，因此，计算 $\boldsymbol{A}^m$ 时，利用矩阵乘法的结合律，重新进行运算组合，可以达到简化运算的目的.

【答案解析】由 $\boldsymbol{A}=\boldsymbol{BC}=\begin{pmatrix}1\\-1\\2\end{pmatrix}(3,2,1)=\begin{pmatrix}3&2&1\\-3&-2&-1\\6&4&2\end{pmatrix}$，又 $\boldsymbol{CB}=(3,2,1)\begin{pmatrix}1\\-1\\2\end{pmatrix}=3$，

于是，由矩阵乘法的结合律，有

$$\boldsymbol{A}^m=\underbrace{(\boldsymbol{BC})(\boldsymbol{BC})\cdots(\boldsymbol{BC})}_{m个}=\boldsymbol{B}\underbrace{(\boldsymbol{CB})(\boldsymbol{CB})\cdots(\boldsymbol{CB})}_{m-1个}\boldsymbol{C}$$

$$=3^{m-1}\boldsymbol{BC}=3^{m-1}\begin{pmatrix}3&2&1\\-3&-2&-1\\6&4&2\end{pmatrix}.$$

故本题正确答案是 B.

【评注】本题为由列、行矩阵乘积构造矩阵的高次幂的运算提供了一个简化的计算方法，会经常用到，考生应熟悉和掌握.

3. 矩阵的转置

(1) 矩阵的转置及其运算性质.

将矩阵 $\boldsymbol{A}=(a_{ij})_{m\times n}$ 的行列互换得到的矩阵称为矩阵 $\boldsymbol{A}$ 的转置，记作 $\boldsymbol{A}^{\mathrm{T}}$，即

$$\boldsymbol{A}^{\mathrm{T}}=\begin{pmatrix}a_{11}&a_{21}&\cdots&a_{m1}\\a_{12}&a_{22}&\cdots&a_{m2}\\\vdots&\vdots&&\vdots\\a_{1n}&a_{2n}&\cdots&a_{mn}\end{pmatrix}=(a_{ji})_{n\times m}.$$

矩阵的转置有如下性质：

① $(\boldsymbol{A}^{\mathrm{T}})^{\mathrm{T}}=\boldsymbol{A}$；

② $(\boldsymbol{A}+\boldsymbol{B})^{\mathrm{T}}=\boldsymbol{A}^{\mathrm{T}}+\boldsymbol{B}^{\mathrm{T}}$；

③ $(k\boldsymbol{A})^{\mathrm{T}}=k\boldsymbol{A}^{\mathrm{T}}$；

④ $(\boldsymbol{AB})^{\mathrm{T}}=\boldsymbol{B}^{\mathrm{T}}\boldsymbol{A}^{\mathrm{T}}$.

其中性质 ② 和 ④ 可以推广至更为一般形式：

$$(\boldsymbol{A}_1+\boldsymbol{A}_2+\cdots+\boldsymbol{A}_m)^{\mathrm{T}}=\boldsymbol{A}_1^{\mathrm{T}}+\boldsymbol{A}_2^{\mathrm{T}}+\cdots+\boldsymbol{A}_m^{\mathrm{T}};$$

$$(\boldsymbol{A}_1\boldsymbol{A}_2\cdots\boldsymbol{A}_m)^{\mathrm{T}}=\boldsymbol{A}_m^{\mathrm{T}}\cdots\boldsymbol{A}_2^{\mathrm{T}}\boldsymbol{A}_1^{\mathrm{T}}.$$

(2) 矩阵的对称性与对称矩阵.

对于 n 阶矩阵 $\boldsymbol{A}$，若 $\boldsymbol{A}=\boldsymbol{A}^{\mathrm{T}}$，则称 $\boldsymbol{A}$ 为对称矩阵；若 $\boldsymbol{A}=-\boldsymbol{A}^{\mathrm{T}}$，则称 $\boldsymbol{A}$ 为反对称矩阵.

对称矩阵的一般形式可表为

$$\begin{pmatrix} a_{11} & a_{12} & \cdots & a_{1n} \\ a_{12} & a_{22} & \cdots & a_{2n} \\ \vdots & \vdots & & \vdots \\ a_{1n} & a_{2n} & \cdots & a_{nn} \end{pmatrix}.$$

反对称矩阵的一般形式可表为

$$\begin{pmatrix} 0 & a_{12} & \cdots & a_{1n} \\ -a_{12} & 0 & \cdots & a_{2n} \\ \vdots & \vdots & & \vdots \\ -a_{1n} & -a_{2n} & \cdots & 0 \end{pmatrix}.$$

矩阵的对称性是线性代数中的一个重要概念，我们熟悉的单位矩阵、对角矩阵都是对称矩阵.

例 7 设 $\boldsymbol{A}$ 为 n 阶对称矩阵，$\boldsymbol{B}$ 为 n 阶反对称矩阵，$\boldsymbol{C}$ 为任意 n 阶矩阵，$\boldsymbol{D}$ 为 n 阶非零矩阵，则下列矩阵中是反对称矩阵的为(　　).

(A)$\boldsymbol{AB}$　　(B)$\boldsymbol{CC}^{\mathrm{T}}$　　(C)$\boldsymbol{A}+\boldsymbol{C}^{\mathrm{T}}\boldsymbol{C}$　　(D)$\boldsymbol{BAB}^{\mathrm{T}}$　　(E)$\boldsymbol{D}^{\mathrm{T}}\boldsymbol{BD}$

【参考答案】E

【解题思路】判断矩阵的对称性，唯一有效的方法是根据定义计算验证.

【答案解析】由已知，$\boldsymbol{A}=\boldsymbol{A}^{\mathrm{T}}$，$\boldsymbol{B}=-\boldsymbol{B}^{\mathrm{T}}$，于是

$$(\boldsymbol{AB})^{\mathrm{T}}=\boldsymbol{B}^{\mathrm{T}}\boldsymbol{A}^{\mathrm{T}}=-\boldsymbol{BA},(\boldsymbol{CC}^{\mathrm{T}})^{\mathrm{T}}=(\boldsymbol{C}^{\mathrm{T}})^{\mathrm{T}}\boldsymbol{C}^{\mathrm{T}}=\boldsymbol{CC}^{\mathrm{T}},$$

$$(\boldsymbol{A}+\boldsymbol{C}^{\mathrm{T}}\boldsymbol{C})^{\mathrm{T}}=\boldsymbol{A}^{\mathrm{T}}+(\boldsymbol{C}^{\mathrm{T}}\boldsymbol{C})^{\mathrm{T}}=\boldsymbol{A}+\boldsymbol{C}^{\mathrm{T}}\boldsymbol{C},$$

$$(\boldsymbol{BAB}^{\mathrm{T}})^{\mathrm{T}}=(\boldsymbol{B}^{\mathrm{T}})^{\mathrm{T}}\boldsymbol{A}^{\mathrm{T}}\boldsymbol{B}^{\mathrm{T}}=\boldsymbol{BAB}^{\mathrm{T}},$$

$$(\boldsymbol{D}^{\mathrm{T}}\boldsymbol{BD})^{\mathrm{T}}=\boldsymbol{D}^{\mathrm{T}}\boldsymbol{B}^{\mathrm{T}}(\boldsymbol{D}^{\mathrm{T}})^{\mathrm{T}}=-\boldsymbol{D}^{\mathrm{T}}\boldsymbol{BD},$$

知 $\boldsymbol{CC}^{\mathrm{T}}$，$\boldsymbol{A}+\boldsymbol{C}^{\mathrm{T}}\boldsymbol{C}$，$\boldsymbol{BAB}^{\mathrm{T}}$ 是对称矩阵，$\boldsymbol{AB}$ 无对称性，$\boldsymbol{D}^{\mathrm{T}}\boldsymbol{BD}$ 是反对称矩阵. 故本题选择 E.

例 8 设 $\boldsymbol{A}$ 为 n 阶实矩阵，$\boldsymbol{A}=\boldsymbol{O}$ 是矩阵 $\boldsymbol{A}^{\mathrm{T}}\boldsymbol{A}=\boldsymbol{O}$ 的(　　).

(A) 充分非必要条件　　(B) 必要非充分条件

(C) 非充分也非必要条件　　(D) 充分必要条件

(E) 关系无法确定

【参考答案】D

【答案解析】充分性. 若 $\boldsymbol{A}=\boldsymbol{O}$，显然有 $\boldsymbol{A}^{\mathrm{T}}\boldsymbol{A}=\boldsymbol{O}$.

必要性. 设 $\boldsymbol{A}_n=(a_{ij})$，则

$$\boldsymbol{A}^{\mathrm{T}}\boldsymbol{A}=\begin{pmatrix} a_{11} & a_{21} & \cdots & a_{n1} \\ a_{12} & a_{22} & \cdots & a_{n2} \\ \vdots & \vdots & & \vdots \\ a_{1n} & a_{2n} & \cdots & a_{nn} \end{pmatrix}\begin{pmatrix} a_{11} & a_{12} & \cdots & a_{1n} \\ a_{21} & a_{22} & \cdots & a_{2n} \\ \vdots & \vdots & & \vdots \\ a_{n1} & a_{n2} & \cdots & a_{nn} \end{pmatrix}$$

$$=\begin{pmatrix} a_{11}^2+a_{21}^2+\cdots+a_{n1}^2 & c_{12} & \cdots & c_{1n} \\ c_{21} & a_{12}^2+a_{22}^2+\cdots+a_{n2}^2 & \cdots & c_{2n} \\ \vdots & \vdots & & \vdots \\ c_{n1} & c_{n2} & \cdots & a_{1n}^2+a_{2n}^2+\cdots+a_{nn}^2 \end{pmatrix}.$$

由 $\boldsymbol{A}^{\mathrm{T}}\boldsymbol{A}=\boldsymbol{O}$,必有 $\quad a_{1j}^2+a_{2j}^2+\cdots+a_{nj}^2=0(j=1,2,\cdots,n)$，

从而有 $\quad a_{1j}=a_{2j}=\cdots=a_{nj}=0(j=1,2,\cdots,n)$，

即 $\boldsymbol{A}=\boldsymbol{O}$. 故本题选择 D.

4. 分块矩阵及其运算

(1) 分块矩阵的概念.

在处理阶数较大的矩阵的运算时，为了方便起见，常常把一个大的矩阵看作由若干个小块矩阵(或称为矩阵的子块)组成，然后将这些子块当作元素处理，这就是矩阵的分块.

例如，

$$\boldsymbol{A}=\left(\begin{array}{ccc:c} a_{11} & a_{12} & a_{13} & a_{14} \\ a_{21} & a_{22} & a_{23} & a_{24} \\ \hdashline a_{31} & a_{32} & a_{33} & a_{34} \end{array}\right),$$

其中用横线与竖线把 $\boldsymbol{A}$ 分成四块，分别为

$$\boldsymbol{A}_{11}=\begin{pmatrix} a_{11} & a_{12} & a_{13} \\ a_{21} & a_{22} & a_{23} \end{pmatrix},\boldsymbol{A}_{12}=\begin{pmatrix} a_{14} \\ a_{24} \end{pmatrix},$$

$$\boldsymbol{A}_{21}=(a_{31},a_{32},a_{33}),\boldsymbol{A}_{22}=(a_{34}),$$

即有

$$\boldsymbol{A}=\begin{pmatrix} \boldsymbol{A}_{11} & \boldsymbol{A}_{12} \\ \boldsymbol{A}_{21} & \boldsymbol{A}_{22} \end{pmatrix}.$$

此时，称 $\boldsymbol{A}$ 为 2×2 分块矩阵.

(2) 分块矩阵的运算.

矩阵分块方式没有固定的方式，主要根据实际需要划分，首先要保证分块后矩阵的运算仍然按原有矩阵运算规则进行. 分述如下.

如果将矩阵 $\boldsymbol{A}_{m\times n}=\begin{pmatrix} a_{11} & a_{12} & \cdots & a_{1n} \\ a_{21} & a_{22} & \cdots & a_{2n} \\ \vdots & \vdots & & \vdots \\ a_{m1} & a_{m2} & \cdots & a_{mn} \end{pmatrix}$ 作如下分块

$$A=\begin{pmatrix}A_{11}&A_{12}&\cdots&A_{1t}\\A_{21}&A_{22}&\cdots&A_{2t}\\\vdots&\vdots&&\vdots\\A_{s1}&A_{s2}&\cdots&A_{st}\end{pmatrix}=(A_{pq})_{s\times t},$$

k 为常数,则 $kA=(kA_{pq})_{s\times t}$.

如果将矩阵 $A_{m\times n}, B_{m\times n}$ 作同种划分,即

$$A=\begin{pmatrix}A_{11}&A_{12}&\cdots&A_{1t}\\A_{21}&A_{22}&\cdots&A_{2t}\\\vdots&\vdots&&\vdots\\A_{s1}&A_{s2}&\cdots&A_{st}\end{pmatrix}=(A_{pq})_{s\times t},B=\begin{pmatrix}B_{11}&B_{12}&\cdots&B_{1t}\\B_{21}&B_{22}&\cdots&B_{2t}\\\vdots&\vdots&&\vdots\\B_{s1}&B_{s2}&\cdots&B_{st}\end{pmatrix}=(B_{pq})_{s\times t},$$

则
$$A\pm B=(A_{pq}\pm B_{pq})_{s\times t},$$

其中方块 A_{pq}, B_{pq} 有相同的行数和列数.

如果将矩阵 $A_{m\times l}, B_{l\times n}$ 作如下划分,即

$$A=\begin{pmatrix}A_{11}&A_{12}&\cdots&A_{1r}\\A_{21}&A_{22}&\cdots&A_{2r}\\\vdots&\vdots&&\vdots\\A_{s1}&A_{s2}&\cdots&A_{sr}\end{pmatrix}=(A_{pk})_{s\times r},B=\begin{pmatrix}B_{11}&B_{12}&\cdots&B_{1t}\\B_{21}&B_{22}&\cdots&B_{2t}\\\vdots&\vdots&&\vdots\\B_{r1}&B_{r2}&\cdots&B_{rt}\end{pmatrix}=(B_{kq})_{r\times t},$$

则
$$AB=\left(\sum_{k=1}^{r}A_{pk}B_{kq}\right)_{s\times t},$$

其中 A_{pk} 的列数等于 B_{kq} 的行数.

如果将矩阵 $A_{m\times n}$ 作如下分块

$$A=\begin{pmatrix}A_{11}&A_{12}&\cdots&A_{1t}\\A_{21}&A_{22}&\cdots&A_{2t}\\\vdots&\vdots&&\vdots\\A_{s1}&A_{s2}&\cdots&A_{st}\end{pmatrix}=(A_{pq})_{s\times t},$$

则
$$A^{T}=\begin{pmatrix}A_{11}^{T}&A_{21}^{T}&\cdots&A_{s1}^{T}\\A_{12}^{T}&A_{22}^{T}&\cdots&A_{s2}^{T}\\\vdots&\vdots&&\vdots\\A_{1t}^{T}&A_{2t}^{T}&\cdots&A_{st}^{T}\end{pmatrix}=(A_{qp})_{t\times s}.$$

例 9 设

$$A=\begin{pmatrix}1&0&1&3\\0&1&2&4\\0&0&-1&0\\0&0&0&-1\end{pmatrix},B=\begin{pmatrix}-1&2&0&0\\2&0&0&0\\4&-2&1&0\\0&3&0&1\end{pmatrix},$$

利用分块矩阵计算 $\boldsymbol{A}+\boldsymbol{B}$,$\boldsymbol{AB}$.

【解题思路】一般地,分块矩阵运算并不能减少计算量,但本题中两矩阵存在零矩阵和单位矩阵结构的子块,它们都是特殊的矩阵,由此分块将减少计算量.

【答案解析】对 $\boldsymbol{A}$,$\boldsymbol{B}$ 作如下分块,记

$$\boldsymbol{C}=\begin{pmatrix}1&3\\2&4\end{pmatrix},\boldsymbol{D}=\begin{pmatrix}-1&2\\2&0\end{pmatrix},\boldsymbol{F}=\begin{pmatrix}4&-2\\0&3\end{pmatrix},$$

$\boldsymbol{E}$ 为二阶单位矩阵，于是

$$\boldsymbol{A}=\begin{pmatrix}\boldsymbol{E}&\boldsymbol{C}\\\boldsymbol{O}&-\boldsymbol{E}\end{pmatrix},\boldsymbol{B}=\begin{pmatrix}\boldsymbol{D}&\boldsymbol{O}\\\boldsymbol{F}&\boldsymbol{E}\end{pmatrix},$$

故有

$$\boldsymbol{A}+\boldsymbol{B}=\begin{pmatrix}\boldsymbol{E}+\boldsymbol{D}&\boldsymbol{C}+\boldsymbol{O}\\\boldsymbol{O}+\boldsymbol{F}&-\boldsymbol{E}+\boldsymbol{E}\end{pmatrix}=\begin{pmatrix}\boldsymbol{E}+\boldsymbol{D}&\boldsymbol{C}\\\boldsymbol{F}&\boldsymbol{O}\end{pmatrix},$$

$$\boldsymbol{AB}=\begin{pmatrix}\boldsymbol{E}&\boldsymbol{C}\\\boldsymbol{O}&-\boldsymbol{E}\end{pmatrix}\begin{pmatrix}\boldsymbol{D}&\boldsymbol{O}\\\boldsymbol{F}&\boldsymbol{E}\end{pmatrix}=\begin{pmatrix}\boldsymbol{D}+\boldsymbol{CF}&\boldsymbol{C}\\-\boldsymbol{F}&-\boldsymbol{E}\end{pmatrix},$$

其中

$$\boldsymbol{E}+\boldsymbol{D}=\begin{pmatrix}1&0\\0&1\end{pmatrix}+\begin{pmatrix}-1&2\\2&0\end{pmatrix}=\begin{pmatrix}0&2\\2&1\end{pmatrix},$$

$$\boldsymbol{D}+\boldsymbol{CF}=\begin{pmatrix}-1&2\\2&0\end{pmatrix}+\begin{pmatrix}1&3\\2&4\end{pmatrix}\begin{pmatrix}4&-2\\0&3\end{pmatrix}=\begin{pmatrix}-1&2\\2&0\end{pmatrix}+\begin{pmatrix}4&7\\8&8\end{pmatrix}=\begin{pmatrix}3&9\\10&8\end{pmatrix},$$

因此,有

$$\boldsymbol{A}+\boldsymbol{B}=\begin{pmatrix}0&2&1&3\\2&1&2&4\\4&-2&0&0\\0&3&0&0\end{pmatrix},\boldsymbol{AB}=\begin{pmatrix}3&9&1&3\\10&8&2&4\\-4&2&-1&0\\0&-3&0&-1\end{pmatrix}.$$

容易验证由定义直接计算的结果与用分块矩阵计算的结果是一致的,但是,由于利用了矩阵中一些特殊分块,如零分块、单位分块,因此减少了计算量.

引例6　将矩阵 $\boldsymbol{A}_{m\times n}$,$\boldsymbol{E}_n$ 分块如下,

$$\boldsymbol{A}=\left(\begin{array}{c:c:c:c}a_{11}&a_{12}&\cdots&a_{1n}\\a_{21}&a_{22}&\cdots&a_{2n}\\\vdots&\vdots&&\vdots\\a_{m1}&a_{m2}&\cdots&a_{mn}\end{array}\right)=(\boldsymbol{A}_1,\boldsymbol{A}_2,\cdots,\boldsymbol{A}_n),\boldsymbol{A}_j\ (j=1,2,\cdots,n)\text{ 为 }m\times1\text{ 矩阵},$$

$$\boldsymbol{E}_n=\left(\begin{array}{c:c:c:c}1&0&\cdots&0\\0&1&\cdots&0\\\vdots&\vdots&&\vdots\\0&0&\cdots&1\end{array}\right)=(\boldsymbol{e}_1,\boldsymbol{e}_2,\cdots,\boldsymbol{e}_n),\boldsymbol{e}_j\ (j=1,2,\cdots,n)\text{ 为 }n\times1\text{ 矩阵},$$

则

$$\boldsymbol{AE}_n=\boldsymbol{A}(\boldsymbol{e}_1,\boldsymbol{e}_2,\cdots,\boldsymbol{e}_n)=(\boldsymbol{Ae}_1,\boldsymbol{Ae}_2,\cdots,\boldsymbol{Ae}_n)=(\boldsymbol{A}_1,\boldsymbol{A}_2,\cdots,\boldsymbol{A}_n),$$

从而有
$$Ae_j = A_j (j=1,2,\cdots,n).$$

结果表明,矩阵 A 右乘单位矩阵的一个子块 e_j,相当于从 A 中提取第 j 列,也就是我们在讨论矩阵乘法运算时提到的提取功能.

引例7 设 A,B 为 n 阶矩阵,且 $AB=O$,若将 B 分块如下,

$$B=\begin{pmatrix} b_{11} & b_{12} & \cdots & b_{1n} \\ b_{21} & b_{22} & \cdots & b_{2n} \\ \vdots & \vdots & & \vdots \\ b_{n1} & b_{n2} & \cdots & b_{nn} \end{pmatrix}=(B_1,B_2,\cdots,B_n),B_j(j=1,2,\cdots,n)\text{ 为 } n\times 1 \text{ 矩阵},$$

则有 $AB=A(B_1,B_2,\cdots,B_n)=(AB_1,AB_2,\cdots,AB_n)=(0,0,\cdots,0)$,从而有
$$AB_j=0(j=1,2,\cdots,n).$$

结果表明,由 $AB=O$ 可知矩阵 B 的每个列向量均为线性方程组 $Ax=0$ 的解.

例 10 设 $A=\begin{pmatrix} 1 & 0 & 0 & 0 & 0 & 0 & 0 \\ 0 & 2 & 0 & 0 & 0 & 0 & 0 \\ 0 & 0 & 1 & 0 & 0 & 0 & 0 \\ 0 & 0 & 0 & 1 & 0 & 0 & 0 \\ 0 & 0 & 0 & 2 & 1 & 0 & 0 \\ 0 & 0 & 0 & 0 & 0 & -1 & 1 \\ 0 & 0 & 0 & 0 & 0 & 3 & -3 \end{pmatrix}$,利用分块矩阵计算 A^{10}.

【解题思路】题中取分块 $A_1=\begin{pmatrix} 1 & 0 & 0 \\ 0 & 2 & 0 \\ 0 & 0 & 1 \end{pmatrix}$,$A_2=\begin{pmatrix} 1 & 0 \\ 2 & 1 \end{pmatrix}$,$A_3=\begin{pmatrix} -1 & 1 \\ 3 & -3 \end{pmatrix}$,矩阵 A 可表示为以 A_1,A_2,A_3 为对角线元素的准对角矩阵,则 A^{10} 简化为 3 个子块的 10 次幂.

【答案解析】设 $A_1=\begin{pmatrix} 1 & 0 & 0 \\ 0 & 2 & 0 \\ 0 & 0 & 1 \end{pmatrix}$,$A_2=\begin{pmatrix} 1 & 0 \\ 2 & 1 \end{pmatrix}$,$A_3=\begin{pmatrix} -1 & 1 \\ 3 & -3 \end{pmatrix}$,则矩阵 A 可写作分块矩阵形式

$$A=\begin{pmatrix} A_1 & O & O \\ O & A_2 & O \\ O & O & A_3 \end{pmatrix},\text{且 } A^{10}=\begin{pmatrix} A_1^{10} & O & O \\ O & A_2^{10} & O \\ O & O & A_3^{10} \end{pmatrix},$$

其中
$$A_1^{10}=\begin{pmatrix} 1 & 0 & 0 \\ 0 & 2 & 0 \\ 0 & 0 & 1 \end{pmatrix}^{10}=\begin{pmatrix} 1 & 0 & 0 \\ 0 & 2^{10} & 0 \\ 0 & 0 & 1 \end{pmatrix},$$

$$A_2^{10}=\left[E+\begin{pmatrix} 0 & 0 \\ 2 & 0 \end{pmatrix}\right]^{10}$$

$$=\boldsymbol{E}^{10}+10\begin{pmatrix}0&0\\2&0\end{pmatrix}+45\begin{pmatrix}0&0\\2&0\end{pmatrix}^{2}+\cdots+\begin{pmatrix}0&0\\2&0\end{pmatrix}^{10}$$

$$=\boldsymbol{E}^{10}+10\begin{pmatrix}0&0\\2&0\end{pmatrix}=\begin{pmatrix}1&0\\20&1\end{pmatrix},$$

式中,当 $k\geqslant 2$ 时,$\begin{pmatrix}0&0\\2&0\end{pmatrix}^{k}=\boldsymbol{O}$.

由 $(-1,1)\begin{pmatrix}1\\-3\end{pmatrix}=-4$,$\begin{pmatrix}1\\-3\end{pmatrix}(-1,1)=\begin{pmatrix}-1&1\\3&-3\end{pmatrix}$,得 $\boldsymbol{A}_3^{10}=\begin{pmatrix}4^9&-4^9\\-3\times4^9&3\times4^9\end{pmatrix}$,

从而有
$$\boldsymbol{A}^{10}=\begin{pmatrix}1&0&0&0&0&0&0\\0&2^{10}&0&0&0&0&0\\0&0&1&0&0&0&0\\0&0&0&1&0&0&0\\0&0&0&20&1&0&0\\0&0&0&0&0&4^9&-4^9\\0&0&0&0&0&-3\times4^9&3\times4^9\end{pmatrix}.$$

5. 方阵的行列式

(1) 方阵的行列式的定义.

由 n 阶矩阵 $\boldsymbol{A}$ 的元素按原来的排列形式构成的行列式,称为矩阵 $\boldsymbol{A}$ 的行列式,记作 $|\boldsymbol{A}|$.

【注】n 阶矩阵 $\boldsymbol{A}$ 是一个数表,n 阶行列式 $|\boldsymbol{A}|$ 是一个数(或和式),两者概念不同,形式相异,应注意区分. 同时两者又密切相关,$|\boldsymbol{A}|$ 决定了矩阵 $\boldsymbol{A}$ 的一些特性,反过来,利用矩阵 $\boldsymbol{A}$ 的一些运算性质也能解决 $|\boldsymbol{A}|$ 的定值问题.

设 $\boldsymbol{A}$ 为 n 阶矩阵,如果 $|\boldsymbol{A}|\neq 0$,则称 $\boldsymbol{A}$ 是非奇异的. 如果 $|\boldsymbol{A}|=0$,则称 $\boldsymbol{A}$ 是退化的或奇异的.

(2) 方阵的行列式的性质.

若 $\boldsymbol{A},\boldsymbol{B}$ 为 n 阶矩阵,则

$$|\boldsymbol{AB}|=|\boldsymbol{A}||\boldsymbol{B}|.$$

一般地,对于多个同阶矩阵的乘积,其行列式均等于各自行列式的乘积.

利用矩阵乘积的行列式的性质可实现矩阵与行列式之间的相互转换,既有助于对矩阵属性的研究,也为行列式的计算提供了一个重要途径,后者尤其值得关注.

例 11 设 $\boldsymbol{A},\boldsymbol{B},\boldsymbol{C}$ 均为 n 阶矩阵,则下列结论正确的是(　　).

(A) 若 $\boldsymbol{A}=2\boldsymbol{B}$,则 $|\boldsymbol{A}|=2|\boldsymbol{B}|$

(B) 若 $\boldsymbol{AB}^{\mathrm{T}}=\boldsymbol{E}$,则 $|\boldsymbol{ACB}|=|\boldsymbol{C}|$

(C) $|\boldsymbol{A}-\boldsymbol{B}|=|\boldsymbol{B}-\boldsymbol{A}|$

(D) $|\boldsymbol{AB}|=-|\boldsymbol{BA}|$

(E) $|(\boldsymbol{AB})^{\mathrm{T}}|\neq|\boldsymbol{A}^{\mathrm{T}}\boldsymbol{B}^{\mathrm{T}}|$

【参考答案】B

【解题思路】题中都是由矩阵运算转换为行列式运算，矩阵转换为行列式后，矩阵的运算变成数的运算，随着身份的改变，其运算规则必须做相应的改变. 如矩阵相乘无交换律，但数的相乘运算位置可随意交换.

【答案解析】若 $\boldsymbol{A}=2\boldsymbol{B}$，则 $|\boldsymbol{A}|=|2\boldsymbol{B}|=2^n|\boldsymbol{B}|$，因此 A 不正确.

若 $\boldsymbol{AB}^{\mathrm{T}}=\boldsymbol{E}$，则 $|\boldsymbol{AB}^{\mathrm{T}}|=|\boldsymbol{A}||\boldsymbol{B}^{\mathrm{T}}|=|\boldsymbol{A}||\boldsymbol{B}|=1$，从而有 $|\boldsymbol{ACB}|=|\boldsymbol{A}||\boldsymbol{C}||\boldsymbol{B}|=|\boldsymbol{A}||\boldsymbol{B}||\boldsymbol{C}|=|\boldsymbol{C}|$，故 B 正确.

又 $|\boldsymbol{A}-\boldsymbol{B}|=|-(\boldsymbol{B}-\boldsymbol{A})|=(-1)^n|\boldsymbol{B}-\boldsymbol{A}|$，$|\boldsymbol{AB}|=|\boldsymbol{A}||\boldsymbol{B}|=|\boldsymbol{B}||\boldsymbol{A}|=|\boldsymbol{BA}|$，知C，D不正确.

由 $|(\boldsymbol{AB})^{\mathrm{T}}|=|\boldsymbol{B}^{\mathrm{T}}\boldsymbol{A}^{\mathrm{T}}|=|\boldsymbol{B}^{\mathrm{T}}||\boldsymbol{A}^{\mathrm{T}}|=|\boldsymbol{A}^{\mathrm{T}}||\boldsymbol{B}^{\mathrm{T}}|=|\boldsymbol{A}^{\mathrm{T}}\boldsymbol{B}^{\mathrm{T}}|$，知 E 不正确.

例 12 设矩阵

$$\boldsymbol{A}=\begin{pmatrix} a & b & c & d \\ -b & a & -d & c \\ -c & d & a & -b \\ -d & -c & b & a \end{pmatrix}.$$

(1) 计算 $\boldsymbol{AA}^{\mathrm{T}}$；(2) 由(1) 计算 $|\boldsymbol{A}|$.

【解题思路】计算 $\boldsymbol{AA}^{\mathrm{T}}$ 要注意运算结果的对角线上的元素，再借助 $|\boldsymbol{AA}^{\mathrm{T}}|$ 计算 $|\boldsymbol{A}|$.

【答案解析】

$$(1)\boldsymbol{AA}^{\mathrm{T}}=\begin{pmatrix} a & b & c & d \\ -b & a & -d & c \\ -c & d & a & -b \\ -d & -c & b & a \end{pmatrix}\begin{pmatrix} a & -b & -c & -d \\ b & a & d & -c \\ c & -d & a & b \\ d & c & -b & a \end{pmatrix}$$

$$=\begin{pmatrix} a^2+b^2+c^2+d^2 & 0 & 0 & 0 \\ 0 & a^2+b^2+c^2+d^2 & 0 & 0 \\ 0 & 0 & a^2+b^2+c^2+d^2 & 0 \\ 0 & 0 & 0 & a^2+b^2+c^2+d^2 \end{pmatrix}.$$

(2) 由(1)，两边取行列式，有

$$|\boldsymbol{AA}^{\mathrm{T}}|=|\boldsymbol{A}||\boldsymbol{A}^{\mathrm{T}}|=|\boldsymbol{A}|^2$$

$$=\begin{vmatrix} a^2+b^2+c^2+d^2 & 0 & 0 & 0 \\ 0 & a^2+b^2+c^2+d^2 & 0 & 0 \\ 0 & 0 & a^2+b^2+c^2+d^2 & 0 \\ 0 & 0 & 0 & a^2+b^2+c^2+d^2 \end{vmatrix}$$

$$=(a^2+b^2+c^2+d^2)^4,$$

得
$$|\boldsymbol{A}|=\pm(a^2+b^2+c^2+d^2)^2,$$

注意到行列式 $|\boldsymbol{A}|$ 中 a^4 项前系数应为 1，故

$$|A| = (a^2+b^2+c^2+d^2)^2.$$

例 13 设 $\boldsymbol{A},\boldsymbol{B}$ 为 n 阶矩阵，则 $\begin{vmatrix} \boldsymbol{A} & \boldsymbol{B} \\ \boldsymbol{B} & \boldsymbol{A} \end{vmatrix} = (\quad)$.

(A) $-|\boldsymbol{B}^2-\boldsymbol{A}^2|$　　(B) $|\boldsymbol{A}+\boldsymbol{B}|\,|\boldsymbol{A}-\boldsymbol{B}|$　　(C) $|\boldsymbol{A}^2-\boldsymbol{B}^2|$

(D) $|\boldsymbol{A}^2|-|\boldsymbol{B}^2|$　　(E) 以上结论都不正确

【参考答案】B

【解题思路】证明一个 $2n$ 阶行列式等于两个 n 阶行列式的乘积，必须用到准三角形行列式计算公式，为此，可用矩阵乘法将行列式中的方阵化为准三角形矩阵.

【答案解析】由

$$\begin{pmatrix} \boldsymbol{E} & \boldsymbol{E} \\ \boldsymbol{O} & \boldsymbol{E} \end{pmatrix}\begin{pmatrix} \boldsymbol{A} & \boldsymbol{B} \\ \boldsymbol{B} & \boldsymbol{A} \end{pmatrix}\begin{pmatrix} \boldsymbol{E} & -\boldsymbol{E} \\ \boldsymbol{O} & \boldsymbol{E} \end{pmatrix}$$
$$= \begin{pmatrix} \boldsymbol{A}+\boldsymbol{B} & \boldsymbol{B}+\boldsymbol{A} \\ \boldsymbol{B} & \boldsymbol{A} \end{pmatrix}\begin{pmatrix} \boldsymbol{E} & -\boldsymbol{E} \\ \boldsymbol{O} & \boldsymbol{E} \end{pmatrix} = \begin{pmatrix} \boldsymbol{A}+\boldsymbol{B} & \boldsymbol{O} \\ \boldsymbol{B} & \boldsymbol{A}-\boldsymbol{B} \end{pmatrix},$$

从而有

$$\left|\begin{pmatrix} \boldsymbol{E} & \boldsymbol{E} \\ \boldsymbol{O} & \boldsymbol{E} \end{pmatrix}\begin{pmatrix} \boldsymbol{A} & \boldsymbol{B} \\ \boldsymbol{B} & \boldsymbol{A} \end{pmatrix}\begin{pmatrix} \boldsymbol{E} & -\boldsymbol{E} \\ \boldsymbol{O} & \boldsymbol{E} \end{pmatrix}\right|$$
$$= \begin{vmatrix} \boldsymbol{E} & \boldsymbol{E} \\ \boldsymbol{O} & \boldsymbol{E} \end{vmatrix}\begin{vmatrix} \boldsymbol{A} & \boldsymbol{B} \\ \boldsymbol{B} & \boldsymbol{A} \end{vmatrix}\begin{vmatrix} \boldsymbol{E} & -\boldsymbol{E} \\ \boldsymbol{O} & \boldsymbol{E} \end{vmatrix} = \begin{vmatrix} \boldsymbol{A}+\boldsymbol{B} & \boldsymbol{O} \\ \boldsymbol{B} & \boldsymbol{A}-\boldsymbol{B} \end{vmatrix},$$

其中 $\begin{vmatrix} \boldsymbol{E} & \boldsymbol{E} \\ \boldsymbol{O} & \boldsymbol{E} \end{vmatrix} = \begin{vmatrix} \boldsymbol{E} & -\boldsymbol{E} \\ \boldsymbol{O} & \boldsymbol{E} \end{vmatrix} = |\boldsymbol{E}|^2 = 1$，$\begin{vmatrix} \boldsymbol{A}+\boldsymbol{B} & \boldsymbol{O} \\ \boldsymbol{B} & \boldsymbol{A}-\boldsymbol{B} \end{vmatrix} = |\boldsymbol{A}+\boldsymbol{B}|\,|\boldsymbol{A}-\boldsymbol{B}|$. 因此，有

$$\begin{vmatrix} \boldsymbol{A} & \boldsymbol{B} \\ \boldsymbol{B} & \boldsymbol{A} \end{vmatrix} = |\boldsymbol{A}+\boldsymbol{B}|\,|\boldsymbol{A}-\boldsymbol{B}|.$$

故本题选择 B.

【评注】本题最容易犯以下错误：

$$\begin{vmatrix} \boldsymbol{A} & \boldsymbol{B} \\ \boldsymbol{B} & \boldsymbol{A} \end{vmatrix} = |\boldsymbol{A}^2-\boldsymbol{B}^2| = |(\boldsymbol{A}+\boldsymbol{B})(\boldsymbol{A}-\boldsymbol{B})| = |\boldsymbol{A}+\boldsymbol{B}|\,|\boldsymbol{A}-\boldsymbol{B}|.$$

这里误把分块矩阵对应行列式当作数值行列式计算，该运算过程及运用公式是错误的.

6. 矩阵可逆与逆矩阵

矩阵的加法和数乘矩阵都存在逆运算，但矩阵没有除法运算，一个替代办法是从乘法入手，仿照两数互逆运算的方式引入逆矩阵的概念，从而解决矩阵乘法逆运算的问题.

(1) 矩阵可逆与逆矩阵的概念.

定义 1　对于 n 阶矩阵 $\boldsymbol{A}$，如果存在 n 阶矩阵 $\boldsymbol{B}$，使得

$$\boldsymbol{AB} = \boldsymbol{BA} = \boldsymbol{E},$$

则称矩阵 $\boldsymbol{A}$ 是可逆的，并称 $\boldsymbol{B}$ 是 $\boldsymbol{A}$ 的逆矩阵，记作 $\boldsymbol{A}^{-1}$.

矩阵可逆和逆矩阵是两个非常重要的概念，理解时应把握以下几点.

① 由乘法法则，矩阵逆的讨论仅限于方阵.

② 若矩阵 $\boldsymbol{A}$ 可逆，则其逆矩阵 $\boldsymbol{B}$ 唯一. 若不然，假设 $\boldsymbol{A}$ 有两个逆矩阵 $\boldsymbol{B}_1,\boldsymbol{B}_2$，同时满足

$$\boldsymbol{AB}_1=\boldsymbol{B}_1\boldsymbol{A}=\boldsymbol{E},\boldsymbol{AB}_2=\boldsymbol{B}_2\boldsymbol{A}=\boldsymbol{E},$$

于是，有

$$\boldsymbol{B}_1=\boldsymbol{B}_1\boldsymbol{E}=\boldsymbol{B}_1\boldsymbol{AB}_2=(\boldsymbol{B}_1\boldsymbol{A})\boldsymbol{B}_2=\boldsymbol{EB}_2=\boldsymbol{B}_2,$$

即必有 $\boldsymbol{B}_1=\boldsymbol{B}_2$.

③ 矩阵的逆在一定意义上定义了矩阵乘法的逆运算，而且逆矩阵的概念也对应了矩阵乘法中左乘或右乘的位置问题. 如在求解由 n 个方程组成的 n 元非齐次线性方程组 $\boldsymbol{AX}=\boldsymbol{B}$ 时，若系数矩阵 $\boldsymbol{A}$ 可逆，则方程组两边左乘 $\boldsymbol{A}^{-1}$，即 $\boldsymbol{A}^{-1}\boldsymbol{AX}=\boldsymbol{A}^{-1}\boldsymbol{B}$，可得唯一解 $\boldsymbol{X}=\boldsymbol{A}^{-1}\boldsymbol{B}$.

下面的定理 1 进一步回答了什么样的矩阵可逆，若可逆，如何计算逆矩阵.

定理 1 n 阶矩阵 $\boldsymbol{A}$ 可逆的充分必要条件是 $\boldsymbol{A}$ 非奇异. 若 $\boldsymbol{A}$ 可逆，则

$$\boldsymbol{A}^{-1}=\frac{1}{|\boldsymbol{A}|}\begin{pmatrix}A_{11}&A_{21}&\cdots&A_{n1}\\A_{12}&A_{22}&\cdots&A_{n2}\\\vdots&\vdots&&\vdots\\A_{1n}&A_{2n}&\cdots&A_{nn}\end{pmatrix},$$

其中 $A_{ij}(i,j=1,2,\cdots,n)$ 为 $|\boldsymbol{A}|$ 的代数余子式，由以 A_{ij} 为元素构成并行列转置后形成的 n 阶矩阵 (A_{ji}) 称为 $\boldsymbol{A}$ 的伴随矩阵，记作 $\boldsymbol{A}^*$.

定理 1 证明如下：必要性. 设 $\boldsymbol{A}$ 可逆，即存在 n 阶矩阵 $\boldsymbol{B}$，使得 $\boldsymbol{AB}=\boldsymbol{BA}=\boldsymbol{E}$，从而有

$$|\boldsymbol{AB}|=|\boldsymbol{A}||\boldsymbol{B}|=|\boldsymbol{E}|=1\neq 0,$$

知 $|\boldsymbol{A}|\neq 0$，$|\boldsymbol{B}|\neq 0$，因此 $\boldsymbol{A}$ 非奇异.

充分性. 设 $\boldsymbol{A}$ 非奇异，即 $|\boldsymbol{A}|\neq 0$，构造矩阵 $\boldsymbol{B}=\frac{1}{|\boldsymbol{A}|}\boldsymbol{A}^*$，则有

$$\boldsymbol{AB}=\boldsymbol{A}\frac{1}{|\boldsymbol{A}|}\boldsymbol{A}^*=\frac{1}{|\boldsymbol{A}|}\begin{pmatrix}a_{11}&a_{12}&\cdots&a_{1n}\\a_{21}&a_{22}&\cdots&a_{2n}\\\vdots&\vdots&&\vdots\\a_{n1}&a_{n2}&\cdots&a_{nn}\end{pmatrix}\begin{pmatrix}A_{11}&A_{21}&\cdots&A_{n1}\\A_{12}&A_{22}&\cdots&A_{n2}\\\vdots&\vdots&&\vdots\\A_{1n}&A_{2n}&\cdots&A_{nn}\end{pmatrix}$$

$$=\frac{1}{|\boldsymbol{A}|}\begin{pmatrix}|\boldsymbol{A}|&0&\cdots&0\\0&|\boldsymbol{A}|&\cdots&0\\\vdots&\vdots&&\vdots\\0&0&\cdots&|\boldsymbol{A}|\end{pmatrix}=\boldsymbol{E}.$$

同理可证 $\boldsymbol{BA}=\boldsymbol{E}$，即存在 n 阶矩阵 $\boldsymbol{B}$，使得

$$\boldsymbol{AB}=\boldsymbol{BA}=\boldsymbol{E}.$$

因此 $\boldsymbol{A}$ 可逆，且 $\boldsymbol{A}^{-1}=\frac{1}{|\boldsymbol{A}|}\boldsymbol{A}^*$.

定理 1 不仅给出了矩阵 $\boldsymbol{A}$ 可逆的充分必要条件，而且给出了利用伴随矩阵求逆矩阵的方法，此方法称为伴随矩阵法.

例 14 求矩阵 $\boldsymbol{A}=\begin{pmatrix} a & b \\ c & d \end{pmatrix}(ad\neq bc)$ 的逆矩阵.

【解题思路】用伴随矩阵法求逆矩阵 $\boldsymbol{A}^{-1}$ 的一般步骤:先计算 $|\boldsymbol{A}|$,并验证 $|\boldsymbol{A}|\neq 0$,在此基础上计算 $\boldsymbol{A}$ 的所有代数余子式,构造伴随矩阵,最后给出 $\boldsymbol{A}^{-1}$.

【答案解析】由 $|\boldsymbol{A}|=\begin{vmatrix} a & b \\ c & d \end{vmatrix}=ad-bc\neq 0$,知 $\boldsymbol{A}$ 可逆.

$$A_{11}=d, A_{12}=-c, A_{21}=-b, A_{22}=a,$$

因此
$$\boldsymbol{A}^{-1}=\frac{1}{|\boldsymbol{A}|}\boldsymbol{A}^{*}=\frac{1}{ad-bc}\begin{pmatrix} d & -b \\ -c & a \end{pmatrix}.$$

【评注】结果表明,二阶矩阵的伴随矩阵是主对角线上的元素交换位置,副对角线元素不改变位置,只改变符号后得到的矩阵,伴随矩阵除以原矩阵的行列式即得逆矩阵.

例 15 求矩阵 $\boldsymbol{A}=\begin{pmatrix} 1 & 0 & 1 \\ 2 & 1 & 0 \\ -3 & 2 & -5 \end{pmatrix}$ 的逆矩阵.

【答案解析】由 $|\boldsymbol{A}|=\begin{vmatrix} 1 & 0 & 1 \\ 2 & 1 & 0 \\ -3 & 2 & -5 \end{vmatrix}=2\neq 0$,知 $\boldsymbol{A}$ 可逆.

$$A_{11}=\begin{vmatrix} 1 & 0 \\ 2 & -5 \end{vmatrix}=-5, A_{12}=-\begin{vmatrix} 2 & 0 \\ -3 & -5 \end{vmatrix}=10, A_{13}=\begin{vmatrix} 2 & 1 \\ -3 & 2 \end{vmatrix}=7,$$

$$A_{21}=-\begin{vmatrix} 0 & 1 \\ 2 & -5 \end{vmatrix}=2, A_{22}=\begin{vmatrix} 1 & 1 \\ -3 & -5 \end{vmatrix}=-2, A_{23}=-\begin{vmatrix} 1 & 0 \\ -3 & 2 \end{vmatrix}=-2,$$

$$A_{31}=\begin{vmatrix} 0 & 1 \\ 1 & 0 \end{vmatrix}=-1, A_{32}=-\begin{vmatrix} 1 & 1 \\ 2 & 0 \end{vmatrix}=2, A_{33}=\begin{vmatrix} 1 & 0 \\ 2 & 1 \end{vmatrix}=1,$$

因此
$$\boldsymbol{A}^{-1}=\frac{1}{|\boldsymbol{A}|}\boldsymbol{A}^{*}=\frac{1}{2}\begin{pmatrix} -5 & 2 & -1 \\ 10 & -2 & 2 \\ 7 & -2 & 1 \end{pmatrix}=\begin{pmatrix} -\frac{5}{2} & 1 & -\frac{1}{2} \\ 5 & -1 & 1 \\ \frac{7}{2} & -1 & \frac{1}{2} \end{pmatrix}.$$

例 16 设 $\boldsymbol{A}$ 为 n 阶矩阵,且 $\boldsymbol{A}^{n+1}=\boldsymbol{O}$,证明 $\boldsymbol{E}-\boldsymbol{A}$ 可逆,并求 $(\boldsymbol{E}-\boldsymbol{A})^{-1}$.

【解题思路】要证 $\boldsymbol{E}-\boldsymbol{A}$ 可逆,即要由 $\boldsymbol{A}^{n+1}=\boldsymbol{O}$ 配置含有 $\boldsymbol{E}-\boldsymbol{A}$ 为因子的矩阵乘积的方程,再取行列式,证明 $|\boldsymbol{E}-\boldsymbol{A}|\neq 0$. 由逆矩阵的概念及含有 $\boldsymbol{E}-\boldsymbol{A}$ 为因子的矩阵乘积的方程,经配置不难得到 $(\boldsymbol{E}-\boldsymbol{A})^{-1}$.

【答案解析】由 $\boldsymbol{A}^{n+1}=\boldsymbol{O}$,有

$$\boldsymbol{E}-\boldsymbol{A}^{n+1}=(\boldsymbol{E}+\boldsymbol{A}+\boldsymbol{A}^2+\cdots+\boldsymbol{A}^n)(\boldsymbol{E}-\boldsymbol{A})=\boldsymbol{E},$$

两边取行列式,有

$$|E+A+A^2+\cdots+A^n||E-A|=|E|=1\neq 0,$$

从而有$|E-A|\neq 0$,因此$E-A$可逆，且

$$(E-A)^{-1}=E+A+A^2+\cdots+A^n.$$

【评注】由等式或者方程确定的矩阵的可逆性判断和逆矩阵计算是常见的题型,本题求解方法具有普遍性,考生应熟悉并借鉴.

(2) 逆矩阵运算的性质.

① 若A可逆,则$(A^{-1})^{-1}=A$，$(A^{T})^{-1}=(A^{-1})^{T}$；

② 若A可逆,常数$k\neq 0$,则kA可逆,且$(kA)^{-1}=\dfrac{1}{k}A^{-1}$；

③ 若A,B为同阶矩阵且均可逆,则AB可逆,且$(AB)^{-1}=B^{-1}A^{-1}$.

在一些特殊矩阵的逆矩阵的运算中,利用性质可简化运算过程.

例 17 设$A=\begin{pmatrix}0&0&1&3\\0&0&2&5\\1&-4&0&0\\0&2&0&0\end{pmatrix}$,求:(1)$A^{-1}$;(2)$(A^{*})^{-1}$;(3)$(A^{-1})^{*}$.

【解题思路】一般地,求逆矩阵运算都比较烦琐,方法的选择就显得十分重要.如利用分块矩阵法化大为小;或利用性质先在字母符号层面推算简化,再代入值计算.

【答案解析】(1) 记$A_1=\begin{pmatrix}1&3\\2&5\end{pmatrix}$,$A_2=\begin{pmatrix}1&-4\\0&2\end{pmatrix}$,由

$$|A_1|=\begin{vmatrix}1&3\\2&5\end{vmatrix}=-1\neq 0,|A_2|=\begin{vmatrix}1&-4\\0&2\end{vmatrix}=2\neq 0,$$

知A_1,A_2均可逆,且

$$A_1^{-1}=-\begin{pmatrix}5&-3\\-2&1\end{pmatrix}=\begin{pmatrix}-5&3\\2&-1\end{pmatrix},A_2^{-1}=\frac{1}{2}\begin{pmatrix}2&4\\0&1\end{pmatrix}=\begin{pmatrix}1&2\\0&0.5\end{pmatrix}.$$

于是,有$A=\begin{pmatrix}O&A_1\\A_2&O\end{pmatrix}$,又由$|A|=\begin{vmatrix}O&A_1\\A_2&O\end{vmatrix}=(-1)^{2\times 2}|A_1||A_2|=-2\neq 0$,知$A$可逆.

设$A^{-1}=\begin{pmatrix}X_1&X_2\\X_3&X_4\end{pmatrix}$,其中$X_i(i=1,2,3,4)$为二阶子块,则有

$$AA^{-1}=\begin{pmatrix}O&A_1\\A_2&O\end{pmatrix}\begin{pmatrix}X_1&X_2\\X_3&X_4\end{pmatrix}=\begin{pmatrix}A_1X_3&A_1X_4\\A_2X_1&A_2X_2\end{pmatrix}=\begin{pmatrix}E&O\\O&E\end{pmatrix},$$

同时有 $$A_1X_3=E,A_1X_4=O,A_2X_1=O,A_2X_2=E,$$

解得 $$X_1=O,X_2=A_2^{-1},X_3=A_1^{-1},X_4=O.$$

因此 $$A^{-1}=\begin{pmatrix}O&A_2^{-1}\\A_1^{-1}&O\end{pmatrix}=\begin{pmatrix}0&0&1&2\\0&0&0&0.5\\-5&3&0&0\\2&-1&0&0\end{pmatrix}.$$

(2) 由$(\boldsymbol{A}^*)^{-1}=(|\boldsymbol{A}|\boldsymbol{A}^{-1})^{-1}=\frac{1}{|\boldsymbol{A}|}(\boldsymbol{A}^{-1})^{-1}=\frac{1}{|\boldsymbol{A}|}\boldsymbol{A}=-\frac{1}{2}\boldsymbol{A}$,即

$$(\boldsymbol{A}^*)^{-1}=-\frac{1}{2}\begin{pmatrix}0&0&1&3\\0&0&2&5\\1&-4&0&0\\0&2&0&0\end{pmatrix}=\begin{pmatrix}0&0&-0.5&-1.5\\0&0&-1&-2.5\\-0.5&2&0&0\\0&-1&0&0\end{pmatrix}.$$

(3) 由$(\boldsymbol{A}^{-1})^*=|\boldsymbol{A}^{-1}|(\boldsymbol{A}^{-1})^{-1}=(|\boldsymbol{A}|\boldsymbol{A}^{-1})^{-1}=(\boldsymbol{A}^*)^{-1}$,结合(2)知

$$(\boldsymbol{A}^{-1})^*=(\boldsymbol{A}^*)^{-1}=\begin{pmatrix}0&0&-0.5&-1.5\\0&0&-1&-2.5\\-0.5&2&0&0\\0&-1&0&0\end{pmatrix}.$$

(三) 矩阵的初等变换

1. 初等变换与初等矩阵

(1) 矩阵的初等变换.

前面讨论的矩阵运算都是用等号连接的恒等运算,下面将介绍另一种重要的运算,称为矩阵的初等变换.矩阵的初等变换是处理与矩阵相关问题时常用的一种方法.

所谓矩阵的初等变换是指以下三种变换定义的运算:

① 交换矩阵的两行(列);

② 用非零常数乘矩阵的某一行(列);

③ 将矩阵的某一行(列)的若干倍加至另一行(列).

如,设矩阵$\boldsymbol{A}=\begin{pmatrix}a_{11}&a_{12}&a_{13}\\a_{21}&a_{22}&a_{23}\\a_{31}&a_{32}&a_{33}\\a_{41}&a_{42}&a_{43}\end{pmatrix}$,交换矩阵$\boldsymbol{A}$的第2行与第3行的位置,再将第1列的$-2$倍加至第3列,即

$$\boldsymbol{A}=\begin{pmatrix}a_{11}&a_{12}&a_{13}\\a_{21}&a_{22}&a_{23}\\a_{31}&a_{32}&a_{33}\\a_{41}&a_{42}&a_{43}\end{pmatrix}\xrightarrow{r_2\leftrightarrow r_3}\begin{pmatrix}a_{11}&a_{12}&a_{13}\\a_{31}&a_{32}&a_{33}\\a_{21}&a_{22}&a_{23}\\a_{41}&a_{42}&a_{43}\end{pmatrix}\xrightarrow{c_3-2c_1}\begin{pmatrix}a_{11}&a_{12}&a_{13}-2a_{11}\\a_{31}&a_{32}&a_{33}-2a_{31}\\a_{21}&a_{22}&a_{23}-2a_{21}\\a_{41}&a_{42}&a_{43}-2a_{41}\end{pmatrix},$$

其中所有变换均用"→"连接,行变换统一用字母r表示,如$r_2\leftrightarrow r_3$表示第2行与第3行交换位置,列变换统一用字母c表示,如c_3-2c_1表示将第1列的-2倍加至第3列.

在利用性质化行列式为三角形行列式时,所作的变换,实际施行的也是这三种初等变换.

(2) 初等矩阵及其与初等变换的关系.

对单位矩阵$\boldsymbol{E}$施以一次初等变换得到的矩阵称为初等矩阵.

① 将单位矩阵$\boldsymbol{E}$的第i行(列)与第j行(列)互换得到的矩阵称为第一类初等矩阵,记作

$\boldsymbol{E}(i,j)$，即

$$\boldsymbol{E}(i,j)=\begin{pmatrix}1&&&&&&&&&&\\&\ddots&&&&&&&&&\\&&1&&&&&&&&\\&&&0&&\cdots&&1&&&\\&&&&1&&&&&&\\&&&\vdots&&\ddots&&\vdots&&&\\&&&&&&1&&&&\\&&&1&&\cdots&&0&&&\\&&&&&&&&1&&\\&&&&&&&&&\ddots&\\&&&&&&&&&&1\end{pmatrix}\begin{matrix}\\\\\\\text{第 } i \text{ 行}\\\\\\\\\text{第 } j \text{ 行}\\\\\\\\\end{matrix};$$

第 i 列　　　第 j 列

② 将单位矩阵 $\boldsymbol{E}$ 的第 i 行(列) 乘非零常数 k 得到的矩阵称为第二类初等矩阵，记作 $\boldsymbol{E}(i(k))$，即

$$\boldsymbol{E}(i(k))=\begin{pmatrix}1&&&&&&\\&\ddots&&&&&\\&&1&&&&\\&&&k&&&\\&&&&1&&\\&&&&&\ddots&\\&&&&&&1\end{pmatrix}\begin{matrix}\\\\\\\text{第 } i \text{ 行};\\\\\\\\\end{matrix}$$

第 i 列

③ 将单位矩阵 $\boldsymbol{E}$ 的第 j 行的 l 倍加至第 i 行，或将单位矩阵 $\boldsymbol{E}$ 的第 i 列的 l 倍加至第 j 列得到的矩阵称为第三类初等矩阵，记作 $\boldsymbol{E}(i,j(l))$，即

$$\boldsymbol{E}(i,j(l))=\begin{pmatrix}1&&&&&&\\&\ddots&&&&&\\&&1&\cdots&l&&\\&&&\ddots&\vdots&&\\&&&&1&&\\&&&&&\ddots&\\&&&&&&1\end{pmatrix}\begin{matrix}\\\\\text{第 } i \text{ 行}\\\\\text{第 } j \text{ 行}.\\\\\\\end{matrix}$$

第 i 列　第 j 列

不难发现，初等矩阵均为可逆矩阵，且其逆矩阵仍为初等矩阵，并有

$$\boldsymbol{E}^{-1}(i,j)=\boldsymbol{E}(i,j),\boldsymbol{E}^{-1}(i(k))=\boldsymbol{E}(i(k^{-1})),\boldsymbol{E}^{-1}(i,j(l))=\boldsymbol{E}(i,j(-l)).$$

引进初等矩阵，可以将矩阵的初等变换与矩阵乘法建立对应关系. 例如，上例变换过程可用作

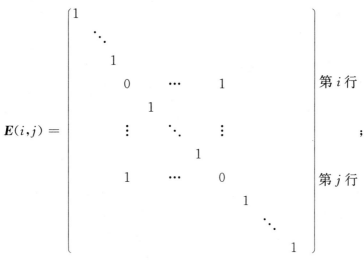

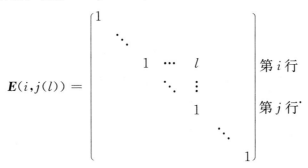

同种变换得到的初等矩阵与 $\boldsymbol{A}$ 的乘积表示，即有

$$\boldsymbol{E}(2,3)\boldsymbol{A}\boldsymbol{E}(1,3(-2))$$

$$=\begin{pmatrix}1&0&0&0\\0&0&1&0\\0&1&0&0\\0&0&0&1\end{pmatrix}\begin{pmatrix}a_{11}&a_{12}&a_{13}\\a_{21}&a_{22}&a_{23}\\a_{31}&a_{32}&a_{33}\\a_{41}&a_{42}&a_{43}\end{pmatrix}\begin{pmatrix}1&0&-2\\0&1&0\\0&0&1\end{pmatrix}$$

$$=\begin{pmatrix}a_{11}&a_{12}&a_{13}\\a_{31}&a_{32}&a_{33}\\a_{21}&a_{22}&a_{23}\\a_{41}&a_{42}&a_{43}\end{pmatrix}\begin{pmatrix}1&0&-2\\0&1&0\\0&0&1\end{pmatrix}=\begin{pmatrix}a_{11}&a_{12}&a_{13}-2a_{11}\\a_{31}&a_{32}&a_{33}-2a_{31}\\a_{21}&a_{22}&a_{23}-2a_{21}\\a_{41}&a_{42}&a_{43}-2a_{41}\end{pmatrix}.$$

一般地，矩阵的初等变换、初等矩阵及矩阵乘法的关系可表述如下.

定理 2 设 $\boldsymbol{A}$ 为 $m\times n$ 矩阵，则对 $\boldsymbol{A}$ 的行(列) 施以初等变换等价于用初等矩阵右乘(左乘)$\boldsymbol{A}$.

定理 2 的重要意义在于，对矩阵任何一次初等变换都可以通过矩阵与变换对应的初等矩阵的乘积运算等价地显现出来，有着广泛的应用价值. 另外，要注意初等矩阵在分别左乘和右乘矩阵时，其所表示的功能是不相同的，使用时应注意区分.

例 18 设 $\boldsymbol{A}$ 为三阶可逆矩阵，将 $\boldsymbol{A}$ 的第 1 行的 2 倍加至第 2 行，再交换第 2，3 行的位置，得到 $\boldsymbol{B}$，则 $\boldsymbol{A}\boldsymbol{B}^{-1}=(\quad)$.

(A) $\begin{pmatrix}1&0&-2\\0&0&1\\0&1&0\end{pmatrix}$　　(B) $\begin{pmatrix}1&0&0\\0&0&-1\\2&1&0\end{pmatrix}$　　(C) $\begin{pmatrix}1&0&0\\-2&0&1\\0&1&0\end{pmatrix}$

(D) $\begin{pmatrix}0&1&0\\1&0&0\\-2&0&1\end{pmatrix}$　　(E) $\begin{pmatrix}1&1&0\\0&0&0\\-2&1&0\end{pmatrix}$

【参考答案】C

【解题思路】本题是矩阵恒等的计算题，关键是要利用初等矩阵.

【答案解析】依题设，$\boldsymbol{B}=\boldsymbol{E}(2,3)\boldsymbol{E}(2,1(2))\boldsymbol{A}$，从而有

$$\boldsymbol{B}^{-1}=\boldsymbol{A}^{-1}\boldsymbol{E}^{-1}(2,1(2))\boldsymbol{E}^{-1}(2,3)=\boldsymbol{A}^{-1}\boldsymbol{E}(2,1(-2))\boldsymbol{E}(2,3).$$

因此，有

$$\boldsymbol{A}\boldsymbol{B}^{-1}=\boldsymbol{A}\boldsymbol{A}^{-1}\boldsymbol{E}(2,1(-2))\boldsymbol{E}(2,3)$$

$$=\begin{pmatrix}1&0&0\\-2&1&0\\0&0&1\end{pmatrix}\begin{pmatrix}1&0&0\\0&0&1\\0&1&0\end{pmatrix}=\begin{pmatrix}1&0&0\\-2&0&1\\0&1&0\end{pmatrix}.$$

故本题选择 C.

例 19 设 $\boldsymbol{A}=(a_{ij})$ 为 3×4 矩阵，

$$\boldsymbol{P}=\begin{pmatrix}1&0&0\\0&1&0\\0&-1&1\end{pmatrix},\boldsymbol{Q}=\begin{pmatrix}0&0&1&0\\0&1&0&0\\1&0&0&0\\0&0&0&1\end{pmatrix},$$

计算 $\boldsymbol{P}^{12}\boldsymbol{A}\boldsymbol{Q}^{2\,012}$.

【解题思路】本题是关于初等矩阵的幂的运算，一般地，$\boldsymbol{A}$ 左乘 $\boldsymbol{E}(i,j)$，相当于将 $\boldsymbol{A}$ 的第 i 行与 j 行交换位置，左乘 $\boldsymbol{E}^m(i,j)$，相当于将 $\boldsymbol{A}$ 的第 i 行与 j 行位置交换 m 次，经历了不断交换与还原的过程，因此，有公式

$$\boldsymbol{E}^m(i,j)=\begin{cases}\boldsymbol{E}(i,j), & m=2k-1,\\ \boldsymbol{E}, & m=2k,\end{cases}\ k=1,2,\cdots.$$

类似地，$\boldsymbol{E}^m(i(k))=\boldsymbol{E}(i(k^m))$，$\boldsymbol{E}^m(i,j(k))=\boldsymbol{E}(i,j(mk))$.

【答案解析】由 $\boldsymbol{P}^{12}=\boldsymbol{E}^{12}(3,2(-1))=\boldsymbol{E}(3,2(-12))$，$\boldsymbol{Q}^{2\,012}=\boldsymbol{E}^{2\,012}(1,3)=\boldsymbol{E}$，故有

$$\begin{aligned}\boldsymbol{P}^{12}\boldsymbol{A}\boldsymbol{Q}^{2\,012}&=\boldsymbol{E}(3,2(-12))\boldsymbol{A}\boldsymbol{E}\\&=\begin{pmatrix}a_{11}&a_{12}&a_{13}&a_{14}\\a_{21}&a_{22}&a_{23}&a_{24}\\a_{31}-12a_{21}&a_{32}-12a_{22}&a_{33}-12a_{23}&a_{34}-12a_{24}\end{pmatrix}.\end{aligned}$$

例 20 设 $\boldsymbol{A},\boldsymbol{B},\boldsymbol{C},\boldsymbol{D}$ 都是 n 阶矩阵，$\boldsymbol{A}$ 可逆.

(1) 利用初等变换将分块矩阵 $\begin{pmatrix}\boldsymbol{A}&\boldsymbol{B}\\\boldsymbol{C}&\boldsymbol{D}\end{pmatrix}$ 化为 $\begin{pmatrix}\boldsymbol{A}&\boldsymbol{B}\\\boldsymbol{O}&\boldsymbol{D}-\boldsymbol{C}\boldsymbol{A}^{-1}\boldsymbol{B}\end{pmatrix}$；

(2) 证明 $\begin{vmatrix}\boldsymbol{A}&\boldsymbol{B}\\\boldsymbol{C}&\boldsymbol{D}\end{vmatrix}=|\boldsymbol{A}|\,|\boldsymbol{D}-\boldsymbol{C}\boldsymbol{A}^{-1}\boldsymbol{B}|$.

【解题思路】本题是在分块矩阵形式下进行初等变换，实质上与通常初等变换没有多大的区别，不同点是所作运算均为矩阵运算，应符合相关运算法则.

【答案解析】(1) 对分块矩阵可类似作初等变换，将第 1 行左乘 $-\boldsymbol{C}\boldsymbol{A}^{-1}$ 加至第 2 行，即有

$$\begin{pmatrix}\boldsymbol{A}&\boldsymbol{B}\\\boldsymbol{C}&\boldsymbol{D}\end{pmatrix}\xrightarrow{r_2-\boldsymbol{C}\boldsymbol{A}^{-1}r_1}\begin{pmatrix}\boldsymbol{A}&\boldsymbol{B}\\\boldsymbol{C}-\boldsymbol{C}\boldsymbol{A}^{-1}\boldsymbol{A}&\boldsymbol{D}-\boldsymbol{C}\boldsymbol{A}^{-1}\boldsymbol{B}\end{pmatrix}=\begin{pmatrix}\boldsymbol{A}&\boldsymbol{B}\\\boldsymbol{O}&\boldsymbol{D}-\boldsymbol{C}\boldsymbol{A}^{-1}\boldsymbol{B}\end{pmatrix}.$$

(2) 由(1) 可知，

$$\begin{pmatrix}\boldsymbol{E}&\boldsymbol{O}\\-\boldsymbol{C}\boldsymbol{A}^{-1}&\boldsymbol{E}\end{pmatrix}\begin{pmatrix}\boldsymbol{A}&\boldsymbol{B}\\\boldsymbol{C}&\boldsymbol{D}\end{pmatrix}=\begin{pmatrix}\boldsymbol{A}&\boldsymbol{B}\\\boldsymbol{C}-\boldsymbol{C}\boldsymbol{A}^{-1}\boldsymbol{A}&\boldsymbol{D}-\boldsymbol{C}\boldsymbol{A}^{-1}\boldsymbol{B}\end{pmatrix}=\begin{pmatrix}\boldsymbol{A}&\boldsymbol{B}\\\boldsymbol{O}&\boldsymbol{D}-\boldsymbol{C}\boldsymbol{A}^{-1}\boldsymbol{B}\end{pmatrix}.$$

于是，两边取行列式，即有

$$\begin{vmatrix}\boldsymbol{A}&\boldsymbol{B}\\\boldsymbol{C}&\boldsymbol{D}\end{vmatrix}=\begin{vmatrix}\boldsymbol{A}&\boldsymbol{B}\\\boldsymbol{O}&\boldsymbol{D}-\boldsymbol{C}\boldsymbol{A}^{-1}\boldsymbol{B}\end{vmatrix}=|\boldsymbol{A}|\,|\boldsymbol{D}-\boldsymbol{C}\boldsymbol{A}^{-1}\boldsymbol{B}|,$$

其中$\begin{vmatrix} E & O \\ -CA^{-1} & E \end{vmatrix} = 1$.

(3) 矩阵等价.

若矩阵 B 是由矩阵 A 经若干次初等变换后得到的矩阵,则称 B 与 A 是等价的.

显然,矩阵 A 与 B 等价的充分必要条件是存在若干初等矩阵 $P_1,P_2,\cdots,P_s,Q_1,Q_2,\cdots,Q_t$,使得

$$B = P_1P_2\cdots P_sAQ_1Q_2\cdots Q_t.$$

矩阵等价的概念描述了经过若干次初等变换得到的矩阵 B 与原矩阵 A 的关系,可以证明等价关系具有反身性、对称性和传递性.

2. 用初等变换化矩阵为标准形

对矩阵作初等变换可以简化矩阵形式，并且有下面定理.

定理 3 任意一个矩阵 $A_{m\times n}$ 经过若干次初等变换都可以化为如下形式：

$$D = \begin{pmatrix} 1 & 0 & \cdots & 0 & 0 & \cdots & 0 \\ 0 & 1 & \cdots & 0 & 0 & \cdots & 0 \\ \vdots & \vdots & & \vdots & \vdots & & \vdots \\ 0 & 0 & \cdots & 1 & 0 & \cdots & 0 \\ 0 & 0 & \cdots & 0 & 0 & \cdots & 0 \\ \vdots & \vdots & & \vdots & \vdots & & \vdots \\ 0 & 0 & \cdots & 0 & 0 & \cdots & 0 \end{pmatrix} = \begin{pmatrix} E_r & O_{r\times(n-r)} \\ O_{(m-r)\times r} & O_{(m-r)\times(n-r)} \end{pmatrix}, \quad (*)$$

其中 $0 \leqslant r \leqslant \min\{m,n\}$,$D$ 称为 A 的标准形.

此定理也可以表述为任意一个矩阵都与一个形如(*)的标准形矩阵等价.

证明 若 $A = O$,A 已为标准形.

若 $A \neq O$,则 A 至少有一个元素非零,不妨设 $a_{11} \neq 0$,否则经过两次初等行、列变换,可将非零元素移至第 1 行第 1 列. 将 $-\dfrac{a_{i1}}{a_{11}}$ 乘第 1 行加至第 $i(i = 2,3,\cdots,m)$ 行,再用 $-\dfrac{a_{1j}}{a_{11}}$ 乘第 1 列加至第 $j(j = 2,3,\cdots,n)$ 列,A 变为

$$A \to \begin{pmatrix} a_{11} & \mathbf{0} \\ \mathbf{0} & A_1 \end{pmatrix},$$

其中 A_1 是一个 $(m-1)\times(n-1)$ 矩阵,重复上面变换,经过有限步骤(不超过 $\min\{m,n\}$ 步),即可化 A 为标准形 D.

引例8 设 $A = \begin{pmatrix} 0 & 1 & 2 \\ 1 & 1 & 4 \\ 2 & -1 & 0 \end{pmatrix}$,为变换方便,先调整各行位置,将左上角元素调整为 1,然后作初等行变换,有

$$A=\begin{pmatrix}0&1&2\\1&1&4\\2&-1&0\end{pmatrix}\xrightarrow{r_1\leftrightarrow r_2}\begin{pmatrix}1&1&4\\0&1&2\\2&-1&0\end{pmatrix}\xrightarrow{r_3-2r_1}\begin{pmatrix}1&1&4\\0&1&2\\0&-3&-8\end{pmatrix}$$

$$\xrightarrow[r_3+3r_2]{r_1-r_2}\begin{pmatrix}1&0&2\\0&1&2\\0&0&-2\end{pmatrix}\xrightarrow[r_2-2r_3]{\substack{r_1+r_3\\r_3\div(-2)}}\begin{pmatrix}1&0&0\\0&1&0\\0&0&1\end{pmatrix},$$

或先调整各列位置，将左上角元素调整为1，然后作初等列变换，有

$$A=\begin{pmatrix}0&1&2\\1&1&4\\2&-1&0\end{pmatrix}\xrightarrow{c_1\leftrightarrow c_2}\begin{pmatrix}1&0&2\\1&1&4\\-1&2&0\end{pmatrix}\xrightarrow{c_3-2c_1}\begin{pmatrix}1&0&0\\1&1&2\\-1&2&2\end{pmatrix}$$

$$\xrightarrow[c_3-2c_2]{c_1-c_2}\begin{pmatrix}1&0&0\\0&1&0\\-3&2&-2\end{pmatrix}\xrightarrow[c_3\div(-2)]{\substack{c_1-3c_3/2\\c_2+c_3}}\begin{pmatrix}1&0&0\\0&1&0\\0&0&1\end{pmatrix}.$$

从上面引例可以看出：① 化矩阵为标准形是一个多步骤渐近的过程，每一步开始，先要将左上角元素调整为1，以免过早出现分数运算，加大运算的复杂程度；② 每个矩阵对应的标准形都是唯一的，即其中的常数r是唯一的，这个常数是表示矩阵内在特征的一个非常重要的参数，后面将专门讨论；③ 一般情况下，矩阵要同时作行和列的初等变换才能化为标准形，当方阵的标准形中$r=n$时，只需作初等行变换或初等列变换即可化为标准形.

由初等变换化矩阵为标准形的过程揭示了可逆矩阵一系列重要性质：

①n阶矩阵$\boldsymbol{A}$可逆的充分必要条件是$\boldsymbol{A}$与同阶单位矩阵等价；

②n阶矩阵$\boldsymbol{A}$可逆的充分必要条件是$\boldsymbol{A}$可以表示为若干初等矩阵的乘积.

事实上，可逆矩阵$\boldsymbol{A}$经过若干次初等行变换或若干次初等列变换化为单位矩阵，即存在若干初等矩阵$\boldsymbol{Q}_1,\boldsymbol{Q}_2,\cdots,\boldsymbol{Q}_t;\boldsymbol{P}_1,\boldsymbol{P}_2,\cdots,\boldsymbol{P}_s$，使得

$$\boldsymbol{E}=\boldsymbol{Q}_1\boldsymbol{Q}_2\cdots\boldsymbol{Q}_t\boldsymbol{A}\text{ 或 }\boldsymbol{E}=\boldsymbol{A}\boldsymbol{P}_1\boldsymbol{P}_2\cdots\boldsymbol{P}_s,$$

即有

$$\boldsymbol{A}=\boldsymbol{Q}_t^{-1}\cdots\boldsymbol{Q}_2^{-1}\boldsymbol{Q}_1^{-1}\text{ 或 }\boldsymbol{A}=\boldsymbol{P}_s^{-1}\cdots\boldsymbol{P}_2^{-1}\boldsymbol{P}_1^{-1}.$$

由于初等矩阵的逆矩阵仍为初等矩阵，故$\boldsymbol{A}$可逆的充分必要条件是$\boldsymbol{A}$可以表示为若干初等矩阵的乘积.

3. 利用初等变换求逆矩阵

利用可逆矩阵的性质可以得到另一种求逆矩阵的方法.

对于可逆矩阵$\boldsymbol{A}$，必存在若干初等矩阵$\boldsymbol{Q}_1,\boldsymbol{Q}_2,\cdots,\boldsymbol{Q}_t$，使得

$$\boldsymbol{Q}_1\boldsymbol{Q}_2\cdots\boldsymbol{Q}_t\boldsymbol{A}=\boldsymbol{E},$$

等式两边右乘$\boldsymbol{A}^{-1}$，有

$$\boldsymbol{Q}_1\boldsymbol{Q}_2\cdots\boldsymbol{Q}_t\boldsymbol{E}=\boldsymbol{A}^{-1},$$

这就意味着，若对矩阵$\boldsymbol{A}$和$\boldsymbol{E}$作同种初等行变换，当$\boldsymbol{A}$化为单位矩阵$\boldsymbol{E}$时，矩阵$\boldsymbol{E}$随之化为逆矩阵

A^{-1}，这种计算逆矩阵的方法，称为初等变换法. 具体做法如下所述.

① 将 n 阶矩阵 A 和单位矩阵 E 组成分块矩阵 $(A \vdots E)$；

② 对分块矩阵 $(A \vdots E)$ 作初等行变换，化 A 为单位矩阵，即等价于分块矩阵左乘若干初等矩阵 $Q_t, \cdots, Q_2, Q_1$，有

$$Q_1Q_2\cdots Q_t(A \vdots E) = (Q_1Q_2\cdots Q_tA \vdots Q_1Q_2\cdots Q_tE) = (E \vdots A^{-1}).$$

结果表明，在 $A \xrightarrow{r} E$ 的同时，子块 E 也变换为逆矩阵 A^{-1}，即 $E \xrightarrow{r} A^{-1}$.

类似地，对于可逆矩阵 A，同样存在若干初等矩阵 $P_1, P_2, \cdots, P_s$，使得

$$AP_1P_2\cdots P_s = E,$$
$$EP_1P_2\cdots P_s = A^{-1},$$

这意味着，若对矩阵 A 和 E 作同种初等列变换，当 A 化为单位矩阵 E 时，矩阵 E 随之化为逆矩阵 A^{-1}，从而得到以下用初等列变换求逆矩阵的方法：

① 将 n 阶矩阵 A 和单位矩阵 E 组成分块矩阵 $\begin{pmatrix} A \\ E \end{pmatrix}$；

② 对分块矩阵 $\begin{pmatrix} A \\ E \end{pmatrix}$ 作初等列变换，化 A 为单位矩阵，即等价于分块矩阵右乘若干初等矩阵 $P_1, P_2, \cdots, P_s$，有

$$\begin{pmatrix} A \\ E \end{pmatrix} P_1P_2\cdots P_s = \begin{pmatrix} AP_1P_2\cdots P_s \\ EP_1P_2\cdots P_s \end{pmatrix} = \begin{pmatrix} E \\ A^{-1} \end{pmatrix}.$$

结果表明，在 $A \xrightarrow{c} E$ 的同时，子块 E 也变换为逆矩阵 A^{-1}，即 $E \xrightarrow{c} A^{-1}$.

例 21 用初等行变换法计算 $A = \begin{pmatrix} 1 & 0 & 1 \\ 2 & 1 & 4 \\ -3 & 2 & 5 \end{pmatrix}$ 的逆矩阵.

【答案解析】先组成矩阵 $(A \vdots E)$，再作初等行变换将 A 化为 E，有

$$(A \vdots E) = \left(\begin{array}{ccc:ccc} 1 & 0 & 1 & 1 & 0 & 0 \\ 2 & 1 & 4 & 0 & 1 & 0 \\ -3 & 2 & 5 & 0 & 0 & 1 \end{array}\right) \xrightarrow[r_3+3r_1]{r_2-2r_1} \left(\begin{array}{ccc:ccc} 1 & 0 & 1 & 1 & 0 & 0 \\ 0 & 1 & 2 & -2 & 1 & 0 \\ 0 & 2 & 8 & 3 & 0 & 1 \end{array}\right)$$

$$\xrightarrow{r_3-2r_2} \left(\begin{array}{ccc:ccc} 1 & 0 & 1 & 1 & 0 & 0 \\ 0 & 1 & 2 & -2 & 1 & 0 \\ 0 & 0 & 4 & 7 & -2 & 1 \end{array}\right) \xrightarrow[\substack{r_2-r_3/2 \\ r_3\div 4}]{r_1-r_3/4} \left(\begin{array}{ccc:ccc} 1 & 0 & 0 & -3/4 & 1/2 & -1/4 \\ 0 & 1 & 0 & -11/2 & 2 & -1/2 \\ 0 & 0 & 1 & 7/4 & -1/2 & 1/4 \end{array}\right),$$

因此得

$$A^{-1} = \begin{pmatrix} -3/4 & 1/2 & -1/4 \\ -11/2 & 2 & -1/2 \\ 7/4 & -1/2 & 1/4 \end{pmatrix}.$$

对于形如 $AX = B$ 或 $XA = B$ 的矩阵方程，当 A 可逆时，一般可以先求出 A^{-1}，再用矩阵乘法给出解 $X = A^{-1}B$ 或 $X = BA^{-1}$. 我们也可仿照前面的方法，用初等变换法直接求解. 其原理是，若 A 可

逆，则必存在若干初等矩阵 $Q_1,Q_2,\cdots,Q_t$，使得 $Q_1Q_2\cdots Q_t=A^{-1}$，即有

$$Q_1Q_2\cdots Q_tA=E,Q_1Q_2\cdots Q_tB=A^{-1}B,$$

于是，求解方程 $AX=B$ 时，只要对分块矩阵 $(A\vdots B)$ 施以初等行变换，化 A 为 E，与此同时，子块 B 相应的变为解 $A^{-1}B$.

例 22 求解矩阵方程 $\begin{pmatrix}2&1&2\\3&0&1\\-2&1&1\end{pmatrix}X=\begin{pmatrix}1&0\\2&1\\3&2\end{pmatrix}$.

【答案解析】先组成分块矩阵 $(A\vdots B)$，再作初等行变换将 A 化为 E，有

$$(A\vdots B)=\left(\begin{array}{ccc:cc}2&1&2&1&0\\3&0&1&2&1\\-2&1&1&3&2\end{array}\right)\xrightarrow[r_3-2r_1]{\substack{r_1-r_2\\r_2+3r_1}}\left(\begin{array}{ccc:cc}-1&1&1&-1&-1\\0&3&4&-1&-2\\0&-1&-1&5&4\end{array}\right)$$

$$\xrightarrow[r_3+r_2]{\substack{r_2+3r_3\\r_1+r_3}}\left(\begin{array}{ccc:cc}-1&0&0&4&3\\0&0&1&14&10\\0&-1&0&19&14\end{array}\right)\xrightarrow[r_3\leftrightarrow r_2]{\substack{-r_1\\-r_3}}\left(\begin{array}{ccc:cc}1&0&0&-4&-3\\0&1&0&-19&-14\\0&0&1&14&10\end{array}\right),$$

因此得解

$$X=\begin{pmatrix}-4&-3\\-19&-14\\14&10\end{pmatrix}.$$

【评注】若方程改为 $X\begin{pmatrix}2&1&2\\3&0&1\\-2&1&1\end{pmatrix}=\begin{pmatrix}1&0\\2&1\\3&2\end{pmatrix}$，则可以作初等列变换直接求解.

（四）矩阵的秩

利用矩阵初等变换化标准形时，强调任意一个矩阵都唯一对应一个标准形，其唯一性集中体现在其子块 E_r 的阶数 r 上，即矩阵的秩. 本节将给出矩阵秩的一般概念及求秩的方法. 关于秩的更深入的理解将在第六章讨论.

1. 矩阵的秩的概念

定义 2 设 A 是 $m\times n$ 矩阵，从中任取 k 行 k 列 $(1\leqslant k\leqslant\min\{m,n\})$，位于这些行、列交叉处的元素按原来的次序构成的一个 k 阶行列式称为矩阵 A 的一个 k 阶子式. 矩阵 A 中非零子式的最大阶数称为矩阵 A 的秩，记作 $r(A)$ 或秩 (A).

规定零矩阵的秩为零，即 $r(O)=0$.

例如，设 $A=\begin{pmatrix}2&1&3&4\\1&-1&0&2\\3&4&2&5\end{pmatrix}$，在 A 中抽取第 1，2 行和第 2，3 列，它们交叉位置上的元素构成的一个 2 阶子式为 $\begin{vmatrix}1&3\\-1&0\end{vmatrix}$，抽取第 1，2，3 行和第 1，3，4 列，它们交叉位置上的元素构成的一个 3

阶子式为$\begin{vmatrix} 2 & 3 & 4 \\ 1 & 0 & 2 \\ 3 & 2 & 5 \end{vmatrix}$. 一般地,对于一个$m \times n$矩阵$\boldsymbol{A}$,共有$C_m^k C_n^k$个$k$阶子式. 显然,所有子式的阶数不会超过$\boldsymbol{A}$的行数和列数. 若$\boldsymbol{A}$为非零矩阵,则至少有一个元素非零,其子式的阶数必定大于或等于1. 因此,$\boldsymbol{A}$的所有子式的阶数应介于1和$\min\{m,n\}$之间,而且也一定存在一个最大的阶数,这个最大阶数就是矩阵$\boldsymbol{A}$的秩.

由矩阵秩的概念,可以得到下面的结论.

(1) 若$\boldsymbol{A}$为$m \times n$矩阵,则$r(\boldsymbol{A}) \leqslant \min\{m,n\}$,即矩阵$\boldsymbol{A}$的秩不会超过行数和列数. 当$r(\boldsymbol{A}) = \min\{m,n\}$时,称$\boldsymbol{A}$为满秩或称$\boldsymbol{A}$为满秩矩阵.

(2) 若$\boldsymbol{A}$为n阶方阵,则$\boldsymbol{A}$满秩即$r(\boldsymbol{A}) = n$的充分必要条件是$\boldsymbol{A}$可逆.

(3) 若$\boldsymbol{A}$有一个r阶子式不为零,则$r(\boldsymbol{A}) \geqslant r$;若$\boldsymbol{A}$的所有$r+1$阶子式为零,则$r(\boldsymbol{A}) \leqslant r$;若至少有一个$r$阶子式不为零,且全部$r+1$阶子式为零,则$r(\boldsymbol{A}) = r$.

(4)$r(\boldsymbol{A}) = r(\boldsymbol{A}^{\mathrm{T}})$,$r(k\boldsymbol{A}) = r(\boldsymbol{A})(k \neq 0)$.

(5) 若$\boldsymbol{A}_1$是矩阵$\boldsymbol{A}$的子块,则$r(\boldsymbol{A}_1) \leqslant r(\boldsymbol{A})$.

(6) 若$\boldsymbol{A},\boldsymbol{B}$分别为$n$阶、$m$阶方阵,$r(\boldsymbol{A}) = r_1$,$r(\boldsymbol{B}) = r_2$,则

$$r\begin{pmatrix} \boldsymbol{A} & \boldsymbol{O} \\ \boldsymbol{O} & \boldsymbol{B} \end{pmatrix} = r(\boldsymbol{A}) + r(\boldsymbol{B}) = r_1 + r_2.$$

例 23 求下列矩阵的秩.

$$(1)\boldsymbol{A} = \begin{pmatrix} 1 & 0 & 3 & 2 & 1 & -1 \\ 0 & -2 & 3 & 1 & 4 & 0 \\ 0 & 0 & 0 & 3 & 4 & 11 \\ 0 & 0 & 0 & 0 & 0 & 0 \end{pmatrix};(2)\boldsymbol{B} = \begin{pmatrix} 1 & -1 & 2 & 1 \\ 3 & -1 & 0 & 2 \\ 3 & 2 & 1 & 0 \\ 1 & -4 & 1 & 3 \end{pmatrix}.$$

【解题思路】用定义求数值矩阵的秩,就是设法从中找出阶数最大的子式. 除了一些特殊结构的矩阵,如题中矩阵(1)显示的阶梯形矩阵可以直接观察外,一般要从阶数最大的子式开始计算,若全部为零,再算低一阶的子式,直至找出阶数最大的非零子式为止. 或类似地,从最低阶子式入手,逐步提高计算的阶数,通常计算量是很大的.

【答案解析】(1)$\boldsymbol{A}$为阶梯形矩阵,容易看出其中有一个3阶子式$\begin{vmatrix} 1 & 0 & 2 \\ 0 & -2 & 1 \\ 0 & 0 & 3 \end{vmatrix}$不为零,所有4阶子式均为零,则$r(\boldsymbol{A}) = 3$.

(2) 由$\begin{vmatrix} 1 & -1 \\ 3 & -1 \end{vmatrix} = 2 \neq 0$,$\begin{vmatrix} 1 & -1 & 2 \\ 3 & -1 & 0 \\ 3 & 2 & 1 \end{vmatrix} = 20 \neq 0$,且$\begin{vmatrix} 1 & -1 & 2 & 1 \\ 3 & -1 & 0 & 2 \\ 3 & 2 & 1 & 0 \\ 1 & -4 & 1 & 3 \end{vmatrix} = 0$,知$r(\boldsymbol{B}) \geqslant 3$且$r(\boldsymbol{B}) \leqslant 3$,即$r(\boldsymbol{B}) = 3$.

2. 利用初等变换求矩阵的秩

利用初等变换计算矩阵的秩要比由子式计算矩阵的秩容易得多，但首先要解决对矩阵作初等变换是否改变矩阵的秩的问题？下面的定理给出了明确的答案.

定理 4 初等变换不改变矩阵的秩(定理证明略).

定理 4 为利用初等变换计算矩阵的秩提供了可靠的依据. 同时考虑到对矩阵的初等变换等价于左乘或右乘初等矩阵，由定理 4 可得到以下推论.

推论 1 $m\times n$ 矩阵 $\boldsymbol{A},\boldsymbol{B}$ 等价的充分必要条件是 $r(\boldsymbol{A})=r(\boldsymbol{B})$.

推论 2 矩阵 $\boldsymbol{A}$ 左乘或右乘初等矩阵不改变矩阵的秩. 从更广意义上说，矩阵 $\boldsymbol{A}$ 左乘或右乘可逆矩阵不改变矩阵的秩.

由于任何一个矩阵 $\boldsymbol{A}$ 都与一个标准形矩阵 $\boldsymbol{D}=\begin{pmatrix}\boldsymbol{E}_r & \boldsymbol{O}\\ \boldsymbol{O} & \boldsymbol{O}\end{pmatrix}$ 等价，即有 $r(\boldsymbol{A})=r(\boldsymbol{D})=r$. 因此，任何一个矩阵只要经过若干次初等变换化为 $\boldsymbol{D}$，即可得到 $r(\boldsymbol{A})$，这就是求秩的初等变换法.

例 24 利用初等变换法求 $\boldsymbol{A}=\begin{pmatrix}2&3&5&15&4\\1&2&3&5&3\\1&7&8&-10&3\\2&6&8&5&5\end{pmatrix}$ 的秩.

【解题思路】从理论上讲，用初等变换求数值矩阵的秩，应该将矩阵化至标准形，但实际上只要将矩阵化为形如考点精讲例 23 中矩阵(1) 显示的阶梯形矩阵，能确定阶数最大的非零子式即可.

【答案解析】先将左上角元素调配为 1，

$$\boldsymbol{A}=\begin{pmatrix}2&3&5&15&4\\1&2&3&5&3\\1&7&8&-10&3\\2&6&8&5&5\end{pmatrix}\xrightarrow{r_1\leftrightarrow r_2}\begin{pmatrix}1&2&3&5&3\\2&3&5&15&4\\1&7&8&-10&3\\2&6&8&5&5\end{pmatrix}$$

$$\xrightarrow[r_4-2r_1]{\substack{r_2-2r_1\\r_3-r_1}}\begin{pmatrix}1&2&3&5&3\\0&-1&-1&5&-2\\0&5&5&-15&0\\0&2&2&-5&-1\end{pmatrix}\xrightarrow[-r_2]{\substack{r_3+5r_2\\r_4+2r_2}}\begin{pmatrix}1&2&3&5&3\\0&1&1&-5&2\\0&0&0&10&-10\\0&0&0&5&-5\end{pmatrix}$$

$$\xrightarrow[r_4\leftrightarrow r_3]{\substack{r_3-2r_4\\r_4\div 5}}\begin{pmatrix}1&2&3&5&3\\0&1&1&-5&2\\0&0&0&1&-1\\0&0&0&0&0\end{pmatrix},$$

容易看到，$\begin{vmatrix}1&2&5\\0&1&-5\\0&0&1\end{vmatrix}\neq 0$，所有 4 阶子式均为零，故 $r(\boldsymbol{A})=3$.

3. 关于矩阵秩的几个不等式

性质 1 矩阵乘积的秩不超过各矩阵因子的秩，即 $r(\boldsymbol{AB}) \leqslant \min\{r(\boldsymbol{A}), r(\boldsymbol{B})\}$.

性质 2 设 $\boldsymbol{A}, \boldsymbol{B}$ 为 $m \times n$ 矩阵，则 $r(\boldsymbol{A}+\boldsymbol{B}) \leqslant r(\boldsymbol{A}) + r(\boldsymbol{B})$.

性质 3 设 $\boldsymbol{A}, \boldsymbol{B}$ 分别为 $m \times n, n \times s$ 矩阵，则 $r(\boldsymbol{AB}) \geqslant r(\boldsymbol{A}) + r(\boldsymbol{B}) - n$.

作为特例，当 $\boldsymbol{AB} = \boldsymbol{O}$ 时，有 $r(\boldsymbol{A}) + r(\boldsymbol{B}) \leqslant n$.

例 25 设 $\boldsymbol{A}$ 为 $n(n \geqslant 3)$ 阶方阵，$\boldsymbol{A}^*$ 为 $\boldsymbol{A}$ 的伴随矩阵，证明：

$$r(\boldsymbol{A}^*) = \begin{cases} n, & r(\boldsymbol{A}) = n, \\ 1, & r(\boldsymbol{A}) = n-1, \\ 0, & r(\boldsymbol{A}) < n-1. \end{cases}$$

【解题思路】凡是涉及伴随矩阵的问题都会用到一个重要公式：$\boldsymbol{AA}^* = |\boldsymbol{A}|\boldsymbol{E}$，它适用于任何一个方阵.

【答案解析】依题设，$\boldsymbol{AA}^* = |\boldsymbol{A}|\boldsymbol{E}$，于是

① 若 $r(\boldsymbol{A}) = n$，即 $|\boldsymbol{A}| \neq 0$，则

$$|\boldsymbol{AA}^*| = |\boldsymbol{A}||\boldsymbol{A}^*| \neq 0,$$

因此 $|\boldsymbol{A}^*| \neq 0$，即 $r(\boldsymbol{A}^*) = n$.

② 若 $r(\boldsymbol{A}) = n-1$，则 $\boldsymbol{A}$ 中至少有一个代数余子式不为零，因此 $\boldsymbol{A}^* \neq \boldsymbol{O}$，即 $r(\boldsymbol{A}^*) \geqslant 1$. 又由 $\boldsymbol{AA}^* = |\boldsymbol{A}|\boldsymbol{E} = \boldsymbol{O}$，于是由性质 3，有 $r(\boldsymbol{A}) + r(\boldsymbol{A}^*) \leqslant n$，从而有

$$r(\boldsymbol{A}^*) \leqslant n - r(\boldsymbol{A}) = n - (n-1) = 1.$$

故 $r(\boldsymbol{A}^*) = 1$.

③ 若 $r(\boldsymbol{A}) < n-1$，则 $\boldsymbol{A}$ 中所有代数余子式均为零，即 $\boldsymbol{A}^* = \boldsymbol{O}$，因此，$r(\boldsymbol{A}^*) = 0$.

【评注】伴随矩阵是线性代数中一个常见的重要矩阵，题中 $\boldsymbol{A}$ 与 $\boldsymbol{A}^*$ 之间秩的转换关系及用到的公式 $\boldsymbol{AA}^* = |\boldsymbol{A}|\boldsymbol{E}$ 非常重要，要牢记.

例 26 设 $\boldsymbol{A}$ 为 $n(n \geqslant 3)$ 阶方阵，且 $\boldsymbol{A}^2 = \boldsymbol{E}$，证明

$$r(\boldsymbol{E}-\boldsymbol{A}) + r(\boldsymbol{E}+\boldsymbol{A}) = n.$$

【解题思路】由 $\boldsymbol{A}^2 = \boldsymbol{E}$，可得 $(\boldsymbol{E}-\boldsymbol{A})(\boldsymbol{E}+\boldsymbol{A}) = \boldsymbol{O}$，又 $2\boldsymbol{E} = (\boldsymbol{E}-\boldsymbol{A}) + (\boldsymbol{E}+\boldsymbol{A})$，即从两矩阵乘积与两矩阵和的角度分别运用性质推导.

【答案解析】依题设，$\boldsymbol{E} - \boldsymbol{A}^2 = (\boldsymbol{E}-\boldsymbol{A})(\boldsymbol{E}+\boldsymbol{A}) = \boldsymbol{O}$，由性质 3，有

$$r(\boldsymbol{E}-\boldsymbol{A}) + r(\boldsymbol{E}+\boldsymbol{A}) \leqslant n,$$

同时有 $$n = r(2\boldsymbol{E}) = r[(\boldsymbol{E}-\boldsymbol{A}) + (\boldsymbol{E}+\boldsymbol{A})] \leqslant r(\boldsymbol{E}-\boldsymbol{A}) + r(\boldsymbol{E}+\boldsymbol{A}),$$

因此， $$r(\boldsymbol{E}-\boldsymbol{A}) + r(\boldsymbol{E}+\boldsymbol{A}) = n.$$

三、综合题精讲

题型一　矩阵的基本运算

例 1 已知矩阵 $\boldsymbol{A} = \begin{pmatrix} 1 & -1 \\ 2 & 3 \end{pmatrix}$，$\boldsymbol{E}$ 为二阶单位矩阵，则 $\boldsymbol{A}^2 - 4\boldsymbol{A} + 3\boldsymbol{E} = (\quad)$.

(A) $\begin{pmatrix} 0 & 2 \\ 2 & 0 \end{pmatrix}$　(B) $\begin{pmatrix} 0 & -2 \\ -2 & 0 \end{pmatrix}$　(C) $\begin{pmatrix} 2 & 0 \\ 0 & 2 \end{pmatrix}$

(D) $\begin{pmatrix} -2 & 0 \\ 0 & -2 \end{pmatrix}$　(E) $\begin{pmatrix} -2 & 0 \\ 0 & 2 \end{pmatrix}$

【参考答案】D

【解题思路】矩阵多项式的计算,可直接计算,也可以因式分解后再计算.

【答案解析】$\boldsymbol{A}^2-4\boldsymbol{A}+3\boldsymbol{E}=(\boldsymbol{A}-\boldsymbol{E})(\boldsymbol{A}-3\boldsymbol{E})$

$$=\begin{pmatrix} 0 & -1 \\ 2 & 2 \end{pmatrix}\begin{pmatrix} -2 & -1 \\ 2 & 0 \end{pmatrix}=\begin{pmatrix} -2 & 0 \\ 0 & -2 \end{pmatrix}.$$

本题应选择 D.

例 2　设矩阵 $\boldsymbol{A}_{2\times 2},\boldsymbol{B}_{3\times 2},\boldsymbol{C}_{2\times 3}$,则下列运算不可以进行的是(　　).

(A) $(\boldsymbol{CB})^2\boldsymbol{A}$　(B) $\boldsymbol{ACB}$　(C) $\boldsymbol{BAC}$　(D) $\boldsymbol{BCA}$　(E) $\boldsymbol{CBA}$

【参考答案】D

【解题思路】按照矩阵乘法定义,检验矩阵相乘时,左侧的列标是否等于右侧的行标.

【答案解析】题中 $\boldsymbol{A}$ 的列标与 $\boldsymbol{C}$ 的行标相同,运算 $\boldsymbol{AC}$ 可以进行,题中 $\boldsymbol{B}$ 的列标与 $\boldsymbol{A}$,$\boldsymbol{C}$ 的行标相同,运算 $\boldsymbol{BA}$,$\boldsymbol{BC}$ 可以进行,$\boldsymbol{C}$ 的列标与 $\boldsymbol{B}$ 的行标相同,运算 $\boldsymbol{CB}$ 可以进行,且 $\boldsymbol{CB}$ 为二阶方阵,运算 $(\boldsymbol{CB})^2\boldsymbol{A}$ 也可以进行. 综上,运算 $\boldsymbol{ACB}$,$\boldsymbol{BAC}$,$\boldsymbol{CBA}$,$(\boldsymbol{CB})^2\boldsymbol{A}$ 可以进行,故本题应选择 D.

例 3　设 $\boldsymbol{A}$ 为 n 阶可逆矩阵,$\boldsymbol{A}^*$ 为其伴随矩阵,则下列运算不正确的是(　　).

(A) $(\boldsymbol{A}+\boldsymbol{A}^*)^2=\boldsymbol{A}^2+2\boldsymbol{AA}^*+(\boldsymbol{A}^*)^2$　(B) $(\boldsymbol{AA}^*)^2=\boldsymbol{A}^2(\boldsymbol{A}^*)^2$

(C) $(\boldsymbol{AA}^*)^{-1}=\boldsymbol{A}^{-1}(\boldsymbol{A}^*)^{-1}$　(D) $(\boldsymbol{A}+\boldsymbol{A}^*)^{-1}=\boldsymbol{A}^{-1}+(\boldsymbol{A}^*)^{-1}$

(E) $(\boldsymbol{AA}^*)^{\mathrm{T}}=\boldsymbol{A}^{\mathrm{T}}(\boldsymbol{A}^*)^{\mathrm{T}}$

【参考答案】D

【解题思路】关键要熟悉伴随矩阵的性质,由于 $\boldsymbol{A}^*\boldsymbol{A}=\boldsymbol{AA}^*=|\boldsymbol{A}|\boldsymbol{E}$,知 $\boldsymbol{A}$ 和 $\boldsymbol{A}^*$ 可交换.

【答案解析】由于 $\boldsymbol{A}^*\boldsymbol{A}=\boldsymbol{AA}^*=|\boldsymbol{A}|\boldsymbol{E}$,知 $\boldsymbol{A}$ 和 $\boldsymbol{A}^*$ 可交换,知运算 A,B,C,E 正确, 即

$$(\boldsymbol{A}+\boldsymbol{A}^*)^2=(\boldsymbol{A}+\boldsymbol{A}^*)(\boldsymbol{A}+\boldsymbol{A}^*)=\boldsymbol{A}^2+\boldsymbol{AA}^*+\boldsymbol{A}^*\boldsymbol{A}+(\boldsymbol{A}^*)^2=\boldsymbol{A}^2+2\boldsymbol{AA}^*+(\boldsymbol{A}^*)^2,$$

$$\boldsymbol{A}^2(\boldsymbol{A}^*)^2=\boldsymbol{A}(\boldsymbol{AA}^*)\boldsymbol{A}^*=|\boldsymbol{A}|\boldsymbol{AA}^*=(|\boldsymbol{A}|\boldsymbol{E})^2=(\boldsymbol{AA}^*)^2,$$

$$(\boldsymbol{AA}^*)^{-1}=(\boldsymbol{A}^*\boldsymbol{A})^{-1}=\boldsymbol{A}^{-1}(\boldsymbol{A}^*)^{-1},(\boldsymbol{AA}^*)^{\mathrm{T}}=(\boldsymbol{A}^*\boldsymbol{A})^{\mathrm{T}}=\boldsymbol{A}^{\mathrm{T}}(\boldsymbol{A}^*)^{\mathrm{T}},$$

由排除法,本题应选择 D.

事实上,若取 $\boldsymbol{A}=\boldsymbol{E}$,则 $\boldsymbol{A}^*=\boldsymbol{E}$,但 $(\boldsymbol{A}+\boldsymbol{A}^*)^{-1}=\frac{1}{2}\boldsymbol{E}\neq\boldsymbol{A}^{-1}+(\boldsymbol{A}^*)^{-1}=2\boldsymbol{E}$.

【评注】实际命题中经常用到一些重要矩阵,如伴随矩阵、对角矩阵等,一定要熟悉它们的一些特殊性质.

例 4　设 $\boldsymbol{A}=\begin{pmatrix} 2 & -2 & -3 \\ -6 & 6 & 9 \\ 4 & -4 & -6 \end{pmatrix}$,则 $\boldsymbol{A}^{20}=$(　　).

(A) $6^{19}\boldsymbol{A}$　(B) $3^{19}\boldsymbol{A}$　(C) $-3^{19}\boldsymbol{A}$　(D) $-6^{19}\boldsymbol{A}$　(E) $2^{19}\boldsymbol{A}$

【参考答案】E

【解题思路】由于一般方阵幂的运算的计算量较大，不会出现在选择题中，本题矩阵各行成比例，可看作由一个列向量与一个行向量的乘积构成，从而利用公式简化计算.

【答案解析】由

$$\boldsymbol{A}=\begin{pmatrix}2&-2&-3\\-6&6&9\\4&-4&-6\end{pmatrix}=\begin{pmatrix}1\\-3\\2\end{pmatrix}(2,-2,-3),$$

又
$$(2,-2,-3)\begin{pmatrix}1\\-3\\2\end{pmatrix}=2+6-6=2,$$

则由矩阵乘法的结合律，有

$$\boldsymbol{A}^{20}=\begin{pmatrix}1\\-3\\2\end{pmatrix}\underbrace{2\cdot2\cdot\cdots\cdot2}_{19}(2,-2,-3)=2^{19}\begin{pmatrix}1\\-3\\2\end{pmatrix}(2,-2,-3)=2^{19}\boldsymbol{A}.$$

故本题选择 E.

【评注】方阵 $\boldsymbol{A}$ 高幂次的运算，要注意方阵的结构特征，除较为简单的对角矩阵外，常见的一种类型就是本题的形式，其特点是矩阵由两个非零列向量 $\boldsymbol{\alpha},\boldsymbol{\beta}$ 的乘积 $\boldsymbol{\alpha\beta}^{\mathrm{T}}$ 构造，交换位置后，$\boldsymbol{\beta}^{\mathrm{T}}\boldsymbol{\alpha}$ 为常数 k，从而有简化计算的公式 $(\boldsymbol{\alpha\beta}^{\mathrm{T}})^m=k^{m-1}\boldsymbol{\alpha\beta}^{\mathrm{T}}$，考生应熟悉并记忆此结论.

题型二　矩阵与行列式

例 5　设 $\boldsymbol{A}$ 为三阶矩阵，$|\boldsymbol{A}|=3$，$\boldsymbol{A}^*$ 为 $\boldsymbol{A}$ 的伴随矩阵，若交换 $\boldsymbol{A}$ 的第 1 行与第 2 行得到矩阵 $\boldsymbol{B}$，则 $|\boldsymbol{BA}^*|=$（　　）.

(A) -27　(B) -9　(C) -3　(D) 3　(E) 9

【参考答案】A

【解题思路】本题主要考查矩阵的初等变换、伴随矩阵的性质和行列式的计算.

【答案解析】依题设 $\boldsymbol{B}=\boldsymbol{E}(1,2)\boldsymbol{A}$，$\boldsymbol{A}^*=|\boldsymbol{A}|\boldsymbol{A}^{-1}$，因此

$$|\boldsymbol{BA}^*|=|\boldsymbol{E}(1,2)\boldsymbol{A}\,|\boldsymbol{A}|\,\boldsymbol{A}^{-1}|=|3\boldsymbol{E}(1,2)|=3^3|\boldsymbol{E}(1,2)|=-27,$$

故本题选择 A.

例 6　设三阶矩阵 $\boldsymbol{A}=(\boldsymbol{\alpha}_1,\boldsymbol{\alpha}_2,\boldsymbol{\alpha}_3)$，其中 $\boldsymbol{\alpha}_1,\boldsymbol{\alpha}_2,\boldsymbol{\alpha}_3$ 为 $\boldsymbol{A}$ 的列元素构成的列矩阵，$|\boldsymbol{A}|=1$，$\boldsymbol{B}=(\boldsymbol{\alpha}_1+\boldsymbol{\alpha}_2+\boldsymbol{\alpha}_3,\boldsymbol{\alpha}_1-2\boldsymbol{\alpha}_2+4\boldsymbol{\alpha}_3,\boldsymbol{\alpha}_1+3\boldsymbol{\alpha}_2+9\boldsymbol{\alpha}_3)$，则 $|\boldsymbol{B}|=$（　　）.

(A) -30　(B) -9　(C) -3　(D) 3　(E) 9

【参考答案】A

【解题思路】本题主要考查矩阵两两之间的转换、矩阵与行列式的关系，关键是找出矩阵 $\boldsymbol{A},\boldsymbol{B}$ 之间的转换矩阵.

【答案解析】依题设,有

$$B=(\boldsymbol{\alpha}_1+\boldsymbol{\alpha}_2+\boldsymbol{\alpha}_3,\boldsymbol{\alpha}_1-2\boldsymbol{\alpha}_2+4\boldsymbol{\alpha}_3,\boldsymbol{\alpha}_1+3\boldsymbol{\alpha}_2+9\boldsymbol{\alpha}_3)=(\boldsymbol{\alpha}_1,\boldsymbol{\alpha}_2,\boldsymbol{\alpha}_3)\begin{pmatrix}1&1&1\\1&-2&3\\1&4&9\end{pmatrix},$$

从而有 $\boldsymbol{B}=\boldsymbol{A}\begin{pmatrix}1&1&1\\1&-2&3\\1&4&9\end{pmatrix}$,两边取行列式,得

$$|\boldsymbol{B}|=|\boldsymbol{A}|\begin{vmatrix}1&1&1\\1&-2&3\\1&4&9\end{vmatrix}=(3+2)\times(3-1)\times(-2-1)=-30,$$

其中 $\begin{vmatrix}1&1&1\\1&-2&3\\1&4&9\end{vmatrix}$ 为范德蒙德行列式. 故本题应选择 A.

题型三　矩阵的可逆性

例 7　设 $\boldsymbol{A},\boldsymbol{B}$ 为 n 阶矩阵,且 $\boldsymbol{A}+\boldsymbol{B}=\boldsymbol{AB}$,则(　　).

(A)$\boldsymbol{A}-\boldsymbol{E}$ 为可逆矩阵　　(B)$\boldsymbol{A}+\boldsymbol{E}$ 为可逆矩阵

(C)$\boldsymbol{A}-2\boldsymbol{E}$ 为可逆矩阵　　(D)$\boldsymbol{B}+\boldsymbol{E}$ 为可逆矩阵

(E)$\boldsymbol{B}-2\boldsymbol{E}$ 为可逆矩阵

【参考答案】A

【解题思路】判断某个矩阵是否可逆,先设法整理成因子的乘积形式且乘积等于一个可逆矩阵,再两边取行列式,验证这些因子是否可逆.

【答案解析】由 $\boldsymbol{A}+\boldsymbol{B}=\boldsymbol{AB}$ 有

$$\boldsymbol{A}(\boldsymbol{E}-\boldsymbol{B})-(\boldsymbol{E}-\boldsymbol{B})=(\boldsymbol{A}-\boldsymbol{E})(\boldsymbol{E}-\boldsymbol{B})=-\boldsymbol{E},$$

即有
$$|\boldsymbol{A}-\boldsymbol{E}||\boldsymbol{E}-\boldsymbol{B}|=|-\boldsymbol{E}|=(-1)^n\neq 0,$$

从而有
$$|\boldsymbol{A}-\boldsymbol{E}|\neq 0,|\boldsymbol{E}-\boldsymbol{B}|\neq 0,$$

知 $\boldsymbol{A}-\boldsymbol{E},\boldsymbol{E}-\boldsymbol{B}$ 可逆,本题应选择 A.

例 8　设 $\boldsymbol{A},\boldsymbol{B},\boldsymbol{C}$ 为三阶矩阵,其中 $\boldsymbol{A}=\begin{pmatrix}-1&2&0\\3&1&2\\2&0&3\end{pmatrix}$,$\boldsymbol{C}=\begin{pmatrix}2&1&3\\1&-1&2\\1&3&0\end{pmatrix}$,若 $\boldsymbol{ABC}=\boldsymbol{E}$,则 $\boldsymbol{B}^{-1}=$(　　).

(A)$\begin{pmatrix}7&2&8\\5&1&5\\11&4&6\end{pmatrix}$　　(B)$\begin{pmatrix}7&5&11\\0&1&4\\8&5&6\end{pmatrix}$　　(C)$\begin{pmatrix}0&-3&1\\9&8&11\\7&11&6\end{pmatrix}$

(D) $\begin{pmatrix} 0 & 9 & 7 \\ -3 & 8 & 11 \\ 1 & 11 & 6 \end{pmatrix}$　　(E) $\begin{pmatrix} 6 & 4 & 11 \\ 5 & 1 & 5 \\ 8 & 2 & 7 \end{pmatrix}$

【参考答案】B

【答案解析】由 $\boldsymbol{ABC}=\boldsymbol{E}$，知 $\boldsymbol{A},\boldsymbol{B},\boldsymbol{C}$ 可逆，且 $\boldsymbol{B}=\boldsymbol{A}^{-1}\boldsymbol{C}^{-1}$，从而有

$$\boldsymbol{B}^{-1}=(\boldsymbol{A}^{-1}\boldsymbol{C}^{-1})^{-1}=\boldsymbol{CA}=\begin{pmatrix} 2 & 1 & 3 \\ 1 & -1 & 2 \\ 1 & 3 & 0 \end{pmatrix}\begin{pmatrix} -1 & 2 & 0 \\ 3 & 1 & 2 \\ 2 & 0 & 3 \end{pmatrix}=\begin{pmatrix} 7 & 5 & 11 \\ 0 & 1 & 4 \\ 8 & 5 & 6 \end{pmatrix},$$

本题应选择 B.

题型四　矩阵的初等变换

例 9　设 $\boldsymbol{A}$ 为三阶矩阵，将 $\boldsymbol{A}$ 的第 3 列的 -1 倍加到第 2 列得矩阵 $\boldsymbol{B}$，再交换 $\boldsymbol{B}$ 的第 1 行与第 2 行得单位矩阵，记

$$\boldsymbol{P}_1=\begin{pmatrix} 1 & 0 & 0 \\ 0 & 1 & 0 \\ 0 & -1 & 1 \end{pmatrix},\boldsymbol{P}_2=\begin{pmatrix} 0 & 1 & 0 \\ 1 & 0 & 0 \\ 0 & 0 & 1 \end{pmatrix},$$

则 $\boldsymbol{A}=(\quad)$.

(A) $\boldsymbol{P}_1\boldsymbol{P}_2$　　(B) $\boldsymbol{P}_1^{-1}\boldsymbol{P}_2$　　(C) $\boldsymbol{P}_1^{-1}\boldsymbol{P}_2^{-1}$　　(D) $\boldsymbol{P}_1\boldsymbol{P}_2^{-1}$　　(E) $\boldsymbol{P}_2\boldsymbol{P}_1^{-1}$

【参考答案】E

【解题思路】本题主要考查矩阵的初等变换、初等矩阵、矩阵乘积的逆运算. 关键是将矩阵 $\boldsymbol{B}$ 与 $\boldsymbol{A}$ 用初等矩阵建立关系式.

【答案解析】依题设

$$\boldsymbol{E}(3,2(-1))=\boldsymbol{P}_1,\boldsymbol{E}(1,2)=\boldsymbol{P}_2.$$

$$\boldsymbol{B}=\boldsymbol{AE}(3,2(-1)),\boldsymbol{E}=\boldsymbol{E}(1,2)\boldsymbol{B}.$$

于是

$$\boldsymbol{E}=\boldsymbol{E}(1,2)\boldsymbol{B}=\boldsymbol{E}(1,2)\boldsymbol{AE}(3,2(-1)),\boldsymbol{A}=\boldsymbol{E}^{-1}(1,2)\boldsymbol{E}^{-1}(3,2(-1)),$$

又

$$\boldsymbol{E}^{-1}(1,2)=\boldsymbol{E}(1,2)=\boldsymbol{P}_2,\boldsymbol{E}^{-1}(3,2(-1))=\boldsymbol{P}_1^{-1},$$

因此有 $\boldsymbol{A}=\boldsymbol{P}_2\boldsymbol{P}_1^{-1}$，故选择 E.

题型五　矩阵的秩

例 10　若矩阵 $\begin{pmatrix} 1 & 2 & -1 & 1 \\ 2 & 0 & t & 0 \\ 0 & -4 & 5 & -2 \end{pmatrix}$ 的秩为 2，则 $t=(\quad)$.

(A) 0　　(B) 1　　(C) 2　　(D) 3　　(E) 4

【参考答案】D

【解题思路】已知该矩阵的秩为 2，因此，它的所有 3 阶子式都为零，于是只要计算出其中含待

定常数 t 的一个 3 阶子式即可求出 t 的值.

【答案解析】 方法 1　由 $\begin{vmatrix} 1 & 2 & -1 \\ 2 & 0 & t \\ 0 & -4 & 5 \end{vmatrix} = -12 + 4t = 0$,得 $t = 3$.

方法 2　对该矩阵作初等变换,有

$$\begin{pmatrix} 1 & 2 & -1 & 1 \\ 2 & 0 & t & 0 \\ 0 & -4 & 5 & -2 \end{pmatrix} \xrightarrow{r_2 - 2r_1} \begin{pmatrix} 1 & 2 & -1 & 1 \\ 0 & -4 & t+2 & -2 \\ 0 & -4 & 5 & -2 \end{pmatrix} \xrightarrow{r_3 - r_2} \begin{pmatrix} 1 & 2 & -1 & 1 \\ 0 & -4 & t+2 & -2 \\ 0 & 0 & 3-t & 0 \end{pmatrix},$$

知当 $t = 3$ 时,该矩阵的秩为 2. 故本题应选择 D.

题型六　重要矩阵

例 11　设 $\boldsymbol{A},\boldsymbol{B}$ 为 n 阶矩阵,下列矩阵中是 $\boldsymbol{AB}$ 的伴随矩阵的为(　　).

(A) $\boldsymbol{A}^*\boldsymbol{B}^*$　　(B) $\boldsymbol{B}^*\boldsymbol{A}^*$　　(C) $|\boldsymbol{A}|\,|\boldsymbol{B}|\boldsymbol{A}^{-1}\boldsymbol{B}^{-1}$

(D) $\dfrac{1}{|\boldsymbol{AB}|}\boldsymbol{B}^{-1}\boldsymbol{A}^{-1}$　　(E) $\dfrac{1}{|\boldsymbol{AB}|}\boldsymbol{A}^{-1}\boldsymbol{B}^{-1}$

【参考答案】B

【解题思路】本题主要考查伴随矩阵的性质. 判断各选项中矩阵($*$)是否为 $\boldsymbol{AB}$ 的伴随矩阵的依据是考查 $\boldsymbol{AB}(*) = |\boldsymbol{AB}|\boldsymbol{E}$ 是否成立.

【答案解析】由 $\boldsymbol{AB}(\boldsymbol{A}^*\boldsymbol{B}^*) \neq |\boldsymbol{AB}|\boldsymbol{E}$,知选项 A 不成立;

由 $\boldsymbol{AB}(\boldsymbol{B}^*\boldsymbol{A}^*) = \boldsymbol{A}(\boldsymbol{BB}^*)\boldsymbol{A}^* = |\boldsymbol{B}|\boldsymbol{AA}^* = |\boldsymbol{AB}|\boldsymbol{E}$,知选项 B 成立;

由 $\boldsymbol{AB}(|\boldsymbol{A}|\,|\boldsymbol{B}|\boldsymbol{A}^{-1}\boldsymbol{B}^{-1}) = |\boldsymbol{A}|\,|\boldsymbol{B}|(\boldsymbol{AB})\boldsymbol{A}^{-1}\boldsymbol{B}^{-1} \neq |\boldsymbol{AB}|\boldsymbol{E}$,知选项 C 不成立.

题中未知 $\boldsymbol{AB}$ 是否可逆,选项 D,E 不成立,即使 $\boldsymbol{AB}$ 可逆,由

$$\boldsymbol{AB}\left(\frac{1}{|\boldsymbol{AB}|}\boldsymbol{B}^{-1}\boldsymbol{A}^{-1}\right) = \frac{1}{|\boldsymbol{AB}|}\boldsymbol{A}(\boldsymbol{BB}^{-1})\boldsymbol{A}^{-1} = \frac{1}{|\boldsymbol{AB}|}\boldsymbol{E} \neq |\boldsymbol{AB}|\boldsymbol{E},$$

$$\boldsymbol{AB}\left(\frac{1}{|\boldsymbol{AB}|}\boldsymbol{A}^{-1}\boldsymbol{B}^{-1}\right) = \frac{1}{|\boldsymbol{AB}|}\boldsymbol{ABA}^{-1}\boldsymbol{B}^{-1} \neq |\boldsymbol{AB}|\boldsymbol{E},$$

知选项 D,E 也不成立. 故选择 B.

例 12　设 $\boldsymbol{\alpha}$ 为 $n(n \geqslant 3)$ 维非零列向量,$\boldsymbol{A} = \boldsymbol{\alpha\alpha}^{\mathrm{T}}$,则下列结论不正确的是(　　).

(A) $\boldsymbol{A}^2 = \boldsymbol{O}$　　(B) $\boldsymbol{A}^2 \neq \boldsymbol{O}$　　(C) $\boldsymbol{A}^* = \boldsymbol{O}$

(D) $r(\boldsymbol{A}) = 1$　　(E) $\boldsymbol{A}$ 为对称矩阵

【参考答案】A

【解题思路】本题涉及的是由一个列向量与一个行向量相乘构成的矩阵,注意此类矩阵性质的应用.

【答案解析】由于 $\boldsymbol{A}^{\mathrm{T}} = (\boldsymbol{\alpha\alpha}^{\mathrm{T}})^{\mathrm{T}} = \boldsymbol{\alpha\alpha}^{\mathrm{T}} = \boldsymbol{A}$,知 $\boldsymbol{A}$ 为对称矩阵. 又因 $\boldsymbol{\alpha}$ 非零,因此 $\boldsymbol{A} = \boldsymbol{\alpha\alpha}^{\mathrm{T}} \neq \boldsymbol{O}$,否则,由 $\boldsymbol{A} = \boldsymbol{\alpha\alpha}^{\mathrm{T}} = \boldsymbol{O}$,必有 $\boldsymbol{\alpha} = \boldsymbol{0}$,与题设矛盾,进而知 $\boldsymbol{A}^2 = \boldsymbol{AA}^{\mathrm{T}} \neq \boldsymbol{O}$,且由

$$1 \leqslant r(\boldsymbol{A}) \leqslant \min\{r(\boldsymbol{\alpha},\boldsymbol{\alpha}^{\mathrm{T}})\} = 1,$$

有 $r(\boldsymbol{A})=1$,又根据 $\boldsymbol{A}$ 与伴随矩阵 $\boldsymbol{A}^*$ 之间的秩的转换关系,知 $r(\boldsymbol{A}^*)=0$,故 $\boldsymbol{A}^*=\boldsymbol{O}$. 综上所述,应选择 A.

题型七　矩阵方程及其运算

例 13 设矩阵 $\boldsymbol{A}=\begin{pmatrix}2 & 1\\ -1 & 2\end{pmatrix}$,$\boldsymbol{E}$ 为二阶单位矩阵,矩阵 $\boldsymbol{B}$ 满足 $\boldsymbol{BA}=\boldsymbol{B}+2\boldsymbol{E}$,则 $|\boldsymbol{B}|=$(　　).

(A)-1　　(B)1　　(C)2　　(D)3　　(E)5

【参考答案】C

【解题思路】本题由矩阵方程求行列式. 求解时,应设法将方程化为矩阵 $\boldsymbol{B}$ 为因子的若干因子乘积的形式,再化为行列式计算.

【答案解析】由 $\boldsymbol{BA}=\boldsymbol{B}+2\boldsymbol{E}$,整理得 $\boldsymbol{B}(\boldsymbol{A}-\boldsymbol{E})=2\boldsymbol{E}$,从而有 $|\boldsymbol{B}|\,|\boldsymbol{A}-\boldsymbol{E}|=|2\boldsymbol{E}|=4$,由于 $|\boldsymbol{A}-\boldsymbol{E}|=\begin{vmatrix}1 & 1\\ -1 & 1\end{vmatrix}=2$,所以 $|\boldsymbol{B}|=2$,本题应选择 C.

例 14 设 $\boldsymbol{A}=\begin{pmatrix}1 & 0 & 0\\ -2 & 3 & 0\\ 0 & -4 & 5\end{pmatrix}$,$\boldsymbol{E}$ 为三阶单位矩阵,$\boldsymbol{B}=(\boldsymbol{E}+\boldsymbol{A})^{-1}(\boldsymbol{E}-\boldsymbol{A})$,则 $(\boldsymbol{E}+\boldsymbol{B})^{-1}=$(　　).

(A)$\begin{pmatrix}1 & 0 & 0\\ -1 & 2 & 0\\ 0 & -2 & 3\end{pmatrix}$　　(B)$\begin{pmatrix}-1 & 0 & 0\\ 1 & -2 & 0\\ 0 & 2 & -3\end{pmatrix}$　　(C)$\begin{pmatrix}1 & -1 & 0\\ 0 & 2 & -2\\ 0 & 0 & 3\end{pmatrix}$

(D)$\begin{pmatrix}1 & 1 & 0\\ 0 & 2 & 2\\ 0 & 0 & 3\end{pmatrix}$　　(E)$\begin{pmatrix}1 & 0 & 0\\ -2 & 2 & 0\\ 0 & -4 & 3\end{pmatrix}$

【参考答案】A

【解题思路】先利用性质,由方程解出 $(\boldsymbol{E}+\boldsymbol{B})^{-1}$,然后代值计算.

【答案解析】等式两边同时左乘 $\boldsymbol{E}+\boldsymbol{A}$,整理得

$$\boldsymbol{AB}+\boldsymbol{A}+\boldsymbol{B}+\boldsymbol{E}=2\boldsymbol{E},$$

即
$$(\boldsymbol{A}+\boldsymbol{E})(\boldsymbol{B}+\boldsymbol{E})=2\boldsymbol{E},\boldsymbol{B}+\boldsymbol{E}=2\,(\boldsymbol{A}+\boldsymbol{E})^{-1}.$$

因此,$(\boldsymbol{B}+\boldsymbol{E})^{-1}=\dfrac{1}{2}(\boldsymbol{A}+\boldsymbol{E})=\begin{pmatrix}1 & 0 & 0\\ -1 & 2 & 0\\ 0 & -2 & 3\end{pmatrix}$,本题应选择 A.

四、综合练习题

1 已知 $A=\begin{pmatrix}1&1\\0&1\end{pmatrix}$，$B=\begin{pmatrix}1&2\\-1&1\end{pmatrix}$，$X$ 满足矩阵方程 $2A-X+3(X-B)=O$，则 $X=$（　　）.

(A) $\begin{pmatrix}4&1\\1&-3\end{pmatrix}$　(B) $\frac{1}{2}\begin{pmatrix}4&1\\1&-3\end{pmatrix}$　(C) $\frac{1}{2}\begin{pmatrix}1&-3\\4&1\end{pmatrix}$

(D) $\begin{pmatrix}1&4\\-3&1\end{pmatrix}$　(E) $\frac{1}{2}\begin{pmatrix}1&4\\-3&1\end{pmatrix}$

2 设矩阵 $A_{m\times l}$，$B_{l\times n}$，$C_{m\times n}$，且 m,n,l 两两不等，则下列运算可以进行的是（　　）.

(A) ABC　(B) $A^{T}CB$　(C) ABC^{T}

(D) $(AB)^{T}C^{T}$　(E) $(CB)^{T}A$

3 已知 $A=\begin{pmatrix}1&2\\-1&1\end{pmatrix}$，$B=\begin{pmatrix}1&1\\0&1\end{pmatrix}$，则 $A^2+3AB-4B^2=$（　　）.

(A) $\begin{pmatrix}2&-5\\-5&5\end{pmatrix}$　(B) $\begin{pmatrix}-2&5\\-5&-5\end{pmatrix}$　(C) $\begin{pmatrix}-1&5\\-5&-6\end{pmatrix}$

(D) $\begin{pmatrix}1&-5\\5&6\end{pmatrix}$　(E) $\begin{pmatrix}2&5\\5&5\end{pmatrix}$

4 设 A 为 n 阶矩阵，下列结论中正确的是（　　）.

(A) 若 $B\neq O$，且 $AB=O$，则 $A=O$　(B) 若 $A^2=O$，则 $A=O$

(C) 若 $AA^{T}=O$，则 $A=O$　(D) 若 $A^{T}B=O$，则 $A=O,B=O$

(E) 若 $AB=AC$，且 $B\neq C$，则 $A=O$

5 设 A,B,C 为三阶矩阵，其中 $AB=E$，$C=\begin{pmatrix}0&0&1\\0&-1&0\\1&0&0\end{pmatrix}$，若 $D=ACB$，则 $D^n=$（　　）.

(A) E　(B) $-E$　(C) D

(D) $-D$　(E) $\begin{cases}D, & n\text{ 为奇数},\\E, & n\text{ 为偶数}\end{cases}$

6 设 A,B,C 分别为 $n\times n,n\times 1,1\times n$ 矩阵，下列矩阵中**不是**对称矩阵的为（　　）.

(A) CAB　(B) $CBA^{T}A$　(C) $B^{T}AC^{T}$

(D) $A-A^{T}$　(E) $A+A^{T}$

7 设 A,B,C 为 n 阶矩阵，且 A 满足 $A^{T}A=E$（称 A 为正交矩阵），若 $B=A^{T}CA$，则下列结论**不正确**的是（　　）.

(A) $B^m=A^{T}C^mA$　(B) $|B|=|C|$　(C) A 可逆

(D) $|\boldsymbol{A}|=1$　　(E) $a_{ij}=\pm A_{ij}$，其中 A_{ij} 为 a_{ij} 的代数余子式

8 设 $\boldsymbol{A},\boldsymbol{B},\boldsymbol{C}$ 均为 n 阶矩阵，下列结论正确的是（　　）.

(A) 若 $\boldsymbol{A}^k\neq\boldsymbol{O}$，则 $|\boldsymbol{A}|\neq 0$，k 为正整数　　(B) 若 $\boldsymbol{AB}=\boldsymbol{AC}$，则 $|\boldsymbol{B}|=|\boldsymbol{C}|$

(C) 若 $|\boldsymbol{A}|\neq 0$，则 $\boldsymbol{A}^k\neq\boldsymbol{O}$，$k$ 为正整数　　(D) $|\boldsymbol{A}|=|\boldsymbol{B}|$，则 $\boldsymbol{A}=\boldsymbol{B}$

(E) $|\boldsymbol{ABC}|\neq|\boldsymbol{CAB}|$

9 设 $\boldsymbol{A}=\begin{pmatrix}0&11&4\\0&3&1\\2&0&0\end{pmatrix}$，则 $\boldsymbol{A}^*=$（　　）.

(A) $\begin{pmatrix}0&0&-1\\2&-8&0\\6&22&0\end{pmatrix}$　　(B) $\begin{pmatrix}0&0&-1\\2&-8&0\\-6&22&0\end{pmatrix}$　　(C) $\begin{pmatrix}1&0&0\\2&-8&0\\-6&22&0\end{pmatrix}$

(D) $\begin{pmatrix}-1&0&0\\2&-8&0\\-6&22&0\end{pmatrix}$　　(E) $\begin{pmatrix}0&0&-1\\1&-8&0\\-6&22&0\end{pmatrix}$

10 设 $\boldsymbol{A}$ 为 n 阶矩阵，且 $\boldsymbol{A}^3=\boldsymbol{O}$，则下列矩阵 $\boldsymbol{A}-\boldsymbol{E},\boldsymbol{A}+\boldsymbol{E},\boldsymbol{A}-2\boldsymbol{E},\boldsymbol{A}+2\boldsymbol{E},\boldsymbol{A}-3\boldsymbol{E}$ 中可逆矩阵的个数是（　　）.

(A)1　　(B)2　　(C)3　　(D)4　　(E)5

11 设 $\boldsymbol{A}=\begin{pmatrix}1&-2&1\\2&-4&2\\3&-6&3\end{pmatrix}$，则下列结论不正确的是（　　）.

(A) $\boldsymbol{E}+\boldsymbol{A}^2$ 是可逆矩阵　　(B) $\boldsymbol{E}-\boldsymbol{A}^2$ 是可逆矩阵　　(C) $r(\boldsymbol{A}^3)=1$

(D) $r(\boldsymbol{A}^3)=0$　　(E) $\boldsymbol{A}^*$ 是零矩阵

12 设 $\boldsymbol{A},\boldsymbol{B}$ 为 n 阶相互等价矩阵，则（　　）.

(A) $r(\boldsymbol{A}+\boldsymbol{B})=2r(\boldsymbol{A})$　　(B) $r(\boldsymbol{A}-\boldsymbol{B})=0$　　(C) $r(\boldsymbol{A})-r(\boldsymbol{B})=0$

(D) $r(\boldsymbol{A}^2)=r(\boldsymbol{A})$　　(E) 由 $\boldsymbol{AB}=\boldsymbol{O}$ 有 $r(\boldsymbol{A})=r(\boldsymbol{B})=n/2$

13 矩阵 $\boldsymbol{A}=\begin{pmatrix}2&1&7&2&5\\-1&3&0&-2&1\\1&0&3&1&2\\4&2&14&0&10\end{pmatrix}$ 经过初等变换可化为标准形（　　）.

(A) $\begin{pmatrix}1&0&0\\0&1&0\\0&0&1\end{pmatrix}$　　(B) $\begin{pmatrix}1&0&0&0&0\\0&1&1&0&0\\0&0&0&1&0\end{pmatrix}$　　(C) $\begin{pmatrix}0&0&1&0&0\\0&1&0&0&0\\1&0&0&0&0\\0&0&0&0&0\end{pmatrix}$

(D) $\begin{pmatrix}1&0&0&0&0\\0&1&0&0&0\\0&0&1&0&0\\0&0&0&0&0\end{pmatrix}$　　(E) $\begin{pmatrix}1&0&0&0&0\\0&1&0&0&0\\0&0&0&0&0\\0&0&0&0&0\end{pmatrix}$

14 设 $\boldsymbol{A}$ 为三阶可逆矩阵，将 $\boldsymbol{A}$ 的第 1 行的 -1 倍加到第 3 行得到矩阵 $\boldsymbol{B}$，则(　　).

(A) 将 $\boldsymbol{A}^{-1}$ 的第 3 行的 -1 倍加到第 1 行得到矩阵 $\boldsymbol{B}^{-1}$

(B) 将 $\boldsymbol{A}^{-1}$ 的第 1 行的 1 倍加到第 3 行得到矩阵 $\boldsymbol{B}^{-1}$

(C) 将 $\boldsymbol{A}^{-1}$ 的第 1 列的 -1 倍加到第 3 列得到矩阵 $\boldsymbol{B}^{-1}$

(D) 将 $\boldsymbol{A}^{-1}$ 的第 1 列的 1 倍加到第 3 列得到矩阵 $\boldsymbol{B}^{-1}$

(E) 将 $\boldsymbol{A}^{-1}$ 的第 3 列的 1 倍加到第 1 列得到矩阵 $\boldsymbol{B}^{-1}$

15 设 $\boldsymbol{A}$ 为三阶矩阵，矩阵 $\boldsymbol{B}=\begin{pmatrix}1&2&0\\3&5&0\\0&0&1\end{pmatrix}$，且满足 $(\boldsymbol{A}-\boldsymbol{E})^{-1}=\boldsymbol{B}^*-\boldsymbol{E}$，则 $\boldsymbol{A}^{-1}=$(　　).

(A) $\begin{pmatrix}3&2&0\\3&7&0\\0&0&2\end{pmatrix}$　　(B) $\begin{pmatrix}-5&2&0\\3&-1&0\\0&0&1\end{pmatrix}$　　(C) $\begin{pmatrix}5&-2&0\\-3&1&0\\0&0&-1\end{pmatrix}$

(D) $\begin{pmatrix}2&2&0\\3&6&0\\0&0&2\end{pmatrix}$　　(E) $\begin{pmatrix}2&2&0\\3&6&0\\0&0&1\end{pmatrix}$

五、综合练习题参考答案

1 【参考答案】E

【解题思路】矩阵的线性运算与数的线性运算相似，矩阵的线性方程也与一般的代数方程的求解类似.

【答案解析】整理方程得 $2\boldsymbol{X}=3\boldsymbol{B}-2\boldsymbol{A}$，于是

$$\boldsymbol{X}=\frac{1}{2}(3\boldsymbol{B}-2\boldsymbol{A})=\frac{1}{2}\left[3\begin{pmatrix}1&2\\-1&1\end{pmatrix}-2\begin{pmatrix}1&1\\0&1\end{pmatrix}\right]=\frac{1}{2}\begin{pmatrix}1&4\\-3&1\end{pmatrix}.$$

2 【参考答案】C

【解题思路】矩阵的乘法中，左侧矩阵的列标必须等于右侧矩阵的行标.

【答案解析】题中 $\boldsymbol{AB}$ 和 $\boldsymbol{C}$ 都为 $m\times n$ 矩阵，两者不能相乘；$\boldsymbol{A}^{\mathrm{T}}\boldsymbol{C}$ 与 $\boldsymbol{B}$ 都为 $l\times n$ 矩阵，两者不能相乘；矩阵 $\boldsymbol{A},\boldsymbol{B},\boldsymbol{C}^{\mathrm{T}}$ 中，相邻矩阵的列标与行标相同，可以进行乘法运算；$(\boldsymbol{AB})^{\mathrm{T}}$ 的列标与 $\boldsymbol{C}^{\mathrm{T}}$ 的行标不相同，两者不能相乘；$\boldsymbol{C}$ 与 $\boldsymbol{B}$ 不能相乘. 综上，本题应选择 C.

3 【参考答案】B

【解题思路】乘法无交换律，$\boldsymbol{A}^2+3\boldsymbol{AB}-4\boldsymbol{B}^2\neq(\boldsymbol{A}-\boldsymbol{B})(\boldsymbol{A}+4\boldsymbol{B})$. 本题不能用先因式分解再

代值的方法计算.

【答案解析】由矩阵的乘法,有

$$\begin{aligned}\boldsymbol{A}^2+3\boldsymbol{AB}-4\boldsymbol{B}^2&=\begin{pmatrix}1&2\\-1&1\end{pmatrix}^2+3\begin{pmatrix}1&2\\-1&1\end{pmatrix}\begin{pmatrix}1&1\\0&1\end{pmatrix}-4\begin{pmatrix}1&1\\0&1\end{pmatrix}^2\\&=\begin{pmatrix}-1&4\\-2&-1\end{pmatrix}+3\begin{pmatrix}1&3\\-1&0\end{pmatrix}-4\begin{pmatrix}1&2\\0&1\end{pmatrix}=\begin{pmatrix}-2&5\\-5&-5\end{pmatrix},\end{aligned}$$

故选择 B.

4 【参考答案】C

【解题思路】本题考查的是矩阵乘法的一个特性:两个非零矩阵相乘可能为零.

【答案解析】两个非零矩阵相乘可能为零,因此,选项 A,B,D 不正确;类似地,$\boldsymbol{AB}=\boldsymbol{AC}$,即 $\boldsymbol{A}(\boldsymbol{B}-\boldsymbol{C})=\boldsymbol{O},\boldsymbol{B}-\boldsymbol{C}\neq\boldsymbol{O}$,也推不出 $\boldsymbol{A}=\boldsymbol{O}$,E 不正确. $\boldsymbol{AA}^{\mathrm{T}}=\boldsymbol{O}$ 的充要条件是 $\boldsymbol{A}=\boldsymbol{O}$,故 C 正确.

5 【参考答案】E

【解题思路】利用矩阵乘法的结合律,对 $\boldsymbol{D}^n$ 重新组合,并利用 $\boldsymbol{A},\boldsymbol{B}$ 互逆简化计算.

【答案解析】由 $\boldsymbol{AB}=\boldsymbol{E}$,知 $\boldsymbol{A},\boldsymbol{B}$ 互逆,有 $\boldsymbol{BA}=\boldsymbol{E}$,又由矩阵乘法的结合律知

$$\boldsymbol{D}^n=\boldsymbol{AC}(\boldsymbol{BA})\boldsymbol{C}(\boldsymbol{BA})\cdots(\boldsymbol{BA})\boldsymbol{CB}=\boldsymbol{AC}^n\boldsymbol{B},$$

其中,当 n 为奇数时,$\boldsymbol{C}^n=\boldsymbol{C}$;当 n 为偶数时,$\boldsymbol{C}^n=\boldsymbol{E}$.

因此,当 n 为奇数时,$\boldsymbol{D}^n=\boldsymbol{ACB}=\boldsymbol{D}$;当 n 为偶数时,$\boldsymbol{D}^n=\boldsymbol{AEB}=\boldsymbol{E}$. 故本题应选择 E.

6 【参考答案】D

【解题思路】注意到,$\boldsymbol{CAB},\boldsymbol{B}^{\mathrm{T}}\boldsymbol{AC}^{\mathrm{T}},\boldsymbol{CB}$ 都是 1×1 矩阵,即为常数.

【答案解析】由于 $\boldsymbol{CAB},\boldsymbol{B}^{\mathrm{T}}\boldsymbol{AC}^{\mathrm{T}},\boldsymbol{CB}$ 是常数,因此

$$(\boldsymbol{CAB})^{\mathrm{T}}=\boldsymbol{CAB},(\boldsymbol{B}^{\mathrm{T}}\boldsymbol{AC}^{\mathrm{T}})^{\mathrm{T}}=\boldsymbol{B}^{\mathrm{T}}\boldsymbol{AC}^{\mathrm{T}},$$

$$(\boldsymbol{CBA}^{\mathrm{T}}\boldsymbol{A})^{\mathrm{T}}=(\boldsymbol{CB})\boldsymbol{A}^{\mathrm{T}}(\boldsymbol{A}^{\mathrm{T}})^{\mathrm{T}}=\boldsymbol{CBA}^{\mathrm{T}}\boldsymbol{A},$$

$$(\boldsymbol{A}-\boldsymbol{A}^{\mathrm{T}})^{\mathrm{T}}=-(\boldsymbol{A}-\boldsymbol{A}^{\mathrm{T}}),(\boldsymbol{A}+\boldsymbol{A}^{\mathrm{T}})^{\mathrm{T}}=\boldsymbol{A}^{\mathrm{T}}+\boldsymbol{A}.$$

故本题应选择 D.

7 【参考答案】D

【解题思路】正交矩阵是线性代数中一种重要矩阵,分析此类问题主要依据定义式 $\boldsymbol{A}^{\mathrm{T}}\boldsymbol{A}=\boldsymbol{E}$.

【答案解析】由 $\boldsymbol{A}^{\mathrm{T}}\boldsymbol{A}=\boldsymbol{E}$,有 $|\boldsymbol{A}^{\mathrm{T}}\boldsymbol{A}|=|\boldsymbol{A}|^2=1$,知 $|\boldsymbol{A}|=\pm1$,且 $\boldsymbol{A}$ 可逆,同时有 $\boldsymbol{A}^{\mathrm{T}}=\boldsymbol{A}^{-1}=\pm\boldsymbol{A}^*$,即有 $a_{ij}=\pm A_{ij}$.

又由 $\boldsymbol{B}=\boldsymbol{A}^{\mathrm{T}}\boldsymbol{CA}$,有

$$|\boldsymbol{B}|=|\boldsymbol{A}^{\mathrm{T}}||\boldsymbol{C}||\boldsymbol{A}|=|\boldsymbol{A}^{\mathrm{T}}\boldsymbol{A}||\boldsymbol{C}|=|\boldsymbol{C}|,$$

且

$$\boldsymbol{B}^m=\boldsymbol{A}^{\mathrm{T}}\boldsymbol{C}(\boldsymbol{AA}^{\mathrm{T}})\boldsymbol{CA}\cdots(\boldsymbol{AA}^{\mathrm{T}})\boldsymbol{CA}=\boldsymbol{A}^{\mathrm{T}}\boldsymbol{C}^m\boldsymbol{A}.$$

综上所述,本题应选择 D.

8 【参考答案】C

【解题思路】本题考查矩阵运算与行列式运算之间的转换,注意矩阵乘法无交换律,行列式相乘可交换,还要注意非零矩阵与行列式非零的矩阵的区别.

【答案解析】非零矩阵的行列式不一定非零;由 $\boldsymbol{AB}=\boldsymbol{AC}$,仅当 $\boldsymbol{A}$ 可逆时有 $|\boldsymbol{B}|=|\boldsymbol{C}|$;若 $|\boldsymbol{A}|\neq 0$,则必有 $\boldsymbol{A}^k\neq\boldsymbol{O}$,否则,由 $\boldsymbol{A}^k=\boldsymbol{O}$ 可推出 $|\boldsymbol{A}|=0$,矛盾;$|\boldsymbol{A}|=|\boldsymbol{B}|$ 推不出 $\boldsymbol{A}=\boldsymbol{B}$;$|\boldsymbol{ABC}|$ 为 3 个数 $|\boldsymbol{A}|$,$|\boldsymbol{B}|$,$|\boldsymbol{C}|$ 的乘积,可交换位置. 综上所述,本题应选择 C.

9 【参考答案】B

【解题思路】本题利用 $\boldsymbol{A}^*=|\boldsymbol{A}|\boldsymbol{A}^{-1}$ 计算更简便,其中 $\boldsymbol{A}^{-1}$ 可以用分块矩阵的性质计算.

【答案解析】记 $\boldsymbol{A}=\begin{pmatrix}\boldsymbol{0} & \boldsymbol{B}\\ 2 & \boldsymbol{0}\end{pmatrix}$,其中 $\boldsymbol{B}=\begin{pmatrix}11 & 4\\ 3 & 1\end{pmatrix}$,并有 $\boldsymbol{A}^{-1}=\begin{pmatrix}\boldsymbol{0} & 2^{-1}\\ \boldsymbol{B}^{-1} & \boldsymbol{0}\end{pmatrix}$,$\boldsymbol{B}^{-1}=-\begin{pmatrix}1 & -4\\ -3 & 11\end{pmatrix}$,

于是

$$\boldsymbol{A}^*=|\boldsymbol{A}|\boldsymbol{A}^{-1}=2|\boldsymbol{B}|\begin{pmatrix}\boldsymbol{0} & 2^{-1}\\ \boldsymbol{B}^{-1} & \boldsymbol{0}\end{pmatrix}=-2\begin{pmatrix}0 & 0 & 2^{-1}\\ -1 & 4 & 0\\ 3 & -11 & 0\end{pmatrix}=\begin{pmatrix}0 & 0 & -1\\ 2 & -8 & 0\\ -6 & 22 & 0\end{pmatrix},$$

故本题应选择 B.

10 【参考答案】E

【解题思路】构造含有 $\boldsymbol{A}-k\boldsymbol{E}$ 的因子,使得 $|\boldsymbol{A}-k\boldsymbol{E}|\neq 0$,即可证出 $\boldsymbol{A}-k\boldsymbol{E}$ 可逆.

【答案解析】由 $\boldsymbol{A}^3=\boldsymbol{O}$,有 $\boldsymbol{A}^3+k^3\boldsymbol{E}=k^3\boldsymbol{E}(k\neq 0)$,即有

$$\boldsymbol{A}^3+k^3\boldsymbol{E}=(\boldsymbol{A}+k\boldsymbol{E})(\boldsymbol{A}^2-k\boldsymbol{A}+k^2\boldsymbol{E})=k^3\boldsymbol{E},$$

从而有 $|\boldsymbol{A}^3+k^3\boldsymbol{E}|=|\boldsymbol{A}+k\boldsymbol{E}||\boldsymbol{A}^2-k\boldsymbol{A}+k^2\boldsymbol{E}|=k^{3n}\neq 0$,知 $|\boldsymbol{A}+k\boldsymbol{E}|\neq 0$,$\boldsymbol{A}+k\boldsymbol{E}$ 可逆.

因此,对应 $k=\pm 1,\pm 2,-3$,题中所有矩阵都可逆,故本题应选择 E.

11 【参考答案】C

【解题思路】本题关键在于 $\boldsymbol{A}$ 是由列向量 $\boldsymbol{\alpha}=(1,2,3)^{\mathrm{T}}$ 和行向量 $\boldsymbol{\beta}=(1,-2,1)$ 的乘积构造而成,且 $k=\boldsymbol{\beta\alpha}=0$,$\boldsymbol{A}^2=k\boldsymbol{A}=\boldsymbol{O}$,$\boldsymbol{A}^3=k^2\boldsymbol{A}=\boldsymbol{O}$,$r(\boldsymbol{A})=1$.

【答案解析】记 $\boldsymbol{\alpha}=(1,2,3)^{\mathrm{T}}$,$\boldsymbol{\beta}=(1,-2,1)$,则有 $\boldsymbol{A}=\boldsymbol{\alpha\beta}$,$k=\boldsymbol{\beta\alpha}=0$,即有 $\boldsymbol{A}^2=k\boldsymbol{A}=\boldsymbol{O}$,$\boldsymbol{A}^3=k^2\boldsymbol{A}=\boldsymbol{O}$,$r(\boldsymbol{A})=1$,因此,$\boldsymbol{E}\pm\boldsymbol{A}^2=\boldsymbol{E}$,为可逆矩阵,$r(\boldsymbol{A}^3)=0$,由于 $r(\boldsymbol{A})=1<2$,从而有 $r(\boldsymbol{A}^*)=0$,知 $\boldsymbol{A}^*$ 是零矩阵. 综上所述,只有 C 不正确,故本题应选择 C.

12 【参考答案】C

【解题思路】$\boldsymbol{A}$,$\boldsymbol{B}$ 相互等价,则 $r(\boldsymbol{A})=r(\boldsymbol{B})$.

【答案解析】由 $\boldsymbol{A}$,$\boldsymbol{B}$ 相互等价,知 $r(\boldsymbol{A})=r(\boldsymbol{B})$,即 $r(\boldsymbol{A})-r(\boldsymbol{B})=0$,因此 C 正确,故本题应选择 C. 另外,根据秩的性质,有

$$0\leqslant r(\boldsymbol{A}\pm\boldsymbol{B})\leqslant r(\boldsymbol{A})+r(\boldsymbol{B}),r(\boldsymbol{A}^2)\leqslant r(\boldsymbol{A}),$$

当 $\boldsymbol{AB}=\boldsymbol{O}$ 时,有 $r(\boldsymbol{A})+r(\boldsymbol{B})=2r(\boldsymbol{A})=2r(\boldsymbol{B})\leqslant n$,$r(\boldsymbol{A})=r(\boldsymbol{B})\leqslant n/2$,知 A,B,D,E 都不正确.

13 【参考答案】D

【解题思路】本题以矩阵的初等变换为主，首先要将左上角元素调整为 1. 在实际计算时不要求完全经过初等变换化成标准形，关键是找出矩阵的秩. 同时要注意矩阵标准形的形式，一是与原来的矩阵同行同列；二是 $\boldsymbol{E}_r$ 必须在左上角位置.

【答案解析】由

$$\boldsymbol{A}=\begin{pmatrix}2&1&7&2&5\\-1&3&0&-2&1\\1&0&3&1&2\\4&2&14&0&10\end{pmatrix}\xrightarrow{r_1\leftrightarrow r_3}\begin{pmatrix}1&0&3&1&2\\-1&3&0&-2&1\\2&1&7&2&5\\4&2&14&0&10\end{pmatrix}$$

$$\xrightarrow[r_4-4r_1]{\substack{r_2+r_1\\r_3-2r_1}}\begin{pmatrix}1&0&3&1&2\\0&3&3&-1&3\\0&1&1&0&1\\0&2&2&-4&2\end{pmatrix}\xrightarrow[r_4-2r_2]{\substack{r_2\leftrightarrow r_3\\r_3-3r_2}}\begin{pmatrix}1&0&3&1&2\\0&1&1&0&1\\0&0&0&-1&0\\0&0&0&-4&0\end{pmatrix},$$

容易看到，$\begin{vmatrix}1&0&1\\0&1&0\\0&0&-1\end{vmatrix}\neq 0$，所有 4 阶子式为零，故 $r(\boldsymbol{A})=3$. 于是，$\boldsymbol{A}$ 经过初等变换可化为标准形 $\begin{pmatrix}1&0&0&0&0\\0&1&0&0&0\\0&0&1&0&0\\0&0&0&0&0\end{pmatrix}$，故本题应选择 D.

14 【参考答案】E

【解题思路】将对矩阵 $\boldsymbol{A}$ 的初等行变换用同种变换的初等矩阵的运算表示出来，再求逆，表示为 $\boldsymbol{A}^{-1}$ 相关的运算，并做出解读.

【答案解析】依题设，$\boldsymbol{B}=\boldsymbol{E}(3,1(-1))\boldsymbol{A}$，从而有

$$\boldsymbol{B}^{-1}=\boldsymbol{A}^{-1}\boldsymbol{E}^{-1}(3,1(-1))=\boldsymbol{A}^{-1}\boldsymbol{E}(3,1(1)),$$

结果表示，将 $\boldsymbol{A}^{-1}$ 的第 3 列的 1 倍加到第 1 列得到矩阵 $\boldsymbol{B}^{-1}$，故本题应选择 E.

15 【参考答案】D

【解题思路】在整理化简的基础上求出 $\boldsymbol{A}^{-1}$ 的解析式，再代值计算.

【答案解析】等式两边左乘 $\boldsymbol{A}-\boldsymbol{E}$，得 $(\boldsymbol{A}-\boldsymbol{E})(\boldsymbol{B}^*-\boldsymbol{E})=\boldsymbol{E}$，即 $\boldsymbol{AB}^*-\boldsymbol{B}^*-\boldsymbol{A}+\boldsymbol{E}=\boldsymbol{E}$，从而得 $\boldsymbol{A}(\boldsymbol{B}^*-\boldsymbol{E})=\boldsymbol{B}^*$，$\boldsymbol{A}^{-1}=[(\boldsymbol{B}^*-\boldsymbol{E})^{-1}]^{-1}(\boldsymbol{B}^*)^{-1}=(\boldsymbol{B}^*-\boldsymbol{E})(\boldsymbol{B}^*)^{-1}=\boldsymbol{E}-\dfrac{1}{|\boldsymbol{B}|}\boldsymbol{B}$，因此得

$\boldsymbol{A}^{-1}=\boldsymbol{E}+\boldsymbol{B}=\begin{pmatrix}2&2&0\\3&6&0\\0&0&2\end{pmatrix}$，故选择 D.

第六章 向量与线性方程组

第一节 向量与线性相关性

一、知识结构

- 向量与线性相关性
  - 向量的概念及其运算
    - 向量的概念 → n 元有序数组 → 行向量（行矩阵）；列向量（列矩阵）
    - 向量的运算（同矩阵） → 线性运算、乘法、转置
  - $\boldsymbol{\alpha}_1,\cdots,\boldsymbol{\alpha}_s$ 线性相关的充要条件 →
    - 存在不全为零的数 $k_1,\cdots,k_s$，有 $k_1\boldsymbol{\alpha}_1+\cdots+k_s\boldsymbol{\alpha}_s=\mathbf{0}$
    - 方程组 $(\boldsymbol{\alpha}_1,\cdots,\boldsymbol{\alpha}_s)\boldsymbol{x}=\mathbf{0}$ 有非零解
    - $r(\boldsymbol{\alpha}_1,\cdots,\boldsymbol{\alpha}_s)<s$
    - $\boldsymbol{\alpha}_1,\cdots,\boldsymbol{\alpha}_s$ 中至少有一个向量可以被其余向量线性表示
    - 当 $s=n$ 时，$|\boldsymbol{\alpha}_1,\cdots,\boldsymbol{\alpha}_n|=0$
  - $\boldsymbol{\alpha}_1,\cdots,\boldsymbol{\alpha}_s$ 线性无关的充要条件 →
    - 当且仅当 $k_1,\cdots,k_s$ 全为零时，有 $k_1\boldsymbol{\alpha}_1+\cdots+k_s\boldsymbol{\alpha}_s=\mathbf{0}$
    - 方程组 $(\boldsymbol{\alpha}_1,\cdots,\boldsymbol{\alpha}_s)\boldsymbol{x}=\mathbf{0}$ 仅有零解
    - $r(\boldsymbol{\alpha}_1,\cdots,\boldsymbol{\alpha}_s)=s$
    - $\boldsymbol{\alpha}_1,\cdots,\boldsymbol{\alpha}_s$ 中任意一个向量均不能被其余向量线性表示
    - 当 $s=n$ 时，$|\boldsymbol{\alpha}_1,\cdots,\boldsymbol{\alpha}_n|\neq 0$
  - 线性表示 →
    - $\boldsymbol{\beta}$ 能被 $\boldsymbol{\alpha}_1,\cdots,\boldsymbol{\alpha}_s$ 线性表示
    - $\Leftrightarrow$ 存在数 $k_1,\cdots,k_s$，使得 $\boldsymbol{\beta}=k_1\boldsymbol{\alpha}_1+\cdots+k_s\boldsymbol{\alpha}_s$
    - $\Leftrightarrow$ 方程组 $(\boldsymbol{\alpha}_1,\cdots,\boldsymbol{\alpha}_s)\boldsymbol{x}=\boldsymbol{\beta}$ 有解
    - $\Leftrightarrow r(\boldsymbol{\alpha}_1,\cdots,\boldsymbol{\alpha}_s)=r(\boldsymbol{\alpha}_1,\cdots,\boldsymbol{\alpha}_s,\boldsymbol{\beta})$
  - 极大无关组与秩
    - 极大无关组 →
      - $\boldsymbol{\alpha}_1,\cdots,\boldsymbol{\alpha}_r$ 是 $\boldsymbol{\alpha}_1,\cdots,\boldsymbol{\alpha}_s$ 的极大无关组
      - $\Leftrightarrow \boldsymbol{\alpha}_1,\cdots,\boldsymbol{\alpha}_r$ 线性无关，且再添加任一向量，向量组线性相关
      - $\Leftrightarrow \boldsymbol{\alpha}_1,\cdots,\boldsymbol{\alpha}_r$ 线性无关，且能表示其余向量
    - 向量组的秩 $r(\boldsymbol{\alpha}_1,\cdots,\boldsymbol{\alpha}_s)$ →
      - r 为 $\boldsymbol{\alpha}_1,\cdots,\boldsymbol{\alpha}_s$ 的极大无关组的向量个数
      - 矩阵 $(\boldsymbol{\alpha}_1,\cdots,\boldsymbol{\alpha}_s)$ 的秩等于其行秩和列秩
      - $\boldsymbol{\alpha}_1,\cdots,\boldsymbol{\alpha}_s$ 可由 $\boldsymbol{\beta}_1,\cdots,\boldsymbol{\beta}_t$ 表示，则 $r(\boldsymbol{\alpha}_1,\cdots,\boldsymbol{\alpha}_s)\leqslant r(\boldsymbol{\beta}_1,\cdots,\boldsymbol{\beta}_t)$
      - 若 $(\boldsymbol{\beta}_1,\cdots,\boldsymbol{\beta}_s)=(\boldsymbol{\alpha}_1,\cdots,\boldsymbol{\alpha}_s)\mathbf{A}$，$\boldsymbol{\alpha}_1,\cdots,\boldsymbol{\alpha}_s$ 线性无关，则 $r(\boldsymbol{\beta}_1,\cdots,\boldsymbol{\beta}_s)=r(\mathbf{A})$

二、考点精讲

（一）向量的概念及其运算

1. 向量的概念

由 n 个数 $a_1,a_2,\cdots,a_n$ 组成的一个 n 元有序数组排成的 $n\times 1$ 矩阵

$$\begin{pmatrix} a_1 \\ a_2 \\ \vdots \\ a_n \end{pmatrix}$$

称为 n 维列向量，或简称 n 维向量，其中第 i 个数 a_i 称为向量的第 i 个分量. 向量一般用小写黑体希腊字母 $\boldsymbol{\alpha},\boldsymbol{\beta},\boldsymbol{\gamma},\cdots$ 表示，而用带有下标的小写英文字母 $a_i,b_j,c_k,\cdots$ 表示向量的分量. 为了书写方便，向量常写作行的形式，用 $1\times n$ 矩阵的转置 $(a_1,a_2,\cdots,a_n)^{\mathrm{T}}$ 表示 n 维列向量. 同样地，一个 $1\times n$ 矩阵 $(a_1,a_2,\cdots,a_n)$ 称为 n 维行向量. 如无特殊说明，向量一般指列向量.

分量为实数的向量称为实向量，如不特别声明，我们通常讨论的都是实向量.

如果 n 维向量 $\boldsymbol{\alpha}=(a_1,a_2,\cdots,a_n)^{\mathrm{T}}$ 与 $\boldsymbol{\beta}=(b_1,b_2,\cdots,b_n)^{\mathrm{T}}$ 的对应分量均相等，即

$$a_i=b_i(i=1,2,\cdots,n),$$

则称向量 $\boldsymbol{\alpha}$ 与 $\boldsymbol{\beta}$ 相等，记作 $\boldsymbol{\alpha}=\boldsymbol{\beta}$.

所有分量均为零的向量称为零向量，记作 $\mathbf{0}=(0,0,\cdots,0)^{\mathrm{T}}$.

由全体 n 维实向量构成的集合，称为 n 维向量空间，可用 $\mathbf{R}^n$ 表示. 顾名思义，向量是有大小和方向的量. 例如，在直角坐标系下，2 维向量 $(a_1,a_2)^{\mathrm{T}}$ 表示由坐标原点 $O(0,0)$ 指向平面空间的点 $P(a_1,a_2)$ 的有向线段 $\overrightarrow{OP}$，因此，当 $n\leqslant 3$ 时，向量都有其几何属性. 当 $n>3$ 时，向量虽然已没有直观的几何背景，但与 2 维、3 维向量有许多相似的性质，因此，仍沿用向量的名称.

向量有许多应用，如对一个 $m\times n$ 矩阵 $\boldsymbol{A}=(a_{ij})$，记

$$\boldsymbol{\alpha}_i=(a_{i1},a_{i2},\cdots,a_{in})(i=1,2,\cdots,m),$$

则称 $\boldsymbol{\alpha}_i$ 为矩阵 $\boldsymbol{A}$ 的行向量，有时，用 $\boldsymbol{A}$ 表示其行向量组 $\boldsymbol{\alpha}_1,\boldsymbol{\alpha}_2,\cdots,\boldsymbol{\alpha}_m$. 类似地，记

$$\boldsymbol{\beta}_j=(a_{1j},a_{2j},\cdots,a_{mj})^{\mathrm{T}}(j=1,2,\cdots,n),$$

则称 $\boldsymbol{\beta}_j$ 为矩阵 $\boldsymbol{A}$ 的列向量，也可以用矩阵 $\boldsymbol{A}$ 表示其列向量组 $\boldsymbol{\beta}_1,\boldsymbol{\beta}_2,\cdots,\boldsymbol{\beta}_n$.

2. 向量的线性运算

向量可以看作特殊结构的矩阵，因此，矩阵的加法、数乘、转置和乘法运算均可转移到向量的运算中，其中最主要的是加法和数乘运算.

设向量 $\boldsymbol{\alpha}=(a_1,a_2,\cdots,a_n)^{\mathrm{T}},\boldsymbol{\beta}=(b_1,b_2,\cdots,b_n)^{\mathrm{T}}$ 为两个 n 维列向量，k 为任意常数，则向量 $(a_1+b_1,a_2+b_2,\cdots,a_n+b_n)^{\mathrm{T}}$ 称为向量 $\boldsymbol{\alpha}$ 与 $\boldsymbol{\beta}$ 的和，记为 $\boldsymbol{\alpha}+\boldsymbol{\beta}$. 向量 $(ka_1,ka_2,\cdots,ka_n)^{\mathrm{T}}$ 称为数 k 与向量 $\boldsymbol{\alpha}$ 的乘积，记为 $k\boldsymbol{\alpha}$.

由向量的加法和数乘构成的运算统称为向量的线性运算，其计算式称为向量的线性表达式. 例

如，对于非齐次线性方程组

$$\begin{cases} a_{11}x_1 + a_{12}x_2 + \cdots + a_{1s}x_s = b_1, \\ a_{21}x_1 + a_{22}x_2 + \cdots + a_{2s}x_s = b_2, \\ \cdots\cdots \\ a_{n1}x_1 + a_{n2}x_2 + \cdots + a_{ns}x_s = b_n. \end{cases} \quad ①$$

记系数矩阵 $\boldsymbol{A}$ 的列向量组分别为 $\boldsymbol{\alpha}_1, \boldsymbol{\alpha}_2, \cdots, \boldsymbol{\alpha}_s$，常数项列向量为 $\boldsymbol{b} = (b_1, b_2, \cdots, b_n)^{\mathrm{T}}$，则方程组 ① 可表示为由向量组 $\boldsymbol{\alpha}_1, \boldsymbol{\alpha}_2, \cdots, \boldsymbol{\alpha}_n, \boldsymbol{b}$ 组成的线性表达式

$$x_1\boldsymbol{\alpha}_1 + x_2\boldsymbol{\alpha}_2 + \cdots + x_s\boldsymbol{\alpha}_s = \boldsymbol{b},$$

称之为非齐次线性方程组 ① 的向量方程形式.

（二）向量组的线性关系

向量组的线性关系是描述向量间由线性运算连接起来的一种关系，主要有三个基本概念.

1. 线性组合

设向量组 $\boldsymbol{\alpha}_1, \boldsymbol{\alpha}_2, \cdots, \boldsymbol{\alpha}_s$ 和一组数 $k_1, k_2, \cdots, k_s$，则表达式

$$k_1\boldsymbol{\alpha}_1 + k_2\boldsymbol{\alpha}_2 + \cdots + k_s\boldsymbol{\alpha}_s$$

称为向量组 $\boldsymbol{\alpha}_1, \boldsymbol{\alpha}_2, \cdots, \boldsymbol{\alpha}_s$ 的一个线性组合，其中 $k_1, k_2, \cdots, k_s$ 称为组合系数. 如果向量 $\boldsymbol{\beta}$ 能够表示为 $\boldsymbol{\alpha}_1, \boldsymbol{\alpha}_2, \cdots, \boldsymbol{\alpha}_s$ 的线性组合，即存在一组数 $k_1, k_2, \cdots, k_s$，使得

$$\boldsymbol{\beta} = k_1\boldsymbol{\alpha}_1 + k_2\boldsymbol{\alpha}_2 + \cdots + k_s\boldsymbol{\alpha}_s, \quad ②$$

则称向量 $\boldsymbol{\beta}$ 可以由向量组 $\boldsymbol{\alpha}_1, \boldsymbol{\alpha}_2, \cdots, \boldsymbol{\alpha}_s$ 线性表示.

对照非齐次线性方程组 ① 的向量方程形式，可以看出，$\boldsymbol{\beta}$ 可以由 $\boldsymbol{\alpha}_1, \boldsymbol{\alpha}_2, \cdots, \boldsymbol{\alpha}_s$ 线性表示等价于对应的非齐次线性方程组 ① 有解（其中向量 $\boldsymbol{b}$ 可用向量 $\boldsymbol{\beta}$ 替换）.

向量组的线性组合有以下两个结论.

(1) 零向量可以被任意一个向量组线性表示. 只要将组合系数都取为零即有等式 ②.

(2) 向量组中任意一个向量均可以被其所在向量组线性表示. 这是因为，对于向量组 $\boldsymbol{\alpha}_1, \boldsymbol{\alpha}_2, \cdots, \boldsymbol{\alpha}_s$ 中任意一个向量 $\boldsymbol{\alpha}_k (1 \leqslant k \leqslant s)$，则总有等式

$$\boldsymbol{\alpha}_k = 0\boldsymbol{\alpha}_1 + 0\boldsymbol{\alpha}_2 + \cdots + 1\boldsymbol{\alpha}_k + \cdots + 0\boldsymbol{\alpha}_s,$$

即存在 s 个数 $k_1, k_2, \cdots, k_s$（其中除去第 k 个数为 1，其余为零），使得等式

$$\boldsymbol{\alpha}_k = k_1\boldsymbol{\alpha}_1 + k_2\boldsymbol{\alpha}_2 + \cdots + k_s\boldsymbol{\alpha}_s$$

成立.

例 1 向量组 $\boldsymbol{e}_1 = (1,0,\cdots,0)^{\mathrm{T}}, \boldsymbol{e}_2 = (0,1,\cdots,0)^{\mathrm{T}}, \cdots, \boldsymbol{e}_n = (0,0,\cdots,1)^{\mathrm{T}}$ 称为 $\mathbf{R}^n$ 中的基本单位向量组，证明任意一个 n 维向量均可被该基本单位向量组线性表示，且表达式唯一.

【解题思路】 讨论一个向量能否被一个向量组线性表示，关键是看能不能找到一组组合系数，使得等式 ② 成立. 本题的组合系数不易直观看出，一个基本方法是将等式 ② 转换为非齐次线性方程组，通过求解方程组确定.

【答案解析】 设 $\boldsymbol{b} = (b_1, b_2, \cdots, b_n)^{\mathrm{T}}$ 为任意一个 n 维向量，设向量方程

$$k_1\boldsymbol{e}_1 + k_2\boldsymbol{e}_2 + \cdots + k_n\boldsymbol{e}_n = \boldsymbol{b},$$

即线性方程组

$$\begin{cases} k_1 = b_1, \\ k_2 = b_2, \\ \cdots\cdots \\ k_n = b_n, \end{cases}$$

其系数行列式为$|\boldsymbol{E}| = 1 \neq 0$,知该方程组有解且有唯一解,所以向量$\boldsymbol{b}$可以由基本单位向量组$\boldsymbol{e}_1$,$\boldsymbol{e}_2,\cdots,\boldsymbol{e}_n$线性表示,且表达式唯一.

2. 线性相关与线性无关

设向量组$\boldsymbol{\alpha}_1,\boldsymbol{\alpha}_2,\cdots,\boldsymbol{\alpha}_s$,如果存在一组不全为零的数$k_1,k_2,\cdots,k_s$,使得

$$k_1\boldsymbol{\alpha}_1 + k_2\boldsymbol{\alpha}_2 + \cdots + k_s\boldsymbol{\alpha}_s = \boldsymbol{0}, \tag{③}$$

则称$\boldsymbol{\alpha}_1,\boldsymbol{\alpha}_2,\cdots,\boldsymbol{\alpha}_s$线性相关,并称等式③为向量组$\boldsymbol{\alpha}_1,\boldsymbol{\alpha}_2,\cdots,\boldsymbol{\alpha}_s$的一个线性相关关系.否则称$\boldsymbol{\alpha}_1$,$\boldsymbol{\alpha}_2,\cdots,\boldsymbol{\alpha}_s$线性无关,即若等式③当且仅当$k_1 = k_2 = \cdots = k_s = 0$时成立,则称$\boldsymbol{\alpha}_1,\boldsymbol{\alpha}_2,\cdots,\boldsymbol{\alpha}_s$线性无关.

由向量组$\boldsymbol{\alpha}_1,\boldsymbol{\alpha}_2,\cdots,\boldsymbol{\alpha}_s$线性相关性的定义式③知,向量组$\boldsymbol{\alpha}_1,\boldsymbol{\alpha}_2,\cdots,\boldsymbol{\alpha}_s$线性相关等价于对应的齐次线性方程组$\boldsymbol{Ax} = \boldsymbol{0}$有非零解,向量组$\boldsymbol{\alpha}_1,\boldsymbol{\alpha}_2,\cdots,\boldsymbol{\alpha}_s$线性无关等价于对应的齐次线性方程组$\boldsymbol{Ax} = \boldsymbol{0}$仅有零解.

向量组的线性相关性有许多非常有用的结论,列举如下.

(1) 包含零向量的向量组必线性相关.

(2) 单个向量$\boldsymbol{\alpha}$线性无关的充分必要条件是$\boldsymbol{\alpha} \neq \boldsymbol{0}$.

(3) 在$\mathbf{R}^n$中,基本单位向量组$\boldsymbol{e}_1,\boldsymbol{e}_2,\cdots,\boldsymbol{e}_n$线性无关.

(4) 两个非零向量$\boldsymbol{\alpha},\boldsymbol{\beta}$线性相关的充分必要条件是两向量的各分量对应成比例.

(5)$\mathbf{R}^n$中任意$n+1$个向量必线性相关.

设向量组$\boldsymbol{\alpha}_1,\boldsymbol{\alpha}_2,\cdots,\boldsymbol{\alpha}_{n+1}$,其中$\boldsymbol{\alpha}_j = (a_{1j},a_{2j},\cdots,a_{nj})^{\mathrm{T}}(j = 1,2,\cdots,n+1)$,又设一组数$k_1$,$k_2,\cdots,k_{n+1}$,使得

$$k_1\boldsymbol{\alpha}_1 + k_2\boldsymbol{\alpha}_2 + \cdots + k_{n+1}\boldsymbol{\alpha}_{n+1} = \boldsymbol{0},$$

即有方程组

$$\begin{cases} a_{11}k_1 + a_{12}k_2 + \cdots + a_{1,n+1}k_{n+1} = 0, \\ a_{21}k_1 + a_{22}k_2 + \cdots + a_{2,n+1}k_{n+1} = 0, \\ \cdots\cdots \\ a_{n1}k_1 + a_{n2}k_2 + \cdots + a_{n,n+1}k_{n+1} = 0. \end{cases}$$

由于当方程的个数小于未知量的个数时,方程组必有非零解,故$\boldsymbol{\alpha}_1,\boldsymbol{\alpha}_2,\cdots,\boldsymbol{\alpha}_{n+1}$必线性相关.

例2 设向量组

$$\boldsymbol{\alpha}_1 = (1,0,2,3)^{\mathrm{T}},\boldsymbol{\alpha}_2 = (2,-1,0,1)^{\mathrm{T}},\boldsymbol{\alpha}_3 = (-1,2,a,5)^{\mathrm{T}},\boldsymbol{\alpha}_4 = (3,-1,7,a+5)^{\mathrm{T}},$$

若向量组线性无关,则(　　).

(A)$a \neq 1$　　(B)$a \neq 4$　　(C)$a = 1$

(D)$a=4$　　　　　　　　　　(E) $a\neq 1$ 且 $a\neq 4$

【参考答案】E

【解题思路】判断 4 个 4 维向量的线性相关性可以由定义出发,更为简单的做法是直接判断由它们构造的 4 阶行列式是否为零.

【答案解析】设一组数 k_1,k_2,k_3,k_4,使得

$$k_1\boldsymbol{\alpha}_1+k_2\boldsymbol{\alpha}_2+k_3\boldsymbol{\alpha}_3+k_4\boldsymbol{\alpha}_4=\mathbf{0},$$

有方程组

$$\begin{cases}k_1+2k_2-k_3+3k_4=0,\\-k_2+2k_3-k_4=0,\\2k_1+ak_3+7k_4=0,\\3k_1+k_2+5k_3+(a+5)k_4=0.\end{cases}$$

由系数行列式

$$D=\begin{vmatrix}1&2&-1&3\\0&-1&2&-1\\2&0&a&7\\3&1&5&a+5\end{vmatrix}=-(a-1)(a-4),$$

知当 $a\neq 1$ 且 $a\neq 4$ 时,方程组仅有零解,即 $\boldsymbol{\alpha}_1,\boldsymbol{\alpha}_2,\boldsymbol{\alpha}_3,\boldsymbol{\alpha}_4$ 线性无关,故选择 E.

例 2 表明,向量组 $\boldsymbol{\alpha}_1,\boldsymbol{\alpha}_2,\cdots,\boldsymbol{\alpha}_s$ 线性相关与线性无关的概念关键是对其组合系数 $k_1,k_2,\cdots,k_s$ 的表述,即“不全为零”与“当且仅当全为零”,这也是判别线性相关性的唯一依据,最终要落实到定义式 ③ 转化的齐次线性方程组是否有非零解的讨论.大家务必要记住处理这类问题的基本出发点.

在了解一个向量组的线性相关性的基础上,还可以研究两个向量组之间的线性关系.

设 $\boldsymbol{\alpha}_1,\boldsymbol{\alpha}_2,\cdots,\boldsymbol{\alpha}_s$ 和 $\boldsymbol{\beta}_1,\boldsymbol{\beta}_2,\cdots,\boldsymbol{\beta}_t$ 为两个同维向量组,如果 $\boldsymbol{\beta}_1,\boldsymbol{\beta}_2,\cdots,\boldsymbol{\beta}_t$ 的每个向量都可以被向量组 $\boldsymbol{\alpha}_1,\boldsymbol{\alpha}_2,\cdots,\boldsymbol{\alpha}_s$ 线性表示,即存在 t 个数组 $a_{i1},a_{i2},\cdots,a_{is}(i=1,\cdots,t)$,使得

$$\boldsymbol{\beta}_i=a_{i1}\boldsymbol{\alpha}_1+a_{i2}\boldsymbol{\alpha}_2+\cdots+a_{is}\boldsymbol{\alpha}_s(i=1,\cdots,t),$$

则称向量组 $\boldsymbol{\beta}_1,\boldsymbol{\beta}_2,\cdots,\boldsymbol{\beta}_t$ 可以被向量组 $\boldsymbol{\alpha}_1,\boldsymbol{\alpha}_2,\cdots,\boldsymbol{\alpha}_s$ 线性表示,其线性关系可表示为矩阵形式

$$(\boldsymbol{\beta}_1,\boldsymbol{\beta}_2,\cdots,\boldsymbol{\beta}_t)=(\boldsymbol{\alpha}_1,\boldsymbol{\alpha}_2,\cdots,\boldsymbol{\alpha}_s)\begin{pmatrix}a_{11}&a_{21}&\cdots&a_{t1}\\a_{12}&a_{22}&\cdots&a_{t2}\\\vdots&\vdots&&\vdots\\a_{1s}&a_{2s}&\cdots&a_{ts}\end{pmatrix}=(\boldsymbol{\alpha}_1,\boldsymbol{\alpha}_2,\cdots,\boldsymbol{\alpha}_s)\boldsymbol{Q},$$

其中 $\boldsymbol{Q}_{s\times t}(a_{ij})$ 称为由向量组 $\boldsymbol{\alpha}_1,\boldsymbol{\alpha}_2,\cdots,\boldsymbol{\alpha}_s$ 到 $\boldsymbol{\beta}_1,\boldsymbol{\beta}_2,\cdots,\boldsymbol{\beta}_t$ 的转换矩阵.

如果向量组 $\boldsymbol{\alpha}_1,\boldsymbol{\alpha}_2,\cdots,\boldsymbol{\alpha}_s$ 与 $\boldsymbol{\beta}_1,\boldsymbol{\beta}_2,\cdots,\boldsymbol{\beta}_t$ 可以互相线性表示,则称两向量组是等价的.

(三)向量组的极大无关组与秩

讨论向量组的线性相关性的意义在于,揭示一个向量组内向量之间的相互关系和结构,探讨向量组至少由多少个线性无关的向量能构造(即线性表示)出整个向量组,这就是向量组的极大无关组与秩的问题.

1. 向量组的极大无关组

一个向量组的部分组,如果它们是线性无关的,且向量组中任意一个向量均可以被这个部分组

线性表出，则称这个部分组为向量组的极大无关组.

由定义知一个向量组的极大无关组，首先它是向量组的线性无关的部分组，如果该向量组再任意添加一个原向量组中的其他向量，将改变部分组的线性相关性，也就是说，能维持其线性无关，向量个数已达到最大，顾名思义，称之为极大无关组.

可以证明，任何一个含有非零向量的向量组必存在极大无关组，这样，在有关线性表出的问题中就可以用极大无关组来代替原向量组，从而剔除那些“多余”的向量.

几个有关极大无关组的例子如下.

(1) 线性无关向量组 $\boldsymbol{\alpha}_1,\boldsymbol{\alpha}_2,\cdots,\boldsymbol{\alpha}_s$ 的极大无关组即向量组本身，为唯一一个极大无关组.

(2) 在 $\mathbf{R}^3$ 中，任意 3 个线性无关向量均构成 $\mathbf{R}^3$ 的一个极大无关组. 这是因为，首先，它们是无关部分组；其次，任意添加一个向量，向量个数超过维数必线性相关. 显然，这样的极大无关组有无穷多个，且相互等价.

(3) 在 $\mathbf{R}^4$ 中，设向量组 $\boldsymbol{\alpha}_1=(1,2,3,4)^{\mathrm{T}},\boldsymbol{\alpha}_2=(1,1,1,1)^{\mathrm{T}},\boldsymbol{\alpha}_3=(3,4,5,6)^{\mathrm{T}},\boldsymbol{\alpha}_4=(0,0,0,0)^{\mathrm{T}}$. 容易验证，该向量组的极大无关组为 $\boldsymbol{\alpha}_1,\boldsymbol{\alpha}_2$，或 $\boldsymbol{\alpha}_2,\boldsymbol{\alpha}_3$，或 $\boldsymbol{\alpha}_1,\boldsymbol{\alpha}_3$. 这样的极大无关组有有限个，但不唯一.

上面的例子表明，一个向量组含有极大无关组的情况是多种多样的，但每个向量组的极大无关组中所含的向量的个数是唯一的，因此，极大无关组中所含的向量的个数更能反映向量组的自身内在特征，这就是向量组的秩.

2. 向量组的秩

向量组 $\boldsymbol{\alpha}_1,\boldsymbol{\alpha}_2,\cdots,\boldsymbol{\alpha}_s$ 的极大无关组中的向量个数称为向量组的秩，记作

$$秩(\boldsymbol{\alpha}_1,\boldsymbol{\alpha}_2,\cdots,\boldsymbol{\alpha}_s) 或 r(\boldsymbol{\alpha}_1,\boldsymbol{\alpha}_2,\cdots,\boldsymbol{\alpha}_s).$$

显然，对于任何一个向量组 $\boldsymbol{\alpha}_1,\boldsymbol{\alpha}_2,\cdots,\boldsymbol{\alpha}_s$，其极大无关组中向量的个数不能超过向量总数，也不能超过向量的维数，故任何向量组的秩都不超过向量的维数和向量的个数. 全部由零向量组成的向量组没有极大无关组，其秩规定为零.

在(1)中，$r(\boldsymbol{\alpha}_1,\boldsymbol{\alpha}_2,\cdots,\boldsymbol{\alpha}_s)=s$，在(2)中，$r(\mathbf{R}^3)=3$，在(3)中，$r(\boldsymbol{\alpha}_1,\boldsymbol{\alpha}_2,\boldsymbol{\alpha}_3,\boldsymbol{\alpha}_4)=2$.

引入秩的概念后，可以使前面关于线性相关性的讨论更加简便. 由于涉及的内容广泛，现将有关结论梳理如下.

(1) 关于线性相关.

s 个 n 维向量 $\boldsymbol{\alpha}_1,\boldsymbol{\alpha}_2,\cdots,\boldsymbol{\alpha}_s$ 线性相关

$\Leftrightarrow$ 存在一组不全为零的数 $k_1,k_2,\cdots,k_s$，使得 $k_1\boldsymbol{\alpha}_1+k_2\boldsymbol{\alpha}_2+\cdots+k_s\boldsymbol{\alpha}_s=\mathbf{0}$ 成立

$\Leftrightarrow$ 对应的齐次线性方程组有非零解

$\Leftrightarrow$ 向量组 $\boldsymbol{\alpha}_1,\boldsymbol{\alpha}_2,\cdots,\boldsymbol{\alpha}_s$ 中至少有一个向量可以被其余向量线性表示

$\Leftrightarrow r(\boldsymbol{\alpha}_1,\boldsymbol{\alpha}_2,\cdots,\boldsymbol{\alpha}_s)<s$

$\overset{n=s}{\Longleftrightarrow}$ 行列式 $|\boldsymbol{\alpha}_1,\boldsymbol{\alpha}_2,\cdots,\boldsymbol{\alpha}_n|=0$.

s 个 n 维向量 $\boldsymbol{\alpha}_1,\boldsymbol{\alpha}_2,\cdots,\boldsymbol{\alpha}_s$ 线性相关的充分条件：

① $\boldsymbol{\alpha}_1,\boldsymbol{\alpha}_2,\cdots,\boldsymbol{\alpha}_s$ 中有部分向量线性相关；

② 向量组可以被另一个比其向量个数少的向量组线性表示；

③ 向量个数 s 大于向量维数 n.

(2) 关于线性无关.

s 个 n 维向量 $\boldsymbol{\alpha}_1,\boldsymbol{\alpha}_2,\cdots,\boldsymbol{\alpha}_s$ 线性无关 $\Leftrightarrow$ 等式 $k_1\boldsymbol{\alpha}_1+k_2\boldsymbol{\alpha}_2+\cdots+k_s\boldsymbol{\alpha}_s=\boldsymbol{0}$，当且仅当 $k_1=k_2=\cdots=k_s=0$ 时成立

$\Leftrightarrow$ 对应的齐次线性方程组仅有零解

$\Leftrightarrow$ 向量组 $\boldsymbol{\alpha}_1,\boldsymbol{\alpha}_2,\cdots,\boldsymbol{\alpha}_s$ 中任意一个向量均不能被其余向量线性表示

$\Leftrightarrow r(\boldsymbol{\alpha}_1,\boldsymbol{\alpha}_2,\cdots,\boldsymbol{\alpha}_s)=s$

$\overset{n=s}{\Longleftrightarrow}$ 行列式 $|\boldsymbol{\alpha}_1,\boldsymbol{\alpha}_2,\cdots,\boldsymbol{\alpha}_n|\neq 0$.

(3) 关于线性表示.

向量 $\boldsymbol{\beta}$ 能被向量组 $\boldsymbol{\alpha}_1,\boldsymbol{\alpha}_2,\cdots,\boldsymbol{\alpha}_s$ 线性表示

$\Leftrightarrow$ 存在一组数 $k_1,k_2,\cdots,k_s$，使得 $k_1\boldsymbol{\alpha}_1+k_2\boldsymbol{\alpha}_2+\cdots+k_s\boldsymbol{\alpha}_s=\boldsymbol{\beta}$ 成立

$\Leftrightarrow$ 对应的非齐次线性方程组有解

$\Leftrightarrow r(\boldsymbol{\alpha}_1,\boldsymbol{\alpha}_2,\cdots,\boldsymbol{\alpha}_s)=r(\boldsymbol{\alpha}_1,\boldsymbol{\alpha}_2,\cdots,\boldsymbol{\alpha}_s,\boldsymbol{\beta})$.

(4) 关于两个向量组之间的线性关系.

① 如果向量组 $\boldsymbol{\alpha}_1,\boldsymbol{\alpha}_2,\cdots,\boldsymbol{\alpha}_s$ 可由 $\boldsymbol{\beta}_1,\boldsymbol{\beta}_2,\cdots,\boldsymbol{\beta}_t$ 线性表示，则

$$r(\boldsymbol{\alpha}_1,\boldsymbol{\alpha}_2,\cdots,\boldsymbol{\alpha}_s)\leqslant r(\boldsymbol{\beta}_1,\boldsymbol{\beta}_2,\cdots,\boldsymbol{\beta}_t).$$

② 如果向量组 $\boldsymbol{\alpha}_1,\boldsymbol{\alpha}_2,\cdots,\boldsymbol{\alpha}_s$ 与 $\boldsymbol{\beta}_1,\boldsymbol{\beta}_2,\cdots,\boldsymbol{\beta}_t$ 等价，则

$$r(\boldsymbol{\alpha}_1,\boldsymbol{\alpha}_2,\cdots,\boldsymbol{\alpha}_s)=r(\boldsymbol{\beta}_1,\boldsymbol{\beta}_2,\cdots,\boldsymbol{\beta}_t).$$

③ 如果向量组 $\boldsymbol{\alpha}_1,\boldsymbol{\alpha}_2,\cdots,\boldsymbol{\alpha}_s$ 可由 $\boldsymbol{\beta}_1,\boldsymbol{\beta}_2,\cdots,\boldsymbol{\beta}_t$ 线性表示，并且它们有相同的秩，则向量组 $\boldsymbol{\alpha}_1,\boldsymbol{\alpha}_2,\cdots,\boldsymbol{\alpha}_s$ 与 $\boldsymbol{\beta}_1,\boldsymbol{\beta}_2,\cdots,\boldsymbol{\beta}_t$ 等价.

【注】 上面结论(4)表明，仅从秩出发并不能推断两向量组之间任何线性关系.

如向量组 $\boldsymbol{\alpha}_1=(1,0,0,0)^{\mathrm{T}},\boldsymbol{\alpha}_2=(1,1,0,0)^{\mathrm{T}}$ 与向量组 $\boldsymbol{\beta}_1=(0,0,0,1)^{\mathrm{T}},\boldsymbol{\beta}_2=(0,0,1,0)^{\mathrm{T}}$ 的秩相等，但它们之间没有相关性. 只有以两向量组之间有线性关系为前提，秩才会起到作用.

3. 向量组的秩与矩阵的秩的关系

我们知道，一个 $m\times n$ 矩阵

$$\boldsymbol{A}=\begin{pmatrix} a_{11} & a_{12} & \cdots & a_{1n} \\ a_{21} & a_{22} & \cdots & a_{2n} \\ \vdots & \vdots & & \vdots \\ a_{m1} & a_{m2} & \cdots & a_{mn} \end{pmatrix}$$

内含有 m 个行向量组成的行向量组 $\boldsymbol{\alpha}_1,\boldsymbol{\alpha}_2,\cdots,\boldsymbol{\alpha}_m$，同时含有 n 个列向量组成的列向量组 $\boldsymbol{\beta}_1,\boldsymbol{\beta}_2,\cdots,\boldsymbol{\beta}_n$，两个向量组的秩分别称为矩阵 $\boldsymbol{A}$ 的行秩和列秩. 这些秩之间有什么关系？这是要进一步讨论的

问题.

容易证明,对 $\boldsymbol{A}$ 分别施以初等行变换和初等列变换,均不会改变 $\boldsymbol{A}$ 的行秩和列秩. 由于任意一个矩阵经若干次初等变换都可以化为标准形,即

$$\boldsymbol{A}\xrightarrow{\text{初等变换}}\begin{pmatrix}\boldsymbol{E}_r & \boldsymbol{O}\\ \boldsymbol{O} & \boldsymbol{O}\end{pmatrix},$$

其中 $r(\boldsymbol{A})=r$ 是矩阵 $\boldsymbol{A}$ 的秩,也是矩阵 $\boldsymbol{A}$ 的行秩和列秩,于是有下面的定理.

定理 任意矩阵的行秩与列秩都等于它的秩.

这样,矩阵的行秩、列秩和矩阵的秩就统一起来了,其意义在于,一个向量组可以组合为矩阵,通过对矩阵的初等变换来确定向量组的秩,同时还可以求出该向量组的极大无关组.

由向量组的秩与矩阵的秩的关系,可以进一步推得有关秩的一系列重要性质和结论,这些内容对于推断处理问题十分重要,应牢记.

设 $\boldsymbol{\alpha}_1,\boldsymbol{\alpha}_2,\cdots,\boldsymbol{\alpha}_s;\boldsymbol{\beta}_1,\boldsymbol{\beta}_2,\cdots,\boldsymbol{\beta}_t$ 为 n 维向量组,$\boldsymbol{\beta}$ 为 n 维向量,$\boldsymbol{A},\boldsymbol{B}$ 为 $m\times n$ 矩阵,$\boldsymbol{A}_i(i=1,2,\cdots,n)$ 为 n 阶矩阵,$\boldsymbol{C}$ 为 s 阶矩阵.

(1) 从结构特点看.

$$r(\boldsymbol{\alpha}_1,\boldsymbol{\alpha}_2,\cdots,\boldsymbol{\alpha}_s)\leqslant\min\{n,s\},r(\boldsymbol{A}_{m\times n})\leqslant\min\{m,n\},$$

若 $r(\boldsymbol{A}_{m\times n})=\min\{m,n\}$,称 $\boldsymbol{A}$ 为满秩矩阵.

(2) 从局部与整体关系看.

$r(\boldsymbol{\alpha}_1,\boldsymbol{\alpha}_2,\cdots,\boldsymbol{\alpha}_s)\geqslant r(\boldsymbol{\alpha}_1,\boldsymbol{\alpha}_2,\cdots,\boldsymbol{\alpha}_r)$,其中 $\boldsymbol{\alpha}_1,\boldsymbol{\alpha}_2,\cdots,\boldsymbol{\alpha}_r$ 是 $\boldsymbol{\alpha}_1,\boldsymbol{\alpha}_2,\cdots,\boldsymbol{\alpha}_s$ 的部分向量组.

$r(\boldsymbol{A})\geqslant r(\boldsymbol{A}$ 的子块$)$.

(3) 从矩阵运算角度看.

$$r(\boldsymbol{A}_1\boldsymbol{A}_2\cdots\boldsymbol{A}_n)\leqslant r(\boldsymbol{A}_i)(i=1,2,\cdots,n),\ r(\boldsymbol{A}+\boldsymbol{B})\leqslant r(\boldsymbol{A})+r(\boldsymbol{B}).$$

(4) 从两向量组之间的线性关系看.

若向量组 $\boldsymbol{\alpha}_1,\boldsymbol{\alpha}_2,\cdots,\boldsymbol{\alpha}_s$ 可由 $\boldsymbol{\beta}_1,\boldsymbol{\beta}_2,\cdots,\boldsymbol{\beta}_t$ 线性表示,则

$$r(\boldsymbol{\beta}_1,\boldsymbol{\beta}_2,\cdots,\boldsymbol{\beta}_t)\geqslant r(\boldsymbol{\alpha}_1,\boldsymbol{\alpha}_2,\cdots,\boldsymbol{\alpha}_s).$$

若 $r(\boldsymbol{\alpha}_1,\boldsymbol{\alpha}_2,\cdots,\boldsymbol{\alpha}_s)=r(\boldsymbol{\beta},\boldsymbol{\alpha}_1,\boldsymbol{\alpha}_2,\cdots,\boldsymbol{\alpha}_s)$,则向量 $\boldsymbol{\beta}$ 能被向量组 $\boldsymbol{\alpha}_1,\boldsymbol{\alpha}_2,\cdots,\boldsymbol{\alpha}_s$ 线性表示,且当 $\boldsymbol{\alpha}_1,\boldsymbol{\alpha}_2,\cdots,\boldsymbol{\alpha}_s$ 线性无关时,表达式唯一.

(5) 从两向量组之间的转换矩阵看.

若向量组 $\boldsymbol{\beta}_1,\boldsymbol{\beta}_2,\cdots,\boldsymbol{\beta}_s$ 被向量组 $\boldsymbol{\alpha}_1,\boldsymbol{\alpha}_2,\cdots,\boldsymbol{\alpha}_s$ 线性表示,即存在 s 阶转换矩阵 $\boldsymbol{C}$,使得 $(\boldsymbol{\beta}_1,\boldsymbol{\beta}_2,\cdots,\boldsymbol{\beta}_s)=(\boldsymbol{\alpha}_1,\boldsymbol{\alpha}_2,\cdots,\boldsymbol{\alpha}_s)\boldsymbol{C}$,则

当 $r(\boldsymbol{C})=s$,即 $\boldsymbol{C}$ 可逆时,两向量组等价;

当 $r(\boldsymbol{\alpha}_1,\boldsymbol{\alpha}_2,\cdots,\boldsymbol{\alpha}_s)=s$,即 $\boldsymbol{\alpha}_1,\boldsymbol{\alpha}_2,\cdots,\boldsymbol{\alpha}_s$ 线性无关时,$r(\boldsymbol{\beta}_1,\boldsymbol{\beta}_2,\cdots,\boldsymbol{\beta}_s)=r(\boldsymbol{C})$.

(6) 设 $\boldsymbol{A}$ 为 n 阶方阵,则

$$r(\boldsymbol{A}^*)=\begin{cases}n, & r(\boldsymbol{A})=n,\\ 1, & r(\boldsymbol{A})=n-1,\\ 0, & r(\boldsymbol{A})<n-1.\end{cases}$$

例 3 求向量组

$$\boldsymbol{\alpha}_1=\begin{pmatrix}1\\-1\\2\\4\end{pmatrix},\boldsymbol{\alpha}_2=\begin{pmatrix}0\\3\\1\\2\end{pmatrix},\boldsymbol{\alpha}_3=\begin{pmatrix}3\\0\\7\\14\end{pmatrix},\boldsymbol{\alpha}_4=\begin{pmatrix}2\\1\\5\\6\end{pmatrix},\boldsymbol{\alpha}_5=\begin{pmatrix}1\\-1\\2\\0\end{pmatrix}$$

的秩和一个极大无关组.

【解题思路】将向量组按列向量排成矩阵，并施以初等行变换化为阶梯形矩阵，其中出现的非零行数 r 即为向量组的秩，若其中的 r 阶子式不等于 0，则其所在的 r 个向量都构成其极大无关组.

【答案解析】对矩阵 $\boldsymbol{A}=(\boldsymbol{\alpha}_1,\boldsymbol{\alpha}_2,\boldsymbol{\alpha}_3,\boldsymbol{\alpha}_4,\boldsymbol{\alpha}_5)$ 施以初等行变换化为阶梯形矩阵，有

$$(\boldsymbol{\alpha}_1,\boldsymbol{\alpha}_2,\boldsymbol{\alpha}_3,\boldsymbol{\alpha}_4,\boldsymbol{\alpha}_5)=\begin{pmatrix}1&0&3&2&1\\-1&3&0&1&-1\\2&1&7&5&2\\4&2&14&6&0\end{pmatrix}\to\begin{pmatrix}1&0&3&2&1\\0&1&1&1&0\\0&0&0&1&1\\0&0&0&0&0\end{pmatrix},$$

其中非零行数 $r=3$，故 $r(\boldsymbol{\alpha}_1,\boldsymbol{\alpha}_2,\boldsymbol{\alpha}_3,\boldsymbol{\alpha}_4,\boldsymbol{\alpha}_5)=3$，由于 3 阶子式

$$\begin{vmatrix}1&0&2\\0&1&1\\0&0&1\end{vmatrix}\neq0,\begin{vmatrix}1&0&1\\0&1&0\\0&0&1\end{vmatrix}\neq0,\begin{vmatrix}1&2&1\\0&1&0\\0&1&1\end{vmatrix}\neq0,\begin{vmatrix}3&2&1\\1&1&0\\0&1&1\end{vmatrix}\neq0,$$

因此与此相关的向量组 $\boldsymbol{\beta}_1,\boldsymbol{\beta}_2,\boldsymbol{\beta}_4$；$\boldsymbol{\beta}_1,\boldsymbol{\beta}_2,\boldsymbol{\beta}_5$；$\boldsymbol{\beta}_1,\boldsymbol{\beta}_4,\boldsymbol{\beta}_5$；$\boldsymbol{\beta}_3,\boldsymbol{\beta}_4,\boldsymbol{\beta}_5$ 都是该向量组的极大无关组.

例 4 求向量组

$\boldsymbol{\alpha}_1=(2,0,1,1),\boldsymbol{\alpha}_2=(-1,-1,-1,-1),\boldsymbol{\alpha}_3=(1,-1,0,0),\boldsymbol{\alpha}_4=(0,-2,-1,-1)$

的秩和一个极大无关组，并将其余向量用该极大无关组表示.

【解题思路】通过对矩阵作初等变换不仅可以求出向量组的秩和极大无关组，而且可以同时给出其余向量被极大无关组表示的线性表达式. 其做法是，将向量组按行向量排列组成矩阵，并施以初等行变换化为阶梯形矩阵，并同步将变换过程标记在右侧，当左侧向量化为零向量时，就得到该向量被极大无关组表示的线性表达式.

【答案解析】将向量组按行向量排成一个矩阵，并施以初等行变换，

$$\begin{pmatrix}\boldsymbol{\alpha}_1\\\boldsymbol{\alpha}_2\\\boldsymbol{\alpha}_3\\\boldsymbol{\alpha}_4\end{pmatrix}=\begin{pmatrix}2&0&1&1\\-1&-1&-1&-1\\1&-1&0&0\\0&-2&-1&-1\end{pmatrix}\begin{matrix}\boldsymbol{\alpha}_1\\\boldsymbol{\alpha}_2\\\boldsymbol{\alpha}_3\\\boldsymbol{\alpha}_4\end{matrix}\xrightarrow[r_2\leftrightarrow r_3]{r_1\leftrightarrow r_3}\begin{pmatrix}1&-1&0&0\\2&0&1&1\\-1&-1&-1&-1\\0&-2&-1&-1\end{pmatrix}\begin{matrix}\boldsymbol{\alpha}_3\\\boldsymbol{\alpha}_1\\\boldsymbol{\alpha}_2\\\boldsymbol{\alpha}_4\end{matrix}$$

$$\xrightarrow[r_3+r_1]{r_2-2r_1}\begin{pmatrix}1&-1&0&0\\0&2&1&1\\0&-2&-1&-1\\0&-2&-1&-1\end{pmatrix}\begin{matrix}\boldsymbol{\alpha}_3\\\boldsymbol{\alpha}_1-2\boldsymbol{\alpha}_3\\\boldsymbol{\alpha}_2+\boldsymbol{\alpha}_3\\\boldsymbol{\alpha}_4\end{matrix}\xrightarrow[r_4+r_2]{r_3+r_2}\begin{pmatrix}1&-1&0&0\\0&2&1&1\\0&0&0&0\\0&0&0&0\end{pmatrix}\begin{matrix}\boldsymbol{\alpha}_3\\\boldsymbol{\alpha}_1-2\boldsymbol{\alpha}_3\\\boldsymbol{\alpha}_1+\boldsymbol{\alpha}_2-\boldsymbol{\alpha}_3\\\boldsymbol{\alpha}_4+\boldsymbol{\alpha}_1-2\boldsymbol{\alpha}_3\end{matrix}.$$

容易看到，$r(\boldsymbol{\alpha}_1,\boldsymbol{\alpha}_2,\boldsymbol{\alpha}_3,\boldsymbol{\alpha}_4)=2$，$\boldsymbol{\alpha}_1,\boldsymbol{\alpha}_3$ 是该向量组的一个极大无关组，并有

$$\boldsymbol{\alpha}_2=-\boldsymbol{\alpha}_1+\boldsymbol{\alpha}_3,\boldsymbol{\alpha}_4=-\boldsymbol{\alpha}_1+2\boldsymbol{\alpha}_3,$$

同样可以验证，$\boldsymbol{\alpha}_1,\boldsymbol{\alpha}_2$ 或 $\boldsymbol{\alpha}_1,\boldsymbol{\alpha}_4$ 或 $\boldsymbol{\alpha}_2,\boldsymbol{\alpha}_3$ 或 $\boldsymbol{\alpha}_2,\boldsymbol{\alpha}_4$ 或 $\boldsymbol{\alpha}_3,\boldsymbol{\alpha}_4$ 也是该向量组的一个极大无关组.

例 5 设 $\boldsymbol{\alpha}_1=(6,a+1,3)^{\mathrm{T}},\boldsymbol{\alpha}_2=(a,2,-2)^{\mathrm{T}},\boldsymbol{\alpha}_3=(a,1,0)^{\mathrm{T}},\boldsymbol{\alpha}_4=(0,1,a)^{\mathrm{T}}$，试问

(1)a 为何值时 $\boldsymbol{\alpha}_1,\boldsymbol{\alpha}_2$ 线性相关，线性无关；

(2)a 为何值时 $\boldsymbol{\alpha}_1,\boldsymbol{\alpha}_2,\boldsymbol{\alpha}_3$ 线性相关，线性无关；

(3)a 为何值时 $\boldsymbol{\alpha}_1,\boldsymbol{\alpha}_2,\boldsymbol{\alpha}_3,\boldsymbol{\alpha}_4$ 线性相关，线性无关.

【解题思路】 通过对矩阵的初等变换可以确定向量组的秩，从而提供了一个讨论向量组线性相关性的途径，在实际问题中究竟采用什么方法应该具体问题具体分析，如本题根据向量的个数、维数及其他条件可采用三种不同的做法.

【答案解析】 (1) 向量组的向量个数少于向量维数，解法更具一般性.

方法 1 从定义出发，设常数 k_1,k_2，使得 $k_1\boldsymbol{\alpha}_1+k_2\boldsymbol{\alpha}_2=\mathbf{0}$，即得线性方程组

$$\begin{cases}6k_1+ak_2=0,\\(a+1)k_1+2k_2=0,\\3k_1-2k_2=0,\end{cases}$$

由消元法，得同解方程组 $\begin{cases}6k_1+ak_2=0,\\(a^2+a-12)k_2=0,\\(a+4)k_2=0.\end{cases}$

于是，当 $a=-4$ 时，方程组有非零解，即 $\boldsymbol{\alpha}_1,\boldsymbol{\alpha}_2$ 线性相关；当 $a\neq-4$ 时，方程组仅有零解，$\boldsymbol{\alpha}_1,\boldsymbol{\alpha}_2$ 线性无关.

方法 2 将向量 $\boldsymbol{\alpha}_1,\boldsymbol{\alpha}_2$ 直接构造矩阵，通过初等行变换讨论矩阵的秩作出判断，即由

$$(\boldsymbol{\alpha}_1,\boldsymbol{\alpha}_2)=\begin{pmatrix}6&a\\a+1&2\\3&-2\end{pmatrix}\xrightarrow{r}\begin{pmatrix}6&a\\0&a^2+a-12\\0&a+4\end{pmatrix}$$

知，当 $a=-4$ 时，$r(\boldsymbol{\alpha}_1,\boldsymbol{\alpha}_2)=1$，即 $\boldsymbol{\alpha}_1,\boldsymbol{\alpha}_2$ 线性相关；当 $a\neq-4$ 时，$r(\boldsymbol{\alpha}_1,\boldsymbol{\alpha}_2)=2$，即 $\boldsymbol{\alpha}_1,\boldsymbol{\alpha}_2$ 线性无关.

(2) 向量组的向量个数等于向量维数时，直接用对应的行列式作判断，即由

$$|\boldsymbol{\alpha}_1,\boldsymbol{\alpha}_2,\boldsymbol{\alpha}_3|=\begin{vmatrix}6&a&a\\a+1&2&1\\3&-2&0\end{vmatrix}=-(a+4)(2a-3),$$

可知当 $a=-4$ 或 $\dfrac{3}{2}$ 时，$\boldsymbol{\alpha}_1,\boldsymbol{\alpha}_2,\boldsymbol{\alpha}_3$ 线性相关；当 $a\neq-4$ 且 $a\neq\dfrac{3}{2}$ 时，$\boldsymbol{\alpha}_1,\boldsymbol{\alpha}_2,\boldsymbol{\alpha}_3$ 线性无关.

(3) 当向量组的向量个数超过其维数时，必线性相关，因此，a 取任意值时，$\boldsymbol{\alpha}_1,\boldsymbol{\alpha}_2,\boldsymbol{\alpha}_3,\boldsymbol{\alpha}_4$ 均线性相关.

例 6 已知向量组(Ⅰ)：$\boldsymbol{\alpha}_1,\boldsymbol{\alpha}_2,\boldsymbol{\alpha}_3$ 和向量组(Ⅱ)：$\boldsymbol{\beta}_1,\boldsymbol{\beta}_2,\boldsymbol{\beta}_3$，且

$$\begin{cases}\boldsymbol{\beta}_1 = m\boldsymbol{\alpha}_1 + 2\boldsymbol{\alpha}_2 + 2\boldsymbol{\alpha}_3, \\ \boldsymbol{\beta}_2 = 2\boldsymbol{\alpha}_1 + m\boldsymbol{\alpha}_2 + 2\boldsymbol{\alpha}_3, \\ \boldsymbol{\beta}_3 = 2\boldsymbol{\alpha}_1 + 2\boldsymbol{\alpha}_2 + m\boldsymbol{\alpha}_3.\end{cases}$$

若向量组(Ⅰ)和(Ⅱ)等价,且 $\boldsymbol{\alpha}_1,\boldsymbol{\alpha}_2,\boldsymbol{\alpha}_3$ 线性无关,则(　　).

(A)$m\neq-4$　　(B)$m\neq2$　　(C)$m\neq-4$ 且 $m\neq2$

(D)$m=-4$　　(E)$m=2$

【参考答案】C

【解题思路】已知两向量组之间的线性表达式,进一步讨论它们的线性关系,或在 $\boldsymbol{\alpha}_1,\boldsymbol{\alpha}_2,\boldsymbol{\alpha}_3$ 线性无关的前提下,求向量组 $\boldsymbol{\beta}_1,\boldsymbol{\beta}_2,\boldsymbol{\beta}_3$ 的秩,都要紧紧抓住它们的转换矩阵,并借助转换矩阵解答相关问题.

【答案解析】由题设,向量组 $\boldsymbol{\beta}_1,\boldsymbol{\beta}_2,\boldsymbol{\beta}_3$ 可由 $\boldsymbol{\alpha}_1,\boldsymbol{\alpha}_2,\boldsymbol{\alpha}_3$ 线性表示,且

$$(\boldsymbol{\beta}_1,\boldsymbol{\beta}_2,\boldsymbol{\beta}_3)=(\boldsymbol{\alpha}_1,\boldsymbol{\alpha}_2,\boldsymbol{\alpha}_3)\begin{pmatrix}m&2&2\\2&m&2\\2&2&m\end{pmatrix},$$

得转换矩阵 $\boldsymbol{A}=\begin{pmatrix}m&2&2\\2&m&2\\2&2&m\end{pmatrix}$. 又 $\boldsymbol{\alpha}_1,\boldsymbol{\alpha}_2,\boldsymbol{\alpha}_3$ 线性无关,于是当

$$|\boldsymbol{A}|=\begin{vmatrix}m&2&2\\2&m&2\\2&2&m\end{vmatrix}=(m+4)(m-2)^2\neq0,$$

即 $m\neq-4$ 且 $m\neq2$ 时,$\boldsymbol{A}$ 可逆,从而有 $(\boldsymbol{\alpha}_1,\boldsymbol{\alpha}_2,\boldsymbol{\alpha}_3)=(\boldsymbol{\beta}_1,\boldsymbol{\beta}_2,\boldsymbol{\beta}_3)\boldsymbol{A}^{-1}$,即向量组 $\boldsymbol{\alpha}_1,\boldsymbol{\alpha}_2,\boldsymbol{\alpha}_3$ 可由 $\boldsymbol{\beta}_1,\boldsymbol{\beta}_2,\boldsymbol{\beta}_3$ 线性表示,因此,两向量组等价. 故选择 C.

三、综合题精讲

题型一　向量组的线性组合与线性相关性

例 1 设

$$\boldsymbol{\alpha}_1=\begin{pmatrix}1\\2\\0\end{pmatrix},\boldsymbol{\alpha}_2=\begin{pmatrix}1\\a+2\\-3a\end{pmatrix},\boldsymbol{\alpha}_3=\begin{pmatrix}-1\\-3\\a+2\end{pmatrix},\boldsymbol{\beta}=\begin{pmatrix}1\\3\\-3\end{pmatrix},$$

则(　　).

(A) 当 $a=0$ 时,$\boldsymbol{\beta}$ 能被 $\boldsymbol{\alpha}_1,\boldsymbol{\alpha}_2,\boldsymbol{\alpha}_3$ 线性表示,且表达式不唯一

(B) 当 $a\neq0$ 时,$\boldsymbol{\beta}$ 能被 $\boldsymbol{\alpha}_1,\boldsymbol{\alpha}_2,\boldsymbol{\alpha}_3$ 线性表示,且表达式唯一

(C) 当 $a=1$ 时,$\boldsymbol{\beta}$ 不能被 $\boldsymbol{\alpha}_1,\boldsymbol{\alpha}_2,\boldsymbol{\alpha}_3$ 线性表示

(D) 当 $a=1$ 时,$\boldsymbol{\beta}$ 能被 $\boldsymbol{\alpha}_1,\boldsymbol{\alpha}_2,\boldsymbol{\alpha}_3$ 线性表示,且表达式唯一

(E) 当 $a=1$ 时，$\boldsymbol{\beta}$ 能被 $\boldsymbol{\alpha}_1,\boldsymbol{\alpha}_2,\boldsymbol{\alpha}_3$ 线性表示，且表达式不唯一

【参考答案】E

【解题思路】向量 $\boldsymbol{\beta}$ 能否被 $\boldsymbol{\alpha}_1,\boldsymbol{\alpha}_2,\boldsymbol{\alpha}_3$ 线性表示，表达式是否唯一，都可以转化为非齐次方程组 $k_1\boldsymbol{\alpha}_1+k_2\boldsymbol{\alpha}_2+k_3\boldsymbol{\alpha}_3=\boldsymbol{\beta}$ 解的讨论.

【答案解析】设一组数 k_1,k_2,k_3，使得 $k_1\boldsymbol{\alpha}_1+k_2\boldsymbol{\alpha}_2+k_3\boldsymbol{\alpha}_3=\boldsymbol{\beta}$，则有

$$\begin{cases}k_1+k_2-k_3=1,\\2k_1+(a+2)k_2-3k_3=3,\\-3ak_2+(a+2)k_3=-3.\end{cases}$$

先求系数行列式，即

$$|\boldsymbol{A}|=\begin{vmatrix}1&1&-1\\2&a+2&-3\\0&-3a&a+2\end{vmatrix}=\begin{vmatrix}1&1&-1\\0&a&-1\\0&0&a-1\end{vmatrix}=a(a-1).$$

当 $a=1$ 时，由

$$\overline{\boldsymbol{A}}=(\boldsymbol{A}\vdots\boldsymbol{\beta})=\left(\begin{array}{ccc:c}1&1&-1&1\\2&3&-3&3\\0&-3&3&-3\end{array}\right)\to\left(\begin{array}{ccc:c}1&1&-1&1\\0&1&-1&1\\0&0&0&0\end{array}\right),r(\overline{\boldsymbol{A}})=r(\boldsymbol{A})<3,$$

方程组有无穷多解，即 $\boldsymbol{\beta}$ 能被 $\boldsymbol{\alpha}_1,\boldsymbol{\alpha}_2,\boldsymbol{\alpha}_3$ 线性表示，表达式不唯一；

当 $a=0$ 时，由

$$\overline{\boldsymbol{A}}=(\boldsymbol{A}\vdots\boldsymbol{\beta})=\left(\begin{array}{ccc:c}1&1&-1&1\\2&2&-3&3\\0&0&2&-3\end{array}\right)\to\left(\begin{array}{ccc:c}1&1&-1&1\\0&0&-1&1\\0&0&0&1\end{array}\right),r(\overline{\boldsymbol{A}})\neq r(\boldsymbol{A}),$$

方程组无解，即 $\boldsymbol{\beta}$ 不能被 $\boldsymbol{\alpha}_1,\boldsymbol{\alpha}_2,\boldsymbol{\alpha}_3$ 线性表示.

当 $a\neq0$ 且 $a\neq1$ 时，由 $|\boldsymbol{A}|\neq0$，方程组有唯一解，即 $\boldsymbol{\beta}$ 能被 $\boldsymbol{\alpha}_1,\boldsymbol{\alpha}_2,\boldsymbol{\alpha}_3$ 线性表示，表达式唯一.

综上讨论，本题选择 E.

例 2　设 $\boldsymbol{\alpha}_1=\begin{pmatrix}0\\0\\k_1\end{pmatrix},\boldsymbol{\alpha}_2=\begin{pmatrix}0\\-1\\k_2\end{pmatrix},\boldsymbol{\alpha}_3=\begin{pmatrix}1\\-1\\k_3\end{pmatrix},\boldsymbol{\alpha}_4=\begin{pmatrix}-1\\1\\k_4\end{pmatrix}$，其中 k_1,k_2,k_3,k_4 为任意常数，则下列向量组一定线性相关的为(　　).

(A) $\boldsymbol{\alpha}_1,\boldsymbol{\alpha}_2,\boldsymbol{\alpha}_3$　　(B) $\boldsymbol{\alpha}_1,\boldsymbol{\alpha}_2,\boldsymbol{\alpha}_4$　　(C) $\boldsymbol{\alpha}_1,\boldsymbol{\alpha}_3,\boldsymbol{\alpha}_4$

(D) $\boldsymbol{\alpha}_2,\boldsymbol{\alpha}_3,\boldsymbol{\alpha}_4$　　(E) $\boldsymbol{\alpha}_1,\boldsymbol{\alpha}_2$

【参考答案】C

【答案解析】本题主要考查数值向量组的线性相关性. 在向量维数与向量组的向量个数相同时，采用行列式判别最简便，由

$$|\boldsymbol{\alpha}_1,\boldsymbol{\alpha}_3,\boldsymbol{\alpha}_4|=\begin{vmatrix}0&1&-1\\0&-1&1\\k_1&k_3&k_4\end{vmatrix}=0,$$

知 $\boldsymbol{\alpha}_1,\boldsymbol{\alpha}_3,\boldsymbol{\alpha}_4$ 线性相关，故选择 C.

例 3 设向量组 $\boldsymbol{\alpha}_1,\boldsymbol{\alpha}_2,\boldsymbol{\alpha}_3$ 线性无关,则下列向量组线性相关的是(　　).

(A)$\boldsymbol{\alpha}_1+\boldsymbol{\alpha}_2,\boldsymbol{\alpha}_2+\boldsymbol{\alpha}_3,\boldsymbol{\alpha}_3+\boldsymbol{\alpha}_1$　　(B)$\boldsymbol{\alpha}_1-\boldsymbol{\alpha}_2,\boldsymbol{\alpha}_2-\boldsymbol{\alpha}_3,\boldsymbol{\alpha}_3-\boldsymbol{\alpha}_1$

(C)$\boldsymbol{\alpha}_1+2\boldsymbol{\alpha}_2,\boldsymbol{\alpha}_2+2\boldsymbol{\alpha}_3,\boldsymbol{\alpha}_3+2\boldsymbol{\alpha}_1$　　(D)$2\boldsymbol{\alpha}_1+\boldsymbol{\alpha}_2,2\boldsymbol{\alpha}_2+\boldsymbol{\alpha}_3,2\boldsymbol{\alpha}_3+\boldsymbol{\alpha}_1$

(E)$\boldsymbol{\alpha}_1,\boldsymbol{\alpha}_2+\boldsymbol{\alpha}_3,\boldsymbol{\alpha}_2-\boldsymbol{\alpha}_3$

【参考答案】B

【解题思路】讨论由线性无关向量组 $\boldsymbol{\alpha}_1,\boldsymbol{\alpha}_2,\cdots,\boldsymbol{\alpha}_s$ 的线性运算生成的向量组 $\boldsymbol{\beta}_1,\boldsymbol{\beta}_2,\cdots,\boldsymbol{\beta}_s$ 的线性相关性,应引入 s 阶转换矩阵 $\boldsymbol{A}$,化为 $(\boldsymbol{\beta}_1,\boldsymbol{\beta}_2,\cdots,\boldsymbol{\beta}_s)=(\boldsymbol{\alpha}_1,\boldsymbol{\alpha}_2,\cdots,\boldsymbol{\alpha}_s)\boldsymbol{A}$,于是,$\boldsymbol{\beta}_1,\boldsymbol{\beta}_2,\cdots,\boldsymbol{\beta}_s$ 线性相关(或线性无关) 的充分必要条件是 $|\boldsymbol{A}|=0$(或 $|\boldsymbol{A}|\neq 0$). 转换矩阵 $\boldsymbol{A}$ 是解决问题的关键.

【答案解析】选项 A,由

$$(\boldsymbol{\alpha}_1+\boldsymbol{\alpha}_2,\boldsymbol{\alpha}_2+\boldsymbol{\alpha}_3,\boldsymbol{\alpha}_3+\boldsymbol{\alpha}_1)=(\boldsymbol{\alpha}_1,\boldsymbol{\alpha}_2,\boldsymbol{\alpha}_3)\begin{pmatrix}1&0&1\\1&1&0\\0&1&1\end{pmatrix},$$

其中转换矩阵为 $\boldsymbol{A}_1=\begin{pmatrix}1&0&1\\1&1&0\\0&1&1\end{pmatrix}$,$|\boldsymbol{A}_1|=2\neq 0$,知该向量组线性无关.

选项 B,由

$$(\boldsymbol{\alpha}_1-\boldsymbol{\alpha}_2,\boldsymbol{\alpha}_2-\boldsymbol{\alpha}_3,\boldsymbol{\alpha}_3-\boldsymbol{\alpha}_1)=(\boldsymbol{\alpha}_1,\boldsymbol{\alpha}_2,\boldsymbol{\alpha}_3)\begin{pmatrix}1&0&-1\\-1&1&0\\0&-1&1\end{pmatrix},$$

其中转换矩阵为 $\boldsymbol{A}_2=\begin{pmatrix}1&0&-1\\-1&1&0\\0&-1&1\end{pmatrix}$,$|\boldsymbol{A}_2|=0$,知该向量组线性相关.

选项 C,由

$$(\boldsymbol{\alpha}_1+2\boldsymbol{\alpha}_2,\boldsymbol{\alpha}_2+2\boldsymbol{\alpha}_3,\boldsymbol{\alpha}_3+2\boldsymbol{\alpha}_1)=(\boldsymbol{\alpha}_1,\boldsymbol{\alpha}_2,\boldsymbol{\alpha}_3)\begin{pmatrix}1&0&2\\2&1&0\\0&2&1\end{pmatrix},$$

其中转换矩阵为 $\boldsymbol{A}_3=\begin{pmatrix}1&0&2\\2&1&0\\0&2&1\end{pmatrix}$,$|\boldsymbol{A}_3|=9\neq 0$,知该向量组线性无关.

选项 D,由

$$(2\boldsymbol{\alpha}_1+\boldsymbol{\alpha}_2,2\boldsymbol{\alpha}_2+\boldsymbol{\alpha}_3,2\boldsymbol{\alpha}_3+\boldsymbol{\alpha}_1)=(\boldsymbol{\alpha}_1,\boldsymbol{\alpha}_2,\boldsymbol{\alpha}_3)\begin{pmatrix}2&0&1\\1&2&0\\0&1&2\end{pmatrix},$$

其中转换矩阵为 $\boldsymbol{A}_4=\begin{pmatrix}2&0&1\\1&2&0\\0&1&2\end{pmatrix}$，$|\boldsymbol{A}_4|=9\neq0$，知该向量组线性无关.

选项 E，由

$$(\boldsymbol{\alpha}_1,\boldsymbol{\alpha}_2+\boldsymbol{\alpha}_3,\boldsymbol{\alpha}_2-\boldsymbol{\alpha}_3)=(\boldsymbol{\alpha}_1,\boldsymbol{\alpha}_2,\boldsymbol{\alpha}_3)\begin{pmatrix}1&0&0\\0&1&1\\0&1&-1\end{pmatrix},$$

其中转换矩阵为 $\boldsymbol{A}_5=\begin{pmatrix}1&0&0\\0&1&1\\0&1&-1\end{pmatrix}$，$|\boldsymbol{A}_5|=-2\neq0$，知该向量组线性无关.

综上分析，本题应选 B.

例 4 已知向量组 $\boldsymbol{\alpha}_1=(1,1,a)^{\mathrm{T}},\boldsymbol{\alpha}_2=(1,a,1)^{\mathrm{T}},\boldsymbol{\alpha}_3=(a,1,1)^{\mathrm{T}}$ 可以由向量组 $\boldsymbol{\beta}_1=(1,1,a)^{\mathrm{T}},\boldsymbol{\beta}_2=(-2,a,4)^{\mathrm{T}},\boldsymbol{\beta}_3=(-2,a,a)^{\mathrm{T}}$ 线性表示，但向量组 $\boldsymbol{\beta}_1,\boldsymbol{\beta}_2,\boldsymbol{\beta}_3$ 不能由 $\boldsymbol{\alpha}_1,\boldsymbol{\alpha}_2,\boldsymbol{\alpha}_3$ 线性表示，则 a 取值应为（　　）.

(A) -2　　(B) -1　　(C) 0　　(D) 1　　(E) 2

【参考答案】 D

【解题思路】 本题考查两向量组的线性关系. 一般情况下，应从 $\boldsymbol{\beta}_1,\boldsymbol{\beta}_2,\boldsymbol{\beta}_3$ 不能由 $\boldsymbol{\alpha}_1,\boldsymbol{\alpha}_2,\boldsymbol{\alpha}_3$ 线性表示开始，先确定 a，再验证 $\boldsymbol{\alpha}_1,\boldsymbol{\alpha}_2,\boldsymbol{\alpha}_3$ 可以由 $\boldsymbol{\beta}_1,\boldsymbol{\beta}_2,\boldsymbol{\beta}_3$ 单向表示. 实际处理时，可从秩的角度先作反向推断，避免复杂的运算.

【答案解析】 记 $\boldsymbol{A}=(\boldsymbol{\alpha}_1,\boldsymbol{\alpha}_2,\boldsymbol{\alpha}_3)$，$\boldsymbol{B}=(\boldsymbol{\beta}_1,\boldsymbol{\beta}_2,\boldsymbol{\beta}_3)$，由于 $\boldsymbol{\beta}_1,\boldsymbol{\beta}_2,\boldsymbol{\beta}_3$ 不能被 $\boldsymbol{\alpha}_1,\boldsymbol{\alpha}_2,\boldsymbol{\alpha}_3$ 线性表示，故 $r(\boldsymbol{A})<3$，从而

$$|\boldsymbol{A}|=-(a-1)^2(a+2)=0,$$

所以 $a=1$ 或 $a=-2$.

当 $a=1$ 时，$\boldsymbol{\alpha}_1=\boldsymbol{\alpha}_2=\boldsymbol{\alpha}_3=\boldsymbol{\beta}_1=(1,1,1)^{\mathrm{T}}$，故 $\boldsymbol{\alpha}_1,\boldsymbol{\alpha}_2,\boldsymbol{\alpha}_3$ 可由 $\boldsymbol{\beta}_1,\boldsymbol{\beta}_2,\boldsymbol{\beta}_3$ 线性表示，但 $\boldsymbol{\beta}_2=(-2,1,4)^{\mathrm{T}}$ 不能由 $\boldsymbol{\alpha}_1,\boldsymbol{\alpha}_2,\boldsymbol{\alpha}_3$ 线性表示，所以 $a=1$ 符合题意.

当 $a=-2$ 时，由于

$$(\boldsymbol{B}\vdots\boldsymbol{A})=\left(\begin{array}{ccc:ccc}1&-2&-2&1&1&-2\\1&-2&-2&1&-2&1\\-2&4&-2&-2&1&1\end{array}\right)\to\left(\begin{array}{ccc:ccc}1&-2&-2&1&1&-2\\0&0&-6&0&3&-3\\0&0&0&0&-3&3\end{array}\right),$$

考虑线性方程组 $\boldsymbol{Bx}=\boldsymbol{\alpha}_2$，因为 $r(\boldsymbol{B})=2,r(\boldsymbol{B}\vdots\boldsymbol{\alpha}_2)=3$，所以方程组 $\boldsymbol{Bx}=\boldsymbol{\alpha}_2$ 无解，即 $\boldsymbol{\alpha}_2$ 不能由 $\boldsymbol{\beta}_1,\boldsymbol{\beta}_2,\boldsymbol{\beta}_3$ 线性表示，因此 $a=-2$ 不符合题意，应舍去.

综上，$a=1$，本题应选 D.

【评注】关于向量组的线性相关性的讨论，在已知数值向量的情况下，一般转换为线性方程组的解的讨论，含有待定参数且系数矩阵为方阵时，尽可能由行列式确定参数值，再运用初等变换；涉及两个向量组的相关性时，要紧紧抓住它们之间的转换矩阵；在更多情况下，利用向量组或矩阵的秩是一个有效的工具.

题型二　向量组的等价与矩阵的等价

例 5　设 $\boldsymbol{A},\boldsymbol{B},\boldsymbol{C}$ 均为 n 阶矩阵，若 $\boldsymbol{AB}=\boldsymbol{C}$，则(　　).

(A) 矩阵 $\boldsymbol{C}$ 的行向量组与矩阵 $\boldsymbol{A}$ 的行向量组等价

(B) 矩阵 $\boldsymbol{C}$ 的列向量组与矩阵 $\boldsymbol{A}$ 的列向量组等价

(C) 矩阵 $\boldsymbol{C}$ 的行向量组可以被矩阵 $\boldsymbol{A}$ 的行向量组线性表示

(D) 矩阵 $\boldsymbol{C}$ 的列向量组可以被矩阵 $\boldsymbol{A}$ 的列向量组线性表示

(E) 矩阵 $\boldsymbol{C}$ 的列向量组可以被矩阵 $\boldsymbol{B}$ 的列向量组线性表示

【参考答案】D

【解题思路】在 $\boldsymbol{AB}=\boldsymbol{C}$ 中，$\boldsymbol{A}$ 与 $\boldsymbol{B}$ 都可以看作转换矩阵. 若将 $\boldsymbol{A}$ 看作转换矩阵，反映的是 $\boldsymbol{B}$ 与 $\boldsymbol{C}$ 的行向量组之间的转换关系；若将 $\boldsymbol{B}$ 看作转换矩阵，反映的是 $\boldsymbol{A}$ 与 $\boldsymbol{C}$ 的列向量组之间的转换关系.

【答案解析】在选项 A,B,C,D 中，都可以将 $\boldsymbol{B}$ 看作转换矩阵，讨论的是 $\boldsymbol{A}$ 与 $\boldsymbol{C}$ 的列向量组之间的转换关系，因此 A,C 不正确，由于题目中未明确 $\boldsymbol{B}$ 是否可逆，不能反过来说明 $\boldsymbol{A}$ 的列向量组也可以被矩阵 $\boldsymbol{C}$ 的列向量组线性表示，即两个列向量组之间未必等价，故 B 不正确，可以类推 E 不正确，故选择 D.

例 6　设 $\boldsymbol{A},\boldsymbol{B}$ 均为 n 阶矩阵，若 $\boldsymbol{A}$ 与 $\boldsymbol{B}$ 等价，则(　　).

(A) 矩阵 $\boldsymbol{B}$ 的行向量组可以被矩阵 $\boldsymbol{A}$ 的行向量组线性表示

(B) 矩阵 $\boldsymbol{B}$ 的列向量组可以被矩阵 $\boldsymbol{A}$ 的列向量组线性表示

(C) 矩阵 $\boldsymbol{B}$ 的行向量组与矩阵 $\boldsymbol{A}$ 的行向量组等价

(D) 矩阵 $\boldsymbol{B}$ 的列向量组与矩阵 $\boldsymbol{A}$ 的列向量组等价

(E) 以上结论都不正确

【参考答案】E

【解题思路】$\boldsymbol{A}$ 与 $\boldsymbol{B}$ 等价是指矩阵 $\boldsymbol{A}$ 经过初等变换得到矩阵 $\boldsymbol{B}$ 的相互关系，有三种可能，一是经过行变换；二是经过列变换；三是经过行列变换.

【答案解析】若 $\boldsymbol{A}$ 与 $\boldsymbol{B}$ 等价关系是经过行变换构成，即存在可逆矩阵 $\boldsymbol{P}$，使得 $\boldsymbol{B}=\boldsymbol{PA}$，也有 $\boldsymbol{A}=\boldsymbol{P}^{-1}\boldsymbol{B}$，从而知矩阵 $\boldsymbol{B}$ 的行向量组与矩阵 $\boldsymbol{A}$ 的行向量组等价. 显然，其中包含选项 A；若 $\boldsymbol{A}$ 与 $\boldsymbol{B}$ 等价关系是经过列变换构成，即存在可逆矩阵 $\boldsymbol{Q}$，使得 $\boldsymbol{B}=\boldsymbol{AQ}$，也有 $\boldsymbol{A}=\boldsymbol{BQ}^{-1}$，从而知矩阵 $\boldsymbol{B}$ 的列向量组与矩阵 $\boldsymbol{A}$ 的列向量组等价，显然，其中包含选项 B. 由于，题设未明确等价关系的成因，选项 A，B,C,D 都不能确定，故本题选择 E.

【评注】讨论向量组的等价问题时，首先，要区分向量组等价与矩阵等价的异同点；其次，要紧紧抓住它们之间的转换矩阵.

题型三　向量组的极大无关组与秩

例 7　设有向量组 $\boldsymbol{\alpha}_1=(1,-1,2,4)^{\mathrm{T}},\boldsymbol{\alpha}_2=(0,3,1,2)^{\mathrm{T}},\boldsymbol{\alpha}_3=(3,0,7,14)^{\mathrm{T}},\boldsymbol{\alpha}_4=(1,-2,2,0)^{\mathrm{T}},\boldsymbol{\alpha}_5=(2,1,5,10)^{\mathrm{T}}$，则下列为该向量组的极大无关组的是(　　).

(A) $\boldsymbol{\alpha}_1,\boldsymbol{\alpha}_2,\boldsymbol{\alpha}_3$　　(B) $\boldsymbol{\alpha}_1,\boldsymbol{\alpha}_2,\boldsymbol{\alpha}_4$　　(C) $\boldsymbol{\alpha}_1,\boldsymbol{\alpha}_2,\boldsymbol{\alpha}_5$

(D) $\boldsymbol{\alpha}_1,\boldsymbol{\alpha}_3,\boldsymbol{\alpha}_5$　　(E) $\boldsymbol{\alpha}_1,\boldsymbol{\alpha}_2,\boldsymbol{\alpha}_4,\boldsymbol{\alpha}_5$

【参考答案】B

【解题思路】在已知数值向量构成的向量组的情况下求极大无关组，可将它们合并在矩阵中，施以初等行变换，化为阶梯形矩阵，结合矩阵的秩确定其极大无关组.

【答案解析】将 $\boldsymbol{\alpha}_1,\boldsymbol{\alpha}_2,\boldsymbol{\alpha}_3,\boldsymbol{\alpha}_4,\boldsymbol{\alpha}_5$ 作为矩阵 $\boldsymbol{A}$ 的列向量施以初等行变换，有

$$\boldsymbol{A}=(\boldsymbol{\alpha}_1,\boldsymbol{\alpha}_2,\boldsymbol{\alpha}_3,\boldsymbol{\alpha}_4,\boldsymbol{\alpha}_5)=\begin{pmatrix}1&0&3&1&2\\-1&3&0&-2&1\\2&1&7&2&5\\4&2&14&0&10\end{pmatrix}\xrightarrow{r}\begin{pmatrix}1&0&3&1&2\\0&1&1&0&1\\0&0&0&1&0\\0&0&0&0&0\end{pmatrix}=\boldsymbol{B}.$$

$\boldsymbol{B}$ 中非零行左侧第 1 个非零元素所在列对应向量为 $\boldsymbol{\alpha}_1,\boldsymbol{\alpha}_2,\boldsymbol{\alpha}_4$，从而知 $\boldsymbol{\alpha}_1,\boldsymbol{\alpha}_2,\boldsymbol{\alpha}_4$ 是向量组 $\boldsymbol{\alpha}_1,\boldsymbol{\alpha}_2,\boldsymbol{\alpha}_3,\boldsymbol{\alpha}_4,\boldsymbol{\alpha}_5$ 的极大无关组. 故选择 B.

【评注】一个向量组的极大无关组可能有多个组合，但要抓住关键的向量，如本题中 $\boldsymbol{\alpha}_4$ 必不可少.

例 8　设向量组(Ⅰ)：$\boldsymbol{\alpha}_1,\boldsymbol{\alpha}_2,\boldsymbol{\alpha}_3$；(Ⅱ)：$\boldsymbol{\alpha}_1,\boldsymbol{\alpha}_2,\boldsymbol{\alpha}_3,\boldsymbol{\alpha}_4$；(Ⅲ)：$\boldsymbol{\alpha}_1,\boldsymbol{\alpha}_2,\boldsymbol{\alpha}_3,\boldsymbol{\alpha}_5$，且秩(Ⅰ)=秩(Ⅱ)=3，秩(Ⅲ)=4，则向量组 $\boldsymbol{\alpha}_1,\boldsymbol{\alpha}_2,\boldsymbol{\alpha}_3,\boldsymbol{\alpha}_5-\boldsymbol{\alpha}_4$(　　).

(A) 的秩等于 3　　(B) 的秩等于 4　　(C) 的秩不能确定

(D) 与向量组 $\boldsymbol{\alpha}_1,\boldsymbol{\alpha}_2,\boldsymbol{\alpha}_3,\boldsymbol{\alpha}_4$ 等价　(E) 与向量组 $\boldsymbol{\alpha}_1,\boldsymbol{\alpha}_2,\boldsymbol{\alpha}_3$ 等价

【参考答案】B

【解题思路】本题首先从秩的角度入手，由于秩(Ⅲ)=4，可以推断 $\boldsymbol{\alpha}_1,\boldsymbol{\alpha}_2,\boldsymbol{\alpha}_3,\boldsymbol{\alpha}_5-\boldsymbol{\alpha}_4$ 的秩不可能等于 3，要确认的是选项 B.

【答案解析】设一组数 k_1,k_2,k_3,k_4，使得

$$k_1\boldsymbol{\alpha}_1+k_2\boldsymbol{\alpha}_2+k_3\boldsymbol{\alpha}_3+k_4(\boldsymbol{\alpha}_5-\boldsymbol{\alpha}_4)=\boldsymbol{0}.\tag{$*$}$$

又因秩(Ⅰ)=秩(Ⅱ)=3，知 $\boldsymbol{\alpha}_4$ 可以被向量组(Ⅰ)线性表示，即存在常数 l_1,l_2,l_3，使得 $\boldsymbol{\alpha}_4=l_1\boldsymbol{\alpha}_1+l_2\boldsymbol{\alpha}_2+l_3\boldsymbol{\alpha}_3$，将其代入等式($*$)，整理得

$$(k_1-k_4l_1)\boldsymbol{\alpha}_1+(k_2-k_4l_2)\boldsymbol{\alpha}_2+(k_3-k_4l_3)\boldsymbol{\alpha}_3+k_4\boldsymbol{\alpha}_5=\boldsymbol{0}.$$

由于秩(Ⅲ)=4，即 $\boldsymbol{\alpha}_1,\boldsymbol{\alpha}_2,\boldsymbol{\alpha}_3,\boldsymbol{\alpha}_5$ 线性无关，必有

$$\begin{cases}k_1-k_4l_1=0,\\k_2-k_4l_2=0,\\k_3-k_4l_3=0,\\k_4=0,\end{cases}$$

解得 $k_1=k_2=k_3=k_4=0$，即当且仅当 $k_1=k_2=k_3=k_4=0$ 时等式（$*$）成立，因此，$\boldsymbol{\alpha}_1,\boldsymbol{\alpha}_2,\boldsymbol{\alpha}_3,\boldsymbol{\alpha}_5-\boldsymbol{\alpha}_4$ 线性无关，即 $r(\boldsymbol{\alpha}_1,\boldsymbol{\alpha}_2,\boldsymbol{\alpha}_3,\boldsymbol{\alpha}_5-\boldsymbol{\alpha}_4)=4$，故本题选择 B.

【评注】关于向量组的极大无关组的讨论，要抓住几个要点：一是无关部分组；二是向量个数等于向量组的秩或向量组中所有向量可由其线性表示. 具体表达式计算量大，一般不会出现在选择题中；极大无关组可以通过对由向量组构造的矩阵作初等变换得到，或通过与已知极大无关组的等价关系得到；确定极大无关组时经常会用到对应的矩阵，注意有关矩阵的秩一些重要结论；一个向量组的极大无关组不一定唯一，但有些向量是不可替代的，要注意识别.

四、综合练习题

1　设 3 维列向量 $\boldsymbol{\alpha}_1,\boldsymbol{\alpha}_2,\boldsymbol{\alpha}_3$ 线性无关，则下列向量组线性无关的是（　　）.

(A) $\boldsymbol{\alpha}_1-\boldsymbol{\alpha}_2,\boldsymbol{\alpha}_2-\boldsymbol{\alpha}_3,\boldsymbol{\alpha}_3-\boldsymbol{\alpha}_1$　　(B) $\boldsymbol{\alpha}_1-\boldsymbol{\alpha}_2,\boldsymbol{\alpha}_2-2\boldsymbol{\alpha}_3,2\boldsymbol{\alpha}_3-\boldsymbol{\alpha}_1$

(C) $\boldsymbol{\alpha}_1+\boldsymbol{\alpha}_2+\boldsymbol{\alpha}_3,\boldsymbol{\alpha}_1+\boldsymbol{\alpha}_2,\boldsymbol{\alpha}_1$　　(D) $\boldsymbol{\alpha}_1-2\boldsymbol{\alpha}_2+\boldsymbol{\alpha}_3,\boldsymbol{\alpha}_2-\boldsymbol{\alpha}_3,\boldsymbol{\alpha}_2-\boldsymbol{\alpha}_1$

(E) $\boldsymbol{\alpha}_1,\boldsymbol{\alpha}_1-\boldsymbol{\alpha}_2,\boldsymbol{\alpha}_2+\boldsymbol{\alpha}_3,\boldsymbol{\alpha}_3-\boldsymbol{\alpha}_1$

2　设 n 维列向量 $\boldsymbol{\alpha}_1,\boldsymbol{\alpha}_2,\cdots,\boldsymbol{\alpha}_m(m<n)$ 线性无关，则 n 维列向量 $\boldsymbol{\beta}_1,\boldsymbol{\beta}_2,\cdots,\boldsymbol{\beta}_m$ 线性无关的充要条件是（　　）.

(A) 向量组 $\boldsymbol{\alpha}_1,\boldsymbol{\alpha}_2,\cdots,\boldsymbol{\alpha}_m$ 可以由向量组 $\boldsymbol{\beta}_1,\boldsymbol{\beta}_2,\cdots,\boldsymbol{\beta}_m$ 线性表示

(B) 向量组 $\boldsymbol{\beta}_1,\boldsymbol{\beta}_2,\cdots,\boldsymbol{\beta}_m$ 可以由向量组 $\boldsymbol{\alpha}_1,\boldsymbol{\alpha}_2,\cdots,\boldsymbol{\alpha}_m$ 线性表示

(C) 向量组 $\boldsymbol{\alpha}_1,\boldsymbol{\alpha}_2,\cdots,\boldsymbol{\alpha}_m$ 与向量组 $\boldsymbol{\beta}_1,\boldsymbol{\beta}_2,\cdots,\boldsymbol{\beta}_m$ 等价

(D) $x_1\boldsymbol{\alpha}_1+x_2\boldsymbol{\alpha}_2+\cdots+x_m\boldsymbol{\alpha}_m=\mathbf{0}$ 与 $x_1\boldsymbol{\beta}_1+x_2\boldsymbol{\beta}_2+\cdots+x_m\boldsymbol{\beta}_m=\mathbf{0}$ 是同解方程组

(E) 矩阵 $\boldsymbol{A}=(\boldsymbol{\alpha}_1,\boldsymbol{\alpha}_2,\cdots,\boldsymbol{\alpha}_m)$ 与矩阵 $\boldsymbol{B}=(\boldsymbol{\beta}_1,\boldsymbol{\beta}_2,\cdots,\boldsymbol{\beta}_m)$ 等价

3　设向量组 $\boldsymbol{A}_{n\times s}=(\boldsymbol{\alpha}_1,\boldsymbol{\alpha}_2,\cdots,\boldsymbol{\alpha}_s)$，$\boldsymbol{B}_{n\times t}=(\boldsymbol{\beta}_1,\boldsymbol{\beta}_2,\cdots,\boldsymbol{\beta}_t)$，若向量组 $\boldsymbol{\alpha}_1,\boldsymbol{\alpha}_2,\cdots,\boldsymbol{\alpha}_s$ 与 $\boldsymbol{\beta}_1,\boldsymbol{\beta}_2,\cdots,\boldsymbol{\beta}_t$ 等价，则（　　）.

(A) $s=t$

(B) 矩阵 $\boldsymbol{A}$ 与 $\boldsymbol{B}$ 等价

(C) 存在矩阵 $\boldsymbol{Q}_{t\times s}$，使得 $\boldsymbol{A}=\boldsymbol{BQ}$

(D) 存在可逆矩阵 $\boldsymbol{Q}_{t\times s}$，使得 $\boldsymbol{A}=\boldsymbol{BQ}$

(E) 存在矩阵 $\boldsymbol{Q}_n$，使得 $\boldsymbol{A}=\boldsymbol{QB}$

4　已知向量组（Ⅰ）：$\boldsymbol{\alpha}_1,\boldsymbol{\alpha}_2,\boldsymbol{\alpha}_3$ 和向量组（Ⅱ）：$\boldsymbol{\beta}_1,\boldsymbol{\beta}_2,\boldsymbol{\beta}_3$，且

$$\begin{cases}\boldsymbol{\beta}_1=(1+k)\boldsymbol{\alpha}_1+2\boldsymbol{\alpha}_2+3\boldsymbol{\alpha}_3,\\ \boldsymbol{\beta}_2=\boldsymbol{\alpha}_1+2(1+k)\boldsymbol{\alpha}_2+3\boldsymbol{\alpha}_3,\\ \boldsymbol{\beta}_3=\boldsymbol{\alpha}_1+2\boldsymbol{\alpha}_2+3(1+k)\boldsymbol{\alpha}_3.\end{cases}$$

若两个向量组等价，且 $\boldsymbol{\alpha}_1,\boldsymbol{\alpha}_2,\boldsymbol{\alpha}_3$ 线性无关，则（　　）.

(A) $k\neq 0$　　(B) $k\neq 1$　　(C) $k\neq -1$

(D) $k\neq 0$ 且 $k\neq 1$　　(E) $k\neq 0$ 且 $k\neq -3$

5 设矩阵

$$A=\begin{pmatrix}2&0&0&0&0\\-1&5&0&0&0\\3&1&4&0&0\\6&7&-2&0&0\\6&1&4&0&0\end{pmatrix},$$

$\boldsymbol{\alpha}_1=(2,0,0,0,0),\boldsymbol{\alpha}_2=(-1,5,0,0,0),\boldsymbol{\alpha}_3=(3,1,4,0,0),\boldsymbol{\alpha}_4=(6,7,-2,0,0),\boldsymbol{\alpha}_5=(6,1,4,0,0)$ 为 A 的行向量组，则下列向量组中不构成该行向量组的一个极大无关组的是(　　).

(A) $\boldsymbol{\alpha}_1,\boldsymbol{\alpha}_2,\boldsymbol{\alpha}_3$　(B) $\boldsymbol{\alpha}_1,\boldsymbol{\alpha}_2,\boldsymbol{\alpha}_4$　(C) $\boldsymbol{\alpha}_2,\boldsymbol{\alpha}_3,\boldsymbol{\alpha}_4$

(D) $\boldsymbol{\alpha}_2,\boldsymbol{\alpha}_3,\boldsymbol{\alpha}_5$　(E) $\boldsymbol{\alpha}_1,\boldsymbol{\alpha}_3,\boldsymbol{\alpha}_5$

6 已知同维向量组(Ⅰ):$\boldsymbol{\alpha}_1,\boldsymbol{\alpha}_2,\cdots,\boldsymbol{\alpha}_s$ 和向量组(Ⅱ):$\boldsymbol{\beta}_1,\boldsymbol{\beta}_2,\cdots,\boldsymbol{\beta}_t$，于是有(　　).

(A) 若 $s>t$，则 $r(\boldsymbol{\alpha}_1,\boldsymbol{\alpha}_2,\cdots,\boldsymbol{\alpha}_s)>r(\boldsymbol{\beta}_1,\boldsymbol{\beta}_2,\cdots,\boldsymbol{\beta}_t)$

(B) 若 $s=t$，则 $r(\boldsymbol{\alpha}_1,\boldsymbol{\alpha}_2,\cdots,\boldsymbol{\alpha}_s)=r(\boldsymbol{\beta}_1,\boldsymbol{\beta}_2,\cdots,\boldsymbol{\beta}_t)$

(C) 若 $\boldsymbol{\alpha}_1,\boldsymbol{\alpha}_2,\cdots,\boldsymbol{\alpha}_s$ 与 $\boldsymbol{\beta}_1,\boldsymbol{\beta}_2,\cdots,\boldsymbol{\beta}_t$ 等价，则 $s=t$

(D) 若 $\boldsymbol{\alpha}_1,\boldsymbol{\alpha}_2,\cdots,\boldsymbol{\alpha}_s$ 的极大无关组与 $\boldsymbol{\beta}_1,\boldsymbol{\beta}_2,\cdots,\boldsymbol{\beta}_t$ 的极大无关组等价，则两向量组等价

(E) $r(\boldsymbol{\alpha}_1,\boldsymbol{\alpha}_2,\cdots,\boldsymbol{\alpha}_s;\boldsymbol{\beta}_1,\boldsymbol{\beta}_2,\cdots,\boldsymbol{\beta}_t)=r(\boldsymbol{\alpha}_1,\boldsymbol{\alpha}_2,\cdots,\boldsymbol{\alpha}_s)+r(\boldsymbol{\beta}_1,\boldsymbol{\beta}_2,\cdots,\boldsymbol{\beta}_t)$

7 设 $\boldsymbol{\alpha}_1=(a_1,a_2,a_3)^{\mathrm{T}},\boldsymbol{\alpha}_2=(b_1,b_2,b_3)^{\mathrm{T}},\boldsymbol{\alpha}_3=(c_1,c_2,c_3)^{\mathrm{T}}$，则三条直线

$$a_1x+b_1y+c_1=0,$$
$$a_2x+b_2y+c_2=0,$$
$$a_3x+b_3y+c_3=0$$

$(a_i^2+b_i^2\neq0,i=1,2,3)$ 相交于一点的充要条件是(　　).

(A) $\boldsymbol{\alpha}_1,\boldsymbol{\alpha}_2,\boldsymbol{\alpha}_3$ 线性相关　(B) $\boldsymbol{\alpha}_1,\boldsymbol{\alpha}_2,\boldsymbol{\alpha}_3$ 线性无关

(C) $r(\boldsymbol{\alpha}_1,\boldsymbol{\alpha}_2,\boldsymbol{\alpha}_3)=r(\boldsymbol{\alpha}_1,\boldsymbol{\alpha}_2)$　(D) $r(\boldsymbol{\alpha}_1,\boldsymbol{\alpha}_2)=1$

(E) $\boldsymbol{\alpha}_1,\boldsymbol{\alpha}_2,\boldsymbol{\alpha}_3$ 线性相关，$\boldsymbol{\alpha}_1,\boldsymbol{\alpha}_2$ 线性无关

五、综合练习题参考答案

1 【参考答案】C

【解题思路】关键在于两个向量组之间的转换矩阵.

【答案解析】选项 A，由

$$(\boldsymbol{\alpha}_1-\boldsymbol{\alpha}_2,\boldsymbol{\alpha}_2-\boldsymbol{\alpha}_3,\boldsymbol{\alpha}_3-\boldsymbol{\alpha}_1)=(\boldsymbol{\alpha}_1,\boldsymbol{\alpha}_2,\boldsymbol{\alpha}_3)\begin{pmatrix}1&0&-1\\-1&1&0\\0&-1&1\end{pmatrix},$$

其中转换矩阵为 $A_1=\begin{pmatrix}1&0&-1\\-1&1&0\\0&-1&1\end{pmatrix}$，$|A_1|=0$，知该向量组线性相关.

选项 B,由

$$(\boldsymbol{\alpha}_1-\boldsymbol{\alpha}_2,\boldsymbol{\alpha}_2-2\boldsymbol{\alpha}_3,2\boldsymbol{\alpha}_3-\boldsymbol{\alpha}_1)=(\boldsymbol{\alpha}_1,\boldsymbol{\alpha}_2,\boldsymbol{\alpha}_3)\begin{pmatrix}1&0&-1\\-1&1&0\\0&-2&2\end{pmatrix},$$

其中转换矩阵为 $\boldsymbol{A}_2=\begin{pmatrix}1&0&-1\\-1&1&0\\0&-2&2\end{pmatrix}$,$|\boldsymbol{A}_2|=0$,知该向量组线性相关.

选项 C,由

$$(\boldsymbol{\alpha}_1+\boldsymbol{\alpha}_2+\boldsymbol{\alpha}_3,\boldsymbol{\alpha}_1+\boldsymbol{\alpha}_2,\boldsymbol{\alpha}_1)=(\boldsymbol{\alpha}_1,\boldsymbol{\alpha}_2,\boldsymbol{\alpha}_3)\begin{pmatrix}1&1&1\\1&1&0\\1&0&0\end{pmatrix},$$

其中转换矩阵为 $\boldsymbol{A}_3=\begin{pmatrix}1&1&1\\1&1&0\\1&0&0\end{pmatrix}$,$|\boldsymbol{A}_3|=-1\neq 0$,知该向量组线性无关.

选项 D,由

$$(\boldsymbol{\alpha}_1-2\boldsymbol{\alpha}_2+\boldsymbol{\alpha}_3,\boldsymbol{\alpha}_2-\boldsymbol{\alpha}_3,\boldsymbol{\alpha}_2-\boldsymbol{\alpha}_1)=(\boldsymbol{\alpha}_1,\boldsymbol{\alpha}_2,\boldsymbol{\alpha}_3)\begin{pmatrix}1&0&-1\\-2&1&1\\1&-1&0\end{pmatrix},$$

其中转换矩阵为 $\boldsymbol{A}_4=\begin{pmatrix}1&0&-1\\-2&1&1\\1&-1&0\end{pmatrix}$,$|\boldsymbol{A}_4|=0$,知该向量组线性相关.

选项 E,向量个数大于维数,故该向量组线性相关.

综上分析,本题应选 C.

2 【参考答案】E

【解题思路】本题求解的关键是,一个向量组的线性相关性是否必须要与另一个特定的向量组的线性关系挂钩?答案是否定的.

【答案解析】向量组 $\boldsymbol{\beta}_1,\boldsymbol{\beta}_2,\cdots,\boldsymbol{\beta}_m$ 是否线性无关，并不取决于是否能被另一个无关向量组线性表示,也不取决于能否表示另一个线性无关向量组,如,无关向量组 $\boldsymbol{\alpha}_1=(1,0,0)^{\mathrm{T}}$,$\boldsymbol{\alpha}_2=(0,0,1)^{\mathrm{T}}$ 与无关向量组 $\boldsymbol{\beta}_1=(0,1,0)^{\mathrm{T}}$,$\boldsymbol{\beta}_2=(0,1,1)^{\mathrm{T}}$ 之间均不能由对方表示,但这不影响它们各自的线性相关性. 因此,选项 A,B,C 均不正确. 选项 D 与选项 C 相似,因为方程组同解,仍然要求两个向量组存在线性关系,故不正确,由排除法,故选 E. 事实上,两个向量个数和维数相等的无关向量组之间的联系是两者秩相等,矩阵 $\boldsymbol{A}=(\boldsymbol{\alpha}_1,\boldsymbol{\alpha}_2,\cdots,\boldsymbol{\alpha}_m)$ 与矩阵 $\boldsymbol{B}=(\boldsymbol{\beta}_1,\boldsymbol{\beta}_2,\cdots,\boldsymbol{\beta}_m)$ 等价,说明两个向量组秩相等,未必两者之间有线性关系.

3 【参考答案】C

【解题思路】向量组等价是指两个向量组可以互相线性表示，但不要求各自的向量个数相同，这与矩阵等价是两个不同的概念.

【答案解析】两个向量组等价并不要求各自的向量个数相同，而矩阵等价的前提是两个矩阵的行数、列数必须相同，所以选项 A,B 不正确；向量组 $\boldsymbol{\alpha}_1,\boldsymbol{\alpha}_2,\cdots,\boldsymbol{\alpha}_s$ 与 $\boldsymbol{\beta}_1,\boldsymbol{\beta}_2,\cdots,\boldsymbol{\beta}_t$ 等价，则 $\boldsymbol{\alpha}_1,\boldsymbol{\alpha}_2,\cdots,\boldsymbol{\alpha}_s$ 可以被 $\boldsymbol{\beta}_1,\boldsymbol{\beta}_2,\cdots,\boldsymbol{\beta}_t$ 线性表示，其组合系数构成矩阵 $Q_{t\times s}$，并有 $\boldsymbol{A}=\boldsymbol{B}\boldsymbol{Q}$，其中转换矩阵 $Q_{t\times s}$ 未必是方阵，而且位于等式右侧，表示列向量组之间的线性关系，故选项 D,E 也不正确. 本题应选 C.

4 【参考答案】E

【答案解析】由

$$(\boldsymbol{\beta}_1,\boldsymbol{\beta}_2,\boldsymbol{\beta}_3)=(\boldsymbol{\alpha}_1,\boldsymbol{\alpha}_2,\boldsymbol{\alpha}_3)\begin{pmatrix}1+k & 1 & 1\\ 2 & 2(1+k) & 2\\ 3 & 3 & 3(1+k)\end{pmatrix},$$

其转换矩阵为 $\boldsymbol{A}=\begin{pmatrix}1+k & 1 & 1\\ 2 & 2(1+k) & 2\\ 3 & 3 & 3(1+k)\end{pmatrix}$，又 $\boldsymbol{\alpha}_1,\boldsymbol{\alpha}_2,\boldsymbol{\alpha}_3$ 线性无关，故当且仅当 $\boldsymbol{A}$ 可逆时，两向量组等价，则由

$$|\boldsymbol{A}|=\begin{vmatrix}1+k & 1 & 1\\ 2 & 2(1+k) & 2\\ 3 & 3 & 3(1+k)\end{vmatrix}=6k^2(3+k)\neq 0,$$

知当 $k\neq 0$ 且 $k\neq -3$ 时，两个向量组等价，本题应选择 E.

5 【参考答案】E

【解题思路】在确定矩阵 $\boldsymbol{A}$ 的秩的基础上，确定极大无关组的向量个数，再判断部分向量组是否为无关向量组，从而确定是否为极大无关组. 实际判断时，只要判断它们由前 3 个分量对应向量组的相关性，若它们线性无关，则其加长向量组必线性无关.

【答案解析】显然 $\boldsymbol{A}$ 的所有 4 阶子式为零，又由 $\begin{vmatrix}2 & 0 & 0\\ -1 & 5 & 0\\ 3 & 1 & 4\end{vmatrix}=40\neq 0$，知 $r(\boldsymbol{A})=3$，且 $\boldsymbol{\alpha}_1'=(2,0,0)$，$\boldsymbol{\alpha}_2'=(-1,5,0)$，$\boldsymbol{\alpha}_3'=(3,1,4)$ 线性无关，因此，其加长向量组 $\boldsymbol{\alpha}_1,\boldsymbol{\alpha}_2,\boldsymbol{\alpha}_3$ 也线性无关.

类似地，由

$$\begin{vmatrix}2 & 0 & 0\\ -1 & 5 & 0\\ 6 & 7 & -2\end{vmatrix}=-20\neq 0,\begin{vmatrix}-1 & 5 & 0\\ 3 & 1 & 4\\ 6 & 7 & -2\end{vmatrix}=180\neq 0,\begin{vmatrix}-1 & 5 & 0\\ 3 & 1 & 4\\ 6 & 1 & 4\end{vmatrix}=60\neq 0,\begin{vmatrix}2 & 0 & 0\\ 3 & 1 & 4\\ 6 & 1 & 4\end{vmatrix}=0,$$

知 $\boldsymbol{\alpha}_1,\boldsymbol{\alpha}_2,\boldsymbol{\alpha}_4$；$\boldsymbol{\alpha}_2,\boldsymbol{\alpha}_3,\boldsymbol{\alpha}_4$；$\boldsymbol{\alpha}_2,\boldsymbol{\alpha}_3,\boldsymbol{\alpha}_5$ 均线性无关，因此，除去 $\boldsymbol{\alpha}_1,\boldsymbol{\alpha}_3,\boldsymbol{\alpha}_5$，其他选项的向量组都构成该矩阵行向量组的一个极大无关组，故本题选择 E.

6 【参考答案】D

【解题思路】两向量组的关系的核心体现在它们的极大无关组之间的关系，而不是表面的向量个数.

【答案解析】向量组的秩是向量组中的极大无关组的向量个数，两向量组等价反映的是两向量组的极大无关组所含的向量个数相同，都与向量组中向量个数无关，因此，选项 A,B,C 均不正确.

两向量组的极大无关组等价，即可以互相表示，同时，它们各自构造所在的向量组，所以两向量组等价，故 D 正确.

两向量组合并后，两向量组的极大无关组也合并，但其中可能有重复或线性相关的向量要排除，向量个数可能会减少，因此合并后向量组的秩也可能会变小，要小于或等于两秩之和，故选项 E 不正确.

综上分析，本题应选择 D.

7 【参考答案】E

【解题思路】三条直线在平面空间的相互位置，可以转化为线性方程组的解的讨论，进而转为三条直线方程对应的向量组的线性相关性讨论.

【答案解析】三条直线相交于一点的充要条件是三条直线方程组成的线性方程组有唯一解，进而转化为 $r(\boldsymbol{\alpha}_1,\boldsymbol{\alpha}_2,\boldsymbol{\alpha}_3)=r(\boldsymbol{\alpha}_1,\boldsymbol{\alpha}_2)=2$，即 $\boldsymbol{\alpha}_1,\boldsymbol{\alpha}_2,\boldsymbol{\alpha}_3$ 线性相关，$\boldsymbol{\alpha}_1,\boldsymbol{\alpha}_2$ 线性无关. 故选择 E.

第二节 线性方程组

一、知识结构

- 线性方程组
  - 方程组的形式及解法
    - 方程组形式 → 矩阵方程形式 $\boldsymbol{A}\boldsymbol{x}=\boldsymbol{b}$，$(\boldsymbol{A}\vdots\boldsymbol{b})$ 为增广矩阵，$\boldsymbol{A}$ 为系数矩阵；向量方程形式 $x_1\boldsymbol{\alpha}_1+\cdots+x_n\boldsymbol{\alpha}_n=\boldsymbol{b}$，$\boldsymbol{\alpha}_j(j=1,\cdots,n)$ 为列向量
    - 基本解法 → $(\boldsymbol{A}\vdots\boldsymbol{b})\xrightarrow{\text{初等行变换}}$ 阶梯形矩阵 $\xrightarrow{\text{还原}}$ 同解方程组 $\longrightarrow$ 求解方程组
  - 方程组解的讨论
    - 非齐次线性方程组 $\boldsymbol{A}_{m\times n}\boldsymbol{x}=\boldsymbol{b}$ → 利用 $r(\boldsymbol{A}\vdots\boldsymbol{b})$，$r(\boldsymbol{A})$ 的关系判定 →
      - $r(\boldsymbol{A}\vdots\boldsymbol{b})=r(\boldsymbol{A})=n$，有唯一解
      - $r(\boldsymbol{A}\vdots\boldsymbol{b})=r(\boldsymbol{A})<n$，有无穷多解
      - $r(\boldsymbol{A}\vdots\boldsymbol{b})\neq r(\boldsymbol{A})$，无解
    - 齐次线性方程组 $\boldsymbol{A}_{m\times n}\boldsymbol{x}=\boldsymbol{0}$ → $r(\boldsymbol{A})\leqslant n$ →
      - $r(\boldsymbol{A})=n$，仅有零解
      - $r(\boldsymbol{A})<n$，有非零解
  - 方程组解的结构
    - 齐次线性方程组 $r(\boldsymbol{A})<n$
      - 方程组解的线性组合仍为方程组的解
      - 基础解系
        - 判断法 → ① 是解；线性无关；个数为 $n-r$ ② 是解；线性无关；可以将所有解线性表示 ③ 与一基础解系等价；个数为 $n-r$
        - 求法 → $\boldsymbol{A}\xrightarrow{\text{初等行变换}}$ 阶梯形矩阵 $\longrightarrow$ 求秩，选自由未知量 $\xrightarrow{\text{自由未知量取特定值分别代入方程}}$ 解出基础解系
      - 通解表达式：$c_1\boldsymbol{\alpha}_1+\cdots+c_{n-r}\boldsymbol{\alpha}_{n-r}$，$c_j(j=1,\cdots,n-r)$ 为任意常数
    - 非齐次线性方程组 $r(\boldsymbol{A}\vdots\boldsymbol{b})=r(\boldsymbol{A})$ 且 $r(\boldsymbol{A})<n$
      - 原方程组两解之差为导出组的解；原方程组特解与导出组解的和仍为原方程组的解
      - 通解表达式：$\boldsymbol{\gamma}_0+k_1\boldsymbol{\eta}_1+k_2\boldsymbol{\eta}_2+\cdots+k_{n-r}\boldsymbol{\eta}_{n-r}$
    - 两个方程组解的关系
      - $\boldsymbol{A}_1\boldsymbol{x}=\boldsymbol{b}_1$，$\boldsymbol{A}_2\boldsymbol{x}=\boldsymbol{b}_2$ 同解 → ① 方程组(Ⅰ)的解是方程组(Ⅱ)的解，反之亦然 ② 两个方程组增广矩阵的行向量组等价 ③ 两个方程组的增广矩阵可通过初等行变换连接
      - $\boldsymbol{A}\boldsymbol{x}=\boldsymbol{0}$，$\boldsymbol{B}\boldsymbol{x}=\boldsymbol{0}$ 有公共非零解 → ① 两方程组的联立方程组有非零解 ② 将一个方程组的通解代入另一方程组，通解常数中存在非零值满足另一方程组 ③ 两个方程组的基础解系组合的齐次方程组有非零解

二、考点精讲

(一)线性方程组的形式及其基本解法

1.线性方程组的矩阵形式和向量方程形式

形如
$$\begin{cases}a_{11}x_1+a_{12}x_2+\cdots+a_{1n}x_n=b_1,\\a_{21}x_1+a_{22}x_2+\cdots+a_{2n}x_n=b_2,\\\qquad\cdots\cdots\\a_{m1}x_1+a_{m2}x_2+\cdots+a_{mn}x_n=b_m\end{cases}\qquad①$$
的线性方程组,称为一般的线性方程组,其中 $x_1,x_2,\cdots,x_n$ 为 n 个未知量,m 表示方程个数,$a_{ij}(i=1,\cdots,m;j=1,\cdots,n)$ 表示第 i 个方程中第 j 个未知量的系数,统称方程组 ① 的系数,$b_i(i=1,\cdots,m)$ 称为常数项,且方程个数不一定等于未知量的个数.

如果 $b_i=0(i=1,\cdots,m)$,则称方程组 ① 为齐次线性方程组;如果 $b_i(i=1,\cdots,m)$ 不全为零,则称方程组 ① 为非齐次线性方程组.

若记
$$\boldsymbol{A}_{m\times n}=\begin{pmatrix}a_{11}&a_{12}&\cdots&a_{1n}\\a_{21}&a_{22}&\cdots&a_{2n}\\\vdots&\vdots&&\vdots\\a_{m1}&a_{m2}&\cdots&a_{mn}\end{pmatrix},\boldsymbol{b}=\begin{pmatrix}b_1\\b_2\\\vdots\\b_m\end{pmatrix},\ \boldsymbol{x}=\begin{pmatrix}x_1\\x_2\\\vdots\\x_n\end{pmatrix},$$
则线性方程组 ① 可表示为矩阵方程形式
$$\boldsymbol{Ax}=\boldsymbol{b},\qquad②$$
其中 $\boldsymbol{A}$ 称为方程组的系数矩阵,$\boldsymbol{b}$ 称为常数项矩阵,由 $\boldsymbol{A}$ 与 $\boldsymbol{b}$ 构成的矩阵 $(\boldsymbol{A}\vdots\boldsymbol{b})$ 称为增广矩阵,$\boldsymbol{x}$ 为 n 元未知量矩阵.

若记 $\boldsymbol{\alpha}_j$ 为系数矩阵 $\boldsymbol{A}$ 的第 j 个列向量,则线性方程组 ① 可表示为向量方程形式
$$x_1\boldsymbol{\alpha}_1+x_2\boldsymbol{\alpha}_2+\cdots+x_n\boldsymbol{\alpha}_n=\boldsymbol{b}.\qquad③$$

显然,矩阵方程 ② 和向量方程 ③ 同为线性方程组 ① 的两种等价的表示形式. 了解这一点,将有助于我们从多种角度来讨论和理解关于线性方程组解的理论.

2.求解线性方程组的消元法与初等变换法

下面通过实例回顾一下用消元法求解一个方程组的过程.

解线性方程组
$$\begin{cases}2x_1+x_2-x_3=-3,\\x_1+2x_2+4x_3=9,\\3x_1+5x_2+7x_3=16.\end{cases}$$

步骤 1　交换第一个、第二个方程的位置,得
$$\begin{cases}x_1+2x_2+4x_3=9,\\2x_1+x_2-x_3=-3,\\3x_1+5x_2+7x_3=16.\end{cases}$$

步骤 2　将第一个方程分别乘 -2，-3 加至第二个、第三个方程，得

$$\begin{cases} x_1+2x_2+4x_3=9, \\ -3x_2-9x_3=-21, \\ -x_2-5x_3=-11. \end{cases}$$

步骤 3　将第二个方程除以 -3，再加至第三个方程，得

$$\begin{cases} x_1+2x_2+4x_3=9, \\ x_2+3x_3=7, \\ -2x_3=-4. \end{cases}$$

步骤 4　将第三个方程除以 -2，再分别乘 -4，-3 加至第一个、第二个方程，得

$$\begin{cases} x_1+2x_2=1, \\ x_2=1, \\ x_3=2. \end{cases}$$

步骤 5　将第二个方程乘 -2，加至第一个方程，得解 $x_1=-1$，$x_2=1$，$x_3=2$.

从过程来看，用消元法求解方程组，反复施行以下三种变换：(1) 交换两个方程的位置；(2) 用一个非零数乘某一个方程；(3) 用某个方程的若干倍加至另一个方程. 上述三种变换称为线性方程组的初等变换. 而且变换前后的方程组为同解方程组. 其中步骤 1 至步骤 3，将原方程组化为阶梯形方程组是消元过程；步骤 4 和步骤 5 是回代过程，给出方程组的解.

消元法求解方程组，所有运算只是在方程组各个方程的系数和常数项之间进行的，因此，可以简化为对方程组的增广矩阵施以初等行变换，上述解题过程可以表示为

$$(\boldsymbol{A} \vdots \boldsymbol{b})=\left(\begin{array}{ccc:c} 2 & 1 & -1 & -3 \\ 1 & 2 & 4 & 9 \\ 3 & 5 & 7 & 16 \end{array}\right) \xrightarrow[\text{步骤 1}]{r_1 \leftrightarrow r_2} \left(\begin{array}{ccc:c} 1 & 2 & 4 & 9 \\ 2 & 1 & -1 & -3 \\ 3 & 5 & 7 & 16 \end{array}\right) \xrightarrow[\text{步骤 2}]{\substack{r_2-2r_1 \\ r_3-3r_1}} \left(\begin{array}{ccc:c} 1 & 2 & 4 & 9 \\ 0 & -3 & -9 & -21 \\ 0 & -1 & -5 & -11 \end{array}\right)$$

$$\xrightarrow[\text{步骤 3}]{\substack{r_2 \div(-3) \\ r_3+r_2}} \left(\begin{array}{ccc:c} 1 & 2 & 4 & 9 \\ 0 & 1 & 3 & 7 \\ 0 & 0 & -2 & -4 \end{array}\right) \xrightarrow[\text{步骤 4}]{\substack{r_3 \div(-2) \\ r_1-4r_3 \\ r_2-3r_3}} \left(\begin{array}{ccc:c} 1 & 2 & 0 & 1 \\ 0 & 1 & 0 & 1 \\ 0 & 0 & 1 & 2 \end{array}\right) \xrightarrow[\text{步骤 5}]{r_1-2r_2} \left(\begin{array}{ccc:c} 1 & 0 & 0 & -1 \\ 0 & 1 & 0 & 1 \\ 0 & 0 & 1 & 2 \end{array}\right),$$

其中，消元过程即化增广矩阵为阶梯形矩阵的过程；回代过程即进一步化阶梯形矩阵为行最简阶梯形矩阵形式(即矩阵各非零行第一项元素为1，且1所在列其余元素为0的矩阵)，其对应的方程组即为与原方程组的同解方程组，也即方程组的解

$$\begin{cases} x_1=-1, \\ x_2=1, \\ x_3=2. \end{cases}$$

显而易见，一般的线性方程组的基本解法，就是在消元法基础上简化了的初等变换法，具体做法：首先对线性方程组的增广矩阵作初等行变换化为阶梯形矩阵，然后将阶梯形矩阵还原为对应的阶梯形方程组求解，或继续由阶梯形矩阵化为最简的阶梯形矩阵，再还原为对应方程组写出原方程

组的解.

可以证明，对增广矩阵作初等行变换后得到的新方程组与原方程组一定是同解方程组.

（二）线性方程组解的讨论

下面利用初等变换法讨论一般的线性方程组解的问题.

1. 非齐次线性方程组解的讨论

通过实例观察非齐次线性方程组经初等变换后可能出现的几种状态：

引例1 对线性方程组

$$\begin{cases} x_1+x_2+2x_3+x_4=1, \\ 3x_1+x_2+3x_4=5, \\ x_1-x_2-4x_3+x_4=3, \\ 2x_1-2x_3+2x_4=5 \end{cases}$$

的增广矩阵施以初等行变换化为阶梯形，

$$\left(\begin{array}{cccc:c} 1 & 1 & 2 & 1 & 1 \\ 3 & 1 & 0 & 3 & 5 \\ 1 & -1 & -4 & 1 & 3 \\ 2 & 0 & -2 & 2 & 5 \end{array}\right) \xrightarrow{r} \left(\begin{array}{cccc:c} 1 & 1 & 2 & 1 & 1 \\ 0 & 1 & 3 & 0 & -1 \\ 0 & 0 & 0 & 0 & 1 \\ 0 & 0 & 0 & 0 & 0 \end{array}\right),$$

对应的同解方程组是$\begin{cases} x_1+x_2+2x_3+x_4=1, \\ x_2+3x_3=-1, \\ 0=1, \end{cases}$ 其中出现了矛盾方程 $0=1$.

引例2 对线性方程组

$$\begin{cases} x_1+x_2+x_3+x_4+x_5=1, \\ x_1+x_2+2x_3+2x_4-4x_5=3, \\ x_1+x_2-2x_3-x_4+5x_5=-1, \\ 3x_1+3x_2+x_3+2x_4+2x_5=3 \end{cases}$$

的增广矩阵施以初等行变换化为阶梯形，

$$\left(\begin{array}{ccccc:c} 1 & 1 & 1 & 1 & 1 & 1 \\ 1 & 1 & 2 & 2 & -4 & 3 \\ 1 & 1 & -2 & -1 & 5 & -1 \\ 3 & 3 & 1 & 2 & 2 & 3 \end{array}\right) \xrightarrow{r} \left(\begin{array}{ccccc:c} 1 & 1 & 0 & 0 & 6 & -1 \\ 0 & 0 & 1 & 0 & 6 & -2 \\ 0 & 0 & 0 & 1 & -11 & 4 \\ 0 & 0 & 0 & 0 & 0 & 0 \end{array}\right),$$

对应的同解方程组是$\begin{cases} x_1+x_2+6x_5=-1, \\ x_3+6x_5=-2, \\ x_4-11x_5=4, \end{cases}$ 其中独立方程个数少于未知量个数.

结果表明，初等变换清除了多余的方程和模糊状态，将有关方程组内在的解的真实状态显现出来，从而帮助我们解决一般情况下方程组解的问题.

现对一般形式的线性方程组 ① 的增广矩阵施以初等行变换化为阶梯形，即有

$$(\mathbf{A}\vdots\boldsymbol{b})\xrightarrow{r}\left(\begin{array}{cccccc|c}a_{11}' & a_{12}' & \cdots & a_{1r}' & a_{1,r+1}' & \cdots & a_{1n}' & d_1\\ 0 & a_{22}' & \cdots & a_{2r}' & a_{2,r+1}' & \cdots & a_{2n}' & d_2\\ \vdots & \vdots & & \vdots & \vdots & & \vdots & \vdots\\ 0 & 0 & \cdots & a_{rr}' & a_{r,r+1}' & \cdots & a_{rn}' & d_r\\ 0 & 0 & \cdots & 0 & 0 & \cdots & 0 & d_{r+1}\\ 0 & 0 & \cdots & 0 & 0 & \cdots & 0 & 0\\ \vdots & \vdots & & \vdots & \vdots & & \vdots & \vdots\\ 0 & 0 & \cdots & 0 & 0 & \cdots & 0 & 0\end{array}\right).$$

对应的与原方程组同解的方程组为

$$\begin{cases}a_{11}'x_1+a_{12}'x_2+\cdots+a_{1r}'x_r+a_{1,r+1}'x_{r+1}+\cdots+a_{1n}'x_n=d_1,\\ a_{22}'x_2+\cdots+a_{2r}'x_r+a_{2,r+1}'x_{r+1}+\cdots+a_{2n}'x_n=d_2,\\ \qquad\cdots\cdots\\ a_{rr}'x_r+a_{r,r+1}'x_{r+1}+\cdots+a_{rn}'x_n=d_r,\\ 0=d_{r+1}.\end{cases}$$

（其中需要说明的是阶梯形矩阵中前 r 行、前 r 列对应的 r 阶子式，仅由初等行变换未必能化为三角行列式形式，如引例 2，但只要适当调整未知量的位置，不难处理，也不影响方程组解的讨论）由阶梯形矩阵中 r 表示去掉“多余”方程后独立方程的个数，且 $r\leqslant m$（不含 $0=d_{r+1}$），于是，有

（1）当 $d_{r+1}=0$ 且 $n=r$ 时，独立方程个数等于未知量的个数，其系数行列式 $D\neq 0$，由克拉默法则知，原方程组有唯一解.

（2）当 $d_{r+1}=0$ 且 $n>r$ 时，独立方程个数少于未知量的个数，将有 $n-r$ 个未知量成为自由变量，可以任意取值，原方程组有无穷多解.

（3）当 $d_{r+1}\neq 0$ 时，出现矛盾方程，故原方程组无解.

于是，上述结论可记作以下定理.

定理 1　非齐次线性方程组① 有解的充分必要条件是 $r(\mathbf{A}\vdots\boldsymbol{b})=r(\mathbf{A})$，且当 $r(\mathbf{A}\vdots\boldsymbol{b})=r(\mathbf{A})=n$ 时，方程组有唯一解.

该定理也可以由本章第一节中向量组相关性得到验证，即将线性方程组 ① 改由向量方程形式表示

$$x_1\boldsymbol{\alpha}_1+x_2\boldsymbol{\alpha}_2+\cdots+x_n\boldsymbol{\alpha}_n=\boldsymbol{b},$$

方程组 ① 有解的充分必要条件是向量 $\boldsymbol{b}$ 可以被向量组 $\boldsymbol{\alpha}_1,\boldsymbol{\alpha}_2,\cdots,\boldsymbol{\alpha}_n$ 线性表示，也即

$$r(\boldsymbol{\alpha}_1,\boldsymbol{\alpha}_2,\cdots,\boldsymbol{\alpha}_n,\boldsymbol{b})=r(\boldsymbol{\alpha}_1,\boldsymbol{\alpha}_2,\cdots,\boldsymbol{\alpha}_n),$$

从而有 $r(\mathbf{A}\vdots\boldsymbol{b})=r(\mathbf{A})$，且当 $r(\mathbf{A}\vdots\boldsymbol{b})=r(\mathbf{A})=n$ 时，表达式唯一，也即方程组 ① 有唯一解.

例 1　设线性方程组

$$\begin{cases}ax_1+x_2+x_3=1,\\ x_1+ax_2+x_3=1,\\ x_1+x_2+ax_3=-2.\end{cases}$$

讨论 a 取何值时,方程组(1) 有唯一解;(2) 无解;(3) 有无穷多解.

【解题思路】方程组含有待定参数,由于该系数矩阵为方阵,可直接从系数行列式入手,先找出零点,再讨论方程组解的状态. 这样可以避免在含参数情况下进行初等变换.

【答案解析】(1) **方法1** 由系数行列式

$$|\boldsymbol{A}|=\begin{vmatrix}a & 1 & 1\\1 & a & 1\\1 & 1 & a\end{vmatrix}=(a-1)^2(a+2)=0,$$

得 $a=-2,a=1$. 于是,当 $a\neq1$ 且 $a\neq-2$ 时,$r(\boldsymbol{A}\vdots\boldsymbol{b})=r(\boldsymbol{A})=3$,方程组有唯一解.

方法2 对增广矩阵施行初等行变换化为阶梯形矩阵,有

$$(\boldsymbol{A}\vdots\boldsymbol{b})=\left(\begin{array}{ccc:c}a & 1 & 1 & 1\\1 & a & 1 & 1\\1 & 1 & a & -2\end{array}\right)\xrightarrow{r}\left(\begin{array}{ccc:c}1 & 1 & a & -2\\0 & a-1 & 1-a & 3\\0 & 0 & (a+2)(1-a) & 4+2a\end{array}\right),$$

于是, 当 $a\neq1$ 且 $a\neq-2$ 时,$r(\boldsymbol{A}\vdots\boldsymbol{b})=r(\boldsymbol{A})=3$,方程组有唯一解.

(2) 当 $a=1$ 时,

$$(\boldsymbol{A}\vdots\boldsymbol{b})=\left(\begin{array}{ccc:c}1 & 1 & 1 & 1\\1 & 1 & 1 & 1\\1 & 1 & 1 & -2\end{array}\right)\xrightarrow{r}\left(\begin{array}{ccc:c}1 & 1 & 1 & 1\\0 & 0 & 0 & -3\\0 & 0 & 0 & 0\end{array}\right),$$

$r(\boldsymbol{A}\vdots\boldsymbol{b})\neq r(\boldsymbol{A})$,方程组无解.

(3) 当 $a=-2$ 时,

$$(\boldsymbol{A}\vdots\boldsymbol{b})=\left(\begin{array}{ccc:c}-2 & 1 & 1 & 1\\1 & -2 & 1 & 1\\1 & 1 & -2 & -2\end{array}\right)\xrightarrow{r}\left(\begin{array}{ccc:c}1 & 1 & -2 & -2\\0 & 1 & -1 & -1\\0 & 0 & 0 & 0\end{array}\right),$$

$r(\boldsymbol{A}\vdots\boldsymbol{b})=r(\boldsymbol{A})=2<3$, 方程组有无穷多解.

例2 若非齐次线性方程组

$$\begin{cases}a_{11}x_1+a_{12}x_2+\cdots+a_{1n}x_n=b_1,\\a_{21}x_1+a_{22}x_2+\cdots+a_{2n}x_n=b_2,\\\qquad\cdots\cdots\\a_{m1}x_1+a_{m2}x_2+\cdots+a_{mn}x_n=b_m,\end{cases}$$

对于 $b_1,b_2,\cdots,b_m(m\leqslant n)$ 的任意取值都有解,则 $r(\boldsymbol{A})$(　　).

(A) $>m$　　(B) $=m$　　(C) $<m$　　(D) 与 m 无关　(E) 只与 n 有关

【参考答案】B

【解题思路】即要证明 $r(\boldsymbol{A}\vdots\boldsymbol{b})=r(\boldsymbol{A})$, 注意到,方程组增广矩阵的行向量组是系数矩阵行向量组的加长向量组,而当一个向量组线性无关时,该向量组的加长向量组也线性无关.

【答案解析】若 $r(\boldsymbol{A})=m$,则 $\boldsymbol{A}$ 的行向量组 $\boldsymbol{\alpha}_i=(a_{i1},a_{i2},\cdots,a_{in})(i=1,2,\cdots,m)$ 线性无关,

其增广矩阵的行向量组$\boldsymbol{\beta}_i=(a_{i1},a_{i2},\cdots,a_{in},b_i)(i=1,2,\cdots,m)$为其加长向量组，也线性无关，即有$r(\boldsymbol{A})=r(\boldsymbol{A}\vdots\boldsymbol{b})=m$，因此，方程组$\boldsymbol{Ax}=\boldsymbol{b}$必定有解. 故选择B.

【评注】本题可扩充为非齐次线性方程组$\boldsymbol{Ax}=\boldsymbol{b}$对于常数项矩阵的任意取值都有解的充分必要条件是其系数矩阵行满秩.

2. 齐次线性方程组有无非零解的讨论

对于齐次线性方程组

$$\begin{cases}a_{11}x_1+a_{12}x_2+\cdots+a_{1n}x_n=0,\\a_{21}x_1+a_{22}x_2+\cdots+a_{2n}x_n=0,\\\qquad\cdots\cdots\\a_{m1}x_1+a_{m2}x_2+\cdots+a_{mn}x_n=0,\end{cases}\qquad ④$$

n维零向量显然为该方程组的一个解. 要讨论的问题是，除零解之外是否还有非零解. 由非齐次线性方程组解的定理不难推出关于齐次线性方程组④存在非零解的充分必要条件，即定理1的推论.

推论 齐次线性方程组④有非零解的充分必要条件是$r(\boldsymbol{A})<n$.

例3 设$\boldsymbol{A}$为$m\times n$矩阵，则齐次线性方程组$\boldsymbol{Ax}=\boldsymbol{0}$有非零解的充分必要条件是（　　）.

(A)$m<n$ (B)矩阵$\boldsymbol{A}$的列向量组线性相关

(C)$r(\boldsymbol{A})<m$ (D)非齐次线性方程组$\boldsymbol{Ax}=\boldsymbol{b}$有无穷多解

(E)$|\boldsymbol{A}|=0$

【参考答案】B

【解题思路】研究非齐次线性方程组$\boldsymbol{Ax}=\boldsymbol{b}$的首要问题是方程组是否有解，研究齐次线性方程组$\boldsymbol{Ax}=\boldsymbol{0}$的首要问题是方程组有无非零解，两者未必有因果关系. 分析方程组$\boldsymbol{Ax}=\boldsymbol{0}$时，主要有三个参数：方程组中方程的个数$m$；方程组中未知量的个数$n$；方程组中独立方程的个数$r$，即系数矩阵的秩. 其中起关键作用的是$r$和$n$，要紧紧抓住判别式$r(\boldsymbol{A})<n$.

【答案解析】选项A，$m<n$，即方程个数小于未知量个数，是方程组有非零解的充分条件，但非必要条件；

选项B，$\boldsymbol{A}$的列向量组线性相关的充分必要条件是$r(\boldsymbol{A})<n$，这也是齐次线性方程组有非零解的充分必要条件.

选项C，$r(\boldsymbol{A})<m$表示方程组中有多余方程在消元时可以消去，但未说明$r(\boldsymbol{A})<n$，因此，既非充分也非必要条件.

选项D，若方程组$\boldsymbol{Ax}=\boldsymbol{b}$有无穷多解，必有$r(\boldsymbol{A})<n$，因此$\boldsymbol{Ax}=\boldsymbol{0}$有非零解. 但反之$\boldsymbol{Ax}=\boldsymbol{0}$有非零解，$\boldsymbol{Ax}=\boldsymbol{b}$未必有解. 因此，该条件为充分而非必要条件.

选项E，作为一般方程，其系数矩阵$\boldsymbol{A}$未必为方阵，因此不能取行列式，条件未必成立.

综上，故选择B.

（三）线性方程组解的性质与结构

在线性方程组存在无穷多解的情况下，需要进一步解决方程组解的结构问题.

1. 齐次线性方程组解的性质与结构

(1) 齐次线性方程组解的性质.

性质 1 如果 $\boldsymbol{\eta}_1,\boldsymbol{\eta}_2$ 是齐次线性方程组 $\boldsymbol{Ax}=\boldsymbol{0}$ 的解，则 $\boldsymbol{\eta}_1+\boldsymbol{\eta}_2$ 和 $k\boldsymbol{\eta}_1$ 都是方程组 $\boldsymbol{Ax}=\boldsymbol{0}$ 的解，这里 k 是任意常数.

性质 1 表明，齐次线性方程组解的线性组合仍是该方程组的解. 因此，当齐次线性方程组有非零解时，就会有无穷多解. 下面讨论这无穷多解的构成特点.

(2) 齐次线性方程组解的结构.

先看一个例子，齐次线性方程组 $\begin{cases}x_1-2x_2+x_4=0,\\x_3-x_4=0\end{cases}$ 的一般解是 $\begin{cases}x_1=2x_2-x_4,\\x_3=x_4,\end{cases}$ 其中 x_2,x_4 是一组自由未知量. 若取 $x_2=k_1,x_4=k_2$，并利用向量的线性运算，方程组的全部解可以表示为

$$\begin{pmatrix}x_1\\x_2\\x_3\\x_4\end{pmatrix}=\begin{pmatrix}2k_1-k_2\\k_1\\k_2\\k_2\end{pmatrix}=k_1\begin{pmatrix}2\\1\\0\\0\end{pmatrix}+k_2\begin{pmatrix}-1\\0\\1\\1\end{pmatrix},$$

其中 k_1 和 k_2 是任意常数. 如果记 $\boldsymbol{\eta}_1=(2,1,0,0)^{\mathrm{T}}$，$\boldsymbol{\eta}_2=(-1,0,1,1)^{\mathrm{T}}$，那么方程组的全部解可看作是由线性无关的部分解向量组 $\boldsymbol{\eta}_1,\boldsymbol{\eta}_2$ 构造的一个线性组合.

那么，对于一般的齐次线性方程组，在有非零解的情况下，也存在这样的一个线性无关的部分解向量组，能够将它的全部解构造出来，并称这样的一个线性无关的部分解向量组为基础解系，定义如下：

设 $\boldsymbol{\eta}_1,\boldsymbol{\eta}_2,\cdots,\boldsymbol{\eta}_t$ 是齐次线性方程组 $\boldsymbol{Ax}=\boldsymbol{0}$ 的一组解，如果

① $\boldsymbol{\eta}_1,\boldsymbol{\eta}_2,\cdots,\boldsymbol{\eta}_t$ 线性无关；

② 方程组 $\boldsymbol{Ax}=\boldsymbol{0}$ 的任意解都可以由 $\boldsymbol{\eta}_1,\boldsymbol{\eta}_2,\cdots,\boldsymbol{\eta}_t$ 线性表出，

则称 $\boldsymbol{\eta}_1,\boldsymbol{\eta}_2,\cdots,\boldsymbol{\eta}_t$ 是齐次线性方程组 $\boldsymbol{Ax}=\boldsymbol{0}$ 的一个基础解系.

事实上，基础解系就是齐次线性方程组 $\boldsymbol{Ax}=\boldsymbol{0}$ 解向量组的一个极大线性无关组，或解空间的一组基. 基础解系的存在性可表述如下：

定理 2 当 $r(\boldsymbol{A})=r<n$ 时，齐次线性方程组 $\boldsymbol{Ax}=\boldsymbol{0}$ 存在基础解系，且基础解系含 $n-r$ 个线性无关解.

定理 2(证明略) 表明，基础解系含线性无关解的个数恰好等于方程组 $\boldsymbol{Ax}=\boldsymbol{0}$ 未知量个数 n 与独立方程数 r 的差，即含有自由未知量的个数.

判别一个向量组 $\boldsymbol{\eta}_1,\boldsymbol{\eta}_2,\cdots,\boldsymbol{\eta}_t$ 是否为方程组 $\boldsymbol{Ax}=\boldsymbol{0}$ 的基础解系，必须验证其是否具备三个特点：① $\boldsymbol{\eta}_1,\boldsymbol{\eta}_2,\cdots,\boldsymbol{\eta}_t$ 是方程组 $\boldsymbol{Ax}=\boldsymbol{0}$ 的解；② $\boldsymbol{\eta}_1,\boldsymbol{\eta}_2,\cdots,\boldsymbol{\eta}_t$ 线性无关；③ 向量个数等于 $n-r(\boldsymbol{A})$. 一般地，一个向量组的极大线性无关组不唯一，那么，一个方程组的基础解系也不唯一，而且它们相互等价. 与基础解系等价的任何一个线性无关向量组也一定是同一方程组的基础解系.

例 4 求线性方程组

$$\begin{cases} x_1 + x_2 + x_5 = 0, \\ x_1 + x_2 - x_3 = 0, \\ x_3 + x_4 + x_5 = 0 \end{cases}$$

的一个基础解系，并用基础解系来表示方程组的通解.

【解题思路】 求线性方程组 $\boldsymbol{Ax} = \boldsymbol{0}$ 的基础解系的基本步骤：首先，对系数矩阵施以初等行变换，化为阶梯形矩阵，并得到原方程组的同解方程组；其次，确定 $n > r(\boldsymbol{A})$，并选定 $n-r$ 个自由未知量 $x_1, x_2, \cdots, x_{n-r}$；然后对自由未知量 $x_1, x_2, \cdots, x_{n-r}$ 依次取 $1,0,\cdots,0;0,1,\cdots,0;\cdots;0,0,\cdots,1$ 代入同解方程组，解出一个基础解系；最后，用基础解系的线性组合表示方程组的通解.

【答案解析】 对系数矩阵作初等行变换化为阶梯形矩阵，有

$$\boldsymbol{A} = \begin{pmatrix} 1 & 1 & 0 & 0 & 1 \\ 1 & 1 & -1 & 0 & 0 \\ 0 & 0 & 1 & 1 & 1 \end{pmatrix} \xrightarrow{r} \begin{pmatrix} 1 & 1 & 0 & 0 & 1 \\ 0 & 0 & 1 & 0 & 1 \\ 0 & 0 & 0 & 1 & 0 \end{pmatrix},$$

得原方程组的同解方程组

$$\begin{cases} x_1 = -x_2 - x_5, \\ x_3 = -x_5, \\ x_4 = 0. \end{cases}$$

自由未知量为 x_2, x_5，分别取 $x_2 = 1, x_5 = 0$ 和 $x_2 = 0, x_5 = 1$，得一个基础解系为

$$\boldsymbol{\eta}_1 = (-1,1,0,0,0)^{\mathrm{T}}, \boldsymbol{\eta}_2 = (-1,0,-1,0,1)^{\mathrm{T}}.$$

所以方程组的通解为 $\boldsymbol{x} = k_1\boldsymbol{\eta}_1 + k_2\boldsymbol{\eta}_2$（$k_1, k_2$ 为任意常数）.

【评注】 选取自由未知量一般不具有任意性，如本题，两个自由未知量只能选 x_1, x_3；x_1, x_5；x_2, x_3；x_2, x_5，因为 x_4 取值已经确定，若同时取 x_1, x_2；x_3, x_5 就无法得到两个线性无关的解.

2. 非齐次线性方程组解的性质与结构

对于非齐次线性方程组 $\boldsymbol{Ax} = \boldsymbol{b}$，若常数项取零，就得到对应的齐次线性方程组 $\boldsymbol{Ax} = \boldsymbol{0}$，此时称齐次线性方程组 $\boldsymbol{Ax} = \boldsymbol{0}$ 为非齐次线性方程组 $\boldsymbol{Ax} = \boldsymbol{b}$ 的导出组. 在方程组 $\boldsymbol{Ax} = \boldsymbol{b}$ 有无穷多解，即 $r(\boldsymbol{A} \vdots \boldsymbol{b}) = r(\boldsymbol{A}) < n$ 的前提下，方程组 $\boldsymbol{Ax} = \boldsymbol{b}$ 与其导出组 $\boldsymbol{Ax} = \boldsymbol{0}$ 的解之间有下列性质.

性质 2 (1) 如果 $\boldsymbol{\gamma}_1, \boldsymbol{\gamma}_2$ 是非齐次线性方程组 $\boldsymbol{Ax} = \boldsymbol{b}$ 的解，则 $\boldsymbol{\gamma}_1 - \boldsymbol{\gamma}_2$ 是其导出组 $\boldsymbol{Ax} = \boldsymbol{0}$ 的解.

(2) 如果 $\boldsymbol{\gamma}$ 是方程组 $\boldsymbol{Ax} = \boldsymbol{b}$ 的解，$\boldsymbol{\eta}$ 是导出组 $\boldsymbol{Ax} = \boldsymbol{0}$ 的解，那么 $\boldsymbol{\gamma} + \boldsymbol{\eta}$ 也是方程组 $\boldsymbol{Ax} = \boldsymbol{b}$ 的解.

性质 3 设 $\boldsymbol{\gamma}_0$ 是非齐次线性方程组 $\boldsymbol{Ax} = \boldsymbol{b}$ 的一个解，$\boldsymbol{\eta}_1, \boldsymbol{\eta}_2, \cdots, \boldsymbol{\eta}_{n-r}$ 是其导出组 $\boldsymbol{Ax} = \boldsymbol{0}$ 的一个基础解系，则方程组 $\boldsymbol{Ax} = \boldsymbol{b}$ 的全部解是

$$\boldsymbol{\gamma}_0 + k_1\boldsymbol{\eta}_1 + k_2\boldsymbol{\eta}_2 + \cdots + k_{n-r}\boldsymbol{\eta}_{n-r},$$

其中 $k_1, k_2, \cdots, k_{n-r}$ 是任意常数.

性质 3 不仅说明了方程组 $\boldsymbol{Ax} = \boldsymbol{b}$ 有无穷多解情况下通解的结构，也提供了求解的途径，即只要找出其导出组的一个基础解系，同时找出原方程组的一个特解，就可以给出该非齐次线性方程组 $\boldsymbol{Ax} = \boldsymbol{b}$ 的全部解.

例 5 设 $\boldsymbol{\alpha}_1,\boldsymbol{\alpha}_2,\boldsymbol{\alpha}_3$ 是四元线性方程组 $\boldsymbol{Ax}=\boldsymbol{b}$ 的 3 个互不相等的解向量，且 $r(\boldsymbol{A})=3$，$\boldsymbol{\alpha}_1=(1,-1,0,1)^{\mathrm{T}}$，$\boldsymbol{\alpha}_2+\boldsymbol{\alpha}_3=(2,1,0,1)^{\mathrm{T}}$，$k,k_1,k_2,k_3$ 为任意常数，则线性方程组 $\boldsymbol{Ax}=\boldsymbol{b}$ 的通解 $\boldsymbol{x}=$（　　）.

(A)$k_1\boldsymbol{\alpha}_1+k_2\boldsymbol{\alpha}_2+k_3\boldsymbol{\alpha}_3$　　(B)$k_1\boldsymbol{\alpha}_1+k_2(\boldsymbol{\alpha}_2+\boldsymbol{\alpha}_3)$

(C)$\boldsymbol{\alpha}_1+k(\boldsymbol{\alpha}_2+\boldsymbol{\alpha}_3-2\boldsymbol{\alpha}_1)$　　(D)$\boldsymbol{\alpha}_1+k(\boldsymbol{\alpha}_2+\boldsymbol{\alpha}_3-\boldsymbol{\alpha}_1)$

(E)$\boldsymbol{\alpha}_2+k(\boldsymbol{\alpha}_2+\boldsymbol{\alpha}_3-\boldsymbol{\alpha}_1)$

【参考答案】C

【解题思路】解题时要关注方程组系数矩阵的秩，以确定基础解系的向量个数，再据此利用解的性质来配置基础解系，加上原方程组的一个特解，即可得到答案.

【答案解析】由 $r(\boldsymbol{A})=3$，知 $\boldsymbol{Ax}=\boldsymbol{b}$ 的导出组 $\boldsymbol{Ax}=\boldsymbol{0}$ 的基础解系由一个无关解构成，又

$$\boldsymbol{\alpha}_2+\boldsymbol{\alpha}_3-2\boldsymbol{\alpha}_1=(2,1,0,1)^{\mathrm{T}}-(2,-2,0,2)^{\mathrm{T}}=(0,3,0,-1)^{\mathrm{T}}\neq\boldsymbol{0},$$

且 $\boldsymbol{A}(\boldsymbol{\alpha}_2+\boldsymbol{\alpha}_3-2\boldsymbol{\alpha}_1)=\boldsymbol{0}$，知 $\boldsymbol{\alpha}_2+\boldsymbol{\alpha}_3-2\boldsymbol{\alpha}_1$ 是 $\boldsymbol{Ax}=\boldsymbol{0}$ 的一个基础解系，根据非齐次线性方程组解的结构，$\boldsymbol{x}=\boldsymbol{\alpha}_1+k(\boldsymbol{\alpha}_2+\boldsymbol{\alpha}_3-2\boldsymbol{\alpha}_1)$，故选择 C.

【评注】3 个互不相等的解向量不等于 3 个线性无关的解向量.

例 6 已知四阶方阵 $\boldsymbol{A}=(\boldsymbol{\alpha}_1,\boldsymbol{\alpha}_2,\boldsymbol{\alpha}_3,\boldsymbol{\alpha}_4)$，$\boldsymbol{\alpha}_j(j=1,2,3,4)$ 均为 4 维列向量，其中 $\boldsymbol{\alpha}_2,\boldsymbol{\alpha}_3,\boldsymbol{\alpha}_4$ 线性无关，$\boldsymbol{\alpha}_1=2\boldsymbol{\alpha}_2-\boldsymbol{\alpha}_3$，如果 $\boldsymbol{\beta}=\boldsymbol{\alpha}_1+\boldsymbol{\alpha}_2+\boldsymbol{\alpha}_3+\boldsymbol{\alpha}_4$，求线性方程组 $\boldsymbol{Ax}=\boldsymbol{\beta}$ 的解.

【解题思路】解题时仍然要关注方程组系数矩阵的秩，同时，要转变思路，从方程组的向量方程角度考虑其基础解系的组合，并找出方程组的一个特解.

【答案解析】由已知，$\boldsymbol{\alpha}_2,\boldsymbol{\alpha}_3,\boldsymbol{\alpha}_4$ 线性无关，$\boldsymbol{\alpha}_1=2\boldsymbol{\alpha}_2-\boldsymbol{\alpha}_3$，则 $r(\boldsymbol{A})=3$，其导出组 $\boldsymbol{Ax}=\boldsymbol{0}$ 的基础解系由一个无关解向量构成. 由

$$\boldsymbol{\alpha}_1-2\boldsymbol{\alpha}_2+\boldsymbol{\alpha}_3+0\boldsymbol{\alpha}_4=\boldsymbol{0}$$

知，$\boldsymbol{\eta}=(1,-2,1,0)^{\mathrm{T}}$ 为 $\boldsymbol{Ax}=\boldsymbol{0}$ 的一个非零解向量，构成一个基础解系. 又由

$$\boldsymbol{\beta}=\boldsymbol{\alpha}_1+\boldsymbol{\alpha}_2+\boldsymbol{\alpha}_3+\boldsymbol{\alpha}_4$$

知，$\boldsymbol{\eta}_0=(1,1,1,1)^{\mathrm{T}}$ 为方程组 $\boldsymbol{Ax}=\boldsymbol{\beta}$ 的一个特解，因此，方程组 $\boldsymbol{Ax}=\boldsymbol{\beta}$ 的通解可表示为

$$\boldsymbol{x}=k\boldsymbol{\eta}+\boldsymbol{\eta}_0,k\text{ 为任意常数}.$$

（四）两个线性方程组同解与公共解

1. 两个同解线性方程组的讨论

我们知道，对方程组 $\boldsymbol{Ax}=\boldsymbol{b}_1$ 的增广矩阵施以初等行变换后得到的方程组 $\boldsymbol{Bx}=\boldsymbol{b}_2$ 与原方程组 $\boldsymbol{Ax}=\boldsymbol{b}_1$ 是同解方程组，实质上体现在它们的行向量组之间存在的等价关系上，从而启发我们从两方程组增广矩阵的行向量组之间的关系探讨两方程组的同解问题，不难得到以下结论.

定理 3 设 $\boldsymbol{Ax}=\boldsymbol{b}_1,\boldsymbol{Bx}=\boldsymbol{b}_2$ 为两个 n 元线性方程组，若 $\boldsymbol{B}$ 的增广矩阵$(\boldsymbol{B}\vdots\boldsymbol{b}_2)$的行向量组可以被方程组 $\boldsymbol{Ax}=\boldsymbol{b}_1$ 的增广矩阵$(\boldsymbol{A}\vdots\boldsymbol{b}_1)$的行向量组线性表示，则方程组 $\boldsymbol{Ax}=\boldsymbol{b}_1$ 的全部解也必是方程组 $\boldsymbol{Bx}=\boldsymbol{b}_2$ 的解.

事实上，方程组 $\boldsymbol{Bx}=\boldsymbol{b}_2$ 的增广矩阵$(\boldsymbol{B}\vdots\boldsymbol{b}_2)$的行向量组可以被方程组 $\boldsymbol{Ax}=\boldsymbol{b}_1$ 的增广矩阵

$(\boldsymbol{A} \vdots \boldsymbol{b}_1)$ 的行向量组线性表示，相当于对分块矩阵 $\begin{pmatrix} \boldsymbol{A} & \boldsymbol{b}_1 \\ \boldsymbol{B} & \boldsymbol{b}_2 \end{pmatrix}$ 作初等行变换过程中，下方分块矩阵消为零，也即方程组 $\boldsymbol{Bx}=\boldsymbol{b}_2$ 的所有方程都可以被方程组 $\boldsymbol{Ax}=\boldsymbol{b}_1$ 替代，显然，所有满足方程组 $\boldsymbol{Ax}=\boldsymbol{b}_1$ 的解也一定满足方程组 $\boldsymbol{Bx}=\boldsymbol{b}_2$.

由定理 3，若两个 n 元线性方程组的增广矩阵的行向量组等价，即可以互相表示，则两个方程组为同解方程组.

例 7 n 元线性方程组 $\boldsymbol{Ax}=\boldsymbol{0}$ 与 $\boldsymbol{Bx}=\boldsymbol{0}$ 同解的充分必要条件是(　　).

(A) $r(\boldsymbol{A})=r(\boldsymbol{B})$　　(B) $\boldsymbol{A}$ 与 $\boldsymbol{B}$ 的行向量组等价

(C) $\boldsymbol{A}$ 与 $\boldsymbol{B}$ 的列向量组等价　　(D) $\boldsymbol{A}$ 与 $\boldsymbol{B}$ 等价

(E) 存在若干初等矩阵 $\boldsymbol{Q}_1,\boldsymbol{Q}_2,\cdots,\boldsymbol{Q}_s$，使得 $\boldsymbol{A}=\boldsymbol{BQ}_1\boldsymbol{Q}_2\cdots\boldsymbol{Q}_s$

【参考答案】B

【解题思路】本题主要从矩阵的初等变换、矩阵等价、向量组的秩和等价多个角度考查两个方程组同解的关系，就充分必要条件而言，关键词是仅限于系数矩阵的初等行变换，及系数矩阵的行向量组之间的线性关系.

【答案解析】两个线性方程组 $\boldsymbol{Ax}=\boldsymbol{0}$ 与 $\boldsymbol{Bx}=\boldsymbol{0}$ 同解的讨论，可以从多个角度进行，一是从方程组结构看，两个方程组的系数矩阵 $\boldsymbol{A}$ 与 $\boldsymbol{B}$ 的行向量组是否等价，显然，选项 B 正确，C 不正确；二是从解的过程看，进行的是初等行变换，但选项 E 是初等列变换，不正确；剩下角度都不足以从充要条件判断问题. 如，$r(\boldsymbol{A})=r(\boldsymbol{B})$ 只是必要条件，两方程组解之间可能毫无联系，$\boldsymbol{A}$ 与 $\boldsymbol{B}$ 等价与其行向量组等价是两个不同的概念，由上讨论，本题应选 B.

例 8 已知齐次线性方程组

$$(\text{I})\begin{cases} x_1+2x_2+3x_3=0, \\ 2x_1+3x_2+5x_3=0, \\ x_1+x_2+ax_3=0 \end{cases} \text{和}(\text{II})\begin{cases} x_1+bx_2+cx_3=0, \\ 2x_1+b^2x_2+(c+1)x_3=0 \end{cases}$$

同解，求 a,b,c 的值.

【解题思路】在已知方程组同解的前提下，可以从其中一个方程组解的状况推断另一个方程组，也可以从两个方程组系数矩阵和行向量组的线性关系推导.

【答案解析】由于方程组(Ⅰ)与方程组(Ⅱ)同解，又方程组(Ⅱ)有非零解，则方程组(Ⅰ)也必有非零解，即有 $\begin{vmatrix} 1 & 2 & 3 \\ 2 & 3 & 5 \\ 1 & 1 & a \end{vmatrix}=2-a=0$，即 $a=2$. 下面再定常数 b,c.

方法 1 由于方程组(Ⅰ)的解是方程组(Ⅱ)的解，则有

$$\begin{pmatrix} \boldsymbol{A} \\ \boldsymbol{B} \end{pmatrix} = \begin{pmatrix} 1 & 2 & 3 \\ 2 & 3 & 5 \\ 1 & 1 & 2 \\ 1 & b & c \\ 2 & b^2 & c+1 \end{pmatrix} \xrightarrow{r} \begin{pmatrix} 1 & 2 & 3 \\ 0 & 1 & 1 \\ 0 & 1 & 1 \\ 0 & b-1 & c-2 \\ 0 & b^2-2 & c-3 \end{pmatrix},$$

即有$\begin{cases} b-1=c-2, \\ b^2-2=c-3, \end{cases}$得$\begin{cases} b=0, \\ c=1, \end{cases}$或$\begin{cases} b=1, \\ c=2, \end{cases}$再将结果分别代入验证方程组（Ⅱ）的解是否为方程组（Ⅰ）的解.

当$b=0,c=1$时，$\begin{pmatrix} \boldsymbol{B} \\ \boldsymbol{A} \end{pmatrix} = \begin{pmatrix} 1 & 0 & 1 \\ 2 & 0 & 2 \\ 1 & 2 & 3 \\ 2 & 3 & 5 \\ 1 & 1 & 2 \end{pmatrix} \xrightarrow{r} \begin{pmatrix} 1 & 0 & 1 \\ 0 & 0 & 0 \\ 0 & 1 & 1 \\ 0 & 0 & 0 \\ 0 & 0 & 0 \end{pmatrix}$，则不能将$\boldsymbol{A}$所在行化为零，即方程组（Ⅱ）的解不一定是方程组（Ⅰ）的解，舍去.

当$b=1,c=2$时，$\begin{pmatrix} \boldsymbol{B} \\ \boldsymbol{A} \end{pmatrix} = \begin{pmatrix} 1 & 1 & 2 \\ 2 & 1 & 3 \\ 1 & 2 & 3 \\ 2 & 3 & 5 \\ 1 & 1 & 2 \end{pmatrix} \xrightarrow{r} \begin{pmatrix} 1 & 1 & 2 \\ 0 & 1 & 1 \\ 0 & 0 & 0 \\ 0 & 0 & 0 \\ 0 & 0 & 0 \end{pmatrix}$，则$\boldsymbol{A}$所在行化为零，即方程组（Ⅱ）的解也是方程组（Ⅰ）的解.

因此，当$a=2,b=1,c=2$时，两个线性方程组同解.

方法 2 先求解线性方程组（Ⅰ），即由

$$\boldsymbol{A} = \begin{pmatrix} 1 & 2 & 3 \\ 2 & 3 & 5 \\ 1 & 1 & 2 \end{pmatrix} \xrightarrow{r} \begin{pmatrix} 1 & 0 & 1 \\ 0 & 1 & 1 \\ 0 & 0 & 0 \end{pmatrix},$$

得线性方程组（Ⅰ）的一个基础解系$(-1,-1,1)^{\mathrm{T}}$，同时也是线性方程组（Ⅱ）的解，代入方程组（Ⅱ），可得$b=1,c=2$或$b=0,c=1$.

当$b=1,c=2$时，对方程组（Ⅱ）的系数矩阵作初等行变换，有

$$\boldsymbol{B} = \begin{pmatrix} 1 & 1 & 2 \\ 2 & 1 & 3 \end{pmatrix} \xrightarrow{r} \begin{pmatrix} 1 & 0 & 1 \\ 0 & 1 & 1 \end{pmatrix},$$

知两方程组经初等行变换有相同的阶梯形矩阵，故方程组（Ⅱ）与方程组（Ⅰ）同解.

当$b=0,c=1$时，再对线性方程组（Ⅱ）的系数矩阵作初等行变换，有

$$\boldsymbol{B} = \begin{pmatrix} 1 & 0 & 1 \\ 2 & 0 & 2 \end{pmatrix} \xrightarrow{r} \begin{pmatrix} 1 & 0 & 1 \\ 0 & 0 & 0 \end{pmatrix},$$

显然方程组（Ⅱ）的解与方程组（Ⅰ）的解不完全相同，故舍去.

综上所述，当 $a=2,b=1,c=2$ 时，两个线性方程组同解.

2. 两个齐次线性方程组有公共非零解的讨论

设 n 元齐次线性方程组 $\boldsymbol{A}\boldsymbol{x}=\mathbf{0}$ 与 $\boldsymbol{B}\boldsymbol{x}=\mathbf{0}$ 有公共非零解，即两个方程组解空间的交集除零向量外非空. 因此，我们在 $\boldsymbol{A}\boldsymbol{x}=\mathbf{0}$，$\boldsymbol{B}\boldsymbol{x}=\mathbf{0}$ 均有非零解的情况下讨论，并有下列结论.

结论 1 方程组 $\boldsymbol{A}\boldsymbol{x}=\mathbf{0}$ 与 $\boldsymbol{B}\boldsymbol{x}=\mathbf{0}$ 有公共非零解的充分必要条件是方程组 $\boldsymbol{A}\boldsymbol{x}=\mathbf{0}$ 与 $\boldsymbol{B}\boldsymbol{x}=\mathbf{0}$ 的联立方程组有非零解.

结论 2 设方程组 $\boldsymbol{A}\boldsymbol{x}=\mathbf{0}$ 有非零解，$\boldsymbol{\eta}_1,\boldsymbol{\eta}_2,\cdots,\boldsymbol{\eta}_{n-r}$ 为方程组的一个基础解系，则方程组 $\boldsymbol{A}\boldsymbol{x}=\mathbf{0}$ 与 $\boldsymbol{B}\boldsymbol{x}=\mathbf{0}$ 有公共非零解的充分必要条件是存在一组不全为零的常数 $k_1,k_2,\cdots,k_{n-r}$，使得等式 $\boldsymbol{B}(k_1\boldsymbol{\eta}_1+k_2\boldsymbol{\eta}_2+\cdots+k_{n-r}\boldsymbol{\eta}_{n-r})=\mathbf{0}$ 成立.

结论 2 的基本思路是将方程组 $\boldsymbol{A}\boldsymbol{x}=\mathbf{0}$ 的全部解 $\boldsymbol{\xi}=k_1\boldsymbol{\eta}_1+k_2\boldsymbol{\eta}_2+\cdots+k_{n-r}\boldsymbol{\eta}_{n-r}$ 代入方程组 $\boldsymbol{B}\boldsymbol{x}=\mathbf{0}$ 验证，如果存在一组不全为零的常数 $k_1,k_2,\cdots,k_{n-r}$，使得 $\boldsymbol{B}\boldsymbol{\xi}=\mathbf{0}$，即对应不全为零的常数 $k_1,k_2,\cdots,k_{n-r}$ 组合的部分解就是两方程组的公共解.

结论 3 设 $\boldsymbol{\eta}_1,\boldsymbol{\eta}_2,\cdots,\boldsymbol{\eta}_s$ 与 $\boldsymbol{\xi}_1,\boldsymbol{\xi}_2,\cdots,\boldsymbol{\xi}_t$ 分别为方程组 $\boldsymbol{A}\boldsymbol{x}=\mathbf{0}$ 与 $\boldsymbol{B}\boldsymbol{x}=\mathbf{0}$ 的基础解系，则方程组 $\boldsymbol{A}\boldsymbol{x}=\mathbf{0}$ 与 $\boldsymbol{B}\boldsymbol{x}=\mathbf{0}$ 有公共非零解的充要条件是方程组

$$k_1\boldsymbol{\eta}_1+k_2\boldsymbol{\eta}_2+\cdots+k_s\boldsymbol{\eta}_s+c_1\boldsymbol{\xi}_1+c_2\boldsymbol{\xi}_2+\cdots+c_t\boldsymbol{\xi}_t=\mathbf{0}$$

有非零解.

结论 3 的基本思路是 $k_1\boldsymbol{\eta}_1+k_2\boldsymbol{\eta}_2+\cdots+k_s\boldsymbol{\eta}_s$ 和 $c_1\boldsymbol{\xi}_1+c_2\boldsymbol{\xi}_2+\cdots+c_t\boldsymbol{\xi}_t$ 分别是两方程组的全部解，若方程组 $k_1\boldsymbol{\eta}_1+k_2\boldsymbol{\eta}_2+\cdots+k_s\boldsymbol{\eta}_s+c_1\boldsymbol{\xi}_1+c_2\boldsymbol{\xi}_2+\cdots+c_t\boldsymbol{\xi}_t=\mathbf{0}$ 有非零解，即证明两个向量组解空间有公共非零解向量.

上述三个结论提供了不同条件下判断两方程组有无公共非零解的方法，同时也提供了计算公共非零解的途径. 关于两个非齐次线性方程组有公共解的讨论可以采用类似方法处理.

例 9 设四元齐次线性方程组（Ⅰ）$\begin{cases}x_1+x_2=0,\\x_2-x_4=0,\end{cases}$ 又知某齐次线性方程组（Ⅱ）的通解为 $k_1(0,1,1,0)^{\mathrm{T}}+k_2(-1,2,2,1)^{\mathrm{T}}$，$k_1,k_2$ 为任意常数，则（　　）.

(A) $k_1=k_2\neq 0$ 时，两方程组有公共非零解

(B) $k_1=-k_2\neq 0$ 时，两方程组有公共非零解

(C) $k_1=2k_2\neq 0$ 时，两方程组有公共非零解

(D) $k_1=-2k_2\neq 0$ 时，两方程组有公共非零解

(E) 对 k_1,k_2 任意取值，两方程组都没有公共非零解

【参考答案】B

【解题思路】根据题中条件，将方程组（Ⅱ）的通解代入方程组（Ⅰ），转换为关于 k_1,k_2 的齐次线性方程组，讨论其是否存在非零解.

【答案解析】将方程组（Ⅱ）的通解 $k_1(0,1,1,0)^{\mathrm{T}}+k_2(-1,2,2,1)^{\mathrm{T}}$ 代入方程组（Ⅰ），有

$$\begin{cases}-k_2+k_1+2k_2=0,\\k_1+2k_2-k_2=0,\end{cases}\text{即 } k_1+k_2=0,$$

显然当 $k_1=-k_2(k_2\neq 0)$ 时方程组有非零解，即当 $k_1=-k_2(k_2\neq 0)$ 时，方程组（Ⅰ）与（Ⅱ）有公共非零解，故本题应选 B.

例 10 设线性方程组（Ⅰ）$\begin{cases}x_1+x_2+\lambda x_3=4,\\x_1+\lambda x_2+x_3=\lambda^2,\end{cases}$（Ⅱ）$x_1-x_2+2x_3=-4$，则（　　）.

(A) $\lambda=0$ 时，两方程组有公共解　　(B) $\lambda\neq 0$ 时，两方程组有公共解

(C) $\lambda=1$ 时，两方程组有公共解　　(D) $\lambda\neq 1$ 时，两方程组有公共解

(E) $\lambda\neq 0$ 且 $\lambda\neq 1$ 时，两方程组没有公共解

【参考答案】A

【解题思路】两方程组公共解的讨论可转换为其联立方程组解的讨论.

【答案解析】联立方程组

$$(\text{Ⅲ})\begin{cases}x_1+x_2+\lambda x_3=4,\\x_1+\lambda x_2+x_3=\lambda^2,\\x_1-x_2+2x_3=-4.\end{cases}$$

对增广矩阵施以初等行变换，有

$$(\boldsymbol{A}\vdots\boldsymbol{b})=\left(\begin{array}{ccc:c}1&1&\lambda&4\\1&\lambda&1&\lambda^2\\1&-1&2&-4\end{array}\right)\to\left(\begin{array}{ccc:c}1&1&\lambda&4\\0&2&\lambda-2&8\\0&0&\lambda(1-\lambda)/2&\lambda(\lambda-4)\end{array}\right).$$

因此，当 $\lambda\neq 0$ 且 $\lambda\neq 1$ 时，方程组（Ⅲ）有唯一解，即为公共解；

当 $\lambda=0$ 时，$r(\boldsymbol{A})=r(\boldsymbol{A}\vdots\boldsymbol{b})=2$，方程组（Ⅲ）有公共解，且为无穷多解；

当 $\lambda=1$ 时，$r(\boldsymbol{A})=2$，$r(\boldsymbol{A}\vdots\boldsymbol{b})=3$，方程组（Ⅲ）无解，即两方程组没有公共解.

综上所述，故本题应选 A.

【评注】讨论两个方程组公共解的问题，要根据题型条件采用适当的方法，在已知两个方程组的情况下，可采用本例的做法，在已知一个方程组和另一个方程组通解的情况下，可采用考点精讲的例 9 的做法.

三、综合题精讲

题型一　线性方程组解的讨论

例 1 设线性方程组 $\begin{cases}x_1+2x_2+\lambda x_3=\mu+1,\\x_1-4x_3=\mu-1,\\x_1+2x_2-2x_3=0\end{cases}$ 无解，则 λ,μ 应满足条件是（　　）.

(A) $\lambda=-2$，但 $\mu\neq -1$　　(B) $\mu=0$，但 $\lambda\neq 0$　　(C) $\lambda=0$，但 $\mu\neq 1$

(D) $\lambda=0$，但 $\mu\neq -1$　　(E) $\lambda=1$，但 $\mu\neq 1$

【参考答案】A

【解题思路】对方程组的增广矩阵施以初等行变换，在此基础上依据 $r(\boldsymbol{A}\vdots\boldsymbol{b})\neq r(\boldsymbol{A})$ 确定 λ，

μ 应满足的条件.

【答案解析】对方程组的增广矩阵施以初等行变换,有

$$(\boldsymbol{A} \vdots \boldsymbol{b})=\left(\begin{array}{ccc:c}1 & 2 & \lambda & \mu+1 \\ 1 & 0 & -4 & \mu-1 \\ 1 & 2 & -2 & 0\end{array}\right) \xrightarrow{r}\left(\begin{array}{ccc:c}1 & 2 & \lambda & \mu+1 \\ 0 & 1 & \frac{\lambda}{2}+2 & 1 \\ 0 & 0 & 2+\lambda & \mu+1\end{array}\right).$$

若方程组无解,则 $r(\boldsymbol{A} \vdots \boldsymbol{b}) \neq r(\boldsymbol{A})$,故有 $\lambda=-2$,但 $\mu \neq -1$,故本题应选 A.

例 2 某非齐次线性方程组的增广矩阵经初等行变换化为

$$(\boldsymbol{A} \vdots \boldsymbol{b}) \xrightarrow{r}\left(\begin{array}{cccc:c}1 & 1 & \lambda & 1 & 0 \\ 0 & \lambda & 1 & 1 & 1 \\ 0 & 0 & 2\lambda-1 & 2\lambda-1 & 2(2\lambda-1)\end{array}\right),$$

则(　　).

(A)$\lambda \neq 0$ 时,方程组无解　　(B)$\lambda=0$ 时,方程组有无穷多解

(C)$\lambda \neq -\frac{1}{2}$ 时,方程组有无穷多解　　(D)$\lambda=-\frac{1}{2}$ 时,方程组有无穷多解

(E) 对 λ 的任意取值,方程组都有无穷多解

【参考答案】D

【解题思路】方程组的方程个数小于未知量的个数,方程组或者有无穷多解或者无解. 关键是验证 $r(\boldsymbol{A} \vdots \boldsymbol{b})$ 与 $r(\boldsymbol{A})$ 是否相等.

【答案解析】当 $\lambda=0$ 时,$(\boldsymbol{A} \vdots \boldsymbol{b}) \xrightarrow{r}\left(\begin{array}{cccc:c}1 & 1 & 0 & 1 & 0 \\ 0 & 0 & 1 & 1 & 1 \\ 0 & 0 & 0 & 0 & -1\end{array}\right)$,$r(\boldsymbol{A} \vdots \boldsymbol{b}) \neq r(\boldsymbol{A})$,方程组无解;

当 $\lambda \neq 0$ 时,$r(\boldsymbol{A} \vdots \boldsymbol{b})=r(\boldsymbol{A})=2$ 或 $r(\boldsymbol{A} \vdots \boldsymbol{b})=r(\boldsymbol{A})=3$,方程组有无穷多解.

同理,选项 C 不正确,选项 D 正确. 综上所述,故本题应选 D.

【评注】线性方程组解的讨论,主要是在初等行变换的前提下进行,因此,准确和熟练地做好初等行变换的运算是基础. 解的讨论,非齐次线性方程组要紧扣 $r(\boldsymbol{A} \vdots \boldsymbol{b})=r(\boldsymbol{A})$,齐次线性方程组要紧扣 $r(\boldsymbol{A})$,然后才是具体解的构造问题.

题型二　线性方程组解的结构与基础解系

例 3 设 $\boldsymbol{A}=\begin{pmatrix}a_{11} & a_{12} & a_{13} \\ a_{21} & a_{22} & a_{23}\end{pmatrix}$,$\boldsymbol{B}=\begin{pmatrix}b_{11} & b_{12} \\ b_{21} & b_{11} \\ b_{31} & b_{11}\end{pmatrix}$,若 $\boldsymbol{AB}=\begin{pmatrix}1 & 0 \\ 2 & 1\end{pmatrix}$,则齐次方程组 $\boldsymbol{Ax}=\boldsymbol{0}$,$\boldsymbol{By}=\boldsymbol{0}$ 线性无关解的个数分别是(　　).

(A)0,1　　(B)1,0　　(C)0,1　　(D)2,0　　(E)1,2

【参考答案】B

【解题思路】齐次方程组线性无关解的个数取决于其系数矩阵的秩.

【答案解析】由 $\boldsymbol{AB}=\begin{pmatrix}1&0\\2&1\end{pmatrix}$，知 $r(\boldsymbol{AB})=2$，即有

$$2=r(\boldsymbol{AB})\leqslant\min\{r(\boldsymbol{A}),r(\boldsymbol{B})\}\leqslant\min\{2,3\}.$$

因此 $r(\boldsymbol{A})=r(\boldsymbol{B})=2$，所以齐次方程组 $\boldsymbol{Ax}=\boldsymbol{0}$，$\boldsymbol{By}=\boldsymbol{0}$ 线性无关解的个数分别为 $3-r(\boldsymbol{A})=1$，$2-r(\boldsymbol{B})=0$，故本题应选 B.

例 4 设 $\boldsymbol{A}=(\boldsymbol{\alpha}_1,\boldsymbol{\alpha}_2,\boldsymbol{\alpha}_3,\boldsymbol{\alpha}_4)$ 是四阶矩阵，$\boldsymbol{A}^*$ 为 $\boldsymbol{A}$ 的伴随矩阵，若 $(1,0,1,0)^{\mathrm{T}}$ 是方程组 $\boldsymbol{Ax}=\boldsymbol{0}$ 的一个基础解系，则 $\boldsymbol{A}^*\boldsymbol{x}=\boldsymbol{0}$ 的基础解系可以为（　　）.

(A) $\boldsymbol{\alpha}_1,\boldsymbol{\alpha}_3$　(B) $\boldsymbol{\alpha}_1,\boldsymbol{\alpha}_2$　(C) $\boldsymbol{\alpha}_1,\boldsymbol{\alpha}_2,\boldsymbol{\alpha}_3$　(D) $\boldsymbol{\alpha}_2,\boldsymbol{\alpha}_3,\boldsymbol{\alpha}_4$　(E) $\boldsymbol{\alpha}_1,\boldsymbol{\alpha}_3,\boldsymbol{\alpha}_4$

【参考答案】D

【答案解析】依题设，知 $r(\boldsymbol{A})=4-1=3$，$|\boldsymbol{A}|=0$，且 $r(\boldsymbol{A}^*)=1$.

又由 $\boldsymbol{A}^*\boldsymbol{A}=|\boldsymbol{A}|\boldsymbol{E}=\boldsymbol{O}$，知 $\boldsymbol{A}$ 的列向量都为方程组 $\boldsymbol{A}^*\boldsymbol{x}=\boldsymbol{0}$ 的解，由 $r(\boldsymbol{A}^*)=1$，知 $\boldsymbol{A}^*\boldsymbol{x}=\boldsymbol{0}$ 的基础解系由 3 个线性无关解构成. 又因 $(1,0,1,0)^{\mathrm{T}}$ 是方程组 $\boldsymbol{Ax}=\boldsymbol{0}$ 的一个解，有 $1\boldsymbol{\alpha}_1+0\boldsymbol{\alpha}_2+1\boldsymbol{\alpha}_3+0\boldsymbol{\alpha}_4=\boldsymbol{0}$，知 $\boldsymbol{\alpha}_1,\boldsymbol{\alpha}_3$ 线性相关，从而知 $\boldsymbol{\alpha}_2,\boldsymbol{\alpha}_3,\boldsymbol{\alpha}_4$ 是 $\boldsymbol{A}^*\boldsymbol{x}=\boldsymbol{0}$ 的一个基础解系，故选择 D.

例 5 设向量组 $\boldsymbol{\alpha}_1,\boldsymbol{\alpha}_2,\boldsymbol{\alpha}_3$ 为齐次线性方程组 $\boldsymbol{Ax}=\boldsymbol{0}$ 的一个基础解系，则下列向量组能构成 $\boldsymbol{Ax}=\boldsymbol{0}$ 的基础解系的是（　　）.

(A) $\boldsymbol{\alpha}_1-2\boldsymbol{\alpha}_2,\boldsymbol{\alpha}_2-2\boldsymbol{\alpha}_3,\boldsymbol{\alpha}_3-2\boldsymbol{\alpha}_1$　(B) $2\boldsymbol{\alpha}_1-\boldsymbol{\alpha}_2,2\boldsymbol{\alpha}_2-\boldsymbol{\alpha}_3,2\boldsymbol{\alpha}_1+\boldsymbol{\alpha}_2-\boldsymbol{\alpha}_3$

(C) $2\boldsymbol{\alpha}_1-\boldsymbol{\alpha}_2-\boldsymbol{\alpha}_3,2\boldsymbol{\alpha}_1+\boldsymbol{\alpha}_2,2\boldsymbol{\alpha}_2+\boldsymbol{\alpha}_3$　(D) $\boldsymbol{\alpha}_1-2\boldsymbol{\alpha}_2+\boldsymbol{\alpha}_3,\boldsymbol{\alpha}_2-\boldsymbol{\alpha}_3,\boldsymbol{\alpha}_2-\boldsymbol{\alpha}_1$

(E) $\boldsymbol{\alpha}_1+\boldsymbol{\alpha}_2+\boldsymbol{\alpha}_3,\boldsymbol{\alpha}_1+\boldsymbol{\alpha}_2,\boldsymbol{\alpha}_1+\boldsymbol{\alpha}_3,\boldsymbol{\alpha}_1$

【参考答案】A

【解题思路】判断一个向量组是否为 $\boldsymbol{Ax}=\boldsymbol{0}$ 的一个基础解系，关键看它们是否与该方程组的基础解系等价，而判断等价的关键是它们与基础解系的转换矩阵是否可逆.

【答案解析】选项 A，由 $(\boldsymbol{\alpha}_1-2\boldsymbol{\alpha}_2,\boldsymbol{\alpha}_2-2\boldsymbol{\alpha}_3,\boldsymbol{\alpha}_3-2\boldsymbol{\alpha}_1)=(\boldsymbol{\alpha}_1,\boldsymbol{\alpha}_2,\boldsymbol{\alpha}_3)\begin{pmatrix}1&0&-2\\-2&1&0\\0&-2&1\end{pmatrix}$，其中转换矩阵为 $\boldsymbol{A}_1=\begin{pmatrix}1&0&-2\\-2&1&0\\0&-2&1\end{pmatrix}$，且由 $|\boldsymbol{A}_1|=-7\neq0$，知两向量组等价.

选项 B，由 $(2\boldsymbol{\alpha}_1-\boldsymbol{\alpha}_2,2\boldsymbol{\alpha}_2-\boldsymbol{\alpha}_3,2\boldsymbol{\alpha}_1+\boldsymbol{\alpha}_2-\boldsymbol{\alpha}_3)=(\boldsymbol{\alpha}_1,\boldsymbol{\alpha}_2,\boldsymbol{\alpha}_3)\begin{pmatrix}2&0&2\\-1&2&1\\0&-1&-1\end{pmatrix}$，其中转换矩阵为

$\boldsymbol{A}_2=\begin{pmatrix}2&0&2\\-1&2&1\\0&-1&-1\end{pmatrix}$，且由 $|\boldsymbol{A}_2|=0$，知两向量组不等价.

选项 C,由$(2\boldsymbol{\alpha}_1-\boldsymbol{\alpha}_2-\boldsymbol{\alpha}_3,2\boldsymbol{\alpha}_1+\boldsymbol{\alpha}_2,2\boldsymbol{\alpha}_2+\boldsymbol{\alpha}_3)=(\boldsymbol{\alpha}_1,\boldsymbol{\alpha}_2,\boldsymbol{\alpha}_3)\begin{pmatrix}2&2&0\\-1&1&2\\-1&0&1\end{pmatrix}$,其中转换矩阵为

$\boldsymbol{A}_3=\begin{pmatrix}2&2&0\\-1&1&2\\-1&0&1\end{pmatrix}$,且由$|\boldsymbol{A}_3|=0$,知两向量组不等价.

选项 D,由$(\boldsymbol{\alpha}_1-2\boldsymbol{\alpha}_2+\boldsymbol{\alpha}_3,\boldsymbol{\alpha}_2-\boldsymbol{\alpha}_3,\boldsymbol{\alpha}_2-\boldsymbol{\alpha}_1)=(\boldsymbol{\alpha}_1,\boldsymbol{\alpha}_2,\boldsymbol{\alpha}_3)\begin{pmatrix}1&0&-1\\-2&1&1\\1&-1&0\end{pmatrix}$,其中转换矩阵为

$\boldsymbol{A}_4=\begin{pmatrix}1&0&-1\\-2&1&1\\1&-1&0\end{pmatrix}$,且由$|\boldsymbol{A}_4|=0$,知两向量组不等价.

选项 E,向量组显然线性相关.

综上所述,本题应选 A.

【评注】方程组解的结构在有无穷多解的情况下进行. 基础解系只与齐次方程组有关,很大程度上围绕系数矩阵的秩展开,涉及与矩阵的秩相关知识,如矩阵的秩与其伴随矩阵秩的关系转换. 在已知一个向量组的基础解系情况下,判断由其组合的向量组是否为基础解系是常见的题型,与其等价的线性无关向量组都是基础解系,而非齐次方程组线性无关解的个数比其导出组的基础解系的个数多一个. 利用解的性质进行适当组合可以配置线性方程组的通解.

题型三　两个线性方程组解的讨论

例 6 已知非齐次线性方程组

$$(\text{I})\begin{cases}x_1+x_2-2x_4=-6,\\4x_1-x_2-x_3-x_4=1,\\3x_1-x_2-x_3=3\end{cases}\text{和}(\text{II})\begin{cases}x_1+mx_2-x_3-x_4=-5,\\nx_2-x_3-2x_4=-11,\\x_3-2x_4=-t+1\end{cases}$$

同解,则 m,n,t 的取值分别为(　　).

(A)$m=2,n=2,t=4$　　(B)$m=2,n=3,t=4$

(C)$m=1,n=3,t=5$　　(D)$m=2,n=4,t=6$

(E)$m=1,n=2,t=6$

【参考答案】D

【解题思路】讨论两个方程组同解,是一个双向验证的过程,应先从一个方向开始,由于方程组(Ⅰ)不含未知参数,可考虑从方程组(Ⅰ)的解都是方程组(Ⅱ)的解入手,做法是对分块矩阵$\begin{pmatrix}\boldsymbol{A}\\\boldsymbol{B}\end{pmatrix}$施以初等行变换化为$\begin{pmatrix}\boldsymbol{A}_1\\\boldsymbol{O}\end{pmatrix}$,定出未知参数,然后,再反向验证方程组(Ⅱ)的解也是方程组(Ⅰ)的解.

【答案解析】由于方程组(Ⅰ)与方程组(Ⅱ)同解,知方程组(Ⅰ)的解必是方程组(Ⅱ)的解,对于方程组(Ⅰ)和(Ⅱ)的增广矩阵 $\bar{\boldsymbol{A}}$ 和 $\bar{\boldsymbol{B}}$ 施以初等行变换,应有 $\begin{pmatrix}\bar{\boldsymbol{A}}\\ \bar{\boldsymbol{B}}\end{pmatrix}\to\begin{pmatrix}\bar{\boldsymbol{A}}_1\\ \boldsymbol{O}\end{pmatrix}$,即有

$$\begin{pmatrix}\bar{\boldsymbol{A}}\\ \bar{\boldsymbol{B}}\end{pmatrix}\to\left(\begin{array}{cccc:c}1&1&0&-2&-6\\4&-1&-1&-1&1\\3&-1&-1&0&3\\1&m&-1&-1&-5\\0&n&-1&-2&-11\\0&0&1&-2&-t+1\end{array}\right)\xrightarrow{r}\left(\begin{array}{cccc:c}1&0&0&-1&-2\\0&1&0&-1&-4\\0&0&-1&2&5\\0&0&0&m-2&4m-8\\0&0&0&n-4&4n-16\\0&0&0&0&6-t\end{array}\right),$$

得 $m=2,n=4,t=6$.

又当 $m=2,n=4,t=6$ 时,也有 $\begin{pmatrix}\bar{\boldsymbol{B}}\\ \bar{\boldsymbol{A}}\end{pmatrix}\to\begin{pmatrix}\bar{\boldsymbol{B}}_1\\ \boldsymbol{O}\end{pmatrix}$,知方程组(Ⅱ)的解必是方程组(Ⅰ)的解,因此,当 $m=2,n=4,t=6$ 时,两方程组同解. 故本题应选 D.

例 7 齐次线性方程组 $\begin{cases}2x_1+x_2+3x_3=0,\\ ax_1+3x_2+4x_3=0\end{cases}$ 与 $\begin{cases}x_1+2x_2+x_3=0,\\ x_1+bx_2+x_3=0\end{cases}$ 有公共非零解,则( ).

(A) $a=-1,b=2$ (B) $a=3,b=2$ (C) $a=-3,b=2$

(D) $a=2,b=-1$ (E) $a=3,b=-1$

【参考答案】B

【解题思路】两个齐次方程组有无公共非零解,取决于它们的联立方程组有无公共非零解.

【答案解析】联立方程组 $\begin{cases}2x_1+x_2+3x_3=0,\\ ax_1+3x_2+4x_3=0\\ x_1+2x_2+x_3=0,\\ x_1+bx_2+x_3=0,\end{cases}$ 对系数矩阵施以初等行变换,有

$$\boldsymbol{A}=\begin{pmatrix}2&1&3\\a&3&4\\1&2&1\\1&b&1\end{pmatrix}\xrightarrow[r_2\leftrightarrow r_3]{r_1\leftrightarrow r_3}\begin{pmatrix}1&2&1\\2&1&3\\a&3&4\\1&b&1\end{pmatrix}\xrightarrow[r_4-r_1]{\substack{r_2-2r_1\\ r_3-ar_1}}\begin{pmatrix}1&2&1\\0&-3&1\\0&3-2a&4-a\\0&b-2&0\end{pmatrix},$$

当 $b=2$ 且 $\begin{vmatrix}1&2&1\\0&-3&1\\0&3-2a&4-a\end{vmatrix}=5a-15=0$,即 $a=3,b=2$ 时,$r(\boldsymbol{A})<3$,联立方程组有非零解,此时两个方程组有公共非零解,故本题应选 B.

【评注】讨论两个方程组公共解的问题,要根据题设条件采用适当的方法处理,如已知两个方

程组的情况下，可采用联立方程组；知道一个方程组和另一个方程组的通解，可将通解代入方程组讨论；知道两个方程组的通解，可以将两方程组的通解线性组合为一个齐次线性方程组处理.

四、综合练习题

1 已知线性方程组$\begin{cases} x_1 - x_2 + 2x_3 = 1, \\ x_1 - 3x_2 + 3x_3 = 1, \\ x_1 - x_2 + (a+3)x_3 = 2a-1 \end{cases}$无解，则常数 $a =$（　　）.

(A)2　(B)1　(C)0　(D)-1　(E)-2

2 已知方程组$\begin{cases} x_1 + x_2 + x_3 + x_4 = 1, \\ 4x_1 + 3x_2 + 5x_3 - x_4 = -1, \\ ax_1 + x_2 + 3x_3 - 3x_4 = 1 \end{cases}$有 3 个线性无关解向量，则（　　）.

(A)$a = 1$，其导出组有 1 个无关解

(B)$a = 2$，其导出组有 1 个无关解

(C)$a = 2$，其导出组有 2 个无关解

(D)$a = 2$，其导出组有 3 个无关解

(E)$a = 3$，其导出组有 2 个无关解

3 若非齐次线性方程组的增广矩阵经初等行变换化为

$$(\boldsymbol{A} \vdots \boldsymbol{b}) \xrightarrow{r} \left(\begin{array}{ccc|c} 1 & 1 & \lambda & -2 \\ 0 & \lambda-1 & 1-\lambda & 0 \\ 0 & 0 & -(\lambda+2)(\lambda-1) & 3(\lambda-1) \end{array}\right),$$

则下列结论中不正确的是（　　）.

(A)$\lambda = -2$ 时，方程组无解

(B)$\lambda = 0$ 时，方程组有无穷多解

(C)$\lambda = 1$ 时，方程组有无穷多解

(D)$\lambda \neq 0$ 时，方程组可能有解，也可能无解

(E)$\lambda \neq -2$ 且 $\lambda \neq 1$ 时，方程组有唯一解

4 设 $\boldsymbol{A}$ 是四阶矩阵，$\boldsymbol{A}^*$ 为 $\boldsymbol{A}$ 的伴随矩阵，记 $\boldsymbol{A}^* = (\boldsymbol{\alpha}_1, \boldsymbol{\alpha}_2, \boldsymbol{\alpha}_3, \boldsymbol{\alpha}_4)$，若 $\boldsymbol{A}^*\boldsymbol{x} = \boldsymbol{0}$ 的基础解系由 3 个无关解构成，则方程组 $\boldsymbol{Ax} = \boldsymbol{0}$ 的基础解系含无关解的个数为（　　）.

(A)0　(B)1　(C)2　(D)3　(E)不确定

5 设 $\boldsymbol{\alpha}_1, \boldsymbol{\alpha}_2, \boldsymbol{\alpha}_3$ 是四元非齐次线性方程组 $\boldsymbol{Ax} = \boldsymbol{b}$ 的 3 个解向量，且 $r(\boldsymbol{A}) = 3$，$\boldsymbol{\alpha}_1 = (1,2,3,4)^{\mathrm{T}}$，$\boldsymbol{\alpha}_2 + \boldsymbol{\alpha}_3 = (0,1,2,3)^{\mathrm{T}}$，$C$ 表示任意常数，则线性方程组 $\boldsymbol{Ax} = \boldsymbol{b}$ 的通解为（　　）.

(A)$C(1,2,3,4)^{\mathrm{T}}$

(B)$C(0,1,2,3)^{\mathrm{T}} + (1,2,3,4)^{\mathrm{T}}$

(C)$C(1,0,1,1)^{\mathrm{T}} + (1,2,3,4)^{\mathrm{T}}$

(D)$C(2,4,4,5)^{\mathrm{T}} + (1,2,3,4)^{\mathrm{T}}$

(E)$C(2,3,4,5)^{\mathrm{T}} + (1,2,3,4)^{\mathrm{T}}$

6 已知 $\boldsymbol{\beta}_1, \boldsymbol{\beta}_2$ 是非齐次线性方程组 $\boldsymbol{Ax} = \boldsymbol{b}$ 的两个不同的解，$\boldsymbol{\alpha}_1, \boldsymbol{\alpha}_2$ 是对应齐次线性方程组 $\boldsymbol{Ax} = \boldsymbol{0}$ 的一个基础解系，k_1, k_2 为任意常数，则线性方程组 $\boldsymbol{Ax} = \boldsymbol{b}$ 的通解为（　　）.

(A)$k_1\boldsymbol{\alpha}_1 + k_2(\boldsymbol{\alpha}_1 + \boldsymbol{\alpha}_2) + \dfrac{\boldsymbol{\beta}_1 - \boldsymbol{\beta}_2}{2}$

(B)$k_1\boldsymbol{\alpha}_1 + k_2(\boldsymbol{\alpha}_1 - \boldsymbol{\alpha}_2) + \dfrac{\boldsymbol{\beta}_1 + \boldsymbol{\beta}_2}{2}$

(C)$k_1\boldsymbol{\alpha}_1+k_2(\boldsymbol{\beta}_1+\boldsymbol{\beta}_2)+\frac{\boldsymbol{\beta}_1-\boldsymbol{\beta}_2}{2}$　　(D)$k_1\boldsymbol{\alpha}_1+k_2(\boldsymbol{\beta}_1-\boldsymbol{\beta}_2)+\frac{\boldsymbol{\beta}_1+\boldsymbol{\beta}_2}{2}$

(E)$k_1\boldsymbol{\alpha}_2+k_2(\boldsymbol{\beta}_1-\boldsymbol{\beta}_2)+\frac{\boldsymbol{\beta}_1+\boldsymbol{\beta}_2}{2}$

7　设 $\boldsymbol{\alpha}_1,\boldsymbol{\alpha}_2,\boldsymbol{\alpha}_3,\boldsymbol{\alpha}_4,\boldsymbol{\alpha}_5$ 为三维列向量，$\boldsymbol{\alpha}_1,\boldsymbol{\alpha}_2,\boldsymbol{\alpha}_3$ 线性无关，$\boldsymbol{\alpha}_4=\boldsymbol{\alpha}_1+\boldsymbol{\alpha}_2-\boldsymbol{\alpha}_3$，$\boldsymbol{\alpha}_5=\boldsymbol{\alpha}_1-2\boldsymbol{\alpha}_2+\boldsymbol{\alpha}_3$，$\boldsymbol{A}=(\boldsymbol{\alpha}_1,\boldsymbol{\alpha}_2,\boldsymbol{\alpha}_3,\boldsymbol{\alpha}_4)$，$C$ 为任意常数，则线性方程组 $\boldsymbol{Ax}=\boldsymbol{\alpha}_5$ 的通解为(　　).

(A)$C(1,1,-1,-1)^{\mathrm{T}}+(1,-2,1,0)^{\mathrm{T}}$　　(B)$C(1,1,-1,-1)^{\mathrm{T}}+(1,-2,1,1)^{\mathrm{T}}$

(C)$C(1,1,-1,1)^{\mathrm{T}}+(1,-2,1,0)^{\mathrm{T}}$　　(D)$C(1,1,-1,1)^{\mathrm{T}}+(1,-2,1,1)^{\mathrm{T}}$

(E)$C(1,1,-1,-1)^{\mathrm{T}}-(1,-2,1,0)^{\mathrm{T}}$

8　已知(Ⅰ)$\begin{cases}-x_1+2x_3-x_4=0,\\-x_2-x_3+2x_4=0,\end{cases}$(Ⅱ)$\begin{cases}-2x_1-3x_2+(a+2)x_3+4x_4=0,\\-3x_1-5x_2+x_3+(a+8)x_4=0\end{cases}$同解，则 a 为(　　).

(A)-1　　(B)-2　　(C)3　　(D)2　　(E)1

五、综合练习题参考答案

1　【参考答案】D

【解题思路】在对增广矩阵进行初等行变换的基础上，考查是否满足 $r(\boldsymbol{A}\,\vdots\,\boldsymbol{b})\neq r(\boldsymbol{A})$.

【答案解析】对增广矩阵进行初等行变换，有

$$\overline{\boldsymbol{A}}=\left(\begin{array}{ccc:c}1&-1&2&1\\1&-3&3&1\\1&-1&a+3&2a-1\end{array}\right)\xrightarrow[r_3-r_1]{r_2-r_1}\left(\begin{array}{ccc:c}1&-1&2&1\\0&-2&1&0\\0&0&a+1&2a-2\end{array}\right).$$

于是，当 $a=-1$ 时，$r(\boldsymbol{A}\,\vdots\,\boldsymbol{b})\neq r(\boldsymbol{A})$，原方程组无解，故本题应选 D.

2　【参考答案】C

【解题思路】方程组 $\boldsymbol{Ax}=\boldsymbol{b}$ 有 3 个线性无关解向量，实际拥有的无关解向量可能超过 3 个，而且 3 个线性无关解向量并非为其导出组的 3 个线性无关解向量，秩应不超过 2. 另外，系数矩阵中有一个 2 阶子式不为零，说明其秩不小于 2.

【答案解析】由题设，方程组有 3 个线性无关解，则有 $4-r(\boldsymbol{A})+1\geqslant 3$，即 $r(\boldsymbol{A})\leqslant 2$.

又由 $\begin{vmatrix}1&1\\4&3\end{vmatrix}\neq 0$，系数矩阵中至少有一个 2 阶子式非零，则 $r(\boldsymbol{A})\geqslant 2$. 因此，$r(\boldsymbol{A})=2$，故导出组有 2 个无关解，并由

$$\boldsymbol{A}=\begin{pmatrix}1&1&1&1\\4&3&5&-1\\a&1&3&-3\end{pmatrix}\xrightarrow{r}\begin{pmatrix}1&1&1&1\\0&-1&1&-5\\0&0&4-2a&4a-8\end{pmatrix},$$

得 $a=2$. 故本题应选 C.

3 【参考答案】B

【解题思路】分别在 $\lambda=-2,0,1$ 及 $\lambda\neq-2,0,1$ 情况下，验证 $r(\boldsymbol{A}\vdots\boldsymbol{b})$ 与 $r(\boldsymbol{A})$ 是否相等，在相等时，考虑 $r(\boldsymbol{A}\vdots\boldsymbol{b})$ 与 $r(\boldsymbol{A})$ 的大小.

【答案解析】当 $\lambda=-2$ 时，$(\boldsymbol{A}\vdots\boldsymbol{b})\xrightarrow{r}\begin{pmatrix}1&1&-2&-2\\0&-3&3&0\\0&0&0&-9\end{pmatrix}$，$r(\boldsymbol{A}\vdots\boldsymbol{b})\neq r(\boldsymbol{A})$，方程组无解；

当 $\lambda=0$ 时，$(\boldsymbol{A}\vdots\boldsymbol{b})\xrightarrow{r}\begin{pmatrix}1&1&0&-2\\0&-1&1&0\\0&0&2&-3\end{pmatrix}$，$r(\boldsymbol{A}\vdots\boldsymbol{b})=r(\boldsymbol{A})=3$，方程组有唯一解；

当 $\lambda=1$ 时，$(\boldsymbol{A}\vdots\boldsymbol{b})\xrightarrow{r}\begin{pmatrix}1&1&1&-2\\0&0&0&0\\0&0&0&0\end{pmatrix}$，$r(\boldsymbol{A}\vdots\boldsymbol{b})=r(\boldsymbol{A})=1$，方程组有无穷多解；

当 $\lambda\neq-2$ 且 $\lambda\neq1$ 时，$r(\boldsymbol{A}\vdots\boldsymbol{b})=r(\boldsymbol{A})=3$，方程组有唯一解；

$\lambda\neq0$，含有 $\lambda=-2$，也含有 $\lambda=1$，因此方程组可能无解，也可能有无穷多解.

综上分析，本题应选 B.

4 【参考答案】B

【答案解析】依题设，知 $r(\boldsymbol{A}^*)=4-3=1$，$r(\boldsymbol{A})=4-1=3$. 从而知方程组 $\boldsymbol{Ax}=\boldsymbol{0}$ 的基础解系含无关解的个数为 $4-r(\boldsymbol{A})=1$，故本题应选 B.

5 【参考答案】E

【答案解析】依题设，$r(\boldsymbol{A})=3$，知方程组导出组的基础解系由一个无关解构成，即为原方程组两个特解的差，可利用线性方程组解的性质表示为 $2\boldsymbol{\alpha}_1-(\boldsymbol{\alpha}_2+\boldsymbol{\alpha}_3)=(2,3,4,5)^{\mathrm{T}}$. 又 $\boldsymbol{\alpha}_1=(1,2,3,4)^{\mathrm{T}}$ 为原方程组的一个特解，因此，$\boldsymbol{Ax}=\boldsymbol{b}$ 的通解为

$$\boldsymbol{x}=C(2,3,4,5)^{\mathrm{T}}+(1,2,3,4)^{\mathrm{T}}，C\text{ 为任意常数}.$$

故本题应选 E.

6 【参考答案】B

【解题思路】根据非齐次线性方程组通解结构，考查由 k_1,k_2 组合的两个解向量是否线性无关，再验证末位项是否为原方程组的解.

【答案解析】根据线性方程组解的性质，$\boldsymbol{\alpha}_1,\boldsymbol{\alpha}_2$ 是齐次线性方程组 $\boldsymbol{Ax}=\boldsymbol{0}$ 的一个基础解系，则 $\boldsymbol{\alpha}_1,\boldsymbol{\alpha}_1-\boldsymbol{\alpha}_2$ 也为 $\boldsymbol{Ax}=\boldsymbol{0}$ 的一个基础解系，$\dfrac{\boldsymbol{\beta}_1+\boldsymbol{\beta}_2}{2}$ 是原方程组 $\boldsymbol{Ax}=\boldsymbol{b}$ 的一个特解，因此，线性方程组 $\boldsymbol{Ax}=\boldsymbol{b}$ 的通解为 $k_1\boldsymbol{\alpha}_1+k_2(\boldsymbol{\alpha}_1-\boldsymbol{\alpha}_2)+\dfrac{\boldsymbol{\beta}_1+\boldsymbol{\beta}_2}{2}$，故选择 B.

7 【参考答案】A

【解题思路】从线性方程组的向量方程角度考虑，并在确定系数矩阵秩的基础上找出导出组

的基础解系和原方程组的一个特解.

【答案解析】依题设，该方程组的系数矩阵$\boldsymbol{A}$的秩为3，其导出组$\boldsymbol{Ax}=\boldsymbol{0}$的基础解系由一个无关解构成，由$\boldsymbol{\alpha}_1+\boldsymbol{\alpha}_2-\boldsymbol{\alpha}_3-\boldsymbol{\alpha}_4=\boldsymbol{0}$，知$(1,1,-1,-1)^{\mathrm{T}}$是导出组的一个基础解系，又由$\boldsymbol{\alpha}_1-2\boldsymbol{\alpha}_2+\boldsymbol{\alpha}_3+0\cdot\boldsymbol{\alpha}_4=\boldsymbol{\alpha}_5$，得原方程组的一个特解$(1,-2,1,0)^{\mathrm{T}}$. 因此，所求通解为

$$C(1,1,-1,-1)^{\mathrm{T}}+(1,-2,1,0)^{\mathrm{T}},C\text{ 为任意常数}.$$

故本题应选择 A.

【评注】方程组有三种表现形式，第一种为线性方程组形式；第二种为矩阵形式；第三种为向量方程形式. 本题是第三种形式，其中系数矩阵的列向量组的组合系数构成导出组的解向量，向量$\boldsymbol{\alpha}_5$的线性组合系数构成原方程组的特解向量，在分析导出组解的结构基础上不难给出原方程组的通解表达式.

8 【参考答案】A

【解题思路】从方程组（Ⅰ）的解都是方程组（Ⅱ）的解入手，分块矩阵$\begin{pmatrix}\boldsymbol{A}\\\boldsymbol{B}\end{pmatrix}$施以初等行变换化为$\begin{pmatrix}\boldsymbol{A}\\\boldsymbol{O}\end{pmatrix}$，定出未知参数，再反向验证方程组（Ⅱ）的解也是方程组（Ⅰ）的解.

【答案解析】由于方程组（Ⅰ）与方程组（Ⅱ）同解，知方程组（Ⅰ）的解必是方程组（Ⅱ）的解，对于方程组（Ⅰ）和（Ⅱ）的系数矩阵$\boldsymbol{A}$和$\boldsymbol{B}$施以初等行变换，应有$\begin{pmatrix}\boldsymbol{A}\\\boldsymbol{B}\end{pmatrix}\xrightarrow{r}\begin{pmatrix}\boldsymbol{A}\\\boldsymbol{O}\end{pmatrix}$，即有

$$\begin{pmatrix}\boldsymbol{A}\\\boldsymbol{B}\end{pmatrix}=\begin{pmatrix}-1&0&2&-1\\0&-1&-1&2\\-2&-3&a+2&4\\-3&-5&1&a+8\end{pmatrix}\xrightarrow{r}\begin{pmatrix}1&0&-2&1\\0&1&1&-2\\0&0&a+1&0\\0&0&0&a+1\end{pmatrix},$$

得$a=-1$.

又当$a=-1$时，

$$\begin{pmatrix}\boldsymbol{B}\\\boldsymbol{A}\end{pmatrix}=\begin{pmatrix}-2&-3&1&4\\-3&-5&1&7\\-1&0&2&-1\\0&-1&-1&2\end{pmatrix}\xrightarrow{r}\begin{pmatrix}1&2&0&-3\\0&1&1&-2\\0&0&0&0\\0&0&0&0\end{pmatrix},$$

知方程组（Ⅱ）的解必是方程组（Ⅰ）的解，因此，当$a=-1$时，两方程组同解. 故本题应选 A.

第三部分
概率论

第七章 随机事件与概率

一、知识结构

- 随机事件与概率
  - 随机事件 → 样本点 ω_i → 样本空间 Ω → 随机事件 A
    - 关系 → 包含、相等、互斥、对立、独立
    - 运算 → 并(和)、交(积)、差、逆 → 交换律、结合律、分配律、德·摩根律
  - 随机事件的概率
    - 概率的定义
      - 概率的统计定义
      - 概率的古典定义
      - 概率的几何定义
      - 概率的公理化定义 → 非负性：$0 \leqslant P(A) \leqslant 1$；规范性：$P(\Omega)=1$；可列可加性：若 $A_1, A_2, \cdots, A_n, \cdots$ 两两互斥，则 $P(\sum_{i=1}^{\infty} A_i)=\sum_{i=1}^{\infty} P(A_i)$
      - 条件概率的定义
    - 计算公式 → 加法公式、乘法公式、全概率公式、贝叶斯公式 → 古典概型(分配、抽取、超几何)、几何概型、全概率概型、贝叶斯概型
  - 随机事件的独立性 → 事件独立性的性质 → n 重伯努利试验 → 二项概型

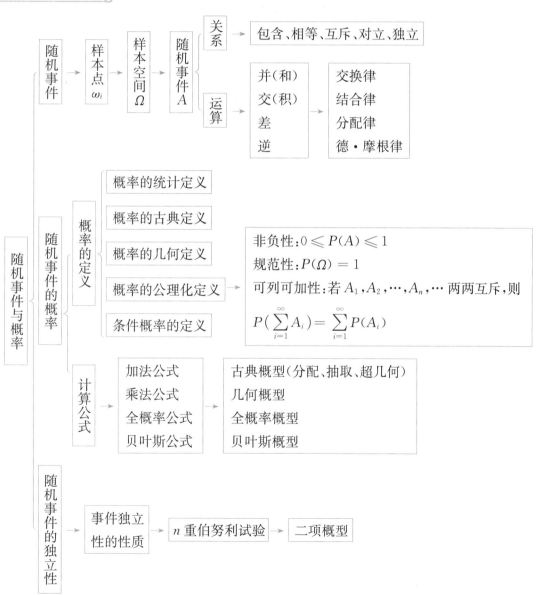

二、考点精讲

（一）随机事件

1. 随机试验与样本空间

在客观世界中存在两类不同的现象：一类为确定性现象，另一类为随机现象. 所谓随机现象，是指在一定的条件下，具有多种可能发生的结果的现象. 随机现象的两重性：表面上的偶然性与内部蕴含的必然规律性. 随机现象的偶然性又被称为随机性或不确定性. 在相同条件下进行大量重复试验或观察所呈现出来的规律性就是随机现象的必然性的一面. 概率论就是研究随机现象的统计规律性的一门学科.

研究随机现象需要进行试验. 为了获得随机现象的统计规律，必须在相同的条件下进行大量重复试验，在概率统计中，把这类试验称为随机试验，一般用字母 E 或 E_1，E_2 等表示. 它具有下述三点特性：(1) 试验可以在相同条件下重复进行；(2) 试验的所有可能结果在试验前是明确的，且每次试验必有其中的一个结果出现，并且仅有一个结果出现；(3) 每次试验的可能结果不止一个，而究竟哪一个会出现，在试验前不能准确预知.

样本空间就是将随机试验的所有可能的结果通过符号化的方式（如用字母和数字）表示为数学的集合形式，通常记为 Ω，其中的元素称为样本点，由样本点组成的单点集，称为一个单一事件或基本事件，基本事件之间互不相容. 于是，随机试验中发生的任何事件均可以由一个或多个基本事件构成（通常可表示为事件的运算形式），因此随机事件也可视为样本空间的一个子集. 而且只要子集中有一个事件发生就称该事件发生. 样本空间的建立确定了我们研究问题的具体范围，并为进一步研究奠定了基础.

2. 随机事件间的关系与运算

对于随机事件 A，B，它们主要有以下几种关系和运算.

包含关系，即 $A \subset B$，表示若事件 A 发生则 B 必发生；

相等关系，即 $A = B$，表示同时有 $A \subset B$ 和 $A \supset B$；

互斥（互不相容）关系，即 $A \cap B = \varnothing$，表示事件 A，B 不能同时发生；

对立（互逆）关系，即 $A \cup B = \Omega$ 且 $A \cap B = \varnothing$，并记 $A = \overline{B} = \Omega - B$ 或 $B = \overline{A} = \Omega - A$，表示事件 A，B 必有一个发生且只有一个发生；

积（交）运算，即 $A \cap B$ 或 AB，表示事件 A，B 同时发生；

和（并）运算，即 $A \cup B$ 或 $A + B$，表示事件 A，B 中至少有一个发生；

差运算，即 $A - B$，表示事件 A 发生而事件 B 不发生；

逆运算，即 $\overline{A}$，表示事件 A 不发生.

为了研究某些较复杂的事件，常常要把试验 E 的样本空间 Ω 按样本点的某些属性划分为若干事件. 一般地，设 Ω 被划分为 n 个事件 A_1，A_2，$\cdots$，A_n，它们互斥并且覆盖整个样本空间，则称这 n 个事件 A_1，A_2，$\cdots$，A_n 构成对样本空间 Ω 的一个划分，称之为完备事件组，两个相互对立的事件 A，$\overline{A}$

实际上也构成对样本空间Ω的一个划分，是一个完备事件组.

以上所涉及的两事件和、积、差的运算以及它们之间关系的定义、推导和推断都是以集合及其运算律确定的，要强调的是事件之间的恒等运算和转换，最常用的是对偶律(德·摩根律)：

$$\overline{A \cup B} = \overline{A} \cap \overline{B}, \overline{A \cap B} = \overline{A} \cup \overline{B}.$$

另外，文氏图是借助几何直观判断事件之间关系的一个行之有效的方法，考生应该熟悉和掌握.

例 1 对于任意事件A和B，已知下列事件中有一个不与$A \cup B = B$相等的事件，找出这个事件.

(1)$A \subset B$；(2)$\overline{B} \subset \overline{A}$；(3) $A\overline{B} = \varnothing$；(4)$\overline{A}B = \varnothing$.

【解题思路】$A \cup B = B$，即$A + B = B$，在此基础上做恒等运算，就可以找出相互之间的相等关系，从而利用排除法找出与之不相等的事件.

【答案解析】由$A + B = B$知$A \subset B$，又由德·摩根律，有$\overline{A + B} = \overline{A}\,\overline{B} = \overline{B}$，知$\overline{B} \subset \overline{A}$. 进而将$A = \Omega - \overline{A}$代入等式$\overline{A}\ \overline{B} = \overline{B}$，有$\overline{B} - A\overline{B} = \overline{B}$，即$A\overline{B} = \varnothing$，由排除法知$\overline{A}B = \varnothing$与$A \cup B = B$不相等.

事实上，借助文氏图同样可以说明$\overline{A}B = \varnothing$与$A \cup B = B$不相等(见图 3-7-1).

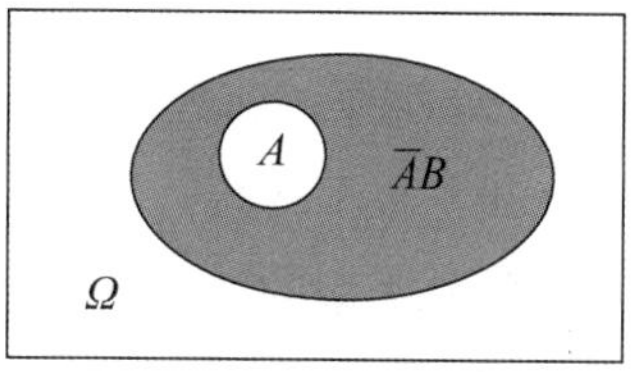

图 3-7-1

例 2 以A表示“甲种产品畅销，乙种产品滞销”，从下列事件中找出其对立事件$\overline{A}$.

(1)“甲种产品滞销，乙种产品畅销”；

(2)“甲、乙两种产品都畅销”；

(3)“甲种产品滞销”；

(4)“甲种产品滞销或乙种产品畅销”.

【解题思路】从文字到文字解读事件往往比较困难，如果先将事件符号化再利用事件间的运算解读，可能会更清晰.

【答案解析】若以A_1表示事件“甲种产品畅销”，A_2表示事件“乙种产品滞销”，则$A = A_1A_2$，由德·摩根律，其对立事件为$\overline{A} = \overline{A_1A_2} = \overline{A_1} + \overline{A_2}$，表示$A$的对立事件$\overline{A}$为“甲种产品滞销或乙种产品畅销”，即事件(4).

(二) 随机事件的概率

(1) 概率的统计定义.

在相同条件下独立地重复n次试验E，如果事件A在n次试验中出现了μ次，则称比值$\frac{\mu}{n}$为在n次试验中事件A发生的频率，记为$f_n(A)$，即$f_n(A) = \frac{\mu}{n}$，其中，μ称为事件A发生的频数. 频率具有以下性质.

性质 1 $0 \leqslant f_n(A) \leqslant 1$；

性质 2 $f_n(\Omega)=1$；

性质 3 若事件 A 与事件 B 互斥，即 $AB=\varnothing$，则 $f_n(A+B)=f_n(A)+f_n(B)$.

历史上，不少统计学家做过成千上万次抛掷硬币试验，若用 A 表示事件“硬币正面朝上”，则从这些试验中可以看出，当抛掷硬币次数 n 较大时，频率 $f_n(A)$ 总在常数 0.5 附近波动，并且随 n 的增大呈现出逐渐稳定趋于 0.5 的倾向. 频率的这种逐渐“稳定性”就是所谓的统计规律. 这里的常数 $p=0.5$ 称为频率 $f_n(A)$ 的稳定值，它能反映事件发生的可能性的大小.

一般地，每个随机事件都有相应的常数 p 与之对应. 如果在相同条件下独立地重复 n 次试验 E，事件 A 发生的频率 $f_n(A)$ 总在区间 $[0,1]$ 上的一个确定常数 p 附近做微小波动，而且随着 n 的增加，这种波动的幅度越来越小，则称常数 p 为事件 A 发生的概率，记为 $P(A)$，即 $P(A)=p$，这就是概率的统计定义.

作为频率稳定值的概率具有与频率相同的三个性质，即非负性、规范性和有限可加性.

(2) 概率的古典定义.

虽然概率的统计定义有它的简便之处，但若试验有破坏性，就不可能进行大量重复试验. 而对某些特殊类型的随机试验，要确定事件的概率，并不需要重复试验，而是根据人类长期积累的关于“对称性”的实际经验提出数学模型，由数学模型直接计算出来，从而给出概率的相应定义. 这类试验称为等可能概率试验. 根据其样本空间 Ω 是有限集还是无限集，相应的数学模型分为古典概型和几何概型.

若试验具有下列两个特征：① 试验结果为有限个，即 $\Omega=\{\omega_1,\omega_2,\cdots,\omega_n\}$；② 每个结果出现的可能性相同，即 $P(\omega_i)=\dfrac{1}{n}(i=1,2,\cdots,n)$，则称此试验为古典概型试验.

如果古典概型试验 E 的样本空间 Ω 有 n 个样本点，事件 A 由其中 m 个样本点组成，则事件 A 发生的概率为

$$P(A)=\frac{m}{n},$$

称为 A 的古典概率，利用上述关系式讨论事件概率的数学模型称为古典概型.

显然，古典概率具有以下性质.

性质 1 非负性：$0\leqslant P(A)\leqslant 1$；

性质 2 规范性：$P(\Omega)=1$；

性质 3 有限可加性：若 $A_1,A_2,\cdots,A_n$ 两两互斥，则 $P\left(\sum\limits_{i=1}^{n}A_i\right)=\sum\limits_{i=1}^{n}P(A_i)$.

根据概率的古典定义，只要求出基本事件的总数 n(总样本数) 和事件 A 包含的基本事件的个数 m，即可计算出古典概型试验中事件的概率. 为此弄清随机试验的全部基本事件是什么以及事件 A 包含了哪些基本事件是非常重要的.

例 3 设有 n 个不同的质点，每个质点等可能地落到 $N(n\leqslant N)$ 个格子中的每个格子里，假设每个格子可容纳的质点数是没有限制的. 试求下列事件的概率.

(1) $A=\{$某指定的 n 个格子中各有一个质点$\}$；

(2) $B=\{$任意 n 个格子中各有一个质点$\}$；

(3) $C=\{$指定的一个格子中有 $m(m\leqslant n)$ 个质点$\}$.

【解题思路】n 个不同的质点，每个质点等可能地落到 N 个格子中，则共有 N^n 种方案，即总样本数，具体事件含有的基本事件数或样本点数可根据题意确定，主要工具是排列组合.

【答案解析】依题意，n 个不同的质点等可能地落到 N 个格子中的每个格子里，而且每个格子可容纳的质点数没有限制，即每个质点都有 N 种不同的落入法，n 个质点共有 N^n 种不同的落入法，故试验相应的样本点总数为 N^n.

(1) 对事件 A，n 个质点在指定的 n 个格子中排列，共有 $n!$ 种不同的落入法，于是事件 A 包含的样本点数为 $n!$，则 $P(A)=\dfrac{n!}{N^n}$.

(2) 对事件 B，可以先从 N 个格子中任意取出 n 个格子，然后再将 n 个质点在取出的 n 个格子中排列，共有 $n!$ 种不同的排列方法，于是事件 B 包含的样本点数为 $C_N^n n!$，则 $P(B)=\dfrac{C_N^n n!}{N^n}$.

(3) 对事件 C，可以先从 n 个质点中任取 m 个质点放入指定的格子里，共有 C_n^m 种不同的取法，然后剩下的 $n-m$ 个质点随意落入其余的 $N-1$ 个格子中，共有 $(N-1)^{n-m}$ 种不同的落入法，于是事件 C 包含的样本点数为 $C_n^m(N-1)^{n-m}$，则 $P(C)=\dfrac{C_n^m(N-1)^{n-m}}{N^n}$.

【评注】本例是古典概型中的一个典型问题，不少实际问题都可归结于这一模型来处理，通常称为分配问题或方案选择问题. 如把 n 个人分配到 N 个房间里，这些房间就相当于 N 个格子. 又如将 n 封信投入 N 个信箱，称为投信问题，等等，这些问题的总样本点个数都为 N^n.

例 4 设袋中有 a 个白球和 b 个红球，现按无放回抽样依次把球一个一个取出来，试求第 $k(1\leqslant k\leqslant a+b)$ 次取出的球是白球的概率.

【解题思路】按无放回抽样依次把球从袋中一个一个取出来是典型的无放回地连续抽取问题，相当于将 $a+b$ 个球排成一行，有 $(a+b)!$ 种不同排法，相应样本点的总数是 $n=(a+b)!$，具体事件的样本点数用类似方法确定.

【答案解析】方法 1 依题意，试验是从袋中无放回地把球一个一个取出来依次排队，有 $(a+b)!$ 种不同排法，样本点的总数是 $n=(a+b)!$. 设 $A=\{$第 k 次取的是白球$\}$，对事件 A 发生的有利排法是先从 a 个白球中取出一个排在第 k 个位置上，然后将其余的 $a+b-1$ 个球排在 $a+b-1$ 个位置上，共有 $A_a^1(a+b-1)!$ 种不同的排法，所以事件 A 包含的样本点数为 $m=A_a^1(a+b-1)!$，故

$$P(A)=\frac{A_a^1(a+b-1)!}{(a+b)!}=\frac{a}{a+b}.$$

方法 2 只考虑前 k 次取球，可看成一次取 k 个球并进行排队，共有 A_{a+b}^k 种不同的排法，相应的样本点总数为 $n=A_{a+b}^k$. 事件 A 如方法 1 所设，则对事件 A 发生的有利排法是先从 a 个白球中取

出一个排在第 k 个位置上，然后从余下的 $a+b-1$ 个球中取出 $k-1$ 个排在剩余的 $k-1$ 个位置上，共有 $A_a^1 A_{a+b-1}^{k-1}$ 种不同的排法，所以事件 A 包含的样本点数 $m = A_a^1 A_{a+b-1}^{k-1}$，故

$$P(A)=\frac{A_a^1 A_{a+b-1}^{k-1}}{A_{a+b}^k}=\frac{a}{a+b}.$$

【评注】本例连续抽取问题是古典概型中的典型问题之一，有无放回和有放回两种抽取方式. 上面的结果表明，事件 A 的概率与 k 无关，即事件 A 发生的概率与取球的先后顺序无关，这就是著名的抽签原理. 无论是日常的经验，还是概率论中的抽签原理，均表明能否中签与抽签先后次序无关，人人机会均等.

例 5 袋中有 10 个外形相同的球（其中有 6 个红球、4 个白球），现从中任取 3 个，试求：(1) 取出的球都是红球的概率；(2) 取出的球恰有一个是白球的概率.

【解题思路】从 10 个外形相同的球中任取 3 个球是一个组合问题，相应样本点的总数是 C_{10}^3，具体事件的样本点数用类似方法确定.

【答案解析】从中任取 3 个球，共有 C_{10}^3 种取法，所以该试验的样本点总数为 $n = C_{10}^3$.

(1) 设 $A=\{$取出的球都是红球$\}$，事件 A 所包含的样本点数为 $m = C_6^3$，所以

$$P(A)=\frac{C_6^3}{C_{10}^3}=\frac{1}{6}.$$

(2) 设 $B=\{$取出的球恰有一个是白球$\}$，事件 B 所包含的样本点数为 $m = C_4^1 C_6^2$，所以

$$P(B)=\frac{C_4^1 C_6^2}{C_{10}^3}=\frac{1}{2}.$$

【评注】本例与例 4 中一个一个取球不同的是一次性地取多个球，相应样本点的总数用组合计算，事件也是从某个属性的球中取到若干个，同属于组合问题. 更为一般的形式可表述为一批产品共有 N 件，其中有 M 件次品，从中任取 n 件（$n \leqslant N, M < N$），则恰好取到 $k(k=1,2,\cdots,l,l=\min\{n,M\})$ 件次品的概率为 $\frac{C_M^k C_{N-M}^{n-k}}{C_N^n}$，此类概率类型称为超几何概型.

(3) 概率的几何定义.

当样本空间有无限多个样本点时，不能按照古典概率方式来计算概率，在有些场合可以用几何方法来处理.

如果试验具有下列两个特征：① 试验结果无限不可数；② 每个结果的出现是等可能的. 则称此类试验为几何型试验.

设 E 为几何型随机试验，其基本事件空间 Ω 中的所有基本事件可以用一个有界区域来描述，而其中一部分区域可以表示事件 A 所包含的基本事件，则事件 A 发生的概率为

$$P(A)=\frac{L(A)}{L(\Omega)},$$

称为几何概率，其中 $L(A)$，$L(\Omega)$ 分别表示 A 和 Ω 的几何度量，例如，在 Ω 是区间时，表示相应区间的长度，在 Ω 为平面或空间区域时，表示相应的面积或体积.

利用上述关系式讨论事件发生的概率的数学模型称为几何概型.

例 6 某公交始发站每隔 5 分钟发一趟车，在乘客不知情的情况下，求每一名乘客到站候车时间不超过两分钟的概率.

【解题思路】某公交始发站发车的时间间隔为 5 分钟，乘客到站的时间可能是间隔内任意一个时间点，那么可设基本事件空间 Ω 是长度为 5 的一条线段，具体事件的几何度量用类似方法确定.

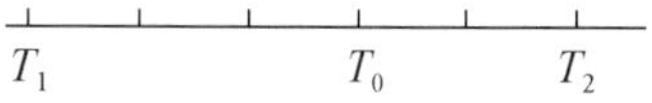

图 3-7-2

【答案解析】设 $A=\{$每一名乘客到站候车时间不超过两分钟$\}$，由于乘客可以在两辆公交车发车的时间间隔内任何一个时间点到达车站，因此，乘客到达车站的时刻 t 是长为 5 分钟的时间区间 $(0,5]$ 上的一个随机点，即 $\Omega=(0,5]$. 又设前、后两辆车出站时间分别为 T_1, T_2，线段 T_1T_2 长度为 5(见图 3-7-2)，即 $L(\Omega)=5$. T_0 是线段 T_1T_2 上一点，且 T_0T_2 长为 2. 显然，乘客只有在 T_0 之后到达(即 t 落在线段 T_0T_2 上)，候车时间才不会超过两分钟，即 $L(A)=2$，因此

$$P(A)=\frac{L(A)}{L(\Omega)}=\frac{2}{5}.$$

【评注】本例是概率中的等车问题，这里的几何度量就是公交车发车的时间间隔和乘客到站与公交车发车之间的时间间隔，为区间长度. 在几何概型中，乘客在某个时间点到达车站是可能发生的事件，但该事件的概率为零，说明概率为零的事件未必是不可能事件，同理可以得到结论：概率为 1 的事件未必是必然事件.

(4) 概率的公理化定义与加法公式.

前面我们已分别介绍了概率的统计定义、古典定义和几何定义，它们在解决各自适用的实际问题中都起到很重要的作用. 但它们都有一定的局限性，而且在数学上也不严谨. 1933 年数学家柯尔莫哥洛夫在综合前人成果的基础上，抓住概率是事件的函数的本质及满足非负性、规范性和可列可加性等重要性质，提出了概率的公理化结构，明确了概率的定义和概率论的基本概念，使概率论成为严谨的数学分支. 概率的公理化定义可表述如下.

设 E 是一个随机试验，Ω 为它的样本空间，以 E 中所有随机事件组成的集合为定义域，定义一个函数 $P(A)$(其中 A 为任意一个随机事件)，且满足以下三条公理，则称函数 $P(A)$ 为事件 A 的概率.

公理 1 非负性：$0\leqslant P(A)\leqslant 1$；

公理 2 规范性：$P(\Omega)=1$；

公理 3 可列可加性：当可列个事件 $A_1, A_2, \cdots, A_n, \cdots$ 两两互斥时，则

$$P\left(\sum_{i=1}^{\infty}A_i\right)=\sum_{i=1}^{\infty}P(A_i).$$

由概率的公理化定义可推导出概率的一些重要性质.

性质 1 不可能事件的概率为零，即 $P(\varnothing)=0$.

性质 2 概率具有有限可加性，即若 $A_1, A_2, \cdots, A_n$ 两两互斥，则

$$P\left(\sum_{i=1}^{n}A_i\right)=\sum_{i=1}^{n}P(A_i).$$

性质 3 对任一事件 A，有 $P(A)=1-P(\overline{A})$.

性质 4 若 $A\supset B$，则

$$P(A-B)=P(A)-P(B),P(A)\geqslant P(B).$$

性质 5 设 A,B 是任意两个事件，则

$$P(A+B)=P(A)+P(B)-P(AB),$$

此公式称为加法公式.

一般地，用数学归纳法可证明任意 n 个事件的加法公式

$$P\left(\sum_{i=1}^{n}A_i\right)=\sum_{i=1}^{n}P(A_i)-\sum_{1\leqslant i<j\leqslant n}P(A_iA_j)+\sum_{1\leqslant i<j<k\leqslant n}P(A_iA_jA_k)+\cdots+(-1)^{n-1}P(A_1A_2\cdots A_n).$$

例 7 一批产品有 12 件，其中有 4 件次品，8 件正品. 现从中任取 3 件产品，试求取出的 3 件产品中有次品的概率.

【解题思路】取出的 3 件产品中的次品有三种可能，即次品有 1 个，或者有 2 个，或者有 3 个，因此这是一个复合事件，用加法公式计算.

【答案解析】从 12 件产品中取 3 件产品，样本点总数为 C_{12}^3，设 $A=$｛取出的 3 件产品中有次品｝，$A_i=$｛取出的 3 件产品中恰好有 i 件次品｝，$i=1,2,3$. 显然，A_1,A_2,A_3 两两互斥，且它们依次包含的样本点数分别为 $m_{A_1}=C_4^1C_8^2$，$m_{A_2}=C_4^2C_8^1$，$m_{A_3}=C_4^3$，由事件的关系和运算，有

$$A=A_1+A_2+A_3,$$

$$P(A)=P(A_1)+P(A_2)+P(A_3)=\frac{C_4^1C_8^2}{C_{12}^3}+\frac{C_4^2C_8^1}{C_{12}^3}+\frac{C_4^3}{C_{12}^3}=\frac{41}{55}.$$

也可由性质 3 计算，即

$$P(A)=1-P(\overline{A})=1-\frac{C_8^3}{C_{12}^3}=\frac{41}{55}.$$

【评注】计算复合事件的概率，应该首先设定事件并符号化，然后将所求复合事件用所设符号表示出来，最后利用概率公式和性质计算.

例 8 在 10 到 99 的所有两位数中任取一个数，试求这个数能被 2 或 3 整除的概率.

【解题思路】在 10 到 99 的所有两位数中能被 2 整除的是偶数，能被 3 整除的是 3 的倍数，能同时被 2 和 3 整除的是 6 的倍数，其概率需用加法公式计算，事件的样本点数要在分析的基础上推算.

【答案解析】试验是从 10 到 99 的所有两位数中任取一个数，总样本点数为 90.

设 $A=$｛取出的两位数能被 2 整除｝，$B=$｛取出的两位数能被 3 整除｝，则所求事件｛取出的两位数能被 2 或 3 整除｝$=A+B$，而 $AB=$｛取出的两位数能同时被 2 和 3 整除｝.

显然，事件 A 包含的样本点数为 $90\div2=45$(个)，事件 B 包含的样本点数为 $(99-12)\div3$ 的整数部分加 1 个，即 $[(99-12)\div3]+1=30$(个)，事件 AB 包含的样本点数为 $(99-12)\div6$ 的整数部分加 1 个，即 $[(99-12)\div6]+1=15$(个)，于是

$$P(A+B)=P(A)+P(B)-P(AB)=\frac{45}{90}+\frac{30}{90}-\frac{15}{90}=\frac{2}{3}.$$

(5) 条件概率的定义与乘法公式.

前面我们讨论事件 A 的概率都是在不变的条件下发生的，但有时还要考虑在“事件 B 已发生”这一附加条件下，事件 A 发生的概率，例如：

在 100 个圆柱形零件中有 95 件长度合格，有 93 件直径合格，有 90 件长度和直径都合格. 从 100 个零件中任取一个(没有选取条件的限制)，讨论该零件在长度合格的前提下，直径也合格的概率.

设 $A=\{$取出的零件直径合格$\}$，$B=\{$取出的零件长度合格$\}$，$AB=\{$取出的零件直径与长度都合格$\}$，根据古典概型，在无限制条件下，样本点总数为 C_{100}^{1}，事件 A，B 包含的样本点个数分别为

$$m_A=C_{93}^{1},m_B=C_{95}^{1},$$

AB 所包含的样本点数为

$$m_{AB}=C_{90}^{1}.$$

以上都是在样本空间 Ω 上考虑的，然而若讨论在长度合格的前提下，直径也合格的概率，事件 A 所包含的全体样本点只能在集合 B 上考虑，记作 Ω_B，称为缩减的样本空间. 这时在附加条件 B 下，Ω_B 中的样本点个数为 $m_B=C_{95}^{1}$，在 Ω_B 中属于事件 A 的样本点个数不再是 $m_A=C_{93}^{1}$，而是 $m_{AB}=C_{90}^{1}$，所以在长度合格的前提下，直径也合格的概率为

$$P_{\Omega_B}(A)=\frac{m_{AB}}{m_B}=\frac{18}{19}, \text{即 } P(A\mid B)=\frac{18}{19}.$$

注意，在一般情况下，$P_{\Omega}(A)$ 与 $P_{\Omega_B}(A)$ 是不同的，如图 3-7-3 所示. 本例中 $P_{\Omega}(A)=93/100$，而 $P_{\Omega_B}(A)=18/19$. 相对条件概率 $P_{\Omega_B}(A)$(即 $P(A\mid B)$)而言，称 $P_{\Omega}(A)$(即 $P(A)$)为无条件概率. 条件概率与无条件概率无本质区别，实际上，无条件概率也是事件 A 在一定条件组下的概率，这个条件组就是试验的条件. 如果在这个条件外再加入“事件 B 已发生”之类的附加条件，这样计算出来的概率称为条件概率. 一般地，条件概率定义如下.

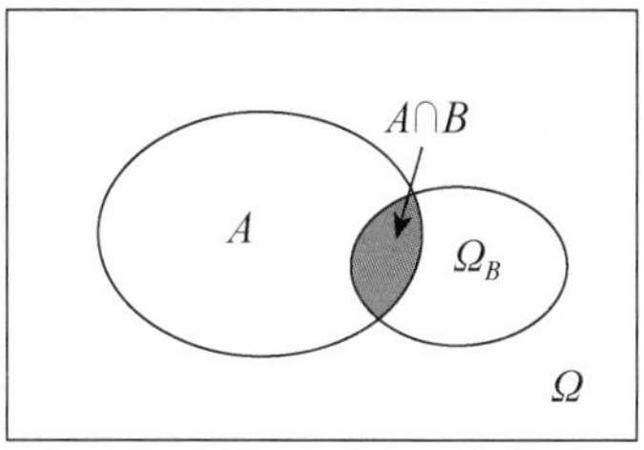

图 3-7-3

设随机试验 E 的样本空间为 Ω，对于任意两个事件 A，B，其中 $P(B)>0$，称在事件 B 发生的条件下，事件 A 的概率为条件概率，记作 $P(A\mid B)$，且 $P(A\mid B)=\dfrac{P(AB)}{P(B)}$.

类似地可定义 $P(B\mid A)=\dfrac{P(AB)}{P(A)}(P(A)>0)$.

不难验证，条件概率同样也满足概率的公理化定义及其推导出的有关性质.

若将公式 $P(A\mid B)=\dfrac{P(AB)}{P(B)}$ 改写为 $P(AB)=P(B)P(A\mid B)(P(B)>0)$，则称之为概率的乘法公式. 乘法公式也可以表示为

$$P(AB)=P(A)P(B\mid A)(P(A)>0).$$

乘法公式还可以推广到有限多个事件的情形，例如，对于三个事件 A_1，A_2，A_3，若 $P(A_1A_2)>0$，有

$$P(A_1A_2A_3)=P(A_1)P(A_2\mid A_1)P(A_3\mid A_1A_2).$$

一般地，当 $n\geqslant 2$ 且 $P(A_1A_2\cdots A_{n-1})>0$ 时，用数学归纳法可证明

$$P(A_1A_2\cdots A_n)=P(A_1)P(A_2\mid A_1)\cdots P(A_n\mid A_1A_2\cdots A_{n-1}).$$

例 9 从100件产品(其中有5件次品)中，无放回地抽取2件，问第一次取到正品而第二次取到次品的概率是多少?

【解题思路】 本题是典型的无放回抽取问题，求的是第一次取到正品和第二次取到次品同时发生的事件的概率，需用到乘法公式，其中第二次取到次品是在第一次取到正品的条件下发生的. 在设定事件并符号化的基础上套用乘法公式计算即可.

【答案解析】 设事件 $A=\{$第一次取到正品$\}$，$B=\{$第二次取到次品$\}$. 用古典概型的方法有

$$P(A)=\frac{95}{100}\neq 0.$$

由于第一次抽取正品后不放回，因此，第二次抽取是在99件产品(不合格品仍然是5件)中任取一件，所以 $P(B\mid A)=\frac{5}{99}$，由乘法公式即得

$$P(AB)=P(A)P(B\mid A)=\frac{95}{100}\times\frac{5}{99}=\frac{19}{396}.$$

例 10 某人忘记电话号码的最后一个数字，因而任意按最后一个数字. (1) 试求不超过四次能打通电话的概率;(2) 若已知最后一个数字是偶数，则不超过三次能打通电话的概率是多少?

【解题思路】 不超过四次能打通电话，即四次内至少一次能打通电话，不超过三次能打通电话，即三次内至少一次能打通电话，对应的都是和事件，直接计算比较烦琐，转化为逆事件计算更为简便，计算过程中要用到德・摩根律和乘法公式.

【答案解析】 (1) 设 $A=\{$不超过四次能打通电话$\}$，$A_i=\{$第 i 次能打通电话$\}$，$i=1,2,3,4$，则 $A=A_1+A_2+A_3+A_4$，故

$$\begin{aligned}P(A)&=1-P(\overline{A})=1-P(\overline{A_1+A_2+A_3+A_4})=1-P(\overline{A_1}\,\overline{A_2}\,\overline{A_3}\,\overline{A_4})\\&=1-P(\overline{A_1})P(\overline{A_2}\mid\overline{A_1})(\overline{A_3}\mid\overline{A_1}\,\overline{A_2})P(\overline{A_4}\mid\overline{A_1}\,\overline{A_2}\,\overline{A_3})\\&=1-\frac{9}{10}\times\frac{8}{9}\times\frac{7}{8}\times\frac{6}{7}=\frac{2}{5}.\end{aligned}$$

(2) 设 $B=\{$已知最后一个数字是偶数，不超过三次能打通电话$\}$，$B_i=\{$已知最后一个数字是偶数，第 i 次能打通电话$\}$，$i=1,2,3$，则 $B=B_1+B_2+B_3$，故

$$\begin{aligned}P(B)&=1-P(\overline{B})=1-P(\overline{B_1+B_2+B_3})\\&=1-P(\overline{B_1}\,\overline{B_2}\,\overline{B_3})\\&=1-P(\overline{B_1})P(\overline{B_2}\mid\overline{B_1})(\overline{B_3}\mid\overline{B_1}\,\overline{B_2})\\&=1-\frac{4}{5}\times\frac{3}{4}\times\frac{2}{3}=\frac{3}{5}.\end{aligned}$$

（三）全概率公式与贝叶斯公式

在计算较为复杂的事件的概率时，往往需要同时使用概率的加法公式和乘法公式.下面我们将由此推导出两个重要公式——全概率公式与贝叶斯公式，它们在概率论中有多方面的应用.

(1) 全概率公式.

设试验 E 的样本空间为 Ω，事件 $A_1, A_2, \cdots, A_n$ 为一个完备事件组，且 $P(A_i) > 0(i = 1,2,\cdots, n)$，则对任一事件 B，有 $P(B) = \sum\limits_{i=1}^{n} P(A_i)P(B \mid A_i)$，称为全概率公式.

公式的推导如下：因为 $B = \Omega B = (A_1 + A_2 + \cdots + A_n)B = A_1B + A_2B + \cdots + A_nB$，又由于 $A_1, A_2, \cdots, A_n$ 两两互斥，因此事件 B 被分割为两两互斥的事件 $A_1B, A_2B, \cdots, A_nB$ 之和，由概率的可加性和乘法公式，可得 $P(B) = \sum\limits_{i=1}^{n} P(A_iB) = \sum\limits_{i=1}^{n} P(A_i)P(B \mid A_i)$.

通过推导过程可以看出，一个复杂的事件 B，它的发生可能伴随着若干相互分割的背景因素（即完备事件组），这些背景因素共同构成 B 的背景环境（即背景样本空间 Ω），$P(B)$ 就是在所有背景因素下事件 B 发生概率 $P(A_iB)$ 的总和，因此，这类概率类型也可称为全概率概型.全概率概型最重要的特征是事件发生的背后一定存在一个完备事件组.

例 11 第一个箱中有 10 个球，其中有 8 个白球，其余为黑球，第二个箱中有 20 个球，其中有 4 个白球，其余为黑球.现从每个箱中任取一球，然后从这两球中任取一球，则取到白球的概率是多少？

【解题思路】 两球取自两个箱子，两个箱子构成了一个完备事件组，同时，取出的两球又构成了一个完备事件组，从两球中任取一球，取到白球的事件是在后一个完备事件组条件下发生的，抓住这两个完备事件组，并设定好事件及其符号，剩下的就是套用公式计算.

【答案解析】 **方法 1** 取出的两球构成完备事件组.设 $C = \{$取到白球$\}$，$A_i = \{$从第 i 个箱中取到白球$\}$，$i = 1,2$.于是，有

$$B_0 = \{\text{取到黑黑}\} = \overline{A_1}\,\overline{A_2}, P(B_0) = \frac{2}{10} \times \frac{16}{20} = \frac{4}{25};$$

$$B_1 = \{\text{取到白黑}\} = A_1\overline{A_2}, P(B_1) = \frac{8}{10} \times \frac{16}{20} = \frac{16}{25};$$

$$B_2 = \{\text{取到黑白}\} = \overline{A_1}A_2, P(B_2) = \frac{2}{10} \times \frac{4}{20} = \frac{1}{25};$$

$$B_3 = \{\text{取到白白}\} = A_1A_2, P(B_3) = \frac{8}{10} \times \frac{4}{20} = \frac{4}{25}.$$

又因为 $P(C|B_0) = 0, P(C|B_1) = \frac{1}{2}, P(C|B_2) = \frac{1}{2}, P(C|B_3) = 1$，所以

$$\begin{aligned} P(C) &= \sum_{i=0}^{3} P(B_i)P(C|B_i) \\ &= 0 \times \frac{4}{25} + \frac{1}{2} \times \frac{16}{25} + \frac{1}{2} \times \frac{1}{25} + 1 \times \frac{4}{25} = \frac{1}{2}. \end{aligned}$$

方法 2 两个箱子构成一个完备事件组,设 $A_i=\{$取到的球来自第 i 个箱子$\}$, $i=1,2$,则 $P(A_i)=\frac{1}{2}(i=1,2)$,设 $B=\{$取到白球$\}$,则 $P(B|A_1)=\frac{4}{5}$,$P(B|A_2)=\frac{1}{5}$,于是有

$$\begin{aligned}P(B)&=P(A_1)P(B\mid A_1)+P(A_2)P(B\mid A_2)\\&=\frac{1}{2}\times\frac{4}{5}+\frac{1}{2}\times\frac{1}{5}=\frac{1}{2}.\end{aligned}$$

(2) 贝叶斯公式.

设试验 E 的样本空间为 Ω,事件 $A_1,A_2,\cdots,A_n$ 为一个完备事件组,且 $P(A_i)>0(i=1,2,\cdots,n)$,则对任一事件 $B(P(B)>0)$,有

$$P(A_i|B)=\frac{P(A_i)P(B\mid A_i)}{\sum_{j=1}^{n}P(A_j)P(B\mid A_j)},i=1,2,\cdots,n,$$

上式称为贝叶斯公式(或称逆概率公式).

贝叶斯公式很容易由全概率公式推出.若将完备事件组 $A_1,A_2,\cdots,A_n$ 看作是导致试验结果(即事件 B 发生)的"原因",并且一般情况下 $P(A_i)$ 事先知道,故称为先验概率,它反映了各种"原因"发生的可能性大小.贝叶斯定理要解决的是试验发生了事件 B 以后,回过头看看导致 B 发生的因素 $A_1,A_2,\cdots,A_n$ 中哪一个可能性大.所以,条件概率 $P(A_i\mid B)$ 称之为后验概率,反映了试验后对各种"原因"触发的可能性大小的度量. 这类概率类型一般称为贝叶斯概型.

例 12 设某人从外地赶来参加紧急会议,他乘火车、轮船、汽车或飞机来的概率分别为 3/10, 1/5, 1/10, 2/5. 如果他乘飞机来,不会迟到,而乘火车、轮船或汽车来,迟到的概率分别为 1/4, 1/3, 1/12. 已知此人迟到,试推断他乘哪种交通工具来的可能性最大?

【解题思路】从外地赶来参加紧急会议,采用的交通工具构成了一个完备事件组,它们所占有的概率已知,不同交通工具可能造成迟到的概率也已知,由全概率公式可计算出迟到的概率. 现在要知道的是迟到已经发生的情况下此人乘坐什么交通工具的可能性最大,正是利用贝叶斯公式解决的问题.

【答案解析】设 $A_1=\{$乘火车$\}$,$A_2=\{$乘轮船$\}$,$A_3=\{$乘汽车$\}$,$A_4=\{$乘飞机$\}$,$B=\{$迟到$\}$. 依题设,有

$$P(A_1)=\frac{3}{10},P(A_2)=\frac{1}{5},P(A_3)=\frac{1}{10},P(A_4)=\frac{2}{5},$$

$$P(B\mid A_1)=\frac{1}{4},P(B\mid A_2)=\frac{1}{3},P(B\mid A_3)=\frac{1}{12},P(B\mid A_4)=0.$$

由贝叶斯公式,有

$$P(A_i|B)=\frac{P(A_i)P(B\mid A_i)}{\sum_{j=1}^{4}P(A_j)P(B\mid A_j)}(i=1,2,3,4),$$

得到
$$P(A_1|B)=\frac{1}{2},P(A_2|B)=\frac{4}{9},P(A_3|B)=\frac{1}{18},P(A_4|B)=0.$$

由计算结果可以推断此人乘火车来的可能性最大.

【评注】全概率概型和贝叶斯概型常常同时出现在同一概率问题中,其最重要的特征是必有完备事件组出现.

(四) 随机事件的独立性

一般来说,对于两个事件 $A,B,P(B\mid A)\neq P(B)$,但也有例外,例如:

从 100 件产品(其中有 5 件次品)中有放回地抽取 2 件,设事件 A 为"第一次取到的是正品",事件 B 为"第二次取到的是次品",分别计算 $P(B\mid A)$ 和 $P(B)$.

由古典概型,有 $P(A)=\dfrac{95}{100}$,$P(AB)=\dfrac{95\times 5}{100^2}$,$P(\overline{A}B)=\dfrac{25}{100^2}$,因此

$$P(B\mid A)=\frac{P(AB)}{P(A)}=\frac{5}{100},$$

而

$$P(B)=P(AB)+P(\overline{A}B)=\frac{95\times 5}{100^2}+\frac{25}{100^2}=\frac{5}{100}.$$

可见 $P(B\mid A)=P(B)$,这说明事件 B 发生的概率与事件 A 发生与否无关. 从客观上说,由于采用的是有放回的抽取方式,第一次抽取当然不会影响到第二次抽取的结果. 对于这种情况,我们称事件 A 与 B 存在某种"独立"的关系. 并定义如下.

1. 两事件相互独立的定义

对于事件 A 与 B,若 $P(AB)=P(A)P(B)$,则称事件 A 与 B 相互独立.

由两事件相互独立的定义,不难得到以下重要结论.

定理 1 (相互独立的充要条件) 设 A 与 B 为两个事件,且 $P(A)>0$,则 A 与 B 相互独立的充要条件是 $P(B\mid A)=P(B)$.

定理 2 下列四个命题是等价的.

(1) 事件 A 与 B 相互独立; (2) 事件 A 与 $\overline{B}$ 相互独立;

(3) 事件 $\overline{A}$ 与 B 相互独立; (4) 事件 $\overline{A}$ 与 $\overline{B}$ 相互独立.

这里只给出定理 1 的证明.

必要性. 设 A,B 相互独立,则 $P(AB)=P(A)P(B)$. 由条件概率的定义,有

$$P(B\mid A)=\frac{P(AB)}{P(A)}=\frac{P(A)P(B)}{P(A)}=P(B).$$

充分性. 设 $P(B\mid A)=P(B)$,则由乘法公式,有

$$P(AB)=P(A)P(B\mid A)=P(A)P(B),$$

因此 A 与 B 相互独立.

定理 1 的证明过程表明:事件 A 与 B 相互独立的判断,除了根据实际问题(如有放回地抽取问题)外,唯一的途径是通过计算验证等式 $P(AB)=P(A)P(B)$ 成立. 一般地,事件之间的关系是不能由概率式推出的. 例如,由 $P(A)=1$ 不能推断 A 为必然事件,由 $P(AB)=0$ 不能推断事件 A 与 B 互斥,两者不可混淆.

2.三事件相互独立的定义

对于事件 A,B,C,若

$$P(AB)=P(A)P(B),P(BC)=P(B)P(C),P(AC)=P(A)P(C),$$
$$P(ABC)=P(A)P(B)P(C)$$

都成立,则称事件 A,B,C 相互独立.

3.n 个事件相互独立的定义

设有 n 个事件 $A_1,A_2,\cdots,A_n$,若对任意的整数 $k(1\leqslant k\leqslant n)$ 和任意 k 个整数 $i_1,i_2,\cdots,i_k(1\leqslant i_1<i_2<\cdots<i_k\leqslant n)$,都有 $P(A_{i_1}A_{i_2}\cdots A_{i_k})=P(A_{i_1})P(A_{i_2})\cdots P(A_{i_k})$ 成立,则称这 n 个事件 $A_1,A_2,\cdots,A_n$ 相互独立.

由定义可以看到,若 n 个事件 $A_1,A_2,\cdots,A_n$ 相互独立,则其中的任意 $k(1\leqslant k\leqslant n)$ 个事件也相互独立,特别地,当 $k=2$ 时,它们中的任意两个事件都相互独立,称之为两两独立. 但反之,n 个事件两两独立不能保证这 n 个事件相互独立. 见下例.

例 13 设袋内有 4 个乒乓球,其中 1 个涂有白色,1 个涂有红色,1 个涂有蓝色,1 个涂有白、红、蓝三种颜色. 今从袋中任取一个球,设事件

$A=\{$取出的球涂有白色$\}$, $B=\{$取出的球涂有红色$\}$, $C=\{$取出的球涂有蓝色$\}$,

证明事件 A,B,C 两两独立,但三者不相互独立.

【解题思路】A,B,C 两两独立,即同时有 $P(AB)=P(A)P(B),P(AC)=P(A)P(C),P(BC)=P(B)P(C)$. A,B,C 相互独立,在满足上述三个等式外,还需满足 $P(ABC)=P(A)P(B)P(C)$.

【答案解析】由古典概型,总样本点数为 $n=4$,而事件 A,B 同时发生,取到的球只能是涂有白、红、蓝三种颜色的球,即 $m_{AB}=1$,因而 $P(AB)=\frac{1}{4}$.

同理,事件 A 发生,取到的球只能是涂有白色的球或涂有白、红、蓝三种颜色的球. 事件 B 发生,取到的球只能是涂有红色的球或涂有白、红、蓝三种颜色的球,于是有

$$P(A)=\frac{1}{2},P(B)=\frac{1}{2},\ P(A)P(B)=\frac{1}{2}\times\frac{1}{2}=\frac{1}{4},$$

所以 $P(AB)=P(A)P(B)$,即事件 A,B 相互独立.

类似可证 B 与 C,A 与 C 相互独立,从而知事件 A,B,C 两两独立. 但由于 $P(ABC)=\frac{1}{4}$,而

$$P(A)P(B)P(C)=\frac{1}{2}\times\frac{1}{2}\times\frac{1}{2}=\frac{1}{8}\neq\frac{1}{4},$$

因此,事件 A,B,C 不相互独立.

例 14 已知事件 A,B,C 相互独立,则下列结论中不正确的是(　　).

(A) 事件 $A+C$ 与 B 相互独立　　(B) 事件 $A-B$ 与 C 相互独立

(C) 事件 $A\overline{C}$ 与 $\overline{C}$ 相互独立　　(D) 事件 $\overline{A}$ 与 $\overline{BC}$ 相互独立

(E) 事件 $A+B$ 与 $\overline{C}$ 相互独立

【参考答案】C

【解题思路】本题涉及独立性的一个重要性质：若事件 A,B,C 相互独立，则事件 A,B,C 各自运算组合生成的事件(没有交集) 也相互独立.

【答案解析】由于 A,B,C 相互独立，所以，事件 $A+C$ 与 B，$A-B$ 与 C，$\overline{A}$ 与 $\overline{BC}$，$A+B$ 与 $\overline{C}$ 都相互独立，由排除法知，结论C不正确，故选择C. 事实上，两个事件 $A\overline{C}$ 与 $\overline{C}$ 中都含有事件 $\overline{C}$，相互之间是有关联的.

例 15 设甲，乙两个射手每次击中目标的概率分别是 0.8 和 0.7，现两人同时向同一目标射击，试求：(1) 目标被击中的概率；(2) 已知目标被击中，则它是被甲击中的概率.

【解题思路】甲、乙两个射手同时向同一目标射击，依据题设，他们是否击中目标是相互独立的.

【答案解析】设 $A=\{$甲击中目标$\}$，$B=\{$乙击中目标$\}$，$C=\{$目标被击中$\}$，则由事件间关系和题设知 $C=A+B$，$P(A)=0.8$，$P(B)=0.7$.

(1) 方法 1
$$\begin{aligned}P(C)&=P(A+B)=P(A)+P(B)-P(AB)\\&=P(A)+P(B)-P(A)P(B)\\&=0.8+0.7-0.8\times0.7=0.94.\end{aligned}$$

方法 2
$$\begin{aligned}P(C)&=P(A+B)=1-P(\overline{A+B})=1-P(\overline{A}\ \overline{B})\\&=1-(1-0.8)\times(1-0.7)=0.94.\end{aligned}$$

(2)
$$P(A\mid C)=\frac{P(AC)}{P(C)}=\frac{P(A)}{P(C)}=\frac{0.8}{0.94}=\frac{40}{47}.$$

(五) n 重伯努利试验及二项概型

有事件独立性的概念，就有试验的独立性问题. 一般来说，所谓试验 E_1 与试验 E_2 独立是指 E_1 发生的结果与 E_2 发生的结果是相互独立的. 这里介绍一类最为简单的重复独立试验 ——n 重伯努利试验.

在实际问题中，常常要在条件完全相同的情况下做多次试验(也可以看成一个试验的多次重复) 并且试验相互独立(即每次试验中随机事件的概率不依赖于其他各次试验的结果)，这类试验称为重复独立试验. 例如，在相同条件下独立射击；有放回的抽取产品；以同一方式和条件向上抛同一个分布均匀的硬币，都属于这一类型的试验. 如果在每次试验中，我们只关心某个事件 A 是否发生，例如，每次射击是命中目标还是脱靶；抽取的产品是正品还是次品；抛投硬币时硬币是否出现正面，这种只有两种结果的试验称为伯努利试验，于是 n 重伯努利试验可以定义如下.

1. n 重伯努利试验

把伯努利试验在相同的条件下进行 n 次，若每次试验中事件 A 发生与否与其他各次试验中 A 发生与否互不影响，则称这 n 次独立试验称为 n 重伯努利试验.

例如，重复打靶试验，每次打靶只有命中和脱靶两种结果，故这是伯努利试验，独立地重复射击

5 次就是一个 5 重伯努利试验. 设命中的概率为 0.7，我们来计算 5 次射击恰好击中 2 次的概率. 首先考虑该试验的总样本数，即独立射击 5 次所有可能的结果，因为每次射击都有 2 种可能，所以共有 $C_2^1C_2^1C_2^1C_2^1C_2^1=2^5=32$(种) 结果. 若以"1"表示命中，"0"表示未命中，则每一结果都是由"0"和"1"组成的一个序列，如，"11001"表示第一、二、五次命中，第三、四次未命中. 我们把每一种结果看作一个基本事件，则共有 32 个基本事件，其中恰好有 2 次命中，是由那些含有 2 个"1"，3 个"0"组成的序列. 根据乘法公式，每个序列对应的概率是$(0.7)^2(1-0.7)^{5-2}$，这样的序列共有 C_5^2 个，由加法公式可知，射击 5 次，恰好命中 2 次的概率是 $C_5^2(0.7)^2(1-0.7)^{5-2}$.

上述讨论分析的方法在 n 重伯努利试验的问题中具有一般性，而问题本身就是这类试验中具有广泛应用的概型.

2. 二项概型

对 n 重伯努利试验中事件 A 恰好发生 k 次的概率问题有下述定理.

二项定理 设在每次试验中事件 A 发生的概率均为 $p(0<p<1)$，则 n 重伯努利试验中，事件 A 恰好发生 k 次的概率(记作 $P_n\{\mu=k\}$) 为 $P_n\{\mu=k\}=C_n^kp^k(1-p)^{n-k},k=0,1,\cdots,n$.

利用上述公式讨论概率的数学模型统称为二项概型.

例 16 某车间有 5 台某型号的机床，每台机床由于种种原因(如备料，装、卸工件，更换刀具等)时常要停车. 设每台机床停车或开车相互独立. 若每台机床在任何一个时刻处于停车状态的概率为$\dfrac{1}{3}$，试求在任意一个时刻：

(1) 恰有 1 台机床处于停车状态的概率；

(2) 至少有 1 台机床处于停车状态的概率；

(3) 至多有 1 台机床处于停车状态的概率.

【解题思路】 5 台机床的停车问题可以看作一台机床做 5 次伯努利试验，属于参数为 $n=5$，$p=1/3$ 的二项概型.

【答案解析】 (1) 设 $A=\{$任何一个时刻任何一台机床处于停车状态$\}$，则

$$P(A)=\frac{1}{3},P(\overline{A})=\frac{2}{3},$$

由二项定理，有 $P_5\{\mu=1\}=C_5^1\left(\frac{1}{3}\right)^1\left(\frac{2}{3}\right)^4\approx 0.3292$.

(2) 设 $B=\{$至少有 1 台机床处于停车状态$\}$，则

$$P(B)=1-P(\overline{B})=1-P_5\{\mu=0\}=1-C_5^0\left(\frac{1}{3}\right)^0\left(\frac{2}{3}\right)^5\approx 0.8683.$$

(3) 设 $C=\{$至多有 1 台机床处于停车状态$\}$，则

$$P(C)=P_5\{\mu=0\}+P_5\{\mu=1\}=C_5^0\left(\frac{1}{3}\right)^0\left(\frac{2}{3}\right)^5+C_5^1\left(\frac{1}{3}\right)^1\left(\frac{2}{3}\right)^4\approx 0.4609.$$

例 17 在市场上存在大量的某种商品，该种商品由三个厂家提供. 已知第一、第二、第三个厂

家的该产品在市场所占份额依次为1/2,1/3,1/6,产品合格率分别为90%,95%,85%.现从市场上随机购买4件该种商品,求:(1)4件全为合格品的概率;(2)4件中至少有3件合格品的概率.

【解题思路】由于市场上该种商品数量较多,从中随机购买该种商品,可以认为每件是否为合格品是相互独立的,因此,购买4件该种商品可视为4次伯努利试验,其中含合格品数属于参数为$n=4$,p(购买到合格品的概率)的二项概型.求解时,首先要应用全概率公式计算出p.

【答案解析】设$A_i=\{$第i个厂家的产品$\}$,$i=1,2,3$,$A=\{$买到的是合格品$\}$.则

$$P(A_1)=\frac{1}{2},P(A_2)=\frac{1}{3},P(A_3)=\frac{1}{6},$$

$$P(A\mid A_1)=0.9,P(A\mid A_2)=0.95,P(A\mid A_3)=0.85,$$

于是由全概率公式,有

$$p=P(A)=\sum_{i=1}^{3}P(A_i)P(A\mid A_i)=\frac{1}{2}\times 0.9+\frac{1}{3}\times 0.95+\frac{1}{6}\times 0.85\approx 0.908\,3.$$

(1) 设$B=\{4$件全为合格品$\}$,则

$$P(B)=P_4\{\mu=4\}=C_4^4p^4(1-p)^0\approx 0.680\,6.$$

(2) 设$C=\{4$件中至少有3件合格品$\}$,则

$$P(C)=P_4\{\mu=4\}+P_4\{\mu=3\}$$
$$=C_4^4p^4(1-p)^0+C_4^3p^3(1-p)^1\approx 0.680\,6+0.274\,9=0.955\,5.$$

【评注】类似本例的题型是二项概型中常见的复合类型.首先,事件A发生的概率是一个属于某个特定概型的概率问题,在计算出$p=P(A)$后,再考虑涉及事件A的n重伯努利试验的二项概型问题.另外,题目中独立性的判断是依据题意分析得出的.

三、综合题精讲

题型一 随机事件的描述和运算

例1 设A,B,C为三个随机事件,则下列选项成立的是( ).

(A) $\overline{A}+\overline{B}+\overline{C}=1-ABC$

(B) $P(\overline{A}+\overline{B}+\overline{C})=P(\overline{A})+P(\overline{B})+P(\overline{C})$

(C) 若$P(AB)=1$,则$AB=\Omega$

(D) $(A+B)-B=A$

(E) 若$AB=\overline{A}$,则$P(A)=1,P(B)=0$

【参考答案】E

【解题思路】本题涉及事件表示的规范性.在推断事件关系时,应该在恒等运算的前提下进行,有时借助文氏图是一个不错的选择.由概率推断事件的关系一般不可取.使用概率公式时要注意相关事件的关系.

【答案解析】在本题中,选项A正确写法是$\overline{A}+\overline{B}+\overline{C}=\Omega-ABC$,考生往往把$\Omega$错写作1;$\overline{A}$,

$\overline{B},\overline{C}$ 未必两两互斥，由加法公式知，选项 B 不正确；由概率 $P(AB)=1$，未必能得出 $AB=\Omega$；$(A+B)-B=A\overline{B}\neq A$；对等式 $AB=\overline{A}$ 两边加 A，得 $A+AB=A=\overline{A}+A=\Omega$，知 A 为样本空间或必然事件，同时有 $B=AB=\varnothing$，即 B 为不可能事件，因此有 $P(A)=1,P(B)=0$. 故选择 E.

例 2 设 A,B 为两个随机事件，则（　　）.

(A) $P(AB)+P(\overline{A}\,\overline{B})\leqslant 1$　　(B) $P(AB)+P(\overline{A}\,\overline{B})\geqslant 1$

(C) $P(A-B)\leqslant P(A)-P(B)$　　(D) $P(A+B)+P(\overline{A}+\overline{B})\leqslant 1$

(E) $P(A+B)\geqslant P(A)+P(B)$

【参考答案】A

【解题思路】本题涉及事件之间的关系，如由 $A+B\supset AB$，有 $P(A+B)\geqslant P(AB)$，进而可得 $P(AB)+P(\overline{A}\,\overline{B})\leqslant 1$.

【答案解析】由于 $AB\subset A+B$，即有 $P(AB)\leqslant P(A+B)$，从而有

$$P(AB)\leqslant P(A+B)=1-P(\overline{A+B})=1-P(\overline{A}\,\overline{B}),$$

即 $P(AB)+P(\overline{A}\,\overline{B})\leqslant 1$，同时有

$$P(A+B)-P(AB)=P(A+B)+P(\overline{AB})-1=P(A+B)+P(\overline{A}+\overline{B})-1\geqslant 0,$$

即

$$P(A+B)+P(\overline{A}+\overline{B})\geqslant 1,$$

知选项 B,D 不正确. 又 $AB\subset B$，有 $P(AB)\leqslant P(B)$，从而有

$$P(A-B)=P(A)-P(AB)\geqslant P(A)-P(B),$$

知选项 C 不正确，由加法公式可知，选项 E 也不正确，故本题选择 A.

例 3 设 A,B 为两个随机事件，其中 $0<P(A)<1,P(B)>0,P(B\mid A)=P(B\mid\overline{A})$，则下列选项成立的是（　　）.

(A) $P(A\mid B)=P(\overline{A}\mid B)$　　(B) $P(A\mid B)\neq P(\overline{A}\mid B)$

(C) $P(AB)=P(A)P(B)$　　(D) $P(AB)\neq P(A)P(B)$

(E) $P(A)\geqslant P(A\mid B)$

【参考答案】C

【解题思路】依题设，$P(B\mid A)=P(B\mid\overline{A})$，可以看到，事件 B 发生的概率不受事件 A 发生与否的影响，有利选项应该是 A,B 相互独立.

【答案解析】若 $P(B\mid A)=P(B\mid\overline{A})$，则有

$$\frac{P(AB)}{P(A)}=\frac{P(\overline{A}B)}{P(\overline{A})}=\frac{P(B)-P(AB)}{1-P(A)},$$

$$P(AB)[1-P(A)]=P(A)[P(B)-P(AB)],$$

从而有 $P(AB)=P(A)P(B)$，即 A,B 相互独立. 故本题应选择 C.

另外，由于 $P(A)$ 与 $P(\overline{A})$ 的大小关系不确定，所以选项 A,B 未必成立；在 $P(B)>0$ 的条件下，$P(A)$ 与 $P(A\mid B)$ 的大小没有可比性，选项 E 也不正确.

【评注】随机事件的描述和运算是将现实随机问题模型化的过程，也是研究随机问题的基础和前提，可以从多个角度引入符号描述随机事件，严格来说，它们之间是等价或相等关系，可以通过事件的恒等运算相互转换. 如何描述事件反映了对随机事件的认知，对于相应事件的概率计算有很大影响. 计算时，要熟悉相关的运算律，尤其是德·摩根律. 文氏图是一个很有用的工具，不要忽视. 还要强调的是，除了独立性，由概率不能推断事件的性质和关系，但由事件的性质和关系可以推断概率.

题型二　古典概型

例 4　考虑一元二次方程 $x^2+Bx+C=0$，其中 B,C 分别是将一枚骰子接连抛两次前后出现的点数，则该方程有实根的概率为（　　）.

(A) $\frac{19}{36}$　(B) $\frac{17}{36}$　(C) $\frac{15}{36}$　(D) $\frac{13}{36}$　(E) $\frac{11}{36}$

【参考答案】A

【解题思路】本题属于古典概型. 由于很难套用现有概型模式或公式求解，一个最简单也是最直接的做法是数出总样本数和事件所含样本点数并计算比值，给出答案. 事件所含样本点数可借助列表等各种手段列出各种可能的结果，然后数出事件所含样本点数. 由于接连抛两次，每次都可能出现 6 个点数，因此其总样本点有 6^2 个.

【答案解析】方程有实根，即事件 $\{B^2-4C\geqslant 0\}$，每枚骰子抛一次共有 6 种可能的结果，两次共有 6^2 种结果，列表如下.

B \ B^2-4C \ C	1	2	3	4	5	6
1	−	−	−	−	−	−
2	0	−	−	−	−	−
3	+	+	−	−	−	−
4	+	+	+	0	−	−
5	+	+	+	+	+	+
6	+	+	+	+	+	+

其中事件 $\{B^2-4C\geqslant 0\}$ 所含样本点数为 19，则 $P=\frac{19}{36}$，故本题应选择 A.

例 5　有 5 封信投入 4 个信箱，则仅有一个信箱没有信的概率为（　　）.

(A) $\frac{65}{128}$　(B) $\frac{69}{128}$　(C) $\frac{73}{128}$　(D) $\frac{75}{128}$　(E) $\frac{79}{128}$

【参考答案】D

【解题思路】n 封信投入 m 个信箱，称为“投信问题”，是典型的古典概型之一，其总样本点数为 m^n，事件所含的样本点数需视问题而定，所求概率为事件所含的样本点数与 m^n 的比值.

【答案解析】有5封信投入4个信箱，则总样本点数为4^5，有一个信箱没有信，所以要从4个信箱中先选出1个没有信的，即C_4^1，剩下3个信箱都要有信，即$C_3^1C_5^3C_2^1C_1^1+C_3^1C_5^1C_4^2C_2^2$，于是所求事件包含样本点数为$C_4^1(C_3^1C_5^3C_2^1C_1^1+C_3^1C_5^1C_4^2C_2^2)$，故所求事件的概率为

$$\frac{C_4^1(C_3^1C_5^3C_2^1C_1^1+C_3^1C_5^1C_4^2C_2^2)}{4^5}=\frac{75}{128}.$$

本题应选择D.

例6　某人给四位亲友各写一封信，然后随机地分别装入4个信封，且每个信封装有一封信，则4封信都装错的概率为(　　).

(A) $\frac{1}{8}$　(B) $\frac{1}{4}$　(C) $\frac{3}{8}$　(D) $\frac{1}{2}$　(E) $\frac{5}{8}$

【参考答案】C

【解题思路】本题装信过程可看作无放回抽取信件并依次装入信封. 因此，事件的设定可用$A_i(i=1,2,3,4)$表示第i封信装对了. 设定后，直接计算比较困难，这种情况下采用逆向思维求解问题更加有利.

【答案解析】设事件$A_i(i=1,2,3,4)$为第i封信装对了，事件B为所有封信都没有装对，则$B=\overline{A_1}\,\overline{A_2}\,\overline{A_3}\,\overline{A_4}$，于是

$$\begin{aligned}P(B)&=P(\overline{A_1}\,\overline{A_2}\,\overline{A_3}\,\overline{A_4})=1-P(A_1+A_2+A_3+A_4)\\&=1-[P(A_1)+P(A_2)+P(A_3)+P(A_4)]+\\&\quad[P(A_1A_2)+P(A_1A_3)+P(A_1A_4)+\\&\quad P(A_2A_3)+P(A_2A_4)+P(A_3A_4)]-[P(A_1A_2A_3)+\\&\quad P(A_1A_2A_4)+P(A_1A_3A_4)+P(A_2A_3A_4)]+P(A_1A_2A_3A_4),\end{aligned}$$

其中

$$P(A_i)=\frac{1}{4},P(A_iA_j)=\frac{1}{4}\times\frac{1}{3}=\frac{1}{12},$$

$$P(A_iA_jA_k)=\frac{1}{4}\times\frac{1}{3}\times\frac{1}{2}=\frac{1}{24},1\leqslant i,j,k\leqslant 4,i\neq j\neq k,$$

于是

$$P(B)=1-4\times\frac{1}{4}+C_4^2\times\frac{1}{12}-C_4^3\times\frac{1}{24}+\frac{1}{24}=\frac{3}{8},$$

故本题应选择C.

例7　有一根长为l的木棒，任意折成三段，则它们恰好能构成一个三角形的概率为(　　).

(A) $\frac{1}{3}$　(B) $\frac{1}{4}$　(C) $\frac{1}{5}$　(D) $\frac{1}{6}$　(E) $\frac{1}{7}$

【参考答案】B

【解题思路】要引进变量表示木棒折断后三段的长度，并根据三角形边长关系建立关系式，最重要的是将这些关系在坐标平面上体现出来.

【答案解析】设折断点为x,y(见图3-7-4)，则$0<x<y<l$，折成的三段木棒长度分别为x，

$y-x, l-y$，若能围成三角形，则需两边之和大于第三边，从而有

$$x+(y-x)>l-y, \frac{l}{2}<y<l,$$

$$x+(l-y)>y-x, 0<y-x<\frac{l}{2},$$

$$(y-x)+(l-y)>x, 0<x<\frac{l}{2}.$$

这时样本空间为 $\Omega=\{0<x<y<l\}$，能围成三角形的事件为

$$A=\left\{\frac{l}{2}<y<l, 0<y-x<\frac{l}{2}, 0<x<\frac{l}{2}\right\},$$

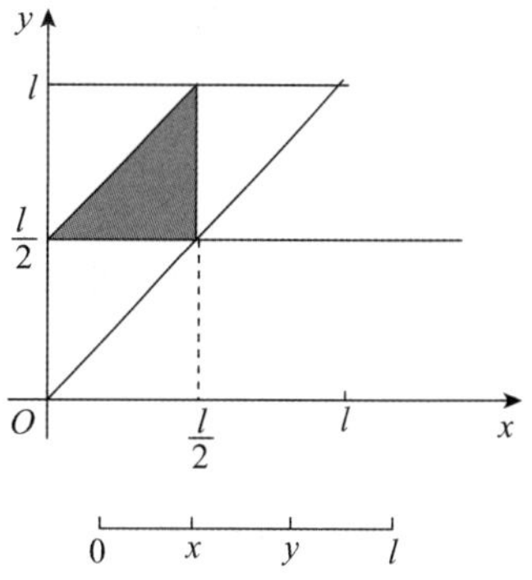

图 3-7-4

因此，$P(A)=\dfrac{L(A)}{L(\Omega)}=\dfrac{1}{4}$，故本题应选择 B.

【评注】古典概型是常见的一类概型，基本特征是有限和等概率. 计算古典概率最简单的方法就是数数，数出总样本数和事件含样本数. 基本类型有分配问题和占坑问题，特点是总样本数为 m^n；连续抽取问题（分有放回、无放回两种）；超几何分配问题. 几何概型可以看作古典概型的延伸，基本特征是无限和等概率，总样本数和事件含样本数转化为相应的几何度量，借助几何图形，对应概率表现为面积比或长度比.

题型三　条件概率与事件独立性

例 8 把编号 1 至 4 的 4 个球随机装入对应编号的 4 个口袋中，则 4 个球都装对了的概率为（　　）.

(A) $\frac{1}{2}$　　(B) $\frac{1}{3}$　　(C) $\frac{1}{4}$　　(D) $\frac{1}{12}$　　(E) $\frac{1}{24}$

【参考答案】E

【解题思路】本题相当于无放回抽取问题，对于连续抽取，事件设定宜用带下标的字母表示.

【答案解析】设事件 $A_i=\{$第 i 号球装对口袋$\}$，$i=1,2,3,4$，$B=\{$4 个球都装对口袋$\}$，则 $B=A_1A_2A_3A_4$. 1 号口袋先从 4 个球中抽取，装对的概率为 $P(A_1)=\dfrac{1}{4}$，2 号口袋再从 3 个球中抽取，装对的概率为 $P(A_2 \mid A_1)=\dfrac{1}{3}$，以此类推，$P(A_3 \mid A_1A_2)=\dfrac{1}{2}$，$P(A_4 \mid A_1A_2A_3)=1$，于是

$$\begin{aligned}P(B)&=P(A_1A_2A_3A_4)=P(A_1)P(A_2 \mid A_1)P(A_3 \mid A_1A_2)P(A_4 \mid A_1A_2A_3)\\&=\frac{1}{4}\times\frac{1}{3}\times\frac{1}{2}\times 1=\frac{1}{24}.\end{aligned}$$

故本题应选择 E.

例 9 已知 A, B, C 是三个相互独立的事件，且 $0<P(C)<1$，则下列给定的五对随机事件中不相互独立的是（　　）.

(A) $\overline{AB}$ 与 C　　(B) $\overline{A\cup B}$ 与 BC　　(C) $A-B$ 与 $\overline{C}$

(D) $A-\overline{AB}$ 与 $\overline{C}$ (E) $\overline{A}\cup\overline{B}$ 与 C

【参考答案】B

【解题思路】本题主要考查事件独立性的一个重要性质，即如果若干个事件相互独立，则其中一部分事件运算生成的事件与另一部分事件运算生成的事件仍然相互独立.

【答案解析】在事件 A,B,C 相互独立的条件下，由事件 A 和 B 运算生成的事件 $\overline{AB}$，$A-B$，$A-\overline{AB}$，$\overline{A}\cup\overline{B}$ 与事件 C 或其逆运算生成的事件 $\overline{C}$ 仍然相互独立. 因此，选项 A,C,D,E 中四对随机事件相互独立，故由排除法，本题应选 B.

【评注】条件概率是常见题型之一，关键在于对问题的理解，确定是否为条件概率的问题. 无放回抽取、贝叶斯概型等通常都是条件概率的问题. 独立性是事件间最重要的关系之一，判断独立性最终要由公式 $P(AB)=P(A)P(B)$，$P(ABC)=P(A)P(B)P(C)$ 验证，有时也可以依照题意判断，如有放回抽取、一大批产品中每个个体合格的概率等都可认为是在独立情况下进行的.

题型四　全概率概型和贝叶斯概型

例 10　设有分别来自三个地区的 10 名、15 名和 25 名考生的报名表，其中女生的报名表分别为 3 份、7 份和 5 份. 随机地取一个地区的报名表，从中先后抽出两份，则后抽到的一份是女生报名表的概率为(　　).

(A) $\frac{17}{90}$　(B) $\frac{19}{90}$　(C) $\frac{23}{90}$　(D) $\frac{29}{90}$　(E) $\frac{31}{90}$

【参考答案】D

【解题思路】注意到题中抽取报名表的三个来源地区构成一个完备事件组，因此这是全概率概型，首先要设定好完备事件组，再由全概率公式计算. 由抽签原理，抽取到男生或女生报名表的概率与抽取的先后次序无关，计算时不需考虑抽取的先后顺序.

【答案解析】记 $H_i=\{$报名表是第 i 个地区考生的$\}$ $(i=1,2,3)$，$A=\{$抽到女生报名表$\}$，则

$$P(H_i)=\frac{1}{3},i=1,2,3,$$

$$P(A\mid H_1)=\frac{3}{10},P(A\mid H_2)=\frac{7}{15},P(A\mid H_3)=\frac{5}{25},$$

由全概率公式有

$$P(A)=\sum_{i=1}^{3}P(H_i)P(A\mid H_i)=\frac{1}{3}\left(\frac{3}{10}+\frac{7}{15}+\frac{5}{25}\right)=\frac{29}{90}.$$

故本题应选择 D.

例 11　经普查，了解到人群中患有某种癌症的概率为 0.5%. 某病人因为患有类似病症前去就医，医生让他做某项生化检查. 经过多次临床试验，患有该病的患者阳性率为 95%，而没有该病的患者阳性率仅为 10%. 若该病人化验结果为阳性，则该病人患癌症的概率为(　　).

(A)0.046　　(B)0.052　　(C)0.054　　(D)0.063　　(E)0.067

【参考答案】A

【解题思路】本题是在该病人化验结果为阳性的条件下求他患癌症的概率，这是典型的贝叶斯概型，其中必有完备事件组，即由患有癌症和不患有癌症两个事件构成的完备事件组.

【答案解析】设 $A=\{$化验呈阳性$\}$，$B=\{$患有癌症$\}$，依题意有

$$P(B)=0.005, P(A\mid B)=0.95, P(A\mid\overline{B})=0.1,$$

于是，由贝叶斯公式

$$P(B\mid A)=\frac{P(B)P(A\mid B)}{P(B)P(A\mid B)+P(\overline{B})P(A\mid\overline{B})}$$

$$=\frac{0.005\times0.95}{0.005\times0.95+0.995\times0.1}\approx0.046,$$

故本题应选择 A.

【评注】全概率概型和贝叶斯概型也是常见的概型，其最大的特征是必含一个或多个完备事件组，贝叶斯概型一般在全概率概型基础上运算.

题型五　n 重伯努利试验及二项概型

例 12　某工厂有机床若干台，每天开机的台数是随机的，每台机床开机后能正常工作的概率为0.8，并且它们是否正常工作相互独立，则在某日有12台机床开机的条件下，有3台不能正常工作的概率为(　　).

(A)$C_{12}^{2}\cdot0.2^{3}\cdot0.8^{9}$　　(B)$C_{12}^{3}\cdot0.2^{3}\cdot0.8^{9}$　　(C)$12\cdot0.2^{9}\cdot0.7^{3}$

(D) $0.2^{9}\cdot0.7^{3}$　　(E) 0.2^{3}

【参考答案】B

【答案解析】这是一个条件概率的问题，设 $A=\{$有12台机床开机$\}$，$B=\{$有3台不能正常工作$\}$，则

$$P=C_{12}^{3}\cdot0.2^{3}\cdot0.8^{9},$$

故本题应选择 B.

四、综合练习题

1　设 A,B 为两个随机事件，若 $P(A)>0, A\subset B$，则下列选项成立的是(　　).

(A)$P(B\mid A)=P(B)$　　(B)$P(B\mid A)\leqslant P(B)$

(C)$P(B\mid A)\geqslant P(B)$　　(D)$P(\overline{B}\mid A)\geqslant P(B)$

(E) 不能确定 $P(B\mid A)$ 与 $P(B)$ 的大小关系

2　设$0<P(A)<1, 0<P(B)<1, P(A\mid B)+P(\overline{A}\mid\overline{B})=1$，则下列选项成立的是(　　).

(A) 事件 A 与 B 互不相容　　(B) 事件 A 与 B 相互对立

(C) 事件 A 与 B 不独立　　(D) 事件 A 与 B 相互独立

(E) 事件 A 与 B 相等

3 设事件 A 与 B 互不相容，则(　　).

(A)$P(\overline{A}\ \overline{B})=0$　　(B)$P(\overline{A}B)=0$　　(C)$P(\overline{A}\cup\overline{B})=1$

(D)$P(A)=1-P(B)$　　(E)$P(AB)=P(A)P(B)$

4 已知 $P(A)=\frac{1}{4}$，$P(B\mid A)=\frac{1}{3}$，$P(A\mid B)=\frac{1}{2}$，则 $P(A\cup B)=$(　　).

(A) $\frac{1}{4}$　　(B) $\frac{1}{3}$　　(C) $\frac{5}{12}$　　(D) $\frac{1}{2}$　　(E) $\frac{2}{3}$

5 从数集 $\{1,2,3,4\}$ 中有放回地任取一个数，$b_i(i=1,2)$ 表示第 i 次取到的数，记行列式 $D=\begin{vmatrix} b_1-b_2 & 0 \\ b_1b_2 & b_1-2b_2 \end{vmatrix}$，则 $D=0$ 的概率为(　　).

(A) $\frac{3}{4}$　　(B) $\frac{5}{8}$　　(C) $\frac{1}{2}$　　(D) $\frac{3}{8}$　　(E) $\frac{1}{8}$

6 从 52 张扑克牌(大小王除外)中任取 5 张，则其中有 3 张同花，另外 2 张也同花(不与另外选取的 3 张牌同花)的概率为(　　).

(A) $\frac{429}{4\ 165}$　　(B) $\frac{321}{4\ 165}$　　(C) $\frac{129}{4\ 165}$　　(D) $\frac{39}{4\ 165}$　　(E) $\frac{33}{4\ 165}$

7 某宿舍住有 4 个同学，他们的生日等可能地在一年的某个月份内，则他们的生日在不同月份的概率为(　　).

(A) $\frac{11\ 880}{12^4}$　　(B) $\frac{165}{12^3}$　　(C) $\frac{1\ 485}{12^4}$　　(D) $\frac{990}{12^4}$　　(E) $\frac{93}{12^3}$

8 设随机变量 X 与 Y 相互独立，且均服从区间 $[0,3]$ 上的均匀分布，则 $P\{\max\{X,Y\}\leqslant 1\}=$(　　).

(A) $\frac{1}{2}$　　(B) $\frac{1}{3}$　　(C) $\frac{1}{4}$　　(D) $\frac{1}{8}$　　(E) $\frac{1}{9}$

9 一电路装有三个同种电气元件，其工作状态相互独立，在某个时间段每个元件无故障工作的概率为 0.8. 则该电路分别在三个元件串联情况下无故障工作的概率为(　　).

(A)0.508　　(B)0.512　　(C)0.516　　(D)0.520　　(E)0.524

10 口袋中有 4 个白球和 2 个黑球，某人连续地从中有放回地每次取出一球，则此人在第 5 次取球时，恰好第 2 次取出黑球的概率为(　　).

(A)$C_4^1\frac{1}{3}\left(1-\frac{1}{3}\right)^3$　　(B)$C_4^1\left(\frac{1}{3}\right)^2\left(1-\frac{1}{3}\right)^3$

(C)$A_4^3\frac{1}{3}\left(1-\frac{1}{3}\right)^3$ (D)$A_4^2\left(\frac{1}{3}\right)^2\left(1-\frac{1}{3}\right)^3$

(E)$C_5^2\left(\frac{1}{3}\right)^2\left(1-\frac{1}{3}\right)^3$

11 设工厂 A 和工厂 B 的产品次品率分别为 1% 和 2%，现从由 A 和 B 的产品分别占 60% 和 40% 的一批产品中随机抽取一件，发现是次品，则该次品属于 B 工厂生产的产品的概率是( ).

(A) $\frac{2}{7}$ (B) $\frac{3}{7}$ (C) $\frac{4}{7}$ (D) $\frac{5}{7}$ (E) $\frac{6}{7}$

五、综合练习题参考答案

1 【参考答案】C

【解题思路】由于 $A\subset B$，若 A 发生，则 B 必发生.

【答案解析】由于 $A\subset B$，若 A 发生，则 B 必发生，因此，$P(B\mid A)=1$，则必有 $P(B\mid A)\geqslant P(B)$，可直接选择 C.

2 【参考答案】D

【解题思路】除独立性之外，由概率不能推断两个事件的关系.

【答案解析】由条件概率的计算公式及题设，有

$$\frac{P(AB)}{P(B)}+\frac{P(\overline{A}\,\overline{B})}{P(\overline{B})}=\frac{P(AB)}{P(B)}+\frac{1-P(A+B)}{1-P(B)}=1,$$

整理得 $P(AB)=P(A)P(B)$，故选择 D.

3 【参考答案】C

【答案解析】事件 A 与 B 互不相容，则 $A\cap B=\varnothing$，$P(A\cap B)=0$，进而有

$$P(\overline{A\cap B})=P(\overline{A}\cup\overline{B})=1,$$

故选择 C.

4 【参考答案】B

【解题思路】首先应计算出 $P(AB)$，再由 $P(AB)=P(B)P(A\mid B)$ 计算出 $P(B)$，最后根据运算公式求出 $P(A\cup B)$.

【答案解析】由 $P(AB)=P(A)P(B\mid A)=\frac{1}{4}\times\frac{1}{3}=\frac{1}{12}$，又由 $P(AB)=P(B)P(A\mid B)$，有 $\frac{1}{2}P(B)=\frac{1}{12}$，得 $P(B)=\frac{1}{6}$，于是

$$P(A\cup B)=P(A)+P(B)-P(AB)=\frac{1}{4}+\frac{1}{6}-\frac{1}{12}=\frac{1}{3},$$

故本题应选择 B.

5 【参考答案】D

【解题思路】由于是有放回地抽取，每次抽取结果都是等概率而且相互独立的，因此是古典概型，但此问题无公式可用，只能用数数的方法分别计算出总样本点数和事件所含样本点数. 一个简单的方法就是将所有可能的结果列表显示.

【答案解析】由 $D=\begin{vmatrix} b_1-b_2 & 0 \\ b_1b_2 & b_1-2b_2 \end{vmatrix}=(b_1-b_2)(b_1-2b_2)$，将 $b_i(i=1,2)$ 所有取值下 $(b_1-b_2)(b_1-2b_2)$ 对应的取值(仅用 0 和非 0，即 × 显示) 列表如下：

b_1 \ b_2	1	2	3	4
1	0	×	×	×
2	0	0	×	×
3	×	×	0	×
4	×	0	×	0

从表中可以看出，总样本点数为 16，事件所含样本点数为 6，所以 $P(D=0)=\frac{3}{8}$，故选择 D.

6 【参考答案】A

【解题思路】从 52 张扑克牌中一次任取 5 张，是典型的"超几何分布"的概率类型，是组合计算模式. 总样本点数为 C_{52}^5，另外，52 张牌按照花色分有 4 种，每种花色有 13 张牌，先从 4 种花色中选取，再从每种花色的 13 张牌中选取. 根据具体问题分层次选取.

【答案解析】从 52 张牌中任取 5 张，总样本点数为 C_{52}^5. 共有 4 个花色，每个花色有 13 张牌，于是先从 4 个花色中选出 1 个花色并从中取 3 张牌，再从剩下的 3 个花色中选出 1 个花色并从中取 2 张牌，即有

$$P=\frac{C_4^1C_{13}^3C_3^1C_{13}^2}{C_{52}^5}=\frac{429}{4\ 165},$$

故本题应选择 A.

7 【参考答案】A

【解题思路】4 个人都可以在 12 个月的任一个月出生，共有12^4 种可能，4 个人的生日不同月，可看作从 12 个月中任取 4 个月作为他们的出生月份.

【答案解析】依题设，4 个人都可以在 12 个月的任一个月出生，总样本点为12^4，他们的生日不同月，有 $C_{12}^4A_4^4$ 种可能，因此，所求事件的概率为

$$P=\frac{C_{12}^4A_4^4}{12^4}=\frac{11\ 880}{12^4},$$

故本题应选 A.

8 【参考答案】E

【解题思路】本题是几何概型的问题. 由于 X 与 Y 均服从区间[0,3]上的均匀分布，因此，如图 3-7-5 所示，样本空间 Ω 是边长为 3 的正方形区域，由 $\{\max\{X,Y\}\leqslant 1\}=\{X\leqslant 1,Y\leqslant 1\}$，知所求事件所含区域为边长为 1 的正方形区域(阴影部分).

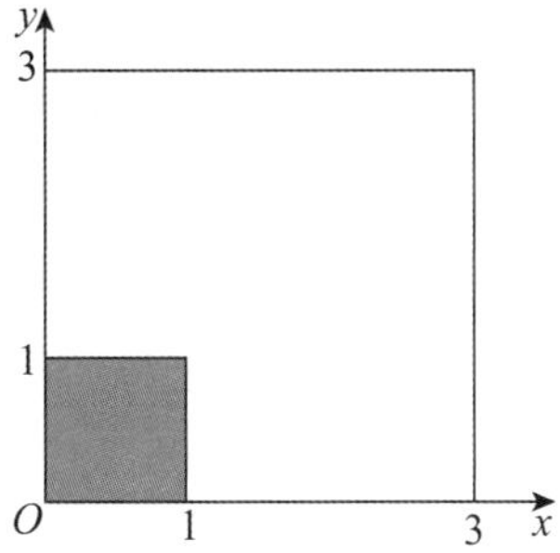

图 3-7-5

【答案解析】借助几何图形求解. 如图 3-7-5 所示，(x,y) 的取值范围为正方形区域 $D=\{(x,y)\mid 0\leqslant x\leqslant 3,0\leqslant y\leqslant 3\}$，事件所在区域为图中阴影部分，因此

$$P\{\max\{X,Y\}\leqslant 1\}=\frac{1}{9}.$$

故本题应选择 E.

9 【参考答案】B

【解题思路】三个同种电气元件在相互独立状态下工作，无故障的元件数的分布是典型的二项分布，可根据电气元件的组合方式形成不同的题型，本题是串联系统的可靠性问题.

【答案解析】三个同种电气元件中有 ξ 个无故障工作的概率服从二项分布，即

$$P\{\xi=k\}=C_3^k\,0.8^k\,(1-0.8)^{3-k}(k=0,1,2,3).$$

于是，在三个元件串联情况下电路无故障工作，即三个元件都处在正常工作状态，因此所求概率为

$$P\{\xi=3\}=C_3^3\,0.8^3\,(1-0.8)^{3-3}=0.8^3=0.512.$$

故本题应选 B.

10 【参考答案】B

【解题思路】连续 n 次从袋中有放回地取球，则取出黑球(或白球) 的次数是典型的 n 重伯努利概型，其特点是随机试验是 n 次重复独立试验，每次试验某事件是相互独立的且该事件出现的概率 p 是相等的，那么该事件出现 k 次的概率为 $P\{\xi=k\}=C_n^k p^k\,(1-p)^{n-k}$.

【答案解析】依题设，第 5 次取球时，恰好第 2 次取出黑球，意味着前 4 次取球中有一次取到黑球，直到第 5 次又取出一个黑球，刚好两次取得黑球，是伯努利试验中二项分布概型的特点，根据二项分布计算公式，前 4 次有一次取得黑球的概率为

$$P\{\xi=1\}=C_4^1\frac{1}{3}\left(1-\frac{1}{3}\right)^3,$$

又第 5 次取出黑球，从而所求事件发生的概率为 $4\cdot\frac{1}{3}\left(1-\frac{1}{3}\right)^3\cdot\frac{1}{3}=4\left(\frac{1}{3}\right)^2\left(1-\frac{1}{3}\right)^3$，故本题应选 B.

11 【参考答案】C

【解题思路】在多个工厂生产的同一产品中抽取一件产品的情况下，追溯该产品为某生产厂家的概率属于贝叶斯概型，其中一个特征是题中有一个完备事件组，即生产该种产品的厂家 A 和 B.

【答案解析】设 $A=\{$工厂 A 的产品$\}$，$B=\{$工厂 B 的产品$\}$，$C=\{$产品为次品$\}$. 则

$$P(A)=0.6,P(B)=0.4,P(C\mid A)=0.01,P(C\mid B)=0.02.$$

由贝叶斯公式有

$$P(B\mid C)=\frac{P(B)P(C\mid B)}{P(A)P(C\mid A)+P(B)P(C\mid B)}=\frac{0.4\times0.02}{0.6\times0.01+0.4\times0.02}=\frac{4}{7}.$$

故本题应选择 C.

第八章 随机变量及其分布

一、知识结构

- 随机变量及其分布
  - 随机变量及其分布函数
    - 随机变量的概念
    - 随机变量的分类 → 离散型　连续型　一般类型
    - 随机变量的分布函数 $F(x)=P\{X\leqslant x\}$ → 分布函数性质：单调不减　非负有界　右连续性
  - 离散型随机变量的概率分布
    - 分布列及其性质：$0\leqslant p_i\leqslant 1$，$\sum\limits_{i=1}^{\infty}p_i=1$ → 计算步骤：① 确定取值点 ② 求概率 $P\{X=x_i\}$ ③ 列表 → 计算公式：$P\{a\leqslant X\leqslant b\}=\sum\limits_{x_i\in[a,b]}P\{X=x_i\}$，$P\{X=x_i\}=F(x_i)-F(x_i-0)$
    - 离散型随机变量函数 $Y=f(X)$ 的分布 → 计算公式：$P\{Y=f(x_i)\}=p_i,i=1,2,\cdots$
  - 连续型随机变量的概率分布
    - 密度函数及其性质：$f(x)\geqslant 0$，$\int_{-\infty}^{+\infty}f(x)\mathrm{d}x=1$ → 计算公式：$P\{a\leqslant X\leqslant b\}=\int_a^b f(x)\mathrm{d}x$，$F(x)=\int_{-\infty}^{x}f(x)\mathrm{d}x$，$f(x)\xrightleftharpoons[\text{微分}]{\text{积分}}F(x)$
    - 连续型随机变量函数 $Y=f(X)$ 的分布 → 分布函数法：$F_Y(y)=P\{f(X)\leqslant y\}$
  - 重要分布
    - 离散型 → 两点分布　二项分布　几何分布　超几何分布　泊松分布
    - 连续型 → 均匀分布　指数分布　正态分布
  - 一般类型随机变量的概率分布仅适合用分布函数表示

二、考点精讲

(一) 随机变量及其分布函数

1.随机变量的定义

历史上最先提出随机变量这个概念的是19世纪中叶的数学家切比雪夫,他建议将随机试验的所有可能结果都用随机变量来表示.

事实上,许多随机试验的结果本身就是数字化的.见引例1～引例3.

引例1 考查"从100件产品(内含5件次品)中任取5件,其中出现次品数"的试验,共有6种可能结果:记 $\omega_i=\{出现\ i\ 件次品\}, i=0,1,\cdots,5$,其结果可以用变量 X 表示,即

$$X=X(\omega_i)=i, i=0,1,\cdots,5.$$

可见样本空间 $\Omega=\{\omega_0,\omega_1,\cdots,\omega_5\}$ 与实数集 $\{0,1,\cdots,5\}$ 之间存在一种对应关系.

引例2 考查"某人做某项科学实验,第一次成功所需要的实验次数"的试验,这是一个可列的结果:记 $\omega_i=\{第\ i\ 次实验成功\}, i=1,2,3,\cdots$,其结果可用变量 X 表示,即

$$X=X(\omega_i)=i, i=1,2,3,\cdots.$$

这里,样本空间 $\Omega=\{\omega_i \mid i=1,2,3,\cdots\}$ 与实数集 $\{1,2,3,\cdots\}$ 之间存在一种对应关系.

引例3 考查"乘客等车"的试验,若公交车发车间隔为10分钟,某乘客到达车站等车时间可用变量 X 表示,记 $\omega_x=\{该乘客到达车站等车时间为\ x\}$,它满足

$$X=X(\omega_x), x\in[0,10),$$

这是一个不可列的结果.样本空间 $\Omega=\{\omega_x \mid x\in[0,10)\}$ 与实数集 $[0,10)$ 之间存在一种对应关系.

对于其他类型的随机试验,虽然结果不表现为数字,但可以根据问题的需要对每一个可能的结果指定一个数字.见引例4.

引例4 考查"投掷硬币"的试验,它有两种可能的结果:记 $\omega_1=\{出现正面\}$,$\omega_2=\{出现反面\}$.对于 ω_1,可以用数字"1"表示,对于 ω_2,可以用数字"0"表示,从而引入变量 X,即

$$X=X(\omega)=\begin{cases}1, 当\ \omega=\omega_1\ 时,\\ 0, 当\ \omega=\omega_2\ 时,\end{cases}$$

同样使得样本空间 $\Omega=\{\omega_1,\omega_2\}$ 与实数集 $\{0,1\}$ 之间建立一种对应关系.

由于试验结果具有随机性,因此,以上引例中,通过对应关系而确定的变量 X 称为随机变量.随机变量的概念可严格定义如下.

定义1 设随机试验 E 的样本空间 $\Omega=\{\omega\}$,如果对每一个结果 ω 都用一个实数 $X=X(\omega)$ 来表示,且实数 X 满足:

(1) X 由 ω 唯一确定;

(2) 对于任意给定的实数 x,事件 $\{X\leqslant x\}$ 都是有概率的,

则称 X 为一个随机变量.随机变量一般用大写字母 X,Y,Z 或希腊字母 ξ,η 等表示.

引入随机变量后,随机事件就可以用随机变量来表示,如引例1中 $\{出现\ i\ 件次品\}(i=0,1,\cdots,$

5）可以用$\{X=i\}$表示，引例 2 中{至少需要做 10 次实验才能成功}可以用$\{X\geqslant 10\}$表示，引例 3 中{等车时间不超过 5 分钟}可以用$\{X\leqslant 5\}$表示，引例 4 中{出现正面}可以用$\{X=1\}$表示，这样就可以将对随机事件的研究转化为对随机变量的研究.

2.随机变量的分类

从随机试验的结果看，随机变量可以分为两大类：一类是随机变量全部可能取到的值为有限个或可列个，如引例1、引例2 和引例4，称为离散型随机变量；另一类为非离散型随机变量，其中又可分为连续型随机变量和混合型（或一般类型）随机变量. 连续型随机变量的所有取值是一个实数区间或若干实数区间，如引例 3. 混合型随机变量的取值既有有限个或可列个，也有实数区间.

对于随机变量而言，$\{X=a\}$，$\{X<a\}$，$\{a<X\leqslant b\}$，$\{X\geqslant a\}$都表示随机事件，它们的概率相应表示为$P\{X=a\}$，$P\{X<a\}$，$P\{a<X\leqslant b\}$，$P\{X\geqslant a\}$. 当通过概率来描述和考查一个随机变量时，常常会遇到不可克服的困难，主要表现在非离散型随机变量的相关问题中. 其一，这类随机变量的取值无法一一列举出来；其二，连续型随机变量取某个特定值的概率往往是零. 好在这类问题中我们真正关注的是它的取值点落在一定范围（区间或多个区间的并）的概率，而不关心它取某个特定值的概率. 于是，可以引入分布函数的概念.

3.随机变量的分布函数

定义 2　设 X 是一个随机变量，对任意实数 x，令

$$F(x)=P\{X\leqslant x\},x\in(-\infty,+\infty),$$

则称函数 $F(x)$ 为随机变量 X 的**分布函数**，记作 $X\sim F(x)$.

从定义可以看出，分布函数 $F(x)$ 具有双重属性：一是函数属性，即 $F(x)$ 是定义在全体实数上的一个实值函数，具有函数的一般特性，如函数的连续性、单调性等；二是概率属性，对任意实数 x，函数值 $F(x)$ 是随机变量 X 落在区间$(-\infty,x]$上的概率，满足概率公理化体系中的所有性质.

在定义了分布函数后，对任何一个随机事件的概率都可以用分布函数 $F(x)$ 表示，如

$$P\{X<a\}=F(a-0),$$
$$P\{X=a\}=F(a)-F(a-0),$$
$$P\{a<X\leqslant b\}=F(b)-F(a),$$
$$P\{a\leqslant X\leqslant b\}=F(b)-F(a-0),$$
$$P\{X>a\}=1-F(a),$$
$$P\{X\geqslant a\}=1-F(a-0)$$

等，其中 $F(a-0)$ 表示函数 $F(x)$ 在点 a 处的左极限，即 $F(a-0)=\lim\limits_{x\to a^-}F(x)$.

由定义，分布函数 $F(x)$ 有以下定理.

定理 1　设随机变量 X 的分布函数为 $F(x)$，则

(1) $F(x)$ 为单调不减函数，即 $x_1<x_2$ 时，有 $F(x_1)\leqslant F(x_2)$；

(2) $F(x)$ 非负有界，即 $0\leqslant F(x)\leqslant 1(-\infty<x<+\infty)$，且

$$F(-\infty)=\lim_{x\to-\infty}F(x)=0,F(+\infty)=\lim_{x\to+\infty}F(x)=1;$$

(3)$F(x)$ 为右连续函数，即 $F(x+0)=F(x)$.

定理1所列举的三个性质,为我们提供了识别一个函数 $F(x)$ 成为某个随机变量的分布函数的充分必要条件和有效方法.

例1 已知 $F(x),G(x)$ 分别是某个随机变量的分布函数,试判断下列函数是否也必为某个随机变量的分布函数,并说明理由.

(1)$0.4F(x)+0.6G(x)$;(2)$F(x)G(x)$;(3)$2F(x)-G(x)$.

【解题思路】 依据分布函数的三个性质一一验证,缺一不可.

【答案解析】 (1) 由题设可知 $F(x),G(x)$ 为单调不减函数，因此,$0.4F(x)+0.6G(x)$ 也为单调不减函数.

又
$$0\leqslant F(x)\leqslant 1,0\leqslant G(x)\leqslant 1(-\infty<x<+\infty),$$
且 $F(-\infty)=G(-\infty)=0,F(+\infty)=G(+\infty)=1$,从而有
$$0\leqslant 0.4F(x)+0.6G(x)\leqslant 0.4+0.6=1,$$
$$0.4F(-\infty)+0.6G(-\infty)=0,$$
$$0.4F(+\infty)+0.6G(+\infty)=0.4+0.6=1.$$

又由连续函数性质,$F(x),G(x)$ 右连续，则必有 $0.4F(x)+0.6G(x)$ 右连续.

综上,$0.4F(x)+0.6G(x)$ 必为某个随机变量的分布函数.

(2) 由题设可知 $F(x),G(x)$ 为单调不减函数，即 $x_1<x_2$ 时,有 $F(x_1)\leqslant F(x_2),G(x_1)\leqslant G(x_2)$,且 $F(x_1)\geqslant 0,G(x_2)\geqslant 0$,于是有
$$\begin{aligned}&F(x_1)G(x_1)-F(x_2)G(x_2)\\=&F(x_1)G(x_1)-F(x_1)G(x_2)+F(x_1)G(x_2)-F(x_2)G(x_2)\\=&F(x_1)[G(x_1)-G(x_2)]+G(x_2)[F(x_1)-F(x_2)]\leqslant 0,\end{aligned}$$
因此,$F(x)G(x)$ 也为单调不减函数.

又 $0\leqslant F(x)\leqslant 1,0\leqslant G(x)\leqslant 1(-\infty<x<+\infty)$,且 $F(-\infty)=G(-\infty)=0,F(+\infty)=G(+\infty)=1$,从而有 $0\leqslant F(x)G(x)\leqslant 1,F(-\infty)G(-\infty)=0,F(+\infty)G(+\infty)=1$.

又由连续函数性质,$F(x),G(x)$ 右连续，则必有 $F(x)G(x)$ 右连续.

综上,$F(x)G(x)$ 必为某个随机变量的分布函数.

(3) 由题设可知 $F(x),G(x)$ 为单调不减函数，因此,$2F(x),G(x)$ 为单调不减函数,但两个单调不减函数相减未必单调不减，故 $2F(x)-G(x)$ 未必为某个随机变量的分布函数.

例2 设随机变量 X 的分布函数为
$$F(x)=\begin{cases}a+be^{-x}, & x>0,\\0, & x\leqslant 0.\end{cases}$$
求常数 a,b 及概率 $P\{|X|<2\}$.

【解题思路】 $F(x)$ 中含2个未知参数,依据分布函数的两个性质建立两个方程解之.

【答案解析】 由分布函数性质,有

$$F(+\infty)=\lim_{x\to+\infty}F(x)=\lim_{x\to+\infty}(a+be^{-x})=1,$$

得 $a=1$. 又 $F(x)$ 在 $x=0$ 处右连续,有

$$\lim_{x\to0^+}F(x)=\lim_{x\to0^+}(a+be^{-x})=a+b=0,$$

得 $b=-1$. 所以
$$F(x)=\begin{cases}1-e^{-x}, & x>0,\\ 0, & x\leqslant 0,\end{cases}$$

从而有
$$\begin{aligned}P\{|X|<2\}&=P\{-2<X<2\}\\&=F(2-0)-F(-2)=1-e^{-2}-0=1-e^{-2}.\end{aligned}$$

例 3 求引例 3 和引例 4 中随机变量 X 的分布函数.

【解题思路】求随机变量 X 的分布函数,需要根据自变量 x 的不同取值范围计算事件 $\{X\leqslant x\}$ 的概率,然后写成分段函数形式.

【答案解析】① 引例 3 中随机变量 X 在区间 $[0,10)$ 内均匀取值.

当 $x<0$ 时, $\{X\leqslant x\}$ 是不可能事件, 有

$$F(x)=P\{X\leqslant x\}=0;$$

当 $0\leqslant x<10$ 时, $[0,x]\subset[0,10)$, 由几何概型知,

$$F(x)=P\{X\leqslant x\}=P\{0\leqslant X\leqslant x\}=\frac{x}{10};$$

当 $x\geqslant 10$ 时, $\{X\leqslant x\}$ 是必然事件, 有

$$F(x)=P\{X\leqslant x\}=P\{0\leqslant X\leqslant 10\}=1.$$

综上, X 的分布函数为

$$F(x)=\begin{cases}0, & x<0,\\ \dfrac{x}{10}, & 0\leqslant x<10,\\ 1, & x\geqslant 10.\end{cases}$$

② 引例 4 中随机变量 X 取值 0 或 1, 且 $P\{X=0\}=P\{X=1\}=\dfrac{1}{2}$.

当 $x<0$ 时, $F(x)=P\{X\leqslant x\}=0$;

当 $0\leqslant x<1$ 时, $F(x)=P\{X\leqslant x\}=P\{X=0\}=\dfrac{1}{2}$;

当 $x\geqslant 1$ 时, $F(x)=P\{X\leqslant x\}=P\{X=0\}+P\{X=1\}=\dfrac{1}{2}+\dfrac{1}{2}=1$.

综上, X 的分布函数为

$$F(x)=\begin{cases}0, & x<0,\\ \dfrac{1}{2}, & 0\leqslant x<1,\\ 1, & x\geqslant 1.\end{cases}$$

【评注】本题所涉及的随机变量属于两个不同类型,说明分布函数适合于对任意随机变量的讨

论.

（二）离散型随机变量的概率分布

1. 离散型随机变量的概率分布

离散型随机变量 X 的概率分布，即 X 所有取值点的概率的分布，有三种形式：分布律、分布列、分布阵，定义如下.

设离散型随机变量 X 所有可能取值为 $x_k(k=1,2,3,\cdots)$，X 取各个可能值的概率为

$$P\{X=x_k\}=p_k, k=1,2,3,\cdots,$$

则称上式为离散型随机变量 X 的概率分布或分布律. 随机变量 X 的概率分布可以写作表格形式：

X	x_1	x_2	$\cdots$	x_k	$\cdots$
$P\{X=x_k\}$	p_1	p_2	$\cdots$	p_k	$\cdots$

这种表格称为离散型随机变量 X 的分布列，它还可以写作矩阵形式：

$$\begin{pmatrix} x_1 & x_2 & \cdots & x_k & \cdots \\ p_1 & p_2 & \cdots & p_k & \cdots \end{pmatrix},$$

称为离散型随机变量 X 的分布阵.

根据概率的性质，$p_k(k=1,2,3,\cdots)$ 满足下列性质：

性质 1 $p_k \geqslant 0(k=1,2,3,\cdots)$；

性质 2 $\sum\limits_{k=1}^{\infty} p_k=1$.

例 4 设离散型随机变量 X 的分布列如下表所示：

X	-2	-1	0	1	2
$P\{X=x_k\}$	a	$3a$	$2/9$	a	$2a$

求(1) 常数 a；(2) $P\{X<1\}$，$P\{-2<X\leqslant 0\}$，$P\{X\geqslant 2\}$.

【解题思路】 利用离散型随机变量 X 的分布性质，对分布列进行缺项补遗或定参数，是常见题型. 根据需要将自变量 x 沿着 x 轴方向，根据分布列计算事件的概率，只要找出事件涵盖的 X 的取值点及取值点的概率，汇总即可.

【答案解析】 (1) 由分布列的性质，有 $a+3a+\frac{2}{9}+a+2a=1$，得 $a=\frac{1}{9}$.

(2)
$$P\{X<1\}=P\{X=-2\}+P\{X=-1\}+P\{X=0\}=\frac{1}{9}+\frac{3}{9}+\frac{2}{9}=\frac{2}{3},$$

$$P\{-2<X\leqslant 0\}=P\{X=-1\}+P\{X=0\}=\frac{3}{9}+\frac{2}{9}=\frac{5}{9},$$

$$P\{X\geqslant 2\}=P\{X=2\}=\frac{2}{9}.$$

【评注】一般地，对于实数集 $\mathbf{R}$ 中任意一个区间 D，都有

$$P\{X\in D\}=\sum_{x_i\in D}P\{X=x_i\}.$$

例 5 袋中有3个黑球和6个白球，从袋中随机摸取一个球，如果摸到黑球，则不放回，再从袋中摸取一个球，如此进行下去，直到摸到白球为止，记 X 为摸取次数，求 X 的分布列与分布函数，并画出分布函数的图形.

【答案解析】X 的可能的取值，即正概率点为 1,2,3,4. 事件 $\{X=1\}$ 表示第一次摸到白球，由古典概型公式有

$$P\{X=1\}=\frac{6}{9}=\frac{2}{3},$$

类似地，得

$$P\{X=2\}=\frac{3}{9}\times\frac{6}{8}=\frac{1}{4},$$

$$P\{X=3\}=\frac{3}{9}\times\frac{2}{8}\times\frac{6}{7}=\frac{1}{14},$$

$$P\{X=4\}=\frac{3}{9}\times\frac{2}{8}\times\frac{1}{7}\times\frac{6}{6}=\frac{1}{84}\text{ 或 }1-\frac{2}{3}-\frac{1}{4}-\frac{1}{14}=\frac{1}{84},$$

因此，X 的分布列为

X	1	2	3	4
$P\{X=x_k\}$	2/3	1/4	1/14	1/84

由正概率点 1,2,3,4 将区间 $(-\infty,+\infty)$ 分成五个区间，在各分区间分段讨论.

当 $x<1$ 时，$\{X\leqslant x\}$ 是不可能事件，故 $F(x)=P\{X\leqslant x\}=0$；

当 $1\leqslant x<2$ 时，X 在区间 $(-\infty,x]$ 内仅有一个可能取值点 $X=1$，即含事件 $\{X=1\}$，故

$$F(x)=P\{X\leqslant x\}=P\{X=1\}=\frac{2}{3};$$

当 $2\leqslant x<3$ 时，X 在区间 $(-\infty,x]$ 内有两个可能取值点 $X=1,2$，即含事件 $\{X=1\}$，$\{X=2\}$，故 $F(x)=P\{X\leqslant x\}=P\{X=1\}+P\{X=2\}=\frac{2}{3}+\frac{1}{4}=\frac{11}{12}$；

当 $3\leqslant x<4$ 时，X 在区间 $(-\infty,x]$ 内有三个可能取值点 $X=1,2,3$，即含事件 $\{X=1\}$，$\{X=2\}$，$\{X=3\}$，故

$$F(x)=P\{X\leqslant x\}=P\{X=1\}+P\{X=2\}+P\{X=3\}=\frac{2}{3}+\frac{1}{4}+\frac{1}{14}=\frac{83}{84};$$

当 $x\geqslant 4$ 时，X 在区间 $(-\infty,x]$ 内包含所有可能的取值点，即 $\{X\leqslant x\}$ 是必然事件，故

$$F(x)=P\{X\leqslant x\}=1.$$

综上，X 的分布函数为

$$F(x)=\begin{cases}0, & x<1,\\ \dfrac{2}{3}, & 1\leqslant x<2,\\ \dfrac{11}{12}, & 2\leqslant x<3,\\ \dfrac{83}{84}, & 3\leqslant x<4,\\ 1, & x\geqslant 4.\end{cases}$$

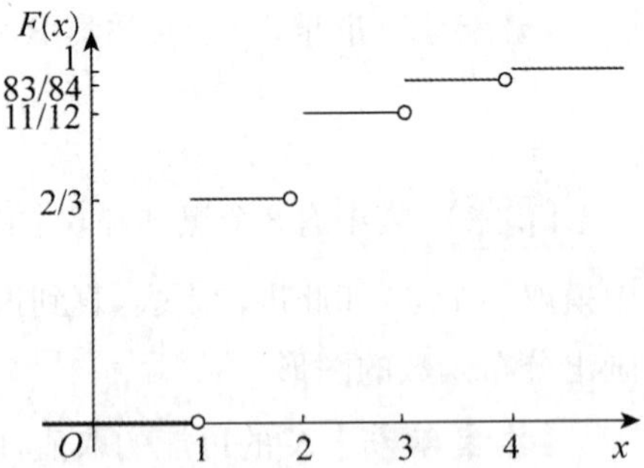

图 3-8-1

X 的分布函数 $F(x)$ 的图形如图 3-8-1 所示. 该图形是一个阶梯形曲线,$x=1,2,3,4$ 是跳跃间断点.

【评注】计算离散型随机变量 X 的概率分布都要按照三个基本步骤进行:

① 确定 X 的所有可能的取值点,即正概率点 $x_k(k=1,2,3,\cdots)$,这是正确求解的基础;

② 对每个取值点计算概率 $P\{X=x_k\}=p_k,k=1,2,\cdots$. 这是求解的重点,往往也是难点;

③ 汇总列表,生成分布列或分布阵.

在计算出概率分布的基础上,可进一步给出 X 的分布函数:

$$F(x)=P\{X\leqslant x\}=\sum_{x_k\leqslant x}P\{X=x_k\}=\sum_{x_k\leqslant x}p_k,-\infty<x<+\infty.$$

分布函数 $F(x)$ 也可写作分段函数的形式:

$$F(x)=\begin{cases}0, & x<x_1,\\ p_1, & x_1\leqslant x<x_2,\\ p_1+p_2, & x_2\leqslant x<x_3,\\ \quad\cdots\cdots & \\ \displaystyle\sum_{k=1}^{i}p_k, & x_i\leqslant x<x_{i+1},i\geqslant 1,\\ \quad\cdots\cdots & \end{cases}$$

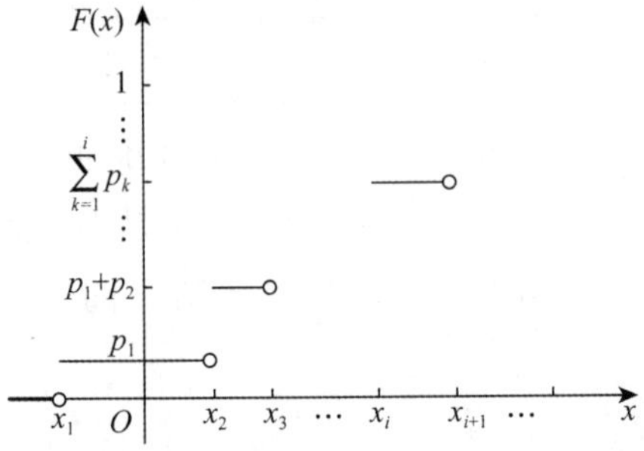

图 3-8-2

分布函数曲线 $y=F(x)$ 如图 3-8-2 所示,容易看出,分布函数 $F(x)$ 的图形是阶梯形曲线,其中曲线分界点(即分段点)即为随机变量 X 的正概率点 $x_k(k=1,2,3,\cdots)$. 分界点分割而成的区间是左闭右开区间,曲线 $y=F(x)$ 在分界点 x_k 处右连续,并且跳跃间断,跳跃度即为随机变量 X 在该点的概率值.

例 6 已知随机变量 X 的分布函数为

$$F(x)=\begin{cases}0, & x<-1,\\ \dfrac{1}{2}, & -1\leqslant x<0,\\ \dfrac{5}{7}, & 0\leqslant x<2,\\ 1, & x\geqslant 2,\end{cases}$$

求 X 的分布阵,并计算 $P\{X<0\},P\{X=1\},P\{-1<X<3\},P\{X<0\mid -2\leqslant X<1\}$.

【解题思路】在已知分布函数 $F(x)$ 的情况下，离散型随机变量 X 的所有可能的取值点，即正概率点，为 $F(x)$ 的分段点 x_k. 分布函数在点 $X=x_k$ 的概率为该点处的跳跃度，即 $P\{X=x_k\}=F(x_k)-F(x_k-0)$.

【答案解析】X 的正概率点即为 $F(x)$ 的分段点：$X=-1,0,2$，并有

$$P\{X=-1\}=F(-1)-F(-1-0)=\frac{1}{2},$$

$$P\{X=0\}=F(0)-F(0-0)=\frac{5}{7}-\frac{1}{2}=\frac{3}{14},$$

$$P\{X=2\}=F(2)-F(2-0)=1-\frac{5}{7}=\frac{2}{7},$$

于是 X 的分布阵为 $X\sim\begin{pmatrix}-1 & 0 & 2\\ 1/2 & 3/14 & 2/7\end{pmatrix}$，从而有

$$P\{X<0\}=P\{X=-1\}=\frac{1}{2} \text{ 或 } P\{X<0\}=F(0-0)=\frac{1}{2},$$

$$P\{X=1\}=0 \text{ 或 } P\{X=1\}=F(1)-F(1-0)=\frac{5}{7}-\frac{5}{7}=0,$$

$$P\{-1<X<3\}=P\{X=0\}+P\{X=2\}=\frac{1}{2}$$

或

$$P\{-1<X<3\}=F(3-0)-F(-1)=1-\frac{1}{2}=\frac{1}{2},$$

$$\begin{aligned}P\{X<0\mid -2\leqslant X<1\}&=\frac{P\{-2\leqslant X<1,X<0\}}{P\{-2\leqslant X<1\}}\\&=\frac{P\{-2\leqslant X<0\}}{P\{-2\leqslant X<1\}}=\frac{P\{X=-1\}}{P\{X=-1\}+P\{X=0\}}\\&=\frac{1}{2}\Big/\left(\frac{1}{2}+\frac{3}{14}\right)=\frac{7}{10}.\end{aligned}$$

2. 几种常见的离散型随机变量的分布

(1) 两点分布.

设随机变量 X 的分布为

$$P\{X=1\}=p,P\{X=0\}=1-p,0<p<1,$$

则称 X 服从参数为 p 的**两点分布**. 两点分布又叫 $0-1$ **分布或伯努利分布**，记为 $X\sim B(1,p)$.

两点分布的分布律为

$$P\{X=k\}=p^k(1-p)^{1-k}(k=0,1;0<p<1).$$

凡是只有两个基本事件的随机试验一般都可以确定一个服从两点分布的随机变量. 如在"投掷硬币"试验中，出现正面的事件 A 记为 $\{X=1\}$，出现反面的事件 $\overline{A}$ 记为 $\{X=0\}$，则 X 服从两点分布，表示为 $X\sim B\left(1,\frac{1}{2}\right)$.

(2) 二项分布.

设随机变量 X 的分布律为

$$P\{X=k\}=C_n^k p^k q^{n-k}(k=0,1,2,\cdots,n;0<p<1,q=1-p),$$

则称 X 服从参数为 n,p 的二项分布,记为 $X\sim B(n,p)$.

从二项分布的分布律的结构看,$C_n^k p^k q^{n-k}$ 恰好是二项式 $(p+q)^n$ 的展开式

$$\sum_{k=0}^{n}P\{X=k\}=\sum_{k=0}^{n}C_n^k p^k q^{n-k}=(p+q)^n(=1)$$

中的通项,故二项分布由此而得名.

二项分布产生于独立重复试验. 若一次伯努利试验中事件 A 发生的概率为 $P(A)=p$,则 n 次伯努利试验中事件 A 发生的次数一定服从参数为 n,p 的二项分布.

显然,0-1 分布实际上是二项分布在 $n=1$ 时的特例.

例 7 某工厂有 6 台大型机床,每天每台机床等可能地有 $\frac{1}{3}$ 的概率开机,而且各机床是否开机相互独立. 求每天开机的机床数的概率分布,并求最大可能有多少台机床开机.

【解题思路】 设随机变量 X 为每天开机的机床数,显然,X 服从参数为 $n=6,p=\frac{1}{3}$ 的二项分布.

【答案解析】 每天开机的机床数 X 服从参数为 $n=6,p=\frac{1}{3}$ 的二项分布,其分布律为

$$P\{X=k\}=C_6^k\left(\frac{1}{3}\right)^k\left(\frac{2}{3}\right)^{6-k}(k=0,1,2,\cdots,6),$$

分布阵为

$$X\sim\begin{pmatrix}0 & 1 & 2 & 3 & 4 & 5 & 6\\ 64/729 & 192/729 & 240/729 & 160/729 & 60/729 & 12/729 & 1/729\end{pmatrix},$$

容易看到,其中 $P\{X=2\}$ 最大, 即最大可能有两台机床开机.

【评注】 二项式 $(p+q)^n$ 展开式中各项展现出中间大两头小的特点,因此,二项分布的分布列中,取值点的概率也呈现出中间大两头小的特点,正如本题中 X 的分布阵所示,位于当中的每天有两台机床开机的概率最大. 实际问题中,当 n 足够大时,想通过计算出 X 的分布阵来观察 X 的最大可能取值的方法是不可行的, 但仍有规律可寻. 一般地, 当二项分布的参数 n,p 固定后, 概率分布 $P\{X=k\}=C_n^k p^k q^{n-k}$ 存在最大值,若记最大值点为 k_0,可以证明

$$k_0=\begin{cases}(n+1)p\text{ 或 }(n+1)p-1, & (n+1)p\text{ 是整数},\\ [(n+1)p], & (n+1)p\text{ 不是整数},\end{cases}$$

其中 $[(n+1)p]$ 为取整函数,表示不大于 $(n+1)p$ 的最大整数. 如本题中,

$$k_0=\left[(6+1)\times\frac{1}{3}\right]=2.$$

一般地,当 n 很大时,随机变量 X 的最大可能取值点 k_0 与 np 非常接近,因此 $k_0\approx np$,即 $\frac{k_0}{n}\approx p$,说明此时频率为概率的可能性很大. 综上,对于服从二项分布的随机变量 X,其最可能出现的值可由参数 n,p 确定.

(3) 几何分布.

设随机变量 X 的分布律为

$$P\{X=k\}=pq^{k-1}(k=1,2,\cdots;0<p<1,q=1-p),$$

则称 X 服从参数为 p 的几何分布,记为 $X\sim G(p)$.

几何分布也是 n 重伯努利试验的一种概型.若一次伯努利试验中事件 A 发生的概率为 $P(A)=p$,则事件 A 首次出现在第 k 次试验的概率为 pq^{k-1}, $k=1,2,\cdots$,通常称 k 为事件 A 的首发次数,如果用 X 表示事件 A 的首发次数,则 X 服从几何分布.

例如,做某项科学实验,每次实验成功的概率为 0.7,则第一次成功所需要的实验次数 X 服从参数为 $p=0.7$ 的几何分布.则第 3 次实验首次成功的概率为

$$P\{X=3\}=0.7\times0.3^2=0.063,$$

最多 3 次成功的概率为

$$P\{X\leqslant3\}=\sum_{k=1}^{3}P\{X=k\}=0.7\times0.3^0+0.7\times0.3+0.7\times0.3^2=0.973.$$

结合二项分布,我们还可以进一步得到第 n 次实验,恰好是第 k 次成功所需实验次数 X 的概率分布:

$$P\{X=n\}=\mathrm{C}_{n-1}^{k-1}p^{k-1}q^{n-k}p=\mathrm{C}_{n-1}^{k-1}p^kq^{n-k}(n=1,2,\cdots,k=1,2,\cdots,n;0<p<1,q=1-p).$$

如第 7 次实验,恰好是第 3 次实验成功的概率为

$$P\{X=7\}=\mathrm{C}_6^2p^3q^4=\frac{1}{2}\times6\times5\times0.7^3\times0.3^4\approx0.0417.$$

(4) 泊松(Poisson) 分布.

设随机变量 X 的分布律为

$$P\{X=k\}=\frac{\lambda^k}{k!}\mathrm{e}^{-\lambda},k=0,1,2,\cdots,$$

则称 X 服从参数为 $\lambda(\lambda>0)$ 的**泊松分布**,记为 $X\sim P(\lambda)$.

泊松分布是离散型随机变量中最常见的分布之一,最初是由法国数学家泊松引入的,目的是解决二项分布的计算问题.但随着现代科技的发展和进步,近几十年来泊松分布越来越被人们重视.实验表明:放射性物质在某段时间内放射的粒子数,某容器内的细菌数,某电话交换台在某段时间内的电话呼叫次数,一页书中印刷错误出现的个数,等等,都服从泊松分布.

例 8 通过某交叉路口的汽车数 X 可以看作服从泊松分布.已知在一分钟内没有汽车通过的概率为 0.2,求一分钟内通过路口的汽车超过 1 辆的概率.

【解题思路】 设一分钟内通过路口的汽车数 X 服从参数为 λ 的泊松分布,通过相关的概率计算,首先确定参数 λ.

【答案解析】 设一分钟内通过路口的汽车数 X 服从参数为 λ 的泊松分布,由已知,

$$P\{X=0\}=\frac{\lambda^0}{0!}\mathrm{e}^{-\lambda}=\mathrm{e}^{-\lambda}=0.2,$$

得 $\lambda=-\ln0.2$,于是

$$P\{X>1\}=1-P\{X=0\}-P\{X=1\}$$
$$=1-0.2-\frac{\lambda}{1!}e^{-\lambda}=0.8+\ln 0.2\times e^{\ln 0.2}\approx 0.478.$$

泊松分布除了具有广泛的应用背景和前景外，还有一个重要作用，就是解决二项分布的近似计算问题，这也是引入泊松分布的初衷. 泊松分布与二项分布之间的关系可以由下面的定理给出.

定理 2（泊松定理） 在 n 重伯努利试验中，事件 A 在每次试验中发生的概率为 p_n（注意这与试验的次数 n 有关），对任意正整数 n，$np_n=\lambda$（λ 为正常数），则对任意给定的非负整数 k，有

$$\lim_{n\to\infty}C_n^k p_n^k(1-p_n)^{n-k}=\frac{\lambda^k}{k!}e^{-\lambda}.$$

由该定理，可以将二项分布用泊松分布来近似：当二项分布 $B(n,p)$ 的参数 n 很大，而 p 很小时，可以将它用参数为 $\lambda=np$ 的泊松分布来近似，即有

$$C_n^k p^k(1-p)^{n-k}\approx\frac{(np)^k}{k!}e^{-np},k=0,1,2,\cdots,n.$$

例 9 纺织厂女工照管 800 个纺锭，每一个纺锭在某一段时间内发生断头的概率为 0.005（设在该时间段内每个纺锭最多只发生一次断头），求在这段时间内总共发生的断头次数超过 2 的近似概率.

【解题思路】纺锭在某一段时间内发生断头的事件相互独立，发生断头的次数服从参数为 800，0.005 的二项分布，由于数据较大，相关的概率计算需要利用泊松分布来近似.

【答案解析】设 X 为 800 个纺锭在该段时间内发生的断头次数，则

$$X\sim B(800,0.005),$$

它可近似于参数为 $\lambda=800\times0.005=4$ 的泊松分布，从而有

$$P\{0\leqslant X\leqslant 2\}=\sum_{k=0}^{2}P\{X=k\}=\sum_{k=0}^{2}C_{800}^k\times0.005^k\times0.995^{500-k}$$
$$\approx\sum_{k=0}^{2}\frac{4^k}{k!}e^{-4}=e^{-4}(1+4+8)\approx0.2381,$$

从而

$$P\{X>2\}=1-P\{0\leqslant X\leqslant 2\}\approx1-0.2381=0.7619.$$

(5) 超几何分布.

设随机变量 X 的分布律为

$$P\{X=k\}=\frac{C_{N_1}^k C_{N-N_1}^{n-k}}{C_N^n},$$

其中 $\max\{0,n-N+N_1\}\leqslant k\leqslant\min\{N_1,n\}$；$N_1,N,n$ 为正整数且 $N_1\leqslant N$，$n\leqslant N$，k 为整数，则称 X 服从参数为 n,N,N_1 的超几何分布，记为 $X\sim H(n,N,N_1)$.

超几何分布的概型在第七章已经介绍过，其背景是抽取问题. 如在 N 件产品中有 N_1 件次品，$N-N_1$ 件正品，从中不放回地抽取 n 件，其中含有次品数 X 服从参数为 n,N,N_1 的超几何分布.

（三）连续型随机变量及其分布

1. 连续型随机变量及其概率分布

对于随机变量 X，如果存在非负可积函数 $f(x)$，$x \in (-\infty, +\infty)$，使得 X 取值于任一区间 $[a,b]$ 的概率为

$$P\{a \leqslant X \leqslant b\} = \int_a^b f(x)\mathrm{d}x,$$

则称 X 为连续型随机变量，并称 $f(x)$ 为 X 的概率密度函数，简称为密度函数.

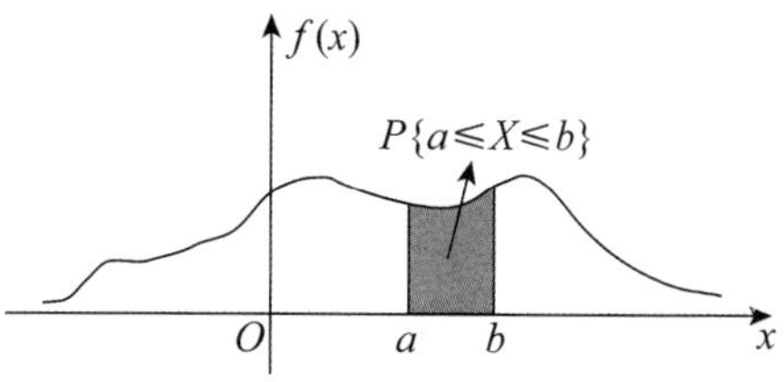

图 3-8-3

由定义可以看出：连续型随机变量 X 的取值（值域）是区间，从几何直观考查，X 在区间 $[a,b]$ 上的概率即为由曲线 $y = f(x)$，x 轴及直线 $x = a$，$x = b$ 所围成图形的面积（见图 3-8-3）. 密度曲线 $y = f(x)$ 的起伏变化反映了连续型随机变量 X 概率分布的变化特点. 因此，连续型随机变量及其分布中最重要的是密度函数.

(1) 关于密度函数.

密度函数 $f(x)$ 有以下性质：

①$f(x) \geqslant 0, x \in (-\infty, +\infty)$；

②$\int_{-\infty}^{+\infty} f(x)\mathrm{d}x = 1$.

密度函数 $f(x)$ 的性质可以作为判断函数 $f(x)$ 是否为某一连续型随机变量的密度函数的充分必要条件.

例 10 已知 $f_1(x)$，$f_2(x)$ 分别为某两个连续型随机变量的密度函数，则下列函数也必为某个连续型随机变量的密度函数的是（　　）.

(A) $1.2f_1(x) - 0.2f_2(x)$　　(B) $0.3f_1(x) + 0.5f_2(x)$

(C) $f_1(x) + f_2(x)$　　(D) $f_1(x)f_2(x)$

(E) $0.4f_1(x) + 0.6f_2(x)$

【参考答案】E

【解题思路】判断某个函数是否为某随机变量的密度函数，必须对照密度函数的两个性质一一验证，缺一不可.

【答案解析】由题设，$\int_{-\infty}^{+\infty} f_1(x)\mathrm{d}x = 1$，$\int_{-\infty}^{+\infty} f_2(x)\mathrm{d}x = 1$ 且 $f_1(x) \geqslant 0$，$f_2(x) \geqslant 0$，知

$$\int_{-\infty}^{+\infty}[1.2f_1(x) - 0.2f_2(x)]\mathrm{d}x = 1.2\int_{-\infty}^{+\infty} f_1(x)\mathrm{d}x - 0.2\int_{-\infty}^{+\infty} f_2(x)\mathrm{d}x = 1;$$

$$\int_{-\infty}^{+\infty}[0.3f_1(x) + 0.5f_2(x)]\mathrm{d}x = 0.3\int_{-\infty}^{+\infty} f_1(x)\mathrm{d}x + 0.5\int_{-\infty}^{+\infty} f_2(x)\mathrm{d}x = 0.8;$$

$$\int_{-\infty}^{+\infty}[f_1(x) + f_2(x)]\mathrm{d}x = 2;\int_{-\infty}^{+\infty} f_1(x)f_2(x)\mathrm{d}x \text{ 未必等于 } 1;$$

$$\int_{-\infty}^{+\infty}[0.4f_1(x) + 0.6f_2(x)]\mathrm{d}x = 0.4\int_{-\infty}^{+\infty} f_1(x)\mathrm{d}x + 0.6\int_{-\infty}^{+\infty} f_2(x)\mathrm{d}x = 1.$$

排除选项 B,C,D. 又 $1.2f_1(x)-0.2f_2(x)$ 未必非负,排除选项 A,故 E 正确.

例 11　连续函数 $f(x)$ 为某个连续型随机变量的密度函数的充分必要条件是(　　).

(A) $0 \leqslant f(x) \leqslant 1$　　(B) $f(x)$ 单调不减

(C) $\int_{-\infty}^{+\infty} f(x)\mathrm{d}x = 1$　　(D) $\int_{-\infty}^{+\infty} f(x)\mathrm{d}x = 1$ 且 $\int_{-\infty}^{x} f(t)\mathrm{d}t$ 单调不减

(E) $f(x)$ 为可导函数

【参考答案】D

【答案解析】选项 A,B 既非充分又非必要条件. 选项 C 只是必要而非充分条件. 连续型随机变量的密度函数未必是可导函数,由 $\int_{-\infty}^{+\infty} f(x)\mathrm{d}x = 1$ 且 $\left[\int_{-\infty}^{x} f(t)\mathrm{d}t\right]' = f(x) \geqslant 0$,知 D 正确.

【评注】密度函数 $f(x)$ 不是概率,只是反映随机变量 X 在点 x 处的密集程度. 一定要将密度函数与分布函数区分开来.

(2) 关于分布函数.

根据定义,连续型随机变量 X 的分布函数可表示为

$$F(x) = P\{X \leqslant x\} = \int_{-\infty}^{x} f(t)\mathrm{d}t,$$

其中 $f(x)$ 为 X 的密度函数,$x \in (-\infty, +\infty)$.

从函数结构上看,连续型随机变量 X 的分布函数是以密度函数 $f(x)$ 为被积函数的变限积分函数. 根据密度函数以及变限积分函数的性质,容易得到连续型随机变量 X 的分布函数 $F(x)$ 的结论:

①$F(x)$ 在区间 $(-\infty, +\infty)$ 内连续;

② 在连续点 x 处,有 $\frac{\mathrm{d}}{\mathrm{d}x}F(x) = \frac{\mathrm{d}}{\mathrm{d}x}\int_{-\infty}^{x} f(t)\mathrm{d}t = f(x)$.

由结论 ①,连续型随机变量 X 在任意一点 x 的概率值为零,即

$$P\{X = x\} = F(x) - F(x-0) = F(x) - F(x) = 0, x \in (-\infty, +\infty).$$

结论 ② 说明连续型随机变量 X 的分布函数 $F(x)$ 与密度函数 $f(x)$ 之间的转换关系,恰好是微积分学中微分与积分之间的转换关系. 由于分布函数本身是概率,因此结论 ② 也为我们提供了通过概率计算求连续型随机变量密度函数的一个非常重要的途径,称之为**分布函数法**.

相对离散型随机变量而言,连续型随机变量的分布函数在讨论连续型随机变量的概率分布时,常常起着非常重要的作用.

例 12　等可能地在数轴上的有界区间 $[a,b]$ 上投点,记 X 为落点的位置(数轴上的坐标).

(1) 求 X 的密度函数 $f(x)$;

(2) 对任意 $c \in [a,b]$,求 $P\{X \leqslant c\}$,$P\{X > c\}$,$P\{X = c\}$;

(3) 作出分布函数 $F(x)$ 的图形.

【解题思路】$f(x)$ 可由分布函数法得到. 依题设,X 落在某个区间的概率属于几何概型,由此,可以计算出概率 $P\{X \leqslant x\}$,即 X 的分布函数 $F(x)$,从而求导得到密度函数 $f(x)$,进而计算所求事

件的概率. 所求事件的概率也可以由分布函数直接计算.

【答案解析】(1)X 为连续型随机变量,$\Omega=[a,b]$,根据几何概型确定事件$\{X\leqslant x\}$的概率,如图 3-8-4 所示.

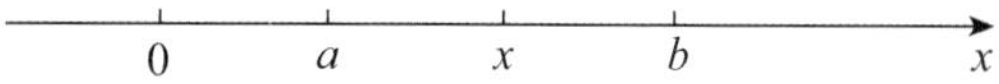

图 3-8-4

当 $x<a$ 时,$F(x)=P\{X\leqslant x\}=0$;

当 $x\geqslant b$ 时,$F(x)=P\{X\leqslant x\}=1$;

当 $a\leqslant x<b$ 时,$F(x)=P\{X\leqslant x\}=\dfrac{x-a}{b-a}$.

于是,X 的分布函数为

$$F(x)=\begin{cases}0, & x<a,\\ \dfrac{x-a}{b-a}, & a\leqslant x<b,\\ 1, & x\geqslant b,\end{cases}$$

因此,X 的密度函数为

$$f(x)=F'(x)=\begin{cases}\dfrac{1}{b-a}, & a<x<b,\\ 0, & \text{其他}.\end{cases}$$

(2) 对任意 $c\in[a,b]$.

方法 1 用密度函数.

$$P\{X\leqslant c\}=\int_{-\infty}^{c}f(x)\mathrm{d}x=\int_{a}^{c}\frac{1}{b-a}\mathrm{d}x=\frac{c-a}{b-a},$$

$$P\{X>c\}=\int_{c}^{+\infty}f(x)\mathrm{d}x=\int_{c}^{b}\frac{1}{b-a}\mathrm{d}x=\frac{b-c}{b-a},$$

$$P\{X=c\}=\int_{c}^{c}f(x)\mathrm{d}x=0.$$

方法 2 用分布函数.

$$P\{X\leqslant c\}=F(c)=\frac{c-a}{b-a},$$

$$P\{X>c\}=1-F(c)=1-\frac{c-a}{b-a}=\frac{b-c}{b-a},$$

$$P\{X=c\}=F(c)-F(c-0)=0.$$

(3) 分布函数 $F(x)$ 的图形如图 3-8-5 所示.

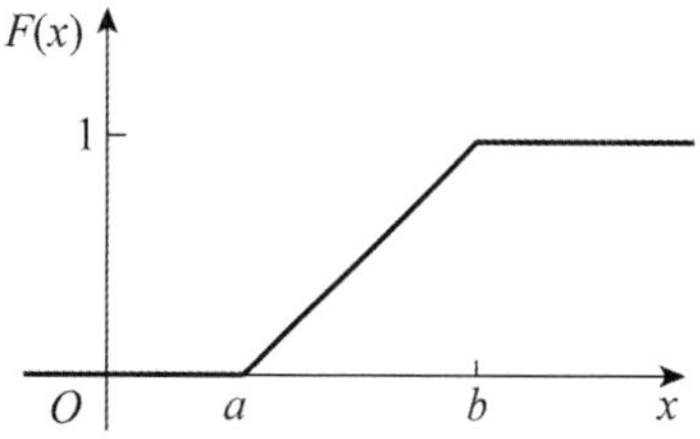

图 3-8-5

【评注】本题说明,当 X 的密度函数在$[a,b]$上各点的取值为定常数(区间长度的倒数)时,随机变量 X 在$[a,b]$上各点的概率分布的密集程度是均匀的. 而在点 $c\in[a,b]$ 处的概率为零,说明在一点处的密度函数与概率是两个不同的概念. 关于连续型随机变量的密度函数,除了一些重要分布已知外,一般是很难直接得到的,唯一途径是通过计算概率 $P\{X\leqslant x\}$,即分布函数,再求导得到. 连续型随机变量的概率值,在已知密度函数时可用定积分计算,在已知分布函数时也可用分布函数差值计算. 可见,处理连续型随机变量的问题,主要工具是微积分，其中与分布函数有关的是求极限和微分法，与密度函数有关的是积分法. 因此，从某种程度上讲，处理连续型随机变量的问题关键是掌握好微积分的知识，请大家务必做好知识储备.

例 13 设连续型随机变量 X 的密度函数为

$$f(x)=\frac{2}{\pi(1+x^2)},a<x<+\infty.$$

(1) 试确定常数 a 的值；

(2) 如果概率 $P\{a<x<b\}=\frac{1}{2}$，确定常数 b 的值.

【解题思路】 由 $\int_{-\infty}^{+\infty}f(x)\mathrm{d}x=1$ 定 a 的值. 由 $\int_a^b f(x)\mathrm{d}x=\frac{1}{2}$ 定 b 的值.

【答案解析】(1) 依题设，

$$\int_{-\infty}^{+\infty}f(x)\mathrm{d}x=\int_a^{+\infty}\frac{2}{\pi(1+x^2)}\mathrm{d}x=\frac{2}{\pi}\arctan x\Big|_a^{+\infty}=1-\frac{2}{\pi}\arctan a=1,$$

解得 $a=0$.

(2) 由

$$P\{a<x<b\}=\int_0^b\frac{2}{\pi(1+x^2)}\mathrm{d}x=\frac{2}{\pi}\arctan b=\frac{1}{2}$$

得 $\arctan b=\frac{\pi}{4}$，解得 $b=1$.

例 14 设连续型随机变量 X 的分布函数为

$$F(x)=\begin{cases}a, & x<1,\\ bx\ln x+cx+d, & 1\leqslant x\leqslant \mathrm{e},\\ d, & x>\mathrm{e},\end{cases}$$

试确定常数 a,b,c,d 的值.

【解题思路】 分别由 $F(-\infty)=0,F(+\infty)=1$ 定值 a,d. 由 $F(x)$ 的连续性定其他常数值.

【答案解析】 由分布函数 $F(x)$ 的性质，有

$$F(-\infty)=a=0,F(+\infty)=d=1,$$

可得 $a=0,d=1$.

又 $F(x)$ 在 $x=1,x=\mathrm{e}$ 处连续，有

$$F(1)=\lim_{x\to1^-}F(x)=c+d=0,F(\mathrm{e})=\lim_{x\to\mathrm{e}^+}F(x)=b\mathrm{e}+c\mathrm{e}+d=1,$$

即 $c+1=0,b\mathrm{e}+c\mathrm{e}+1=1$，解得 $c=-1,b=-c=1$.

下面介绍几种常见的连续型随机变量的概率分布(简称分布).

2. 几种常见的连续型随机变量的分布

(1) 均匀分布.

设随机变量 X 的密度函数为

$$f(x)=\begin{cases}\dfrac{1}{b-a}, & a\leqslant x\leqslant b,\\ 0, & \text{其他},\end{cases}$$

则称 X 服从区间 $[a,b]$ 上的**均匀分布**，记为 $X\sim U(a,b)$.

均匀分布的密度函数图形如图 3-8-6 所示. 由图可以看出，均匀分布是一种比较简单且常见的分布. 对于均匀分布，X 在 $[a,b]$ 中任意一个小区间上取值的概率与该区间的长度成正比. 均匀分布常用于等车问题、误差分布等问题中.

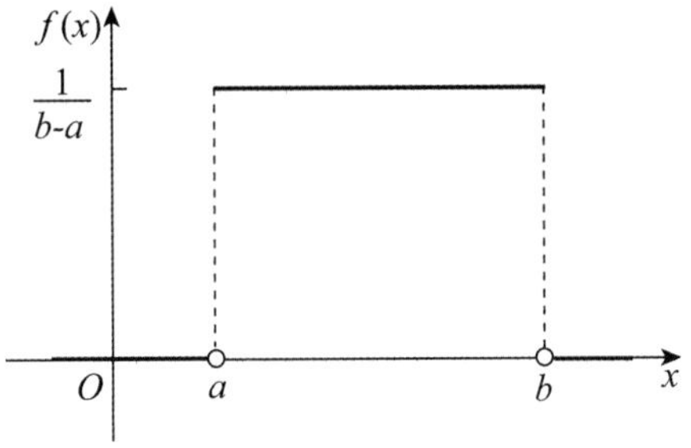

图 3-8-6

例 15　在数据处理时，一般精确到小数点后 5 位，后面用四舍五入的方法处理. 若设数据为 X，取舍后为 $\hat{X}$，则误差 $\varepsilon=X-\hat{X}\sim U(-0.5\times10^{-5},0.5\times10^{-5})$，求误差 ε 为负的概率.

【解题思路】误差 ε 为负的事件，即事件 $\{-0.5\times10^{-5}\leqslant\varepsilon<0\}$.

【答案解析】$P\{-0.5\times10^{-5}\leqslant\varepsilon<0\}=\dfrac{0-(-0.5\times10^{-5})}{0.5\times10^{-5}-(-0.5\times10^{-5})}=\dfrac{1}{2}$.

(2) 指数分布.

设随机变量 X 的密度函数为

$$f(x)=\begin{cases}\lambda\mathrm{e}^{-\lambda x}, & x>0,\\ 0, & x\leqslant 0\end{cases}(\lambda>0),$$

则称 X 服从参数为 λ 的**指数分布**，记为 $X\sim E(\lambda)$.

指数分布的密度函数图形如图 3-8-7 所示. 指数分布通常又叫寿命分布，常用来描述对某一事件发生的等待时间，如电子元件等使用寿命(即等待用坏的时间) 的概率分布.

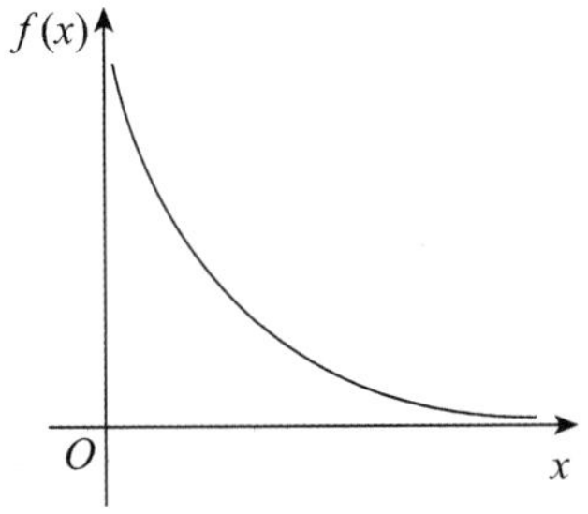

图 3-8-7

由指数分布的密度函数可以算出指数分布的分布函数为

$$F(x)=\begin{cases}1-e^{-\lambda x}, & x\geqslant 0,\\ 0, & x<0\end{cases}(\lambda>0).$$

例 16 某元件的工作寿命 X（小时）服从参数为 $\lambda(\lambda>0)$ 的指数分布.

(1) 求该元件正常工作 t 个小时的概率；

(2) 已知该元件已正常工作 10 个小时，求在此基础上再工作 10 个小时的概率（$\lambda=0.01$）；

(3) 若系统装有 10 个这样的电子元件，且各电子元件是否正常工作相互独立，分别求在并联和串联情况下，系统正常工作 20 个小时的概率.

【解题思路】 依题设，X 服从参数为 λ 的指数分布，因此，其密度函数和分布函数都已知.(1) 可以直接套用分布函数概率公式；(2) 为条件概率的计算；(3) 是与二项分布相关的复合题型.

【答案解析】 (1) $P\{X>t\}=1-P\{X\leqslant t\}=1-F(t)=1-(1-e^{-\lambda t})=e^{-\lambda t}$.

(2)
$$\begin{aligned}P\{X>20\mid X>10\}&=\frac{P\{X>20,X>10\}}{P\{X>10\}}\\&=\frac{P\{X>20\}}{P\{X>10\}}=\frac{e^{-0.01\times 20}}{e^{-0.01\times 10}}=e^{-0.1}.\end{aligned}$$

(3) 设正常工作的元件数为 ξ，每个元件正常工作 20 小时的概率为 $p=e^{-20\lambda}$，于是，$\xi\sim B(10,p)$.

在并联条件下，只要有一个元件工作正常，整个系统就可以工作正常，即事件 $\{\xi\geqslant 1\}$，因此，

$$P\{\xi\geqslant 1\}=1-P\{\xi=0\}=1-C_{10}^{0}p^{0}(1-p)^{10}=1-(1-e^{-20\lambda})^{10}.$$

在串联条件下，只有所有元件工作正常，整个系统才能工作正常，即事件 $\{\xi=10\}$，因此，

$$P\{\xi=10\}=C_{10}^{10}p^{10}(1-p)^{0}=(e^{-20\lambda})^{10}=e^{-200\lambda}.$$

【评注】 本题(2) 的结果，$P\{X>20\mid X>10\}=P\{X>10\}$，说明元件正常工作 10 小时的概率与在这之前的工作状态无关，说明指数分布具有无记忆性.

例 16(2) 还涉及由若干相互独立的电子元件组合生成的系统可靠性问题，常见的基本结构形式有并联、串联两种. 在并联系统中，只要其中一个元件工作正常，整个系统就能正常工作，正常工作时间为所有元件中正常工作时间最长的. 在串联系统中，只有所有元件工作都正常，整个系统工作才正常，正常工作时间为所有元件中正常工作时间最短的. 考生应了解这类题型的特点和处理方法.

(3) 正态分布.

① 正态分布的密度函数.

设随机变量 X 的密度函数为

$$f(x)=\frac{1}{\sqrt{2\pi}\sigma}e^{-\frac{(x-\mu)^2}{2\sigma^2}},-\infty<x<+\infty,$$

其中 μ,σ 为常数，且 $\sigma>0$，则称 X 服从参数为 μ 和 σ^2 的**正态分布**，记作 $X\sim N(\mu,\sigma^2)$.

正态分布的密度函数 $y=f(x)$ 的图形如图 3-8-8 所示，呈钟形形状，且曲线关于直线 $x=\mu$ 对称. 在概率意义下，$x=\mu$ 可看作随机变量 X 取值的平均值. 曲线在 $x=\mu\pm\sigma$ 处有拐点，当 $x\to\pm\infty$ 时，$f(x)\to 0$，即 $y=0$ 为密度函数的渐近线. 从图中还可以看出，σ 的大小决定了曲线的坡度，σ 较大

时曲线较平缓,σ 较小时曲线较陡峭;$x=\mu$ 为极大值点.

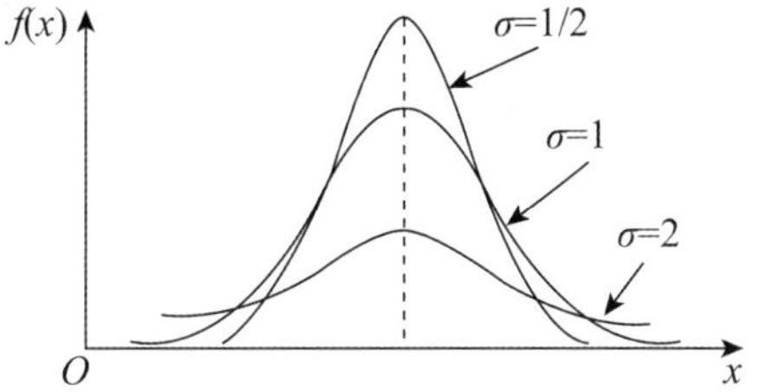

图 3-8-8

特别地,称 $\mu=0,\sigma=1$ 时的正态分布为**标准正态分布**,记为 $N(0,1)$,其密度函数记为

$$\varphi(x)=\frac{1}{\sqrt{2\pi}}e^{-\frac{x^2}{2}},-\infty<x<+\infty,$$

其分布函数记为

$$\Phi(x)=\int_{-\infty}^{x}\frac{1}{\sqrt{2\pi}}e^{-\frac{t^2}{2}}dt,-\infty<x<+\infty.$$

显然,标准正态分布的密度函数 $\varphi(x)$ 关于 y 轴对称,$\varphi(x)$ 及 $\Phi(x)$ 有以下性质:

性质 1 $\varphi(x)=\varphi(-x)$;

性质 2 $\Phi(0)=\frac{1}{2}$;

性质 3 对任意实数 x,$\Phi(x)+\Phi(-x)=1$.

在涉及标准正态分布的计算时,经常会遇到积分 $\int_{0}^{+\infty}e^{-\frac{x^2}{2}}dx$ 的定值问题,利用标准正态分布概率密度的性质 $\int_{-\infty}^{+\infty}\frac{1}{\sqrt{2\pi}}e^{-\frac{x^2}{2}}dx=1$,可得 $\int_{0}^{+\infty}e^{-\frac{x^2}{2}}dx=\frac{\sqrt{2\pi}}{2}$,此公式经常用到,建议记住.

② 一般正态分布与标准正态分布的关系.

正态分布是概率论中最重要的分布. 一方面,正态分布是自然界最常见的一种分布,如测量误差;炮弹落点的分布;描述人的身体特征的尺寸:身高、体重等;农作物的收获量,等等,都近似服从正态分布. 一般来说,一个变量如果受到大量的独立因素的影响(无主导因素),则它一般服从正态分布,这一点可以利用概率论的中心极限定理加以证明. 另一方面,正态分布有很多良好的性质,许多概率分布都可用正态分布来近似,而且在理论研究中,正态分布也有十分重要的位置. 正因为如此,必须解决将不同参数的正态分布统一转化为标准正态分布的问题,这就是正态分布标准化的问题,相关结论可以表示为以下定理.

定理 3 如果 $X\sim N(\mu,\sigma^2)$,则 $\frac{X-\mu}{\sigma}\sim N(0,1)$.

定理 4 如果 $\xi\sim N(\mu,\sigma^2)$,$\eta\sim N(0,1)$,其概率密度分别记为 $f(x)$,$\varphi(x)$,分布函数分别记为 $F(x)$,$\Phi(x)$,则

$$f(x)=\frac{1}{\sigma}\varphi\left(\frac{x-\mu}{\sigma}\right),F(x)=\Phi\left(\frac{x-\mu}{\sigma}\right).$$

还可以证明，若随机变量 X 服从正态分布，则其线性函数 $Y=aX+b(a\neq 0)$ 也服从正态分布.

例 17 设 $X\sim N(0,4^2)$，$X\sim F(x)$，则对任意实数 a，有（　　）.

(A) $F(-a)=1-\int_0^a f(x)\mathrm{d}x$　　(B) $F(-a)=\frac{1}{2}-\int_0^a f(x)\mathrm{d}x$

(C) $F(-a)=F(a)$　　(D) $F(-a)=2F(a)-1$

(E) $F(-a)=\frac{1}{2}-F(a)$

【参考答案】B

【解题思路】由 $\mu=0$，知密度函数 $y=f(x)$ 关于 y 轴对称，因此，可借助几何图形解答问题.

【答案解析】X 的密度函数的图形如图 3-8-9 所示，

$$\int_{-\infty}^{0} f(x)\mathrm{d}x=\int_{-\infty}^{-a} f(x)\mathrm{d}x+\int_{-a}^{0} f(x)\mathrm{d}x$$

$$=F(-a)+\int_0^a f(x)\mathrm{d}x=\frac{1}{2},$$

所以
$$F(-a)=\frac{1}{2}-\int_0^a f(x)\mathrm{d}x,$$

故选择 B.

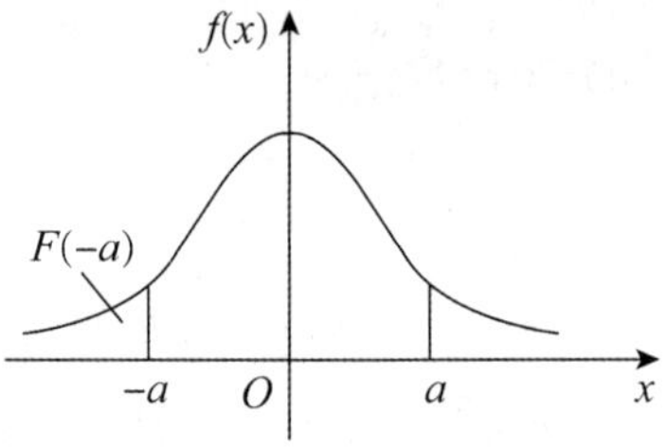

图 3-8-9

例 18 设随机变量 X,Y 分别服从正态分布 $N(\mu,4^2)$，$N(\mu,5^2)$，记 $p_1=P\{X\leqslant\mu-4\}$，$p_2=P\{Y\geqslant\mu+5\}$，则（　　）.

(A) 对于任何实数 μ，都有 $p_1=p_2$　　(B) 对于任何实数 μ，都有 $p_1<p_2$

(C) 对于任何实数 μ，都有 $p_1>p_2$　　(D) 仅对于 μ 的个别值，有 $p_1=p_2$

(E) 仅对于 μ 的个别值，有 $p_1>p_2$

【参考答案】A

【解题思路】对于不同参数的正态分布比较概率大小，必须先标准化，统一在标准正态分布下比较.

【答案解析】由

$$p_1=P\{X\leqslant\mu-4\}=P\left\{\frac{X-\mu}{4}\leqslant -1\right\}=\Phi(-1)=1-\Phi(1),$$

$$p_2=P\{Y\geqslant\mu+5\}=P\left\{\frac{Y-\mu}{5}\geqslant 1\right\}=1-P\left\{\frac{Y-\mu}{5}<1\right\}=1-\Phi(1),$$

所以，对于任何实数 μ，都有 $p_1=p_2$，故选择 A.

例 19 从某市一所大学到火车站，有两条线路可走，第一条线路穿过市区，路程较短，但交通拥挤，所需时间（单位：分钟）服从正态分布 $N(50,10^2)$；第二条线路绕环路，路程较长，但阻塞少，所需时间服从正态分布 $N(60,4^2)$. 如果有 65 分钟可用，问走哪一条线路较好？

【解题思路】走哪一条线路较好，主要看走哪条线路在 65 分钟内到达火车站的概率较大，而且，要统一在标准正态分布下比较.

【答案解析】设 X 为所需时间,如果走第一条线路,则 $X \sim N(50,10^2)$,及时赶到的概率为

$$P\{X \leqslant 65\} = \Phi\left(\frac{65-50}{10}\right) = \Phi(1.5).$$

如果走第二条线路,则 $X \sim N(60,4^2)$,及时赶到的概率为

$$P\{X \leqslant 65\} = \Phi\left(\frac{65-60}{4}\right) = \Phi(1.25).$$

显然,$\Phi(1.5) > \Phi(1.25)$,因此,走第一条线路更有把握及时到达.

例 20 某地抽样调查考生的英语成绩(按百分制计算,近似服从正态分布),平均成绩为 72 分,96 分以上的考生占整个考生人数的 2.3%,试求英语成绩在 60 分至 84 分之间的概率.

【解题思路】考生的英语成绩近似服从正态分布.前面提到参数 μ 实际上体现了在概率意义下随机变量取值的平均值,在此题中我们把它作为已知条件,即 μ 为平均成绩 72.

【答案解析】设 X 为考生的英语成绩,则 $X \overset{\text{近似}}{\sim} N(\mu,\sigma^2)$,其中 $\mu = 72$,下面来确定 σ.依题设,$P\{X \geqslant 96\} = 0.023$,即有

$$P\left\{\frac{X-72}{\sigma} \geqslant \frac{96-72}{\sigma}\right\} \approx 1-\Phi\left(\frac{24}{\sigma}\right) = 0.023,$$

即 $\Phi\left(\frac{24}{\sigma}\right) = 0.977$,查表得 $\frac{24}{\sigma} = 2$,所以 $\sigma = 12$,因此 $X \sim N(72,12^2)$.所求概率为

$$\begin{aligned} P\{60 \leqslant X \leqslant 84\} &= P\left\{\frac{60-72}{12} \leqslant \frac{X-72}{12} \leqslant \frac{84-72}{12}\right\} \\ &= P\left\{\left|\frac{X-72}{12}\right| \leqslant 1\right\} = 2\Phi(1)-1 = 0.6826. \end{aligned}$$

3. 一般类型的随机变量的分布

一般类型的随机变量,也称为**混合型随机变量**,主要指随机变量不仅在定点取值(即正概率点),同时也在区间内取值(即正概率区域).有时在讨论随机变量的分布时,如果没有确定随机变量的类型和特征,也将该随机变量作为一般类型的随机变量处理.

对于一般类型的随机变量,既不能用离散型随机变量的模式(即分布律、分布列等),也不能用连续型随机变量的模式(即密度函数等)来描述其概率分布,唯一的工具是分布函数.由于分布函数本身就是概率,在讨论问题时,我们在第七章中介绍的有关概率的公式(主要是乘法公式和加法公式)和结论均适用.

下面举例说明一般类型的随机变量的分布问题.

例 21 假设随机变量 X 满足不等式 $1 \leqslant X \leqslant 4$,且 $P\{X=1\} = \frac{1}{4}$,$P\{X=4\} = \frac{1}{3}$,在区间 $(1,4)$ 内服从均匀分布.试求 X 的分布函数.

【解题思路】题中随机变量 X 同时在定点 $X=1$,$X=4$ 和区间 $(1,4)$ 内有概率值,属于混合型随机变量,其分布函数根据 x 依次在 $(-\infty,1)$,$x=1$,$(1,4)$,$x=4$,$(4,+\infty)$ 取值,计算 $P\{X \leqslant x\}$ 得到.

【答案解析】本题随机变量同时在定点 $X=1$,$X=4$,和区间 $(1,4)$ 取正概率值,为混合型随

机变量. 由题设, X 在区间 $(1,4)$ 的概率密度为

$$f(x)=\begin{cases}a, & 1<x<4,\\ 0, & \text{其他}.\end{cases}$$

于是有

$$\begin{aligned}P\{1\leqslant X\leqslant 4\}&=P\{X=1\}+P\{1<X<4\}+P\{X=4\}\\&=\frac{1}{4}+\frac{1}{3}+\int_1^4 a\mathrm{d}x=1,\end{aligned}$$

即有 $\int_1^4 a\mathrm{d}x=1-\frac{7}{12}=\frac{5}{12}, a=\frac{5}{36}$. 因此,

当 $x<1$ 时, $F(x)=P\{X\leqslant x\}=0$;

当 $x=1$ 时, $F(x)=P\{X\leqslant x\}=\frac{1}{4}$;

当 $1<x<4$ 时,

$$F(x)=P\{X\leqslant 1\}+P\{1<X\leqslant x\}=\frac{1}{4}+\int_1^x\frac{5}{36}\mathrm{d}x=\frac{1}{9}+\frac{5}{36}x;$$

当 $x\geqslant 4$ 时, $F(x)=1$.

从而得 X 的分布函数为

$$F(x)=\begin{cases}0, & x<1,\\ \frac{1}{9}+\frac{5}{36}x, & 1\leqslant x<4,\\ 1, & x\geqslant 4.\end{cases}$$

(四) 随机变量函数的分布

我们常遇到一些随机变量,如某正方形地块面积的测量值等,它们的分布难以直接得到,但是与它们有关系的另一些随机变量,如地块的边长的测量值,其分布是容易知道的. 因此,我们需要了解随机变量之间的关系,从而通过这些关系,由已知的随机变量的分布求出与之相关的另一个随机变量的分布. 这就是下面要介绍的随机变量函数及其分布的问题.

一般地,设 $f(x)$ 是定义在随机变量 X 的一切可能值 x 的集合上的函数. 如果对于 X 的每一个可能取值 x,另一个随机变量 Y 都有相应的取值 $y=f(x)$,则称 Y 为随机变量 X 的函数,记作 $Y=f(X)$.

讨论随机变量函数的分布问题仍然需要按照离散、连续和一般三个类型分别进行.

1. 离散型随机变量函数的分布

如何由 X 的概率分布求出 $Y=f(X)$ 的概率分布. 先看一个简单的例子.

例 22 设随机变量 X 的分布律为

$$P\{X=-1\}=\frac{1}{4}, P\{X=0\}=\frac{1}{2}, P\{X=1\}=\frac{1}{4},$$

求 $Y=X^2$ 的分布.

【解题思路】 离散型随机变量函数仍属于离散型随机变量范畴,其分布仍然按照计算离散型

随机变量分布的三步骤进行.

【答案解析】注意到 Y 的可能取值为 0,1,于是有

$$P\{Y=0\}=P\{X^2=0\}=P\{X=0\}=\frac{1}{2},$$

$$\begin{aligned}P\{Y=1\}&=P\{X^2=1\}=P\{\{X=1\}\cup\{X=-1\}\}\\&=P\{X=1\}+P\{X=-1\}=\frac{1}{4}+\frac{1}{4}=\frac{1}{2},\end{aligned}$$

即有
$$Y\sim\begin{pmatrix}0 & 1\\1/2 & 1/2\end{pmatrix}.$$

上面的例子虽然简单,却反映了求离散型随机变量函数的概率分布的一般方法.

对于较为简单的离散型随机变量函数的分布可直接列表得到，即

X	x_1	x_2	x_3	$\cdots$	x_n
$f(X)$	$y_1=f(x_1)$	$y_2=f(x_2)$	$y_3=f(x_3)$	$\cdots$	$y_n=f(x_n)$
P	p_1	p_2	p_3	$\cdots$	p_n

如果其中出现函数值相等情况,可再合并处理. 如上例，有

X	-1	0	1
$Y=X^2$	1	0	1
P	1/4	1/2	1/4

其中 Y 出现两个相同取值点,从而合并得

$$Y\sim\begin{pmatrix}0 & 1\\1/2 & 1/2\end{pmatrix}.$$

例 23 设 X 是离散型随机变量，其分布函数为

$$F(x)=\begin{cases}0, & x<-2,\\0.2, & -2\leqslant x<-1,\\0.35, & -1\leqslant x<0,\\0.6, & 0\leqslant x<1,\\1, & x\geqslant 1.\end{cases}$$

令 $Y=|X+1|$,求随机变量 Y 的分布函数 $F_Y(y)$.

【解题思路】要求随机变量 Y 的分布函数 $F_Y(y)$,首先要求出 Y 的分布列,而要通过 $Y=|X+1|$ 求出 Y 的分布列,前提是找出 X 的分布列.

【答案解析】分段函数 $F(x)$ 的四个间断点即随机变量 X 的正概率点 $-2,-1,0,1$. 由公式

$$P\{X=x_i\}=F(x_i)-F(x_i-0),$$

得 X 的分布列为

X	-2	-1	0	1
P	0.2	0.15	0.25	0.4

随机变量 $Y=|X+1|$ 的可能取值为 0,1,2,从而有

$$P\{Y=0\}=P\{|X+1|=0\}=P\{X=-1\}=0.15,$$

$$P\{Y=1\}=P\{|X+1|=1\}=P\{X=-2\}+P\{X=0\}=0.2+0.25=0.45,$$

$$P\{Y=2\}=P\{|X+1|=2\}=P\{X=1\}=0.4,$$

或
$$P\{Y=2\}=1-P\{Y=0\}-P\{Y=1\}=0.4,$$

于是得 Y 的分布列为

Y	0	1	2
P	0.15	0.45	0.4

因此 Y 的分布函数为
$$F_Y(y)=\begin{cases}0, & y<0,\\ 0.15, & 0\leqslant y<1,\\ 0.6, & 1\leqslant y<2,\\ 1, & y\geqslant 2.\end{cases}$$

例 24　设 X 是连续型随机变量，其密度函数为

$$f(x)=\begin{cases}0, & x<0,\\ \dfrac{1}{6}, & 0\leqslant x<3,\\ \dfrac{1}{4}, & 3\leqslant x<5,\\ 0, & x\geqslant 5,\end{cases}$$

且 $Y=g(X)=\begin{cases}0, & X<1,\\ 1, & 1\leqslant X<4,\\ 2, & X\geqslant 4.\end{cases}$ 求 Y 的分布列.

【解题思路】题中 X 是连续型随机变量,但 Y 的取值为离散的点,因此,本题仍属于离散型随机变量分布问题.

【答案解析】显然,Y 的正概率点为 0,1,2. 于是

$$P\{Y=0\}=P\{X<1\}=\int_{-\infty}^{1}f(x)\mathrm{d}x=\int_0^1\frac{1}{6}\mathrm{d}x=\frac{1}{6};$$

$$P\{Y=1\}=P\{1\leqslant X<4\}=\int_1^4 f(x)\mathrm{d}x=\int_1^3\frac{1}{6}\mathrm{d}x+\int_3^4\frac{1}{4}\mathrm{d}x=\frac{1}{3}+\frac{1}{4}=\frac{7}{12};$$

$$P\{Y=2\}=P\{X\geqslant 4\}=\int_4^{+\infty}f(x)\mathrm{d}x=\int_4^5\frac{1}{4}\mathrm{d}x=\frac{1}{4},$$

或
$$P\{Y=2\}=1-P\{Y=0\}-P\{Y=1\}=1-\frac{3}{4}=\frac{1}{4}.$$

因此，Y 的分布列为

Y	0	1	2
P	1/6	7/12	1/4

2. 连续型随机变量函数的分布

首先举例说明连续型随机变量函数的分布问题.

例 25 设随机变量 X 的概率密度为

$$f(x)=\begin{cases}\dfrac{1}{3\sqrt[3]{x^2}}, & 1\leqslant x\leqslant 8,\\ 0, & \text{其他},\end{cases}$$

$F(x)$ 是 X 的分布函数，求随机变量 $Y=F(X)$ 的分布函数.

【解题思路】 求连续型随机变量函数 $Y=F(X)$ 的分布问题，首先要从计算概率 $P\{Y\leqslant y\}$ 入手，并转换到 X 的分布下，由此利用 X 的分布函数推导出 Y 的分布函数.

【答案解析】 先求 $Y=F(X)$ 的解析式.

依题设，当 $x<1$ 时，$F(x)=0$；当 $x\geqslant 8$ 时，$F(x)=1$；

当 $1\leqslant x<8$ 时，

$$F(x)=\int_1^x \frac{1}{3\sqrt[3]{t^2}}\mathrm{d}t=\sqrt[3]{x}-1,$$

于是得

$$F(x)=\begin{cases}0, & x<1,\\ \sqrt[3]{x}-1, & 1\leqslant x<8,\\ 1, & x\geqslant 8.\end{cases}$$

再求 $Y=F(X)$ 的分布函数.

设 Y 的分布函数为 $G(y)$，显然，$0\leqslant Y\leqslant 1$，于是，当 $y<0$ 时，$G(y)=0$，当 $y\geqslant 1$ 时，$G(y)=1$，当 $0\leqslant y<1$ 时，

$$\begin{aligned}G(y)&=P\{Y\leqslant y\}=P\{\sqrt[3]{X}-1\leqslant y\}\\&=P\{X\leqslant (y+1)^3\}=F[(y+1)^3]=y.\end{aligned}$$

因此，随机变量 $Y=F(X)$ 的分布函数为

$$G(y)=\begin{cases}0, & y<0,\\ y, & 0\leqslant y<1,\\ 1, & y\geqslant 1.\end{cases}$$

【评注】 本题从计算分布函数 $P\{Y\leqslant y\}$ 入手计算随机变量函数 $Y=F(X)$ 分布，这是计算连续型随机变量函数 $Y=F(X)$ 分布的基本方法，称之为分布函数法. 其步骤如下.

第一步，确定 $Y=f(X)$ 的取值范围 (a,b)，$[a,b)$，$(a,b]$ 或 $[a,b]$.

当 $y<a$ 时，$G(y)=P\{Y\leqslant y\}=0$，当 $y\geqslant b$ 时，$G(y)=P\{Y\leqslant y\}=1$；

第二步，当 $a\leqslant y<b$ 时，Y 的分布函数为

$$G(y)=P\{Y\leqslant y\}=P\{f(X)\leqslant y\}=\int_{f(x)\leqslant y}f(x)\mathrm{d}x.$$

从而得到随机变量函数 $Y=f(X)$ 的分布函数为

$$G(y)=\begin{cases}0, & y<a,\\ \int_{f(x)\leqslant y}f(x)\mathrm{d}x, & a\leqslant y<b,\\ 1, & y\geqslant b.\end{cases}$$

在此基础上,求导可得随机变量函数 $Y=F(X)$ 的概率密度.

例 26 设 $X\sim N(0,1)$,求 $Y=X^2$ 的密度函数.

【解题思路】按照连续型随机变量函数 $Y=F(X)$ 分布的计算步骤进行.

【答案解析】由于 $-\infty<X<+\infty$,知 $0\leqslant Y<+\infty$. 记 Y 的分布函数为 $F_Y(y)$,密度函数为 $f_Y(y)$.

当 $y<0$ 时,$F_Y(y)=0$;

当 $y\geqslant 0$ 时,$F_Y(y)=P\{X^2\leqslant y\}=P\{-\sqrt{y}<X<\sqrt{y}\}=2\Phi(\sqrt{y})-1$.

从而 $Y=X^2$ 的分布函数为

$$F_Y(y)=\begin{cases}2\Phi(\sqrt{y})-1, & y\geqslant 0,\\ 0, & y<0.\end{cases}$$

于是其密度函数为

$$f_Y(y)=F_Y'(y)=\begin{cases}\dfrac{1}{\sqrt{y}}\varphi(\sqrt{y}), & y>0,\\ 0, & y\leqslant 0\end{cases}=\begin{cases}\dfrac{1}{\sqrt{2\pi y}}\mathrm{e}^{-\frac{y}{2}}, & y>0,\\ 0, & y\leqslant 0.\end{cases}$$

3. 一般类型随机变量函数的分布

举例说明一般类型随机变量函数的分布问题.

例 27 设随机变量 X 服从参数为 λ 的指数分布,$Y=\min\{X,2\}$,求随机变量 Y 的分布函数.

【解题思路】依题意,当 $y<2$ 时,$Y=X$ 服从连续型随机变量的特征,同时,在 $Y=2$ 处有正概率,服从离散型随机变量的特征,所以 Y 为混合型随机变量.

【答案解析】X 服从指数分布,即有

$$X\sim F_X(x)=\begin{cases}1-\mathrm{e}^{-\lambda x}, & x\geqslant 0,\\ 0, & x<0,\end{cases}$$

又由 $Y=\min\{X,2\}$,知 Y 的正概率取值范围为 $(-\infty,2]$.

当 $y\geqslant 2$ 时,$F_Y(y)=P\{Y\leqslant y\}=1$;

当 $y<2$ 时,$F_Y(y)=P\{Y\leqslant y\}=P\{\min\{X,2\}\leqslant y\}=1-P\{\min\{X,2\}>y\}$

$$=1-P\{X>y,2>y\}=1-P\{X>y\}=P\{X\leqslant y\}$$

$$=\begin{cases}0, & y<0,\\ 1-e^{-\lambda y}, & 0\leqslant y<2.\end{cases}$$

因此,Y 的分布函数为

$$F_Y(y)=\begin{cases}0, & y<0,\\ 1-e^{-\lambda y}, & 0\leqslant y<2,\\ 1, & y\geqslant 2.\end{cases}$$

【评注】题中,在 $y<2$ 的条件下,$\{y<2\}$ 已为压缩后样本空间,为必然事件,因此,事件$\{2>y\}$ 与$\{X>y\}$ 的交集即为$\{X>y\}$,故$\{X>y,2>y\}=\{X>y\}$.

另外,$\max\{X,Y\}$,$\min\{X,Y\}$ 是常见的一种随机变量函数的类型,计算其分布时需要转换为一般随机事件的积的运算形式,如事件$\{\max\{X,Y\}\leqslant t\}$ 表示 X,Y 中取值最大的都小于等于t,即等价为 $X\leqslant t$ 且 $Y\leqslant t$,由此,$\{\max\{X,Y\}\leqslant t\}=\{X\leqslant t,Y\leqslant t\}$;事件$\{\min\{X,Y\}\leqslant t\}$ 表示 X,Y 中取值最小的都小于等于 t,显然,很难直接做类似的转换,为此,先转换 $P\{\min\{X,Y\}\leqslant t\}=1-P\{\min\{X,Y\}>t\}$,此时,事件$\{\min\{X,Y\}>t\}$ 表示 X,Y 中取值最小的都大于t,即等价为 $X>t$ 且 $Y>t$,因此$\{\min\{X,Y\}>t\}=\{X>t,Y>t\}$,以上转换很重要,要注意掌握.

例 28 设随机变量 X,Y 相互独立,且分布函数分别为 $F(x)$,$G(y)$,则随机变量函数 $Z=\max\{X,Y\}$ 的分布为(　　).

(A)$F(z)G(z)$　　(B)$1-F(z)G(z)$

(C)$[1-F(z)][1-G(z)]$　　(D)$F'(z)G'(z)$

(E)$1-[1-F(z)][1-G(z)]$

【参考答案】A

【解题思路】由于题中未明确 X,Y 的类型,因此其分布只能按照一般随机变量处理,即只能用分布函数描述其分布.

【答案解析】根据分布函数法,

$$\begin{aligned}F_Z(z)&=P\{Z\leqslant z\}=P\{\max\{X,Y\}\leqslant z\}=P\{X\leqslant z,Y\leqslant z\}\\&=P\{X\leqslant z\}\cdot P\{Y\leqslant z\}=F(z)\cdot G(z),\end{aligned}$$

故本题选 A.

【评注】若 X,Y 是连续型随机变量,$F'(z)G'(z)$ 表示 X,Y 的密度函数的乘积.

三、综合题精讲

题型一　分布函数的概念及计算

例 1 已知 $F(x)$,$G(x)$ 分别是某个随机变量的分布函数,则下列函数中**不能**作为某个随机变量的分布函数的是(　　).

(A)$F(x)+G(x)$　　(B)$F(x)G(x)$　　(C)$|F(x)|$

(D)$F^2(x)$　　(E)$0.5F(x)+0.5G(x)$

【参考答案】A

【解题思路】由于题中未明确随机变量的类型，因此按照一般随机变量处理，即由分布函数的概率性质和函数性质处理.

【答案解析】由题设知 $F(x)$，$G(x)$ 为单调不减函数，因此 $0.5F(x)+0.5G(x)$ 也为单调不减函数. $F(x)$，$G(x)$ 右连续，则必有 $0.5F(x)+0.5G(x)$ 右连续. 又 $0\leqslant F(x)\leqslant 1$，$0\leqslant G(x)\leqslant 1$，且 $F(-\infty)=G(-\infty)=0$，$F(+\infty)=G(+\infty)=1$，则

$$0\leqslant 0.5F(x)+0.5G(x)\leqslant 0.5+0.5=1,$$

及

$$0.5F(-\infty)+0.5G(-\infty)=0,0.5F(+\infty)+0.5G(+\infty)=0.5+0.5=1.$$

综上讨论，$0.5F(x)+0.5G(x)$ 必为某个随机变量的分布函数.

类似地，可以验证 $F(x)G(x)$，$|F(x)|$，$F^2(x)$ 也是某个随机变量的分布函数. 由排除法，$F(x)+G(x)$ 不能作为某个随机变量的分布函数，故选择 A.

例 2　设随机变量 X 的分布函数 $F(x)=\begin{cases}0, & x<0,\\ \dfrac{1}{2}, & 0\leqslant x<2,\\ 1-2e^{-x}, & x\geqslant 2,\end{cases}$ 则 $P\{X=2\}=(\quad)$.

(A) e^{-1}　(B) $\dfrac{1}{3}$　(C) $1-e^{-1}$　(D) $\dfrac{1}{2}-2e^{-2}$　(E) $\dfrac{2}{3}$

【参考答案】D

【解题思路】在未确定 X 变量类型的情况下，由分布函数计算某点 x_0 处的概率，应由公式 $P\{X=x_0\}=F(x_0)-F(x_0-0)$ 计算.

【答案解析】$P\{X=2\}=F(2)-F(2-0)=1-2e^{-2}-\dfrac{1}{2}=\dfrac{1}{2}-2e^{-2}$，故选择 D.

例 3　设随机变量 X 的分布函数为

$$F(x)=\begin{cases}\dfrac{ax-b}{x}, & x>1,\\ 0, & x\leqslant 1,\end{cases}$$

则常数 a，b 依次取值为(　　).

(A)2，1　(B)1，2　(C)1，1　(D)1，0　(E)0，-1

【参考答案】C

【解题思路】利用分布函数在分段点右连续及 $F(+\infty)=1$ 的性质定值.

【答案解析】由分布函数性质，有 $F(+\infty)=\lim\limits_{x\to+\infty}\dfrac{ax-b}{x}=a=1$，得 $a=1$.

又 $F(x)$ 在 $x=1$ 处右连续，有 $\lim\limits_{x\to1^+}F(x)=\lim\limits_{x\to1^+}\dfrac{x-b}{x}=1-b=0$，得 $b=1$.

所以 $a=1$，$b=1$，故选择 C.

题型二　离散型随机变量的概率分布

例 4　已知离散型随机变量 X 的正概率点为 $-1,0,2$,它们各自的概率互不相等且成等差数列,则 X 的分布阵为(　　).

(A) $\begin{pmatrix} -1 & 0 & 2 \\ \frac{1}{3}+d & \frac{1}{3} & \frac{1}{3}-d \end{pmatrix}$,其中 $\frac{1}{3}>d>0$

(B) $\begin{pmatrix} -1 & 0 & 2 \\ a+d & a & a-d \end{pmatrix}$,其中 $a>d>0$

(C) $\begin{pmatrix} -1 & 0 & 2 \\ \frac{1}{3}+d & \frac{1}{3} & \frac{1}{3}-d \end{pmatrix}$,其中 $|d|<\frac{1}{3}$ 且 $d\neq 0$

(D) $\begin{pmatrix} -1 & 0 & 2 \\ \frac{1}{3}+d & \frac{1}{3} & \frac{1}{3}-d \end{pmatrix}$,其中 $d<\frac{1}{3}$

(E) $\begin{pmatrix} -1 & 0 & 2 \\ \frac{1}{3}+d & \frac{1}{3} & \frac{1}{3}-d \end{pmatrix}$,其中 $d>-\frac{1}{3}$

【参考答案】C

【解题思路】这是利用离散型随机变量的分布阵的性质定常数的问题.

【答案解析】设 $P\{X=-1\}=a+d,P\{X=0\}=a,P\{X=2\}=a-d,d\neq 0$,由离散型随机变量 X 的分布律的性质,有 $0<a+d<1,0<a-d<1,a+d+a+a-d=3a=1$,解得 $a=\frac{1}{3},-\frac{1}{3}<d<\frac{1}{3}$ 且 $d\neq 0$,因此 X 的分布阵为

$$\begin{pmatrix} -1 & 0 & 2 \\ \frac{1}{3}+d & \frac{1}{3} & \frac{1}{3}-d \end{pmatrix},\text{其中 } |d|<\frac{1}{3} \text{ 且 } d\neq 0.$$

故选择 C.

例 5　已知离散型随机变量 X 的分布函数如图 3-8-10 所示,则 X 的分布阵为(　　).

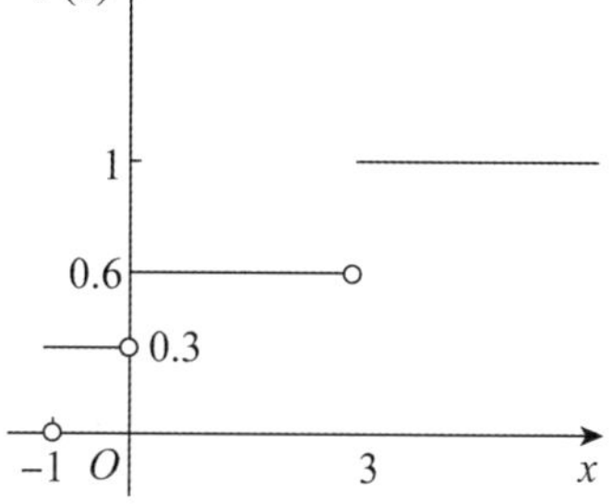

图 3-8-10

(A) $\begin{pmatrix} -1 & 0 & 3 \\ 0.3 & 0.3 & 0.4 \end{pmatrix}$　　(B) $\begin{pmatrix} -1 & 0 & 3 \\ 0.3 & 0.4 & 0.3 \end{pmatrix}$

(C) $\begin{pmatrix} -1 & 0 & 3 \\ 0.4 & 0.3 & 0.3 \end{pmatrix}$　　(D) $\begin{pmatrix} -1 & 0 & 3 \\ 0.2 & 0.3 & 0.5 \end{pmatrix}$

(E) $\begin{pmatrix} -1 & 0 & 3 \\ 0.3 & 0.2 & 0.5 \end{pmatrix}$

【参考答案】 A

【解题思路】 求离散型随机变量分布阵仍按照分布阵生成的三步骤进行，图中的分段点即随机变量的正概率点，两端的函数差即取值点的概率.

【答案解析】 如图 3-8-10 所示，X 的正概率点为 $-1,0,3$，且

$$P\{X=-1\}=F(-1)-F(-1-0)=0.3-0=0.3;$$
$$P\{X=0\}=F(0)-F(0-0)=0.6-0.3=0.3;$$
$$P\{X=3\}=F(3)-F(3-0)=1-0.6=0.4.$$

因此 $X\sim\begin{pmatrix} -1 & 0 & 3 \\ 0.3 & 0.3 & 0.4 \end{pmatrix}$，故选择 A.

例 6 袋中有 3 个黑球和 6 个白球，从袋中随机摸取一个球，如果摸到黑球，则不放回，第二次再从袋中摸取一个球，如此下去，直到取到白球为止，记 X 为抽取次数，则 X 的分布阵为(　　).

(A) $\begin{pmatrix} 1 & 2 & 3 & 4 \\ \frac{15}{28} & \frac{17}{42} & \frac{1}{21} & \frac{1}{84} \end{pmatrix}$　　(B) $\begin{pmatrix} 1 & 2 & 3 & 4 \\ \frac{2}{3} & \frac{1}{4} & \frac{1}{14} & \frac{1}{84} \end{pmatrix}$

(C) $\begin{pmatrix} 1 & 2 & 3 & 4 \\ \frac{11}{21} & \frac{5}{12} & \frac{1}{21} & \frac{1}{84} \end{pmatrix}$　　(D) $\begin{pmatrix} 1 & 2 & 3 & 4 \\ \frac{1}{2} & \frac{3}{7} & \frac{1}{21} & \frac{1}{42} \end{pmatrix}$

(E) $\begin{pmatrix} 1 & 2 & 3 & 4 \\ \frac{10}{21} & \frac{3}{7} & \frac{1}{14} & \frac{1}{42} \end{pmatrix}$

【参考答案】 B

【解题思路】 求离散型随机变量分布阵仍按照分布阵生成的三步骤进行，其中取值点的概率由古典概率中无放回连续抽取模式计算.

【答案解析】 记事件 $\{X=i\}$ 表示第 i 次取到白球，则 X 的可能的取值为 $1,2,3,4$. 由古典概率公式有

$$P\{X=1\}=\frac{6}{9}=\frac{2}{3},P\{X=2\}=\frac{3}{9}\times\frac{6}{8}=\frac{1}{4},P\{X=3\}=\frac{3}{9}\times\frac{2}{8}\times\frac{6}{7}=\frac{1}{14},$$

$$P\{X=4\}=\frac{3}{9}\times\frac{2}{8}\times\frac{1}{7}\times\frac{6}{6}=\frac{1}{84}\text{ 或 }P\{X=4\}=1-\frac{2}{3}-\frac{1}{4}-\frac{1}{14}=\frac{1}{84},$$

因此，X 的分布阵为 $X \sim \begin{pmatrix} 1 & 2 & 3 & 4 \\ \frac{2}{3} & \frac{1}{4} & \frac{1}{14} & \frac{1}{84} \end{pmatrix}$，故选择 B.

例 7 有 5 封信投入 4 个信箱，其中第一个信箱可能投入 X 封信，则随机变量 X 的分布律为(　　).

(A) $P\{X=k\}=\frac{C_5^k C_4^1 3^{5-k}}{4^5}, k=0,1,2,\cdots,5$　　(B) $P\{X=k\}=\frac{C_5^k 3^{5-k}}{4^5}, k=0,1,2,\cdots,5$

(C) $P\{X=k\}=\frac{C_5^k C_4^1 3^{4-k}}{4^5}, k=0,1,2,\cdots,5$　　(D) $P\{X=k\}=\frac{C_5^k 3^{4-k}}{5^4}, k=0,1,2,\cdots,5$

(E) $P\{X=k\}=\frac{C_5^k 4^{5-k}}{5^4}, k=0,1,2,\cdots,5$

【参考答案】B

【解题思路】5 封信投入 4 个信箱，属于"占坑"问题或分配问题，第一个信箱可能投入 X 封信，说明该信箱已经固定，与其中有一个信箱可能投入 X 封信有所区别.

【答案解析】5 封信投入 4 个信箱，总样本数为 4^5，第一个信箱可能投入的信的数量为 0,1,2,3,4,5. 事件 $\{X=0\}$ 含样本数为 $C_5^0 3^5$，类似地，事件 $\{X=k\}$ 含样本数为 $C_5^k 3^{5-k}, k=1,2,\cdots,5$，因此，$X$ 的分布律为 $P\{X=k\}=\frac{C_5^k 3^{5-k}}{4^5}, k=0,1,2,\cdots,5$，故选择 B.

例 8 某公交车每隔 10 分钟发一趟车，某乘客每天到该始发站乘车，且到达车站的时间是等可能的，则此人在一周内等车超过 3 分钟的次数不多于 3 次的概率为(　　).

(A) $\sum_{k=0}^{3} C_7^k (0.7)^k (0.3)^{7-k}$　　(B) $\sum_{k=0}^{3} C_7^k (0.7)^k$

(C) $\sum_{k=0}^{3} C_7^k (0.3)^k$　　(D) $\sum_{k=0}^{3} C_7^k (0.3)^k (0.7)^{k-1}$

(E) $\sum_{k=0}^{3} (0.7)^k (0.3)^{7-k}$

【参考答案】A

【解题思路】等车时间服从均匀分布，一周内等车超过 3 分钟的次数服从二项分布，因此，这是复合题型.

【答案解析】设此人每天等车时间超过 3 分钟的事件为 A，等车时间服从区间 $[0,10)$ 上的均匀分布，则 $P(A)=\frac{10-3}{10}=0.7$，于是 7 天中事件 A 发生的次数 X 服从参数为 $n=7, p=0.7$ 的二项分布，即

$$P\{X=k\}=C_7^k (0.7)^k (0.3)^{7-k}, k=0,1,2,\cdots,7,$$

依题设 $P\{X \leqslant 3\}=\sum_{k=0}^{3} C_7^k (0.7)^k (0.3)^{7-k}$，故选择 A.

例 9 某人投篮，每次投篮成功的概率为 0.7. 现连续投篮，投中则停止投篮，记投篮成功所需

要的次数为 X，则第三次投篮成功的概率为（　　）.

(A)0.018 9　　(B)0.063　　(C)0.027　　(D)0.008 1　　(E)0.147

【参考答案】B

【解题思路】第 X 次投篮成功，其分布服从参数为 $p=0.7$ 的几何分布.

【答案解析】依题设，$X\sim G(p)$，即 $P\{X=k\}=(1-p)^{k-1}p$，则

$$P\{X=3\}=(1-p)^2p=0.3^2\times 0.7=0.063,$$

故选择 B.

例 10 通过某交叉路口的汽车流可以看作服从泊松分布. 已知在 1 分钟内有汽车通过的概率为 0.7，则 1 分钟内最多有 1 辆汽车通过的概率为（　　）.

(A)$0.7(1-\ln 0.7)$　　(B)$0.3(1-\ln 0.7)$

(C)$0.3(1-\ln 0.3)$　　(D)$0.7(1-\ln 0.3)$

(E)$-0.3(\ln 0.3+1)$

【参考答案】C

【解题思路】1 分钟内通过的汽车数量服从参数为 λ 的泊松分布，关键是由已知条件确定 λ 的数值.

【答案解析】1 分钟内通过路口的汽车数量 X 服从参数为 λ 的泊松分布. 由已知，

$$P\{X\geqslant 1\}=1-\frac{\lambda^0}{0!}e^{-\lambda}=0.7,$$

得 $\lambda=-\ln 0.3$，于是 $P\{X\leqslant 1\}=\frac{\lambda^0}{0!}e^{-\lambda}+\frac{\lambda^1}{1!}e^{-\lambda}=e^{\ln 0.3}(1-\ln 0.3)=0.3(1-\ln 0.3)$，故选择 C.

【评注】离散型随机变量的分布问题可归纳为两种基本形式.

其一，用“三步法”生成概率分布. “三步法”求分布是离散型随机变量分布的最基本也是最常见的一种方法. ① 确定随机变量的正概率点（即值域），这是正确计算分布的前提. ② 对每个取值点求概率，这是生成分布的最关键部分. 概率计算可能涉及古典概型（分配问题、连续抽取问题、超几何分布问题）、几何概型、全概率或贝叶斯概型、伯努利概型，并且可能用到概率的加法公式、乘法公式和条件概率公式等. ③ 将结果汇总，给出概率分布. 概率分布最常见的是列表形式（分布列或分布矩阵）. 当然，如例 8 这种情况对应的是均匀分布与二项分布的复合形式.

其二，以概率分布形式表现，主要涉及离散型随机变量的重要分布（主要指二项分布和泊松分布）. 求解这类问题的要点是判断分布类型，确定分布参数.

题型三　连续型随机变量的概率分布

例 11 设 $F_1(x)$，$F_2(x)$ 为两个分布函数，其相应的概率密度 $f_1(x)$，$f_2(x)$ 是连续函数，则未必为概率密度的是（　　）.

(A)$0.5F_1'(x)+0.5F_2'(x)$　　(B)$0.2f_1(x)+0.8f_2(x)$

(C)$0.5f_1(x)+0.5F'_2(x)$ (D)$f_1(x)F_2(x)+f_2(x)F_1(x)$

(E)$2f_1(x)F_2(x)$

【参考答案】E

【解题思路】本题主要考查连续型随机变量的概率密度、分布函数的概念及其性质、概率密度与分布函数的关系，其中 $F'_1(x)=f_1(x)$，$F'_2(x)=f_2(x)$.

【答案解析】根据连续型随机变量分布函数和概率密度的性质，有

$$F'_1(x)=f_1(x),F'_2(x)=f_2(x),\int_{-\infty}^{+\infty}f_1(x)\mathrm{d}x=1,\int_{-\infty}^{+\infty}f_2(x)\mathrm{d}x=1.$$

于是 $0.5F'_1(x)+0.5F'_2(x)\geqslant 0$，且

$$\int_{-\infty}^{+\infty}[0.5F'_1(x)+0.5F'_2(x)]\mathrm{d}x=0.5\int_{-\infty}^{+\infty}f_1(x)\mathrm{d}x+0.5\int_{-\infty}^{+\infty}f_2(x)\mathrm{d}x=1,$$

因此，$0.5F'_1(x)+0.5F'_2(x)$ 必为概率密度. 类似地，选项 B，C 中的函数也为概率密度. 又

$$\int_{-\infty}^{+\infty}[f_1(x)F_2(x)+f_2(x)F_1(x)]\mathrm{d}x=\int_{-\infty}^{+\infty}\mathrm{d}[F_1(x)F_2(x)]=F_1(x)F_2(x)\Big|_{-\infty}^{+\infty}=1$$

及 $f_1(x)F_2(x)+f_2(x)F_1(x)\geqslant 0$，知 $f_1(x)F_2(x)+f_2(x)F_1(x)$ 必为概率密度. 由排除法，确定选项 E 未必为概率密度，故选择 E.

例 12 设 $f_1(x)$ 为标准正态分布的概率密度，$f_2(x)$ 为$[-2,4]$上均匀分布的概率密度，若 $f(x)=\begin{cases}af_1(x), & x\leqslant 0,\\ bf_2(x), & x>0\end{cases}$ $(a>0,b>0)$ 为概率密度，则 a,b 应满足(　　).

(A)$2a+3b=4$ (B)$3a+2b=4$

(C)$a+b=1$ (D)$a+b=2$

(E)$3a+4b=6$

【参考答案】E

【解题思路】本题主要根据连续型随机变量概率密度的性质定常数.

【答案解析】根据连续型随机变量概率密度的性质，有

$$\int_{-\infty}^{+\infty}f(x)\mathrm{d}x=\int_{-\infty}^{0}af_1(x)\mathrm{d}x+\int_{0}^{+\infty}bf_2(x)\mathrm{d}x=1,$$

其中，对于标准正态概率密度 $f_1(x)$，有 $\int_{-\infty}^{0}f_1(x)\mathrm{d}x=\dfrac{1}{2}$；

对$[-2,4]$上的均匀分布，$f_2(x)=\begin{cases}\dfrac{1}{6}, & -2\leqslant x\leqslant 4,\\ 0, & \text{其他},\end{cases}$ 有 $\int_{0}^{+\infty}f_2(x)\mathrm{d}x=\int_{0}^{4}\dfrac{1}{6}\mathrm{d}x=\dfrac{2}{3}$.

于是 $\dfrac{1}{2}a+\dfrac{2}{3}b=1$，即 $3a+4b=6$，故选择 E.

例 13 设随机变量 X 的概率密度 $f(x)$ 满足 $f(1+x)=f(1-x)$，且 $\int_{0}^{2}f(x)\mathrm{d}x=0.6$，则 $P\{X<0\}=$(　　).

(A)0.1　　(B)0.15　　(C)0.2　　(D)0.25　　(E)0.3

【参考答案】C

【解题思路】由于 $f(x)$ 关于 $x=1$ 对称，因此，本题应该利用对称性求解.

【答案解析】依题设，$f(1+x)=f(1-x)$，知概率密度 $f(x)$ 关于 $x=1$ 对称，从而有

$$P\{X\leqslant 1\}=0.5, P\{0\leqslant X\leqslant 1\}=\frac{1}{2}\times 0.6=0.3,$$

因此 $P\{X<0\}=P\{X\leqslant 1\}-P\{0\leqslant X\leqslant 1\}=0.5-0.3=0.2$，故选择 C.

例 14　设随机变量 X 服从正态分布 $N(\mu,\sigma^2)$，则随 σ 的增大，$P\{|X-\mu|<1\}$(　　).

(A) 单调增大　(B) 单调减小　(C) 保持不变　(D) 增减不定　(E) 先增后减

【参考答案】B

【解题思路】讨论 $P\{|X-\mu|<1\}$ 的单调性应在标准化后进行.

【答案解析】由 $P\{|X-\mu|<1\}=P\left\{\left|\frac{X-\mu}{\sigma}\right|<\frac{1}{\sigma}\right\}=2\Phi\left(\frac{1}{\sigma}\right)-1$，及 $\Phi(u)$ 为单调增函数，$u=\frac{1}{\sigma}$ 为单调减函数，故 $\Phi\left(\frac{1}{\sigma}\right)$ 单调减小，从而知，随着 σ 增大，则 $P\{|X-\mu|<1\}$ 单调减小，故选择 B.

例 15　某元件的工作寿命为 X(小时)，其分布函数为 $F(x)=\begin{cases}1-a\mathrm{e}^{-\lambda x}, & x>0,\\ 0, & x\leqslant 0,\end{cases}$ 已知该元件已正常工作 10 小时，则在此基础上再工作 5 小时的概率为(　　).

(A)$1-\mathrm{e}^{-5\lambda}$　　(B)$\mathrm{e}^{-15\lambda}$　　(C)$\mathrm{e}^{-10\lambda}$　　(D)$\mathrm{e}^{-5\lambda}$　　(E)$\mathrm{e}^{-\lambda}$

【参考答案】D

【解题思路】由分布函数结构知 X 服从参数为 λ 的指数分布，首先要对分布函数 $F(x)$ 定常数，概率计算可利用指数分布的无记忆性.

【答案解析】由 $\lim\limits_{x\to 0}F(x)=F(0)$，得到 $a=1$. 故 $F(x)=\begin{cases}1-\mathrm{e}^{-\lambda x}, & x>0,\\ 0, & x\leqslant 0.\end{cases}$

于是 $P\{X>15\mid X>10\}=P\{X>5\}=1-F(5)=\mathrm{e}^{-5\lambda}$. 故选择 D.

题型四　随机变量函数的概率分布

例 16　已知相互独立的随机变量 X,Y 具有相同的分布律，且 X 的分布列为

X	0	1
P	0.5	0.5

设 $Z=\max\{X,Y\}$，则 $P\{Z=1\}=$(　　).

(A)0.25　　(B)0.5　　(C)0.65　　(D)0.75　　(E)1

【参考答案】D

【解题思路】由穷举法，给出所有满足 $\max\{X,Y\}=1$ 的组合，再用加法公式计算概率.

【答案解析】方法1 由

$$
\begin{aligned}
P\{Z=1\} &= P\{\max\{X,Y\}=1\} \\
&= P\{X=0,Y=1\}+P\{X=1,Y=0\}+P\{X=1,Y=1\} \\
&= P\{X=0\}P\{Y=1\}+P\{X=1\}P\{Y=0\}+P\{X=1\}P\{Y=1\} \\
&= 3\times 0.5\times 0.5 = 0.75,
\end{aligned}
$$

故选择 D.

方法2
$$
\begin{aligned}
P\{Z=1\} &= 1-P\{\max\{X,Y\}=0\}=1-P\{X=0,Y=0\} \\
&= 1-P\{X=0\}P\{Y=0\}=1-0.5\times 0.5=0.75.
\end{aligned}
$$

例 17 设随机变量 X 的密度函数为

$$
f(x)=\begin{cases}\dfrac{3}{2}\sqrt{x}, & 0\leqslant x\leqslant 1,\\ 0, & \text{其他},\end{cases}
$$

Y 表示对 X 进行三次独立重复试验观察中事件 $\left\{X\leqslant \dfrac{1}{4}\right\}$ 出现的次数，则 Y 的概率分布为(　　).

(A) $C_3^k 7^{3-k}/512, k=0,1,2,3$

(B) $C_3^k 3^{3-k}/512, k=0,1,2,3$

(C) $3\cdot 7^{3-k}/512, k=0,1,2,3$

(D) $3^{4-k}/512, k=0,1,2,3$

(E) $C_3^k 7^{3-k}/256, k=0,1,2,3$

【参考答案】A

【解题思路】这是由连续型到离散型复合的分布问题，后者为二项分布，因此不必按照离散型随机变量分布计算的三步骤进行，只需确定其分布参数即可.

【答案解析】按照连续型随机变量的概率计算出事件 $\left\{X\leqslant \dfrac{1}{4}\right\}$ 的概率，即

$$
p=P\left\{X\leqslant \frac{1}{4}\right\}=\int_0^{\frac{1}{4}}\frac{3}{2}\sqrt{x}\,\mathrm{d}x=x^{\frac{3}{2}}\Big|_0^{\frac{1}{4}}=\frac{1}{8},
$$

则 Y 服从参数为 $3,\dfrac{1}{8}$ 的二项分布，即

$$
P\{Y=k\}=C_3^k\left(\frac{1}{8}\right)^k\left(\frac{7}{8}\right)^{3-k}=C_3^k 7^{3-k}/512, k=0,1,2,3.
$$

故选择 A.

【评注】随机变量函数的分布问题，对离散型随机变量而言，只要严格按照其分布计算的三步骤即可，由连续型到离散型复合的分布也按照同样方法处理. 有一定难度的是连续型随机变量函数的分布，最终要用分布函数法，从计算 $P\{Y=f(X)\leqslant y\}$ 入手，分段计算，再组合生成，在此基础上，进一步求导可得到随机变量函数的概率密度.

题型五　一般类型随机变量的概率分布

例 18 设随机变量 X 服从指数分布，$Y=\min\{X,2\}$，则随机变量 Y 的分布函数(　　).

(A) 是连续函数

(B) 是阶梯函数

(C) 恰好有两个间断点　　(D) 恰好有一个间断点

(E) 至少有两个间断点

【参考答案】D

【解题思路】从随机变量 Y 的结构看，Y 既不是连续型，也不是离散型随机变量，可排除选项 A，B，其余选项仍然要计算出 Y 的分布函数后判断.

【答案解析】从计算概率 $F(y)=P\{Y\leqslant y\}=P\{\min\{X,2\}\leqslant y\}$ 入手.

方法 1 对事件 $\{\min\{X,2\}\leqslant y\}$ 进行分析转换.

当 $y<2$ 时，必有 $\min\{X,2\}\leqslant y<2$，即 $\min\{X,2\}=X$，$F_Y(y)=P\{X\leqslant y\}$；

当 $y\geqslant 2$ 时，必有 $\min\{X,2\}\leqslant 2\leqslant y$，即 $\min\{X,2\}\leqslant y$ 为必然事件，$F_Y(y)=1$，因此

$$F_Y(y)=\begin{cases}P\{X\leqslant y\}, & y<2,\\ 1, & y\geqslant 2\end{cases}=\begin{cases}F_X(y), & y<2,\\ 1, & y\geqslant 2\end{cases}=\begin{cases}0, & y<0,\\ 1-e^{-\lambda y}, & 0\leqslant y<2,\\ 1, & y\geqslant 2.\end{cases}$$

故 Y 的分布函数 $F_Y(y)$ 有一个间断点 $y=2$，故选择 D.

方法 2 由 $Y=\min\{X,2\}$ 的值域入手. 由于 $Y\in(-\infty,2]$，故

当 $y\geqslant 2$ 时，$F(y)=P\{Y\leqslant y\}=1$；

当 $y<2$ 时，

$$\begin{aligned}F(y)&=P\{Y\leqslant y\}=P\{\min\{X,2\}\leqslant y\}=1-P\{\min\{X,2\}>y\}\\&=1-P\{X>y,2>y\}=1-P\{X>y\}=P\{X\leqslant y\}\\&=\begin{cases}0, & y<0,\\ 1-e^{-\lambda y}, & 0\leqslant y<2,\end{cases}\end{aligned}$$

因此

$$F_Y(y)=\begin{cases}0, & y<0,\\ 1-e^{-\lambda y}, & 0\leqslant y<2,\\ 1, & y\geqslant 2.\end{cases}$$

故 Y 的分布函数 $F_Y(y)$ 有一个间断点 $y=2$，故选择 D.

【评注】一般类型随机变量的分布问题，同时兼有离散型和连续型随机变量的特征，或者所涉及的随机变量抽象又未能明确其类型，其概率分布只能用分布函数表示，而且运算只与概率相关.

四、综合练习题

1　已知 $F(x)$ 是某个随机变量的分布函数，则下列结论正确的是(　　).

(A) $F(x)$ 是连续函数　　(B) $F(x)$ 存在间断点

(C) $F(x)$ 是奇函数　　(D) $F(x)$ 是偶函数

(E) $F(x)$ 是有界函数

2　若随机变量 X 在区间 $[1,6)$ 内均匀取值，则随机变量 X 的分布函数 $F(x)=$(　　).

(A) $\begin{cases}0, & x<1,\\ (6-x)/6, & 1\leqslant x<6,\\ 1, & x\geqslant 6\end{cases}$　　(B) $\begin{cases}0, & x<1,\\ (6-x)/5, & 1\leqslant x<6,\\ 1, & x\geqslant 6\end{cases}$

(C) $\begin{cases}0, & x<1, \\ (x-1)/5, & 1 \leqslant x<6, \\ 1, & x \geqslant 6\end{cases}$　　(D) $\begin{cases}0, & x<1, \\ (x-1)/6, & 1 \leqslant x<6, \\ 1, & x \geqslant 6\end{cases}$

(E) $\begin{cases}0, & x<1, \\ (x-1)/x, & 1 \leqslant x<6, \\ 1, & x \geqslant 6\end{cases}$

3 某人投篮，每次投篮成功的概率为 0.7，记第一次投篮成功所需要的次数为 X，则最多三次成功的概率为(　　).

(A)0.933　(B)0.943　(C)0.953　(D)0.963　(E)0.973

4 设 $X \sim B(2,p)$，$Y \sim B(4,p)$，且 $P\{X \geqslant 1\}=\frac{3}{4}$，则 $P\{Y \geqslant 1\}=$(　　).

(A) $\frac{9}{16}$　(B) $\frac{7}{16}$　(C) $\frac{15}{16}$　(D) $\frac{3}{16}$　(E) $\frac{1}{16}$

5 设 X_1, X_2 是任意两个相互独立的连续型随机变量，它们的密度函数分别为 $f_1(x)$，$f_2(x)$，分布函数分别为 $F_1(x)$，$F_2(x)$，则(　　).

(A) $f_1(x)+f_2(x)$ 必为某一个随机变量的密度函数

(B) $F_1(x) \cdot F_2(x)$ 必为某一个随机变量的分布函数

(C) $F_1(x)+F_2(x)$ 必为某一个随机变量的分布函数

(D) $f_1(x) \cdot f_2(x)$ 必为某一个随机变量的密度函数

(E) $f_1(x) F_1(x)$ 必为某一个随机变量的密度函数

6 设连续型随机变量 X 的密度函数为 $\varphi(x)$，且 $\varphi(x)=\varphi(-x)$，$F(x)$ 是 X 的分布函数，则对于任意实数 α，有(　　).

(A) $F(\alpha)=\int_{\alpha}^{+\infty} \varphi(x) \mathrm{d} x$　(B) $F(-\alpha)=F(\alpha)$

(C) $F(\alpha)+F(-\alpha)>1$　(D) $F(\alpha)+F(-\alpha)=1$

(E) $F(-\alpha)=2F(\alpha)-1$

7 设随机变量 X 的密度函数为 $f(x)=\begin{cases}A x^2, & 0<x<1, \\ 0, & \text{其他},\end{cases}$ A 为常数，则 $P\left\{X \leqslant \frac{1}{2}\right\}=$(　　).

(A) $\frac{1}{16}$　(B) $\frac{1}{8}$　(C) $\frac{3}{16}$　(D) $\frac{1}{4}$　(E) $\frac{1}{2}$

8 随机变量 X, Y 服从正态分布，$X \sim N(\mu, 4)$，$Y \sim N(\mu, 9)$，其中 $p=P\{X \leqslant \mu+2\}$，$q=P\{Y \geqslant \mu+3\}$，则(　　).

(A) 对任意实数 μ，$p=q$　(B) 对任意实数 μ，$p>q$

(C) 对任意实数 μ，$p<q$　(D) 仅对某些实数 μ，$p>q$

(E) 仅对某些实数 μ，$p<q$

9 设 X,Y 为相互独立的随机变量，并有相同的分布律，且 $P\{X=0\}=\frac{1}{2}$，$P\{X=1\}=\frac{1}{2}$，则随机变量 $Z=XY$ 的概率分布为(　　).

(A) $\begin{pmatrix} 0 & 1 \\ \frac{1}{3} & \frac{2}{3} \end{pmatrix}$　(B) $\begin{pmatrix} 0 & 1 \\ \frac{1}{2} & \frac{1}{2} \end{pmatrix}$　(C) $\begin{pmatrix} 0 & 1 \\ \frac{2}{3} & \frac{1}{3} \end{pmatrix}$　(D) $\begin{pmatrix} 0 & 1 \\ \frac{1}{4} & \frac{3}{4} \end{pmatrix}$　(E) $\begin{pmatrix} 0 & 1 \\ \frac{3}{4} & \frac{1}{4} \end{pmatrix}$

10 设随机变量 X 的密度函数 $f(x)=\begin{cases} \cos x, & 0<x<\frac{\pi}{2}, \\ 0, & \text{其他}, \end{cases}$ 以 Y 表示对 X 的三次独立重复观察中事件 $\left\{X\leqslant\frac{\pi}{4}\right\}$ 出现的次数，则 $P\{Y=2\}=$ (　　).

(A) $\frac{3}{2}\left(1-\frac{\sqrt{2}}{2}\right)$　(B) $\frac{3}{2}\left(1-\frac{\sqrt{3}}{2}\right)$　(C) $1-\frac{\sqrt{2}}{2}$

(D) $\frac{2}{3}\left(1-\frac{\sqrt{2}}{2}\right)$　(E) $\frac{1}{2}\left(1-\frac{\sqrt{2}}{2}\right)$

11 设 X 是连续型随机变量，其密度函数为 $f(x)=\begin{cases} \frac{2}{9}x, & 0\leqslant x<3, \\ 0, & \text{其他}, \end{cases}$ 且 $g(x)=\begin{cases} 0, & x<1, \\ 1, & 1\leqslant x<2, \\ 2, & x\geqslant 2, \end{cases}$ $Y=g(X)$，则 Y 的分布列为(　　).

(A)

Y	0	1	2
P	$\frac{1}{9}$	$\frac{1}{3}$	$\frac{5}{9}$

(B)

Y	0	1	2
P	$\frac{2}{9}$	$\frac{1}{3}$	$\frac{4}{9}$

(C)

Y	0	1	2
P	$\frac{2}{9}$	$\frac{4}{9}$	$\frac{1}{3}$

(D)

Y	0	1	2
P	$\frac{2}{9}$	$\frac{5}{9}$	$\frac{2}{9}$

(E)

Y	0	1	2
P	$\frac{2}{9}$	$\frac{2}{3}$	$\frac{1}{9}$

12 若随机变量 $Y=\ln X$ 服从正态分布 $N(\mu,\sigma^2)$，则称随机变量 X 服从参数为 μ,σ^2 的对数正态分布，则 X 的分布函数为（　　）.

(A) $F_X(x)=\begin{cases}\Phi(\ln x), & x>0,\\ 0, & x\leqslant 0\end{cases}$

(B) $F_X(x)=\begin{cases}2\Phi(\ln x), & x>0,\\ 0, & x\leqslant 0\end{cases}$

(C) $F_X(x)=\begin{cases}\Phi(2\ln x), & x>0,\\ 0, & x\leqslant 0\end{cases}$

(D) $F_X(x)=\begin{cases}\Phi(\ln x)/2, & x>0,\\ 0, & x\leqslant 0\end{cases}$

(E) $F_X(x)=\begin{cases}\Phi(\mathrm{e}^x), & x>0,\\ 0, & x\leqslant 0\end{cases}$

13 设随机变量 X,Y 相互独立，且分布函数分别为 $F(x),G(y)$，则随机变量函数 $Z=\min\{X,Y\}$ 的分布为（　　）.

(A) $F(z)G(z)$

(B) $1-F(z)G(z)$

(C) $[1-F(z)][1-G(z)]$

(D) $F(z)G'(z)$

(E) $1-[1-F(z)][1-G(z)]$

五、综合练习题参考答案

1 【参考答案】E

【解题思路】由于题中未明确随机变量的类型，因此 $F(x)$ 的性质只能按照一般随机变量分布函数的性质判断.

【答案解析】由于 $F(x)$ 是分布函数，因此 $0\leqslant F(x)\leqslant 1$，即 $F(x)$ 是有界函数，故选择 E. 选项 A，B 分别是连续型和离散型随机变量特有的性质. 由于 $F(x)\geqslant 0$，单调不减，不可能有对称性.

2 【参考答案】C

【解题思路】由 $F(x)=P\{X\leqslant x\}$，$F(x)$ 的生成过程计算随着变量 x 沿着 x 轴正方向移动，概率 $P\{X\leqslant x\}$ 的计算积累过程最终表示为分段函数形式.

【答案解析】当 $x<1$ 时，$\{X\leqslant x\}$ 是不可能事件，有 $F(x)=P\{X\leqslant x\}=0$；

当 $1\leqslant x<6$ 时，$[1,x]\subset[1,6)$，由几何概率知，$F(x)=P\{X\leqslant x\}=\dfrac{x-1}{5}$；

当 $x\geqslant 6$ 时，$\{X\leqslant x\}$ 是必然事件，有 $F(x)=P\{X\leqslant x\}=1$.

综上，可得 X 的分布函数为 $F(x)=\begin{cases}0, & x<1,\\ \dfrac{x-1}{5}, & 1\leqslant x<6,\\ 1, & x\geqslant 6.\end{cases}$ 故选择 C.

3 【参考答案】E

【解题思路】第 X 次投篮成功，X 服从参数为 $p=0.7$ 的几何分布.

【答案解析】依题设，$X\sim G(p)$，即 $P\{X=k\}=(1-p)^{k-1}p$，于是，最多三次成功的概率为

$$P\{X \leqslant 3\}=\sum_{k=1}^{3} P\{X=k\}=0.7\times 0.3^{0}+0.7\times 0.3+0.7\times 0.3^{2}=0.973,$$

或
$$P\{X \leqslant 3\}=1-P\{X>3\}=1-0.3^{3}=0.973.$$

故选择 E.

4 【参考答案】C

【解题思路】由 $P\{X \geqslant 1\}=\frac{3}{4}$,求出分布参数 p,再计算 $P\{Y \geqslant 1\}$.

【答案解析】由题设,$P\{X \geqslant 1\}=1-P\{X=0\}=1-C_2^0 p^0(1-p)^2=\frac{3}{4}$,即$(1-p)^2=\frac{1}{4}$,

解得 $p=\frac{1}{2}$,从而有 $P\{Y \geqslant 1\}=1-P\{Y=0\}=1-C_4^0 p^0(1-p)^4=1-\left(\frac{1}{2}\right)^4=\frac{15}{16}$. 故选择 C.

5 【参考答案】B

【答案解析】根据连续型随机变量分布函数和密度函数的性质,有

$$F_1(+\infty)+F_2(+\infty)=2, \int_{-\infty}^{+\infty}[f_1(x)+f_2(x)]\mathrm{d}x=2,$$

$$\int_{-\infty}^{+\infty} f_1(x) f_2(x)\mathrm{d}x \neq \int_{-\infty}^{+\infty} f_1(x)\mathrm{d}x \int_{-\infty}^{+\infty} f_2(x)\mathrm{d}x=1,$$

$$\int_{-\infty}^{+\infty} f_1(x) F_1(x)\mathrm{d}x=\int_{-\infty}^{+\infty} F_1(x)\mathrm{d}[F_1(x)]=\frac{1}{2}[F_1(x)]^2\Big|_{-\infty}^{+\infty}=\frac{1}{2},$$

应排除选项 A,C,D,E, 故选择 B. 事实上, 由 $F_1(x)\cdot F_2(x)$ 是单调不减的连续函数,且 $F_1(-\infty)\cdot F_2(-\infty)=0, F_1(+\infty)\cdot F_2(+\infty)=1$,可直接判断结论 B 正确.

6 【参考答案】D

【解题思路】本题主要考查连续型随机变量 X 的密度函数的对称性,借助几何图形,如图 3-8-11 所示,两个阴影部分的面积相等.

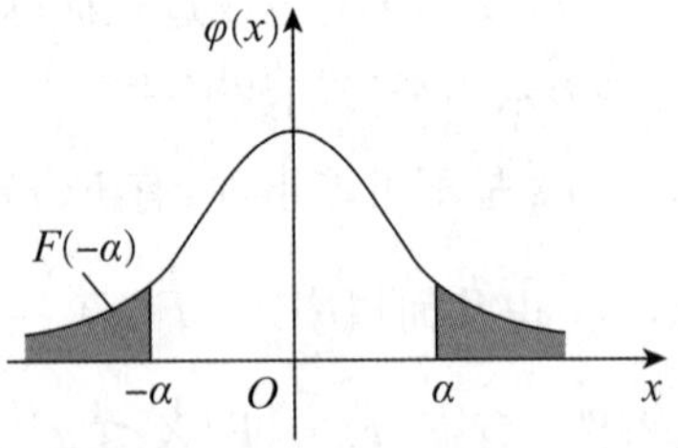

图 3-8-11

【答案解析】如图 3-8-11 所示,两个阴影部分的面积相等,即

$$\int_{\alpha}^{+\infty} \varphi(x)\mathrm{d}x=\int_{-\infty}^{-\alpha} \varphi(x)\mathrm{d}x,$$

于是 $F(\alpha)+F(-\alpha)=\int_{-\infty}^{\alpha} \varphi(x)\mathrm{d}x+\int_{-\infty}^{-\alpha} \varphi(x)\mathrm{d}x=\int_{-\infty}^{\alpha} \varphi(x)\mathrm{d}x+\int_{\alpha}^{+\infty} \varphi(x)\mathrm{d}x=1$. 故选择 D.

7 【参考答案】B

【解题思路】连续型随机变量下的概率计算,先要确定其密度函数,再由性质定常数.

【答案解析】由密度函数的性质,有$\int_{-\infty}^{+\infty} f(x)\mathrm{d}x = \int_0^1 Ax^2\mathrm{d}x = \frac{1}{3}Ax^3\Big|_0^1 = 1$,得 $A = 3$,于是 $P\left\{X \leqslant \frac{1}{2}\right\} = \int_0^{\frac{1}{2}} 3x^2\mathrm{d}x = x^3\Big|_0^{\frac{1}{2}} = \frac{1}{8}$. 故本题应选择 B.

8 【参考答案】B

【解题思路】正态分布下概率大小的比较,先对其标准化再比较.

【答案解析】由 $X \sim N(\mu,4)$,$Y \sim N(\mu,9)$,有

$$p = P\{X \leqslant \mu + 2\} = P\left\{\frac{X-\mu}{2} \leqslant 1\right\} = \Phi(1),$$

$$q = P\{Y \geqslant \mu + 3\} = P\left\{\frac{Y-\mu}{3} \geqslant 1\right\} = 1 - \Phi(1).$$

因为 $\Phi(1) \approx 0.84$,所以对任意实数 μ,$p > q$,故本题应选择 B.

9 【参考答案】E

【解题思路】本题为离散型随机变量的分布问题,按照三步骤进行.

【答案解析】随机变量 $Z = XY$ 的正概率取值点为 0,1,于是

$$P\{Z = 1\} = P\{X = 1, Y = 1\} = P\{X = 1\}P\{Y = 1\} = \frac{1}{4},$$

$$P\{Z = 0\} = 1 - P\{Z = 1\} = \frac{3}{4},$$

因此,Z 的概率分布为$\begin{pmatrix} 0 & 1 \\ \frac{3}{4} & \frac{1}{4} \end{pmatrix}$,故选择 E.

10 【参考答案】A

【解题思路】独立重复观察是伯努利试验,Y 服从二项分布,属于复合题型.

【答案解析】事件$\left\{X \leqslant \frac{\pi}{4}\right\}$发生的概率为$P\left\{X \leqslant \frac{\pi}{4}\right\} = \int_0^{\frac{\pi}{4}} \cos x\mathrm{d}x = \frac{\sqrt{2}}{2}$,于是$Y \sim B\left(3, \frac{\sqrt{2}}{2}\right)$,从而 $P\{Y = 2\} = \mathrm{C}_3^2\left(\frac{\sqrt{2}}{2}\right)^2\left(1 - \frac{\sqrt{2}}{2}\right) = \frac{3}{2}\left(1 - \frac{\sqrt{2}}{2}\right)$. 故本题应选择 A.

11 【参考答案】A

【解题思路】题中 X 是连续型随机变量,但 Y 的取值为离散的点,因此本题仍属于离散型随机变量的分布问题,按照计算离散型随机变量分布的三步骤进行.

【答案解析】显然,Y 的正概率点为 0,1,2. 于是

$$P\{Y = 0\} = P\{X < 1\} = \int_{-\infty}^{1} f(x)\mathrm{d}x = \int_0^1 \frac{2}{9}x\mathrm{d}x = \frac{1}{9};$$

$$P\{Y = 1\} = P\{1 \leqslant X < 2\} = \int_1^2 f(x)\mathrm{d}x = \int_1^2 \frac{2}{9}x\mathrm{d}x = \frac{1}{3};$$

$$P\{Y = 2\} = P\{X \geqslant 2\} = \int_2^{+\infty} f(x)\mathrm{d}x = \int_2^3 \frac{2}{9}x\mathrm{d}x = \frac{5}{9},$$

或 $$P\{Y=2\}=1-P\{Y=0\}-P\{Y=1\}=\frac{5}{9}.$$

因此，Y 的分布列为

Y	0	1	2
P	$\frac{1}{9}$	$\frac{1}{3}$	$\frac{5}{9}$

故本题应选择 A.

12 【参考答案】A

【解题思路】从分布函数法入手，按照连续型随机变量函数 $Y=F(X)$ 分布的计算步骤进行.

【答案解析】由于 $Y=\ln X\sim N(\mu,\sigma^2)$，等价于 $X=e^Y,Y\sim N(\mu,\sigma^2)$. 显然，$X>0$，于是

当 $x\leqslant 0$ 时，有 $F_X(x)=0$；

当 $x>0$ 时，有 $F_X(x)=P\{X\leqslant x\}=P\{e^Y\leqslant x\}=P\{Y\leqslant \ln x\}=\Phi(\ln x)$.

进而可得 X 的分布函数为 $F_X(x)=\begin{cases}\Phi(\ln x), & x>0,\\ 0, & x\leqslant 0.\end{cases}$ 故本题应选择 A.

13 【参考答案】E

【解题思路】由于题中未明确 X,Y 的类型，因此其分布只能按照一般随机变量处理，即只能用分布函数描述其分布.

【答案解析】根据分布函数法，

$$\begin{aligned}F_Z(z)&=P\{Z\leqslant z\}=P\{\min\{X,Y\}\leqslant z\}=1-P\{\min\{X,Y\}>z\}\\&=1-P\{X>z,Y>z\}=1-(1-P\{X\leqslant z\})\cdot(1-P\{Y\leqslant z\})\\&=1-[1-F(z)]\cdot[1-G(z)].\end{aligned}$$

故本题选 E.

第九章 随机变量的数字特征

一、知识结构

- 随机变量的数字特征
  - 随机变量的期望
    - 定义
      - 离散型 → $X \sim P\{X=x_i\}=p_i, E(X)=\sum_{i=1}^{\infty} x_i p_i$
      - 连续型 → $X \sim f(x), E(X)=\int_{-\infty}^{+\infty} x f(x) \mathrm{d}x$
    - 性质 →
      - $E(C)=C$
      - $E(CX)=CE(X)$
      - $E(X+Y)=E(X)+E(Y)$
      - 若 X,Y 相互独立,则 $E(XY)=E(X)E(Y)$
  - 随机变量的方差
    - 定义
      - 离散型 → $D(X)=\sum_{i=1}^{\infty}[x_i-E(X)]^2 p_i$
      - 连续型 → $D(X)=\int_{-\infty}^{+\infty}[x-E(X)]^2 f(x) \mathrm{d}x$
    - 性质 →
      - $D(C)=0$
      - $D(aX+b)=a^2 D(X)$
      - 若 X,Y 相互独立,则 $D(X+Y)=D(X)+D(Y)$
      - $D(X \pm Y)=D(X)+D(Y) \pm 2[E(XY)-E(X)E(Y)]$
  - 重要分布的数字特征 →
    - $X \sim B(1,p), E(X)=p, D(X)=p(1-p)$
    - $X \sim B(n,p), E(X)=np, D(X)=np(1-p)$
    - $X \sim P(\lambda), E(X)=D(X)=\lambda$
    - $X \sim U(a,b), E(X)=(a+b)/2, D(X)=(b-a)^2/12$
    - $X \sim E(\lambda), E(X)=1/\lambda, D(X)=1/\lambda^2$
    - $X \sim N(\mu,\sigma^2), E(X)=\mu, D(X)=\sigma^2$

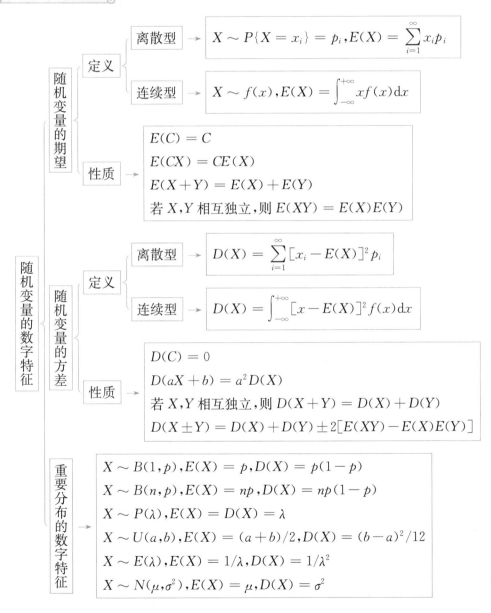

二、考点精讲

（一）随机变量的数学期望

1. 离散型随机变量的数学期望

为了便于理解离散型随机变量的数学期望的概念，先看下面的引例.

引例 甲、乙两个射手，他们的射击技术如下所示.

射手	甲			乙		
击中环数	8	9	10	8	9	10
概率	0.3	0.1	0.6	0.2	0.5	0.3

试问哪个射手本领大.

这个问题不是一眼看得出的，这说明分布列虽然完整地描述了随机变量取值的分布，但却不能"集中"地反映出各自的水平特征. 因此，我们必须找出一些度量来集中地描述随机变量所显示的差异，这个量就是某种平均值，即人们常常使用的"平均中靶环数"，并以此综合评价两个射手的射击水平.

甲、乙两个射手击中的平均环数分别为

甲：$8\times0.3+9\times0.1+10\times0.6=9.3$；

乙：$8\times0.2+9\times0.5+10\times0.3=9.1$.

从而知，甲平均每枪射中 9.3 环，乙平均每枪射中 9.1 环，显然，甲射手比乙射手射击水平高. 这个平均值不是简单地将三个环数相加的平均值，而是考虑到每个人射中各环数的频率或频数，因此，称之为加权平均值. 受到上面问题的启发，我们可以给出离散型随机变量的数学期望的定义.

对于离散型随机变量 X，若 X 的分布列为

X	x_1	x_2	$\cdots$	x_n
$P\{X=x_i\}$	p_1	p_2	$\cdots$	p_n

则称 $\sum\limits_{i=1}^{n}x_ip_i$ 为离散型随机变量 X 的数学期望，简称**期望**或**均值**，记作 $E(X)$.

当 X 的可能值 x_i 为无穷可列数列时，则 X 的数学期望定义为 $\sum\limits_{i=1}^{\infty}x_ip_i$，这时要求 $\sum\limits_{i=1}^{\infty}|x_i|p_i<+\infty$，以保证 $\sum\limits_{i=1}^{\infty}x_ip_i$ 的值不随和式各项次序的改变而改变.

例 1 设盒中有 5 个球，其中 2 个白球，3 个黑球，从中随意抽取 3 个球. 记 X 为抽取到的白球数，求 $E(X)$.

【解题思路】计算离散型随机变量 X 的数学期望时，必须先给出 X 的分布列，因此求解时仍然要根据计算离散型随机变量分布列的步骤，先求出分布列，再套用数学期望的计算公式定值.

【答案解析】X 可能的取值点为 0,1,2,根据古典概型,有

$$P\{X=0\}=\frac{C_3^3}{C_5^3}=\frac{1}{10},P\{X=1\}=\frac{C_3^2C_2^1}{C_5^3}=\frac{6}{10},P\{X=2\}=\frac{C_3^1C_2^2}{C_5^3}=\frac{3}{10},$$

于是
$$E(X)=0\times\frac{1}{10}+1\times\frac{6}{10}+2\times\frac{3}{10}=\frac{6}{5}.$$

例 2 设离散型随机变量 X 的分布函数为

$$F(x)=\begin{cases}0, & x<-1,\\ 0.2, & -1\leqslant x<2,\\ 0.5, & 2\leqslant x<5,\\ 1, & x\geqslant 5.\end{cases}$$

求 $E(X)$.

【解题思路】由分布函数不能直接计算出数学期望,先要由分布函数计算出 X 的分布列.

【答案解析】X 的分布函数有 3 个分段点 $-1,2,5$,即 X 可能的取值点为 $-1,2,5$,且

$$P\{X=-1\}=F(-1)-F(-1-0)=0.2,$$
$$P\{X=2\}=F(2)-F(2-0)=0.5-0.2=0.3,$$
$$P\{X=5\}=1-P\{X=-1\}-P\{X=2\}=0.5,$$

于是
$$E(X)=-1\times0.2+2\times0.3+5\times0.5=2.9.$$

【评注】离散型随机变量的分布最重要的是分布列,通过分布列可以计算事件概率、分布函数和数字特征,这是分布函数不能替代的.

2. 连续型随机变量的数学期望

下面介绍连续型随机变量的数学期望.

设随机变量 X 的密度函数为 $f(x)$,取很密的分点 $x_1<x_2<\cdots<x_{n+1}$,则 X 落在$[x_i,x_{i+1})$上的概率近似等于 $f(x_i)(x_{i+1}-x_i)=f(x_i)\Delta x_i$,因此 X 的以概率 $f(x_i)\Delta x_i$ 取值 x_i 的加权平均数可用离散型随机变量的数学期望近似表示为

$$\sum_{i=1}^{n}x_if(x_i)\Delta x_i,$$

从结构看,正好是$\int_{-\infty}^{+\infty}xf(x)\mathrm{d}x$,这启发我们引进如下定义.

设连续型随机变量 X 的密度函数为 $f(x)$,并且$\int_{-\infty}^{+\infty}|x|f(x)\mathrm{d}x<+\infty$,则称$\int_{-\infty}^{+\infty}xf(x)\mathrm{d}x$ 为 X 的数学期望,简称**期望**或**均值**,记作 $E(X)$,即

$$E(X)=\int_{-\infty}^{+\infty}xf(x)\mathrm{d}x.$$

例 3 设随机变量 X 的密度函数为

$$f(x)=\begin{cases}\frac{2}{\pi}\cos^2x, & |x|\leqslant\frac{\pi}{2},\\ 0, & 其他.\end{cases}$$

求 $E(X)$.

【解题思路】在已知密度函数的条件下，可以直接套用公式计算.

【答案解析】因为 $f(x)$ 只在有限区间 $\left[-\frac{\pi}{2},\frac{\pi}{2}\right]$ 上不为 0，且在该区间上为连续函数，所以 $E(X)$ 存在，且

$$E(X)=\int_{-\infty}^{+\infty}xf(x)\mathrm{d}x=\frac{2}{\pi}\int_{-\frac{\pi}{2}}^{\frac{\pi}{2}}x\cos^2x\mathrm{d}x,$$

根据奇函数在对称区间上的积分性质知，$E(X)=0$.

例 4 设随机变量 X 的分布函数为

$$F(x)=\begin{cases}0, & x<0,\\ \frac{1}{2}x^2, & 0\leqslant x<1,\\ 2x-\frac{1}{2}x^2-1, & 1\leqslant x<2,\\ 1, & x\geqslant 2.\end{cases}$$

求 $E(X)$.

【解题思路】由分布函数不能直接计算数学期望，先要通过分布函数计算出 X 的密度函数.

【答案解析】由题设得

$$f(x)=F'(x)=\begin{cases}x, & 0<x<1,\\ 2-x, & 1\leqslant x<2,\\ 0, & \text{其他}.\end{cases}$$

于是

$$\begin{aligned}E(X)&=\int_{-\infty}^{+\infty}xf(x)\mathrm{d}x=\int_0^1x^2\mathrm{d}x+\int_1^2x(2-x)\mathrm{d}x\\&=\frac{1}{3}+\left(x^2-\frac{1}{3}x^3\right)\Big|_1^2=1.\end{aligned}$$

例 5 设随机变量 X 的密度函数为

$$f(x)=\frac{2}{\pi(4+x^2)},x\in(-\infty,+\infty),$$

则 $E(X)=(\quad)$.

(A)0　　(B)1　　(C) 2　　(D) π　　(E) 不存在

【参考答案】E

【解题思路】要特别注意，所求数学期望为无穷积分，存在收敛性问题.

【答案解析】由于

$$E(X)=\int_{-\infty}^{+\infty}xf(x)\mathrm{d}x=\int_{-\infty}^{+\infty}\frac{2x}{\pi(4+x^2)}\mathrm{d}x=\frac{1}{\pi}\ln(4+x^2)\Big|_{-\infty}^{+\infty}$$

不存在，故应选择 E.

【评注】数学期望的存在性主要与无穷级数和无穷积分的收敛性相关，如本题中 $\lim\limits_{x\to+\infty}\ln(4+x^2)$ 不存在，因此不能用对称性定值. 这也说明随机变量的数字特征的计算与微积分密切相关，注意做好相关知识的储备.

3. 随机变量函数的数学期望

对于离散型随机变量 X 而言，当 X 以概率 p_i 取值 x_i 时，随机变量函数 $f(X)$ 将以相同概率取值 $f(x_i)$，即 $f(X)$ 与 X 有相同的概率分布（若 $f(x_i)=f(x_j)$，则分开讨论概率）. 类似地，对于连续型随机变量 X 而言，$f(X)$ 与 X 有相同的概率密度. 因此，不难推出随机变量函数的数学期望的计算公式.

设 Y 是随机变量 X 的函数：$Y=f(X)$（$f(X)$ 为连续实函数），于是

(1) 对于离散型随机变量 X，如果 X 的分布列为

X	x_1	x_2	$\cdots$	x_n	$\cdots$
$P\{X=x_i\}$	p_1	p_2	$\cdots$	p_n	$\cdots$

若 $\sum\limits_{i=1}^{\infty}|f(x_i)|p_i<+\infty$，则称 $\sum\limits_{i=1}^{\infty}f(x_i)p_i$ 为离散型随机变量函数 $Y=f(X)$ 的数学期望，记作

$$E(Y)=E[f(X)]=\sum_{i=1}^{\infty}f(x_i)p_i.$$

(2) 对于连续型随机变量 X，设其密度函数为 $p(x)$，若 $\int_{-\infty}^{+\infty}|f(x)|p(x)\mathrm{d}x<+\infty$，则称 $\int_{-\infty}^{+\infty}f(x)p(x)\mathrm{d}x$ 为连续型随机变量函数 $Y=f(X)$ 的数学期望，记作

$$E(Y)=\int_{-\infty}^{+\infty}f(x)p(x)\mathrm{d}x.$$

例 6 设 X 为离散型随机变量，且

$$X\sim\begin{pmatrix}-1 & 0 & 1\\ 0.5 & 0.2 & 0.3\end{pmatrix},$$

求 $E(|X|)$，$E(X^2)$，$E(\mathrm{e}^X-1)$，$E\{[X-E(X)]^2\}$.

【解题思路】列出各随机变量函数的分布，再套用期望公式计算.

【答案解析】由 $E(X)=-1\times0.5+0\times0.2+1\times0.3=-0.2$，于是

X	-1	0	1
$\lvert X\rvert$	1	0	1
X^2	1	0	1
e^X-1	$\mathrm{e}^{-1}-1$	0	$\mathrm{e}-1$
$[X-E(X)]^2$	0.64	0.04	1.44
P	0.5	0.2	0.3

从而有

$$E(|X|)=1\times(0.5+0.3)+0\times0.2=0.8,$$

$$E(X^2)=1\times(0.5+0.3)+0\times0.2=0.8,$$

$$\begin{aligned}E(e^X-1)&=(e^{-1}-1)\times0.5+0\times0.2+(e-1)\times0.3\\&=0.5e^{-1}+0.3e-0.8,\end{aligned}$$

$$E\{[X-E(X)]^2\}=0.64\times0.5+0.04\times0.2+1.44\times0.3=0.76.$$

【评注】计算 $E\{[X-E(X)]^2\}$ 时，可利用性质先化简再计算，即

$$\begin{aligned}E\{[X-E(X)]^2\}&=E\{X^2-2XE(X)+[E(X)]^2\}\\&=E(X^2)-2E(X)E(X)+[E(X)]^2\\&=E(X^2)-[E(X)]^2,\end{aligned}$$

从而有 $$E\{[X-E(X)]^2\}=0.8-(-0.2)^2=0.76.$$

例 7 已知 X 的密度函数为

$$f(x)=\begin{cases}\frac{1}{2}\cos\frac{x}{2}, & 0\leqslant x\leqslant\pi,\\0, & \text{其他}.\end{cases}$$

对 X 重复观察 4 次，用 Y 表示观察值大于 $\frac{\pi}{3}$ 的次数，求 $E(Y^2)$.

【解题思路】这是一个复合题型，其中 Y 服从二项分布，求出分布后，再用期望公式计算.

【答案解析】要求 Y^2 的数学期望，先求 Y 的概率分布. 由于

$$p=P\left\{X>\frac{\pi}{3}\right\}=\int_{\frac{\pi}{3}}^{\pi}\frac{1}{2}\cos\frac{x}{2}\mathrm{d}x=\frac{1}{2},$$

知 $Y\sim B\left(4,\frac{1}{2}\right)$，因此 Y 的概率分布为

Y	0	1	2	3	4
P	$\frac{1}{16}$	$\frac{4}{16}$	$\frac{6}{16}$	$\frac{4}{16}$	$\frac{1}{16}$

所以 $$E(Y^2)=0\times\frac{1}{16}+1\times\frac{4}{16}+4\times\frac{6}{16}+9\times\frac{4}{16}+16\times\frac{1}{16}=5.$$

例 8 设 X 为连续型随机变量，其密度函数为

$$f(x)=\begin{cases}x, & 0<x<1,\\2-x, & 1\leqslant x<2,\\0, & \text{其他}.\end{cases}$$

求 $E[|X-E(X)|]$，$E(X^2)$.

【解题思路】直接套用连续型随机变量函数的期望公式计算.

【答案解析】因为

$$E(X)=\int_{-\infty}^{+\infty}xf(x)\mathrm{d}x=\int_0^1 x^2\mathrm{d}x+\int_1^2(2x-x^2)\mathrm{d}x=\frac{1}{3}+\left(x^2-\frac{1}{3}x^3\right)\Big|_1^2=1,$$

于是

$$\begin{aligned}E[\,|X-E(X)|\,]=E(|X-1|)&=\int_{-\infty}^{+\infty}|x-1|f(x)\mathrm{d}x\\&=\int_0^1|x-1|x\mathrm{d}x+\int_1^2|x-1|(2-x)\mathrm{d}x\\&=\int_0^1(1-x)x\mathrm{d}x+\int_1^2(x-1)(2-x)\mathrm{d}x\\&=\int_0^2(1-x)x\mathrm{d}x+2\int_1^2(x-1)\mathrm{d}x=\frac{1}{3},\end{aligned}$$

$$\begin{aligned}E(X^2)&=\int_{-\infty}^{+\infty}x^2f(x)\mathrm{d}x=\int_0^1x^3\mathrm{d}x+\int_1^2x^2(2-x)\mathrm{d}x\\&=\frac{1}{4}x^4\Big|_0^1+\left(\frac{2}{3}x^3-\frac{1}{4}x^4\right)\Big|_1^2=\frac{7}{6}.\end{aligned}$$

4. 数学期望的性质

设 X,Y 为随机变量，C 为常数，则(以下所出现的随机变量的数学期望均存在)

性质 1 常数 C 的期望等于它自身，即 $E(C)=C$.

性质 2 常数 C 与随机变量乘积的期望等于该随机变量期望的常数倍，即

$$E(CX)=CE(X).$$

性质 3 两个随机变量和的期望等于两个随机变量期望的和，即

$$E(X+Y)=E(X)+E(Y).$$

推论 有限个随机变量和的期望等于有限个随机变量期望的和，即

$$E(X_1+X_2+\cdots+X_n)=E(X_1)+E(X_2)+\cdots+E(X_n).$$

性质 4 若随机变量 X,Y 相互独立，则它们乘积的期望等于它们期望的乘积，即

$$E(XY)=E(X)E(Y).$$

推论 有限个相互独立的随机变量乘积的期望等于有限个随机变量期望的乘积，即

$$E(X_1X_2\cdots X_n)=E(X_1)E(X_2)\cdots E(X_n).$$

需要强调的是，上述性质对所有类型的随机变量都适用.

数学期望的一些基本性质可以简化期望的运算，而且在实际问题中有许多重要应用.

例 9 随机变量 $X_{ij}\,(i,j=1,2)$ 独立同分布，且

$$X_{11}\sim\begin{pmatrix}0 & 1\\ \frac{2}{3} & \frac{1}{3}\end{pmatrix},$$

记 $X=\begin{vmatrix}X_{11} & X_{12}\\ X_{21} & X_{22}\end{vmatrix}$，则 $E(X)=(\quad)$.

(A)0　　(B)1　　(C)2　　(D)π　　(E) 不存在

【参考答案】A

【解题思路】本题有两种计算方法：一是利用性质，将 $E(X)$ 的计算分解为 $E(X_{ij})$（即常数）之间的数字运算；二是先按照计算离散型随机变量分布的步骤，求出 X 的分布列，再计算 $E(X)$. 显然，后者要复杂得多，这里只采用方法一.

【答案解析】依题设，$X_{ij}(i,j=1,2)$ 独立同分布，则

$$E(X_{ij})=0\times\frac{2}{3}+1\times\frac{1}{3}=\frac{1}{3}(i,j=1,2).$$

由期望的性质，得

$$\begin{aligned}E(X)&=E(X_{11}X_{22}-X_{21}X_{12})=E(X_{11}X_{22})-E(X_{21}X_{12})\\&=E(X_{11})E(X_{22})-E(X_{21})E(X_{12})=\frac{1}{9}-\frac{1}{9}=0.\end{aligned}$$

故本题应选择 A.

例 10　某企业预测，未来 3 年每年经营状况有三种可能性，一是以 0.3 的概率出现利润增长 10%，二是以 0.4 的概率出现利润增长 2%，三是以 0.3 的概率出现利润减少 4%. 若设企业初始利润为 M，而且每年经营状况相互独立，求三年后该企业利润 L 的期望值.

【解题思路】求三年后该企业利润的期望值有两种方法，一种是按定义，先求出三年后利润的概率分布. 首先，找出三年后利润的各种可能值，共有 $C_3^1C_3^1C_3^1=27$ 个取值点，然后，求出每个取值点的概率. 显然，这是一个复杂的运算. 另一种是利用性质，将问题分解为计算出每年的利润期望值，再累计汇总. 事实上只要算出每年利润增长率的期望值即可.

【答案解析】设第 i 年的利润增长率为 $X_i(i=1,2,3)$，依题设 $X_i(i=1,2,3)$ 独立同分布，由

$$X_i\sim\begin{pmatrix}0.1&0.02&-0.04\\0.3&0.4&0.3\end{pmatrix},$$

有 $E(X_1)=E(X_2)=E(X_3)=0.3\times0.1+0.4\times0.02+0.3\times(-0.04)=0.026$，因此

$$E(L)=M\times(1+0.026)^3\approx1.08M.$$

例 11　已知连续型随机变量 X 与 Y 有相同的密度函数，且

$$X\sim\varphi(x)=\begin{cases}2x\theta^2, & 0<x<\dfrac{1}{\theta},\\0, & 其他\end{cases}(\theta>0),$$

若 $E[a(X+2Y)]=\dfrac{1}{\theta}$，则 $a=(\quad)$.

(A) $\dfrac{2}{3}$　(B) $\dfrac{1}{2}$　(C) $\dfrac{1}{3}$　(D) $\dfrac{1}{4}$　(E) $\dfrac{1}{6}$

【参考答案】B

【解题思路】X 与 Y 有相同的密度函数，则 $E(X)=E(Y)$，利用性质计算，可以避免先算 $Z=X+2Y$ 的密度函数，再计算期望值定常数的麻烦.

【答案解析】由于 X 与 Y 同分布，因此 $E(X)=E(Y)$. 所以

$$\begin{aligned} E[a(X+2Y)] &= a[E(X)+2E(Y)] \\ &= 3aE(X)=3a\int_{-\infty}^{+\infty} x\varphi(x)\mathrm{d}x = 3a\int_{0}^{\frac{1}{\theta}} 2x^2\theta^2\mathrm{d}x \\ &= 3a\cdot\frac{2}{3}x^3\theta^2\Big|_0^{\frac{1}{\theta}} = \frac{2a}{\theta}=\frac{1}{\theta}, \end{aligned}$$

解得 $a=\frac{1}{2}$，故选择 B.

（二）随机变量的方差

随机变量的数学期望是对随机变量取值水平的综合评价，在许多问题中，我们还需要了解随机变量的其他特征. 比如，前面引例中的甲、乙两个射手，如果两人击中目标环数的均值相同，但甲击中点集中，而乙分散，说明甲技术稳定性好，而乙稳定性差. 又如，在投资决策中，在选择投资某一项目或购买某种资产（如股票、债券等）时，我们不仅关心其未来的收益水平，还关心其未来收益的不确定性程度，前者通常用数学期望来度量，后者通常称为风险程度. 评估后者有许多方法，最简单、直观的方法就是用方差来度量. 粗略地讲，随机变量的方差反映的是随机变量偏离其中心（即数学期望）的平均偏离程度.

1. 随机变量的方差

（1）离散型随机变量的方差的定义.

对于一组确定的数值 $x_1,x_2,\cdots,x_n$，如果已经算出其加权平均数 $\overline{x}$，那么这组数值对于平均数 $\overline{x}$ 的平均偏离程度可用

$$\sum_{i=1}^{n}(x_i-\overline{x})^2 f_i$$

表示，其中 f_i 是 x_i 出现的频率，$(x_i-\overline{x})^2$ 为 x_i 与 $\overline{x}$ 偏差的平方，用类似的方法可以定义随机变量的方差.

设离散型随机变量 X 的分布律为

X	x_1	x_2	$\cdots$	x_n	$\cdots$
$P\{X=x_i\}$	p_1	p_2	$\cdots$	p_n	$\cdots$

若 $\sum_{i=1}^{\infty}[x_i-E(X)]^2 p_i<+\infty$，则称此级数的和为 X 的方差，记为 $D(X)$，即

$$D(X)=\sum_{i=1}^{\infty}[x_i-E(X)]^2 p_i.$$

（2）连续型随机变量的方差的定义.

设连续型随机变量 X 的密度函数为 $f(x)$，若

$$\int_{-\infty}^{+\infty}[x-E(X)]^2 f(x)\mathrm{d}x<+\infty,$$

则称此无穷积分为 X 的方差，记为 $D(X)$，即

$$D(X)=\int_{-\infty}^{+\infty}[x-E(X)]^2 f(x)\mathrm{d}x.$$

上述两个定义也可以合并为一个定义：对于随机变量 X，若 $E\{[X-E(X)]^2\}$ 存在，则称其为随机变量 X 的方差，即

$$D(X)=E\{[X-E(X)]^2\}.$$

由方差的定义和数学期望的性质，例 6 已推算出如下关系式

$$D(X)=E(X^2)-[E(X)]^2,$$

相对定义式，该公式更便于方差的计算，通常可作为随机变量 X 的方差的计算公式.

例 12 设 X 为离散型随机变量，且

$$X\sim\begin{pmatrix}0 & 1 & 2 & 3\\ 0.3 & 0.2 & 0.1 & 0.4\end{pmatrix},$$

求 $D(X)$.

【解题思路】计算方差一般采用公式 $D(X)=E(X^2)-[E(X)]^2$，需要分别计算 $E(X)$ 与 $E(X^2)$.

【答案解析】$E(X)=0\times0.3+1\times0.2+2\times0.1+3\times0.4=1.6$,

$$E(X^2)=0^2\times0.3+1^2\times0.2+2^2\times0.1+3^2\times0.4=4.2,$$

则 $$D(X)=E(X^2)-[E(X)]^2=4.2-1.6^2=1.64.$$

例 13 设 X 为连续型随机变量，其密度函数为

$$f(x)=\begin{cases}x, & 0<x<1,\\ 2-x, & 1\leqslant x<2,\\ 0, & \text{其他}.\end{cases}$$

则 $D(X)=(\quad)$.

(A) $\frac{2}{3}$ (B) $\frac{1}{2}$ (C) $\frac{1}{3}$ (D) $\frac{1}{4}$ (E) $\frac{1}{6}$

【参考答案】E

【解题思路】同例 12，需要分别计算 $E(X)$ 与 $E(X^2)$.

【答案解析】由例 8，知 $E(X)=1,E(X^2)=\frac{7}{6}$，得

$$D(X)=E(X^2)-[E(X)]^2=\frac{7}{6}-1^2=\frac{1}{6}.$$

故选择 E.

2. 随机变量方差的性质

由数学期望的性质，容易导出方差的一些基本性质.

设 X,Y 为两个随机变量，C 为任意常数，则(以下出现的随机变量的方差均存在)

性质 1 常数的方差等于零，即 $D(C)=0$.

性质 2 随机变量与常数和的方差等于这个随机变量的方差，即 $D(X+C)=D(X)$.

性质 3 常数和随机变量乘积的方差等于常数的平方与这个随机变量的方差的乘积，即

$$D(CX)=C^2D(X).$$

性质 4 若两个随机变量相互独立，则它们和的方差等于它们各自方差的和，即

$$D(X+Y)=D(X)+D(Y).$$

推论 有限个相互独立的随机变量和的方差等于有限个随机变量方差的和，即

$$D(X_1+X_2+\cdots+X_n)=D(X_1)+D(X_2)+\cdots+D(X_n).$$

性质 5 对于一般的随机变量 X,Y，有

$$D(X\pm Y)=D(X)+D(Y)\pm 2E\{[X-E(X)][Y-E(Y)]\},$$

其中，利用期望的性质，有

$$\begin{aligned}&E\{[X-E(X)][Y-E(Y)]\}\\=&E[XY-XE(Y)-YE(X)+E(X)E(Y)]\\=&E(XY)-E(Y)E(X)-E(X)E(Y)+E(X)E(Y)\\=&E(XY)-E(X)E(Y),\end{aligned}$$

因此性质 5 可简化表示为

$$D(X\pm Y)=D(X)+D(Y)\pm 2[E(XY)-E(X)E(Y)].$$

例 14 对任意随机变量 X 和 Y，若 $D(X+Y)=D(X)+D(Y)$，则(　　).

(A)$D(XY)=D(X)D(Y)$　　(B)$E(XY)=E(X)E(Y)$

(C)X 和 Y 相互独立　　(D)X 和 Y 不相互独立

(E)X 和 Y 是相关的

【参考答案】B

【答案解析】由题设 $D(X+Y)=D(X)+D(Y)$，又由性质 5，有

$$D(X+Y)=D(X)+D(Y)+2[E(XY)-E(X)E(Y)],$$

从而有 $2[E(XY)-E(X)E(Y)]=0$，即 $E(XY)=E(X)E(Y)$，故选择 B.

【评注】重点说明两个概念，一是独立性的概念，其充要条件是

$$P\{X\leqslant x,Y\leqslant y\}=P\{X\leqslant x\}P\{Y\leqslant y\},x,y\in(-\infty,+\infty);$$

二是相关性(相依性) 的概念，X 和 Y 不相关的充要条件是

$$E(XY)=E(X)E(Y) \text{ 或 } D(X+Y)=D(X)+D(Y).$$

两者关系：若 X 和 Y 相互独立，则 X 和 Y 一定不相关，但 X 和 Y 不相关，X 和 Y 未必相互独立. 因此，由 X 和 Y 相互独立，可以推出

$$E(XY)=E(X)E(Y) \text{ 或 } D(X+Y)=D(X)+D(Y).$$

但由 $E(XY)=E(X)E(Y)$ 或 $D(X+Y)=D(X)+D(Y)$ 推不出 X 和 Y 相互独立的结论.

例 15　设随机变量 X 的分布函数为

$$F(x)=\begin{cases}0, & x<1,\\ \dfrac{1}{6}(x^2-x), & 1\leqslant x<3,\\ 1, & x\geqslant 3,\end{cases}$$

则 $D(2-3X)=(\quad)$.

(A) $\dfrac{23}{81}$　(B) $\dfrac{23}{27}$　(C) $\dfrac{23}{9}$　(D) $\dfrac{41}{9}$　(E) $\dfrac{29}{3}$

【参考答案】C

【解题思路】本题主要是计算方差 $D(X)$，即计算 $E(X)$ 与 $E(X^2)$，计算 $E(X)$ 与 $E(X^2)$ 的前提是先求出密度函数.

【答案解析】X 的密度函数为

$$f(x)=F'(x)=\begin{cases}\dfrac{1}{3}x-\dfrac{1}{6}, & 1<x<3,\\ 0, & \text{其他},\end{cases}$$

则

$$E(X)=\int_{-\infty}^{+\infty}xf(x)\mathrm{d}x=\int_1^3\left(\frac{1}{3}x^2-\frac{1}{6}x\right)\mathrm{d}x=\frac{20}{9},$$

$$E(X^2)=\int_{-\infty}^{+\infty}x^2f(x)\mathrm{d}x=\int_1^3\left(\frac{1}{3}x^3-\frac{1}{6}x^2\right)\mathrm{d}x=\frac{47}{9},$$

$$D(X)=E(X^2)-[E(X)]^2=\frac{47}{9}-\frac{400}{81}=\frac{23}{81},$$

故 $D(2-3X)=9D(X)=\dfrac{23}{9}$，选择 C.

（三）重要分布的数字特征

在前面的讨论中已经知道了随机变量重要分布的参数与其数字特征的关系密切，这里来系统疏理一下它们之间的关系. 由于概率论的问题中大多数与随机变量重要分布有关，熟悉这些关系对于处理问题是十分重要的.

1. 0—1 分布 $X\sim B(1,p)$

由 $X\sim\begin{pmatrix}0 & 1\\ 1-p & p\end{pmatrix}$，容易得到 $E(X)=p, D(X)=p-p^2$.

2. 二项分布 $X\sim B(n,p)$

由 X 的分布律为 $P\{X=k\}=C_n^kp^kq^{n-k}(k=0,1,2,\cdots,n;0<p<1,q=1-p)$，则

$$E(X)=np, D(X)=npq.$$

3. 泊松（Poisson）分布 $X\sim P(\lambda)$

由 X 的分布律为 $P\{X=k\}=\dfrac{\lambda^k}{k!}\mathrm{e}^{-\lambda}, k=0,1,2,\cdots,\lambda>0$，则

$$E(X)=\lambda,D(X)=\lambda.$$

4.均匀分布 $X \sim U(a,b)$

由 X 的密度函数为 $f(x)=\begin{cases}\dfrac{1}{b-a}, & a<x<b,\\ 0, & \text{其他},\end{cases}$ 则

$$E(X)=\frac{1}{2}(a+b),D(X)=\frac{1}{12}(b-a)^2.$$

5.指数分布 $X \sim E(\lambda)$

由 X 的密度函数为 $f(x)=\begin{cases}\lambda e^{-\lambda x}, & x>0,\\ 0, & \text{其他}\end{cases}(\lambda>0)$,则

$$E(X)=\frac{1}{\lambda},D(X)=\frac{1}{\lambda^2}.$$

6.正态分布 $X \sim N(\mu,\sigma^2)$

由 X 的密度函数为 $f(x)=\dfrac{1}{\sqrt{2\pi}\sigma}e^{-\frac{(x-\mu)^2}{2\sigma^2}}(-\infty<x<+\infty)$,则

$$E(X)=\mu,D(X)=\sigma^2.$$

例 16 设随机变量 $X_i \sim P(i)$,$i=1,2,3$,且相互独立,若随机变量 $Z=X_1+X_2+X_3$,则 $E(Z^2)=$(　　).

(A)42　　(B)36　　(C)24　　(D)18　　(E)12

【参考答案】A

【解题思路】要计算 $E(Z^2)$,必须先求出 Z 分布,这里用到泊松分布的一个重要性质:若 X_i,$i=1,2,3$ 相互独立且同服从泊松分布,则它们的和服从泊松分布,且其参数为各个参数的和.

【答案解析】由题设,$X_i \sim P(i)$,$i=1,2,3$,且相互独立,因此

$$Z=X_1+X_2+X_3 \sim P(1+2+3)=P(6),$$

于是

$$E(Z)=6,D(Z)=6,E(Z^2)=D(Z)+[E(Z)]^2=42.$$

故选择 A.

【评注】除了泊松分布外,在独立条件下,满足正态分布和二项分布的若干随机变量的和也具有类似泊松分布的性质,即若随机变量 X_i,$i=1,2,\cdots,k$ 相互独立,且

$$X_i \sim N(\mu_i,\sigma_i^2),\text{则}\sum_{i=1}^{k}X_i \sim N\left(\sum_{i=1}^{k}\mu_i,\sum_{i=1}^{k}\sigma_i^2\right);$$

$$X_i \sim B(n_i,p),\text{则}\sum_{i=1}^{k}X_i \sim B\left(\sum_{i=1}^{k}n_i,p\right).$$

例 17 设随机变量 X 服从正态分布 $N(5,4)$,若 $aX+b \sim N(0,1)$,则常数 a,b 分别为(　　).

(A) $\dfrac{1}{2},\dfrac{5}{2}$　　(B) $-\dfrac{1}{2},\dfrac{5}{2}$　　(C) $\dfrac{1}{2},-\dfrac{5}{2}$

(D) $\frac{1}{2},-\frac{5}{2}$ 或 $-\frac{1}{2},\frac{5}{2}$　　(E) $\pm\frac{1}{2},\pm\frac{5}{2}$

【参考答案】D

【解题思路】本题求解有两种方法:一是利用正态分布标准化公式;二是利用正态分布的参数与其数字特征的关系.

【答案解析】由题设,$X\sim N(5,4)$.

方法 1 利用正态分布标准化公式,即由 $\frac{X-5}{2}\sim N(0,1)$,得 $a=\frac{1}{2},b=-\frac{5}{2}$,同时有 $-\frac{X-5}{2}\sim N(0,1)$,故也有 $a=-\frac{1}{2},b=\frac{5}{2}$.

方法 2 利用正态分布的参数与其数字特征的关系,有

$$E(aX+b)=aE(X)+b=5a+b=0,$$
$$D(aX+b)=a^2D(X)=4a^2=1,$$

解得 $a=\frac{1}{2},b=-\frac{5}{2}$ 或 $a=-\frac{1}{2},b=\frac{5}{2}$. 故选择 D.

【评注】对于正态分布,若 $X\sim N(0,1)$,则也必有 $-X\sim N(0,1)$,因此,本题若用正态分布标准化公式求解,可能会丢掉另一个解. 若用正态分布的参数与其数字特征的关系求解,就容易得出两个解,此方法更为保险.

例 18 设随机变量 X,Y,Z 相互独立,且 X,Y 的密度函数分别为

$$f(x)=\begin{cases}e^{-x}, & x>0,\\ 0, & \text{其他},\end{cases}\quad \varphi(y)=\frac{1}{\sqrt{2\pi}}e^{-\frac{y^2-2y+1}{2}}(-\infty<y<+\infty),$$

Z 的分布律为 $P\{Z=k\}=\frac{2^k}{k!}e^{-2},k=0,1,2,\cdots$. 设 $T=X-Y+Z$,则 $E(T^2)=$(　　).

(A)4　　(B)6　　(C)8　　(D)10　　(E)12

【参考答案】C

【解题思路】对于服从重要分布的随机变量,知道了它们的密度函数或分布律,就可以知道其分布参数,从而可以知道其数字特征,在此基础上就容易求解本题.

【答案解析】由题设,$X\sim E(1)$,知 $\lambda=1$,则 $E(X)=\frac{1}{\lambda}=1,D(X)=\frac{1}{\lambda^2}=1$;

由 $Y\sim\varphi(y)=\frac{1}{\sqrt{2\pi}}e^{-\frac{(y-1)^2}{2}}(-\infty<y<+\infty)$,知 $E(Y)=1,D(Y)=1$;

由 $P\{Z=k\}=\frac{2^k}{k!}e^{-2},k=0,1,2,\cdots$,知 $Z\sim P(2),E(Z)=D(Z)=2$.

因此 $E(T)=E(X)-E(Y)+E(Z)=2,D(T)=D(X)+D(Y)+D(Z)=4$,从而得

$$E(T^2)=D(T)+[E(T)]^2=8.$$

故选择 C.

三、综合题精讲

题型一 离散型随机变量的数字特征

例 1 设随机变量 X 的分布律为

X	-1	1	2	3
P	0.7	a	b	0.1

若 $E(X)=0$，则 $D(X)=$（　　）.

(A)1.4　　(B)1.8　　(C)2.4　　(D)2.6　　(E)3

【参考答案】C

【解题思路】题中含有两个未知量，需要利用分布律的性质以及 $E(X)=0$ 定值，确定分布律后方可计算方差.

【答案解析】由题设，$0.7+a+b+0.1=1$，$0.7\times(-1)+a+2b+0.1\times3=0$，可得 $a=0$，$b=0.2$，故

$$D(X)=E(X^2)-[E(X)]^2=0.7\times(-1)^2+0+0.2\times2^2+0.1\times3^2=2.4,$$

故本题应选择 C.

例 2 设随机变量 X 服从参数为 λ 的泊松分布，且 $E[(\lambda-1)(\lambda+3)]=0$，则 $E(X)=$（　　）.

(A)1　　(B)2　　(C)3　　(D)4　　(E)5

【参考答案】A

【解题思路】利用泊松分布的分布参数与其数字特征的关系，确定参数 λ 的值，即可得到答案.

【答案解析】依题设，

$$E[(\lambda-1)(\lambda+3)]=0,$$

即 $(\lambda-1)(\lambda+3)=0$，得 $\lambda=1$ 或 $\lambda=-3$（舍去），因此 $E(X)=1$，故本题应选择 A.

例 3 已知 X 服从参数为 n,p 的二项分布，且 $E(X)=3$，$D(X)=1.2$，则 n,p 依次为（　　）.

(A)3，0.4　　(B)4，0.6　　(C)3，0.6　　(D)5，0.6　　(E)6，0.5

【参考答案】D

【解题思路】由 $E(X)=3$，$D(X)=1.2$，可得到关于 n,p 的二元方程组，进而求出 n,p.

【答案解析】依题设，X 服从参数为 n,p 的二项分布，即有 $E(X)=np$，$D(X)=np(1-p)$，从而有 $np=3$，$np(1-p)=1.2$，解得 $n=5$，$p=0.6$，所以本题应选择 D.

题型二 连续型随机变量的数字特征

例 4 设随机变量 X 的分布函数为 $F(x)=0.3\Phi(x)+0.7\Phi\left(\frac{x-1}{2}\right)$，其中 $\Phi(x)$ 为标准正态分布函数，则 $E(X)=$（　　）.

(A)0 (B)0.3 (C)0.7 (D)0.8 (E)1

【参考答案】C

【解题思路】本题计算期望时要用到标准正态分布密度函数的性质，以及通过换元积分将正态分布标准化. 还要注意到计算连续型随机变量的数学期望，必须先求出密度函数的问题.

【答案解析】随机变量 X 的密度函数为

$$f(x)=F'(x)=0.3\Phi'(x)+0.35\Phi'\left(\frac{x-1}{2}\right),$$

于是由连续型随机变量的数学期望的计算公式有

$$\begin{aligned}E(X)&=\int_{-\infty}^{+\infty}xF'(x)\mathrm{d}x=0.3\int_{-\infty}^{+\infty}x\varphi(x)\mathrm{d}x+0.35\int_{-\infty}^{+\infty}x\varphi\left(\frac{x-1}{2}\right)\mathrm{d}x\\&=0.7\int_{-\infty}^{+\infty}x\varphi\left(\frac{x-1}{2}\right)\mathrm{d}\left(\frac{x-1}{2}\right)\xlongequal{u=\frac{x-1}{2}}0.7\int_{-\infty}^{+\infty}(2u+1)\varphi(u)\mathrm{d}u\\&=0.7\int_{-\infty}^{+\infty}\varphi(u)\mathrm{d}u=0.7,\end{aligned}$$

其中，$\varphi(x)=\Phi'(x)$，$\int_{-\infty}^{+\infty}u\varphi(u)\mathrm{d}u=\int_{-\infty}^{+\infty}x\varphi(x)\mathrm{d}x=0$，本题应选择 C.

例 5 设随机变量 X 的密度函数为 $f(x)=\begin{cases}\dfrac{1}{\pi(1+x^2)}, & |x|\leqslant 1,\\ \dfrac{3}{4x^4}, & |x|>1,\end{cases}$ 则 $D(X)=(\quad)$.

(A) $\dfrac{2}{\pi}$ (B) $\dfrac{1}{2}$ (C) $\dfrac{2}{\pi}+1$

(D) $\dfrac{2}{\pi}-\dfrac{1}{2}$ (E) 不存在

【参考答案】C

【解题思路】注意到密度函数为偶函数，期望值为零，只需计算 $E(X^2)$ 即可.

【答案解析】由于 $f(x)$ 为偶函数，因此

$$E(X)=\int_{-\infty}^{-1}\frac{3x}{4x^4}\mathrm{d}x+\int_{-1}^{1}\frac{x}{\pi(1+x^2)}\mathrm{d}x+\int_{1}^{+\infty}\frac{3x}{4x^4}\mathrm{d}x=0,$$

于是
$$D(X)=E(X^2)=\int_{-\infty}^{-1}\frac{3x^2}{4x^4}\mathrm{d}x+\int_{-1}^{1}\frac{x^2}{\pi(1+x^2)}\mathrm{d}x+\int_{1}^{+\infty}\frac{3x^2}{4x^4}\mathrm{d}x,$$

其中
$$\int_{-\infty}^{-1}\frac{3x^2}{4x^4}\mathrm{d}x=\int_{1}^{+\infty}\frac{3x^2}{4x^4}\mathrm{d}x=-\frac{3}{4x}\Big|_{1}^{+\infty}=\frac{3}{4},$$

$$\int_{-1}^{1}\frac{x^2}{\pi(1+x^2)}\mathrm{d}x=\frac{2}{\pi}\int_{0}^{1}\left(1-\frac{1}{1+x^2}\right)\mathrm{d}x=\frac{2}{\pi}(x-\arctan x)\Big|_{0}^{1}=\frac{2}{\pi}-\frac{1}{2},$$

从而有 $D(X)=\dfrac{2}{\pi}+1$，故选择 C.

例 6 设随机变量 X 的密度函数为

$$f(x)=\begin{cases}\frac{1}{2}\sin x, & 0<x<\pi,\\ 0, & \text{其他},\end{cases}$$

则 $E(X)=($ $)$.

(A)0 (B) $\frac{\pi}{2}-1$ (C)1 (D) $\frac{\pi}{2}$ (E) $\frac{\pi}{2}+1$

【参考答案】D

【解题思路】由连续型随机变量期望公式计算,用分部积分法.

【答案解析】由

$$E(X)=\int_{-\infty}^{+\infty}xf(x)\mathrm{d}x=\frac{1}{2}\int_{0}^{\pi}x\sin x\mathrm{d}x=\frac{1}{2}\left(-x\cos x\Big|_{0}^{\pi}+\int_{0}^{\pi}\cos x\mathrm{d}x\right)=\frac{\pi}{2},$$

故选择 D.

【评注】连续型随机变量的数字特征的计算分为两类:一是一般类型的随机变量,关键和前提是要先计算出密度函数,再套用定义式计算,其中方差要同时计算出 $E(X)$ 和 $E(X^2)$,然后由 $D(X)=E(X^2)-[E(X)]^2$ 算出方差;二是涉及重要分布的随机变量,关键是确定它们的分布参数,有了参数,就可以直接得到其数字特征.

题型三 随机变量函数的数字特征

例 7 已知随机变量 X_1,X_2,X_3 相互独立,并分别服从参数为1,2,3的泊松分布. 若随机变量 $Z=\sum_{i=1}^{3}X_i$,则 $P\{Z=2\}=($ $)$.

(A)$18e^{-6}$ (B)$9e^{-6}$ (C)$12e^{-6}$ (D)$6e^{-6}$ (E)$2e^{-6}$

【参考答案】A

【解题思路】相互独立且同服从泊松分布的随机变量的和仍然服从泊松分布,其分布参数为各参数的和.

【答案解析】由已知,随机变量 X_1,X_2,X_3 相互独立且服从泊松分布,则 Z 也服从于泊松分布,其分布参数 $\lambda=\lambda_1+\lambda_2+\lambda_3=6$,则分布律为

$$P\{Z=k\}=\frac{6^k}{k!}e^{-6}(k=0,1,2,\cdots),$$

即有 $P\{Z=2\}=\frac{6^2}{2}e^{-6}=18e^{-6}$,故选择 A.

例 8 已知随机变量 $X_1\sim N(-1,1)$,$X_2\sim N(2,4)$,$X_3\sim N(1,3)$,且 X_1,X_2,X_3 相互独立,若随机变量 $Z=\frac{1}{3}\sum_{i=1}^{3}X_i$,则( ).

(A) $Z \sim N\left(\frac{4}{3},\frac{8}{3}\right)$　　(B) $Z \sim N\left(\frac{2}{3},\frac{8}{3}\right)$　　(C) $Z \sim N\left(\frac{4}{3},\frac{8}{9}\right)$

(D) $Z \sim N\left(\frac{2}{3},\frac{8}{9}\right)$　　(E) Z 未必服从正态分布

【参考答案】D

【答案解析】相互独立且同服从正态分布的随机变量的和仍然服从正态分布，其分布参数可按照期望和方差的性质计算，即

$$E(Z)=\frac{1}{3}\sum_{i=1}^{3}E(X_i)=\frac{2}{3},D(Z)=\frac{1}{9}\sum_{i=1}^{3}D(X_i)=\frac{8}{9},$$

故选择 D.

例 9　设随机变量 $X_{ij}\,(i,j=1,2,3)$ 独立同分布，且 $X_{11}\sim\begin{pmatrix}0 & 1\\ \frac{2}{3} & \frac{1}{3}\end{pmatrix}$.

记 $X=\begin{vmatrix}X_{11} & X_{12} & X_{13}\\ X_{21} & X_{22} & X_{23}\\ X_{31} & X_{32} & X_{33}\end{vmatrix}$，则 $E(X)=($　　$)$.

(A) 0　　(B) $\frac{4}{27}$　　(C) $\frac{2}{9}$　　(D) $\frac{1}{3}$　　(E) $\frac{4}{3}$

【参考答案】A

【答案解析】依题设，$E(X_{ij})=0\times\frac{2}{3}+1\times\frac{1}{3}=\frac{1}{3}(i,j=1,2,3)$，由期望的性质及 $X_{ij}(i,j=1,2,3)$ 的独立性，其一般项的数学期望为

$$\begin{aligned}E[(-1)^{\tau(j_1j_2j_3)}X_{1j_1}X_{2j_2}X_{3j_3}]&=(-1)^{\tau(j_1j_2j_3)}E(X_{1j_1})E(X_{2j_2})E(X_{3j_3})\\&=(-1)^{\tau(j_1j_2j_3)}\frac{1}{27}.\end{aligned}$$

因此　$$E(X)=\sum_{j_1j_2j_3}E[(-1)^{\tau(j_1j_2j_3)}X_{1j_1}X_{2j_2}X_{3j_3}]=\frac{1}{27}\sum_{j_1j_2j_3}(-1)^{\tau(j_1j_2j_3)}=0,$$

其中，由于 3 级排列奇偶各半，故 $\sum_{j_1j_2j_3}(-1)^{\tau(j_1j_2j_3)}=0$. 故本题应选择 A.

例 10　设随机变量 X 在 $[-1,2]$ 上服从均匀分布，且 $Y=X^2$，则 $D(X+Y)=($　　$)$.

(A) $\frac{63}{20}$　　(B) $\frac{69}{20}$　　(C) $\frac{71}{20}$　　(D) $\frac{77}{20}$　　(E) $\frac{79}{20}$

【参考答案】B

【解题思路】计算连续型随机变量函数的数字特征，先确定密度函数，由于 X 与 Y 不独立，$D(X+Y)$ 不能用性质计算，其中 $E(X+Y)$ 可以直接由均匀分布的数字特征求得，关键是计算 $E[(X+Y)^2]$.

【答案解析】由题设，X 在$[-1,2]$上服从均匀分布，其密度函数为

$$f(x)=\begin{cases}\frac{1}{3}, & -1<x<2,\\ 0, & 其他,\end{cases}$$

且
$$E(X)=\frac{1}{2}(-1+2)=\frac{1}{2}, D(X)=\frac{1}{12}(2+1)^2=\frac{3}{4},$$

$$E(Y)=E(X^2)=D(X)+[E(X)]^2=1, E(X+Y)=\frac{3}{2}.$$

又

$$E[(X+Y)^2]=\int_{-\infty}^{+\infty}(x+x^2)^2p(x)\mathrm{d}x=\int_{-1}^{2}\frac{1}{3}(x+x^2)^2\mathrm{d}x$$

$$=\int_{-1}^{2}\frac{1}{3}(x^2+2x^3+x^4)\mathrm{d}x=\left(\frac{1}{9}x^3+\frac{1}{6}x^4+\frac{1}{15}x^5\right)\Big|_{-1}^{2}=\frac{57}{10},$$

故有
$$D(X+Y)=E[(X+Y)^2]-[E(X+Y)]^2=\frac{57}{10}-\frac{9}{4}=\frac{69}{20}.$$

本题应选择 B.

例 11 设 X_1, X_2, X_3, X_4, X_5 为独立同分布的随机变量，且均服从正态分布 $N(0,1)$，记 $\overline{X}=\frac{1}{5}\sum_{i=1}^{5}X_i, Y=X_1-\overline{X}$，则 $D(Y)=$（　　）.

(A) $\frac{1}{5}$　　(B) $\frac{2}{5}$　　(C) $\frac{3}{5}$　　(D) $\frac{4}{5}$　　(E) $\frac{23}{25}$

【参考答案】D

【解题思路】本题利用性质计算方差时，注意应用独立性条件.

【答案解析】依题设，$D(X_i)=1, i=1,2,\cdots,5$，由于 X_1, X_2, X_3, X_4, X_5 相互独立，有

$$D(Y)=D(X_1-\overline{X})=D\left[\left(1-\frac{1}{5}\right)X_1-\frac{1}{5}\sum_{i=2}^{5}X_i\right]$$

$$=\frac{16}{25}D(X_1)+\frac{1}{25}\sum_{i=2}^{5}D(X_i)=\frac{16}{25}+\frac{4}{25}=\frac{4}{5},$$

故本题应选择 D.

【评注】随机变量函数的数字特征分为两类，一是离散型，无论是由连续型到离散型的复合，还是由离散型到离散型的复合，关键和前提仍然是要计算并给出分布列，一般计算不会很复杂. 二是连续型，关键是求出密度函数，然后套用公式$\int_{-\infty}^{+\infty}f(x)p(x)\mathrm{d}x$ 计算期望，计算方差时要同时计算 $E(X)$ 和 $E(X^2)$，然后由 $D(X)=E(X^2)-[E(X)]^2$ 算出方差. 另外，涉及重要分布时，关键还是确定它们的分布参数，有了参数，就可以得到分布律或密度函数，尤其是密度函数. 当连续型随机变量函数的数字特征不能由分布参数给出时，仍然要用随机变量函数数字特征的计算公式计算，这就必须用到密度函数.

四、综合练习题

1 已知离散型随机变量 X 的分布函数为

$$F(x)=\begin{cases}0, & x<-1,\\ a+0.2, & -1\leqslant x<0,\\ 2a+0.2, & 0\leqslant x<2,\\ 1, & x\geqslant 2.\end{cases}$$

则 $E(X)=($ $)$.

(A) $1.4-5a$,其中 $a>0$

(B) $1.4-5a$,其中 $a<0.28$

(C) $1.4-5a$,其中 $a<0.4$

(D) $1.4-5a$,其中 $a>-0.2$

(E) $1.4-5a$,其中 $0<a<0.4$

2 设随机变量 X 在区间 $[-3,2]$ 上服从均匀分布,随机变量 $Y=\begin{cases}1, & X\geqslant 0,\\ -1, & X<0,\end{cases}$ 则 $D(Y)=($ $)$.

(A) $\frac{1}{5}$ (B) $\frac{1}{25}$ (C) $\frac{24}{25}$ (D) 1 (E) $\frac{26}{25}$

3 已知甲、乙两个口袋装有黑、白两种球,其中甲袋装有3个黑球、3个白球,乙袋装有4个黑球,从甲袋中任意取出3个球装入乙袋后,则乙袋中现有白球数 X 的期望为( ).

(A) $\frac{5}{3}$ (B) $\frac{3}{2}$ (C) 1 (D) $\frac{2}{3}$ (E) $\frac{1}{3}$

4 设随机变量 X 的概率分布为 $P\{X=k\}=\frac{C}{k!}, k=0,1,2,\cdots$,则 $E(X^2)=($ $)$.

(A) 1 (B) 2 (C) 3 (D) 4 (E) 5

5 设连续型随机变量 X 的密度函数为

$$f(x)=\begin{cases}2^{-x}\ln 2, & x\geqslant 0,\\ 0, & \text{其他},\end{cases}$$

则 $E(X+2^{-2X})=($ $)$.

(A) $\frac{1}{\ln 3}+\frac{1}{2}$

(B) $\frac{1}{\ln 3}+\frac{1}{3}$

(C) $\frac{1}{\ln 2}+\frac{1}{4}$

(D) $\frac{1}{\ln 2}+\frac{1}{3}$

(E) $\frac{1}{\ln 2}+\frac{2}{3}$

6 设连续型随机变量 X 的密度函数为

$$f(x)=\frac{1}{\sqrt{\pi}}e^{-x^2+2x-1}(-\infty<x<+\infty),$$

则$\sqrt{D(X)}=$( ).

(A) $\frac{1}{2\sqrt{2}}$ (B) $\frac{1}{\sqrt{2}}$ (C) $\frac{2}{\sqrt{2}}$ (D) $\frac{1}{2}$ (E)1

7 设质点均匀地落在边长为 1 的正方形区域内,如图 3-9-1 所示,若随机变量

$$Z=\begin{cases}0, & \text{质点落在区域 } A, \\ 1, & \text{质点落在区域 } B, \\ 3, & \text{质点落在区域 } C,\end{cases}$$

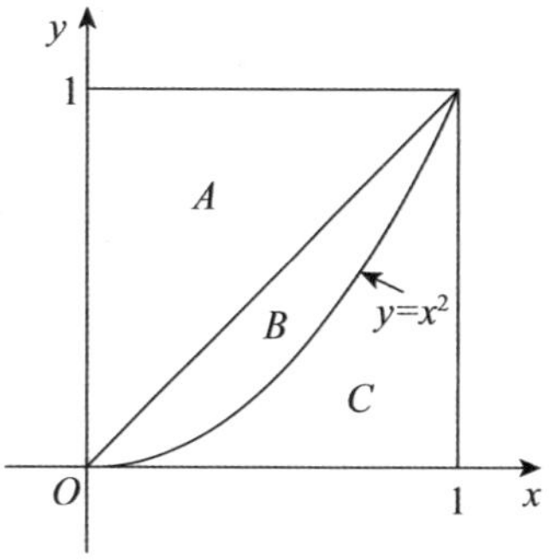

图 3-9-1

则随机变量 Z 的方差为( ).

(A) $\frac{65}{36}$ (B) $\frac{60}{36}$ (C) $\frac{55}{36}$

(D) $\frac{50}{36}$ (E) $\frac{45}{36}$

8 已知随机变量 X,Y 的密度函数分别为

$$f_1(x)=\frac{\sqrt{3}}{\sqrt{2\pi}}\mathrm{e}^{-\frac{3}{2}(x^2-2x+1)},f_2(y)=\frac{1}{\sqrt{\pi}}\mathrm{e}^{-y^2-2y-1},$$

则有( ).

(A)$E(X)>E(Y),D(X)>D(Y)$ (B)$E(X)>E(Y),D(X)<D(Y)$

(C)$E(X)<E(Y),D(X)>D(Y)$ (D)$E(X)<E(Y),D(X)<D(Y)$

(E)$E(X)=E(Y),D(X)=D(Y)$

9 设随机变量 X 在$[-2,2]$上服从均匀分布,且 $Y=X^2$,则 $D(XY)=$( ).

(A)1 (B) $\frac{1}{4}$ (C) $\frac{1}{16}$ (D) $\frac{64}{7}$ (E) $\frac{57}{7}$

五、综合练习题参考答案

1 【参考答案】E

【解题思路】计算离散型随机变量的数字特征,必须在分布列存在的前提下,因此首先要由分布函数计算出分布列.

【答案解析】求 X 的期望,首先要求出分布律,分布函数的分段点即为离散型随机变量的正概率点,即 $X=-1,0,2$. 正概率点的概率即为分布函数在对应点跃度,即

$$P\{X=-1\}=a+0.2,P\{X=0\}=a,P\{X=2\}=0.8-2a,$$

故 $X\sim\begin{pmatrix}-1 & 0 & 2\\ a+0.2 & a & 0.8-2a\end{pmatrix}$,其中 $a>0,0.8-2a>0$,即 $0<a<0.4$,因此

$$E(X)=-1\times(a+0.2)+0\times a+2\times(0.8-2a)=1.4-5a,$$

故选择 E.

2 【参考答案】C

【解题思路】这是由连续型到离散型随机变量复合的随机变量函数的方差计算，必须在分布列存在的前提下，因此首先要由分布函数计算出 Y 的分布列.

【答案解析】由题设，$X \sim f(x) = \begin{cases} \dfrac{1}{5}, & -3 < x < 2, \\ 0, & \text{其他}, \end{cases}$ 于是

$$P\{Y=-1\} = \int_{-3}^{0} \frac{1}{5}\mathrm{d}x = \frac{3}{5}, P\{Y=1\} = \int_{0}^{2} \frac{1}{5}\mathrm{d}x = \frac{2}{5}, Y \sim \begin{pmatrix} -1 & 1 \\ \dfrac{3}{5} & \dfrac{2}{5} \end{pmatrix},$$

从而有 $$E(Y) = -1 \times \frac{3}{5} + 1 \times \frac{2}{5} = -\frac{1}{5}, E(Y^2) = (-1)^2 \times \frac{3}{5} + 1^2 \times \frac{2}{5} = 1,$$

$$D(Y) = E(Y^2) - [E(Y)]^2 = 1 - \frac{1}{25} = \frac{24}{25},$$

故选择 C.

3 【参考答案】B

【解题思路】一次取 3 个球，是超几何分布，由此得 X 的分布列，从而可计算其期望值. 还可以换一种思考方式，将一次取 3 个球，分为三次，每次取 1 个，由抽签原理，三次取白球的概率分布是相同的，可利用期望的性质化为三次取白球的期望之和.

【答案解析】方法 1 X 的可能取值为 0，1，2，3，X 的概率分布为

$$P\{X=k\} = \frac{C_3^k C_3^{3-k}}{C_6^3} (k=0,1,2,3),$$

即

X	0	1	2	3
P	$\frac{1}{20}$	$\frac{9}{20}$	$\frac{9}{20}$	$\frac{1}{20}$

因此 $$E(X) = 0 \times \frac{1}{20} + 1 \times \frac{9}{20} + 2 \times \frac{9}{20} + 3 \times \frac{1}{20} = \frac{3}{2}.$$

方法 2 分 3 次取球，每次取 1 个，$X_i (i=1,2,3)$ 为第 i 次取到白球数，则 X_i 的分布阵为

$X_i \sim \begin{pmatrix} 0 & 1 \\ \dfrac{1}{2} & \dfrac{1}{2} \end{pmatrix}$，且 $E(X_i) = \dfrac{1}{2}, i = 1,2,3$，因此

$$E(X) = \sum_{i=1}^{3} E(X_i) = 3 \times \frac{1}{2} = \frac{3}{2},$$

故选择 B.

4 【参考答案】B

【解题思路】注意到 X 是服从参数 $\lambda=1$ 的泊松分布，其中 C 并非任意常数.

【答案解析】由随机变量分布的性质 $\sum\limits_{k=0}^{\infty}P\{X=k\}=\sum\limits_{k=0}^{\infty}\frac{C}{k!}=Ce=1$，得 $C=e^{-1}$，知 X 是服从参数 $\lambda=1$ 的泊松分布，因此 $E(X)=D(X)=1$，故

$$E(X^2)=D(X)+[E(X)]^2=1+1=2.$$

本题应选择 B.

5 【参考答案】D

【解题思路】注意到 X 是服从参数 $\lambda=\ln 2$ 的指数分布，$E(X)=\frac{1}{\ln 2}$.

【答案解析】由

$$f(x)=\begin{cases}2^{-x}\ln 2, & x\geqslant 0,\\ 0, & \text{其他}\end{cases}=\begin{cases}e^{-x\ln 2}\ln 2, & x\geqslant 0,\\ 0, & \text{其他},\end{cases}$$

则 $E(X)=\frac{1}{\ln 2}$，且 $E(2^{-2X})=\int_0^{+\infty}2^{-2x}2^{-x}\ln 2\mathrm{d}x=-\frac{1}{3}e^{-3x\ln 2}\Big|_0^{+\infty}=\frac{1}{3}$.

故 $E(X+2^{-2X})=\frac{1}{\ln 2}+\frac{1}{3}$，本题应选择 D.

6 【参考答案】B

【解题思路】从密度函数的结构特点观察，应属于正态分布类型，要进一步整理确定.

【答案解析】依题设，X 的密度函数为

$$f(x)=\frac{1}{\sqrt{\pi}}e^{-x^2+2x-1}=\frac{1}{\sqrt{2\pi}/\sqrt{2}}e^{-\frac{(x-1)^2}{2\left(\frac{1}{\sqrt{2}}\right)^2}}(-\infty<x<+\infty),$$

易知 $X\sim N\left(1,\left(\frac{1}{\sqrt{2}}\right)^2\right)$，因此 $\sqrt{D(X)}=\frac{1}{\sqrt{2}}$，故本题应选择 B.

7 【参考答案】A

【答案解析】如图 3-9-1 所示，

$$P\{Z=0\}=P(A)=\frac{1}{2},P\{Z=3\}=P(C)=\int_0^1 x^2\mathrm{d}x=\frac{1}{3},$$

$$P\{Z=1\}=P(B)=1-\frac{1}{2}-\frac{1}{3}=\frac{1}{6},$$

得

Z	0	1	3
P	$\frac{1}{2}$	$\frac{1}{6}$	$\frac{1}{3}$

从而有 $E(Z)=0\times\frac{1}{2}+1\times\frac{1}{6}+3\times\frac{1}{3}=\frac{7}{6}$，$E(Z^2)=0^2\times\frac{1}{2}+1^2\times\frac{1}{6}+3^2\times\frac{1}{3}=\frac{19}{6}$，

$$D(Z)=E(Z^2)-[E(Z)]^2=\frac{19}{6}-\frac{49}{36}=\frac{65}{36}.$$

故选择 A.

8 【参考答案】B

【解题思路】本题是期望、方差的大小比较，从提供的密度函数可以看出，它们都服从正态分布，只要将它们整理成标准形式，就可知各自的期望与方差，即可比较出大小关系.

【答案解析】将两个密度函数整理如下：

$$f_1(x)=\frac{1}{\frac{1}{\sqrt{3}}\sqrt{2\pi}}e^{-\frac{(x-1)^2}{2\left(\frac{1}{\sqrt{3}}\right)^2}},f_2(y)=\frac{1}{\frac{1}{\sqrt{2}}\sqrt{2\pi}}e^{-\frac{(y+1)^2}{2\left(\frac{1}{\sqrt{2}}\right)^2}},$$

知 $X\sim N\left(1,\left(\frac{1}{\sqrt{3}}\right)^2\right)$，$Y\sim N\left(-1,\left(\frac{1}{\sqrt{2}}\right)^2\right)$，从而有 $E(X)>E(Y)$，$D(X)<D(Y)$，故选择 B.

9 【参考答案】D

【解题思路】计算连续型随机变量函数的数字特征，先确定密度函数，由于 X 与 Y 不独立，$D(XY)$ 不能用性质计算，只能用连续型随机变量函数数字特征的公式计算. $E(XY)$ 可利用对称性定值为零.

【答案解析】由题设，X 在 $[-2,2]$ 上服从均匀分布，则密度函数为

$$f(x)=\begin{cases}\frac{1}{4}, & -2<x<2,\\ 0, & \text{其他}.\end{cases}$$

又令 $Z=XY=X^3$，由于密度函数为偶函数，$Z=XY=X^3$ 为奇函数，因此，$E(Z)=0$，

$$E(Z^2)=\int_{-\infty}^{+\infty}x^6f(x)\mathrm{d}x=\int_{-2}^{2}\frac{1}{4}x^6\mathrm{d}x=2\times\frac{1}{28}x^7\Big|_0^2=\frac{64}{7},$$

故
$$D(Z)=E(Z^2)-0=\frac{64}{7}.$$

本题应选择 D.